YEJINGJI DUOMO KONGGUANG CHENGXIANG TANCE

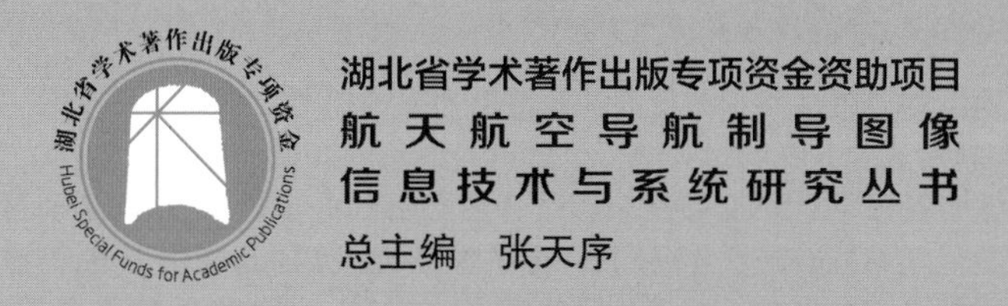

湖北省学术著作出版专项资金资助项目

航天航空导航制导图像信息技术与系统研究丛书

总主编　张天序

液晶基多模控光成像探测

张新宇　雷　宇　佟　庆　信钊炜　著

華中科技大學出版社
http://www.hustp.com
中国·武汉

内 容 提 要

本书总结了作者及其课题组多年来在液晶基微纳控光成像探测方面的研究成果，主要面向可见光和红外谱域，开展新的成像方法、微纳光学光电结构设计、液晶微光学光电结构工艺制作等方面的研究工作。本书重点论述了针对提高复杂背景环境与目标的成像探测、识别和可视化能力，通过将电控液晶基微纳光学结构与光敏阵列耦合，建立芯片级控光的智能化焦平面光电成像器件和小型化多模控光成像探测架构等方面的基础理论和基本方法。通过与光敏阵列耦合的液晶基微纳光结构测调成像压缩光场参量，包括波前、波矢、偏振和能流等，实现快速控光干预成像光场能流压缩形态构建与阵列化光电转换下的成像探测效能增强与成像模式扩展。

本书既可作为从事微纳制造、微纳光学光电器件、可见光-红外-THz 图像仿真、衍射微光学图像信息处理等领域科研人员的参考书，也可作为高等院校师生的教学参考书。

图书在版编目(CIP)数据

液晶基多模控光成像探测/张新宇等著. —武汉：华中科技大学出版社，2021.8
(航天航空导航制导图像信息技术与系统研究丛书)
ISBN 978-7-5680-3777-8

Ⅰ.①液… Ⅱ.①张… Ⅲ.①光探测-研究 Ⅳ.①TP722

中国版本图书馆 CIP 数据核字(2021)第 015861 号

液晶基多模控光成像探测
Yejingji Duomo Kongguang Chengxiang Tance 张新宇 雷 宇 佟 庆 信钊炜 著

策划编辑：范 莹
责任编辑：朱建丽
装帧设计：原色设计
责任校对：刘 竣
责任监印：周治超
出版发行：华中科技大学出版社(中国·武汉) 电话：(027)81321913
武汉市东湖新技术开发区华工科技园 邮编：430223
录 排：武汉市洪山区佳年华文印部
印 刷：湖北新华印务有限公司
开 本：710mm×1000mm 1/16
印 张：23
字 数：473 千字
版 次：2021 年 8 月第 1 版第 1 次印刷
定 价：158.00 元

总序

航天航空技术的发展，是民族智慧、经济实力、综合国力的重要体现，不仅提高了我国的国际威望，而且提升了全国人民的民族自豪感和自信心，更极大地促进了我国国民经济的发展。近些年来，随着我国的“风云”“北斗”“神舟”“嫦娥”等高分辨率对地观测重大航天工程不断取得突破，各种用途的无人飞行器和成像载荷也风起云涌，标志着我国在航天航空等领域取得了长足的进步，已经从“跟跑”到“并跑”，甚至在某些领域开始了“领跑”。

成像探测和图像信息处理作为当今人工智能的热点研究和发展领域之一，吸引着众多研究者投身其中。而在航天航空应用领域中，对自动处理需求更强的紧迫性，使得其发展甚至早于其他应用领域。

用于航天航空的精确导航制导包括精确探测、精确控制和配套的地面支持系统。图像信息处理技术的融入，使导航制导如虎添翼。1978年，华中工学院(现华中科技大学)朱九思院长根据国家重大需求和新学科发展前沿趋势，以极具战略前瞻的眼光，在国内率先建立了图像识别与人工智能研究所。在随后的40年里，众多科研工作者在航天航空各总体单位的重大需求牵引下，聚焦成像精确探测和地面支持系统新技术,持续开展了相关应用基础研究工作，取得了丰硕成果。这些成果已广泛应用于各类重大、重点装备中，极大地推动了我国在该领域的技术进步。在这些科研工作中，众多优秀人才也得以成长，已成为相关领域的栋梁。

本丛书涉及以航天航空导航制导为背景的图像信息处理，包括算法、实时处理、任务规划和新型成像传感器设计等内容。这些具体的研究领域，在航天航空导航制导等方面都面临着重大的理论问题和工程技术问题，本丛书的作者们通过承担多项实际研究工作和多年的潜心研究，在理论和实践上都取得了很大的进展。

本丛书作者将自己的研究成果相继结集出版，展示自己的学术/技术风采，为本技术领域的发展留下一些痕迹，以作为相关领域科研人员、研究生和管理人员的参考书，进一步推动航天航空和图像信息处理领域的融合发展，用实现“航天航空梦”助力“中国梦”，为国家作出更大的贡献。

张天序

2018年3月28日

前言

针对进一步提高复杂背景环境中的弱小目标、隐身目标、非合作目标及高机动性目标的成像探测、识别和可视化能力，本书开展可见光和红外多维多模成像探测与液晶基微纳控光结构的建模、仿真、设计、工艺、测试与评估研究，为构建具有智能化控光效能的光电成像芯片与成像微系统建立理论和方法基础。通过耦合电控液晶基微纳光学结构与光敏阵列，在测量和调控成像压缩光场的光学参量（涉及波前、波矢、偏振、能流）和光电成像参量（涉及点扩散函数、成像孔径与视场、复眼/光场态、成像面与景深）基础上，实现快速控光下的成像光场构建、探测能力增强与扩展。

在解决诸如光波参量和模态测调与成像探测效能间的递推性制约属性，液晶基多模控光参数体系构建，图案电极激励、调变阵列化微纳空间电场的光波参量和模态协同等关键问题，以及构建小型化液晶焦平面光电成像探测架构等的基础上，达到下述目标：① 获得液晶基多模控光焦平面光电成像方法和关键技术；②建立基于光波参量芯片级测调的焦平面光电成像器件与微纳控光结构的设计、工艺和参数体系；③为多模控光先进成像探测技术应用提供方法和技术支撑。

本书共12章：第1章综述焦平面成像探测技术的发展现状和趋势；第2章讨论电控液晶基微光学结构，包括微透镜阵列的基本特性；第3章分析液晶基波前成像探测的基本属性；第4章讨论基于波前成像的景深扩展的基本问题；第5章主要讨论基于波前成像的物空间深度测量方法；第6章论述液晶基光场成像探测的基本属性与特征；第7章主要讨论基于电控光场成像的运动参数测量方面的关键问题；第8章主要针对液晶基光场与平面一体化成像问题开展基础性研究；第9章主要讨论红外光场成像的石墨烯基电控液晶微透镜阵列的基本特性；第10章讨论液晶基偏振成像探测的基本属性与特征；第11章论述基于扭曲向列相液晶的偏振光场成像的基本属性；第12章主要讨论石墨烯基电控液晶微透镜与偏振光场成像方面的基础方法。

本书涉及的研究工作是在一项国家自然科学基金重点项目（编号：61432007）、一项国家自然科学基金面上项目（编号：61176052）、一项湖北省技术创新专项（重大项目）(编号：2016AAA010）、多项预研基金和航天基金项目等的资助和支持下完成的，在此一并表示衷心感谢。

奉献该书于读者的目的是推动我国先进成像探测技术及其应用的深入发展，满足从事相关学科研究和教学的专业技术人员、教师和研究生的需要，并可供相关领域的管理人员参考。全书研究脉络、内容与章节安排由张新宇策划，第1章和第2章由张新宇撰写，第3章至第5章由佟庆撰写，第6章至第9章由雷宇撰写，第10章至第12章由信钊炜撰写，全书由张新宇统稿。

在此感谢在研究工作开展和本书文稿准备过程中诸多同事和研究生的贡献，包括对有关问题的讨论、仿真与实验的计划制订及实施等。参与的同事有王海卫、罗俊和凌福日。参与实验工作的规划与开展，重要数据获取，软件编写，文档报告等材料整理、补充、编辑和打印等的研究生有荣幸、梅再红、郭攀、刘剑锋、瞿勇、魏明月、李斌、王猛、陈鑫、宫金辉、刘畅、邵奇、何闻达、史珈硕和陈名策等。

感谢相关审稿专家对书稿修改所提出的宝贵、中肯的意见和建议。

限于作者的认知水平，书中难免存在疏漏与不足之处，恳请读者不吝赐教。

著者

2019年11月26日

目　　录

第1章 绪 论

1.1 焦平面成像探测

近些年来,可见光与红外焦平面成像探测技术,在军事和民用领域获得了广泛应用。其巨大的市场容量和广阔的商业前景,推动着该技术的持续进步和发展。一般而言,焦平面成像探测是指,基于放置在成像光学系统焦平面处(附近)的光敏阵列,获取目标和场景的电子图像信息的过程。焦平面成像探测要捕获环境介质中的目标所出射的光场,将其输运的能量及其空间展布情况,依据光敏元的结构尺度和光敏阵列的规模,通过成像光学系统在空间上以特定比例高度压缩,进而经光电转换将能流压缩场变换成与阵列化探测器的坐标序号相对应的或标记的电信号排布,即模拟的及最终的数字图像数据,并以特定帧频加以显示或输出。上述过程意味着从实体目标和景物到具有一定虚拟意义的电子图像信息的映射或转换,构造出与背景环境中的目标的形貌、结构和光频电磁(包括辐射、反光、透射、散射)特性相关的,平面或者演化成三维(或多维)形态的光电响应图案即电子图像。因此,所关注的图像质量的好坏与成像探测效能的高低,除受制于成像装置外,还与目标和景物的本征(电磁辐射、反射、透射,甚至散射特性,环境介质对目标光波传播行为的影响,以及可能的干扰或对抗性措施等)密切相关。

对关键性的光电探测阵列而言,能否不断增大背景环境中的目标,提高其光电响应的信噪比/信杂比,是提高成像探测效能的一个重要环节。迄今为止,人们不断改进、升级及研发新型的光敏阵列器件,如持续增大器件的阵列规模,缩小光敏阵列器件中的探测元的结构尺寸,采用量子光敏结构(如量子线或量子点),提高光敏材料的光电响应灵敏度,增大光敏结构的时间及空间填充系数,降低光敏噪声等,使成像探测效能得到不断改进与增强。目前光电探测阵列器件发展很快,如商用的可见光与红外电荷耦合器件(charge-coupled device,CCD)及互补金属氧化物半导体器件(complementary metal oxide semiconductor,CMOS)成像探测阵列规模,均分别超过了千万和百万像素数量级,可分辨的辐射能已低至纳瓦数量级。另外,大面阵非制冷红外探测器的性能指标已与制冷型器件迅速接近,还有基于光热效应,能覆盖紫外、可见光、红外,甚至太赫兹(THz)等谱域的广谱纳米管基光敏技术,以及基于共振感应效应的人工超材料的新型光敏技术等也在快速发展。在多种半导体材料上基于表面量子光学光电效应的纳米(非纳米管结构)光敏器件,目前也已成为新型光电探测结构的有力竞争者。将 CCD、CMOS、焦平面阵列(focal plane arrays,FPA)等探测阵列与微电子机械系统(micro-electro mechanical systems,MEMS)结构匹配、耦合甚至集成,可构造具有成像波谱调制效能的灵巧谱成像探测组件,已显示出良好的发展前景。基于磁光、声光及热光效应的高性能谱成像探测技术,目前也在快速发展。光电阵列响应和图像信息处理功能已可以单片甚至混合集成。总之,具有空间-时间-辐射分辨率高、光电转换能力强、易与其他光学光电以及电子学功能结构灵活匹配或耦合、可模块化组成、数字信息处理与光学光电一体化配置等功效的,小/微型化面阵焦平面光电组件,正显示出强劲的发展势头。

通常情况下,光电成像设备通过成像光学系统,将目标光波在其焦平面处(附近)高度压缩,形成微纳米数量级的光斑阵列及相应的光电信号阵列。因此,除目标自身原因外,环境因素或主动干扰等所导致的,目标光波在传播途径中产生的非本征迁移、演化甚至畸变行为,也将通过成像光学系统的控光操作植入压缩光场及后续的电子图像信息中。图像参量包括:① 图像分辨率、对比度和清晰度;② 目标的成像位置偏移程度;③ 图像的抖动或闪烁程度;④ 图像的扭曲、畸变或变异程度等,会造成微弱的或者显著的,甚至是颠覆性的影响,如典型的大气扰动、高速流场、主动干扰措施、复杂的背景光场跃变、成像探测平台高速运动等,会使到达光敏面处的目标光场复杂化,从而引发成像探测效能降低,甚至丧失等。也就是说,对复杂背景环境中的弱小目标、高速运动目标、对抗性目标或主动干扰等而言,光电成像探测器件性能指标的改善与提升,并不意味着成像系统的探测效能可以自动得到同步增强,甚至可能出现实际成像探测效能降低的结果。

研究和应用显示,自然或人工物质结构,在材料、组分、能态、构造、形貌、活性及生存环境等方面的差异,造成其自发辐射及对外界电磁辐射的反射、散射或者透射等,呈现各异的行为属性,但均有本征的、可对其进行识别或标记的特征谱电磁信息。它们一般以纳米、亚纳米,甚至皮米数量级谱宽的电磁形态呈现出来,分布在紫外、可见光、红外及太赫兹等谱域。宏观物质或微观客体,以其微纳电子学架构的本征性而相互区分。它们在高、低能态间转换或跃迁时,将吸收或发射波列长度或者持续时间分布在典型的微纳米和飞秒数量级范围内的电磁辐射。这些以波列形式存在的电磁波,具有受物质结构的电子学行为的本征性所约束的特征偏振态。如典型的水体、土壤、林草、建筑、道路、悬浮的微纳米颗粒或等离子体等,基于其固有的或特定的微纳电子学运动形态,以受迫或共振方式响应光场振动,反过来对激励性的传输光波也施加不同程度的影响。由于不同物质形态的微纳电子学架构通常具有各向异性,不同空间取向上的光矢量会诱导出相异的电学共振响应。与此相应的是特定空间取向上的感应振动或波动,这将降低传输光波的振幅和相位传递速度,使光矢量的特征偏振态及波前形态发生改变。

一般而言,任何物体均以一定角度向周围空间出射光频电磁波。物质的微纳电子学架构通常呈现各向异性，使其光频电磁波的波矢在空间中呈现特定的分布，甚至形成发散形态。波矢的空间分布形态的变化，一般意味着物质有向周围空域投射或输运光能量的能力，并随其材料、组成、能态、构造及表面形态等的变化而变化。换言之，特定环境中的目标所出射的光波，具有特征性的波谱、波矢、波前及波列行为或属性。因此，发展基于上述属性的焦平面成像探测技术，对实现复杂背景环境中的目标的高效成像探测具有重要意义。

物质的谱辐射属性，如典型的车辆、飞机、卫星、空天飞行器及导弹等，因其尾焰光辐射源于化学物质的高温燃烧而以窄带连续谱形式表现出来，峰值辐射功率随尾焰温度的变化而变化。人工红外源则一般呈现出微米/亚微米尺度的谱辐射宽度，并随燃烧温度的变化来改变辐射率和峰值辐射波长。干扰或攻击性激光这样的相干电磁辐射，其谱宽常被约束在纳米、亚纳米甚至皮米数量级。爆燃或爆炸发光则与特定化学物质的高温燃烧发光类似，其能谱在微米、亚微米数量级，并具有窄带连续性、非匀质性和时序性。目前广泛使用的碳材料、工程塑料、陶瓷、玻璃钢、多种无机非金属复合材料等，主要以低能长链大分子形态存在，它们对电磁辐射的响应或扰动，主要存在于较常规红外窗口更为宽广的远红外甚至 THz 谱域，以断续谱分布的形式存在。迄今为止，人们已在多个领域利用物质的谱辐射属性，成功进行图谱一体化的成像探测应用。进入 21 世纪以来，发展更高水平的谱成像技术，以用于环境监视，鉴别恐怖装置，探测基于工程塑料、高性能陶瓷、无机非金属复合材料等的电磁隐身飞行器，对毒品和生化物质进行快速成像检测，提高基于图像信息判读与识别的公共安检水平，以及高速飞行器的成像探测和(末)制导等已成为研究热点，这一技术将进一步推动谱成像技术的持续快速发展。

在基于波矢测量进行成像探测方面，迄今为止，已能够实现多种模式下的电子目标图像，如数字立体目标、宽大景深内的数字目标，以及目标的层析化数字解析等的重建。利用面阵微透镜与阵列规模更大的光敏阵列的匹配耦合，可测量目标光波的波矢在空间中的三维展布，从而获取与不同方向上的波矢簇对应的电子目标图像序列。将数字图像加以合理扩充与插值，可得到更为完整的电子目标图像集。在结束成像探测操作后，在电子图像集中选取某一个或某一类图像，可实现数字图像目标的重新对焦，使电子目标图像进一步清晰化或模糊化。在电子目标场景中选取不同区域或景深，也就是将远近不同的新的物体作为对焦点，可使模糊景物清晰化。选择特定图像序列，可以调整电子目标图像姿态，形成与传统的三维影像类似的立体效果等。研究和应用显示，对由太阳、地球或星体等激励产生的光频电磁环境中的物质结构而言，基于目标光波的本征电磁偏振属性执行成像探测操作，已成为规避电磁噪声或攻击，增强光学成像探测系统(也称为成像探测系统)的抗干扰和对抗能力，提高目标的可探测性和识别效能等方面的一条有效途径。目前，基于焦平面光电阵列的偏振成像技术，正向芯片级的数字图像获取与光场偏振测调紧密耦合这一方向发展。

在地球环境中，由地球、太阳，甚至欺骗性光源所发射或激励的光频电磁辐射，组成了目标所依存的背景电磁环境。地球大气在密度、温度、压力和组分等方面，存在较强甚至剧烈的时变或非平衡变化，常表现出如湍流等的无序运动形态。气体分子的复杂物理化学行为，如电离效应等，又进一步推动其介电属性的随机改变，使流场的光学折射率呈现复杂的时变与空变转换，对光频电磁辐射表现出强烈的选通或抑制作用，产生特征化的大气窗口效应。目标光波在这样的环境中传输时，其能态、运动及力学行为、波前、偏振、波列在时空域中的展宽-压缩-弯曲甚至非线性改变、频移等物理参数或效应都会产生差异与变动。一般而言，多种人工活动或自然现象，如典型的伪装、隐身、烟雾或沙尘等，也会诱使传输过程中的光波产生如上所述的行为属性，并最终通过成像光学系统将其对光波的作用植入电子图像信息中，出现诸如模糊、抖动、闪烁、偏移、失真，甚至输出虚假图像信息等。换言之，环境或对抗性因素引发的光波与其本征传输间的差异，以及与最终获取的电子图像信息的偏离甚至背离本征情形的程度，不会随光电器材性能指标的提高而获得自动扩大。在这种情形下，数字图像处理措施也仅能对图像信息进行有限程度的更改、变换或校正。

对光波参量中的波前而言，当目标光波通过如上所述的流场时，波前将受扰动甚至产生畸变、杂化乃至异化，如典型的波前扭曲、破缺、残损、起伏、涨落、弯曲、断裂、位错、交叠、塌陷、凸起、弥散、积聚、汇集、倾斜、扭转、锐化、收缩、挪移、平滑或失锐等。波前因其形貌结构的变动、演化甚至畸变而导致，叠加在目标光波的本征能流分布形态上的附加变动，将作为图像噪声甚至强干扰要素而被导入图像信息中。可预见的典型情形包括飞行在稠密大气中的成像（末）制导高速平台，运行在中低轨道上的遥感卫星等的成像探测活动等，将会产生严重的甚至是致命性的影响。因此，实时准确测量与图像信息密切相关的波前，并对其进行补偿或修正，即使不改变光敏阵列的性能指标，也可使成像探测效能得到一定程度的快速恢复、改善甚至增强。这一特性目前已应用于现代自适应天文望远成像、显微成像、视力检测与校正，以及生物医学成像等领域。目前，基于调控入射波前进行具有目标和环境适应能力的高性能成像探测技术研究，已成为国际上的一个研究热点，受到广泛关注。美国国防部高级研究计划局（Defense Advanced Research Projects Agency，DARPA）及欧盟等，均将其列入重点研究计划，并对其加以资助。

波前调控未来发展主要体现在以下方面：① 基于先验知识或图像信息处理结果，对投射到光电成像芯片上的压缩波束作波前的微纳受控变换，再进行光电转换；② 将分离的波前测量与波前调变功能，用微纳控光与光电成像探测进行混合，甚至单片集成；③ 微纳控光波前成像为基于波前测控驱使压缩光场产生最佳成像效果的技术发展，指明了方向。

受传播途径中的环境介质的组分、构造、形貌、结构尺度、能态、活性、分布和运动方式等的影响,光波的偏振行为常表现出因介质而产生光矢量的振动取向的附加偏转。通常情况下,环境介质具有各向异性的微纳电子学响应和电磁再发射架构,会驱使偏振性的光矢量在环境介质中诱导出特征性的电子学受迫或共振响应。与此相对应的是特定空间取向上的介质电子学感应振动,其会降低传输光波的振动幅度和相位传递速度,使光矢量的偏振态产生改变。研究和应用表明,基于目标和环境介质的本征电磁偏振响应属性来规避外界电磁噪声或攻击的方法,是增强成像系统抗干扰和对抗能力,提高目标探测和识别效能的一条有效途径。目前,基于焦平面光电阵列的偏振成像技术,正向芯片级的光场偏振测量与调变和成像探测混合甚至单片集成这一方向发展。利用受控的微纳偏振成像光场,减弱甚至摆脱恶劣环境或对抗性因素、运载平台或目标因高速运动对成像探测带来的不利影响。

对超快成像而言,在通过常规的焦平面成像体制获取电子图像信息这一过程中,阵列光敏结构的曝光或能量积分时间一般预设在微秒数量级甚至纳秒数量级。这样,超快成像在高速运动目标或平台、不稳定或不平衡的光照条件、迅变甚至瞬态物理化学变化、遭受局域性或突发性强辐射干扰或攻击等情形下,均会产生一些典型问题,例如:时序或空变图像因叠加输出而出现模糊或丧失细节特征;场景中较大的区域性辐射或照度差异诱发局部图像细节丢失;局域景物曝光时间不足,使图像清晰度降低;强光下会产生光电响应饱和等。通常情况下,若曝光时间过短,因光敏器件的光电响应灵敏度有限,则会发生目标信号被噪声淹没的现象。目前,基于高密度微通道集成的电子快门所构建的快速曝光成像技术正迅速发展。其曝光时间已短至亚纳秒数量级。最新的进展是将加载在可执行光子选通和放大的微通道结构上的时序电压,降至百伏数量级甚至更低,以及发展混合或单片集成的超快成像探测结构等。

综上所述,复杂环境因素会促使光学折射率场产生空变或时敏脉动,驱使目标光波产生复杂或有害的光学传输与透射行为,从而对成像探测造成严重的甚至是颠覆性的影响。复杂有害的光学传播效应主要表现为:① 显著的相移,波前畸变、劈裂与层化;② 波矢在较大范围内产生无规移动;③ 较强的红外频移与光矢量偏振态改变;④ 目标光强显著减弱,产生无规空变或时敏脉动;⑤ 产生二次光学效应及非线性光学效应等。这些均可产生严重的相差,强的空间各向异性干涉或衍射,光学多普勒频移,与大气粒子的非线性相互作用,非均匀的各向异性光学传播,强的吸收、驻留、谐振、散射、色散、偏折及非线性辐射等,使成像探测呈现低信噪比/信杂比、点扩散函数分布失锐,图像出现模糊、剧烈跳动、闪烁、抖动、摇摆、成像位置偏移等现象。典型后果是图像降质,目标的探测效能减弱甚至丧失,识别与跟踪能力弱化,虚警率增大,制导系统的定位与瞄准精度降低等。

针对日益复杂的目标和环境情况,在发展新型光敏结构的同时,如何小微型化焦平面成像系统,研发出能添加强的成像探测快速控制、干预和调节能力,环境适应性好，适用范围广，电子资源占用量小，智能化程度高的新型焦平面成像探测技术，已成为广泛关注的热点和难点问题。但迄今为止，主要注意力仍集中在以下方面：① 增大光敏材料的光电灵敏度和波谱响应范围；② 扩大光电器件规模；③ 将光敏元的结构尺寸从目前的亚微米数量级缩小到纳米甚至亚纳米数量级；④ 提高帧频；⑤ 将目标的方位、姿态、层化或梯次配置和深度信息的成像探测与成像光波测调一体化；⑥ 将光电曝光时间从微秒数量级缩短到纳秒数量级甚至更短；⑦ 发展可与微纳控光协同的数字图像处理方法；⑧ 挖掘、拓展、扩充和升级电子学能力。尽管到目前为止，相关人员已在偏振成像、波前成像、光场成像、超快成像与谱成像等方面，开展了卓有成效的工作，但并未将它们纳入一个整体框架内，进行基于光波的本征物性的系统性和综合性成像方法构建以及探测、识别效能增强研究。

在现代条件下，执行高效成像探测，意味着必须快速、准确和灵活地将目标所出射的光场，以特有的微纳控光架构或体制映射到置于焦平面的光电探测阵列上，进而转换成电子图像信息。在这一过程中，成像光波因受目标自身和环境因素影响，会不同程度地改变光能量的传播形态、作用方式和传输效率。这一变化将不仅反映在与图像信息密切相关的光波振幅的变化上，而且还反映在波前、波谱、波矢、偏振、波列长度等与振幅变动密切关联的附加变化上。成像探测系统最终呈现或输出的，是在上述光波参量相互交织与影响下的综合性的图像信息及探测效能。换言之，仅用局域空间内的光波振幅来表征能流密度的时间均值，用与其对应的光电响应信号来表征成像目标的特征图像信息，采用特定算法改变或调整光电信号强度及其空间排布来对图像信息进行受控变换，这些方式并不能真正反映电子图像的光波参量与图像信息间的因果或递推性关系，也无法对成像探测操作进行实时把控，更谈不上灵活参与成像探测的过程控制与监管。面对新情况和新问题，应综合考虑光波的振幅、波前、波谱、波矢、偏振及波列长度等光波参量，发展多维微纳控光基础上的成像波谱自适应、辐射自适应、时空自适应、环境和目标自适应的高效成像探测方法和技术措施是目前的主要任务。

近些年来，随着具有亚毫秒甚至微秒数量级时间常数的快速响应和调变技术、覆盖较宽温区及较大介电变动范围的液晶(liquid crystal，LC)材料技术、液晶分子空间取向锚定和受控排布技术，以及液晶材料的微纳封装技术等的持续快速发展，基于电控液晶的宽谱域波束整形、变换与控制方法研究受到了广泛关注。目前电控液晶光波调控方法已广泛应用于阵列化光场模式的选择与产生，光波数据的获取、传输、存储和处理，波前的产生、补偿、分离、恢复、重建、校正与整合，光束的整形、调控、能态与动量变换，频分复用与频谱分离，光束的互联、耦合与交换等场合，并且应用于微纳控光光电探测结构的性能优化、增强与扩展，微腔光学，可调谐光振荡，光波偏振态调制，LED 显示及立体视觉等方面。目前发展了多种基于光学强度量或波前来构造光场的积分与反演积分算法，建立了功能化液晶结构的基本工艺和参数体系。电控液晶微光学结构以其驱控灵活、光场模式及形态构建与变换稳定可靠、惯性小、功耗低、易与其他功能结构匹配耦合甚至集成等特征，显示出了良好的发展前景。电控液晶透镜或微透镜，在基于光场的波束、波前或涡旋态的受控变换与成像探测效能增强、小微型化电控变焦成像、光学孔径或视场电控调变、成像视场电扫、光学相控阵及可寻址控谱等方面，显示出极具潜力的发展势头。将光会聚与光发散一体化的电控液晶透镜，应用于视场捷变及动态目标可寻址凝视等方面，也已取得显著进展。电控液晶微光学技术，正从早期的基于简单电场调控光波向液晶结构(由复杂电场驱控，具有光束、能态及角动量变换)等的新一代技术模式转变。

基于电控液晶分子获得的有序空间排布，实现控光基础上的成像探测效能增强这一技术，是近些年兴起和发展的一项高性能成像技术。我国在这一技术领域中，在基本控光方法、液晶材料与器件、光电探测架构等方面均有研究工作展开。与西方发达国家相比，我国在基础材料、器件及应用等方面仍存在差距。华中科技大学在基于电控液晶的控光方法与多功能成像探测方面，针对可见光与近红外谱域，应用折射及衍射电控液晶微透镜阵列，已系统进行了光束的整形变换、波前测调、成像波谱电选电调、光场构建、能流的涡旋角动量生成、电控液晶结构与光电探测阵列耦合等的研究，并取得了多项与国外同步的研究成果。

从国外经验和我们的研究工作来看，制约进一步发展的共性难点问题仍然体现在建立可以快速构造特定空间电场形态，图案化的平面、曲面与层叠电极配置，液晶分子与空间电场间的互作用关系模型等方面的基础理论和基本方法上。基于发展微纳控光的小微型化多功能焦平面成像技术的重要性和紧迫性，结合国际发展趋势，实现液晶基多维多模控光成像探测的前提仍然是：首先要正确建立焦平面成像探测效能与光波参量间的解析、半定量或经验性关系，然后通过综合配置光波参量并兼顾相互间的匹配与平衡，克服复杂环境、干扰或对抗性因素对成像探测的不利影响，从而提高成像应对弱小目标、高速运动目标与运载平台、复杂气象及背景环境的能力，最后形成理论依据、指导方法和途径预测。利用微纳控光模式下的焦平面成像系统，建立在图像信息中获取时间自适应、空间自适应、成像波谱自适应、辐射自适应、偏振自适应、环境和目标自适应等方面的模型、方法、结构和参数体系配置。研究重点主要包括：① 基于波前测量与调控的双模成像探测；② 基于波矢测量与调控的立体及物空间层析成像探测；③ 可寻址电控液晶偏振成像探测；④ 光束涡旋化传播的成像探测能力增强；⑤ 电控谱成像探测；⑥ 可调空间分辨率成像探测等。自适应成像观察、制导与对抗，高速运动平台及目标的图像信息获取与制导，复杂背景环境中的目标高效探测与识别，气动光学效应校正，光频遥感监测，成像视场的灵巧捷变，小型化电控变焦成像光学系统，光学微纳加工，电控光互联，复杂波前动态仿真环境构建等方面，将呈现广泛的应用前景。

1.2 控制成像探测的光波参量

通常情况下，从目标出射的光波，包括反射光波或者自辐射光波等，均可用基于谐波的解析关系表征，即

$$\boldsymbol{E}(\boldsymbol{r},t)=\sum_{\omega}\sum_{i=1,2}\boldsymbol{e}_i E_{i0}(\boldsymbol{r},t)\mathrm{e}^{-\mathrm{j}(\omega t-\boldsymbol{k}\cdot\boldsymbol{r}+\varphi_0)} \tag{1-1}$$

式中：$\boldsymbol{e}_i(i=1,2)$为与半幅光矢量对应的单位方向矢，如$\boldsymbol{e}_1=\boldsymbol{e}_x$及$\boldsymbol{e}_2=\boldsymbol{e}_y$为直角坐标系中的$x$和$y$轴方向上的单位方向矢，$\boldsymbol{e}_x$、$\boldsymbol{e}_y$与$z$轴正向的单位方向矢$\boldsymbol{e}_z$满足$\boldsymbol{e}_z=\boldsymbol{e}_x\times\boldsymbol{e}_y$；$\varphi_0$为初相位，指数因子为$\varphi$，有$\varphi(\boldsymbol{r},t)=\omega t-\boldsymbol{k}\cdot\boldsymbol{r}+\varphi_0$为光波相位，传输过程中波动光场的等相面构成波前；$\boldsymbol{r}$为位矢；$t$为时间因子；$\omega$为光波角频率，满足$\omega=2\pi\nu$，其中，$\nu$为光频；$\boldsymbol{k}$为光波矢，$\boldsymbol{k}=\dfrac{2\pi}{\lambda}\boldsymbol{k}_0$，其中，$\lambda$为光波长，$\boldsymbol{k}_0$为光传播方向上的单位波矢。谐波成分$E_{i0}(\boldsymbol{r},t)\mathrm{e}^{-\mathrm{j}(\omega t-\boldsymbol{k}\cdot\boldsymbol{r}+\varphi_0)}$构成了目标光场的基元。

面阵光电探测器用于光电成像操作，或者说，获得与入射光场在各光敏元上的光波振幅对应的基于特定光电转换架构的光生电压或电流信号，以及入射到光敏元上的光场能量$w_{m,n}$，有

$$w_{m,n}=T\int_s \bar{S}_{m,n}(\boldsymbol{k},\boldsymbol{r})\mathrm{d}s \tag{1-2}$$

式中：T为探测器的光能量积分时间；s为探测元的光敏区域的面积；m和n分别为探测器阵列中，以横向和纵向序号表示的探测元坐标，其最大值分别为M(横向)和N(纵向)，即探测器的阵列规模为M元×N元；$\bar{S}_{m,n}$为与横向第m元、纵向第n元探测器对应的特定频谱光波的能流密度的时间均值，其满足

$$\bar{S}_{m,n}(\boldsymbol{k},\boldsymbol{r})=\frac{1}{T}\int_0^T \boldsymbol{E}_{m,n}(\boldsymbol{k},\boldsymbol{r},t)\times\boldsymbol{H}_{m,n}(\boldsymbol{k},\boldsymbol{r},t)\mathrm{d}t \tag{1-3}$$

式中：$\boldsymbol{E}_{m,n}(\boldsymbol{k},\boldsymbol{r},t)$为光矢量；$\boldsymbol{H}_{m.n}(\boldsymbol{k},\boldsymbol{r},t)$为对应光矢量的磁矢量。

光电成像探测获取目标图像，实质上就是在考虑传播途径及光学系统的光衰减后，按照光电探测阵列的尺度和规模，通过光学成像系统将成像光场在空间上以特定比例高度压缩，再经过探测器阵列将所构造的能流压缩场(成像光场)转换成相应的、以探测器阵列的序列坐标进行标记的电信号分布，进而形成目标的模拟图像及数字图像，最终，实现从实体目标到电子图像目标的映射或转换。

上述过程可表示为

$$V_{\text{像}}(m,n)=\gamma w_{m,n}\propto\gamma E_{\mathrm{s}}^2(m,n)=\tau_1\tau_2\kappa\gamma E_0^2(x,y,z) \tag{1-4}$$

式中：γ为光敏材料的光电转换系数；$E_{\mathrm{s}}^2(m,n)$为到达探测器阵列的光敏元感光面上

的压缩光场的能流分布；$E_0^2(x,y,z)$为目标所出射的，具有特定波前、波矢、偏振、频谱与波列长度的光波的平方振幅或光强；τ_1 和 τ_2 分别为通过环境介质与光学系统引入的、目标光波在传播过程中的衰减系数；κ 为入射到成像物镜表面的目标光波在被成像光学系统压缩后，投射到探测器光敏面上的光波振幅的增益因子，它与光电成像系统及投射到成像物镜上的光波形态密切相关；$V_{像}(m,n)$为以光电信号幅度或强度表示的模拟电子目标图像。目标的数字图像信号可表示为

$$V'_{像}(m,n)=\eta V_{像}(m,n) \tag{1-5}$$

式中：η 为探测器所输出的光电信号的量化因子，其大小由所选取的图像灰度级确定。

由上述关系可见，运用光电手段获取电子目标图像这一操作，与源于目标的光波的波前、波矢、偏振、频谱、波列在时空域中的展宽-压缩-弯曲，甚至非线性改变、频移、涡旋角动量等这些光波参量，以及它们受环境和特定微纳光学变换操作等因素的影响和制约密切相关。换言之，上述光波参量及其受环境或对抗性因素作用所呈现的变动、演化属性和行为方式，决定了在特定微纳光学与光电子学架构支撑下的光电成像探测效能。

一般而言，光电成像装置通过成像光学系统，将入射光波在其焦平面处高度压缩，形成具有特定形态分布的微纳米尺度的光斑或光斑阵列。因此，环境或扰动所导致的光波畸变，将被成像光学系统植入所形成的压缩光场及后续的电子图像信息中。对具有代表性的高速运动目标或平台而言，高速流场中存在基于压力、温度、速度或物质组成等的快速、随机、剧烈，甚至非平衡的热力学变化；气体颗粒和分子在空间分布形态与密度、能态、化学组分与浓度、介电性的折射率行为等方面的时敏、多时间尺度、非线性的动态物理化学变化；流场和窗口材料产生强热辐射及随剧烈温升所导致的，峰值辐射波长向短波或高频域方向迁移等。一般而言，高速流场的气体微粒如尘埃、水汽粒子等，其结构尺寸在微米数量级上断续分布，并不表现为连续的、线性的递增关系。对光传播的影响及所施加的作用，存在于可见光至太赫兹这一宽广谱域内，并且在多个离散分布的谱段上呈现显著的受迫或共振感应(或响应)行为。其表现为强的反射、散射或透射，以及光波的能态、涡旋角动量、运动与力学行为、波前、偏振、波列在时空域中的非线性改变、频移及像差等物理参数与效应，较低速情形显示更强的差异与变动。

自然或者人工物质结构，在材料、组分、能态、构造、形貌、活性及生存环境等方面的差异，造成其自发辐射及对外界电磁辐射的反射、散射或者透射等呈现各异的行为属性，但均有本征的可标识的特征谱电磁信息。它们多以纳米数量级谱宽的谱电磁形态呈现出来，分布在紫外、可见光、红外及太赫兹等谱域。如典型的卫星、空天飞行器、导弹及战机等，其尾焰光辐射基于化学物质的高温燃烧，以窄带连续谱这一形式

表现出来，峰值谱辐射功率随尾焰温度的变化而变化。人工红外源则表现出微米数量级的谱辐射宽度，并随其燃烧或加热温度的变化改变其峰值辐射波长。干扰或攻击性激光的谱电磁辐射，其谱宽常被约束在纳米、亚纳米甚至皮米数量级。爆燃或爆炸发光则与特定化学物质的高温燃烧发光类似，其能谱在微米、亚微米数量级范围，并具有窄带连续性、非匀质性和时序性。

目前，碳材料、工程塑料、陶瓷、玻璃钢、多种无机非金属复合材料等获得广泛应用，对电磁辐射的响应或扰动，主要存在于较常规红外窗口更为宽广的远红外甚至THz谱域，以断续谱分布的形式存在。含大量等离子体的高频脉动气流，会使光学折射率场产生复杂的时敏与空变脉动，驱使源于目标的光波产生复杂有害的光学传输与透过效应，会对后续的成像探测造成严重的甚至是颠覆性的影响。其表现出：严重的相差，强的空间各向异性干涉与衍射，光学多普勒效应，与大气的非线性相互作用，非均匀的各向异性光学传播，强的吸收、驻留、谐振、散射、色散、偏折及非线性光辐射等。

通常情况下，受环境因素影响，不同的光波参量所起的作用和效果会有明显差异。例如，光波在传输过程中受气动光学效应影响时主要考虑波前参量。通过测量波矢在空间的三维展布，可以获取与不同波矢簇对应（针对不同成像视角）的电子目标图像序列。基于数字手段合理扩充（插值）图像序列后，可以得到较为完整的电子目标图像集，以及目标光波的空间频谱信息，它们用于目标图像的高分辨率重建。在成像探测结束后，通过在电子目标图像集中选取某一个或某一类图像，可对数字图像目标进行重新对焦，使电子目标图像被进一步清晰化或模糊化。在电子目标场景中，通过选取不同区域或景深中（也就是反映远近不同）的新物体作为对焦点，可使模糊景物清晰化。通过选择特定的图像序列，可以调整电子目标图像姿态，形成与传统的三维影像类似的立体效果等。

综上所述，建立光电成像探测操作与光波参量间的解析、半定量或经验关系，综合配置光波参量并兼顾相互间的匹配和平衡，可不同程度地克服复杂的环境、背景及系统自身所带来的对成像探测的不利影响，提高应对弱小目标和干扰因素的能力，并可提供理论依据、指导方法和预测途径。换言之，针对复杂甚至极端情形下的成像探测操作，应具备特征性的控光成像探测能力，减弱甚至消除对目标光波在传播与成像过程中的影响。

电子目标图像信息和光波参量间的解析关系可表示为

$$V_{像}(m,n)=V(\varphi_{x,y,z},\omega,\boldsymbol{k}_{x,y,z},\boldsymbol{E}_{x,y},T) \tag{1-6}$$

该式描绘的是一种广义泛函关系。建立对成像探测起决定性作用的，基于式(1-6)所示泛函关系的定量、半定量或经验性表征，为降低目前高昂成本，持续增强光电探测阵列的光电响应灵敏度、阵列规模、成像光学系统性能、信息处理软硬件指标等活动，提供关键性的理论指导、指引方法和途径引导。

基于上述分析，多维多模控光成像所要解决的关键技术问题可总结为以下几项：① 光波参量（诸如波前、波谱、波矢、偏振、光强和光积分时间等），对焦平面成像探测效能的影响或制约属性与规律；② 基于目标与环境因素特征及作用方式，获得最佳成像探测效能的成像光波参量选择策略；③ 多维多模光波、液晶的电控电场、液晶材料的介电响应等物理要素互作用的完备表征方式；④ 适用于不同目标和环境条件的多光波参量协同作用，增强焦平面成像探测效能的波谱与光波参量的选择与组合策略；⑤ 基于调控光波参量进行高效成像探测的微纳光敏组件，以及小微型化的焦平面成像系统构建方法；⑥ 基于功能化电控液晶结构，管控焦平面成像探测的电子学窗口选择策略，参数体系配置与智能化微纳控光手段。

第2章 电控液晶微透镜阵列

2.1 引 言

19世纪下半叶，奥地利植物学家F. Reinitzer在实验中偶然发现，胆甾醇苯甲酸酯存在两个熔点，当其处在这两个熔点的中间相态时会出现光学双折射现象，随后F. Reinitzer又陆续发现多种具有类似物性的物质。1904年，德国物理学家O. Lehmann将这类物质命名为液晶，针对液晶的研发活动由此逐渐展开。1968年，随着半导体及微加工技术的蓬勃发展，美国无线电公司(Radio Corporation of America, RCA)报道了一种散射式的液晶显示装置，液晶显示技术从此走上快速发展的轨道。电控液晶透镜/微透镜作为液晶技术的一个重要分支，在近些年也受到广泛关注。日本科学家S. Sato在1979年提出了基于单圆孔电极的液晶透镜结构。其后，针对研发可控性和光学效能俱佳的电控液晶透镜/微透镜技术，在液晶材料、器件化功能结构和应用拓展等方面，均获得持续快速发展。

本章首先根据液晶的连续弹性体和自由能理论，分析群聚液晶分子的指向矢特征。其次对加载在液晶微透镜的液晶膜层上的电场，以及在液晶中传播的光波的相位进行建模和仿真。然后根据所选用的工艺流程并结合仿真数据，设计液晶微透镜的图案电极和器件化架构形态，给出制作液晶微透镜的关键性工艺步骤和参数配置。最后通过实验测试获取液晶微透镜的典型光学特征。

2.2 液晶的基本物性

2.2.1 液晶类型

通常情况下，液晶分为热致液晶和溶致液晶等两大类。热致液晶主要是指单成分的纯化合物或者均匀混合物，在特定温度范围内会呈现稳定相的液晶材料。这类液晶一般由典型的长棒状或者盘状分子构成，并呈现各向异性的特征功能行为和属性。一般而言，液晶分子通常由一个刚性内核和一个柔性末端基团组成。大量长棒状分子聚集构成长棒状液晶，大量盘状分子层化排布构成盘状液晶。溶致液晶则是一种将溶质化合物溶解在溶剂中形成的，包含两种或两种以上物质结构的液晶。这类液晶可使溶质分子在溶剂中的浓度处于一定范围时稳定出现。溶质分子的一端通常表现为亲水基团，另一端则表现为疏水基团，如常见的肥皂水和洗衣液等。从大量分子聚集排列这一角度看，长棒状热致液晶一般可分为三类，分别是向列相液晶、近晶相液晶和胆甾相液晶。

1. 向列相液晶

向列相液晶是一种最常见和应用最为广泛的液晶。在向列相液晶中，大量长棒状液晶分子的位置排列相对混乱，多呈无序态，但分子的排布取向大体一致。大量长棒状分子长轴的平均取向可用液晶指向矢（单位方向矢 $\boldsymbol{n}$）表示。其正反两个方向，即 $+\boldsymbol{n}$ 向和 $-\boldsymbol{n}$ 向，在用于表征液晶分子的平均取向方面等价，如图 2-1 所示，所有基于不同物质结构所构建的向列相液晶，均沿其分子长轴呈现程度各异的取向有序性。其介电常数、磁导率与光学折射率，因在平行指向矢和垂直指向矢的方向上显示不同而呈现各向异性。采用多种方法调变向列相液晶分子的指向矢的排布取向，液晶的介电各向异性特征将产生相应改变，从而影响对外来电磁波束的受迫或共振响应，以及以分子天线簇方式发射次级电磁波的行为属性。这是向列相液晶迄今为止获得广泛应用的物理基础。

2. 近晶相液晶

近晶相液晶除具有分子取向有序性外，还具有位置排布有序性。其典型特点是：液晶分子呈层状排布，平行于层的方向上，层内分子位置相对无序，但在垂直于层的方向上则呈现取向有序性，层间存在明显边界或狭窄过渡区。根据液晶分子相对其分子层的法线向所呈现的取向排布差异，近晶相液晶又被分为近晶 A 相、近晶 C 相和近晶 B 相等至少九种不同相态。目前在研究活动中较多涉及的是近晶 A 相和近晶 C 相，典型排布情况如图 2-2 所示。通常情况下，当降低材料温度时，多种向列相液晶会相变到的近晶 A 相，其各层分子的指向矢均垂直于该分子层面。近晶 C 相的有序度较近晶 A 相的更高，其分子指向矢与分子层面通常呈现一定倾角，不同种类的

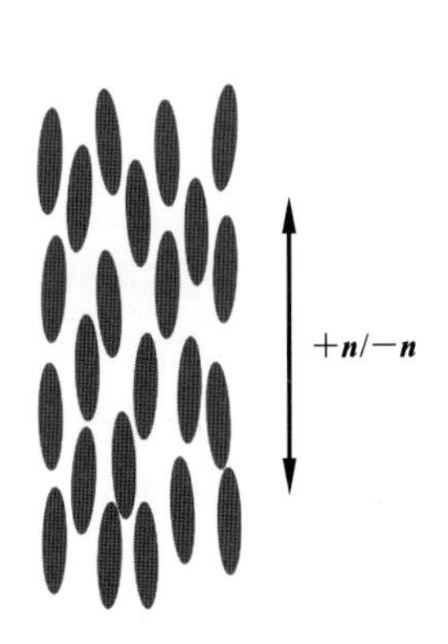

图 2-1　向列相液晶的长棒状分子沿其长轴呈现取向有序性

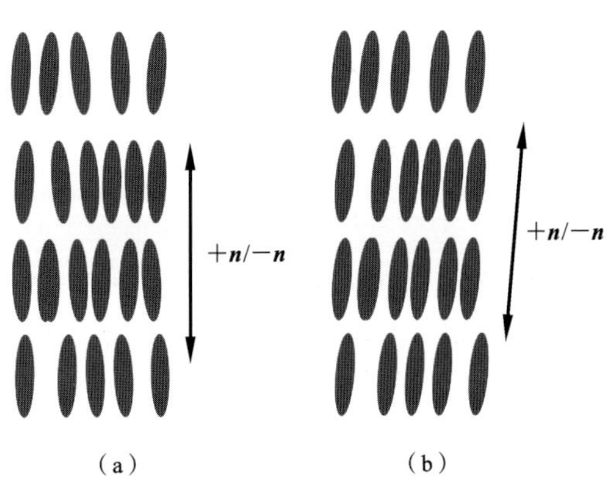

图 2-2　典型的近晶相液晶

(a) 近晶 A 相；(b) 近晶 C 相

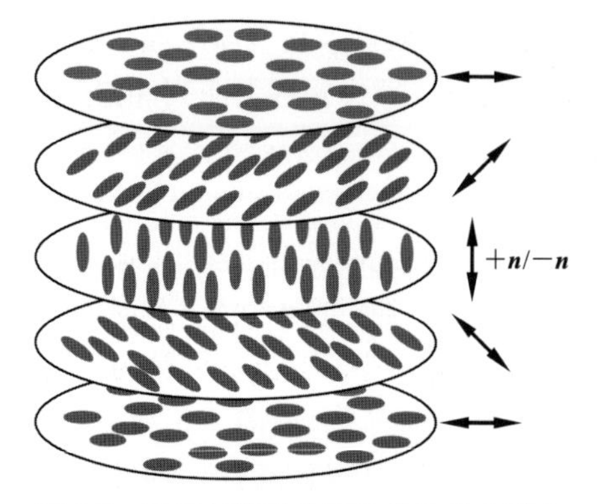

图 2-3 胆甾相液晶分子的典型分布形态

液晶的倾角不同。

3. 胆甾相液晶

胆甾相液晶也是一种呈现层化排布形态的液晶。其各层内的液晶分子的分布位置无序，但分子取向大致相同，均与层的法线向垂直。相邻液晶层中的分子指向矢间存在一个较小的角度偏差，层化分布的各液晶层面上的指向矢则沿层面法线向形成螺旋状排布，典型分布形态如图 2-3 所示。

2.2.2 序参数

在研究活动中，为了对液晶的取向有序性进行定量表征与分析，引入序参数 s，有

$$s=\frac{1}{2}<3\cos^2\theta-1> \tag{2-1}$$

式中：θ 为单分子长轴与液晶指向矢 $\boldsymbol{n}$ 间的夹角，如图 2-4 所示；<>为运算符，表示平均运算。通常满足 $0<s<1$：在一个液晶分子指向完全平行的状态中，$s=1$；对于各向同性的无序液晶态，$s=0$。液晶的序参数情况，直接影响液晶物性和所构建的功能化液晶器件能达到的性能参数指标。通常情况下，在液晶稳态相的有效温度范围内，s 随温度的升高逐渐降低，液晶材料的取向有序性随其温升逐渐消失，其典型值通常为 0.3～0.9。

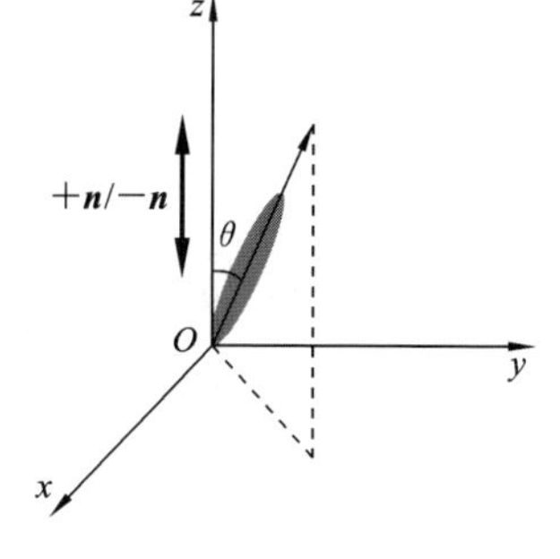

图 2-4 液晶分子长轴与指向矢间存在夹角的典型情形

2.2.3 介电各向异性

液晶分子通常具有极性，其在电场中的行为或对交变电场的响应，主要通过各向异性的介电参数来表征。$\varepsilon_\perp$ 和 $\varepsilon_{/\!/}$ 分别为垂直和平行于分子轴向的介电常数，$\Delta\varepsilon$ 为 $\varepsilon_\perp$ 和 $\varepsilon_{/\!/}$ 间的差异程度。$\varepsilon_\perp$、$\varepsilon_{/\!/}$ 和 $\Delta\varepsilon$ 满足

$$\varepsilon_{/\!/}=1+4\pi NhF\left\{\bar{\alpha}+\frac{2}{3}\Delta\alpha s+F\,\frac{\mu^2}{3kT}[1-(1-3\cos^2\beta)s]\right\} \tag{2-2}$$

$$\varepsilon_\perp=1+4\pi NhF\left\{\bar{\alpha}-\frac{1}{3}\Delta\alpha s+F\,\frac{\mu^2}{3kT}\left[1+\frac{1}{2}(1-3\cos^2\beta)s\right]\right\} \tag{2-3}$$

$$\Delta\varepsilon=\varepsilon_{/\!/}-\varepsilon_\perp=4\pi NhF\left[\Delta\alpha s-F\,\frac{\mu^2}{2kT}(1-3\cos^2\beta)s\right] \tag{2-4}$$

式中：μ 为液晶分子的固有偶极矩；k 为玻尔兹曼常数；h 和 F 分别为与功能化液晶结构和液晶属性相关的惰性场因子；T 为绝对温度(K)；N 为单位体积中的分子数(mol/cm^3)；β 为液晶分子的固有偶极矩与液晶分子长轴间的夹角；$\Delta\alpha=(\alpha_{/\!/}-\alpha_{\perp})$ 且 $\bar{\alpha}=(\alpha_{/\!/}-2\alpha_{\perp})/3$，$\alpha_{\perp}$ 和 $\alpha_{/\!/}$ 分别为垂直和平行于分子轴向的极化度。因此，液晶的介电各向异性取决于上述的 $\Delta\alpha$、β、T、μ 和 s 等参数。在一定温度条件下，如果液晶分子无固有偶极矩，液晶的介电各向异性则主要由液晶分子的极化度决定，此时的介电各向异性通常不显著。如果沿分子轴向显示较强偶极矩，则液晶会呈现较为显著的介电各向异性。

对向列相液晶而言，沿分子轴向的极化程度远大于垂直方向上的相应情形，若 $\Delta\varepsilon>0$，则这种液晶也称为正性液晶；反之，$\Delta\varepsilon<0$ 的液晶称为负性液晶。在电场中的液晶分子的取向行为，主要由液晶的各向异性特征决定。正性液晶分子的长轴趋向于平行电场方向，负性液晶分子的长轴趋向于垂直电场方向。这种液晶的场致分布或再定向属性称为弗里德里克斯转变(Freedericksz transition)。在常规的液晶透镜或微透镜设计中，一般根据液晶分子的介电各向异性，用施加电场的方法使液晶分子产生弗里德里克斯转变。考虑到液晶分子间的弹性相互作用，液晶分子长轴将沿电场方向摆动，从而影响在液晶中行进的光波的折射率，如通常情况下的场致微弱增大或减小等典型情形。

2.2.4　液晶双折射

取向有序的液晶分子呈现各向异性，即沿指向矢方向振动的偏振光的传播速度不同于垂直于指向矢方向振动的偏振光的传播速度，取向有序的液晶是一种典型的双折射材料，其折射率可用寻常光折射率 n_o 和非常光折射率 n_e 表征。n_o 表示光矢量或电矢的振动方向垂直于光轴方向时的折射率，n_e 表示光矢量或电矢的振动方向平行于光轴方向时的折射率。双折射特征可描述为

$$\Delta n=n_e-n_o \tag{2-5}$$

通常情况下 $n_e>n_o$，调变 n_e 将相应改变 Δn 值。

当光波的传播方向与液晶光轴间存在一个夹角时，寻常光折射率仍为 n_o，非常光折射率 n_{eff} 则通常表示为

$$n_{eff}=\frac{n_e n_o}{\sqrt{n_e^2\cos^2\theta+n_o^2\sin^2\theta}} \tag{2-6}$$

式中：θ 为光轴与光传播方向间的夹角。改变 θ，可相应改变非常光折射率。双折射可表示为

$$\Delta n=n_{eff}-n_o \tag{2-7}$$

当光波传播方向沿着液晶光轴方向时，寻常光折射率和非常光折射率均为 n_o。

非偏振光在液晶中传播时，一般会被分离成寻常光和非常光，它们各自以不同的

相位延迟所表征的速度通过液晶，从而出现相位差 $\Delta\varphi$，其值为

$$\Delta\varphi = 2\pi\Delta n d/\lambda \tag{2-8}$$

式中：λ 为光波长；d 为液晶厚度。因此，改变液晶的厚度，也将导致寻常光和非常光间产生相位延迟。

迄今为止，所发展的多种液晶透镜、微透镜等对入射光束的会聚或发散作用，主要通过调节液晶分子的指向矢和入射微光束间的夹角、液晶折射率的有序变动等来实现。形成不同形态的折射率梯度分布，可实现光束的会聚、发散、相移、开关、反射或透射行为调变等功能化操作。

2.2.5 黏滞系数

用液晶的黏滞系数来表征液晶分子间的互作用和分布变动的难易程度，黏滞系数主要影响液晶对电子学或光学信号的响应时间或快慢。通常情况下，黏滞系数越大，响应速度越慢。对于向列相液晶常使用黏滞系数来表征电子学或电光响应行为。向列相液晶的黏滞系数与液晶活化能和温度间的典型关系为

$$\eta = \eta_0 \exp(-E/kT) \tag{2-9}$$

式中：E 为液晶活化能；η_0 为比例系数；T 为绝对温度。一般而言，液晶材料的温度越高，其黏滞系数越小。较为常用的混合型向列相液晶在室温下的黏滞系数一般为 0.01～0.02 Pa·s。

2.2.6 弹性连续体理论

在表征和分析液晶物理现象方面主要存在两种方法，其一是把液晶视为体连续介质来描述其宏观属性和结构特征，其二是基于分子角度阐述液晶的微观结构和物性。本章主要基于 Frank 的弹性连续体理论，研究液晶的光学和电光特性。一般而言，液晶通常不会产生类似固体的形变，但液晶分子的指向矢在外加电场或磁场驱动下，会较为容易地改变其取向。去除电场或磁场，液晶分子由于相互间存在较强的相互作用，其指向矢会弹性恢复到原有取向。

液晶指向矢存在三种基本形变，分别是展曲形变、扭曲形变和弯曲形变，其典型特征如图 2-5 所示：展曲形变主要表现为平行排列的液晶分子呈扇形发散或会聚态；扭曲形变为平行排列的液晶分子显示层化扭曲，且随层间扭转角度的增大呈现螺旋状的指向矢排布形态的形变；弯曲形变为平行排列的液晶分子呈现弧形弯曲分布的形变。在实际过程中，液晶在外加电场或磁场作用下所产生的复杂形变，一般都可以按照上述三种基本形变进行分解。当向列相液晶在外场作用下发生微小形变时，其单位体积自由能（自由能密度）可写为

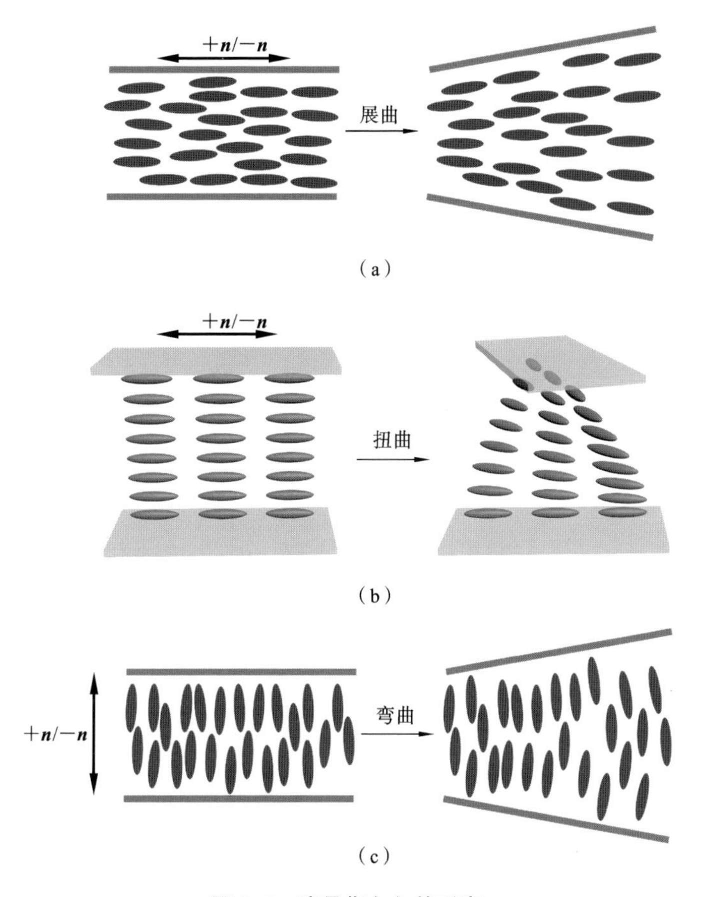

图 2-5　液晶指向矢的形变

(a) 展曲形变；(b) 扭曲形变；(c) 弯曲形变

$$f_{\text{ela}}=\frac{1}{2}K_{11}(\boldsymbol{\nabla}\cdot\boldsymbol{n})^2+\frac{1}{2}K_{22}(\boldsymbol{n}\cdot\boldsymbol{\nabla}\times\boldsymbol{n})^2+\frac{1}{2}K_{33}(\boldsymbol{n}\times\boldsymbol{\nabla}\times\boldsymbol{n})^2 \tag{2-10}$$

式中：K_{11}、K_{22}和K_{33}分别为展曲形变、扭曲形变和弯曲形变时的弹性系数；∇为哈密顿算子。

当在液晶上施加一外加电场时，液晶分子将趋向于沿电场方向重新排布，在达到新的平衡态后其自由能最小。液晶在电场作用下的自由能可表示为

$$f_{\text{e}}=-\frac{1}{2}\boldsymbol{D}\cdot\boldsymbol{E}=-\frac{1}{2}\Delta\varepsilon(\boldsymbol{n}\cdot\boldsymbol{E})^2 \tag{2-11}$$

式中：$\Delta\varepsilon=\varepsilon_{/\!/}-\varepsilon_{\perp}$；$\varepsilon_{/\!/}$和$\varepsilon_{\perp}$分别为平行和垂直于液晶指向矢方向的介电常数。因此，液晶的自由能密度为

$$f_{\text{g}}=\Delta f_{\text{ela}}+f_{\text{e}}=\frac{1}{2}[K_{11}(\boldsymbol{\nabla}\cdot\boldsymbol{n})^2+K_{22}(\boldsymbol{n}\cdot\boldsymbol{\nabla}\times\boldsymbol{n})^2+K_{33}(\boldsymbol{n}\times\boldsymbol{\nabla}\times\boldsymbol{n})^2]-\frac{1}{2}\boldsymbol{D}\cdot\boldsymbol{E} \tag{2-12}$$

考虑到封闭体系在达到平衡态时将具有最小自由能这一物性，通过式(2-12)可得到液晶自由能最小时的指向矢分布形态或特征。

2.2.7 边界效应

在应用弹性连续体理论时，还需要考虑外部介质与边界处的液晶分子间的相互作用属性。对如图 2-6 所示的液晶($z>0$)和介质($z<0$)界面而言，界面处的液晶分子的周围一部分为液晶分子，另一部分为介质分子。由于液晶分子呈现各向异性，如果介质分子也具有各向异性，界面处的液晶分子的指向矢会趋向于一个固定方向，一般称其为易轴，其极角和方位角分别为 θ_0 和 ϕ_0。当液晶分子的指向矢 $\boldsymbol{n}$ 的极角和方位角分别为 θ 和 ϕ 时，界面处的液晶分子的表面能的各向异性部分称为锚定能。若 $\phi-\phi_0$ 和 $\theta-\theta_0$ 很小，则其锚定能函数为

$$f_s=\frac{1}{2}W_p\sin^2(\theta-\theta_0)+\frac{1}{2}W_a\sin^2\theta_0\sin^2(\phi-\phi_0) \tag{2-13}$$

式中：W_p 和 W_a 分别为极角和方位角的锚定强度。

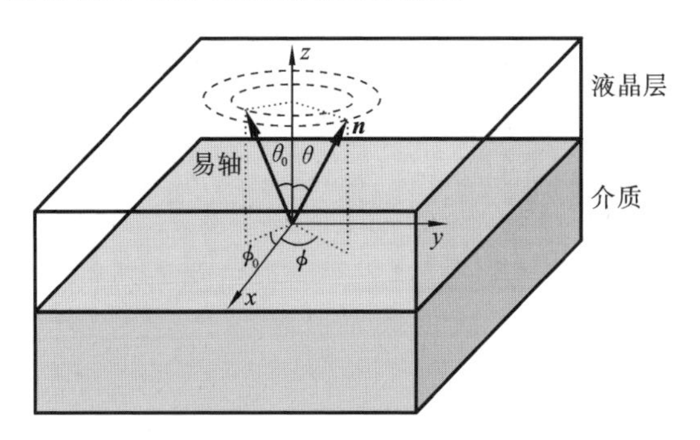

图 2-6　对液晶施加表面锚定的易轴和液晶指向矢特征

因此，当液晶分子指向矢沿易轴时，锚定能最小。在大多数情况下，如果介质表面作用力强到能够使边界处的液晶分子的指向矢 $\boldsymbol{n}$ 处在表面具有预先设定的易轴上，则可影响到液晶内部的液晶分子的指向矢取向，这种情况称为强锚定。如果 $\theta_0=0°$，则锚定作用将发生在 z 轴方向上。如果 $\theta_0=90°$且 ϕ_0 不确定，则锚定作用将沿平面展开。如果 $0<\phi_0<90°$，则锚定发生在倾斜方向上。

我们自主研发的液晶透镜和微透镜结构，主要利用了界面对液晶的表面锚定。在液晶和电极间增加一个各向异性的初始取向层，在锚定作用下，液晶指向矢就会按照预设方向平行展开。定向层主要为经过摩擦取向的聚酰亚胺涂层。在聚酰亚胺涂层制作出平行微沟槽，可使液晶分子的指向矢沿沟槽方向平行排布。聚酰亚胺涂层经过摩擦会产生微沟槽，一般也会产生聚合物链。通常情况下，液晶和聚合物链间的相互作用将更有利于增强锚定。

2.3　功能化液晶的指向矢计算

电控液晶微光学结构的光学性质，主要由液晶层的折射率分布来决定。液晶的折射率与液晶分子指向矢的空间分布密切相关。通过构建电控液晶微光学结构的控制电极的图案化形态，可以有效导引分布在控制电极间的液晶的指向矢的空间分布。一般而言，可用液晶的连续体弹性理论描述液晶指向矢在确定边界条件下，受空间电场或磁场作用所形成的分布。一种典型的电控液晶微光学结构的基本组成如图 2-7 所示。如图 2-7 所示，在上、下基片上所制作的电极，均由几百纳米厚度的氧化铟锡(indium tin oxide，ITO)导电薄膜构成，中间层为几十至几百微米厚度的液晶层。在 ITO 电极表面涂覆一层聚酰亚胺膜，对与其直接接触的液晶分子进行初始取向。液晶分子在初始取向层的表面锚定作用下，沿定向层的微沟道或者形成微沟道时的摩擦方向排列。在上、下电极上制作出具有不同结构方式的电极，就可以在液晶层内激励具有特定空间分布的电场，进而驱动液晶分子转动，使其指向矢趋向沿电场方向排布，直至系统自由能最小而形成稳定态，在液晶层中产生所期望的折射率空间分布。改变空间电场强度或分布，将同步改变液晶指向矢的空间分布。

图 2-7 所示的为一种电控液晶微光学结构的基本组成，图 2-7 利用了直角坐标系表征基于向列相液晶构建的功能结构。向列相液晶在电场作用下的自由能密度 F_g 为

$$F_g=\frac{1}{2}K_{11}(\boldsymbol{\nabla}\cdot\boldsymbol{n})^2+\frac{1}{2}K_{22}(\boldsymbol{n}\cdot\boldsymbol{\nabla}\times\boldsymbol{n})^2+\frac{1}{2}K_{33}(\boldsymbol{n}\times\boldsymbol{\nabla}\times\boldsymbol{n})^2-\frac{1}{2}\boldsymbol{D}\cdot\boldsymbol{E} \tag{2-14}$$

式中：$\boldsymbol{E}$ 为在液晶层中所激励的空间电场，其满足 $\boldsymbol{D}=\bar{\bar{\boldsymbol{\varepsilon}}}\cdot\boldsymbol{E}$，$\bar{\bar{\boldsymbol{\varepsilon}}}$可表示为

$$\bar{\bar{\boldsymbol{\varepsilon}}}=\begin{bmatrix}\varepsilon_\perp+\Delta\varepsilon n_x^2 & \Delta\varepsilon n_x n_y & \Delta\varepsilon n_x n_z\\ \Delta\varepsilon n_x n_y & \varepsilon_\perp+\Delta\varepsilon n_y^2 & \Delta\varepsilon n_z n_y\\ \Delta\varepsilon n_x n_z & \Delta\varepsilon n_z n_y & \varepsilon_\perp+\Delta\varepsilon n_z^2\end{bmatrix} \tag{2-15}$$

$$\boldsymbol{E}=-\boldsymbol{\nabla} V \tag{2-16}$$

式中：$\varepsilon_\perp$、$\varepsilon_{/\!/}$ 分别为垂向和平行于分子轴向的介电常数，满足 $\Delta\varepsilon=\varepsilon_\perp-\varepsilon_{/\!/}$；$n_x$、$n_y$ 和 n_z 分别为指向矢 $\boldsymbol{n}$ 在图 2-8 所示的坐标系中的 x、y 和 z 轴方向上的分量。

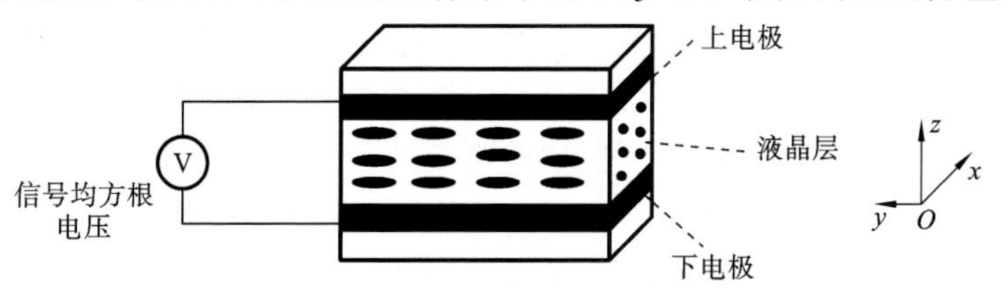

图 2-7　一种电控液晶微光学结构的基本组成

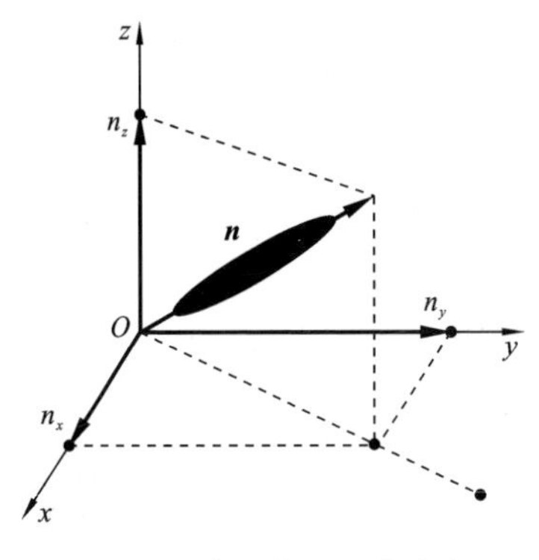

图 2-8 液晶指向矢在直角坐标系中展开

在空间电场作用下，液晶分子通过展曲形变、扭曲形变或弯曲形变，在从一个稳定态转变成另一个稳定态的过程中的自由能趋向极小。对式(2-14)在两极板间进行积分，基于自由能趋向最小属性可令其变为0。这里引入欧拉公式得到欧拉方程组，即

$$0=-[F_g]_V \tag{2-17}$$

$$0=-[F_g]_{n_i}+\lambda n_i,\quad i=x,y,z \tag{2-18}$$

式中：λ 为拉格朗日常数。

$$[F_g]_V=\frac{\partial F_g}{\partial V}-\frac{\mathrm{d}}{\mathrm{d}x}\frac{\partial F_g}{\partial(\mathrm{d}V/\mathrm{d}x)}-\frac{\mathrm{d}}{\mathrm{d}y}\frac{\partial F_g}{\partial(\mathrm{d}V/\mathrm{d}y)}-\frac{\mathrm{d}}{\mathrm{d}z}\frac{\partial F_g}{\partial(\mathrm{d}V/\mathrm{d}z)} \tag{2-19}$$

$$[F_g]_{n_i}=\frac{\partial F_g}{\partial n_i}-\frac{\mathrm{d}}{\mathrm{d}x}\frac{\partial F_g}{\partial(\mathrm{d}n_i/\mathrm{d}x)}-\frac{\mathrm{d}}{\mathrm{d}y}\frac{\partial F_g}{\partial(\mathrm{d}n_i/\mathrm{d}y)}-\frac{\mathrm{d}}{\mathrm{d}z}\frac{\partial F_g}{\partial(\mathrm{d}n_i/\mathrm{d}z)} \tag{2-20}$$

求解式(2-19)和式(2-20)，可分别得到液晶指向矢分布和电势。一般而言，上述微分方程组主要采用数值法求解，典型解法包括牛顿法、张弛法、差分迭代法和模拟退火法等。

传统的牛顿法主要通过方程降阶求解，一般适用于计算对称排列的扭曲形变向列相液晶结构，对于更为复杂的液晶分布形态，如表面预倾角不同(对称性条件不满足)或混合排列等情形，上述公式需做较大调整，并且求解过程相对繁杂。张弛法主要针对动态过程，根据液晶分子的动态响应情况，通过解析指向矢各分量来表征指向矢的动态响应变化。该方法普遍用于液晶指向矢的二维或三维仿真计算。由于在张弛法中引入了时间参量，求解不同液晶结构时，需要调节时间参量与步长间关系来确保计算过程收敛。二维差分迭代法由 Hiroyuki Mori 等人于 1999 年提出，2000 年王谦等人将其用于一维指向矢计算。与牛顿法和张弛法相比，差分迭代法较为简便，在计算速度和收敛可靠性方面可得到较为满意的结果。模拟退火法是一种全局求解法，主要通过直接求解自由能的积分关系来计算自由能的最小值。模拟退火法计算量大，收敛速度相对较慢。针对求解三维液晶微光学结构，我们主要基于张弛法开展仿真模拟。

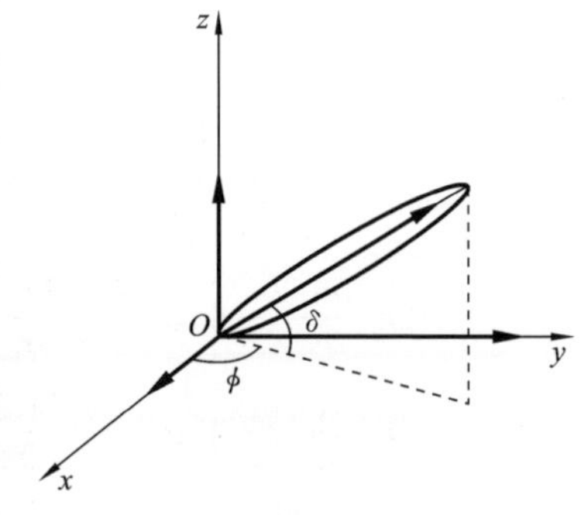

图 2-9 Q 张量法表征液晶指向矢

通常情况下，表征指向矢的方法一般分为矢量法和 Q 张量法。矢量法如图 2-8 所示，以各轴向分量作为指向矢的独立变量。Q 张量法如图 2-9 所示，以液晶分子的倾角 δ 和扭曲角 ϕ 作为自变

量，液晶指向矢可表示为

$$\boldsymbol{n}=[\cos\delta\cos\phi, \cos\delta\sin\phi, \sin\delta]$$

考虑到矢量法具有运算速度快、稳定性好、数学表达式相对简洁等特点，我们采用矢量法进行仿真计算。另外，在利用张弛法计算液晶指向矢分布时，多使用差分法和有限元法这两种数值解法，这里我们主要利用较为简便的差分法进行求解。

根据张弛法，可得

$$\gamma\frac{\mathrm{d}n_i}{\mathrm{d}t}=-\left[\frac{\partial F_\mathrm{g}}{\partial n_i}-\frac{\mathrm{d}}{\mathrm{d}x}\frac{\partial F_\mathrm{g}}{\partial(\mathrm{d}n_i/\mathrm{d}x)}-\frac{\mathrm{d}}{\mathrm{d}y}\frac{\partial F_\mathrm{g}}{\partial(\mathrm{d}n_i/\mathrm{d}y)}-\frac{\mathrm{d}}{\mathrm{d}z}\frac{\partial F_\mathrm{g}}{\partial(\mathrm{d}n_i/\mathrm{d}z)}\right]+\lambda n_i,\quad i=x,y,z \tag{2-21}$$

$$\frac{\partial F_\mathrm{g}}{\partial V}-\frac{\mathrm{d}}{\mathrm{d}x}\frac{\partial F_\mathrm{g}}{\partial(\mathrm{d}V/\mathrm{d}x)}-\frac{\mathrm{d}}{\mathrm{d}y}\frac{\partial F_\mathrm{g}}{\partial(\mathrm{d}V/\mathrm{d}y)}-\frac{\mathrm{d}}{\mathrm{d}z}\frac{\partial F_\mathrm{g}}{\partial(\mathrm{d}V/\mathrm{d}z)}=0 \tag{2-22}$$

式中：n_i 为 $\boldsymbol{n}$ 在三个坐标轴上的分量 n_x、n_y 和 n_z。引入拉格朗日因子 λ，使 $\boldsymbol{n}$ 为单位矢。对于式(2-21)，在仿真计算过程中对指向矢进行归一化，即 $n_i=n_i/\sqrt{n_x^2+n_y^2+n_z^2}$，去掉拉格朗日因子 λ，得到其简化形式为

$$\frac{\mathrm{d}n_i}{\mathrm{d}t}+\frac{1}{\gamma}[F_\mathrm{g}]_{n_i}=0,\quad i=x,y,z \tag{2-23}$$

把

$$[F_\mathrm{g}]_{n_i}=\frac{\partial F_\mathrm{g}}{\partial n_i}-\frac{\mathrm{d}}{\mathrm{d}x}\frac{\partial F_\mathrm{g}}{\partial(\mathrm{d}n_i/\mathrm{d}x)}-\frac{\mathrm{d}}{\mathrm{d}y}\frac{\partial F_\mathrm{g}}{\partial(\mathrm{d}n_i/\mathrm{d}y)}-\frac{\mathrm{d}}{\mathrm{d}z}\frac{\partial F_\mathrm{g}}{\partial(\mathrm{d}n_i/\mathrm{d}z)} \tag{2-24}$$

代入自由能密度表达式，可得

$$\begin{aligned}
[F_\mathrm{g}]_{nx}={}&-k_{11}\left(\frac{\partial^2 n_x}{\partial x^2}+\frac{\partial^2 n_y}{\partial x\partial y}+\frac{\partial^2 n_z}{\partial x\partial z}\right)+\frac{1}{2}k_{22}\left[2n_x\left(\frac{\partial n_z}{\partial y}\right)^2+2n_x\left(\frac{\partial n_y}{\partial z}\right)^2-8n_x\frac{\partial n_z}{\partial y}\frac{\partial n_y}{\partial z}\right.\\
&-4n_y\frac{\partial n_z}{\partial y}\frac{\partial n_z}{\partial x}+2n_y\frac{\partial n_z}{\partial y}\frac{\partial n_x}{\partial z}+6n_z\frac{\partial n_z}{\partial y}\frac{\partial n_y}{\partial x}-4n_z\frac{\partial n_z}{\partial y}\frac{\partial n_x}{\partial y}+6n_y\frac{\partial n_y}{\partial z}\frac{\partial n_z}{\partial x}\\
&-4n_y\frac{\partial n_y}{\partial z}\frac{\partial n_x}{\partial z}-4n_z\frac{\partial n_y}{\partial z}\frac{\partial n_y}{\partial x}-2n_z^2\frac{\partial^2 n_x}{\partial y^2}+2n_x\left(\frac{\partial n_z}{\partial y}\right)^2+2n_xn_z\frac{\partial^2 n_z}{\partial y^2}-2n_xn_z\frac{\partial^2 n_y}{\partial y\partial z}\\
&-2n_z\frac{\partial n_y}{\partial y}\frac{\partial n_z}{\partial x}-2n_yn_z\frac{\partial^2 n_z}{\partial x\partial y}+2n_z\frac{\partial n_y}{\partial y}\frac{\partial n_x}{\partial z}+2n_yn_x\frac{\partial^2 n_x}{\partial y\partial z}+2n_z^2\frac{\partial^2 n_y}{\partial x\partial y}-2n_y^2\frac{\partial^2 n_x}{\partial z^2}\\
&-2n_xn_y\frac{\partial^2 n_z}{\partial y\partial z}+2n_x\left(\frac{\partial n_y}{\partial z}\right)^2+2n_xn_y\frac{\partial^2 n_y}{\partial z^2}+2n_y^2\frac{\partial^2 n_z}{\partial x\partial z}-2n_y\frac{\partial n_z}{\partial z}\frac{\partial n_y}{\partial x}-2n_zn_y\frac{\partial^2 n_y}{\partial x\partial z}\\
&\left.+2n_y\frac{\partial n_z}{\partial z}\frac{\partial n_x}{\partial y}+2n_z\frac{\partial n_y}{\partial z}\frac{\partial n_x}{\partial y}+2n_zn_y\frac{\partial^2 n_x}{\partial y\partial z}\right]+\frac{1}{2}k_{33}\left[2n_x\left(\frac{\partial n_y}{\partial x}\right)^2-2n_x\left(\frac{\partial n_x}{\partial y}\right)^2\right.\\
&-2n_z\frac{\partial n_z}{\partial y}\frac{\partial n_y}{\partial x}+4n_z\frac{\partial n_y}{\partial x}\frac{\partial n_y}{\partial z}-2n_z\frac{\partial n_x}{\partial y}\frac{\partial n_y}{\partial x}+2n_x\left(\frac{\partial n_z}{\partial x}\right)^2+2n_x\left(\frac{\partial n_x}{\partial z}\right)^2+4n_y\frac{\partial n_z}{\partial x}\frac{\partial n_z}{\partial y}\\
&-2n_y\frac{\partial n_z}{\partial x}\frac{\partial n_y}{\partial z}+4n_y\frac{\partial n_y}{\partial y}\frac{\partial n_y}{\partial x}+2n_y^2\frac{\partial^2 n_y}{\partial x\partial y}-4n_y\frac{\partial n_y}{\partial y}\frac{\partial n_x}{\partial y}-2n_y^2\frac{\partial^2 n_x}{\partial y^2}+2n_z\frac{\partial n_z}{\partial x}\frac{\partial n_y}{\partial y}\\
&+2n_zn_y\frac{\partial^2 n_z}{\partial x\partial y}-2n_z\frac{\partial n_y}{\partial y}\frac{\partial n_x}{\partial z}-2n_y\frac{\partial n_z}{\partial y}\frac{\partial n_x}{\partial z}-2n_zn_y\frac{\partial^2 n_x}{\partial y\partial z}+2n_x^2\frac{\partial^2 n_y}{\partial x\partial y}-2n_x^2\frac{\partial^2 n_x}{\partial y^2}
\end{aligned}$$

$$-2n_x\left(\frac{\partial n_z}{\partial y}\right)^2-2n_xn_z\frac{\partial^2 n_z}{\partial y^2}+4n_x\frac{\partial n_z}{\partial y}\frac{\partial n_y}{\partial z}+2n_xn_z\frac{\partial^2 n_y}{\partial y\partial z}+2n_y\frac{\partial n_z}{\partial z}\frac{\partial n_y}{\partial x}-2n_y\frac{\partial n_z}{\partial z}\frac{\partial n_x}{\partial y}$$

$$+2n_zn_y\frac{\partial^2 n_y}{\partial x\partial z}-2n_zn_y\frac{\partial^2 n_x}{\partial y\partial z}+4n_z\frac{\partial n_z}{\partial z}\frac{\partial n_z}{\partial x}+2n_z^2\frac{\partial^2 n_z}{\partial x\partial z}-4n_z\frac{\partial n_z}{\partial z}\frac{\partial n_x}{\partial z}-2n_2^2\frac{\partial^2 n_x}{\partial z^2}$$

$$+2n_x^2\frac{\partial^2 n_z}{\partial x\partial z}-4n_x\left(\frac{\partial n_x}{\partial z}\right)^2-2n_x^2\frac{\partial^2 n_x}{\partial z^2}+2n_xn_y\frac{\partial^2 n_z}{\partial y\partial z}-2n_x\left(\frac{\partial n_y}{\partial z}\right)^2-2n_xn_y\frac{\partial^2 n_y}{\partial z^2}\Big]$$

$$-\left[\Delta\varepsilon n_x\left(\frac{\partial V}{\partial x}\right)^2+\Delta\varepsilon n_y\frac{\partial V}{\partial y}\frac{\partial V}{\partial x}+\Delta\varepsilon n_z\frac{\partial V}{\partial x}\frac{\partial V}{\partial z}\right] \tag{2-25}$$

$$[F_g]_{ny}=-\frac{1}{2}k_{11}\left(2\frac{\partial^2 n_y}{\partial y^2}+2\frac{\partial^2 n_x}{\partial x\partial y}+2\frac{\partial^2 n_z}{\partial y\partial z}\right)+\frac{1}{2}k_{22}\Big[2n_y\left(\frac{\partial n_z}{\partial x}\right)^2+2n_y\left(\frac{\partial n_x}{\partial z}\right)^2-4n_x\frac{\partial n_z}{\partial x}\frac{\partial n_z}{\partial y}$$

$$+6n_x\frac{\partial n_z}{\partial y}\frac{\partial n_x}{\partial z}-4n_x\frac{\partial n_x}{\partial z}\frac{\partial n_y}{\partial z}-8n_y\frac{\partial n_z}{\partial x}\frac{\partial n_x}{\partial z}-4n_z\frac{\partial n_z}{\partial x}\frac{\partial n_y}{\partial x}+6n_x\frac{\partial n_z}{\partial x}\frac{\partial n_x}{\partial y}+2n_x\frac{\partial n_x}{\partial z}\frac{\partial n_y}{\partial x}$$

$$-4n_z\frac{\partial n_x}{\partial z}\frac{\partial n_x}{\partial y}-2n_z\frac{\partial n_x}{\partial x}\frac{\partial n_z}{\partial y}-2n_xn_z\frac{\partial^2 n_z}{\partial x\partial y}+2n_z\frac{\partial n_x}{\partial x}\frac{\partial n_y}{\partial z}+2n_x\frac{\partial n_y}{\partial z}\frac{\partial n_z}{\partial z}+2n_xn_z\frac{\partial^2 n_y}{\partial x\partial z}$$

$$+2n_y\left(\frac{\partial n_z}{\partial x}\right)^2+2n_yn_z\frac{\partial^2 n_z}{\partial x^2}-2n_yn_z\frac{\partial^2 n_x}{\partial x\partial z}-2n_z^2\frac{\partial^2 n_y}{\partial x^2}+2n_z^2\frac{\partial^2 n_x}{\partial x\partial y}$$

$$+2n_x^2\frac{\partial^2 n_z}{\partial y\partial z}-2n_x^2\frac{\partial^2 n_y}{\partial z^2}-2n_xn_y\frac{\partial^2 n_z}{\partial x\partial z}+2n_y\left(\frac{\partial n_x}{\partial z}\right)^2+2n_xn_y\frac{\partial^2 n_x}{\partial z^2}+2n_x\frac{\partial n_z}{\partial z}\frac{\partial n_y}{\partial x}$$

$$+2n_xn_y\frac{\partial^2 n_y}{\partial x\partial z}+2n_xn_z\frac{\partial^2 n_y}{\partial x\partial z}-2n_x\frac{\partial n_z}{\partial z}\frac{\partial n_x}{\partial y}-2n_xn_z\frac{\partial^2 n_x}{\partial y\partial z}\Big]+\frac{1}{2}k_{33}\Big[2n_y\left(\frac{\partial n_y}{\partial x}\right)^2$$

$$+2n_y\left(\frac{\partial n_x}{\partial y}\right)^2+2n_y\left(\frac{\partial n_y}{\partial z}\right)^2+2n_y\left(\frac{\partial n_z}{\partial y}\right)^2-2n_z\frac{\partial n_x}{\partial y}\frac{\partial n_z}{\partial x}+4n_z\frac{\partial n_x}{\partial z}\frac{\partial n_x}{\partial y}+4n_x\frac{\partial n_z}{\partial x}\frac{\partial n_z}{\partial y}$$

$$-2n_x\frac{\partial n_z}{\partial x}\frac{\partial n_y}{\partial z}-2n_x\frac{\partial n_z}{\partial y}\frac{\partial n_y}{\partial z}-4n_y\left(\frac{\partial n_y}{\partial x}\right)^2-2n_y^2\frac{\partial^2 n_y}{\partial x^2}+2n_y^2\frac{\partial^2 n_x}{\partial x\partial y}-2n_y\left(\frac{\partial n_z}{\partial x}\right)^2$$

$$-2n_zn_y\frac{\partial^2 n_z}{\partial x^2}+4n_y\frac{\partial n_z}{\partial x}\frac{\partial n_x}{\partial z}+2n_yn_z\frac{\partial^2 n_x}{\partial x\partial z}-4n_x\frac{\partial n_x}{\partial x}\frac{\partial n_y}{\partial x}-2n_x^2\frac{\partial^2 n_y}{\partial x^2}+4n_x\frac{\partial n_x}{\partial x}\frac{\partial n_x}{\partial x}$$

$$+2n_x^2\frac{\partial^2 n_x}{\partial x\partial y}+2n_z\frac{\partial n_x}{\partial x}\frac{\partial n_z}{\partial y}+2n_xn_z\frac{\partial^2 n_z}{\partial x\partial y}-2n_z\frac{\partial n_y}{\partial z}\frac{\partial n_x}{\partial x}-2n_xn_z\frac{\partial^2 n_y}{\partial x\partial z}-2n_x\frac{\partial n_z}{\partial z}\frac{\partial n_y}{\partial x}$$

$$-2n_z\frac{\partial n_x}{\partial z}\frac{\partial n_y}{\partial x}-2n_xn_z\frac{\partial^2 n_y}{\partial x\partial z}+2n_x\frac{\partial n_z}{\partial z}\frac{\partial n_x}{\partial y}-2n_xn_z\frac{\partial^2 n_x}{\partial y\partial z}+4n_z\frac{\partial n_z}{\partial z}\frac{\partial n_z}{\partial y}+2n_z^2\frac{\partial^2 n_z}{\partial y\partial z}$$

$$-4n_z\frac{\partial n_z}{\partial z}\frac{\partial n_y}{\partial z}-2n_z^2\frac{\partial^2 n_y}{\partial z^2}+2n_xn_y\frac{\partial^2 n_z}{\partial x\partial z}-2n_y\left(\frac{\partial n_x}{\partial z}\right)^2-2n_xn_y\frac{\partial^2 n_x}{\partial z^2}+2n_y^2\frac{\partial^2 n_z}{\partial y\partial z}$$

$$-4n_y\left(\frac{\partial n_y}{\partial z}\right)^2-2n_y^2\frac{\partial^2 n_y}{\partial z^2}\Big]-\Delta\varepsilon n_x\frac{\partial V}{\partial y}\frac{\partial V}{\partial x}-\Delta\varepsilon n_y\left(\frac{\partial V}{\partial y}\right)^2-\Delta\varepsilon n_z\frac{\partial V}{\partial z}\frac{\partial V}{\partial y} \tag{2-26}$$

$$[F_g]_{nz}=-k_{11}\left(\frac{\partial^2 n_z}{\partial z^2}+\frac{\partial^2 n_x}{\partial x\partial z}+\frac{\partial^2 n_y}{\partial y\partial z}\right)+\frac{1}{2}k_{22}\Big[2n_z\left(\frac{\partial n_y}{\partial x}\right)^2+2n_z\left(\frac{\partial n_x}{\partial y}\right)^2+2n_x\frac{\partial n_z}{\partial y}\frac{\partial n_y}{\partial x}$$

$$-4n_x\frac{\partial n_x}{\partial y}\frac{\partial n_z}{\partial y}-4n_x\frac{\partial n_y}{\partial x}\frac{\partial n_y}{\partial z}+6n_x\frac{\partial n_y}{\partial z}\frac{\partial n_x}{\partial y}-4n_y\frac{\partial n_y}{\partial x}\frac{\partial n_z}{\partial x}+2n_y\frac{\partial n_z}{\partial x}\frac{\partial n_x}{\partial y}+6n_y\frac{\partial n_x}{\partial z}\frac{\partial n_y}{\partial x}$$

$$-4n_y\frac{\partial n_x}{\partial y}\frac{\partial n_x}{\partial z}-8n_z\frac{\partial n_y}{\partial x}\frac{\partial n_x}{\partial y}+2n_y\frac{\partial n_x}{\partial x}\frac{\partial n_z}{\partial y}+2n_xn_y\frac{\partial^2 n_z}{\partial x\partial y}-2n_y\frac{\partial n_x}{\partial x}\frac{\partial n_y}{\partial z}-2n_xn_y\frac{\partial^2 n_y}{\partial x\partial z}$$

$$
\begin{aligned}
&-2n_y^2\frac{\partial^2 n_z}{\partial x^2}+2n_y^2\frac{\partial^2 n_x}{\partial x\partial z}+2n_z\left(\frac{\partial n_y}{\partial x}\right)^2+2n_yn_z\frac{\partial^2 n_y}{\partial x^2}-2n_yn_z\frac{\partial^2 n_x}{\partial x\partial y}-2n_x^2\frac{\partial^2 n_z}{\partial y^2}\\
&+2n_x^2\frac{\partial^2 n_y}{\partial y\partial z}+2n_x\frac{\partial n_y}{\partial y}\frac{\partial n_z}{\partial x}+2n_xn_y\frac{\partial^2 n_z}{\partial x\partial y}-2n_x\frac{\partial n_y}{\partial y}\frac{\partial n_x}{\partial z}-2n_xn_y\frac{\partial^2 n_x}{\partial y\partial z}\\
&-2n_xn_z\frac{\partial^2 n_y}{\partial y\partial z}+2n_z\left(\frac{\partial n_x}{\partial y}\right)^2+2n_xn_z\frac{\partial^2 n_x}{\partial y^2}\Bigg]+\frac{1}{2}k_{33}\Bigg[2n_z\left(\frac{\partial n_z}{\partial x}\right)^2+2n_z\left(\frac{\partial n_x}{\partial z}\right)^2\\
&+2n_z\left(\frac{\partial n_z}{\partial y}\right)^2+2n_z\left(\frac{\partial n_y}{\partial z}\right)^2-2n_y\frac{\partial n_y}{\partial x}\frac{\partial n_x}{\partial z}-2n_y\frac{\partial n_x}{\partial y}\frac{\partial n_z}{\partial x}+4n_y\frac{\partial n_x}{\partial y}\frac{\partial n_x}{\partial z}-2n_x\frac{\partial n_y}{\partial x}\frac{\partial n_z}{\partial y}\\
&+4n_x\frac{\partial n_y}{\partial x}\frac{\partial n_y}{\partial z}-2n_x\frac{\partial n_x}{\partial y}\frac{\partial n_y}{\partial z}-2n_z\left(\frac{\partial n_y}{\partial x}\right)^2-2n_yn_z\frac{\partial^2 n_y}{\partial x^2}+4n_z\frac{\partial n_y}{\partial x}\frac{\partial n_x}{\partial y}+2n_yn_z\frac{\partial^2 n_x}{\partial x\partial y}\\
&-4n_z\left(\frac{\partial n_z}{\partial x}\right)^2-2n_z^2\frac{\partial^2 n_z}{\partial x^2}+2n_z^2\frac{\partial^2 n_x}{\partial x\partial z}-4n_x\frac{\partial n_x}{\partial x}\frac{\partial n_z}{\partial x}-2n_x^2\frac{\partial^2 n_z}{\partial x^2}+4n_x\frac{\partial n_x}{\partial x}\frac{\partial n_x}{\partial z}\\
&+2n_x^2\frac{\partial^2 n_x}{\partial x\partial z}-2n_y\frac{\partial n_x}{\partial x}\frac{\partial n_z}{\partial y}-2n_xn_y\frac{\partial^2 n_z}{\partial x\partial y}+2n_y\frac{\partial n_x}{\partial x}\frac{\partial n_y}{\partial z}+2n_xn_y\frac{\partial^2 n_y}{\partial x\partial z}+2n_xn_z\frac{\partial^2 n_y}{\partial x\partial y}\\
&-2n_z\left(\frac{\partial n_x}{\partial y}\right)^2-2n_xn_z\frac{\partial^2 n_x}{\partial y^2}-4n_z\left(\frac{\partial n_z}{\partial y}\right)^2-2n_z^2\frac{\partial^2 n_z}{\partial y^2}+2n_z^2\frac{\partial^2 n_y}{\partial y\partial z}-2n_x\frac{\partial n_y}{\partial y}\frac{\partial n_z}{\partial x}\\
&-2n_xn_y\frac{\partial^2 n_z}{\partial x\partial y}+2n_x\frac{\partial n_y}{\partial y}\frac{\partial n_x}{\partial z}+2n_xn_y\frac{\partial^2 n_x}{\partial y\partial z}-4n_y\frac{\partial n_y}{\partial y}\frac{\partial n_z}{\partial y}-2n_y^2\frac{\partial^2 n_z}{\partial y^2}+4n_y\frac{\partial n_y}{\partial y}\frac{\partial n_y}{\partial z}\\
&+2n_y^2\frac{\partial^2 n_y}{\partial y\partial z}\Bigg]-\Delta\varepsilon n_x\frac{\partial V}{\partial z}\frac{\partial V}{\partial x}-\Delta\varepsilon n_y\frac{\partial V}{\partial y}\frac{\partial V}{\partial z}-\Delta\varepsilon n_z\left(\frac{\partial V}{\partial z}\right)^2
\end{aligned}
\tag{2-27}
$$

对式(2-23)进行时域差分,则有

$$
\frac{\mathrm{d}n_i}{\mathrm{d}t}=\frac{n_i^{t+\Delta t}-n_i^t}{\Delta t}
\tag{2-28}
$$

可得

$$
n_i^{t+\Delta t}=n_i^t-\frac{\Delta t}{\gamma}[F_g]_{n_i},\quad i=x,y,z
\tag{2-29}
$$

直接利用高斯定理求解液晶层的电势,有

$$
\nabla\cdot\boldsymbol{D}=0
\tag{2-30}
$$

结合式(2-15)和式(2-16),有

$$
\begin{aligned}
&\varepsilon_{\perp}\frac{\partial^2 V}{\partial x^2}+\varepsilon_{\perp}\frac{\partial^2 V}{\partial y^2}+\varepsilon_{\perp}\frac{\partial^2 V}{\partial z^2}+\Delta\varepsilon\Bigg(2n_x\frac{\partial V}{\partial x}\frac{\partial n_x}{\partial x}+n_x^2\frac{\partial^2 V}{\partial x^2}+n_y\frac{\partial V}{\partial y}\frac{\partial n_x}{\partial x}+n_x\frac{\partial V}{\partial y}\frac{\partial n_y}{\partial x}+\\
&n_xn_y\frac{\partial^2 V}{\partial x\partial y}+n_z\frac{\partial V}{\partial z}\frac{\partial n_x}{\partial x}+n_x\frac{\partial V}{\partial z}\frac{\partial n_z}{\partial x}+n_xn_z\frac{\partial^2 V}{\partial x\partial z}+n_y\frac{\partial V}{\partial x}\frac{\partial n_x}{\partial y}+n_x\frac{\partial V}{\partial z}\frac{\partial n_z}{\partial x}+n_xn_z\frac{\partial^2 V}{\partial x\partial z}+\\
&n_z\frac{\partial V}{\partial z}\frac{\partial n_x}{\partial x}+n_x\frac{\partial V}{\partial x}\frac{\partial n_y}{\partial y}+n_xn_y\frac{\partial^2 V}{\partial x\partial y}+2n_y\frac{\partial V}{\partial y}\frac{\partial n_y}{\partial y}+n_y^2\frac{\partial^2 V}{\partial y^2}+n_z\frac{\partial V}{\partial z}\frac{\partial n_y}{\partial y}+n_z\frac{\partial V}{\partial z}\frac{\partial n_z}{\partial y}+\\
&n_zn_y\frac{\partial^2 V}{\partial z\partial y}+n_z\frac{\partial V}{\partial x}\frac{\partial n_x}{\partial z}+n_x\frac{\partial V}{\partial x}\frac{\partial n_z}{\partial z}+n_xn_z\frac{\partial^2 V}{\partial x\partial z}+n_z\frac{\partial V}{\partial y}\frac{\partial n_y}{\partial z}+n_y\frac{\partial V}{\partial y}\frac{\partial n_z}{\partial z}+n_zn_y\frac{\partial^2 V}{\partial z\partial y}+\\
&2n_z\frac{\partial V}{\partial z}\frac{\partial n_z}{\partial z}+n_z^2\frac{\partial^2 V}{\partial z^2}\Bigg)=0
\end{aligned}
\tag{2-31}
$$

通常情况下，进行求解运算应先给定一个指向矢初始分布，然后通过式(2-31)求解初始分布下的电场分布，再通过式(2-25)～式(2-30)求解下一时刻的指向矢分布，进一步由新的指向矢分布求解电场分布。不断循环求解，最后状态收敛于平衡态下的指向矢空间分布。

2.3.1 迭代方程组数值化

对液晶指向矢求解时，首先将三维形态的液晶层划分为空间格点，然后将上述方程数值化差分，求解每一个点的指向矢的方向和电势值。在目前条件下，有限差分法已成为一种运用较为成熟的方法。此方法可将微分方程转化为代数方程组，再借助计算机进行数值求解。我们基于有限差分法，采用中心差分公式：

$$
\begin{aligned}
\frac{\partial f}{\partial x}&=\frac{1}{2}\frac{f(i+1,j,k)-f(i-1,j,k)}{\Delta x}\\
\frac{\partial f}{\partial y}&=\frac{1}{2}\frac{f(i,j+1,k)-f(i,j-1,k)}{\Delta y}\\
\frac{\partial f}{\partial z}&=\frac{1}{2}\frac{f(i,j,k+1)-f(i,j,k-1)}{\Delta z}
\end{aligned}
\tag{2-32}
$$

$$
\begin{aligned}
\frac{\partial^2 f}{\partial x^2}&=\frac{f(i+1,j,k)+f(i-1,j,k)-2f(i,j,k)}{(\Delta x)^2}\\
\frac{\partial^2 f}{\partial y^2}&=\frac{f(i,j+1,k)+f(i,j-1,k)-2f(i,j,k)}{(\Delta y)^2}\\
\frac{\partial^2 f}{\partial z^2}&=\frac{f(i,j,k+1)+f(i,j,k-1)-2f(i,j,k)}{(\Delta z)^2}
\end{aligned}
\tag{2-33}
$$

$$
\begin{aligned}
\frac{\partial^2 f}{\partial x\partial y}&=\frac{1}{4}\frac{f(i+1,j+1,k)+f(i-1,j-1,k)-f(i-1,j+1,k)-f(i+1,j-1,k)}{\Delta x\Delta y}\\
\frac{\partial^2 f}{\partial z\partial y}&=\frac{1}{4}\frac{f(i,j+1,k+1)+f(i,j-1,k-1)-f(i,j+1,k-1)-f(i,j-1,k+1)}{\Delta y\Delta z}\\
\frac{\partial^2 f}{\partial x\partial z}&=\frac{1}{4}\frac{f(i+1,j,k+1)+f(i-1,j,k-1)-f(i-1,j,k+1)-f(i+1,j,k-1)}{\Delta x\Delta z}
\end{aligned}
\tag{2-34}
$$

式中：Δx、Δy 和 Δz 分别为沿 x、y 和 z 轴方向划分的相邻格点间距；f 分别为仿真过程中指向矢 $\boldsymbol{n}$ 在 x、y 和 z 轴方向上的分量 n_x、n_y、n_z 及电势 V。将式(2-32)～式(2-34)代入式(2-24)～式(2-31)，可得到关于 n_x、n_y、n_z 及电势 V 的代数方程组，再利用计算机求解便可得到相应数值解。

2.3.2 边界条件

程序的运行过程需要考虑边界条件。由于液晶层已划分为格点，因此，计算每个格点的指向矢和电势时，需要利用相邻格点的值。在边界上由于缺少用于计算的有效格点，故需要设定边界条件。对于指向矢而言，电极板处的液晶分子锚定在边界处为定值。为方便计算，电位延迟角初始值取为经验值 2°，对于边界上的格点，利用周期性边界条件进行计算。如图2-10所示，图中仅给出了二维单元节点情形，将区域内部的点（$x=3$，$y=3$）对 x 微分，可直接由点（2，3）和点（4，3）求解计算。边界点（0，1）可认为与点（6，1）等价。因此，将点（0，1）对 x 的微分，可由点（1，1）和点（5，1）求解计算。

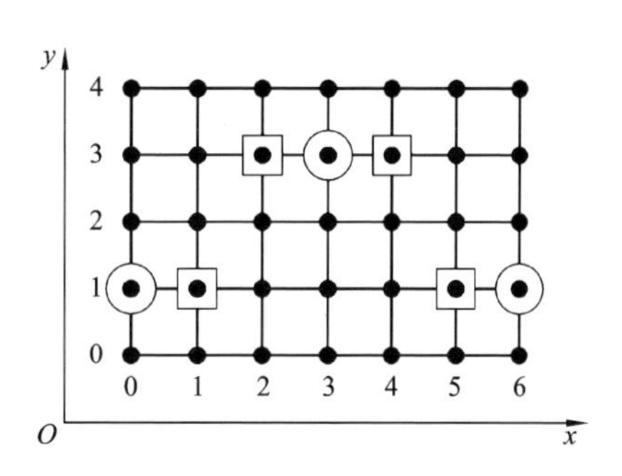

图 2-10　利用周期性边界条件计算边界点

计算液晶层中的电势分布同样可采用周期性边界条件。对于边界上的格点，如果所设计的上极板为图案电极，下极板为普通平板电极，则可取下边界格点电势为 0，上边界格点电势在有电极（如 ITO 电极）处为信号电压值。无电极的边界条件如下所述。

在如图 2-11 所示的液晶微光学结构中，上、下电极构成了典型的玻璃基极板间的电场激励架构。由常规的高斯定理可知，在无净电荷存在的条件下，电位移矢量 $\boldsymbol{D}$ 在边界上连续。在无电极区域有

$$\boldsymbol{D}_z^{\mathrm{LC}}=-\varepsilon_0\left(\boldsymbol{\varepsilon}_{zx}\frac{\partial V}{\partial x}+\boldsymbol{\varepsilon}_{zz}\frac{\partial V}{\partial z}\right) \tag{2-35}$$

$$\boldsymbol{D}_z^{\mathrm{glass}}=-\varepsilon_0\left(\boldsymbol{\varepsilon}_{\mathrm{glass}}\frac{\partial V}{\partial z}\right) \tag{2-36}$$

$$\boldsymbol{D}_z^{\mathrm{glass}}=\boldsymbol{D}_z^{\mathrm{LC}} \tag{2-37}$$

式中：$\boldsymbol{\varepsilon}_{zx}$ 和 $\boldsymbol{\varepsilon}_{zz}$ 分别为对应式（2-15）的液晶介电张量。通常情况下，把无穷远处的电势设为 0。为了在有限区域内进行计算，基于经验取 4 倍于液晶层厚度 d 处的 $\mathrm{d}V/\mathrm{d}z$ 为 0。

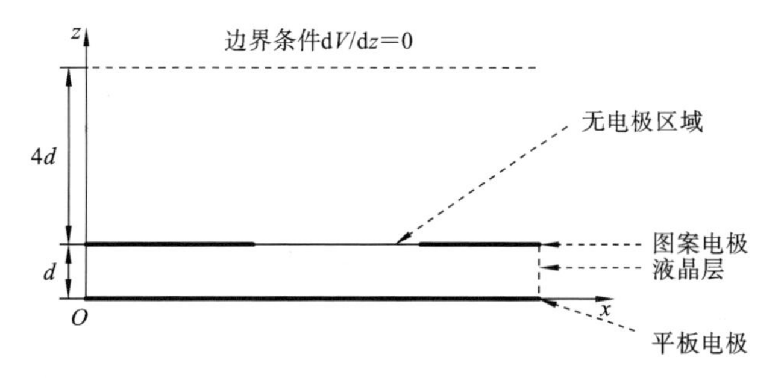

图 2-11　电势/电压边界条件

2.3.3　程序流程图

构建液晶微光学结构的程序流程图如图 2-12 所示，首先对结构参数赋初值，包括液晶基本参数、液晶指向矢初始分布、电势初始分布、液晶微光学结构的特征结构

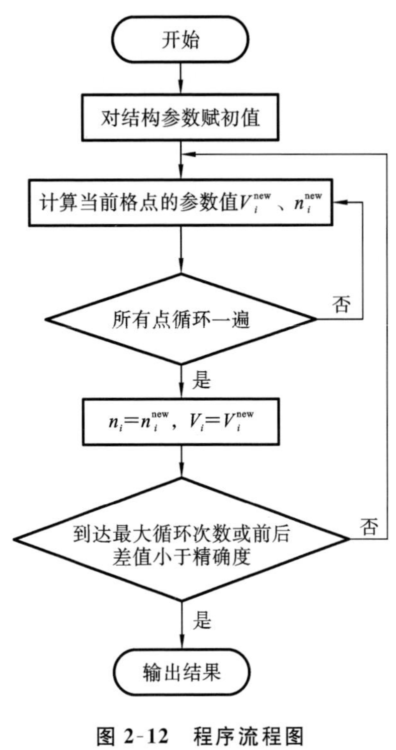

图 2-12 程序流程图

尺寸、格点数及电极图案等。能否合理设定初值,将直接影响程序的收敛性和收敛速度。

指向矢的初始分布的取向一般都一致,与边界上受强锚定的取向相一致,目前在程序中为 2°(经验值)。电势初始分布值一般为 0,也可计算电势分布,然后以计算结果作为电势初始分布值。对于液晶微光学结构的特征结构尺寸和格点划分而言,如果特征结构尺寸一定,格点划分越多,计算结果越精确,计算耗时也会越长。考虑到液晶微光学结构的工艺条件和参数指标情况,一般不将格点划分得过细。针对图案电极,基于所绘制的图案结构,利用如 Matlab 软件工具来读取图像函数,将获得的数值信息作为初值。在此过程中,应考虑图像分辨率与所划分的格点密度间的关系。针对如何适当选取时间间隔问题,考虑到张弛法所描述的是液晶分子的一个动态变化过程,时间间隔和循环次数的乘积应大体反映液晶的相应特征。一般而言,若取值较小,则程序计算缓慢;若取值过大,则常会导致程序不易收敛。合理做法是:针对液晶微光学结构的电极特征,应适度调节时间间隔来保证程序快速收敛。

完成初值设定后,建立差分化解析关系,计算各格点的指向矢 $\boldsymbol{n}$ 的分量值及电势 V。再以计算值为新的初值代入方程组来获得新的结果,接着以第二次结果为初值代入解析关系计算。如此反复循环,进行多次迭代计算,直到后续的两次迭代间,格点指向矢 $\boldsymbol{n}$ 的各分量及电势 V 的相对变化小于 10^{-6}(经验值)为止,结束计算。

2.3.4 仿真架构

仿真计算选取德国 Merck 公司的 E44 型向列相液晶作为液晶微光学结构中的控光材料,其关键参数为:展曲弹性系数 $K_{11}=15.5\times10^{-12}$ N,扭曲弹性系数 $K_{22}=13.0\times10^{-12}$ N,弯曲弹性系数 $K_{33}=28.0\times10^{-12}$ N,水平介电常数 $\varepsilon_{/\!/}=22.0\varepsilon_0$,垂直介电常数 $\varepsilon_{\perp}=5.2\varepsilon_0$,其中的 ε_0 为真空介电常数。选择入射光的波长为 0.633 μm,针对不同图案电极的仿真情形如下。

选用不同图案构造电极,通过仿真计算得到液晶指向矢、电势和相位延迟角分布,如图 2-13～图 2-22 所示。为了突出显示液晶指向矢分布,一般取液晶微光学结构的侧剖面和横截面以给出指向矢的投影分布。电势分布则仅给出一个典型的液晶层的局部横截面上的分布情形。在仿真过程中，图 2-7 所示的液晶微光学结构被划分成 101×101×26 个格点，在 x 和 y 轴方向上的长度均为 400 μm，液晶层厚度为 25 μm，在上、下电极上所加载的信号均方根电压 V_{rms} 为 5 V。电极图形中的黑色部分表示有电极(如典型的 ITO 电极)分布，白色部分表示无电极分布。

由图 2-13～图 2-22 所示的仿真结果可见，针对不同的电极图案形态，在液晶层内可形成形态各异的空间电场分布。在所激励的空间电场作用下，液晶指向矢的分布行为将随激励电场情况的不同而改变。在均方根电压为 5 V 的信号驱动下，在有电极(如 ITO 电极)区域，液晶指向矢基本被拉直且沿着或趋向电场方向排列。在无电极区域，液晶指向矢分布基本保持不变。因此，在图案电极作用下，液晶层内的非常光折射率将会发生显著变化。由相位延迟角分布的仿真计算可见，由复杂图案电极驱控的液晶微光学结构，显示了一定的相位调节效能。

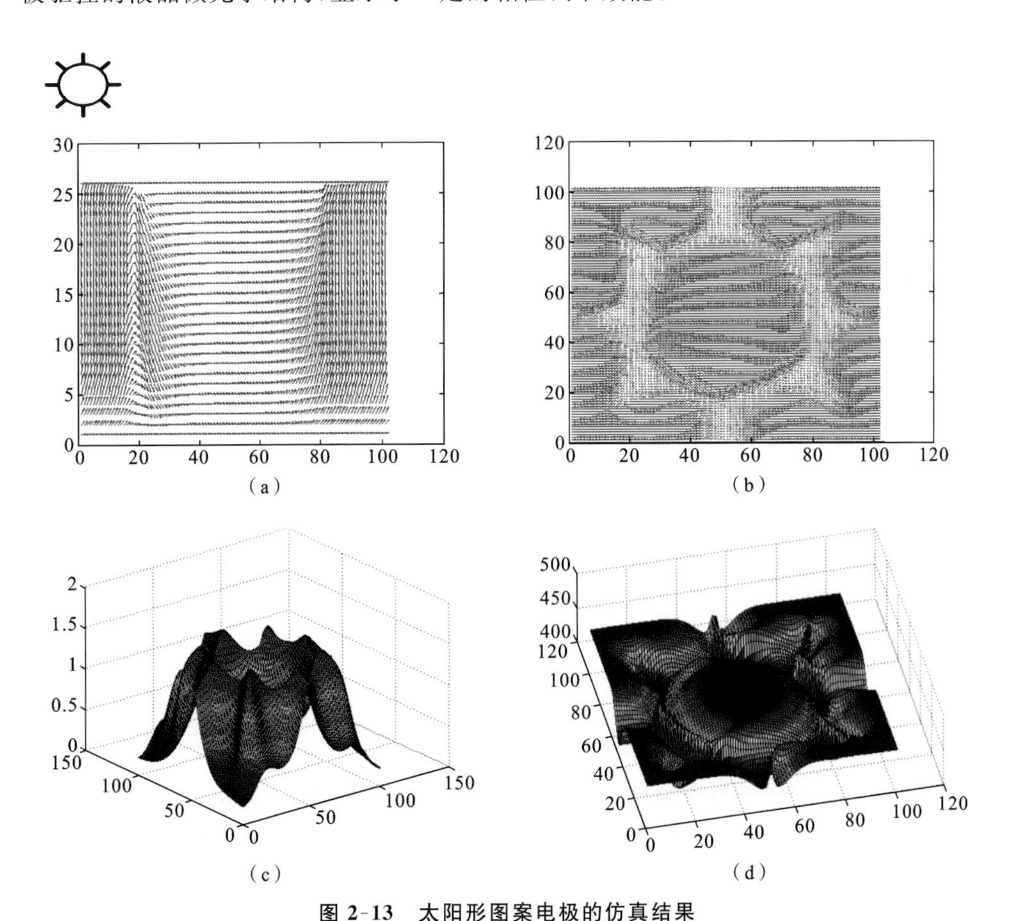

图 2-13　太阳形图案电极的仿真结果

(a) y-z(x=200 μm)平面内液晶指向矢分布；(b) x-y(z=10 μm)平面内液晶指向矢分布；(c) x-y(z=10 μm)平面内电势分布；(d) 相位延迟角分布

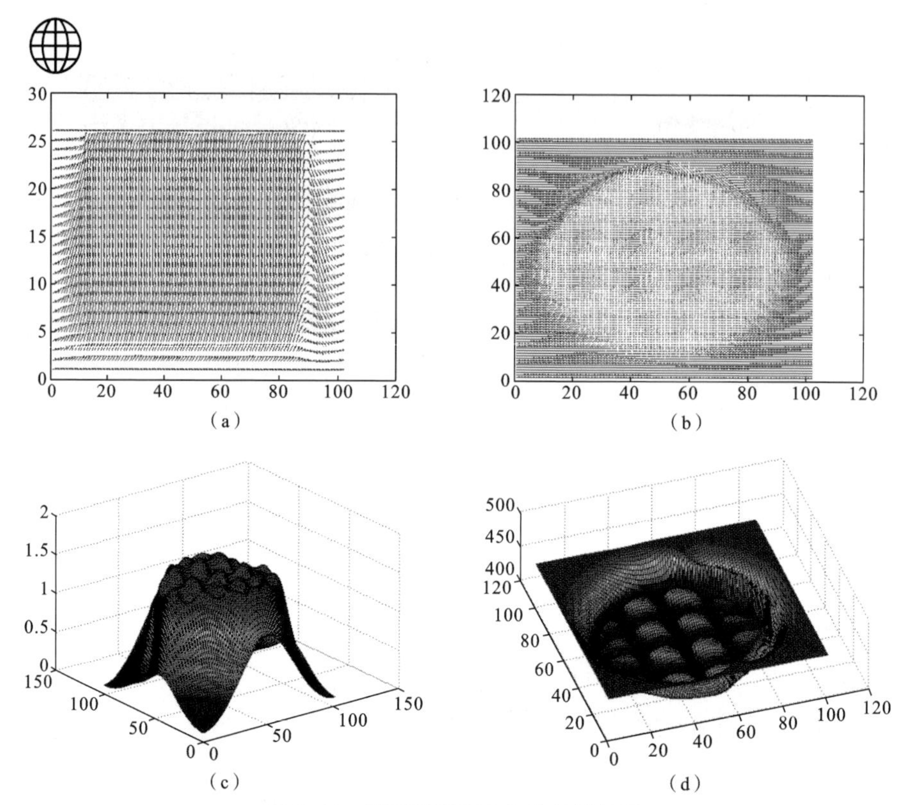

图 2-14　地球形图案电极的仿真结果

(a) y-z(x=200 μm)平面内液晶指向矢分布；(b) x-y(z=10 μm)平面内液晶指向矢分布；
(c) x-y(z=10 μm)平面内电势分布；(d) 相位延迟角分布

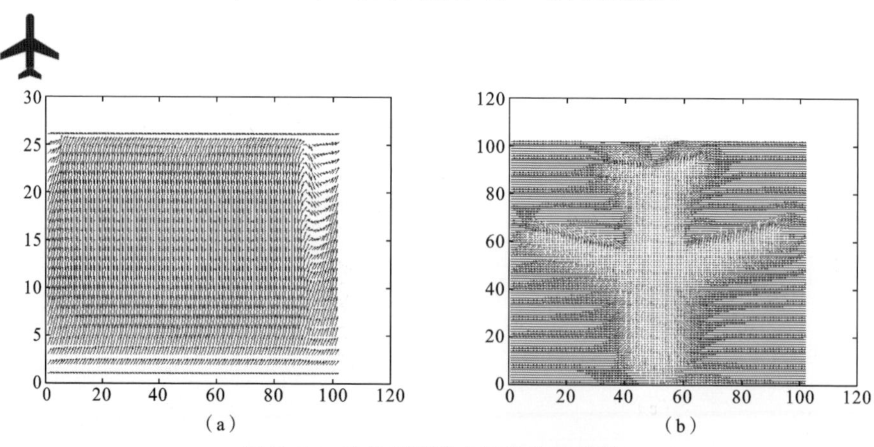

图 2-15　飞机形图案电极的仿真结果

(a) y-z(x=200 μm)平面内液晶指向矢分布；(b) x-y(z=10 μm)平面内液晶指向矢分布；
(c) x-y(z=10 μm)平面内电势分布；(d) 相位延迟角分布

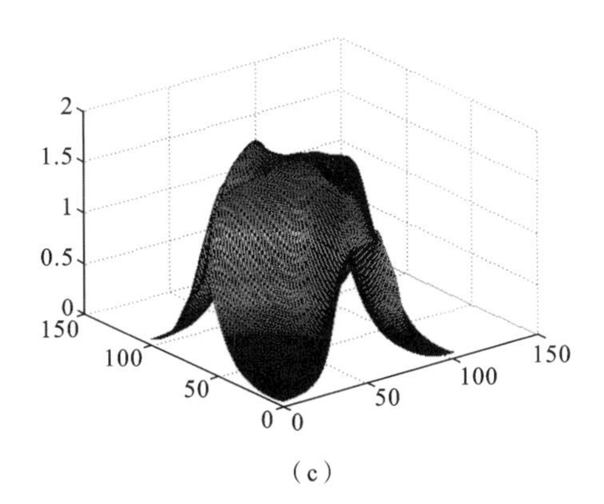

(c)

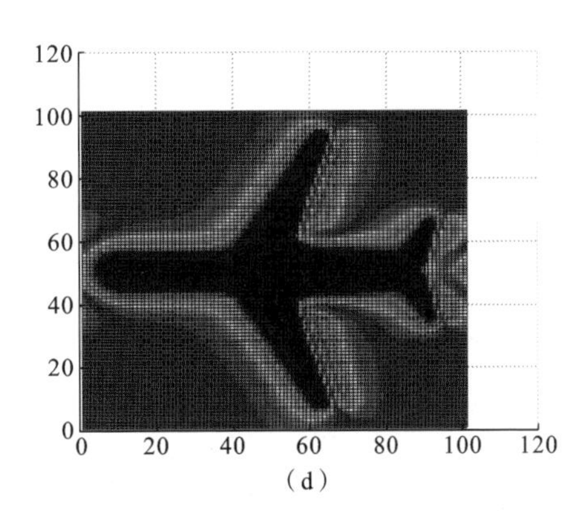

(d)

续图 2-15

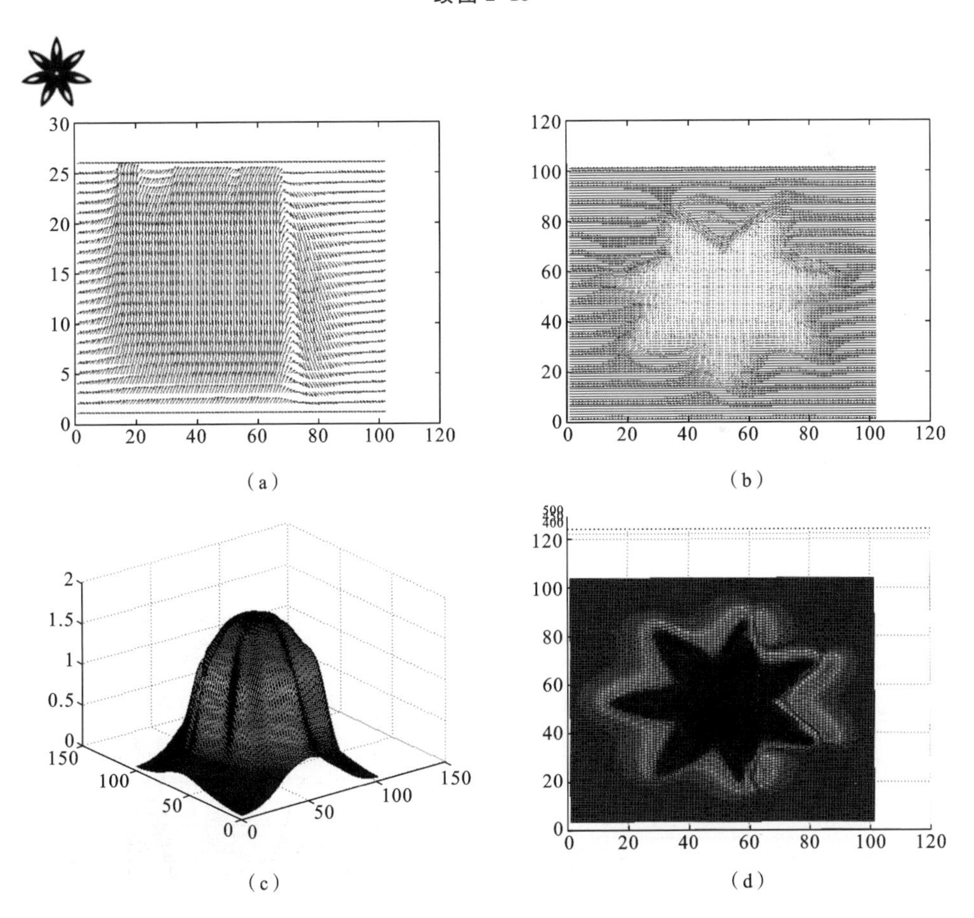

图 2-16 花朵形图案电极的仿真结果

(a) y-z(x=200 μm)平面内液晶指向矢分布;(b) x-y(z=10 μm)平面内液晶指向矢分布;

(c) x-y(z=10 μm)平面内电势分布;(d) 相位延迟角分布

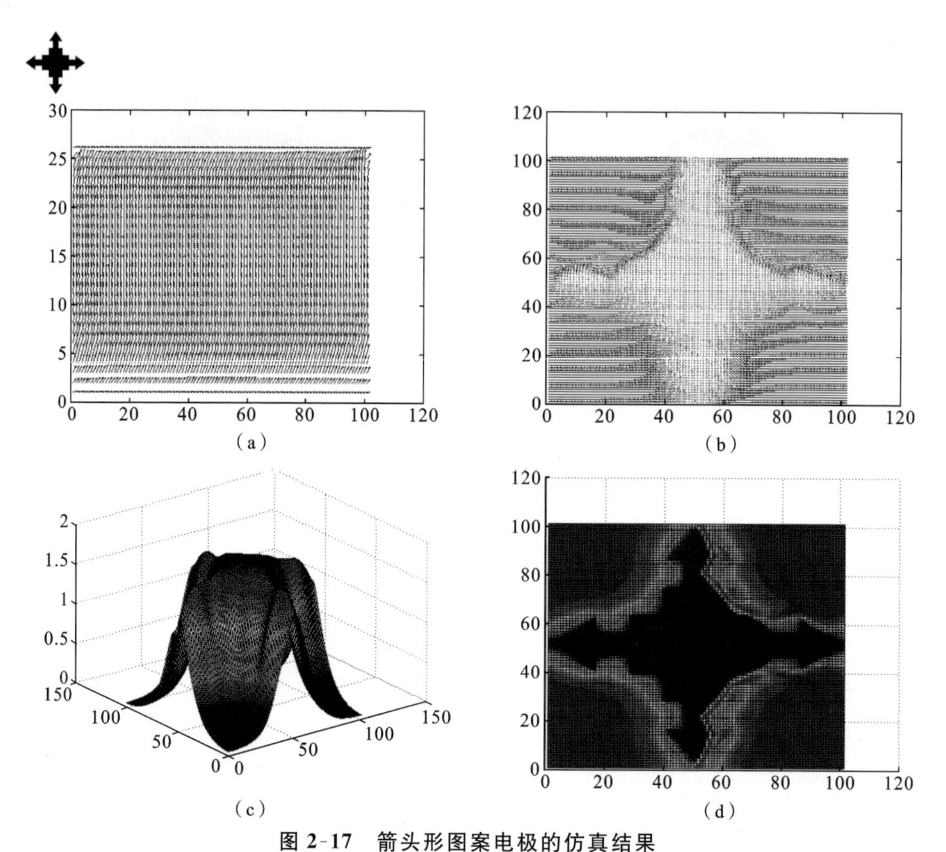

图 2-17 箭头形图案电极的仿真结果

(a) y-z(x=200 μm)平面内液晶指向矢分布；(b) x-y(z=10 μm)平面内液晶指向矢分布；(c) x-y(z=10 μm)平面内电势分布；(d) 相位延迟角分布

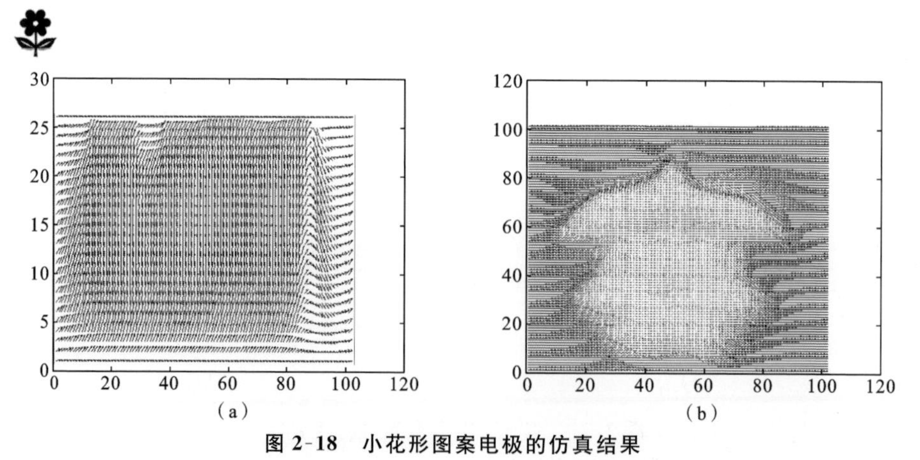

图 2-18 小花形图案电极的仿真结果

(a) y-z(x=200 μm)平面内液晶指向矢分布；(b) x-y(z=10 μm)平面内液晶指向矢分布；(c) x-y(z=10 μm)平面内电势分布；(d) 相位延迟角分布

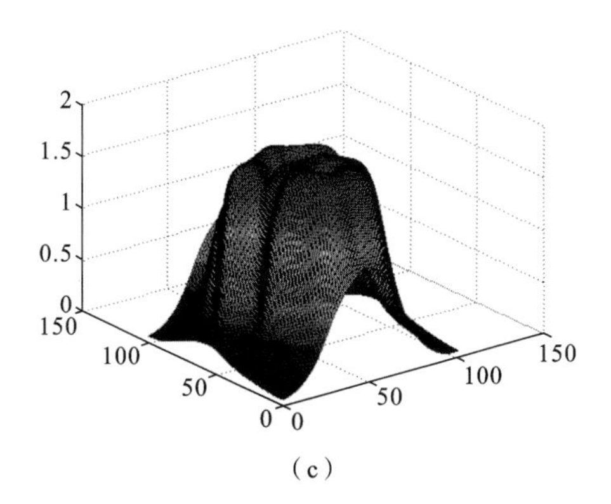

(c)

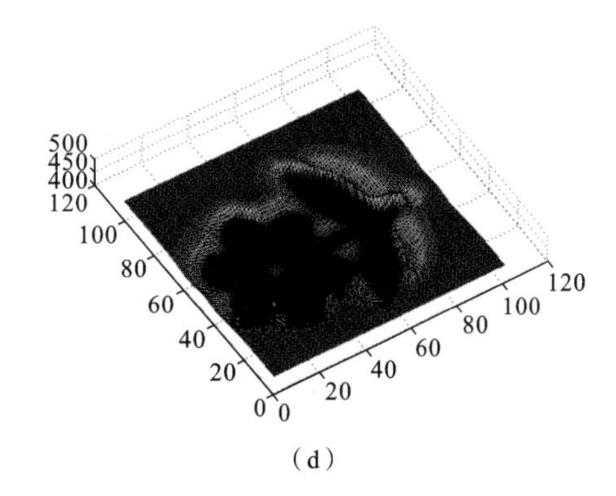

(d)

续图 2-18

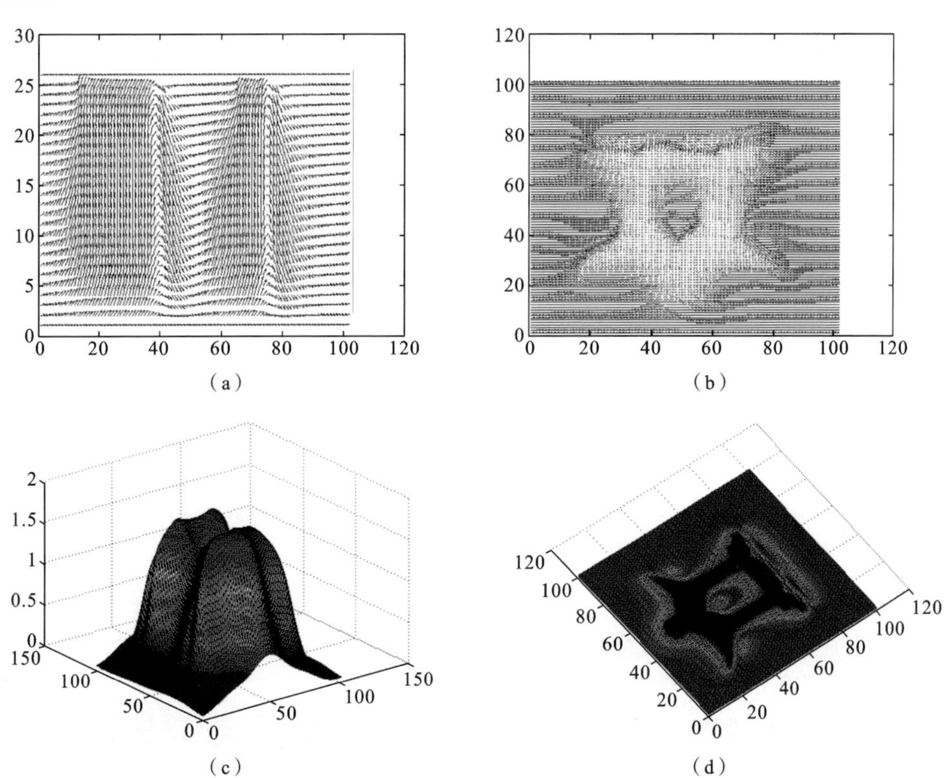

(a) (b) (c) (d)

图 2-19 亭子形图案电极的仿真结果

(a) y-z(x=200 μm)平面内液晶指向矢分布;(b) x-y(z=10 μm)平面内液晶指向矢分布;(c) x-y(z=10 μm)平面内电势分布;(d) 相位延迟角分布

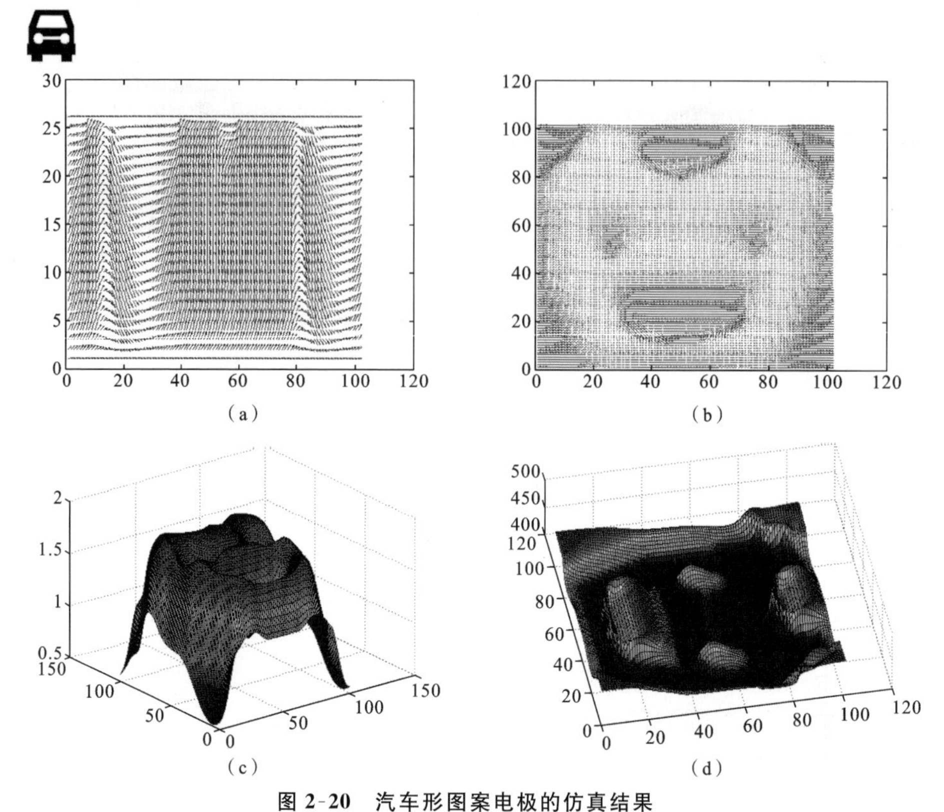

图 2-20　汽车形图案电极的仿真结果

(a) y-z(x=200 μm)平面内液晶指向矢分布；(b) x-y(z=10 μm)平面内液晶指向矢分布；(c) x-y(z=10 μm)平面内电势分布；(d) 相位延迟角分布

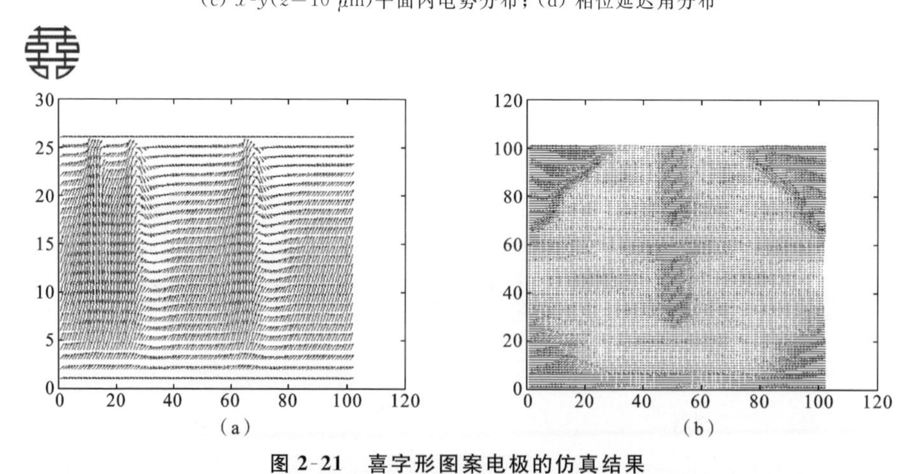

图 2-21　喜字形图案电极的仿真结果

(a) y-z(x=200 μm)平面内液晶指向矢分布；(b) x-y(z=10 μm)平面内液晶指向矢分布；(c) x-y(z=10 μm)平面内电势分布；(d) 相位延迟角分布

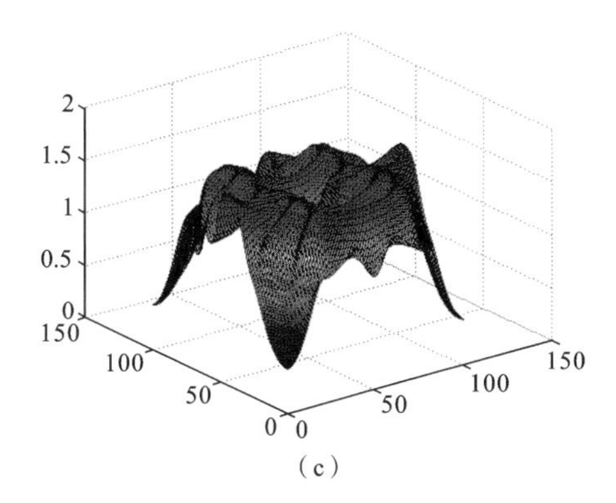

(c)

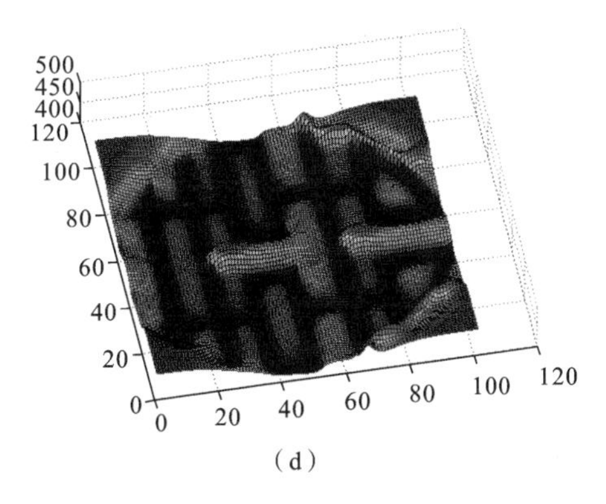

(d)

续图 2-21

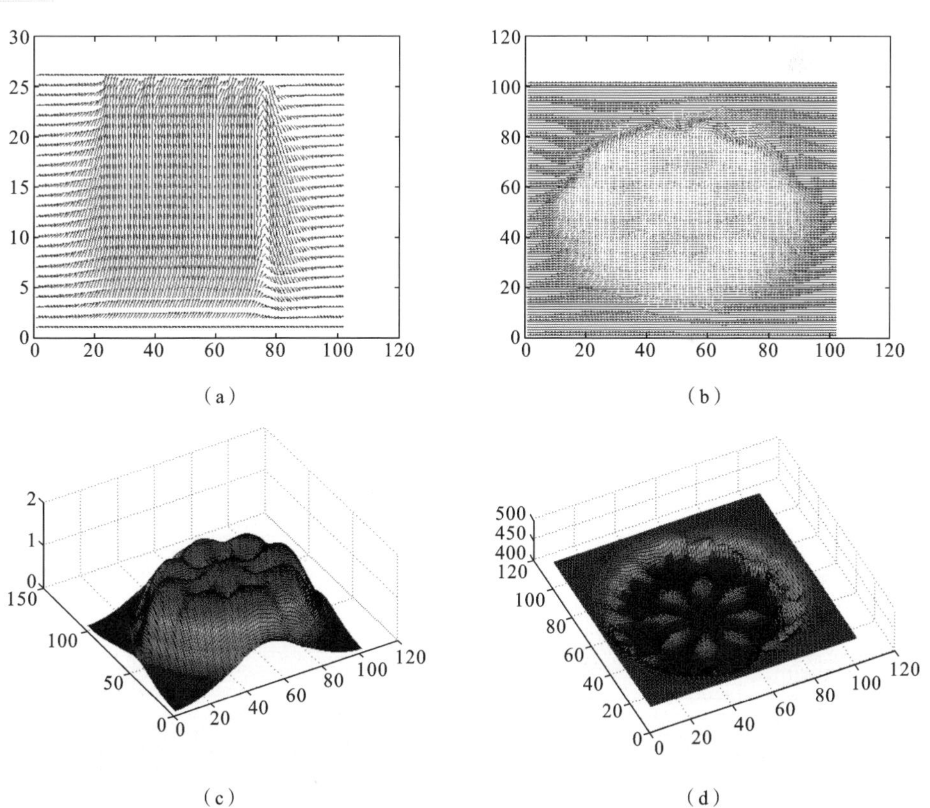

图 2-22　雪花形图案电极的仿真结果

(a) y-z(x=200 μm)平面内液晶指向矢分布；(b) x-y(z=10 μm)平面内液晶指向矢分布；
(c) x-y(z=10 μm)平面内电势分布；(d) 相位延迟角分布

相同的图案电极加载不同信号均方根电压的仿真情形如下。

对于结构形态不同的图案电极，由于格点划分越细计算越精确，相关人员将采用较为简单的极板图案电极。将如图 2-7 所示的液晶微光学结构划分为 51×51×15 个格点，在 x 和 y 轴方向上的长度为 200 μm，液晶层厚度为 14 μm，所加载的信号均方根电压分别为 1 V、3 V 和 5 V，各图案电极仿真形成的指向矢分布如图 2-23～图 2-27 所示。电极图形中的黑色部分表示有电极（如 ITO 电极）分布，白色部分表示无电极分布。

由图 2-23～图 2-27 的仿真结果可见，在不同的信号均方根电压作用下，液晶层内可形成具有不同形态特征的指向矢分布。当信号均方根电压为 1 V 时，指向矢分布和初始情况的基本相同，未出现明显改变。当信号均方根电压升高到 3 V 时，指向矢分布开始变化，逐渐向外加电场方向偏摆。当信号均方根电压增大到 5 V 时，有电极（如 ITO 电极）覆盖的区域，指向矢基本拉直，并沿着或趋向电场方向排布。无电

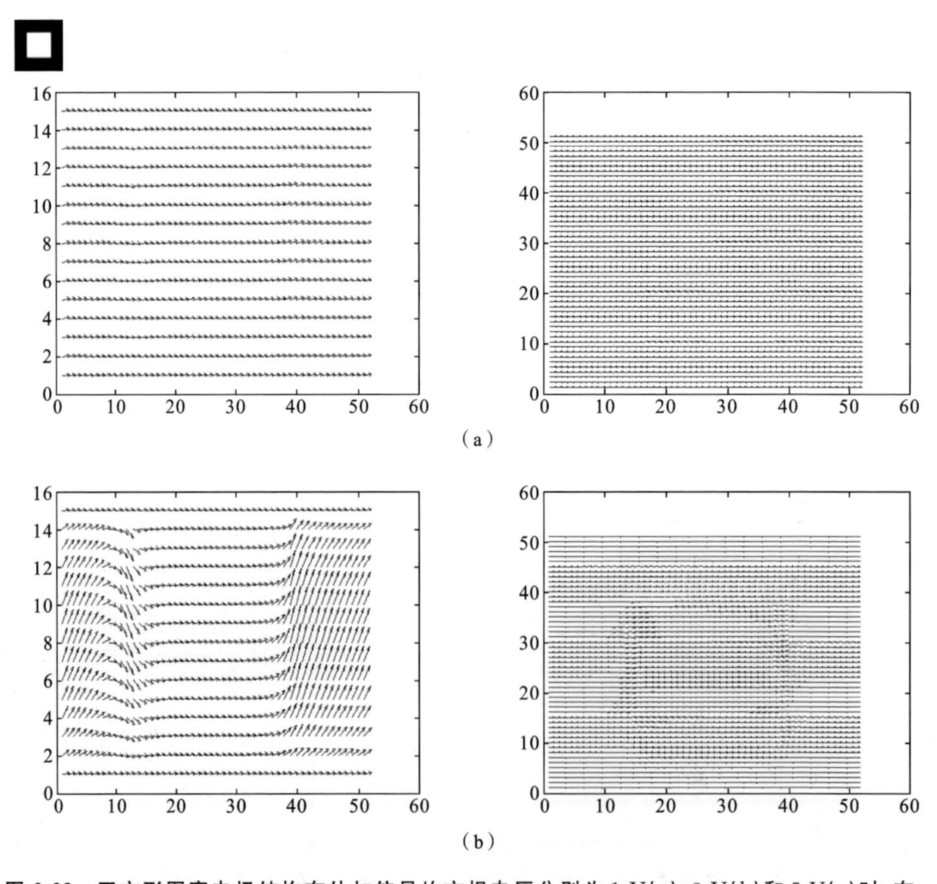

图 2-23　正方形图案电极结构在外加信号均方根电压分别为 1 V(a)、3 V(b)和 5 V(c)时，在 y-z(x=100 μm)平面和 x-y(z=7 μm)平面内的指向矢分布

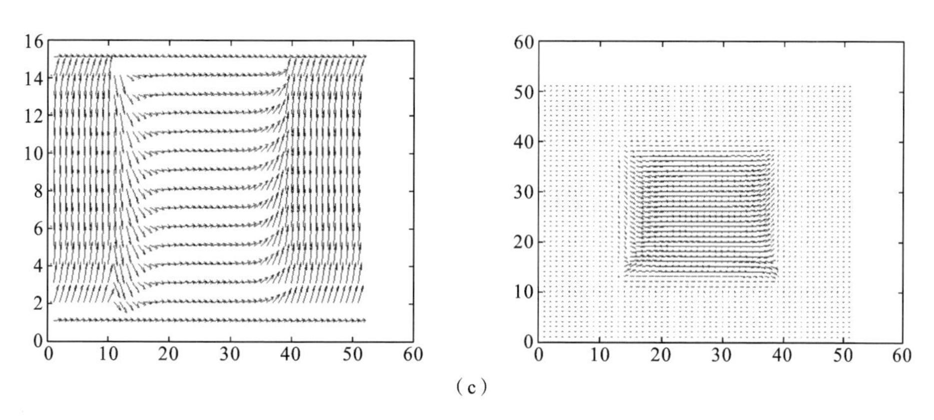

(c)

续图 2-23

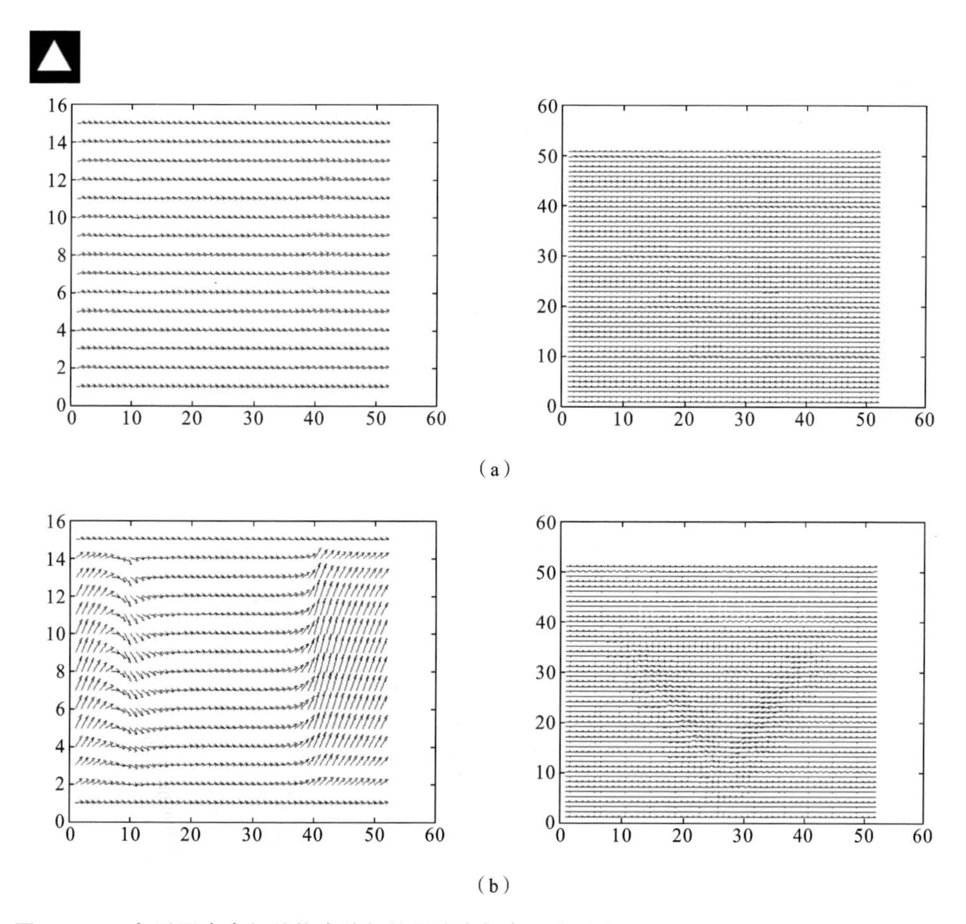

图 2-24　三角形图案电极结构在外加信号均方根电压分别为 1 V(a)、3 V(b)和 5 V(c)时，在 y-z(x=100 μm)平面和 x-y(z=7 μm)平面内的指向矢分布

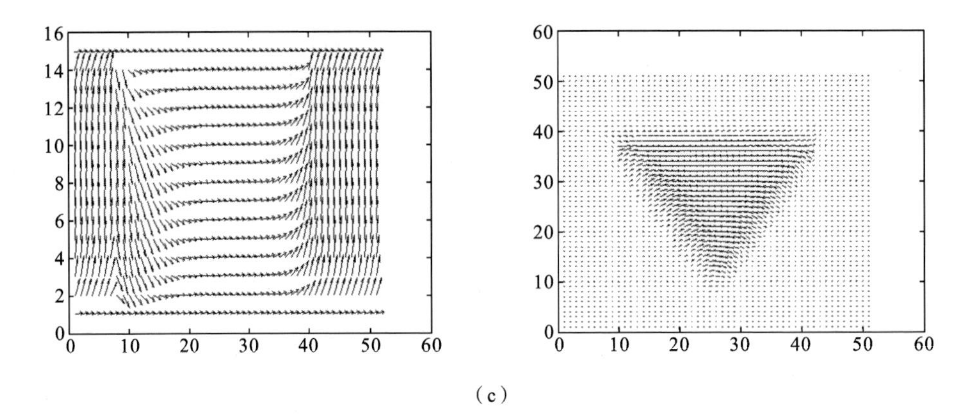

（c）

续图 2-24

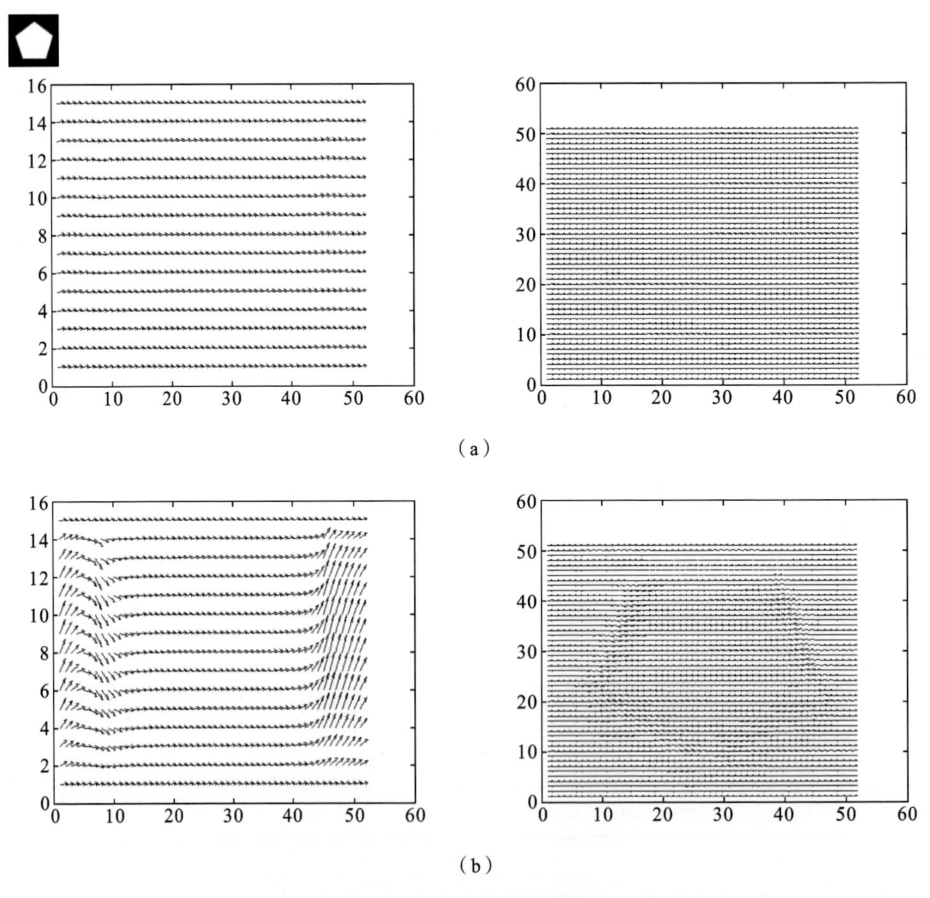

（a）

（b）

图 2-25 五边形图案电极结构在外加信号均方根电压分别为 1 V(a)、3 V(b)和 5 V(c)时，在 y-z(x=100 μm)平面和 x-y(z=7 μm)平面内的指向矢分布

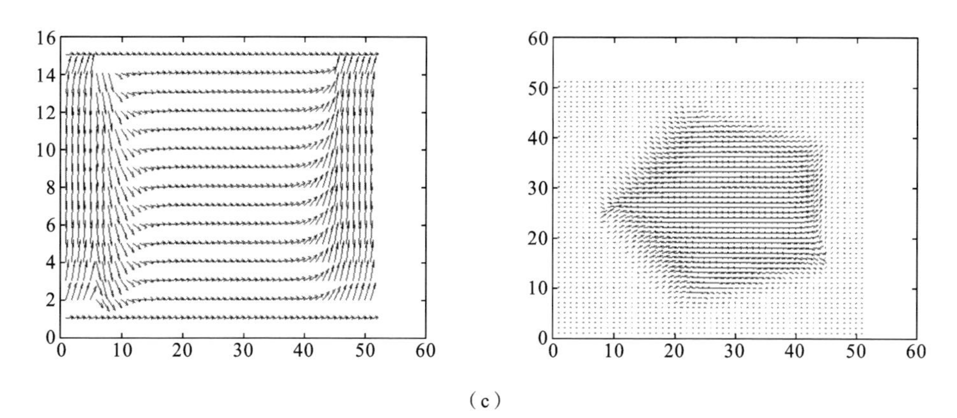

（c）

续图 2-25

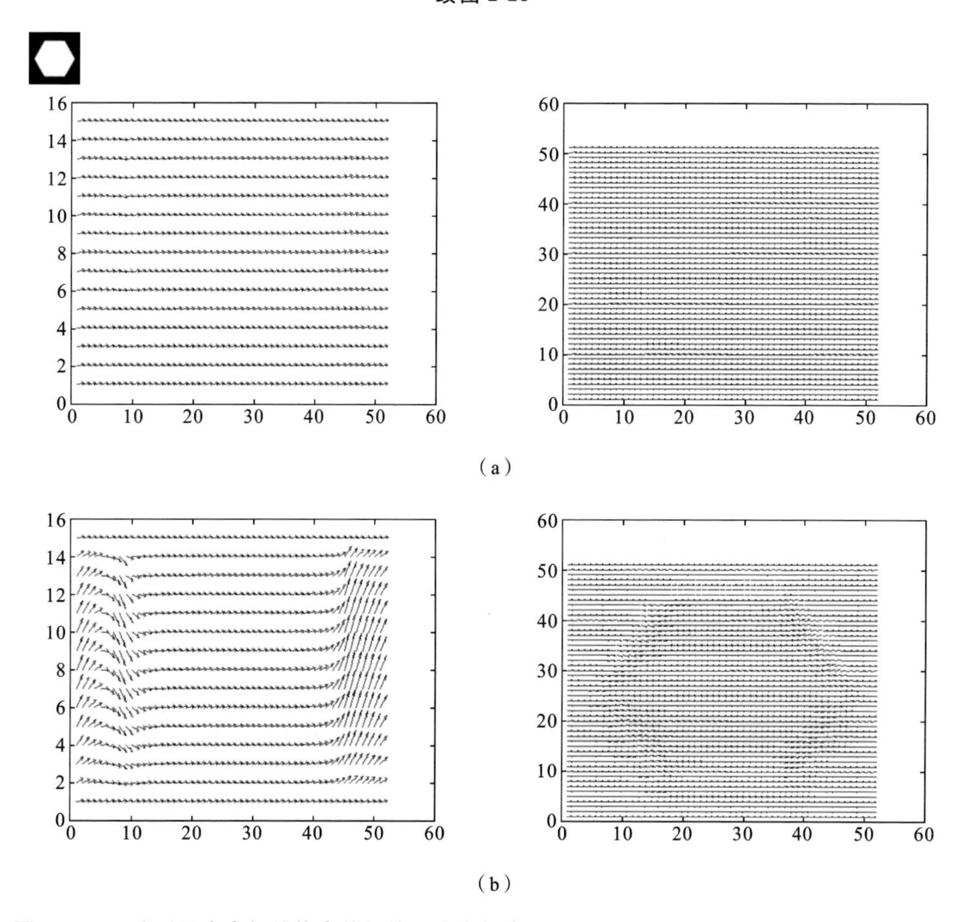

（b）

图 2-26　六边形图案电极结构在外加信号均方根电压分别为 1 V(a)、3 V(b)和 5 V(c)时，在 y-z(x=100 μm)平面和 x-y(z=7 μm)平面内的指向矢分布

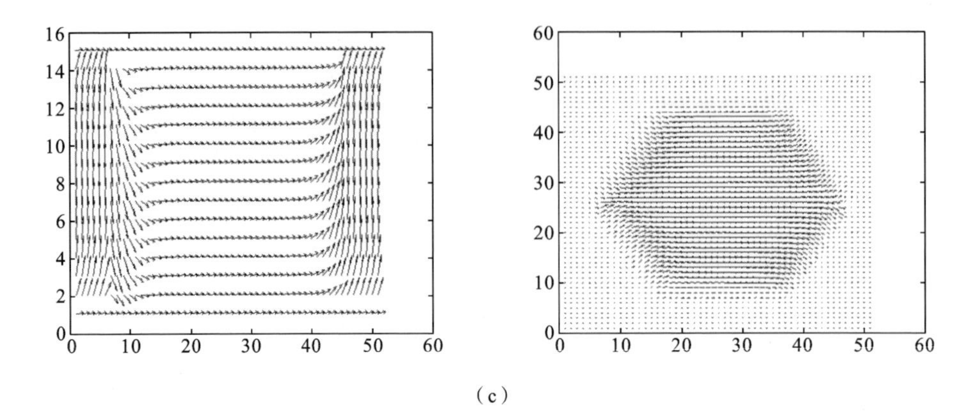

(c)

续图 2-26

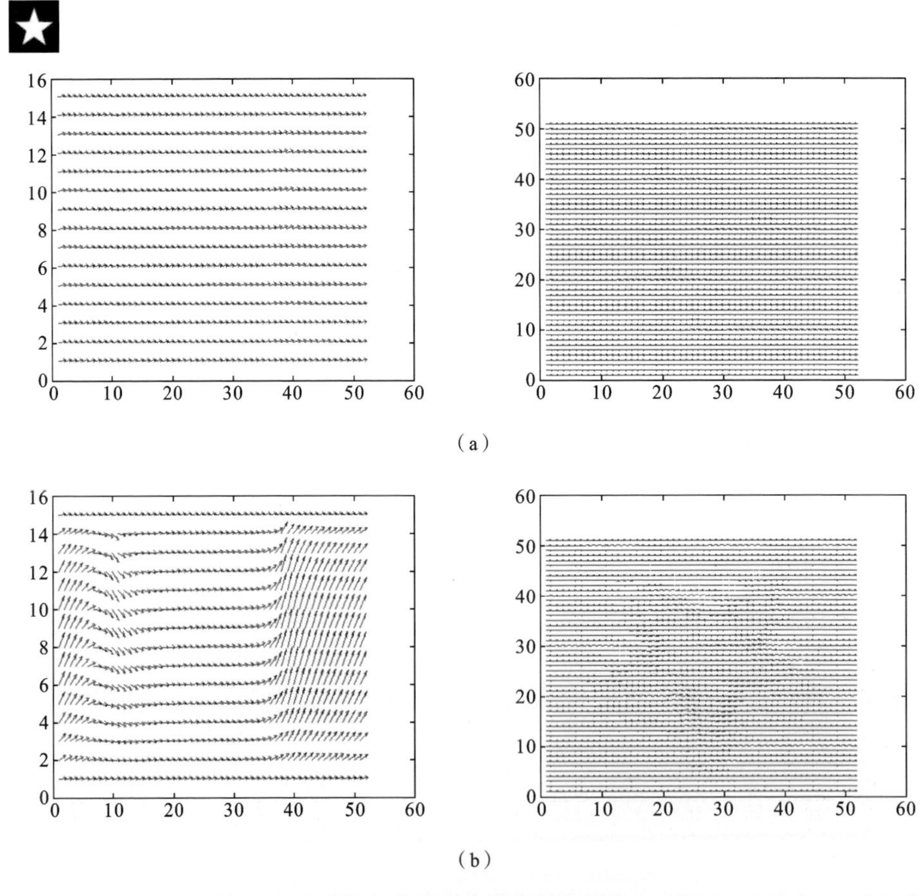

(b)

图 2-27 五角星形图案电极结构在外加信号均方根电压分别为 1 V(a)、3 V(b)和 5 V(c)时，在 y-z(x=100 μm)平面和 x-y(z=7 μm)平面内的指向矢分布

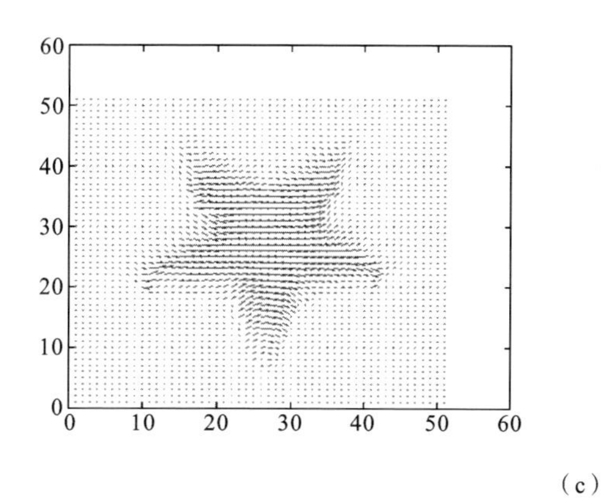

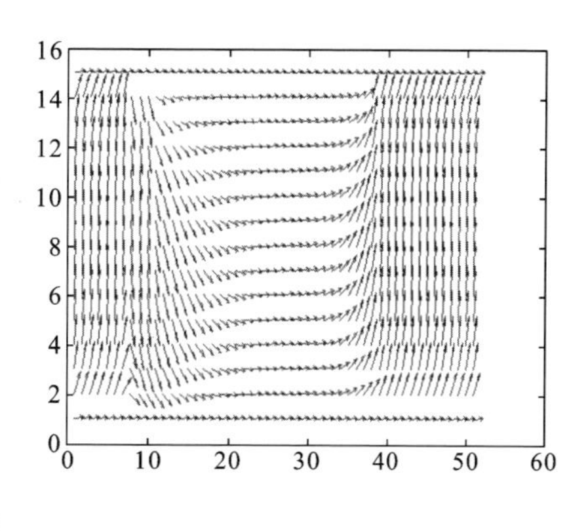

(c)

续图 2-27

极(如 ITO 电极)的区域,液晶层内的指向矢分布基本不变。

同一图案电极加载的信号均方根电压相同,但液晶层厚度改变时,仿真情形如下。

为了研究液晶结构尺寸对仿真模拟的影响,相关人员取不同厚度的液晶层执行仿真计算。将如图 2-7 所示的液晶微光学结构划分为 $51\times51\times d$ 个格点,在 x 和 y 轴方向上的长度均为 200 μm,液晶层的厚度取为 d,d 值分别为 25 μm、30 μm 和 40 μm,外加信号均方根电压为 5 V,仿真实验结果如图 2-28～图 2-32 所示。电极图形中的黑色部分表示有电极(如 ITO 电极)分布,白色部分表示无电极分布。

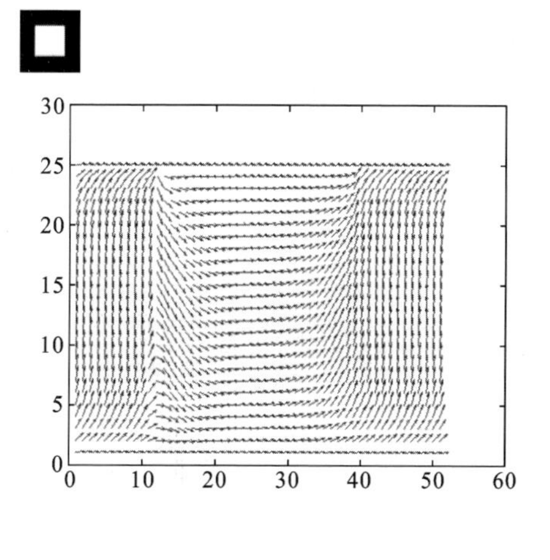

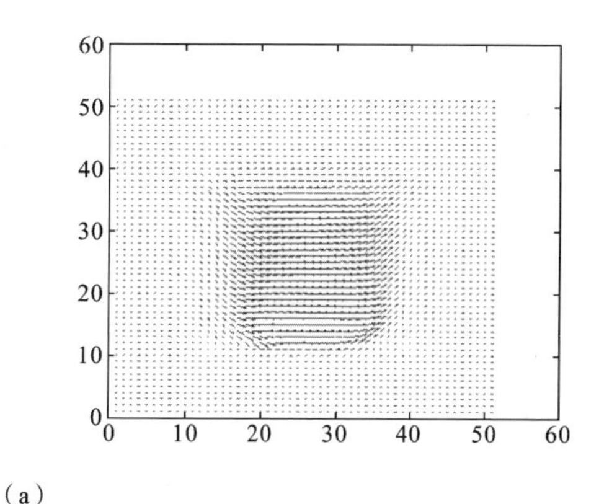

(a)

图 2-28 正方形图案电极在液晶层厚度分别为 25 μm(a)、30 μm(b)和 40 μm(c)时,在 y-z(x=100 μm)平面和 x-y(z=7 μm)平面内的指向矢分布

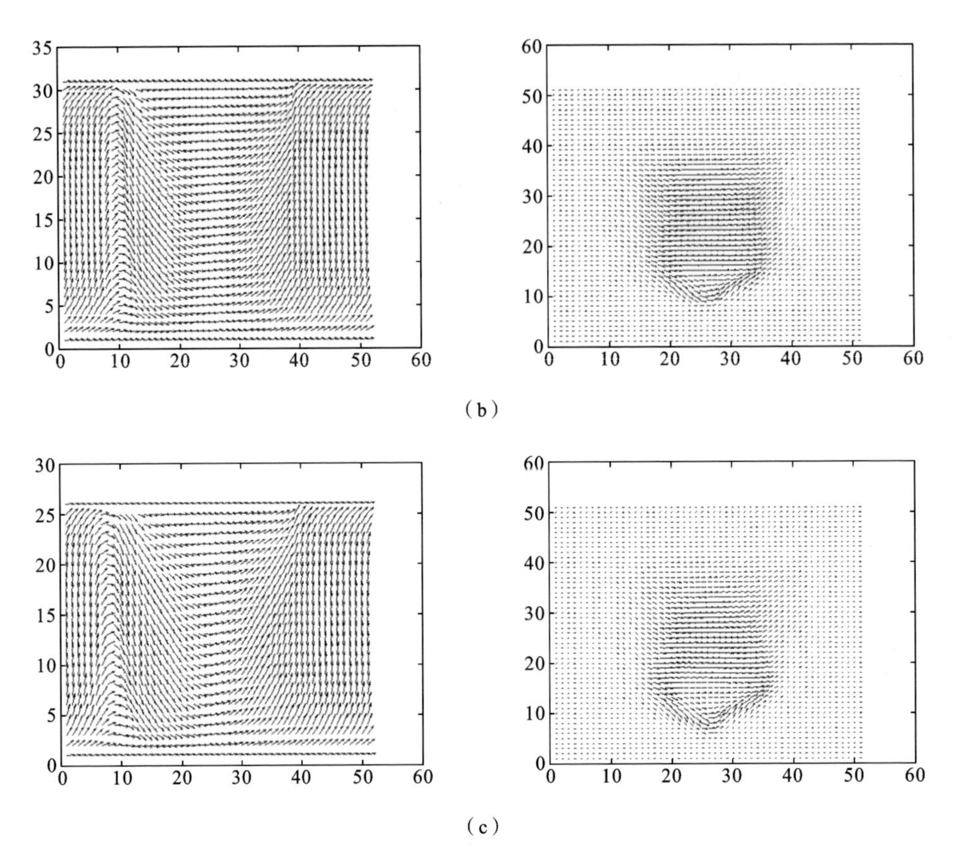

（b）

（c）

续图 2-28

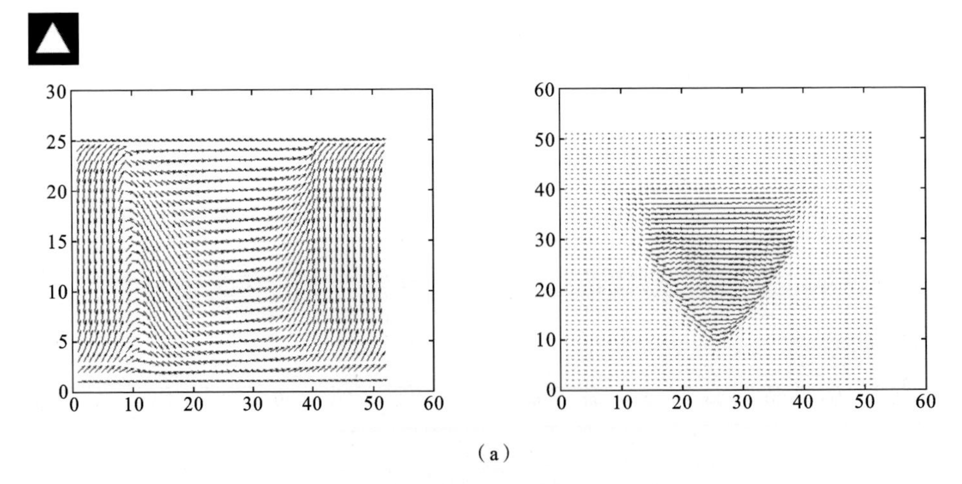

（a）

图 2-29　三角形图案电极在液晶层厚度分别为 25 μm(a)、30 μm(b)和 40 μm(c)时，在 y-z(x=100 μm)平面和 x-y(z=7 μm)平面内的指向矢分布

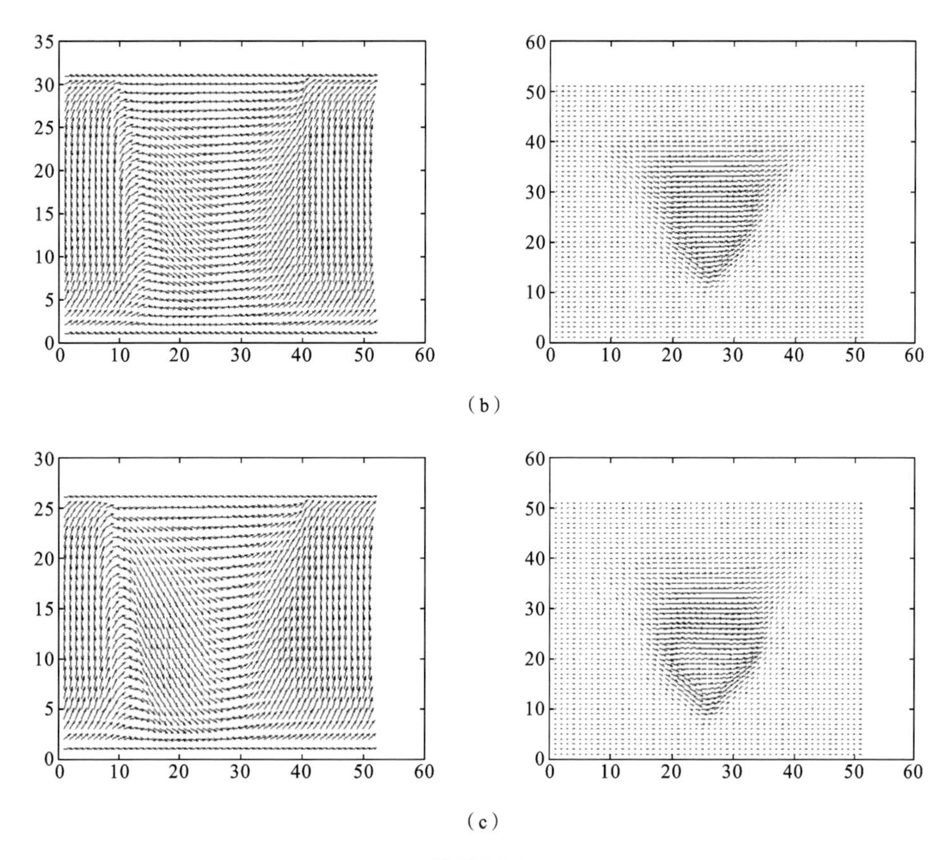

(b)

(c)

续图 2-29

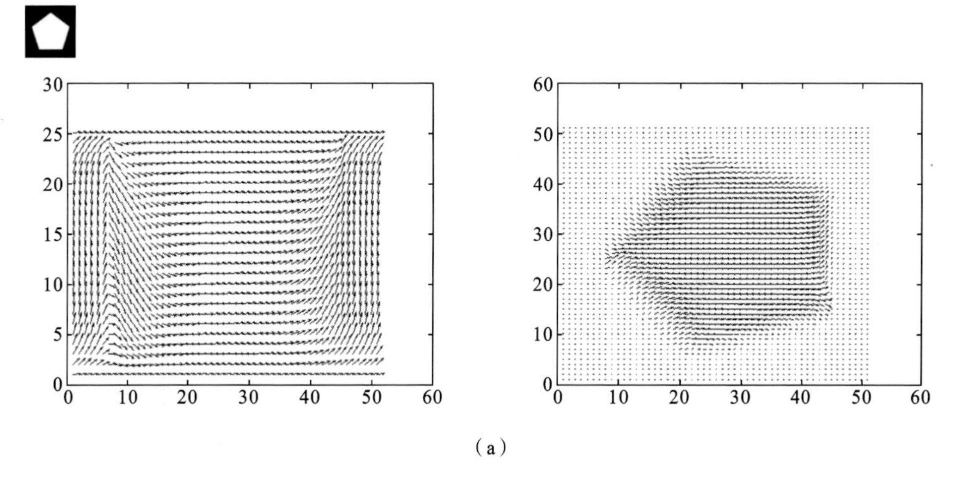

(a)

图 2-30　**五边形图案电极在液晶层厚度分别为** 25 μm(a)、30 μm(b)**和** 40 μm(c)**时，在** y-z(x =100 μm)**平面和** x-y(z=7 μm)**平面内的指向矢分布**

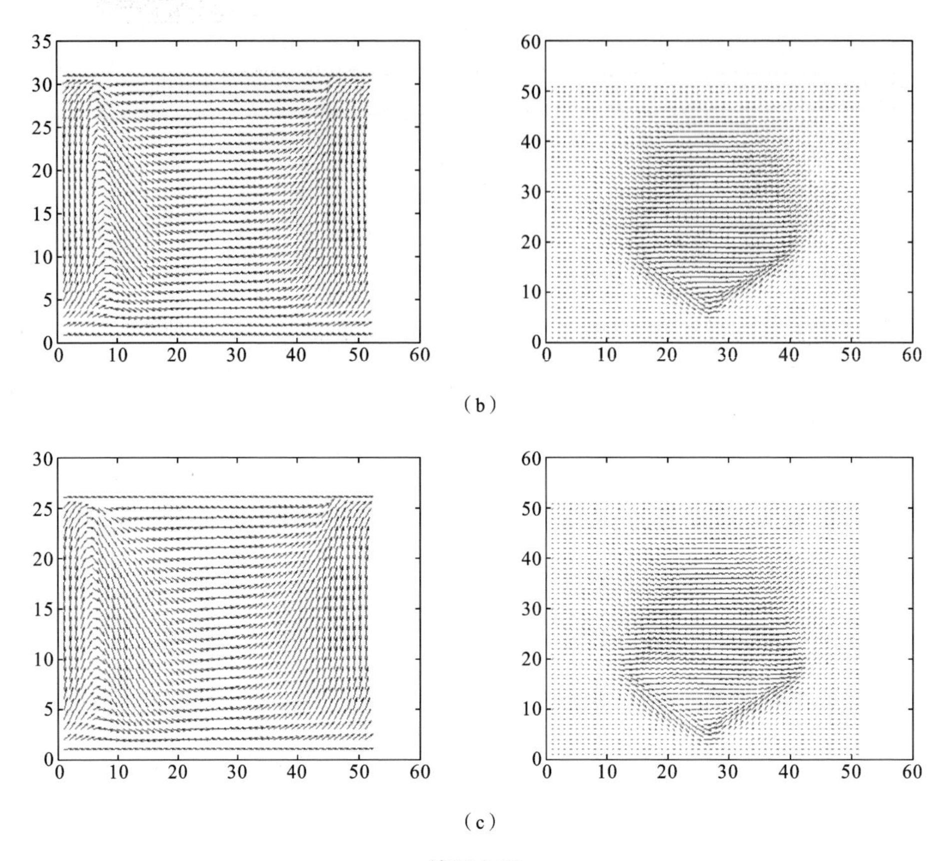

(b)

(c)

续图 2-30

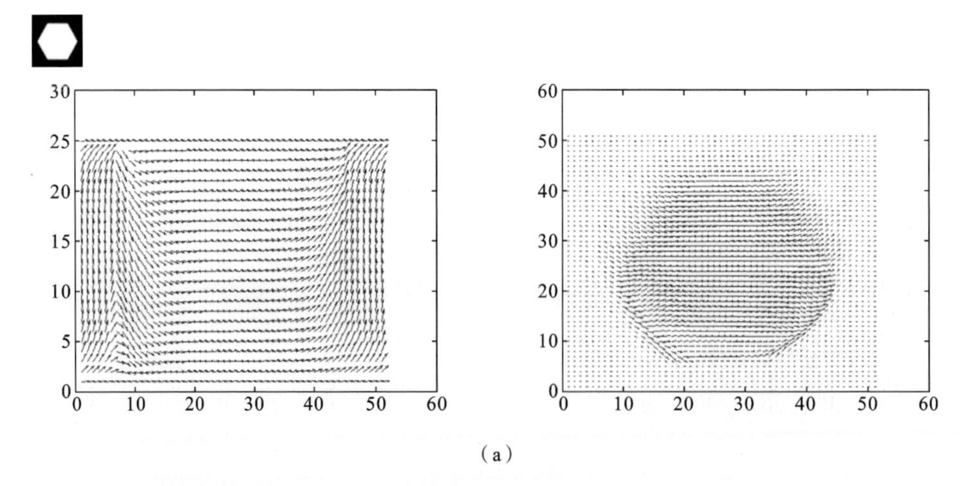

(a)

图 2-31 六边形图案电极在液晶层厚度分别为 25 μm(a)、30 μm(b)和 40 μm(c)时,在 y-z(x=100 μm)平面和 x-y(z=7 μm)平面内的指向矢分布

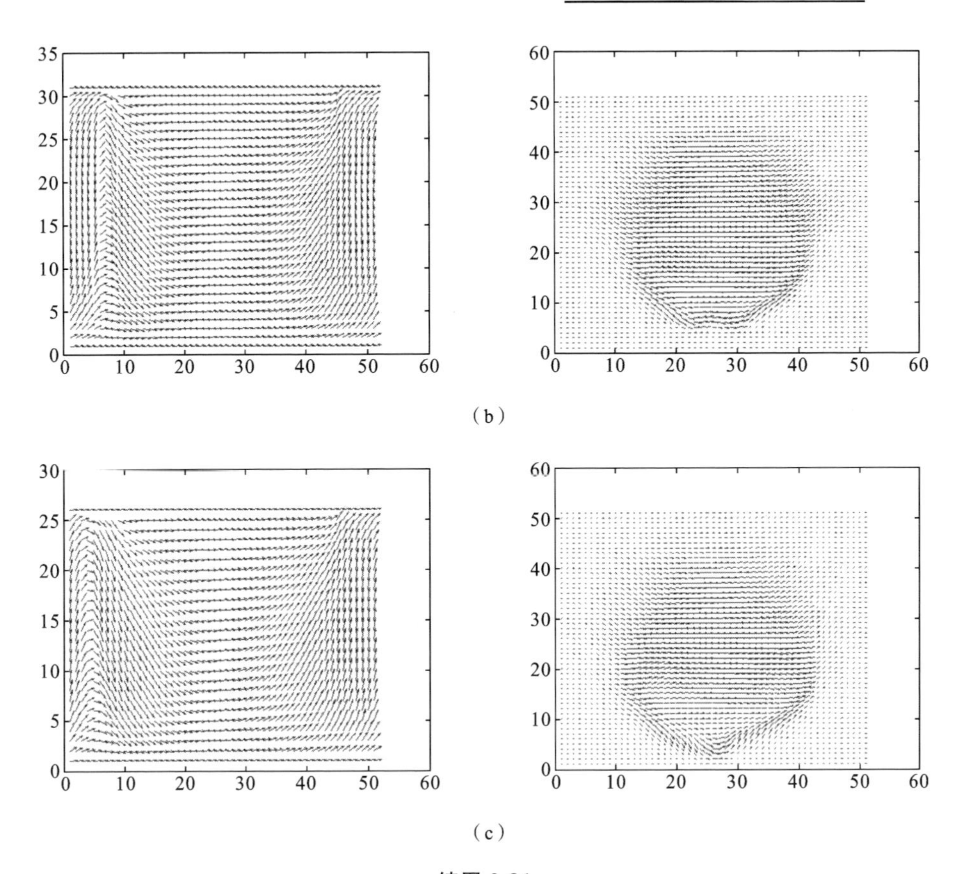

续图 2-31

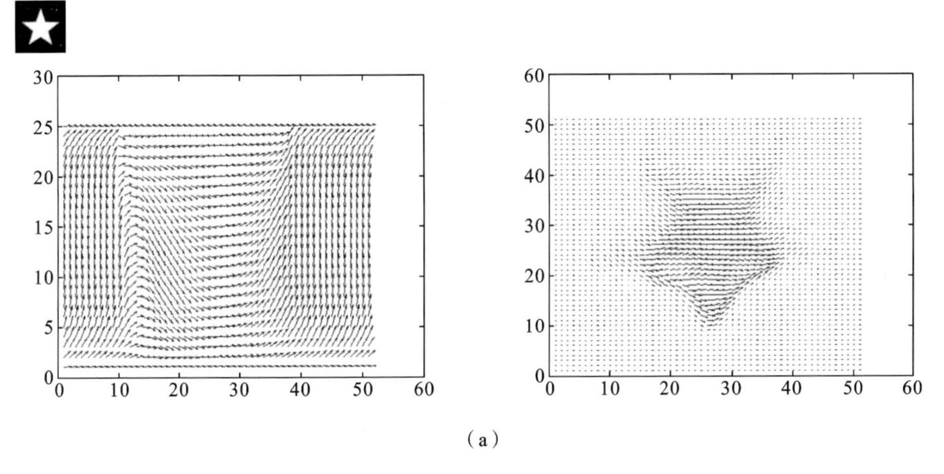

图 2-32　五角星形图案电极在液晶层厚度分别为 25 μm(a)、30 μm(b)和 40 μm(c)时，在 y-z(x=100 μm)平面和 x-y(z=7 μm)平面内的指向矢分布

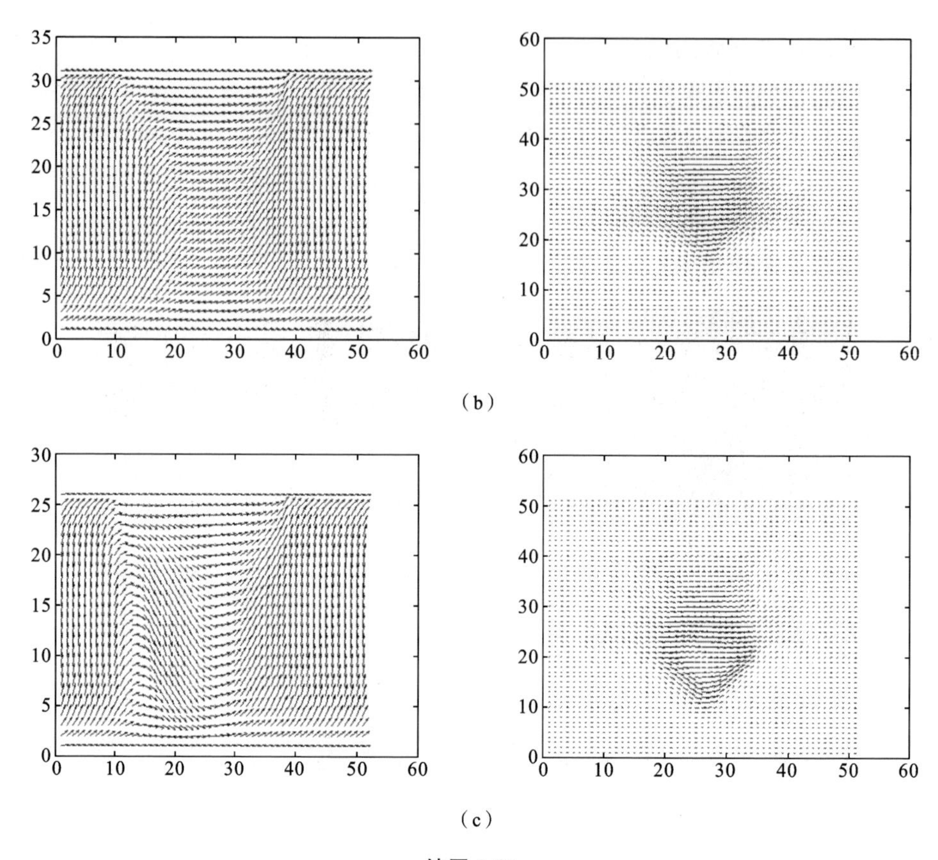

续图 2-32

由图 2-28～图 2-32 的仿真结果可见，不同厚度的液晶层的指向矢分布略有不同。随着液晶层厚度的增加，电场对液晶指向矢的影响逐渐减弱。

2.4 电控液晶微光学结构

功能性电控液晶微光学结构通常基于标准微电子工艺流程来进行设计，其核心环节是根据电控液晶微光学架构方案，设计用于图案电极制作的光刻版。一般而言，不同功能类型的电控液晶微光学结构的特征结构尺寸存在较大差异。同一种类的电控液晶微光学结构的控光效能的高低，既受基本结构组成的影响，也受电子学控制方式和功能化液晶间的参数匹配情况的影响。基于上述情形，针对所规划的各图案结构，设计了一组特征结构尺寸可在几百微米至几毫米范围内选择的，大小不等的图案形态。在使用 AutoCAD 软件工具绘制图案电极版图时，应兼顾光刻工艺所允许的制版精度和图形结构尺寸公差要求。

一套典型的正性光刻版图如图 2-33 所示，整套光刻版图包括 4 块用于图案电极制作的版图。各光刻版图的外形尺寸均为 3 cm×3 cm，光刻用图案被布设在每块版图的中央，以充分利用曝光操作中的高均匀曝光区域。图 2-34 所示的为光刻版图上所布设的多种图案结构，所设计的电控液晶微光学结构的上电极的外形尺寸为 4 cm×4 cm，下电极的外形尺寸为 3 cm×4 cm。较光刻版图多余出来的结构部分，用于完成电控液晶微光学结构的封口涂胶和布设外接电引脚等工艺操作。上述设计可使用多种类型液晶制作出电控液晶微光学结构来加以实现。

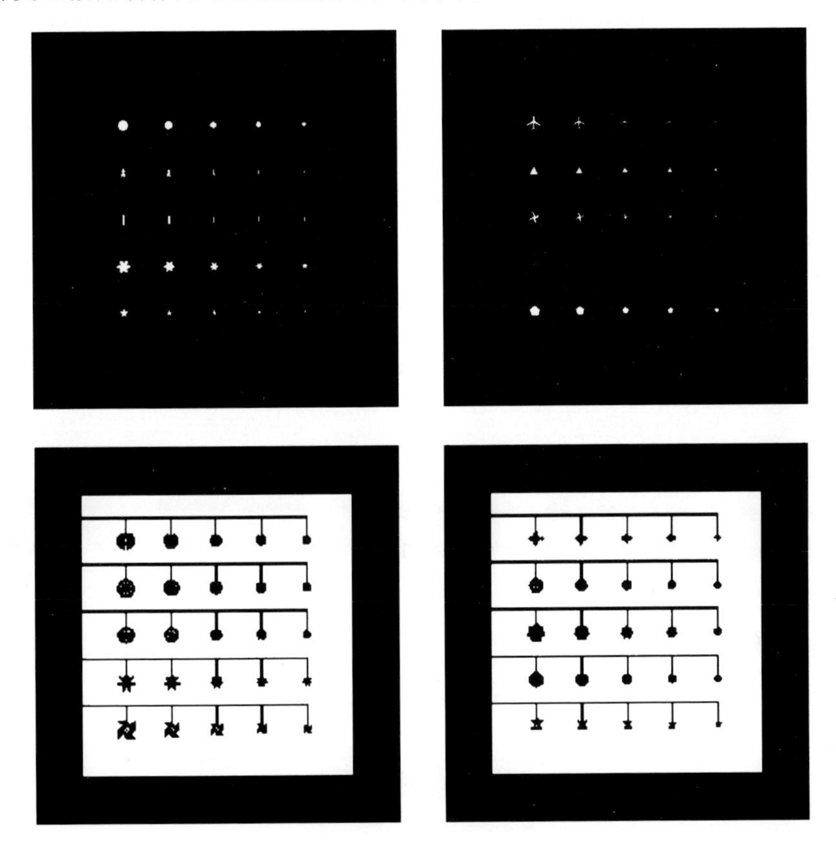

图 2-33 典型的光刻版图

采用德国 Merck 公司的 E44 型液晶制作典型电控液晶微透镜阵列的工艺要求如下。

在对电控液晶微透镜阵列进行仿真时，图案电极选取 2 像素×2 像素规模的微圆孔阵进行指向矢分布、电势分布和相位延迟角分布的仿真计算；将液晶区划分成 81×81×21 个格点，对应厚度为 20 μm 的液晶层及 80 μm×80 μm 的结构区域。仿真结果如图 2-35 所示，其中，图 2-35(a)所示的黑色部分为电极区，图 2-35(b)所示的为单元微圆孔电极的孔部位垂直剖面上的指向矢分布。由仿真计算结果可见，电极

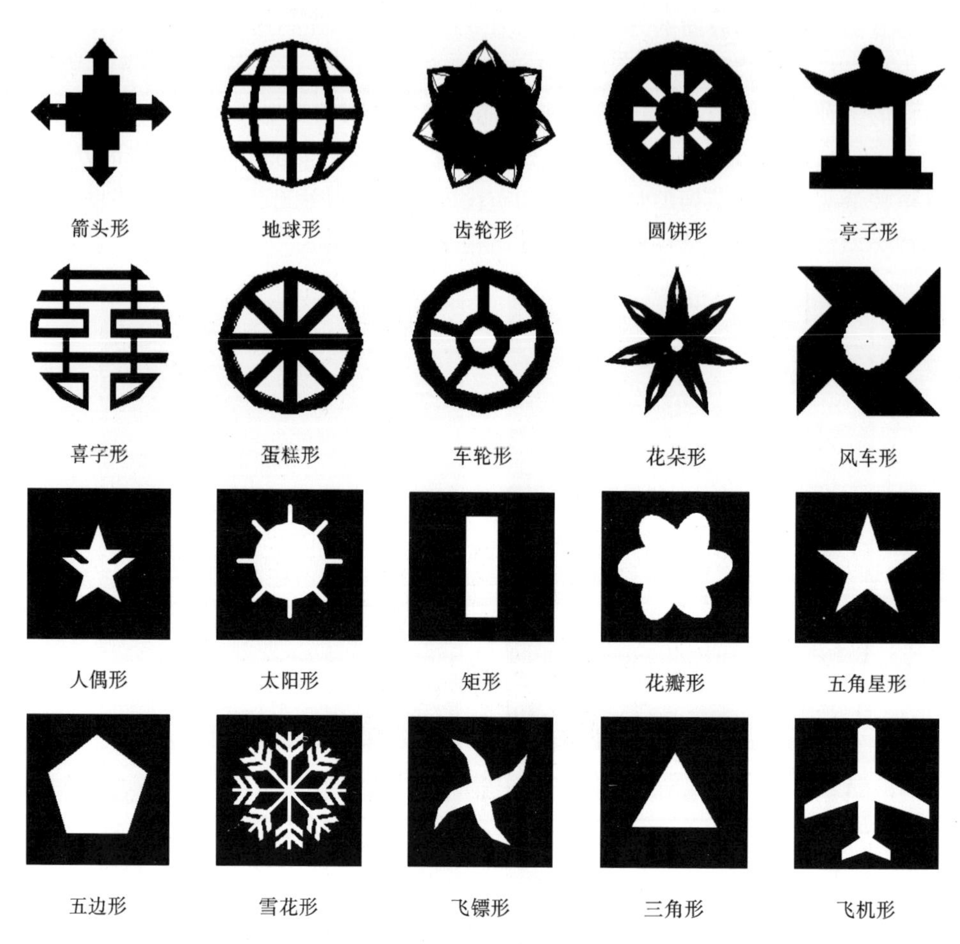

图 2-34　典型的图案电极

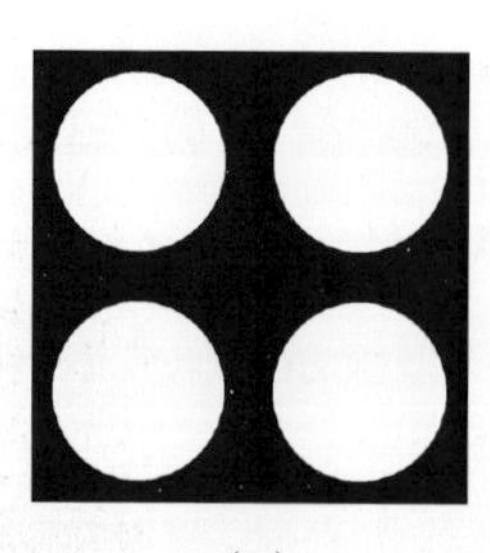

(a)

图 2-35　电控液晶微透镜阵列的仿真结果

(a) 微圆孔阵图案电极;(b) 在单位微圆孔电极的孔部位垂直剖面上的指向矢分布;(c) 液晶层中的相位分布;(d) 微圆孔图案电极处的电势分布;(e) 微圆孔电极的孔部位垂直剖面上的电势分布

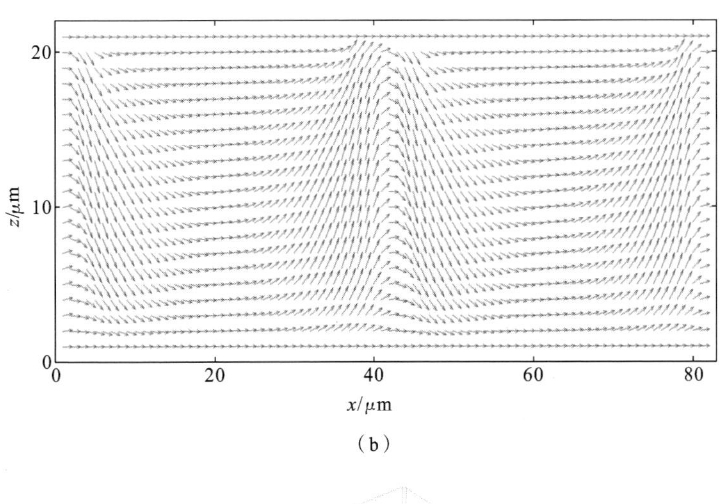
z/μm
x/μm
0
10
20
0
20
40
60
80

（b）

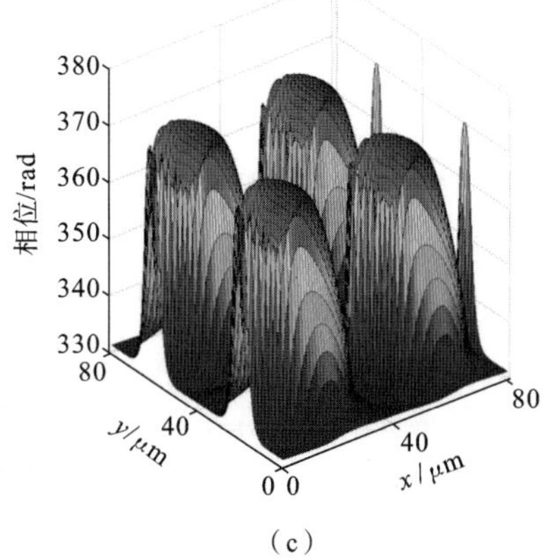
相位/rad
380
370
360
350
340
330
y/μm
x/μm
80
40
0
0
40
80

（c）

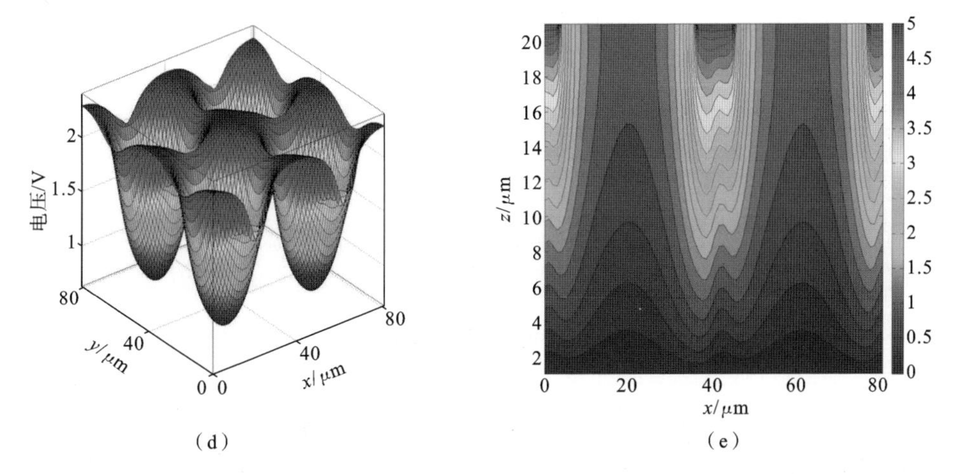
电压/V
2
1.5
1
y/μm
x/μm
80
40
0
0
40
80
z/μm
x/μm
2
4
6
8
10
12
14
16
18
20
0
20
40
60
80
5
4.5
4
3.5
3
2.5
2
1.5
1
0.5
0

（d）　（e）

续图 2-35

所对应的指向矢均被电控重新排布，而微圆孔所对应的指向矢仅有部分参与重新排布。图 2-35(c)所示的为液晶层中的相位分布，图 2-35(d)所示的为微圆孔图案电极处的电势分布。图 2-35(e)所示的为微圆孔电极的孔部位垂直剖面上的电势分布，由该图可见，微圆孔处的电势较电极区的电势已明显降低。

根据液晶指向矢方向和排布形态与液晶有效折射率间的对应关系可知，在微圆孔电极作用下的液晶膜层中，指向矢的受控再分布会驱使液晶器件中沿微圆孔中心线处的有效折射率相对增大，靠近微圆孔边缘处的有效折射率相对减小。从微圆孔中心线至微圆孔边缘处，液晶有效折射率呈渐进的中心对称式梯度减小形态，从而展现出光会聚效能，且光会聚能力随所加载的信号均方根电压或所激励的空间电场的强度和分布形态的变化而变化。

我们自主研发的电控液晶微光学结构，主要由上、下电极板及其所夹持的液晶构成。电极板中的上电极或下电极为图案电极，图 2-35 所示的为微圆孔阵图案电极，另一块电极通常为平板电极。图案电极主要通过标准微电子工艺制作，典型流程如图 2-36 所示。主要工艺步骤包括：① 基片预成形与清洁处理；② 在基片表面制作几百纳米厚度的导电薄膜，如典型的适用于可见光和近红外波段的 ITO 电极薄膜（见图 2-36(a)），适用于红外波段的金属铝膜及适用于可见光＋红外的石墨烯薄膜等；③ 基片清洗，典型操作包括将制作有导电薄膜的基片先后置于丙酮、乙醇、去离子水等溶剂中进行超声振荡清洗，去除有机物、杂质颗粒及附着的灰尘；④ 光刻预处理，包括在基片表面涂覆正性或负性光刻胶，光刻工艺采用常规的旋转涂胶法，转速及旋转时间可设置为 2000 r/min 和 10 s 或 400 r/min 和 60 s 等，再进行热烘焙，即完成涂胶操作，然后进一步固化光刻胶，如通常情况 100 ℃烘焙 1 min 等（见图2-36(b)）；⑤ 光刻，将光刻版置于涂有光刻胶的基片上进行紫外曝光处理（见图 2-36(c)），完成光刻胶膜的图案化处理（见图 2-36(d)），再通过显影留下光刻版上曝光或未曝光区域所遮盖的图案结构并经过清洁处理，如通常使用的显影时长 1 min 等（见图 2-36(e)）；⑥ 刻蚀，采用干法或湿法工艺，如常规的湿法工艺，将显影后的基片置于浓盐酸中 2 min，盐酸溶液将充分腐蚀掉与其直接接触的 ITO 电极薄膜，刻蚀完成后继续进行基片的清洁处理（见图 2-36(f)）；⑦ 制作液晶初始取向膜，如在图案电极表面涂覆聚酰亚胺（polyimide，PI）膜，典型操作包括将基片置于丙酮、乙醇、去离子水中进行超声振荡清洗，利用匀胶机在基片上有图案电极一侧旋转涂覆 PI 膜，旋转速度及旋转时长可设为 1200 r/min 和 10 s 或 3500 r/min 和 30 s 等（见图 2-36(g)）；⑧ 固化 PI 膜，通过加热将 PI 膜固化，其工艺常采用固化温度 80 ℃和固化时长 5 min 或固化温度 230 ℃和固化时长 30 min 等；⑨ 制作液晶初始取向结构，如采用成熟的摩擦取向定向法，即用细绒布摩擦 PI 膜层，使其表面形成平行取向的微沟槽，构成液晶分子的初始取向膜（见图 2-36(h)）。在非图案电极板表面制作类似的液晶初始取向

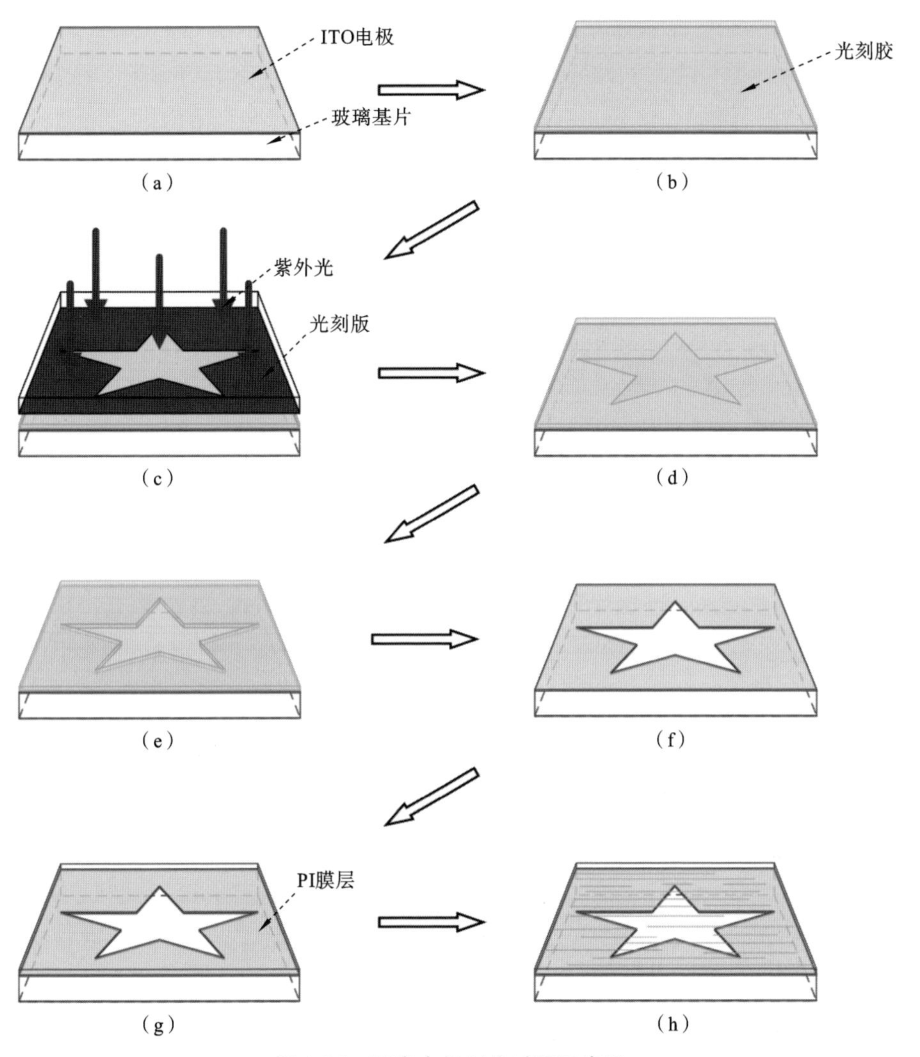

图 2-36 图案电极制作过程示意图

(a) 导电(ITO)薄膜制备;(b) 在导电薄膜表面制作光刻胶膜;(c) 紫外光刻;(d) 图案化光刻胶;(e) 显影处理;(f) 图案电极刻蚀成形;(g) PI 膜制备;(h) 液晶初始取向结构制作

膜,仅需重复上述⑦、⑧、⑨步骤即可。

器件化过程主要包括:① 采用特定粒径微球(如典型的直径为 20 μm 微球)做间隔子,将上、下电极板按照相同或相互垂直取向摩擦,配对后封装制成液晶微腔;② 利用虹吸效应,通过微腔上预留的微开孔将液晶充分填充在微腔中;③ 采用紫外胶封闭微腔上的液晶灌注孔,完成器件化的液晶微光学结构制作;④ 分别在上、下电极板的电引线引脚上制作金属电连接引线。一种典型的器件化电控液晶微透镜如图2-37所示。

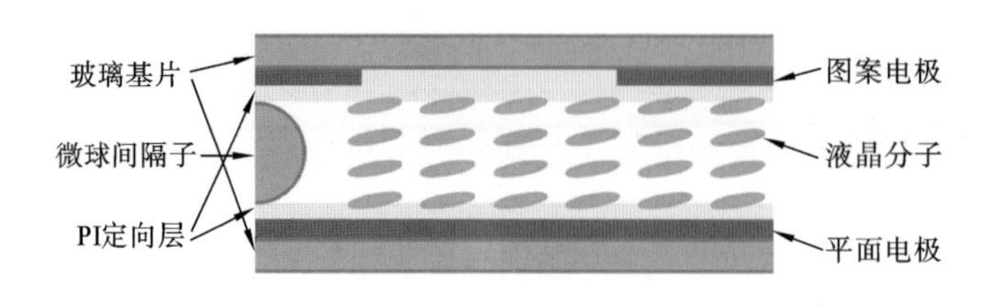

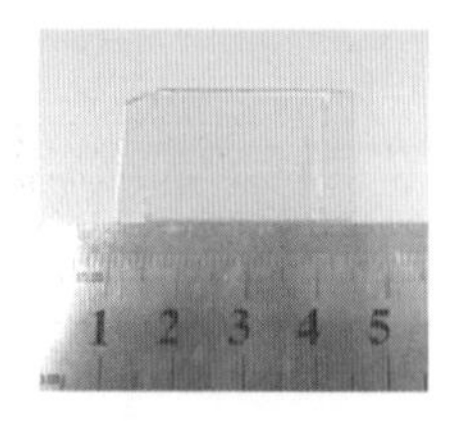

图 2-37　典型的器件化电控液晶微透镜示意图

2.5　电控液晶透镜与微透镜

2.5.1　研究进展情况

迄今为止，已研发的多种多样制作电控液晶透镜和微透镜技术，均利用液晶具有的液体流动性和作为类晶态物质的光学各向异性。在外加电场或磁场作用下，液晶分子指向矢会受电场或磁场作用而产生取向改变及弹性摆动，形成液晶折射率的特定分布，从而构建出功能化的液晶控光结构。液晶作为一种双折射材料，将其布设在电场或磁场环境中，不同位置处的液晶分子就会随电场强度或方向的变化，产生指向矢再取向及相应的弹性摆动，且摆动程度随电场或磁场的不同而呈现差异性，从而液晶的折射率会产生空变响应。因此，将液晶构造成其折射率梯度可受控变化的透镜，就可实现入射光束的可调节会聚或者发散操控。不同信号电压会激励不同强度或形态的空间电场，进而驱使液晶折射率的空间分布发生改变，因而液晶透镜和微透镜具有可以通过调节所加载的信号电压来调节其光学性质这一特征。

日本秋田大学的 Sato 于 1979 年提出电控液晶透镜方案，一直对液晶透镜的材料和结构进行改进与创新的工作。迄今为止，已研发了多种具有聚光、散光、调焦或摆焦等特性的电控液晶透镜和微透镜。Sato 所提出的液晶透镜如图 2-38 所示，主要做法是，将传统的平凹玻璃透镜或者平凸玻璃透镜，与一块平板玻璃平行放置并紧密连接以形成空腔，然后在空腔内充分注入向列相液晶，在两块玻璃结构上加载信号电压就可形成透镜。Sato 详细分析了该电控液晶透镜的工作原理，给出了环境温度、所加载的信号电压与透镜焦距间的关系，测量了液晶层厚度、入射光波长与透过率的关系。

1989 年，Nose 和 Sato 进一步提出了具有聚光功能的圆孔图案电极的液晶透镜，激励沿圆孔中心线呈径向不均匀分布的电场电控液晶，来构建液晶透镜的架构，其基本结构组成如图 2-39 所示。该透镜的图案电极为一个具有 750 μm 孔径的圆孔铝电极，平板电极则为 ITO 电极，布设在两电极间的向列相液晶厚度约为 50 μm。当在两个电极上加载特定均方根电压信号时，液晶层就会形成一个沿圆孔径向非均匀分

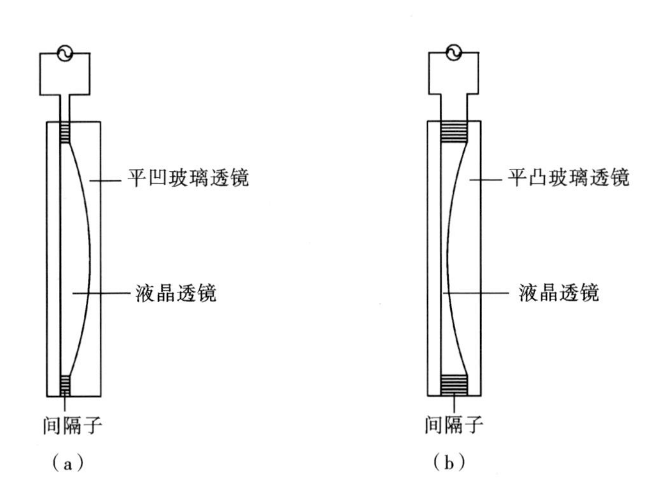

图 2-38　日本 Sato 提出的电控液晶透镜

（a）平凸空腔液晶透镜；（b）平凹空腔液晶透镜

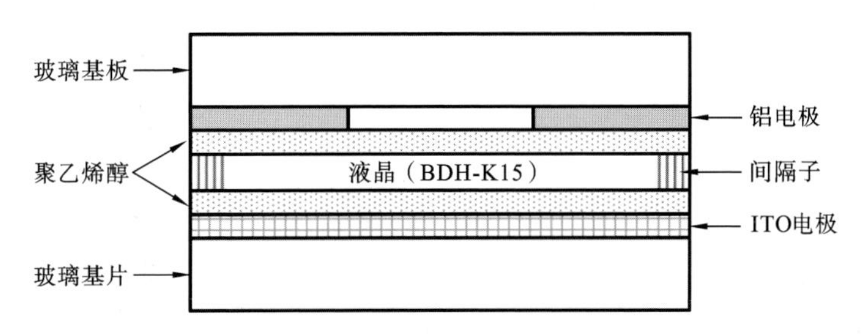

图 2-39　基于圆孔电极的液晶透镜

布的空间电场，驱使液晶分子指向矢呈现摆动性再分布，最终形成沿圆孔中心线处的折射率较大，从圆孔中心线指向圆孔边缘的折射率沿径向逐渐减小的分布形态。当所加载的信号均方根电压为 4 V 时，液晶透镜的焦距为 6 mm。随着所加载的信号均方根电压的增大，焦距逐渐增长。当信号均方根电压大于 20 V 时，该透镜转变成一个散光透镜。基于这种方案的液晶透镜的孔径尺寸最大能达到几百微米。为了进一步增大透镜孔径，Ye 和 Sato 将制有圆孔图案的铝电极外向放置，即在铝电极和液晶层间增设一个绝缘玻璃层，液晶透镜的孔径则可增大到 7 mm，所需要的信号均方根电压也相应增加到近百伏。

此后，经过修改设计，进一步增大了焦距的电控范围，制作出焦距为 10～120 cm 的电控液晶透镜，以及可兼容负焦距和正焦距的液晶透镜，典型结构如图 2-40 所示。不同之处在于圆孔铝电极的上端又增设了一层 ITO 电极。在上层 ITO 电极和下层 ITO 电极间使用一个信号电压 V_c 来控制圆孔外液晶分子的指向矢取向。在铝电极和下层 ITO 电极间，使用一个信号电压 V_o 来控制圆孔内液晶的指向矢取向。修改 V_c 和 V_o 的值，就可以调节液晶透镜的焦距范围。

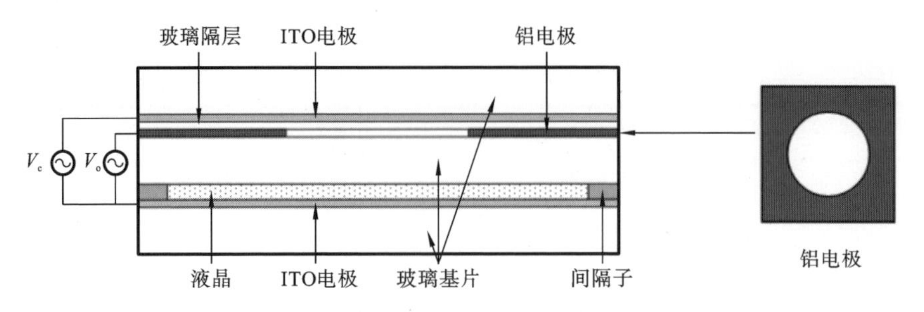

图 2-40　焦距可被大范围调节的液晶透镜

相关人员对可摆焦液晶透镜也进行了深入研究。摆焦即指焦点在焦平面上摆动。可摆焦液晶透镜的典型结构如图 2-41 所示。基本思路是将铝电极分成多块，在每一块上加载单独的信号电压。当分别加载在图案电极的Ⅰ、Ⅱ、Ⅲ、Ⅳ区块和上层ITO电极间的信号电压发生变化时，焦点可在焦平面上移动，如图 2-42 所示。对于微透镜阵列，则设计了六边形电极的基本结构，如图 2-43 所示。研究表明，使用六边形电极较使用与其内切圆相等的圆孔电极，其通光量能增加约 10%。另外，还发展了分块控制的正方形电极结构，如图 2-44 所示。其特点是，可以匹配所加载的信号电压，使焦点在焦平面上移动。与此同时，还发展了对称电极液晶透镜、多层液晶透镜、偏振不敏感液晶透镜等多种架构方案。

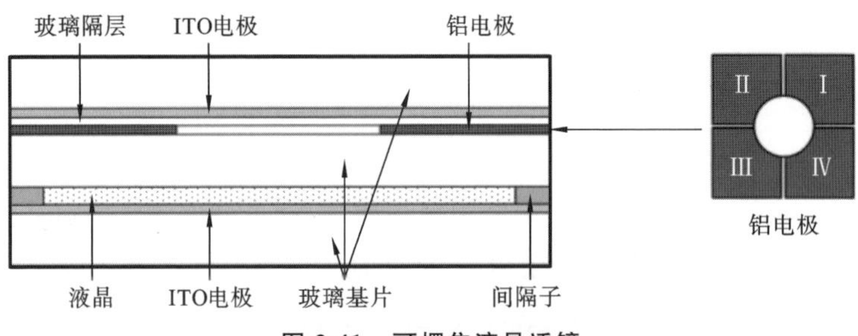

图 2-41　可摆焦液晶透镜

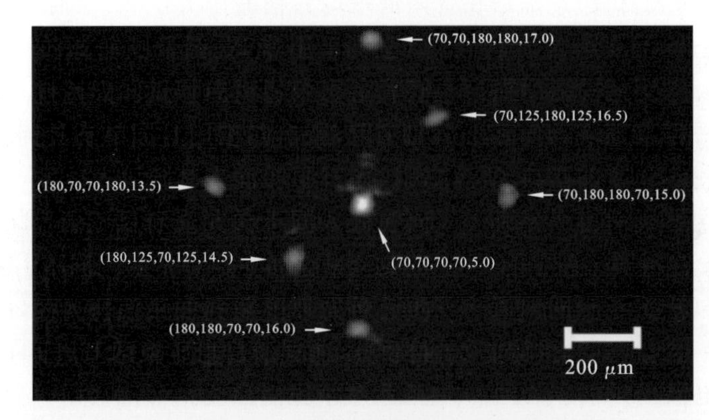

图 2-42　焦点在焦平面上随加载电压的变化移动

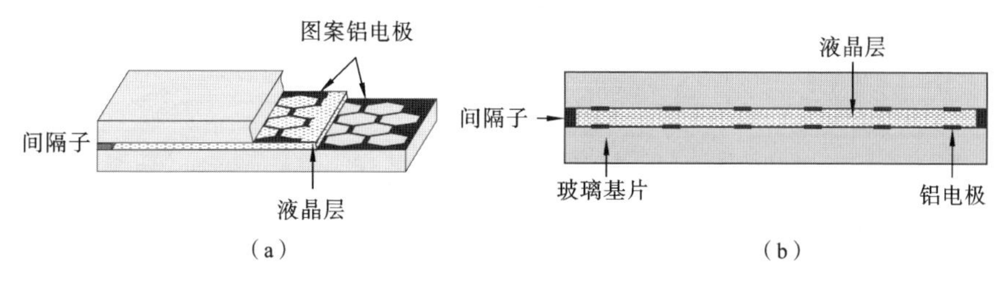

图 2-43　六边形电极结构

(a) 三维结构；(b) 侧视图

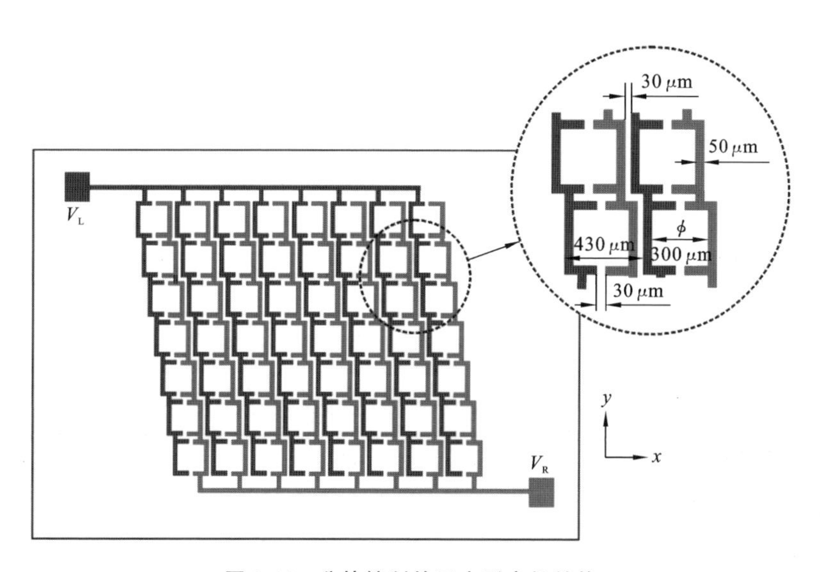

图 2-44　分块控制的正方形电极结构

美国中佛罗里达州立大学的 Shin-Tson Wu 团队，对基于液晶聚合物复合材料(liquid crystal polymer composite，LCPC)的透镜结构进行了深入研究。LCPC 由处于相对分离状态的低分子液晶和高分子聚合物组成。按照聚合物所占比例，LCPC 分为聚合物分散液晶(polymer dispersed liquid crystal，PDLC)、聚合物网络液晶(polymer network liquid crystal，PNLC)和聚合物稳定液晶(polymer stabilized liquid crystal，PSLC)等。2003 年，该团队使用 PSLC 和 PDLC 分别制作了衍射型菲涅耳液晶透镜，如图 2-45 所示。其关键点是将两块涂覆有 ITO 电极的玻璃基片相对放置，以制成液晶盒，并在盒腔里灌注液晶和聚合物单体的混合物。然后将制有菲涅耳波带片图案的掩模板紧贴液晶盒的上电极，使用紫外照射，分布在可见光区域中的单体材料发生聚合链式反应，形成聚合物网络或聚合物介质，而分布在未见光区域中的聚合物不发生变化。因此，可见光区域中的聚合物密度大，驱使液晶分子摆动的电压阈值较高，而未见光区域的电压阈值较低。在上、下电极上加载信号电压后，未透

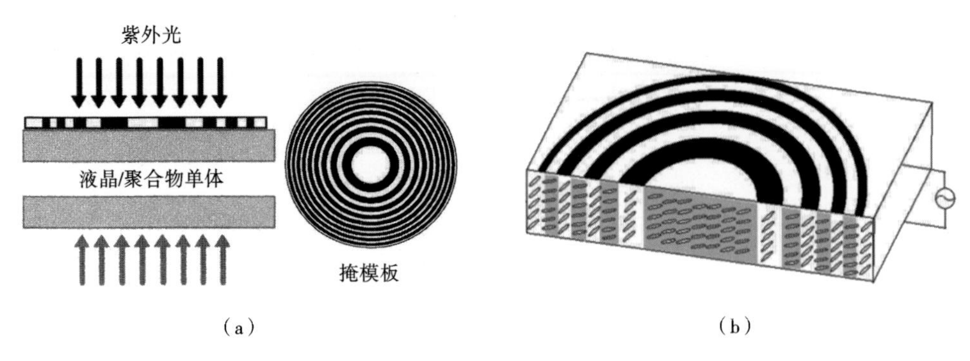

图 2-45　衍射型菲涅耳液晶透镜

（a）制作方法；（b）三维结构

光区域的液晶分子摆动幅度较大，透光区域的液晶分子摆动较小或者不摆动，这样就形成了衍射型菲涅耳液晶透镜。这种透镜制作工艺相对简单，液晶响应速度快，但是衍射效率仍有待提高。

采用类似于菲涅耳衍射透镜的制作技术，该团队的 Ren 等人使用 PNLC 制作了可调焦液晶透镜和微透镜阵列。图 2-46 所示的微透镜阵列的工作原理是：将 PNLC 注入内层涂覆有 ITO 薄膜的液晶盒，将刻蚀有圆孔阵列的铬掩模板紧贴在上电极的玻璃基片上，紫外照射时，紫外穿过圆孔发生衍射反应，使从圆孔中心到四周的光强呈抛物线状分布，圆孔中心处的光强最大；在均匀的紫外照射下，圆孔中心处的聚合物聚合速度较快，聚合物网络较密集；从圆孔中心到四周，聚合物网络密度呈抛物线状逐渐减小；聚合物密度的径向减小使液晶分子摆动的电压阈值，也相应地从中心到四周逐渐减小；在上、下电极板间激励适当的均匀电场时，从圆孔中心到四周，液晶分子偏摆的角度逐渐增大，从而形成梯度折射率分布，构成具有聚光功能的液晶微透镜阵列；该液晶微透镜阵列的焦距，会随所加载的信号电压的变化而变化。

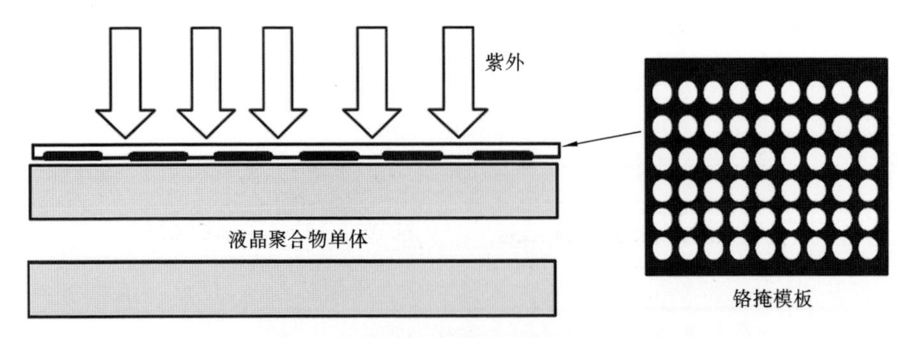

图 2-46　基于 PNLC 材料制作的可调焦液晶微透镜阵列

图 2-47 所示的为 PNLC 液晶微透镜的焦距与加载的信号均方根电压的关系。该微透镜阵列的微圆孔电极的孔径为 15 μm，孔心距为 110 μm，入射光波长为 633 nm，该

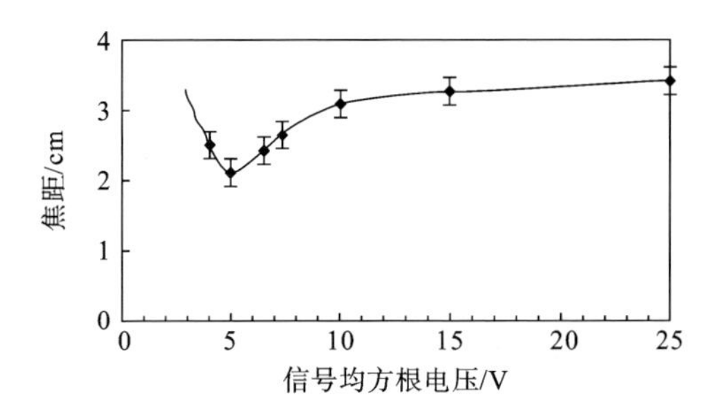

图 2-47　PNLC **液晶微透镜的焦距与加载的信号均方根电压的关系**

微透镜由掺入质量分数为3%的BAB6聚合物的Merck公司的E48型液晶制成。

考虑到使用紫外光刻来实现梯度折射率这一方法，难以精确控制分布在微圆孔内各处的聚合物材料密度，从而影响聚光效率，Ren等人又对电极进行了改进，提出了基于单侧半球聚合物浮雕电极的液晶透镜和微透镜阵列方案。以微透镜阵列为例，其制作过程如图2-48所示。第一步，在涂覆有ITO薄膜的玻璃基片上大量涂覆预聚体NOA65，再用表面有凸半球阵列的玻璃压印模板将其紧密压盖在玻璃基片上，如图2-48(a)所示。第二步，紫外照射NOA65，使其固化，如图2-48(b)所示。第三步，移除压印模板，如图2-48(c)所示。第四步，在玻璃基片的凹球空腔内注入掺有RM-82聚合物单体的TL-216液晶的PNLC，用平板玻璃密封以形成液晶盒，如图2-48(d)所示。平板玻璃内侧同样镀有一层ITO薄膜。当微圆孔的孔径为45 μm，入射光波长为633 nm时，焦距和电压的关系如图2-49所示。后来，该课题组改用PDLC制作无散射、与偏振无关、响应速度快的液晶微透镜阵列。

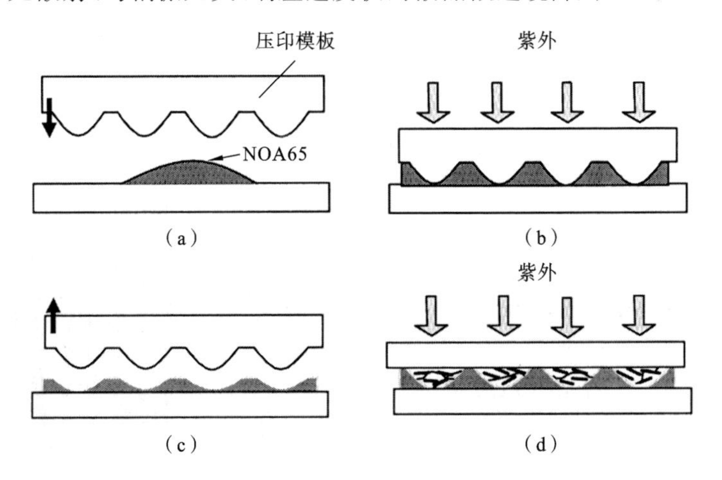

图 2-48　单侧半球聚合物浮雕电极液晶微透镜阵列制作工艺

(a) 压印；(b) 紫外固化；(c) 移除压印模板；(d) 注入液晶材料

如图2-50所示，通过进一步改进电极结构，将单侧ITO电极改为半凹球形并使

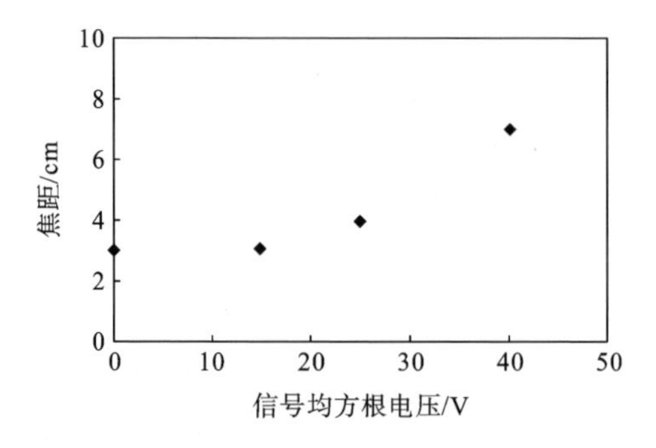

图 2-49　单侧半球聚合物浮雕电极液晶微透镜阵列的焦距与加载的信号均方根电压的关系

用双频液晶，可得到从负焦距到正焦距变动的液晶微透镜阵列。将半凸球形电极的外层聚合物改成玻璃外壳，从而得到在较大焦距范围内可电控的液晶透镜。将半凸球形电极改成半凸抛物线旋转体电极的方法，降低了所需加载的信号均方根电压。2013 年，Ren 等人使用内外两部分单独控制的电极结构，制作了可大范围调焦并快速响应的液晶微透镜阵列。

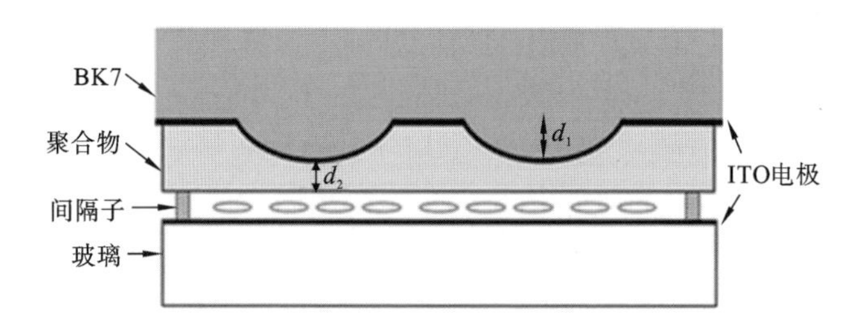

图 2-50　单侧半凹球形 ITO 电极

相关人员在近些年对蓝相液晶，也进行了研究。蓝相液晶是介于各向同性液晶与胆甾相液晶间的一种液晶，具有偏振无关性和响应速度快的特点。Lee 等人使用环形电极和基于克尔效应的聚合物稳定蓝相液晶，制作了可调焦液晶透镜，其调焦范围为从 7.32 mm 到无穷大。Li 等人使用半球形电极和基于克尔效应的聚合物稳定蓝相液晶，制作了液晶微透镜阵列，其响应速度比具有类似结构但使用向列相液晶的微透镜阵列的响应速度快 10 倍以上。

作为液晶技术强国的韩国，在液晶透镜方面的标志性成果有：汉阳大学的 Kim 等人使用铁电液晶制作了可快速切换的单侧半球聚合物浮雕电极液晶微透镜阵列，其响应速度比同期的向列相液晶的快 1000 倍；鲜文大学的 Lee 等人使用近晶 A 相液晶制作的液晶微透镜阵列的响应速度达到几十微秒；汉阳大学的 Kim 等人通过在定向层中掺杂反应性介晶，制作了与偏振无关且响应速度快的液晶微透镜阵列。

在液晶透镜技术方面，加拿大的 Kulishov 提出了双环电极透镜，新加坡南洋理工大学的 Dai 等人制作了正负可调焦液晶微透镜阵列，美国 LensVector 公司的 Asatryan 等人设计了光学隐藏介电结构液晶透镜，美国麻省理工学院的 Wang 等人利用多壁碳纳米管电极制作了液晶微透镜阵列等。

中国工程物理研究院的赵祥杰等人在圆孔图案的液晶微透镜阵列中插入了一片厚度为 30 μm 的超薄隔板，改善了相位分布，获得了较佳的聚焦效果。华东理工大学的 Wang 等人使用双频向列相液晶制作了可调焦菲涅耳透镜。华中科技大学的张新宇团队在液晶器件方面的研究取得了丰硕成果，自主研发了一种低电压电控单圆孔阵列电极液晶透镜阵列，解决了原有的液晶透镜电控电压过高的技术问题，并制作了基于太赫兹波段的液晶透镜。随后，该团队的康胜武等人制作了可调焦可摆焦液晶微透镜阵列，典型结构如图 2-51 所示。其主要工作原理是：将上层圆孔 ITO 电极分成四部分，下层为圆形 ITO 电极，上电极的圆孔圆心与下电极的圆形圆心对齐。对上电极的四部分结构单独供电，控制每一部分的信号电压完成调焦和摆焦操作。另外该团队又研发了双孔径复合结构液晶微透镜阵列，如图 2-52 所示。其做法是：将上层图案电极的单层圆孔阵列 ITO 电极，改成双层不同孔径的圆孔阵列 ITO 电极，中间使用二氧化硅薄层隔开，分别加载不同信号电压。当仅对大孔径的 ITO 电极加电时，对应的微透镜阵列孔径较大。反之，如果只对小孔径的 ITO 电极加电，对

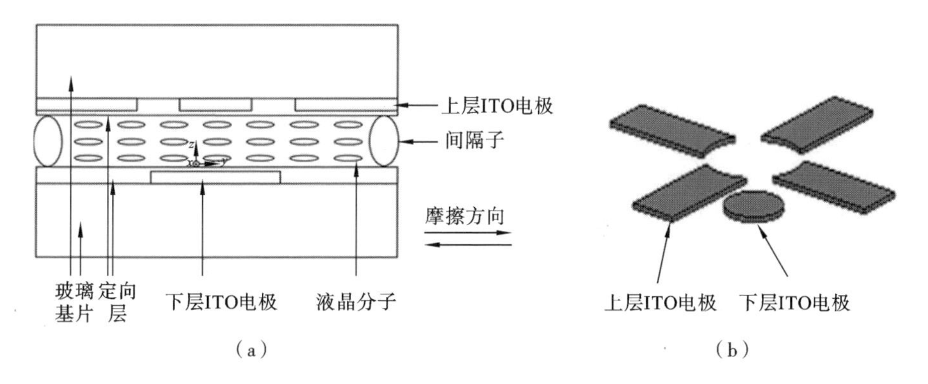

图 2-51　可调焦可摆焦液晶微透镜阵列

(a) 侧视图；(b) 电极图案

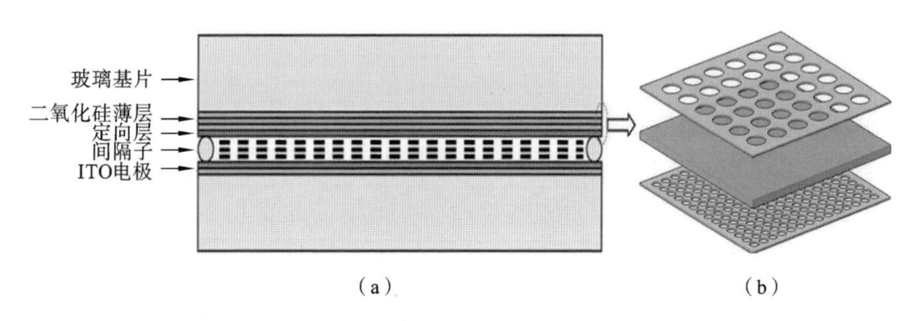

图 2-52　双孔径复合结构液晶微透镜阵列

(a) 侧视图；(b) 上层图案电极

应的微透镜阵列孔径较小。另外，该团队还研发了双孔径可摆焦液晶微透镜阵列。此外，该团队还基于液晶微透镜阵列制作了 Fabry-Perot 腔基成像波谱可调节成像探测芯片和光开关等，并使用液晶微透镜阵列研发了波前成像技术、光场成像技术和偏振成像技术。中国台湾地区也对液晶微透镜结构及电极材料进行了深入研究。中国台湾地区的 Kao 等人设计了宽度不等的多环形结构液晶微透镜，获得了更为理想的折射率分布，降低了加载信号均方根电压，继而制作了环形和饼形结构的双频液晶透镜，其具有更快的液晶恢复速度；中国台湾地区的 Lin 等人制作了基于聚合物稳定蓝相液晶的圆孔铝电极-ITO 电极结构的微透镜阵列；中国台湾地区的 Huang 等人对液晶聚合物微透镜阵列进行了分析。

近些年来，基于电控液晶微透镜阵列的成像技术在国际上受到广泛关注，典型研究方向有：日本东芝公司的 Kwon 等人，制作了具有一个半凹球形电极和一个平板电极的液晶微透镜阵列，并将其用于光场成像；西班牙马德里卡洛斯三世大学的 Algorri等人，基于液晶微透镜阵列制作了可调节视场角的集成成像系统；美国康涅狄格大学的 Javidi 团队对适用于三维内窥镜的液晶透镜阵列进行了深入研究。

2.5.2 典型属性与特征

尽管通过多年努力，电控液晶透镜和微透镜已出现了多种多样的结构形式，但基本架构未出现根本性改变，图 2-53 所示的为液晶透镜和微透镜的基本工作原理。当不对液晶器件施加电控信号时，液晶分子均以一个很小的角度沿 PI 膜预摩擦方向排列，如图 2-53(a)所示。当给液晶器件施加电控信号时，液晶器件两电极板间形成电场，在图案电极层的电极部分对应的区域形成均匀电场，与镂空部分对应的区域形成有横向分量的电场，且电场垂直分量小于平板间所形成的均匀电场，从而形成基于图案电极的电场梯度，如图 2-53(b)所示。当信号均方根电压大于液晶分子转动或摆动所需的均方根阈值电压时，液晶分子的分布会发生改变，液晶分子指向矢分布随电场变化而呈梯度分布。弱电场区，无法电控液晶分子转动或摆动，液晶分子仍保持原有分布。强电场区，液晶分子指向矢产生明显的空间取向排布，如图 2-53(c)所示，从而形成功能化液晶结构所需的折射率分布，如图 2-53(d)所示。

当平面光波入射到施加了电控信号的功能化液晶上时，液晶在圆孔电极区的圆心区域的有效折射率较大，光在其中的传播速度相对较慢。液晶在圆孔边缘或周围区域的有效折射率相对较小，且随着与孔心或孔中心线间距离的增大而逐渐变小，光传播速度则逐渐加快，出射波前呈现会聚球面波或类会聚球面波形态，最终形成光会聚点，甚至焦点。

由图 2-54 可获得液晶微透镜的焦距表达式。在建立解析表征时，忽略基片如玻璃基片及电极层(如 ITO 膜层)对光程的影响。由光传播的等光程性可知

$$[PQ]+[QR]=[MN] \tag{2-38}$$

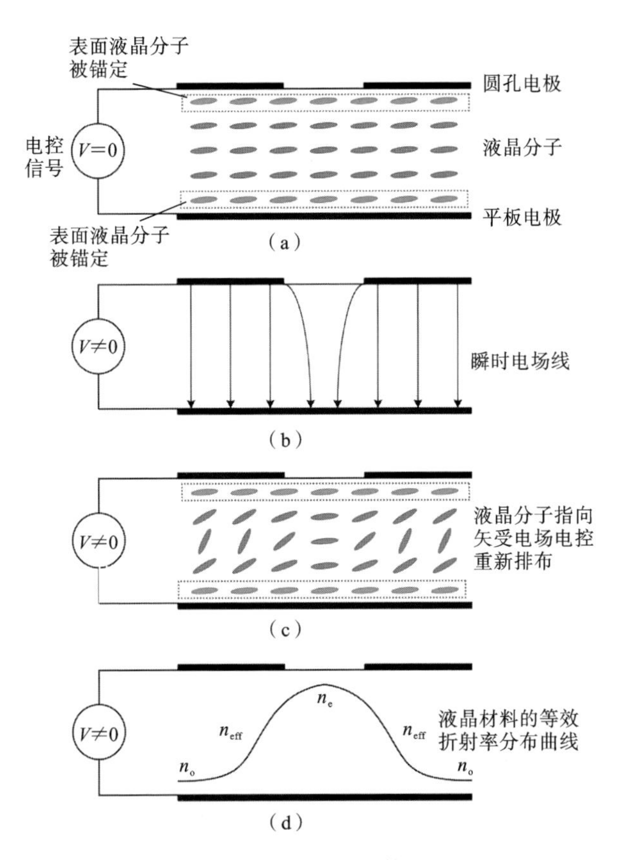

图 2-53　液晶透镜和微透镜的基本工作原理图

(a) 液晶初始取向排布；(b) 空间电场成形；(c) 液晶分子的电控再取向排布；(d) 折射率分布特征

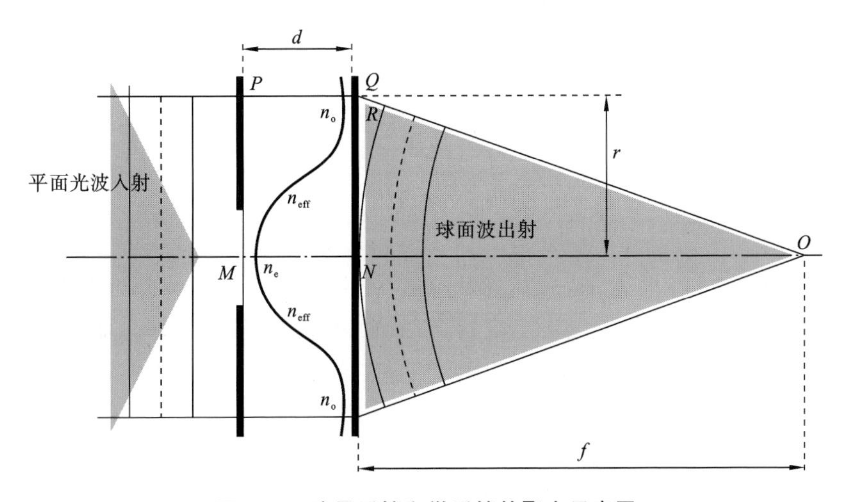

图 2-54　液晶透镜和微透镜的聚光示意图

式中：$[MN]=n_{\max}d$；$[PQ]=n(r)d$；$[QR]=[OQ]-[OR]$，$[OQ]=\sqrt{[ON]^2+[NQ]^2}=\sqrt{r^2+f^2}$，$[QR]=\sqrt{r^2+f^2}-f$，将其代入式(2-38)有

$$n(r)d+\sqrt{r^2+f^2}-f=n_{\max}d \tag{2-39}$$

$$\sqrt{r^2+f^2}=f\sqrt{\left(\frac{r}{f}\right)^2+1}\approx f\left(1+\frac{r^2}{2f^2}\right) \tag{2-40}$$

整理得到

$$f=\frac{r^2}{2[n_{\max}-n(r)]d} \tag{2-41}$$

相位变换函数为

$$\varphi(x,y)=\frac{2\pi}{\lambda}[PQ]=\frac{2\pi}{\lambda}\left(n_{\max}-\frac{x^2+y^2}{2df}\right)d=\frac{4\pi dfn_{\max}}{\lambda}-\frac{2\pi}{\lambda}\frac{x^2+y^2}{2f} \tag{2-42}$$

在近轴条件下，理想薄透镜的相位变换函数为

$$\varphi(x,y)=-\frac{2\pi}{\lambda}\frac{x^2+y^2}{2f}$$

与上述液晶透镜和微透镜的相位变化函数基本一致。以上仅给出单元液晶透镜和微透镜的焦距及相位变化关系，在不考虑液晶透镜和微透镜间的光串扰条件下，可将单元液晶透镜和微透镜的相关性质推广到阵列结构中。

图 2-55 所示的光路可用于液晶透镜和微透镜的焦距测量。可见光谱域可采用平行白光源作为宽谱测量光源，或者采用激光器作为谱测量光源。考虑到液晶透镜和微透镜结构具有偏振敏感性这一情况，需要在液晶透镜和微透镜前设置一个偏振片，用于消除 o 光影响。采用显微物镜放大液晶结构所构造的压缩光场，然后利用光束质量分析仪测量会聚光斑的能量分布和结构尺度情况。

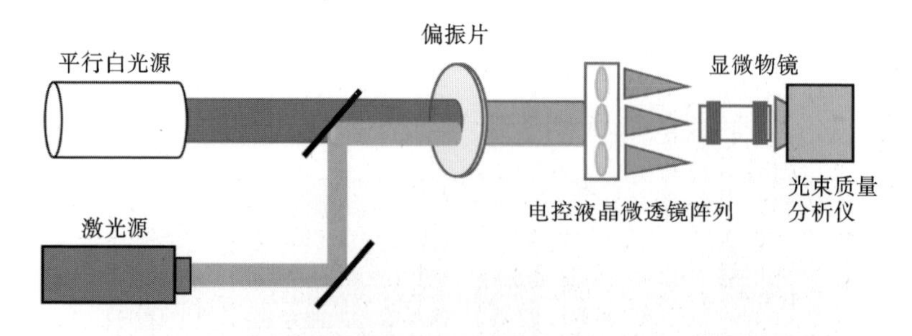

图 2-55　液晶微透镜阵列的焦距测量光路示意图

一种典型的液晶微透镜阵列器件为：液晶为 Merck 公司的 E44 型液晶，折射率 $n_e=1.7904$，$n_o=1.5277$，液晶层厚度约为 20 μm，液晶微透镜的微圆孔电极直径为 64 μm，该液晶微透镜的理论焦距约为 0.097 mm。用光束质量分析仪测量的会聚光斑阵列图像如图 2-56 所示。实验时，在不同电控信号作用下，以有最佳聚光效果时的显微物镜与液晶微透镜阵列间的距离，作为与电控信号对应的液晶器件焦距，并绘

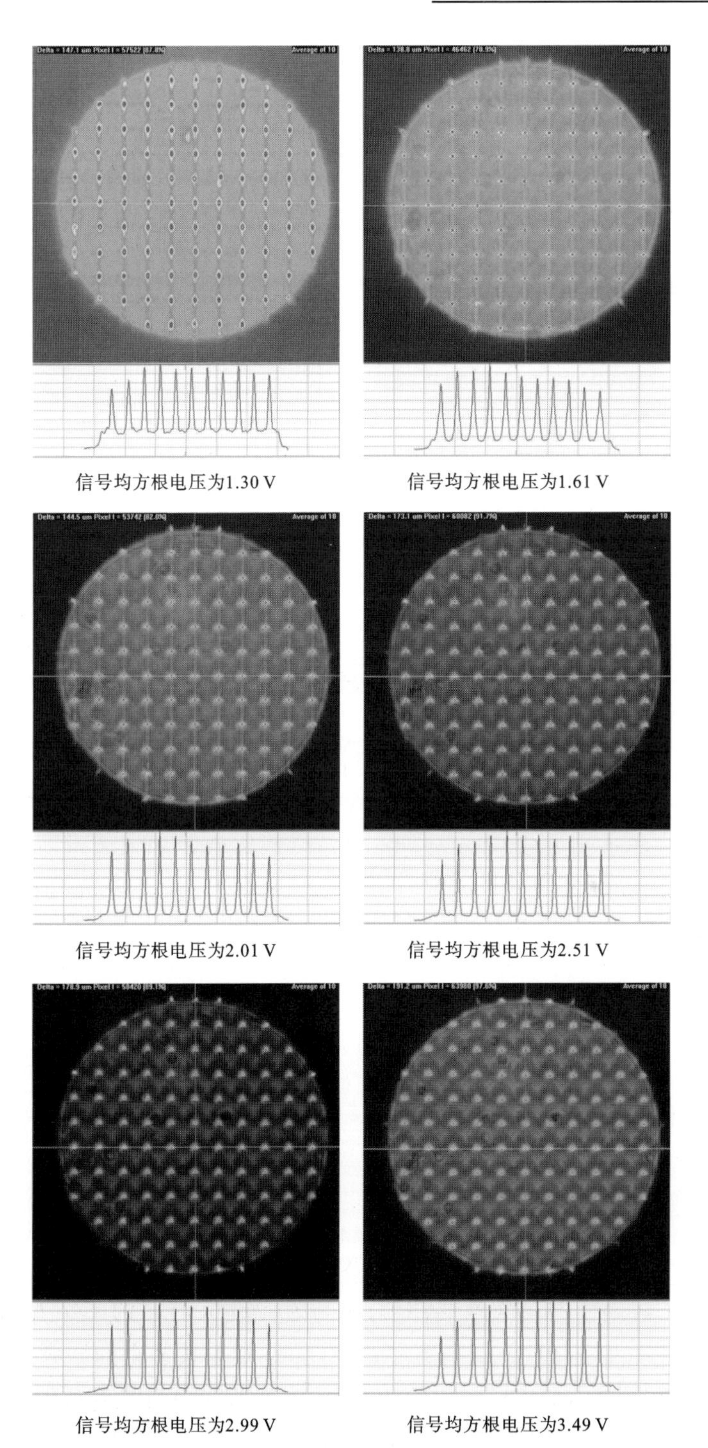

图 2-56　典型的阵列化会聚光斑的电控分布形态

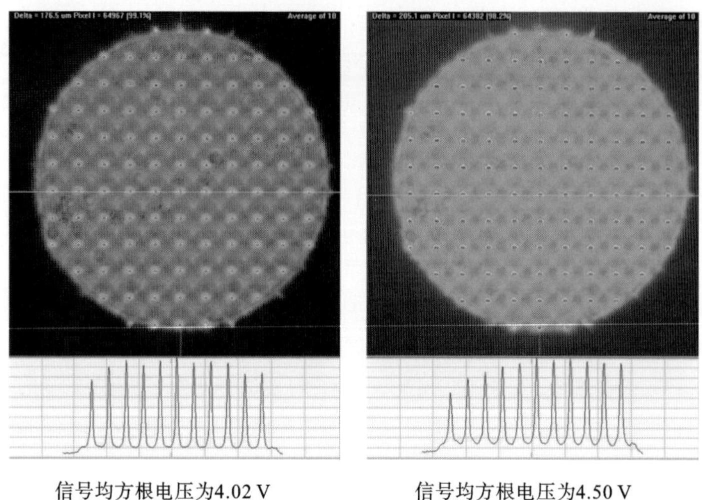

信号均方根电压为4.02 V　　信号均方根电压为4.50 V

续图 2-56

制焦距随电控信号变化所呈现的变动曲线，如图 2-57 所示。实验显示，当信号均方根电压大于 3.5 V 时，液晶微透镜的焦距较稳定，保持在 0.085～0.095 mm 这一范围内，与理论计算较为相近。

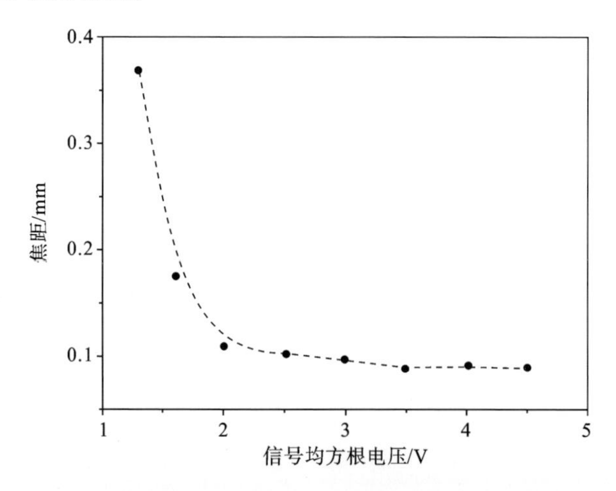

图 2-57　液晶微透镜阵列的焦距与加载的信号均方根电压的关系

2.6 小　　结

本章分析了向列相液晶的基本物性、表征理论、功能架构、常规光学与电光属性等方面的基本问题。对液晶的分子指向矢的初始锚定、空间分布、在电场驱控下指向矢变动属性、在功能化液晶中传输的光波的相位特征等进行了建模和仿真计算。仿真模拟了可电控液晶形成光会聚效能的图案电极构形、电极对耦合方式、结构和控制参数体系特征、液晶器件的工艺实现条件等。本章给出了加电控制液晶物性来构建电控液晶透镜和微透镜的基本方法，以及液晶微透镜结构的常规光学特征和属性。本章内容为后续章节所开展的液晶基波前成像探测、光场成像探测和偏振成像探测等研究，奠定了方法和技术基础。

第3章　液晶基波前成像探测

3.1 引　　言

波前是表征光波在真空或环境介质中传播行为的一个基本参量。与光源固有的光波出射方式、环境介质折射率及其空间分布形态、波束的空间运动行为、光场能量的空间传输方式等因素紧密相关。常规成像探测系统，均基于目标的点光源出射光波的再会聚压缩，展现目标的形貌、结构和运动特征。成像探测能力受光波传输形态、光能收集方式、成像传感器的光电转换效能、图像信息处理能力等的影响。通过收集的点状光能强弱分布及光电转换操作所构建的图像，解析光波所携带的目标的形貌、结构或运动参数，极易受目标波前的扰动甚至畸变行为的影响，因而常常会产生因波前出现无规发散、会集或形变而导致的目标图像偏离，甚至背离本征情形的现象。我们找到的一种液晶基波前成像探测方法，通过时序测量目标光强图像和相关联的波前，获得会聚光场的点扩散函数，用于量化表征聚光和成像效能，并在该光学参数及其变动属性引导下改善像质。电控开启或关闭与光敏阵列匹配的液晶微光学结构，可将其调控到聚光微透镜下的波前测量状态，或者均匀相位板下的成像探测模态，当具备波前测量和光强图像获取这样的双模成像探测能力时，就会显著提高基于光波振幅测调的成像探测效能。

3.2 局域子波前测量与目标波前还原

Shack-Hartmann(SH)波前探测器是一种常用的波前测量装置，常用于自适应成像探测系统。SH 波前探测器通常由传统光学材料制成的折射或衍射微透镜阵列和面阵探测器组成。微透镜阵列的各元微透镜一般具有相同且固定的焦距，用于匹配典型的 CCD 或 CMOS 光敏阵列。各元微透镜均可将入射到其表面的平行入射微束会聚在探测器的成像面上，形成会聚斑甚至焦斑。源于目标光波的不同入射方向上的平行微束在成像面上的会聚斑或焦斑位置有所不同。测量所形成的会聚斑或焦斑与固定参考点间的偏移量，可计算出用倾角表征的入射微束的波前相对成像面的倾斜程度。整合所测量的全部局域波前或子波前，可以还原或重建目标波前，获得目标光波的相位及变动(包括畸变情况)。目前，SH 波前探测器在大气波前测量、人眼视力检测、光学对准、半导体芯片质量控制等领域获得广泛应用。

通常情况下，用于获取目标光强图像和波前的成像光学系统，一般存在两种典型的架构形态。其一，通过两条并行光路独立获取波前和光强图像；其二，首先共孔径，然后在成像光学系统内部将光路分成两条，分别获取光强图像和测量波前。第一种光学架构本质上是两套光学系统的组合，分别用于成像目标和测量目标波前。第二种光学架构一般由一个分光器与微透镜阵列组合而成。上述光学成像系统均包含复杂的结构组成，同时存在体积大、质量大、成本高、控制复杂及使用烦琐等问题。造成以上问题的主要原因在于，利用SH波前探测器测量波前时，必须使用微透镜阵列来完成所有子波前的倾角测量。一般而言，微透镜阵列通常由折射率相对固定的光学材料制成，执行波前测量的探测器无法用于获取高像质目标图像。换言之，常规的波前成像探测系统必须使用两组面阵探测器，才能获取光强图像和波前。

2011年，R. S. Cudney利用铁电材料制成电控微透镜来代替传统的曲面轮廓折射或衍射微透镜阵列，制成一款SH波前探测器。该装置仅利用一块面阵探测器和一套光学系统，就实现了目标光强图像获取和波前测量。在现有条件下，铁电材料的有效控制电压一般较高，通常在千伏数量级，过高的控制电压使基于铁电材料的双模成像系统难以获得推广使用。迄今为止，已提出多种具有双模（光强图像、波前）成像能力的探测方案，包括典型的液晶基时序获取全视场高像质光强图像与目标波前，基于光场成像的波前测量与高像质目标图像重构，基于复眼的波前测量与目标光流成像，人眼仿生成像与波前测量，基于超高密度、超大规模（亿级）光敏阵列的波前与光强图像一体化探测等。核心做法是：基于SH波前测量法、微纳光电子集成工艺、图像数据高速解算与波前反馈调节，执行快速控光下的智能化成像探测。

3.2.1　SH 波前测量法

SH波前测量法基于Shack-Hartmann波前测量原理。该方法采用1900年哈特曼研发的一种通过跟踪大型望远光学系统内的光束，以圆孔阵列为基础进行像质评估的探测装置。20世纪60年代末，R. Shack和B. Platt用透镜阵列代替圆孔阵列，对探测装置进行改进，该装置主要用于波前倾角测量。将与各透镜对应的子波前倾角作为一个空间变量，通常包括x和y两个自由度。图3-1所示的是以y轴方向上的倾角测量为例来说明子波前倾角的测量。图3-1中，θ_y为y轴方向上的子波前倾角，f为透镜焦距，Δy为倾斜子波前经过聚光透镜后形成的会聚点相对参考点在y轴方向上的偏移距离，d为单元透镜的通光孔径。

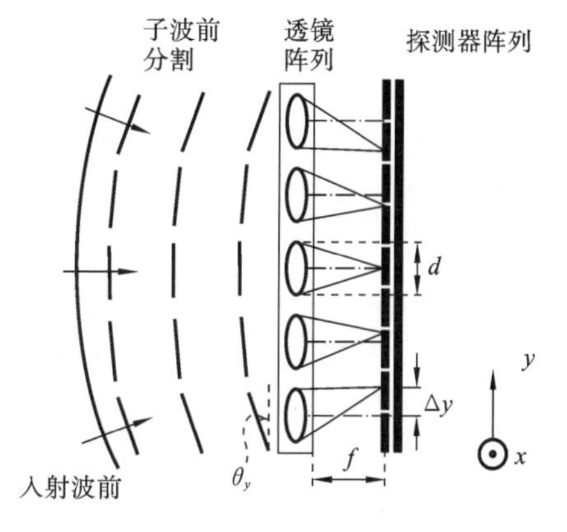

图3-1　基于透镜阵列测量子波前倾角

子波前在 x 和 y 轴方向上的倾角分别为

$$\begin{cases}\tan\theta_x=\dfrac{\Delta x}{f}\\ \tan\theta_y=\dfrac{\Delta y}{f}\end{cases}\tag{3-1}$$

单元透镜的会聚光斑或焦斑质心的横向偏移距离 Δx 和 Δy 分别为

$$\begin{bmatrix}\Delta x\\ \Delta y\end{bmatrix}_{i,j}=\begin{bmatrix}x_c-x_o\\ y_c-y_o\end{bmatrix}_{i,j}\tag{3-2}$$

式中：x_o 和 y_o 分别为 x 和 y 轴方向上的参考点坐标；x_c 和 y_c 分别为 x 和 y 轴方向上的会聚光斑或焦斑质心坐标；i 和 j 分别为阵列化透镜的二维序号。会聚光斑或焦斑质心坐标为

$$\begin{bmatrix}x_c\\ y_c\end{bmatrix}_{i,j}=\frac{1}{\sum\limits_{m=[M_1]_{i,j}}^{[M_u]_{i,j}}\sum\limits_{n=[N_1]_{i,j}}^{[N_u]_{i,j}}I(m,n)}\begin{bmatrix}\sum\limits_{m=[M_1]_{i,j}}^{[M_u]_{i,j}}\sum\limits_{n=[N_1]_{i,j}}^{[N_u]_{i,j}}x(m,n)I(m,n)\\ \sum\limits_{m=[M_1]_{i,j}}^{[M_u]_{i,j}}\sum\limits_{n=[N_1]_{i,j}}^{[N_u]_{i,j}}y(m,n)I(m,n)\end{bmatrix}\tag{3-3}$$

式中：$x(m, n)$和 $y(m, n)$分别为透镜阵列中的 m 行 n 列位置 x 和 y 轴方向上的坐标；$I(m, n)$为透镜阵列中的 m 行 n 列位置的光强值。由上述计算，可以得到各子波前的空间倾角。整合所有子波前，便可以获得或重建完整的入射波前。

3.2.2 液晶基波前成像测量法

图 3-2 所示的为液晶基波前成像测量的结构特征和工作原理。图 3-2 以平行入射光束为例加以说明，图中的每一条短线代表一个平面子波前。当切断液晶器件的电控信号时，液晶器件仅起到一个均匀相位板作用，波前经过液晶器件后的相位被整

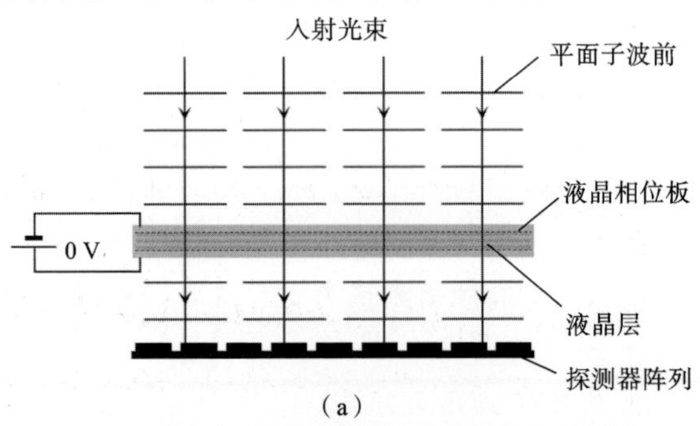

图 3-2 液晶基波前成像系统的结构特征和工作原理

(a) 波前成像系统在不开启微透镜功能时用于获取光强图像；

(b) 波前成像系统启动液晶微透镜后执行波前测量操作

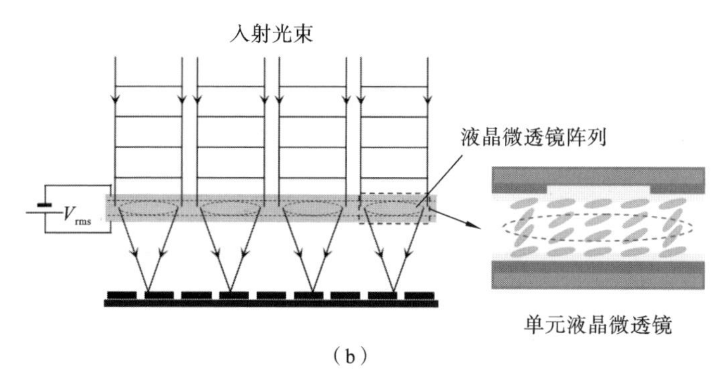

（b）

续图 3-2

体同步延迟，不会对成像操作产生明显影响，因而可以完成基于波前成像系统的光强图像获取，如图 3-2(a)所示。当在液晶器件上施加电控信号时，液晶器件表现出基于聚光型微透镜阵列的聚光效能。平行入射光束经液晶微透镜后，会聚到成像探测器的光敏面上，此时波前成像系统所得到的光电数据被用于计算波前，如图 3-2(b)所示。

3.3　用于波前测量的面阵电控液晶微透镜

液晶基波前成像探测系统，除所配置的成像光学系统外，主要通过面阵电控液晶微透镜和 CCD 或 CMOS 成像探测阵列来执行时序成像和波前测量操作。图 3-3 所示的为一种用于波前成像探测的电控液晶微透镜阵列的结构，其中的玻璃基片厚度约为 500 μm，上层的图案电极由微圆孔阵构成，微圆孔径为 119 μm，相邻微圆孔中心距为 140 μm，下层电极为平板电极。用于形成液晶盒的微球直径为 20 μm，所用液晶材料为德国 Merck 公司的 E44 型液晶($n_e=1.7904$，$n_o=1.5277$)。成像探测器为 Microview 的 MVC14KASAC-GE6，其光敏阵列规模为 4384 元×3288 元，像素间距为 1.4 μm。与该成像探测器匹配的电控液晶微透镜的图案电极上的单元微圆孔或单元微透镜，对应成像探测器的子阵列，其规模为 100 元×100 元。

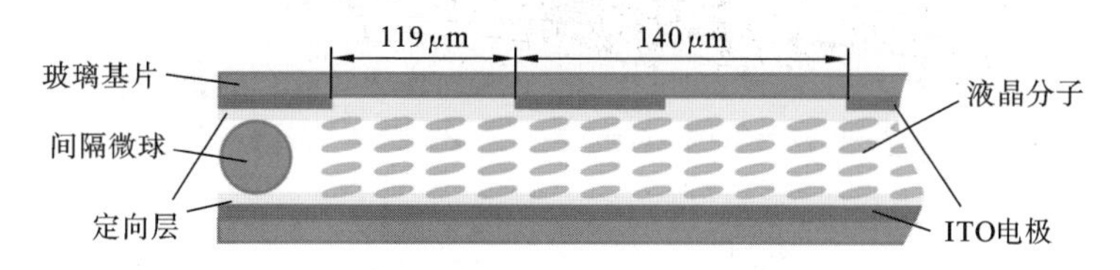

图 3-3　用于波前成像探测的电控液晶微透镜阵列的结构

通常情况下，点扩散函数分布是量化表征光学系统像质的一项重要参数。锐利的点扩散函数分布，预示光学成像系统能显示良好的聚光成像效能。一般以获得最佳点扩散函数分布时的电控液晶微透镜阵列与光束质量分析仪间的距离，代表液晶微透镜的焦距。图 3-4 所示的为一种测量电控液晶微透镜阵列的典型光学测量架构，可用于获取液晶微透镜在不同电控信号作用下的点扩散函数分布和焦距。

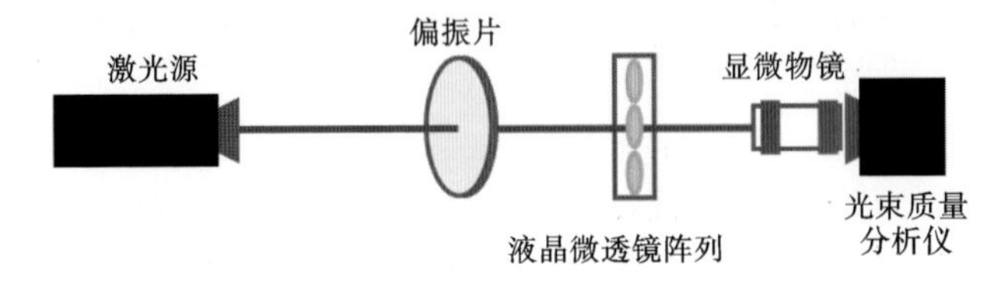

图 3-4　电控液晶微透镜阵列的典型光学测量架构

图 3-5 所示的为在红色激光照射下，单元电控液晶微透镜在不同电控信号作用下的点扩散函数分布。一组典型的实验配置方案为：使用长春新产业光电技术有限公司生产的激光源，其中心波长分别为 671 nm(红光)、532 nm(绿光)和 473 nm(蓝

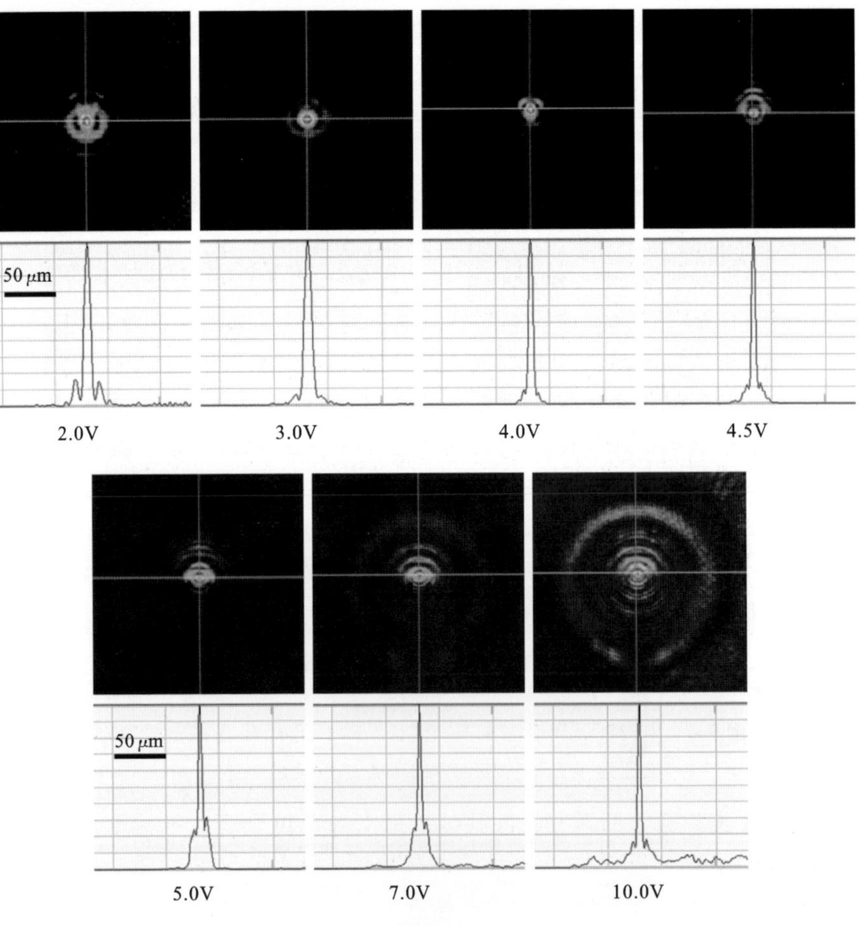

图 3-5　在 671 nm 波长的红色激光照射下，单元电控液晶微透镜在不同信号均方根电压作用下的点扩散函数分布

光)；光束质量分析仪为DataRay公司的WinCamD，显微物镜的放大倍数为60倍，偏振片为OptoSigma公司的USP-50C-38。由测试图像可见，液晶微透镜的点扩散函数分布随电控信号的变化而变化。加载的信号均方根电压为4 V和4.5 V时，液晶微透镜有最为锐利的点扩散函数分布。换言之，液晶微透镜在这两个信号均方根电压所界定的范围内，呈现最佳的聚光和成像效能。

在测量子波前倾角时，电控液晶微透镜的焦距是一项重要的基准参数。考虑到光学系统的色散效应，对于不同波长的入射光将显示不同焦距。因此，测量光斑相对位置来计算子入射微束倾角时，需要考虑波长的影响。在如上所述的典型测量架构下，采用红色激光照射并加载信号均方根电压为4.5 V的电控信号时，液晶微透镜将显示较为理想的点扩散函数分布，因此可将4.5 V作为基准电控信号来横向对比不同波长的入射光波对液晶微透镜的点扩散函数分布的影响。图3-6所示的为电控液晶微透镜分别在中心波长为671 nm、532 nm和473 nm激光照射下，加载信号均方根电压为4.5 V电控信号时的点扩散函数分布。对于波长最长的红光，显示最大的焦斑尺寸，蓝光照射下所得到的焦斑尺寸最小。图3-7所示的为加载信号均方根电压为4.5 V电控信号的液晶微透镜阵列，在中心波长为671 nm的红色激光照射下的点扩散函数分布，其均匀性约为81.54%并呈现较好的测量数据稳定性。

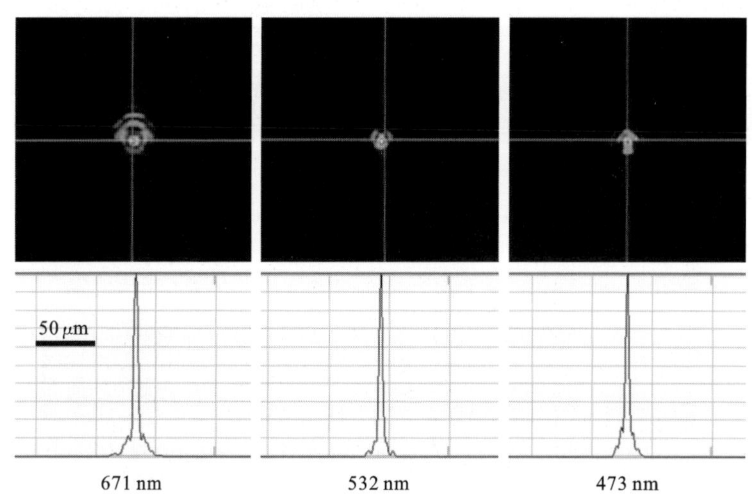

图3-6 电控液晶微透镜在不同波长的激光照射下，加载信号均方根电压为4.5 V电控信号时的点扩散函数分布

用不同波长的激光照射并在液晶微透镜上加载可调变的电控信号时，微透镜与显微物镜间的距离可近似作为微透镜的焦距，典型实验结果如图3-8所示。图3-8用不同的线形分别代表采用中心波长为671 nm、532 nm和473 nm的激光，测量在液晶微透镜上施加不同电控信号时的焦距及其变化趋势。如图3-8所示，液晶微透镜的焦距在信号均方根电压小于5 V时，随电控信号的增大而明显减小，尤其是信号

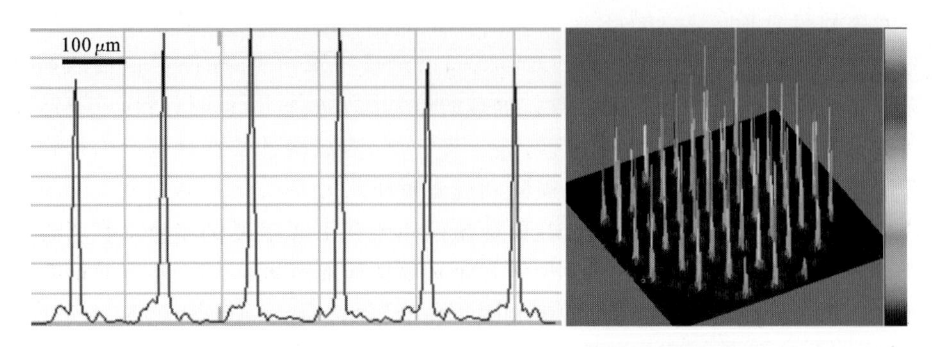

图 3-7 电控液晶微透镜阵列的点扩散函数分布(照射光的波长为 671 nm，信号均方根电压为 4.5 V)

均方根电压小于 2 V 时，焦距变化更为显著。在信号均方根电压大于 5 V 的电控信号变动范围内，液晶微透镜的焦距变化相对缓慢。施加相同的电控信号时，在长波长的红光作用下，液晶微透镜显示较长焦距，蓝光作用下的焦距最短。考虑到在加载信号均方根电压 4.5 V 的电控信号处，液晶微透镜显示较好的阵列化微束会聚效能，测量该电控信号作用下的液晶微透镜相对各波长光波的焦距分别为 0.68 mm(红光/671 nm)、0.51 mm(绿光/532 nm)和 0.45 mm(蓝光/473 nm)。

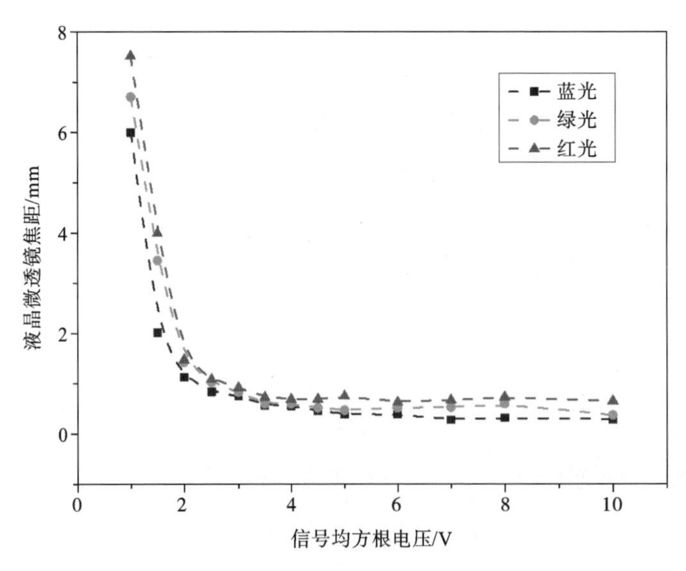

图 3-8 液晶微透镜焦距与电控信号间的典型关系曲线

3.4 谱图像的分解与融合

针对掌握液晶基波前成像探测方法的基础数据特征这一目标，我们建立了一套典型的液晶基波前成像探测系统。如图 3-9 和图 3-10 所示，将液晶微透镜阵列紧贴在 CCD 阵列或 CMOS 光敏阵列的光窗表面，构成控光成像探测结构，并与成像光学系统或物镜耦合，组成液晶基波前成像探测系统。所获得的图像数据通过数据传输系统输出，用于进一步的图像信息处理或显示。所采用的成像光学系统或物镜起成像主镜作用，用于压缩成像光场及提高作用在每单元光敏结构上的光能流密度。考虑到常规液晶透镜具有偏振敏感性，在成像测试过程中通常需要在物镜或液晶微透镜阵列前布设一个偏振片，用于减少寻常光对成像探测和波前测量操作的影响。实验的白光源为美国 Newport 公司的 ARC LAMP SRC F/1 COLL COND，三种单色光源分别为如上所述的三基色激光源，出射光均经过均匀扩束处理。

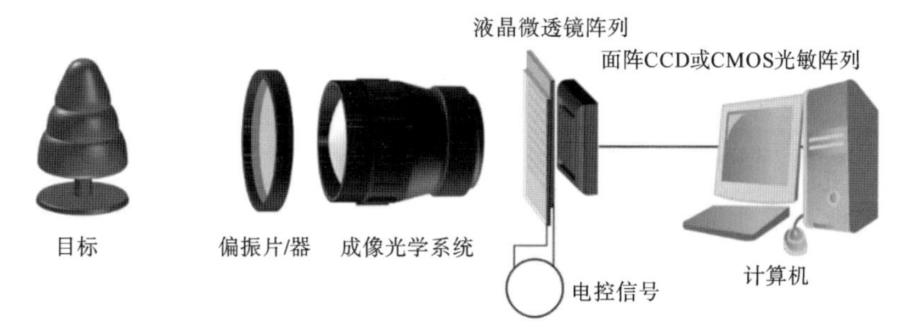

图 3-9　液晶基波前成像探测系统的组成

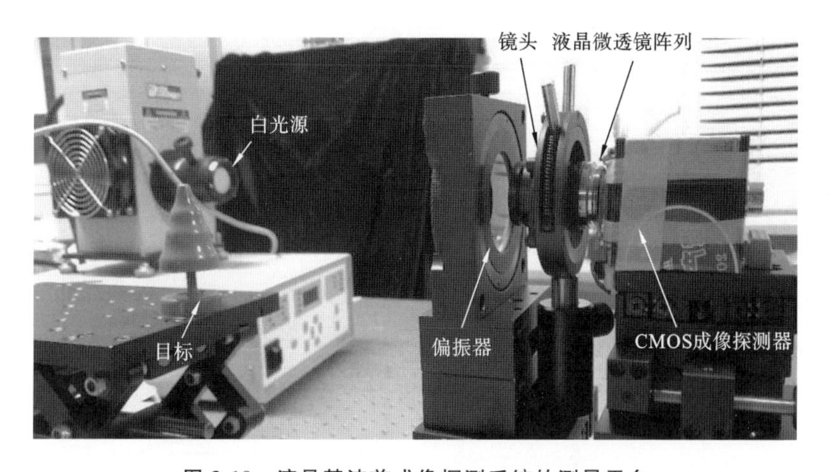

图 3-10　液晶基波前成像探测系统的测量平台

液晶基波前成像探测系统用同一套成像光学系统或物镜，完成目标的光强图像获取和波前测量。一般而言，目标的图像信息由成像探测器分别通过红、绿、蓝三基色通道，感测和记录并不完整的目标灰度数据，再经过插值计算近似得到三基色通道下相对完整的灰度图像，并最终基于一定约束条件通过谱图像融合得到彩色目标图像。因此，较为理想的成像条件为直接利用自然光，或利用携带了较为丰富的光谱资源的白光来照射目标。在现有光波成像理论框架下，波前通常基于单一波长或窄带谱光波获得，这产生波前成像探测的工作模式与测量手段及场景波场间的矛盾。

下面分别从波前谱分解与单色波前谱融合这两个角度出发，寻找解决问题的方法。

考虑到光波的基本传播属性，不同波长的光波由同一个物镜会聚后，会被聚焦到前后位置不同的焦平面上。如前所述，在相同电控信号作用下，聚光液晶微透镜针对不同波长光波显示不同焦距或焦平面，诸如红光焦距最长，蓝光焦距最短，焦距与波长间存在典型的正比关系等。在自然环境中，由太阳出射并穿过地球大气的白光，包含可见光谱域内绝大多数的波长成分，也可以说，其是一种光谱成分相对较全的复合光。因此，在实验中一般把相对人眼具有最大光电灵敏度的绿光通过液晶微透镜后的焦距作为参考值，将其焦平面作为参考面，计算平均白光子波前倾角。需要说明的是，上述做法并不是绝对的，在实际过程中应根据成像目标的光反射、光透射或自辐射特征，环境情况和成像目的，灵活选择具有特定波长值的基准波前。

分解复合光波前的关键之处在于如何确定红光(671 nm)、绿光(532 nm)和蓝光(473 nm)这三种典型色光的光强权重。在成像探测器的光敏阵列上，每一个光谱成像通道对入射光束都具有一条特征光谱敏感曲线。利用成像探测器的特征光谱敏感曲线，可对白光波前进行有效分解。图 3-11 所示的为典型的 MVC14KASAC-GE6 成像探测器的光谱响应曲线。如图 3-11 所示，该成像探测阵列中的红色、绿色和蓝色通道的光谱响应曲线，分别在约 600 nm、535 nm 和 450 nm 处达到峰值。图 3-11

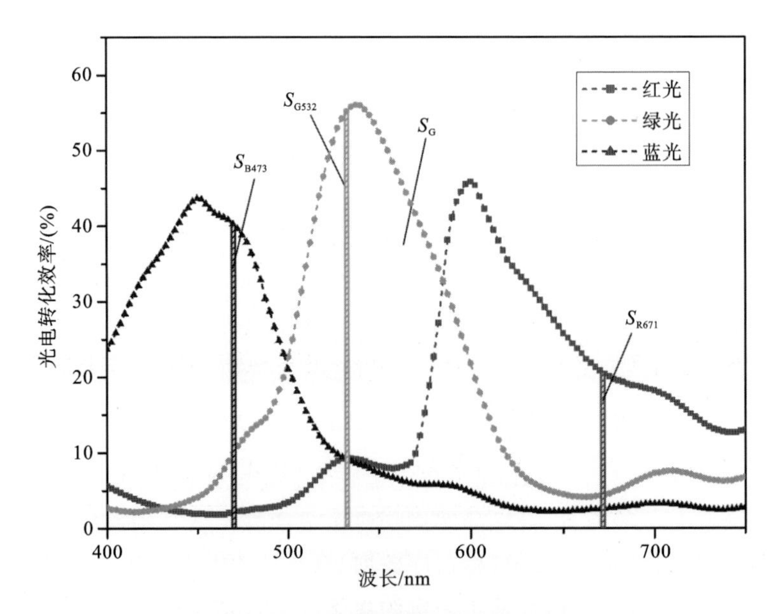

图 3-11 成像探测器的光谱响应曲线

也给出了一种分解被测量目标的复合波前的数据选取方案，关键点是：针对中心波长为 532 nm 的绿光执行白光波前分解操作。根据成像探测器的光谱响应曲线情况，波长为 532 nm 的绿光图像通过绿色探测通道获取的图像灰度可表示为

$$G_{532}(\mathrm{g})=\frac{S_{\mathrm{G}532}}{S_{\mathrm{G}}}G_{\mathrm{W}}(\mathrm{g}) \tag{3-4}$$

式中：$G_{532}(\mathrm{g})$为波长为 532 nm 的绿光图像通过绿色探测通道所获取的图像灰度；$G_{\mathrm{W}}(\mathrm{g})$为白光图像通过绿色探测通道所获取的图像灰度；$S_{\mathrm{G}532}$为绿色探测通道的光谱响应曲线在中心波长 532 nm 处、光谱宽度为 2.5 nm 处的条带面积；S_{G} 为绿色探测通道在可见光范围内的总面积。同样方法，也可将白光图像通过红色探测通道获取的图像灰度表示为

$$G_{532}(\mathrm{r})=\frac{S_{\mathrm{R}532}}{S_{\mathrm{R}}}G_{\mathrm{W}}(\mathrm{r}) \tag{3-5}$$

同样可将白光图像通过蓝色探测通道获取的图像灰度表示为

$$G_{532}(\mathrm{b})=\frac{S_{\mathrm{B}532}}{S_{\mathrm{B}}}G_{\mathrm{W}}(\mathrm{b}) \tag{3-6}$$

通过上述操作，即可获得基于白光分解出中心波长为 532 nm 的绿光图像和绿光波前，以及任意波长处的谱图像和谱波前。鉴于常规实验条件一般均具备中心波长为 671 nm、532 nm 和 473 nm 的单色激光输出，这里仅讨论将白光复合波前分解为中心波长为 671 nm 的红色波前、532 nm 的绿色波前和 473 nm 的蓝色波前的问题。

图 3-12～图 3-18 所示的为实验测量结果，主图所示的为波前特征的目标图像，左上角处框图为各图像的局部放大图像，右下角处图像为基于主图通过计算得到的目标波前。为了更清晰地显示局部细节，我们对部分框图的亮度和对比度进行了相应调整，具体情况见图注说明。图 3-12 所示的为基于波前成像法直接测量得到的白光波前特征的图像及所重建的目标波前。图 3-13、图 3-15 和图 3-17 所示的分别为将波前特征的目标白光图像通过分解所得到的相应的单色目标图像和波前，图 3-14、图 3-16 和图 3-18 所示的分别为利用三基色激光直接测量得到的波前特征的目标图像和波前。

通常情况下，用平均绝对差(mean absolute difference，MAD)描述两幅图像的相似程度。上述典型实验平均绝对差为

$$\mathrm{MAD}=\frac{\sum_{i=1}^{M}\sum_{j=1}^{N}\left|W_{\mathrm{s}}(i,j)-r\times W_{\mathrm{t}}(i,j)\right|}{M\times N} \tag{3-7}$$

式中：W_{s} 为参考波前；W_{t} 为比较波前；r 为比例系数。

由成像测量结果可见，基于单色光直接测量所得到的波前，与所对应的由复合光分解所得到的波前有较高的相似性。采用平均绝对差计算所得到的量化结果分别为

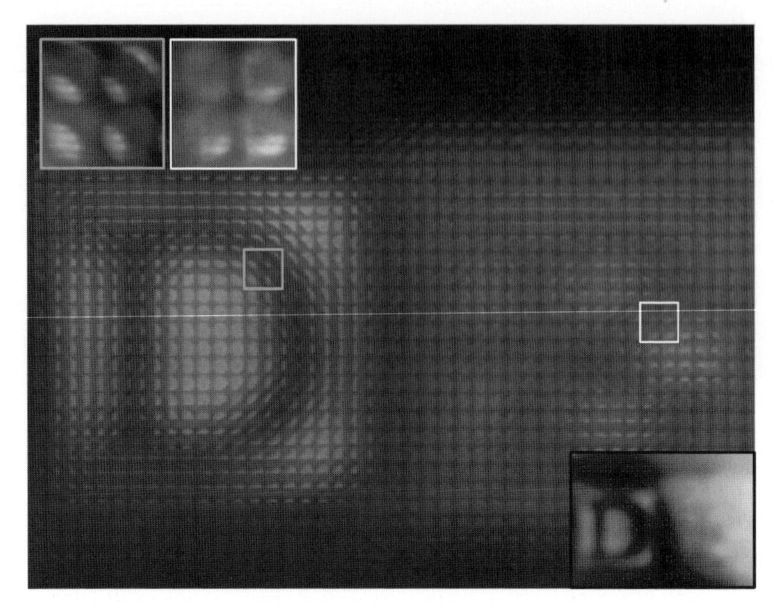

图 3-12　波前成像探测系统直接获得的白光波前特征的图像及其对应的目标波前

灰框图像:亮度调整为 60%,对比度调整为 75%;白框图像:亮度调整为 62%,对比度调整为 80%

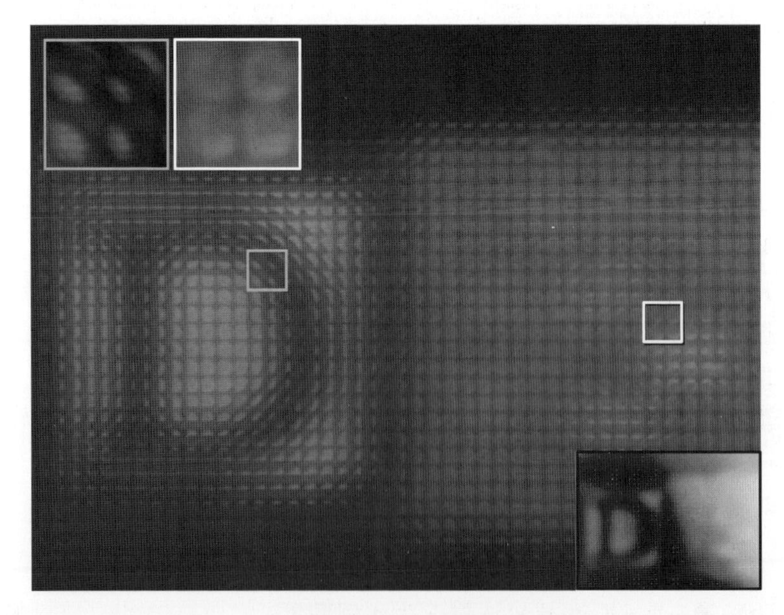

图 3-13　用中心波长为 671 nm 获得的红光波前特征的图像及其对应的目标波前

灰框图像:亮度调整为 54%,对比度调整为 75%;白框图像:亮度调整为 52%,对比度调整为 65%

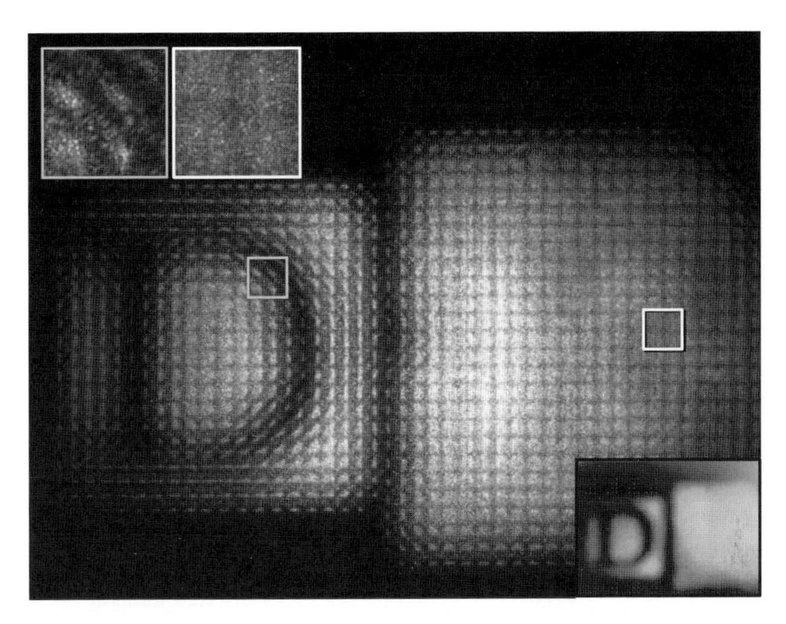

图 3-14　用中心波长为 671 nm 的红光获得的波前特征的图像及其对应的目标波前

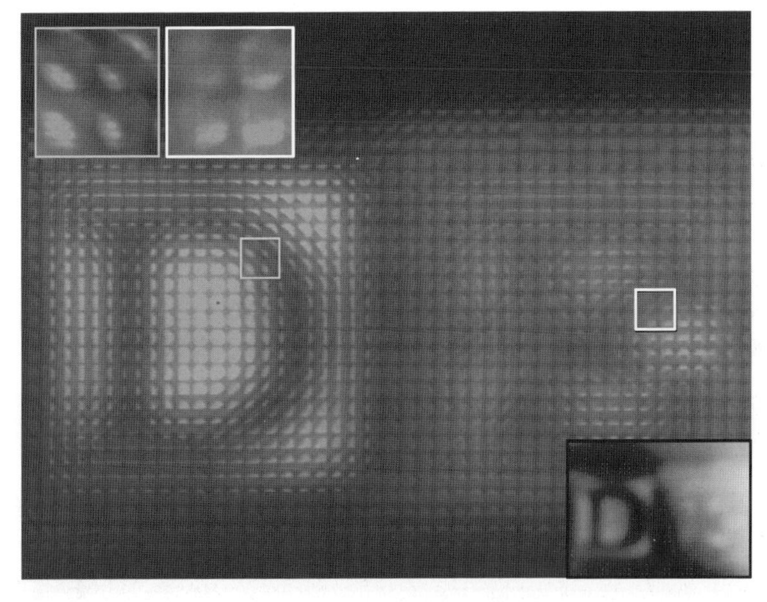

图 3-15　用中心波长为 532 nm 的绿光获得的波前特征的图像及其对应的目标波前

灰框图像:亮度调整为 52%,对比度调整为 65%;白框图像:亮度调整为 54%,对比度调整为 70%

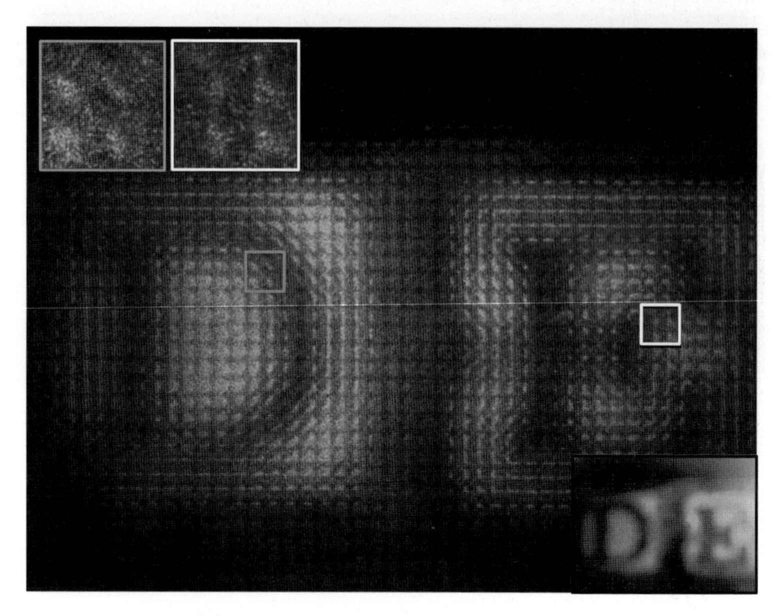

图 3-16　用中心波长为 532 nm 的绿光获得的波前特征的图像及其对应的目标波前

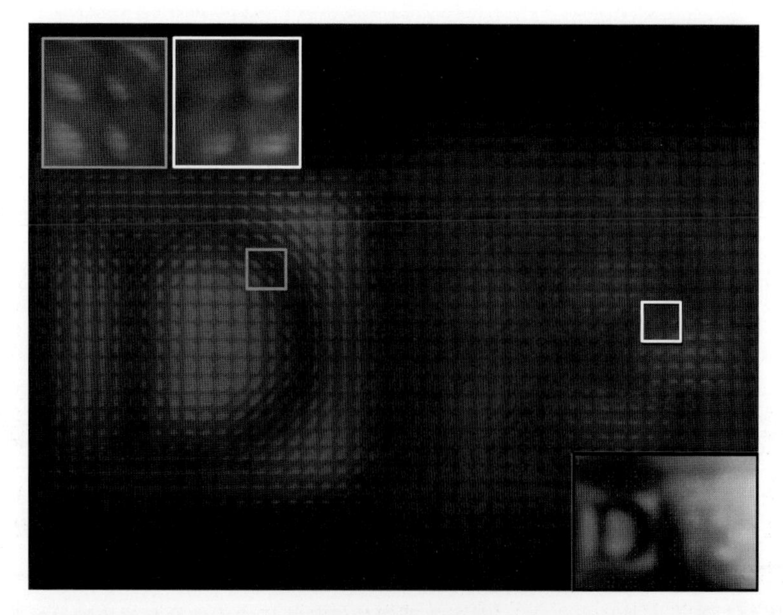

图 3-17　用中心波长为 473 nm 的蓝光获得的波前特征的图像及其对应的目标波前

灰框图像:亮度调整为 65%,对比度调整为 75%;白框图像:亮度调整为 65%,对比度调整为 80%

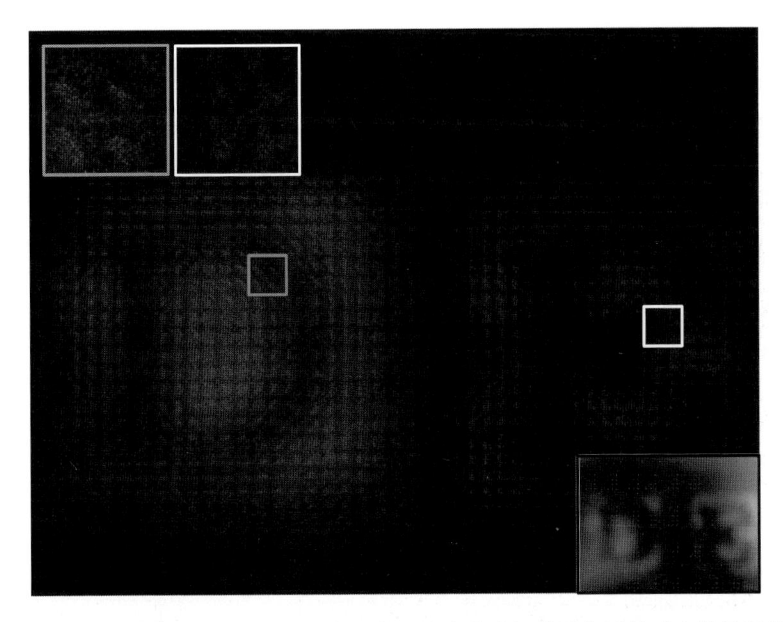

图 3-18　用中心波长为 473 nm 的蓝光获得的波前特征的图像及其对应的目标波前

0.0114(红光)、0.0095(绿光)、0.0071(蓝光)。如上所述的较小偏差意味着复合光波前分解法可以有效地将复合光波前分解为若干特定波长的单色波前。

在现有理论和实验测量框架下,波前均基于单色光测量获得。在可见光波长范围内,自然或人工物质结构均展现丰富的色彩信息。因此,基于单色光测量目标波前,往往会丢失一些与特征波谱相关的重要目标信息。基于上述原因,采用典型的三基色激光,如典型的红光(中心波长为 671 nm)、绿光(中心波长为 532 nm)和蓝光(中心波长为 473 nm),作为单色光及把白光作为复合光,分别探测目标的单色光波前与相关的波谱光强权重,就可以用成像探测来克服上述困难。实验所选用的成像探测目标如图 3-19 所示,目标为圣诞树模型,其结构简单,仅由树冠、树干及底座三部分组成。色彩特征显著,树冠为深绿色,对蓝绿光有较好的反射效果,红色的树干及底座能很好地反射红光。

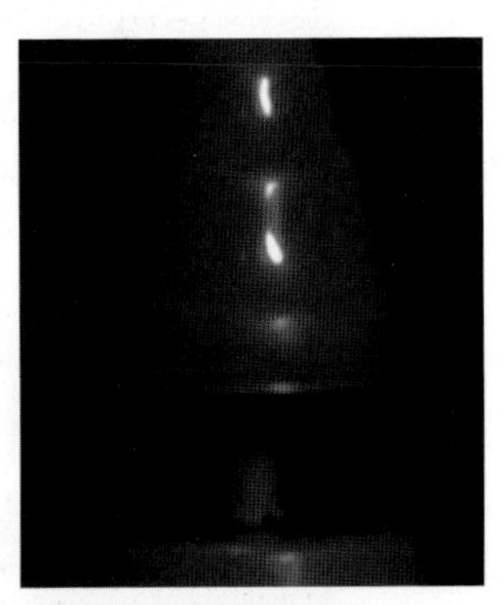

图 3-19　实验所选用的成像探测目标

图 3-20～图 3-23 所示的分别为不同光源出射的光波照射圣诞树模型,进行液晶基波前成像探测所获取的典型的目标波前图像。为了更明显地显示出不同光源的波前测量差别,选取目标的相同部位并将其放大以进行比较,此过程对部分框图中的亮度和对比度进行了调整,具体情况见图注说明。如图 3-20～图 3-23 所示,采用红光所测量的目标波前

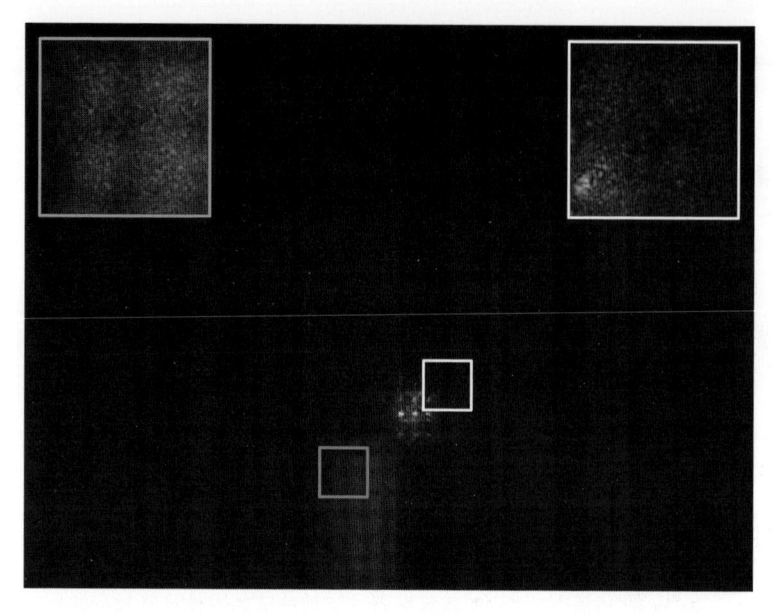

图 3-20　以中心波长为 671 nm 红光照射目标所获得的目标波前

灰框图像:亮度调整为 70%,对比度调整为 80%;白框图像:亮度调整为 70%,对比度调整为 80%

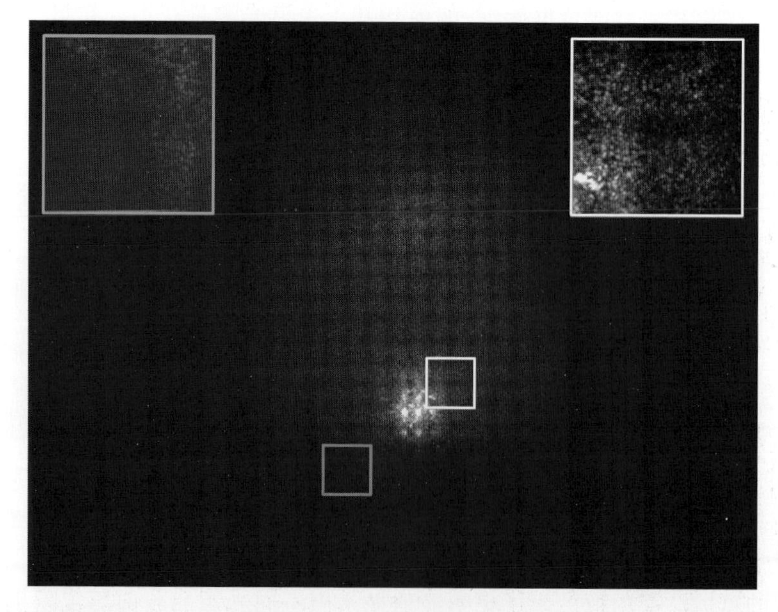

图 3-21　以中心波长为 532 nm 绿光照射目标所获得的目标波前

灰框图像:亮度调整为 76%,对比度调整为 85%;白框图像:亮度调整为 54%,对比度调整为 65%

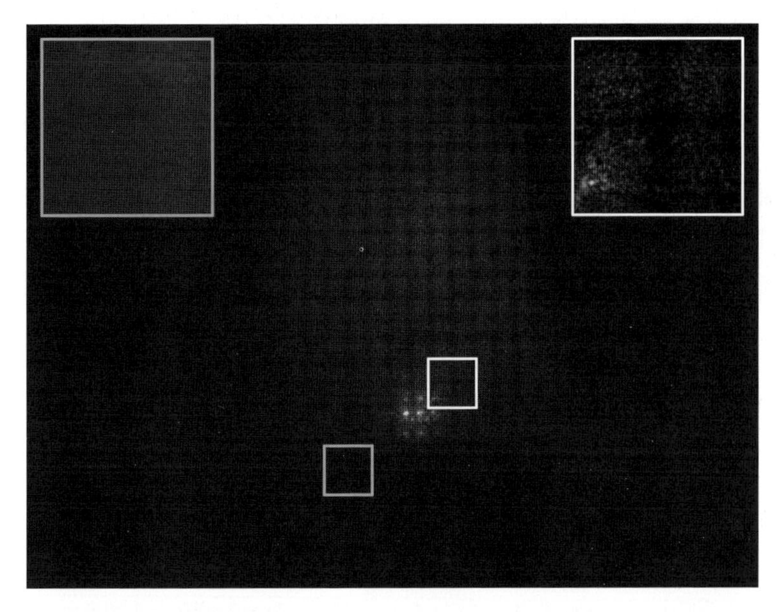

图 3-22　以中心波长为 473 nm 蓝光照射目标所获得的目标波前

灰框图像：亮度调整为 76%，对比度调整为 85%；白框图像：亮度调整为 56%，对比度调整为 65%

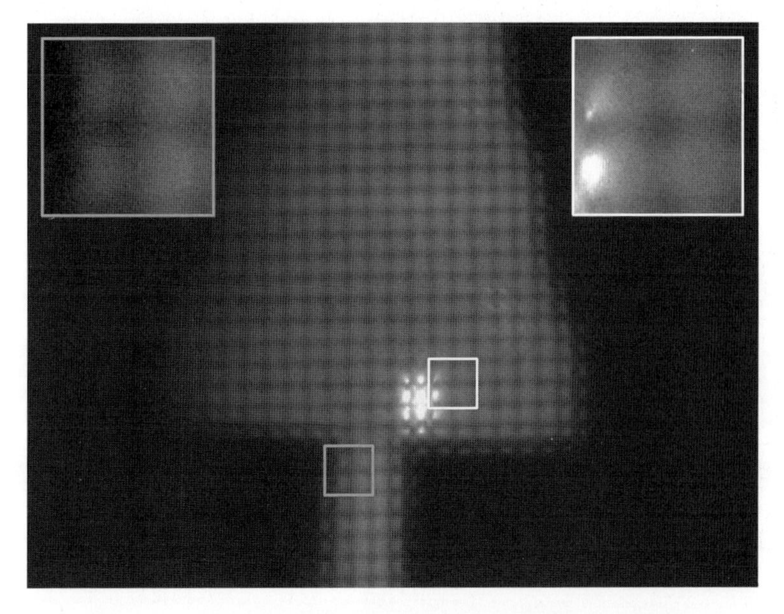

图 3-23　以白光源作为复合光源照射目标所得到的目标波前

仅能看到树干部分，几乎完全缺失树冠信息；采用蓝光和绿光所测量的目标波前的树冠信息明显，而树干部分因反射极弱，图像特征几乎缺失；采用白光源作为复合光源所测量的目标波前的树冠、树干两部分则均相对明显和完整。

图 3-24 所示的分别为以三种典型波长单色光作为谱光源，以白光源作为复合光

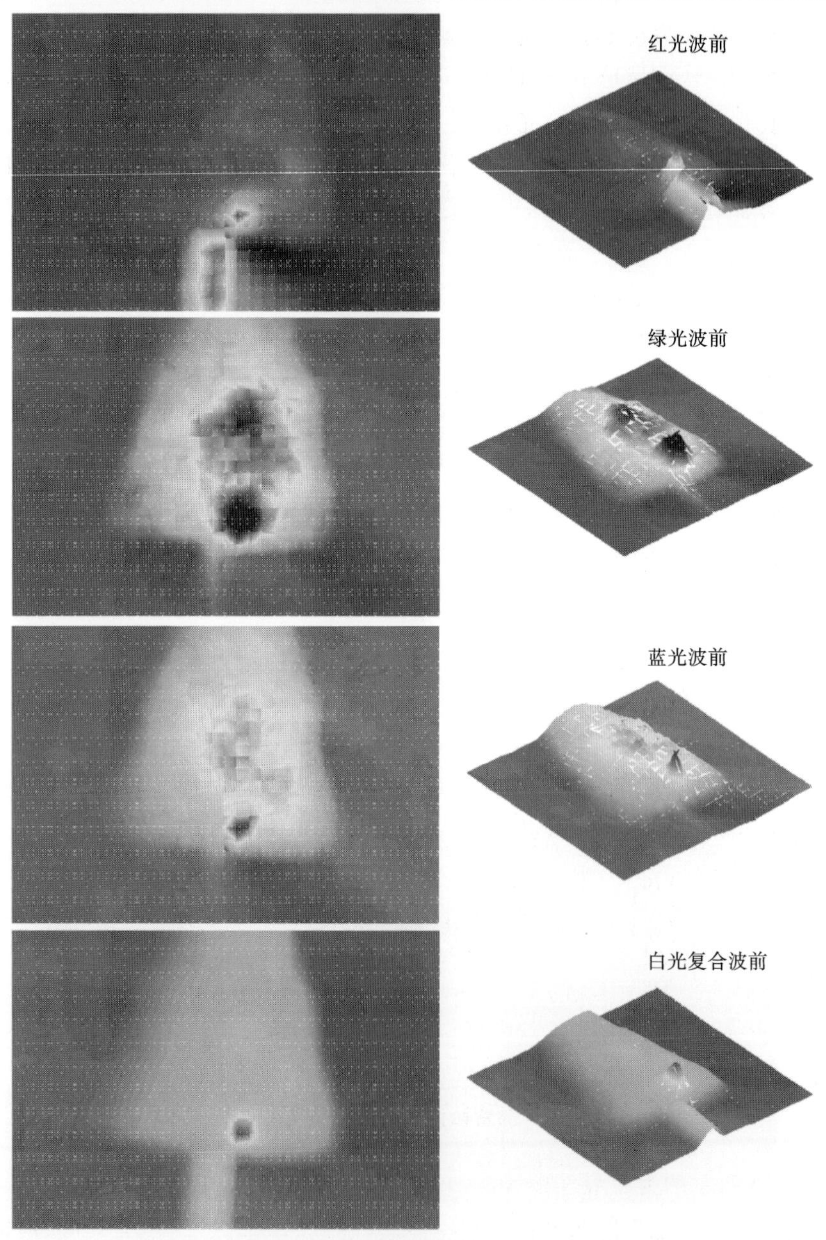

图 3-24　在不同光源条件下根据波前图像重建的目标波前

源，获得的子波前数据，以及通过计算重建的目标波前。如图 3-24 所示，树干的红光波前图像较为清晰，但明显缺失树冠部分；蓝光波前和绿光波前则只显示树冠部分，而树干特征不突出；白光复合波前则显示较为完整并且有明显的目标特征，或者说，与真实目标更为接近。也就是说，基于单色光测量目标波前时，会不同程度地表现出目标的局域特征缺失甚至丢失这一现象。

虽然在若干特定情形下，单色光波前无法完整携带目标的全部波前信息，但可以通过融合或混合多波长的单色光，通过整合数据得到较为完整的目标特征光辐射信息。执行单色光波前的融合或混合操作，其关键之处在于确定三基色光波前的强度间的混合权重值。混合波前为

$$W_m = m \times W_r + n \times W_g + (1 - m - n) \times W_b \tag{3-8}$$

式中：m 和 n 分别为红光波前 W_r 和绿光波前 W_g 的权重，它们的取值为 0～1。选取理想的 m 和 n 值，应遵循使融合或混合波前相对白光复合波前有最小的平均绝对值差，即融合或混合波前与白光复合波前最为接近这一准则。

图 3-25 所示的为将 m 和 n 遍历所有可能取值后，融合或混合波前与白光复合波前间的平均绝对值差的变化。计算表明，当 $m=0.58$ 和 $n=0.09$ 时，基于三基色波前的融合或混合波前，与白光复合波前间的平均绝对值差最小，即融合或混合波前与白光复合波前最为接近或相似。

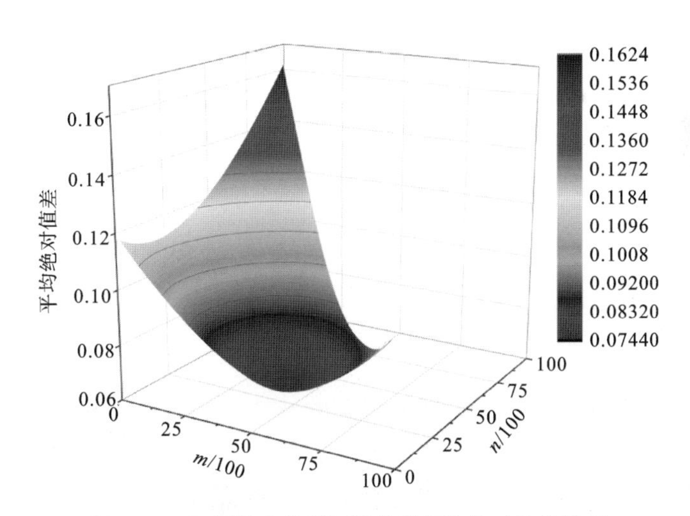

图 3-25　不同混合比例下的波前平均绝对值差情况

图 3-26 所示的为在最佳配置的 m 和 n 权重处的融合或混合波前与白光复合波前的对比。较三基色波前而言，融合或混合波前显示了更为完整的目标波前信息，同时也使其与白光复合波前更为接近。换言之，选择特定权重来融合或混合单色光波

前，可弥补单色光波前程度不同地丢失目标局部特征信息这一缺陷。

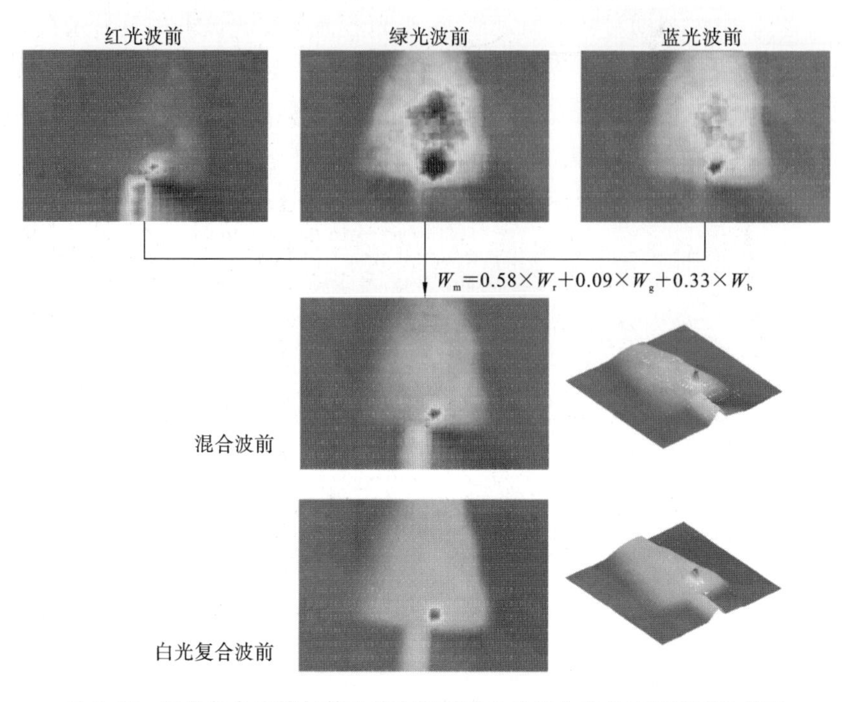

图 3-26　白光复合波前与基于特定权重融合或混合单色波前的对比情况

3.5　液晶基波前成像

液晶基波前成像探测系统，主要由液晶微透镜阵列与光敏阵列耦合所构建的波前成像探测架构组成，具有按时序完成目标光强图像获取与目标波前测量两项功能，其核心环节是对液晶微透镜阵列实施加电和断电控制。在断电态下，液晶器件失去微透镜的聚光功能，仅如同一块均匀的相位板，起到延迟成像波束作用，此时的波前成像探测系统工作在高空间分辨率的光强图像获取模式下。在液晶器件上加载超过阈值均方根电压的电控信号后，液晶器件表现为阵列化的聚光微透镜模态，且随着信号均方根电压幅值的变化呈现可变动的焦距或聚光能力。由成像光学系统或物镜所会聚的成像光束，被液晶微透镜二次聚焦在光敏阵列的光入射面上，此时的波前成像探测系统工作在波前测量模式下。

图 3-27～图 3-29 所示的分别为通过液晶基波前成像探测系统所获得的目标的典型光强图像和波前图像。图 3-27 所示的为液晶基波前成像探测系统，在高空间分辨率光强图像获取模式下获得的目标的典型光强图像。可以看出，在该工作模式下，波前成像探测系统显示了良好的成像探测效能，并未受到处在断电态下的液晶器件

图 3-27　液晶基波前成像探测系统在高空间分辨率光强图像获取模式下获得的目标的典型光强图像

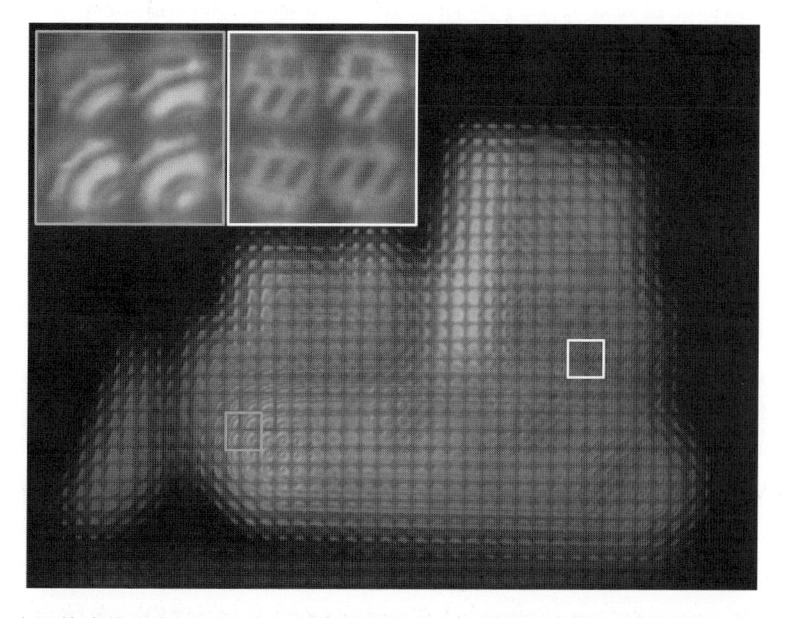

图 3-28　液晶基波前成像探测系统在波前测量模式下获得的包含目标波前特征的典型光强图像

灰框图像:亮度调整为 52%,对比度调整为 70%;白框图像:亮度调整为 65%,对比度调整为 80%

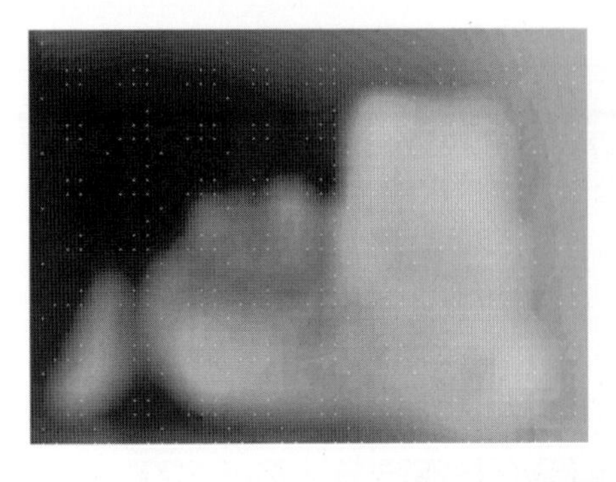

图 3-29　计算重建的目标波前

的影响。图 3-28 所示的为液晶基波前成像探测系统在波前测量模式下，获得的包含目标波前特征的典型光强图像。图 3-29 所示的为基于图 3-28 所示数据计算重建的目标波前。由图 3-29 可见，波前轮廓与目标轮廓类似。

3.6 小　　结

传统上用于光强图像和波前测量的光学架构，尽管工作原理千差万别，但一般都具有复杂的结构、光路、较大的体积、重量和功耗。本章找到了一种基于电控液晶微透镜阵列的波前成像探测方法，它仅通过一套光学架构就可按时序完成目标的高空间分辨率光强图像获取与目标波前测量两项功能，具有结构简单、小型化、轻量化、易操作、易与其他功能结构或装置耦合、成本相对较低等特征。液晶基波前成像探测系统的核心环节在于电控液晶微透镜阵列的有效使用，仅需通过给液晶微透镜阵列施加或去除低功耗的电控信号，即可进行目标波前测量或高空间分辨率光强图像获取这两种工作模式的选择与快速切换。

第4章　基于波前成像的景深扩展

4.1　引　　言

液晶基波前成像探测系统，对分别置于物空间不同深度处的同一目标执行双模（包括光强图像和波前）成像时，目标波前将呈现相似性（点扩散函数有微弱或显著变化）。在波前测调模式下保持目标的相对位置不变，去除在液晶微透镜阵列上所加载的电控信号，如果目标位于成像系统景深（depth of field，DOF）外，则仅能获得模糊图像（点扩散函数失锐与弥散）。越远离景深区，目标图像的模糊现象就越明显。当目标位于景深区外且相对波前成像探测系统的位置不做任何调整时，继续获得清晰图像的前提是扩展成像探测系统的景深。本章主要通过加电调控液晶微透镜的聚光能力，分析有效扩展成像探测系统景深的基本方法。核心内容是：在全体或局部液晶微透镜阵列上加载电控信号，来扩展成像系统的全体或仅针对部分视场的成像景深。当加电操作针对全体液晶微透镜时，成像系统与全光相机（所谓的光场相机）类似。当加电启动局部液晶微透镜阵列时，成像光学系统可利用其与液晶微透镜对入射光波的级联聚光作用，针对物空间不同深度处的目标执行相对清晰的成像操作。

4.2　波前成像中的图像模糊问题

成像光学中的景深通常也称为有效对焦范围，表示在成像视场中能够获得清晰图像的最近与最远目标间的空间跨越尺度或距离。成像探测系统对目标执行成像操作时，分布在物空间中的目标所辐射、反射、散射或透射的成像光波，经过光学成像系统或成像物镜的压缩会聚（三维物空间被高度压缩成二维平面或焦平面），在成像面或焦平面上形成结构尺寸各异的阵列化会聚光斑，包括所期望的焦斑。在现有成像体制下，常规成像探测系统无法进一步识别或区分小于其光衍射限的焦斑结构，即使某种原因使结构尺度小于光衍射限的特殊光斑，也会被视为具有焦斑尺度而作为一幅清晰图像的构成像点。

如图4-1所示，如果绿光经过光学成像系统后恰好聚焦在成像面上，则橙光和蓝光将分别聚焦于成像面前后相邻近的两个平面上，且在成像面上形成的焦斑恰会使光学成像系统无法分辨，或者说，形成的焦斑刚好覆盖了一个光敏元，如人眼中的一个视感细胞、一个视锥细胞、一个单元CCD或CMOS光敏像素等典型情形。此时，成像光学系统将橙光焦斑与蓝光焦斑均视为聚焦良好的像点。与此同时，红光和紫光在经过成像光学系统后，分别聚焦在成像面前后相对较远的平面上，在成像面上形成尺寸较大的会聚光斑或散焦光斑。因此，成像光学系统对分布在橙色物点和蓝色物点间的目标均可清晰成像，从而构成光学成像探测系统在该状态或参数配置下的景深，对景深外的目标则无法清晰成像。

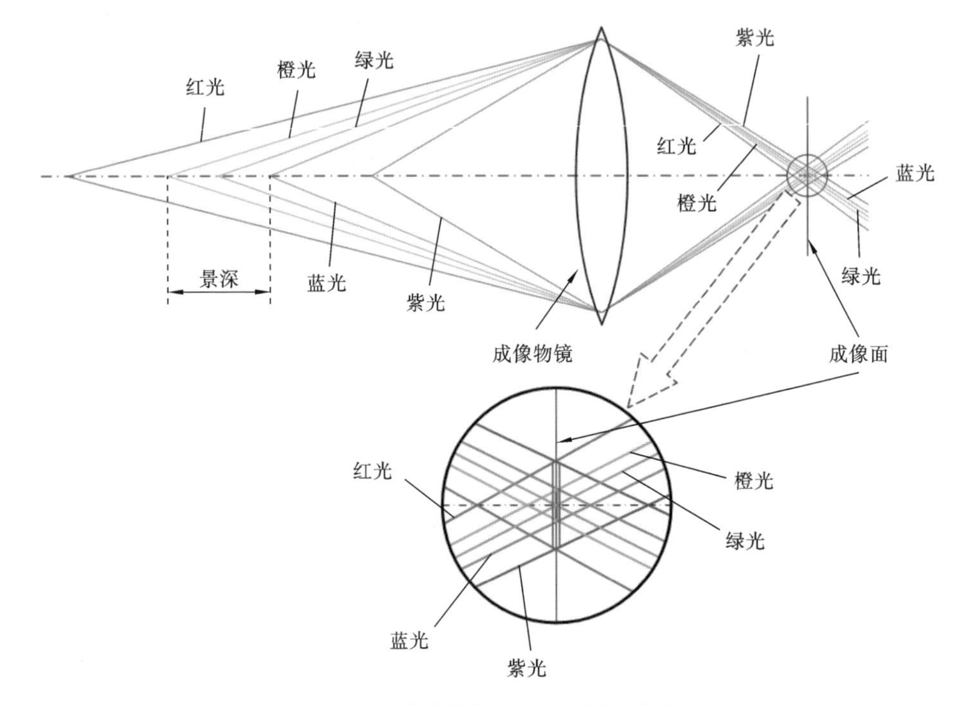

图 4-1　光学成像探测系统的景深构成

传统的光学成像探测系统，通常由成像物镜和阵列化成像探测器这两个关键性的功能结构组成。成像物镜负责完成目标光场的压缩聚集，阵列化成像探测器负责执行将所构建的压缩光场的二维光强排布转换为二维光电信号，并通过光电信号预处理形成平面（二维）目标图像。由于光学成像探测系统可对景深范围内的物空间目标清晰成像，对景深范围外目标仅能形成模糊图像，景深也就成为衡量光学成像探测系统的成像探测效能的一项重要参数。传统光学成像探测系统可以通过改变（如增大或缩小）光学成像系统或成像物镜的光圈，来调变（如扩展或收缩）光学成像探测系统景深，如图 4-2 所示。通常情况下，缩小光圈会减少光学成像系统的进光量，或者说减少所能收集的源于目标的光能量，从而影响成像探测效能和像质。

为了寻找可替代改变光圈来调变景深的方法，Y. Wang 等人采用焦距可调的液晶透镜来扩展内窥镜景深，已将深度测量范围从 15～33 mm 扩展到了 12～51 mm。内窥镜是一种具有小通光孔径的成像装置，它所需要匹配的液晶透镜的结构尺寸相

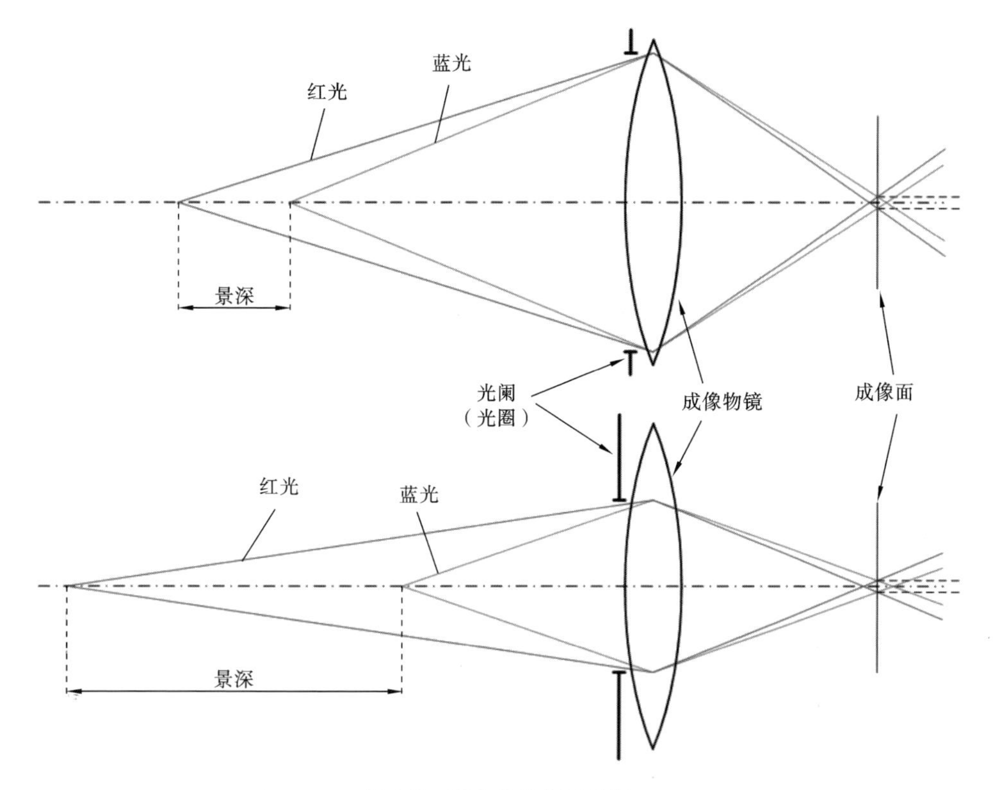

图 4-2　缩小光圈扩展景深

对较小。如果将这种方法直接推广到具有较大通光孔径的常规光学成像探测系统中，则需要显著增大液晶透镜结构。在现有条件下，液晶透镜的特征结构尺寸过大常会降低聚光效能，难以将上述方法直接推广到常规光学成像探测系统中。

近些年所出现的全光相机或光场相机技术，为扩展成像景深提供了一种可供借鉴的模式。其主要工作流程可以概述为：首先进行一次曝光采样与数据后处理，从而获得成像视场的四维（三个空间坐标维度、一个方向维度）光场信息。然后对四维光场数据进行复杂计算，获得有效实现物空间的不同深度处的目标的数字重聚焦，从而在一定意义上实现景深扩展。以此为基础，C. Perwass 和 L. Wietzke 等人设计了一种将三种焦距的微透镜混合集成的多焦距全光相机，该相机已显示出可显著扩展成像景深这一特征。与此同时，T. Georgiev 和 A. Lumsdaine 等人也将具有不同焦距的微透镜交错排布，从而扩展了对不同物平面聚焦的成像景深。上述方法均基于利用传统材料制成的微透镜实施微束聚焦，使控光微结构具有固定的表面形状及焦距，但无法根据成像目标情况及时调变焦距。这些方法均需要执行复杂的数据计算来获得特定目标的数字成像数据，才能使光学成像探测系统具备景深扩展能力。

我们采用液晶基波前成像探测方法，在复合光照射目标这一条件下，利用液晶微透镜阵列的电控聚光功能，实现按时序获取目标的光强图像和波前，进而实现光学成像探测系统的景深受控调变。工作要点包括：① 波前测量，即电控启动液晶微透镜阵列，用波前光学成像探测系统测量目标波前；② 获取光强图像，即切断加载在液晶微透镜阵列上的电控信号，调整成像物镜与成像探测器间的相对位置，以获取清晰图像。基于上述方案完成波前测量后，若不改变成像物镜与成像探测器间的相对位置，目标仍处于成像系统景深外，则将不能通过波前光学成像探测系统快速获取目标的清晰图像。

执行液晶基波前光学成像探测系统测量的一种典型方案如图 4-3 所示。将黄色工程车模型放置在距离波前成像探测系统前约 850 mm 处，加电启动液晶微透镜阵列后所得到的包含目标波前特征的目标光强图像，如图 4-3(a)所示；基于成像数据，计算重建的黄色工程车模型的波前如图 4-3(b)所示；切断液晶微透镜阵列上的电控信号，在不改变成像物镜与成像探测器间的相对位置时所得到的目标光强图像，如图 4-3(c)所示。

图 4-3　将目标置于波前光学成像探测系统前约 850 mm 处所得到的图像

(a) 启动液晶微透镜阵列后测量的包含目标波前特征的目标光强图像；(b) 计算重建的目标波前；(c) 切断液晶微透镜阵列上的电控信号后获得的目标光强图像

由图 4-3 可见，液晶基波前光学成像探测系统所获得的图像较模糊，目标轮廓已显粗糙，特征细节已难以辨识。

4.3　液晶基波前成像景深特征

传统光学成像探测系统仅能对景深内目标清晰成像，而对景深外目标模糊成像，典型的成像配置方案如图 4-4 所示，当光学成像探测系统对焦于目标一时，从目标一出射的光束经过成像光学系统或成像物镜后，会聚到成像探测器的光敏面上，得到目标一的清晰图像。保持成像物镜与成像探测器间的相对位置不变，假设目标二被置于成像系统景深外且距离成像光学系统较近的一侧，从目标二出射的光束，被成像物镜收集后聚焦在位于成像探测器后的虚成像面上。因此，通过传统光学成像探测系统无法同时获取目标一和目标二的清晰图像。在基于波前测调的双模成像探测应用中，也常会遇到传统光学成像模式中所出现的类似问题。

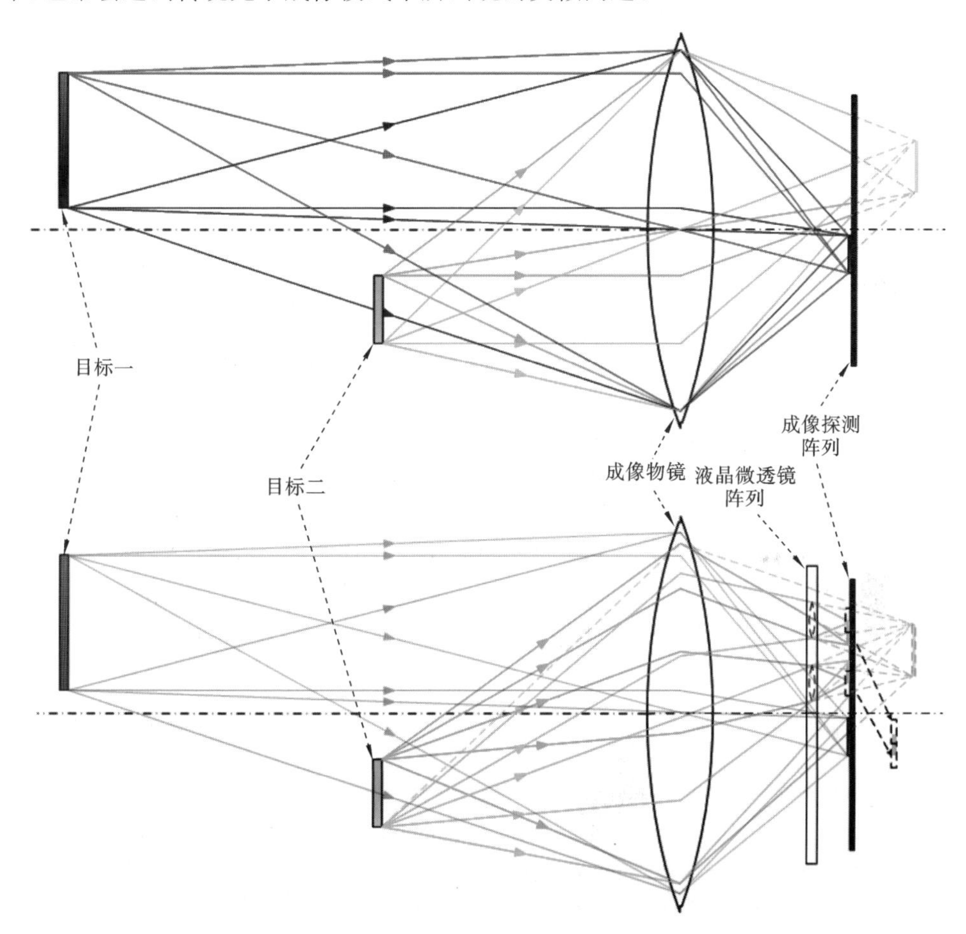

图 4-4　液晶基波前成像探测的景深扩展

为了同时捕获光学成像探测系统的瞬时视场中不同深度处目标的清晰图像，我们制订了将电控液晶微透镜阵列与成像探测芯片直接耦合甚至集成的控光成像探测方案，并进一步实施了基于上述控光探测架构的成像景深扩展措施，如图 4-4 所示。典型操作是：① 去除在液晶器件上所加载的电控信号后，液晶器件将如同一块均匀的相位板，基本上不改变由成像光学系统或成像物镜所构建的压缩光场，进而获取常规的光强图像；② 在液晶器件的特定区块上加载可调变的电控信号，此时在加电区块上可形成对阵列化微光束聚焦的子微透镜阵列，且微透镜焦距可电控调变，用于对成像目标执行液晶微透镜聚光的二次成像，并形成目标的序列化子图像。将目标二置于光学成像系统的景深外且在靠近成像光学系统一侧，加电启动液晶微透镜，针对目标二执行成像操作，可将原本位于光学成像系统的成像面后方的、针对目标二的虚成像面，前移至成像面或成像探测器的光敏面处，从而获取目标二的序列化清晰子图像。利用该序列子图像，用拼接方式得到目标二较为完整并相对清晰的图像，从而使景深扩展得以实现。

一种用于扩展液晶基波前光学成像探测系统景深的电控液晶器件如图 4-5 所示，电控液晶器件由上、下两片单面附着有 ITO 电极的玻璃基片，以及夹持在电极间的液晶膜构成。上基片的 ITO 电极直接用作平面电极，下基片的 ITO 电极被制成区块化电隔离并均匀排布有微圆孔阵的图案电极，其中，微圆孔孔径为 168 μm，孔间距为 210 μm。在 ITO 电极表面另制作有一层 PI 膜，并通过常规的定向摩擦方式，在 PI 膜上形成相对稠密的同向微沟槽，用于执行与其直接接触的液晶分子的初始取向排布(初始取向描定)。两片玻璃基片在电极端面上相向布设构成的液晶微腔的深度约为 20 μm，所填充的液晶为德国 Merck 公司的 E44 型液晶。

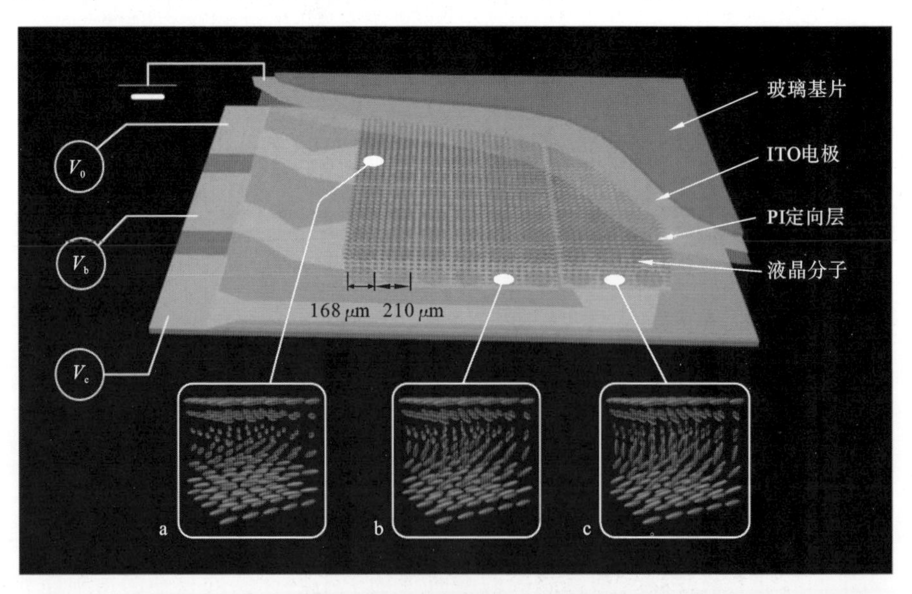

图 4-5 液晶区块化加电配置与液晶分子指向矢在空间电控下有序空间分布示意图

图 4-5 所示的为液晶区块化加电配置与液晶分子指向矢形成的有序空间分布情况。如图 4-5 所示，上述典型结构的图案电极已被划分成三个区块，在不同区块上加载均方根电压不同的电控信号，形成三块具有不同焦距且焦距可随电控信号的变化

而变化的子微透镜阵列。图 4-5 所示的 a 区块未施加电信号，分布在 a 区块中的液晶分子仍保持原有的空间分布；在 b 区块和 c 区块上加载电控信号，各对应区块的液晶指向矢将随所激励的空间电场的强度和方向的变化而变化。如在 c 区块上所加载的信号均方根电压大于 b 区块的时，c 区块的液晶分子指向矢的平均偏转角度相应地大于 b 区块的，c 区块所形成的阵列化液晶微透镜较 b 区块的液晶微透镜有更小的焦距，对入射光束的会聚能力更强等。

图 4-6 所示的为一种液晶基波前成像景深扩展实验平台。电控液晶器件与成像探测芯片紧密耦合，达到与成像探测芯片的外部保护罩几乎贴合的程度。所采用的成像物镜和偏振片依次放置在成像探测芯片前端。成像探测芯片为 Microview 公司的 MVC14KASAC-GE6，成像物镜焦距为 35 mm，光圈数在 2.0～22.0 范围内可调，偏振片为 OptoSigma 公司的 USP-50C-38 偏振片。由于电控液晶器件对入射光束具有偏振敏感性，成像物镜前所放置的偏振片，可起到尽可能多地减弱寻常光对液晶微透镜像质的影响。一般而言，光圈过大会使阵列化液晶微透镜在成像时，引起序列子图像的相邻子图像出现重叠性串扰，从而影响像质。光圈过小会降低子图像的成像覆盖范围或视场，也会减少进光量，同时考虑到偏振片的滤光作用，像质将会显著降

图 4-6　液晶基波前成像景深扩展实验平台

低。在现有条件下,所选用的光圈数的合理经验值为 F5.6。

典型实验步骤为:首先调节成像光学系统或成像物镜与成像探测芯片间的相对位置,使成像光学系统可针对某一物距处的固定目标(如所设置的白色汽车模型)清晰成像。在实验过程中,始终保持成像芯片与成像物镜间的相对位置不变。所设置的黄色工程车模型在实验中则作为移动目标,每移动 100 mm 进行一次数据采集。成像景深扩展可沿更接近及更远离光学成像探测系统的这两个方向上展开。由于基本情况类似,仅讨论在成像景深外靠近光学成像探测系统一侧的成像目标情况。

根据公式

$$D_N=\frac{f^2 F}{f^2+N\delta F} \tag{4-1}$$

可以估算出成像系统的景深边界。式(4-1)中的 f 为成像物镜焦距,F 为光学成像探测系统与成像目标间的距离,N 为光圈数,δ 为所形成的弥散光斑的结构尺寸。考虑到仅针对有限距离处的目标进行成像操作,采用

$$\delta=\frac{f^2}{N(F-f)} \tag{4-2}$$

来估算弥散光斑的结构尺寸。

一组典型的实验参数为:成像物镜焦距为 35 mm,光学成像探测系统与成像目标间的距离约为 1650 mm,光圈数为 5.6,由式(4-1)和式(4-2)估算得到不加载电控信号时的景深界限约为 817.5 mm。换言之,从理论角度可知:当对约 1650 mm 处的目标成像时,光学成像探测系统可同时对距离为 820～1650 mm 的目标清晰成像。

4.4 基于电控液晶微透镜扩展波前成像景深

采用电控液晶微透镜扩展波前光学成像探测系统景深的实验如下所述。在实验过程中,保持白色汽车模型的位置不变,使其始终位于距液晶基波前光学成像探测系统约 1650 mm 处,成像物镜始终对焦在汽车模型上。在较大范围内移动黄色工程车模型,将其置于距光学成像探测系统 250～1550 mm 处,每移动 100 mm 采集一次图像数据,并比较液晶微透镜阵列分别处于加电态和未加电态下的成像效果。

图 4-7 所示的为在液晶微光学器件上未加载电控信号时,移动黄色工程车模型到不同位置,由液晶基波前光学成像探测系统获得的目标图像。由图 4-7 可见,远端固定目标即白色汽车模型在成像过程的位置、成像清晰度及成像视场等,均保持相对稳定或固定。换言之,成像物镜与成像探测器间的相对位置,在成像过程中始终保持不变。通过观察可移动目标(黄色工程车模型)的成像效果,来说明液晶基波前光学成像探测系统的景深情况。一般而言,黄色工程车模型越靠近光学成像探测系统,成像越模糊。当在 1150～1550 mm 范围内改变黄色工程车模型的位置时,黄色工程车

(a)

(b)

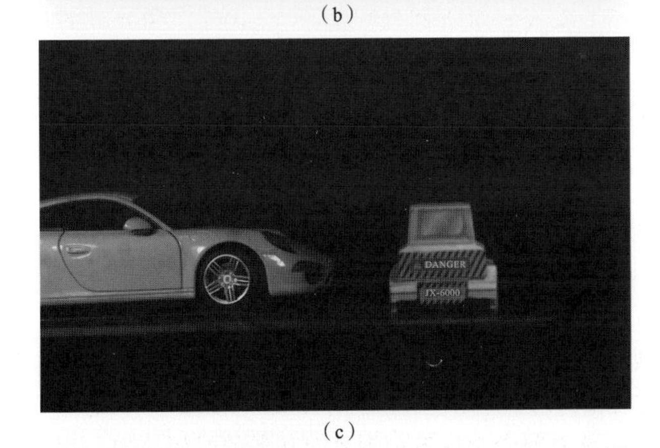

(c)

图 4-7　白色汽车模型置于光学成像探测系统前约 1650 mm 处，在液晶微光学器件上未加载电控信号时，黄色工程车模型处于不同位置的波前成像

黄色工程车模型与光学成像探测系统的距离分别为：(a) 1550 mm；(b) 1450 mm；(c) 1350 mm；(d) 1250 mm；(e) 1150 mm；(f) 1050 mm；(g) 950 mm；(h) 850 mm；(i) 750 mm；(j) 650 mm；(k) 550 mm；(l) 450 mm；(m) 350 mm；(n) 250 mm

(d)

(e)

(f)

续图 4-7

(g)

(h)

(i)

续图 4-7

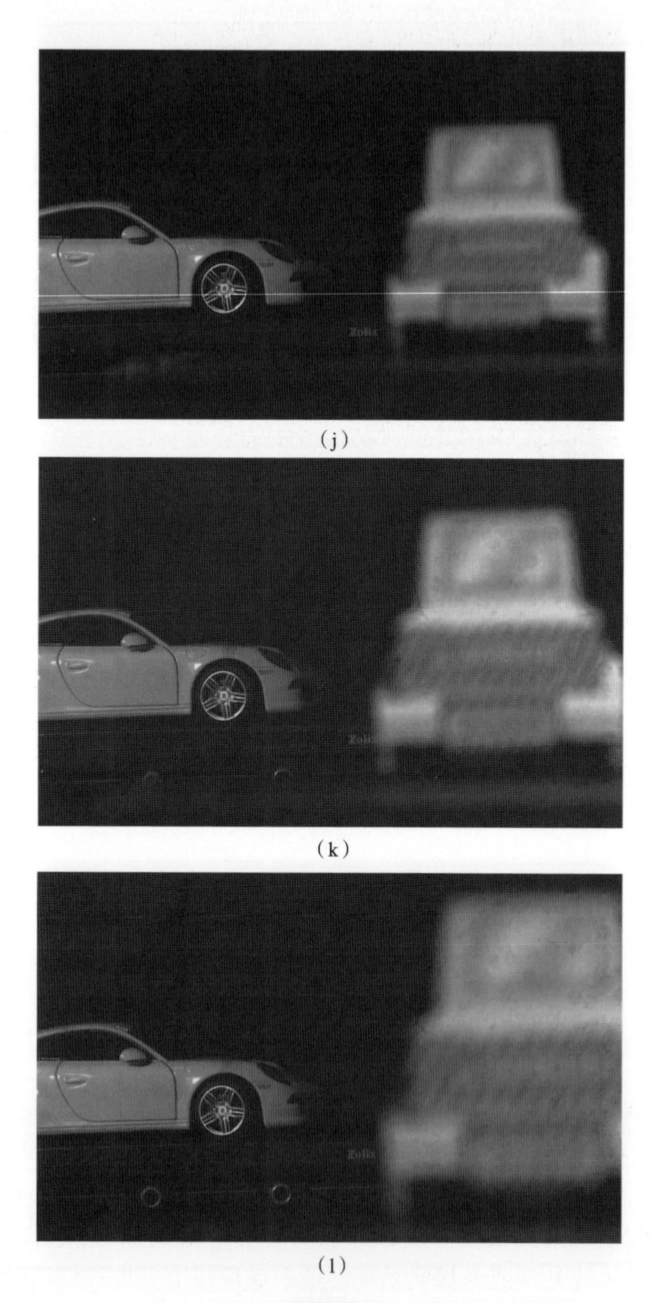

(j)

(k)

(l)

续图 4-7

(m)

(n)

续图 4-7

模型上的文字清晰可辨。从约 1150 mm 处开始，车身上的文字随黄色工程车模型朝向光学成像探测系统方向移动而渐显模糊，但车身上较宽的黑色条纹则始终可以辨识。黄色工程车模型移动到约 850 mm 处时，黑色条纹已开始显现模糊而难以清晰识别。随着成像位置不断靠近光学成像探测系统，黄色工程车模型的图像逐渐仅剩下一个模糊的目标轮廓，图像细节已难以分辨。

对传统光学成像探测系统而言，其景深在典型的 1 m 尺度(前景深约 0.5 m，后景深约 0.5 m)，当其对焦于某位置处的目标时，成像物镜与成像探测器间的相对位置关系已确定。不变更对焦目标，即不改变成像物镜与成像探测器间的相对位置，传统光学成像探测系统则无法对移出景深区的目标清晰成像，目标细节也无从获得。上述实验再现了传统光学成像探测系统的这一成像特点。电控液晶微透镜阵列波前光学成像探测系统，则可以在一定程度上解决传统光学成像探测系统无法获取景深外目标清晰图像的问题。

如图 4-8 所示，在固定目标即白色汽车模型所对应的液晶区块上，在实验过程中

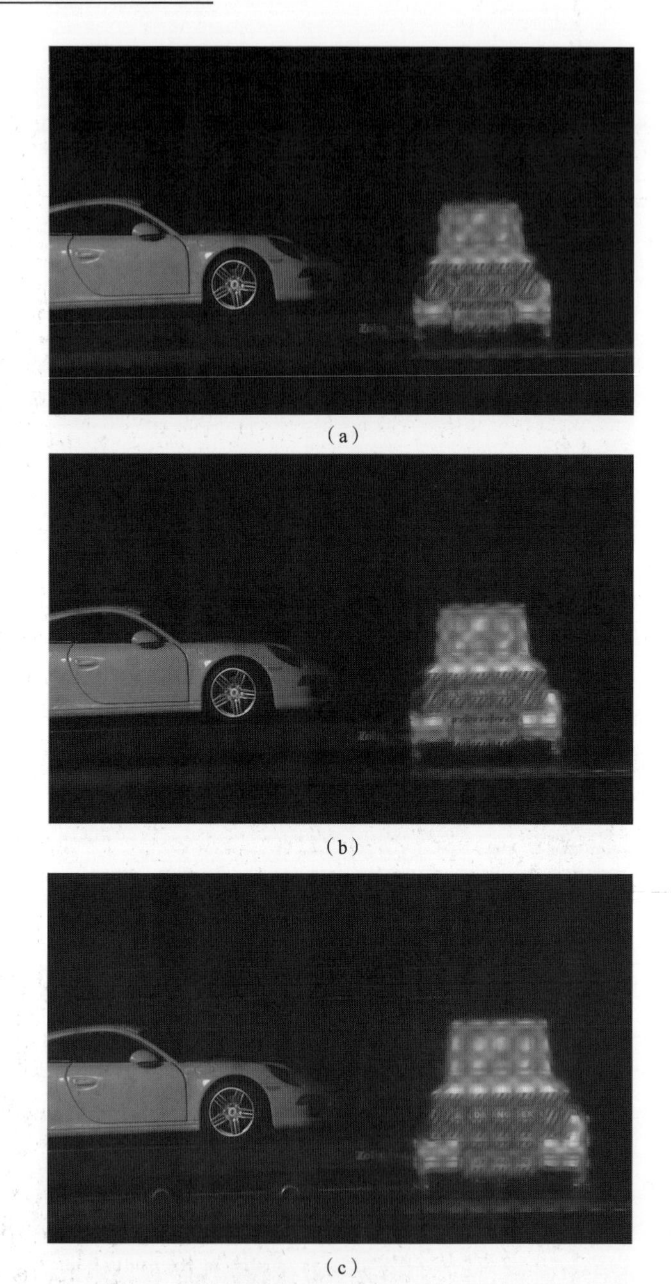

(a)

(b)

(c)

图 4-8　白色汽车模型置于光学成像探测系统约 1650 mm 处并在液晶微光学器件上加载电控信号，黄色工程车模型处于不同位置时，由液晶基波前光学成像探测系统获取的包含波前特征的光强图像

黄色工程车模型与液晶基波前成像系统的距离分别为：(a) 1050 mm；(b) 950 mm；(c) 850 mm；(d) 750 mm；(e) 650 mm；(f) 550 mm；(g) 450 mm；(h) 350 mm；(i) 250 mm

(d)

(e)

(f)

续图 4-8

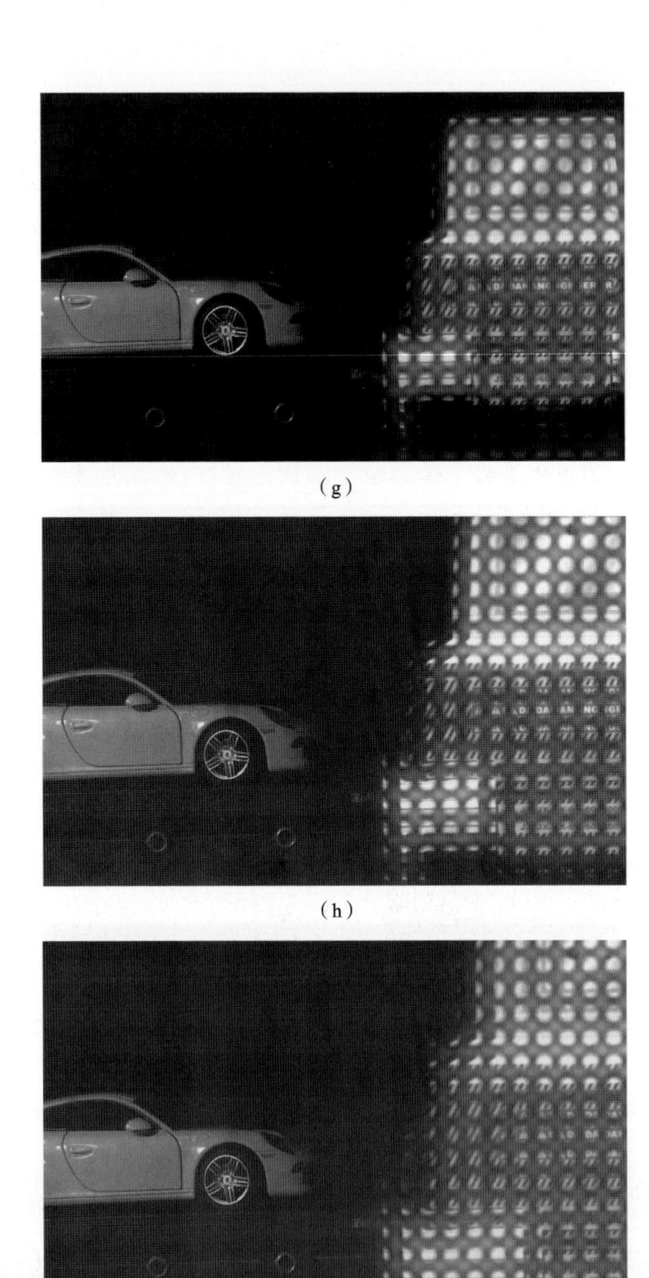

(g)

(h)

(i)

续图 4-8

不加载电控信号，通过液晶基波前光学成像探测系统始终可以得到白色汽车模型的清晰图像。在可移动目标即黄色工程车模型所对应的液晶区块上加载电控信号，则该液晶区块即工作在液晶微透镜阵列状态。针对可移动目标位置的变化情况，适时改变信号均方根电压，对液晶微透镜的焦距进行调节，使各微透镜均可对移动目标基于所耦合的探测阵列执行二次成像，形成移动目标清晰序列子图像。选取和拼接序列子图像，就可得到移动目标较为完整的清晰图像。

传统光学成像系统可对距离约 1150 mm 以外的移动目标清晰成像，因此无须在此范围内执行景深扩展，黄色工程车模型上的文字及图案就可被有效辨识。要将目标从约 1050 mm 处向液晶基波前光学成像探测系统移动时，加电启动液晶器件的局部区块化结构，进而启动液晶微透镜阵列并实现波前光学成像探测系统的景深扩展。

图 4-9 所示的为黄色工程车模型位于不同位置时，液晶基波前光学成像探测系统在加电启动液晶微透镜阵列前后景深扩展的成像情况，包括拼接图像在相同位置时的局部细节对比。当移动目标距光学成像探测系统较远（见图 4-9(a)）时，拼接图像的成像清晰度相对较低，明显可见图像的拼接边界。与直接成像结果比较，拼接图像可以明显辨识车身文字。将移动目标朝向波前光学成像探测系统方向移动，拼接图像的像质被显著提高，自移动目标距光学成像探测系统约 850 mm（见图 4-9(c)）处起，拼接图像上的黄色工程车模型的车身细节可清楚辨识，各图的成像畸变程度也明显减弱，但拼接图像边界依然明显可见。当移动目标过于靠近光学成像探测系统时，拼接图像变得模糊起来（见图 4-9(h)和(i)）。

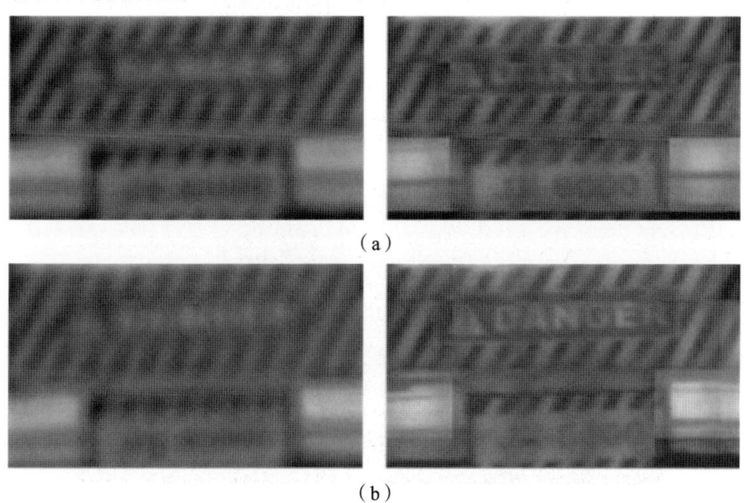

(a)

(b)

图 4-9　黄色工程车模型位于不同位置时，对液晶微光学结构加电启动阵列化微透镜前后的成像及景深扩展效果对比

黄色工程车模型与液晶基波前成像探测系统的距离分别为：(a) 1050 mm；(b) 950 mm；(c) 850 mm；(d) 750 mm；(e) 650 mm；(f) 550 mm；(g) 450 mm；(h) 350 mm；(i) 250 mm

(c)

(d)

(e)

(f)

(g)

续图 4-9

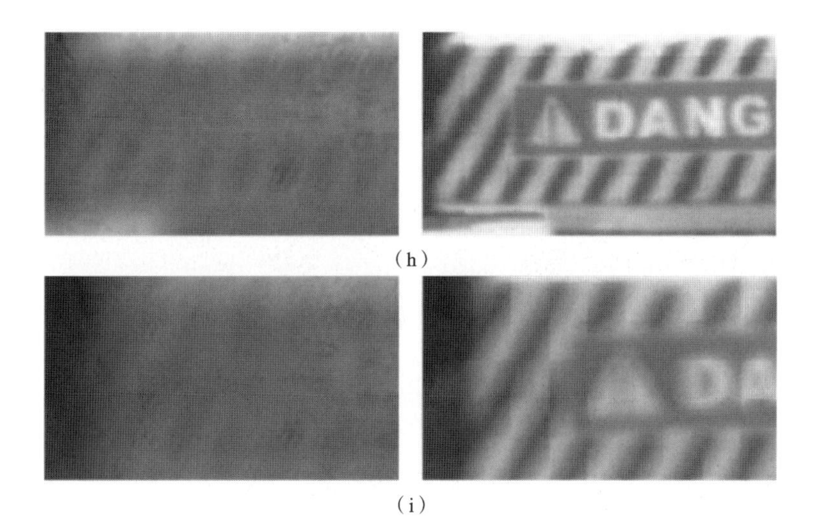

(h)

(i)

续图 4-9

按照上述实验，将白色汽车模型分别置于距液晶基波前光学成像探测系统约 1350 mm、1050 mm 和 750 mm 处，作为固定目标进行三组类似实验，继续观察景深扩展情况。

将白色汽车模型放置在距液晶基波前光学成像探测系统约 1350 mm 处，在实验过程中始终保持其位置不变，持续移动黄色工程车模型，每移动 100 mm 采集一次图像数据。在不启动液晶微透镜阵列条件下，液晶基波前光学成像探测系统所获取的成像结果如图 4-10 所示。

(a)

图 4-10　白色汽车模型距液晶基波前光学成像探测系统约 1350mm，黄色工程车模型分别移至 (a) 1250 mm、(b) 1150 mm 和 (c) 1050 mm 处，不启动液晶微透镜阵列的成像效果

(b)

(c)

续图 4-10

由图 4-10 可见，由于将液晶基波前光学成像探测系统的成像物镜始终对焦在已固定的白色汽车模型上，其图像保持清晰。将作为可移动目标的黄色工程车模型，从距液晶基波前光学成像探测系统约 1250 mm 处移至 1050 mm 处这一过程中，黄色工程车模型的图像逐渐变大，但图像清晰度逐渐降低。虽然目标细节始终可见，但在 1050 mm 处，车身上的文字已开始模糊。随着黄色工程车模型继续朝向波前光学成像探测系统方向移动，其像质进一步下降，图像越来越模糊。加电启动液晶微透镜阵列后，按照上述实验方法获取的序列子图像的清晰度有明显改善，已可以辨识目标细节。

图 4-11 所示的为加电启动液晶微透镜阵列前，对黄色工程车模型所采集的图像与启动液晶微透镜后的拼接图像的对比。

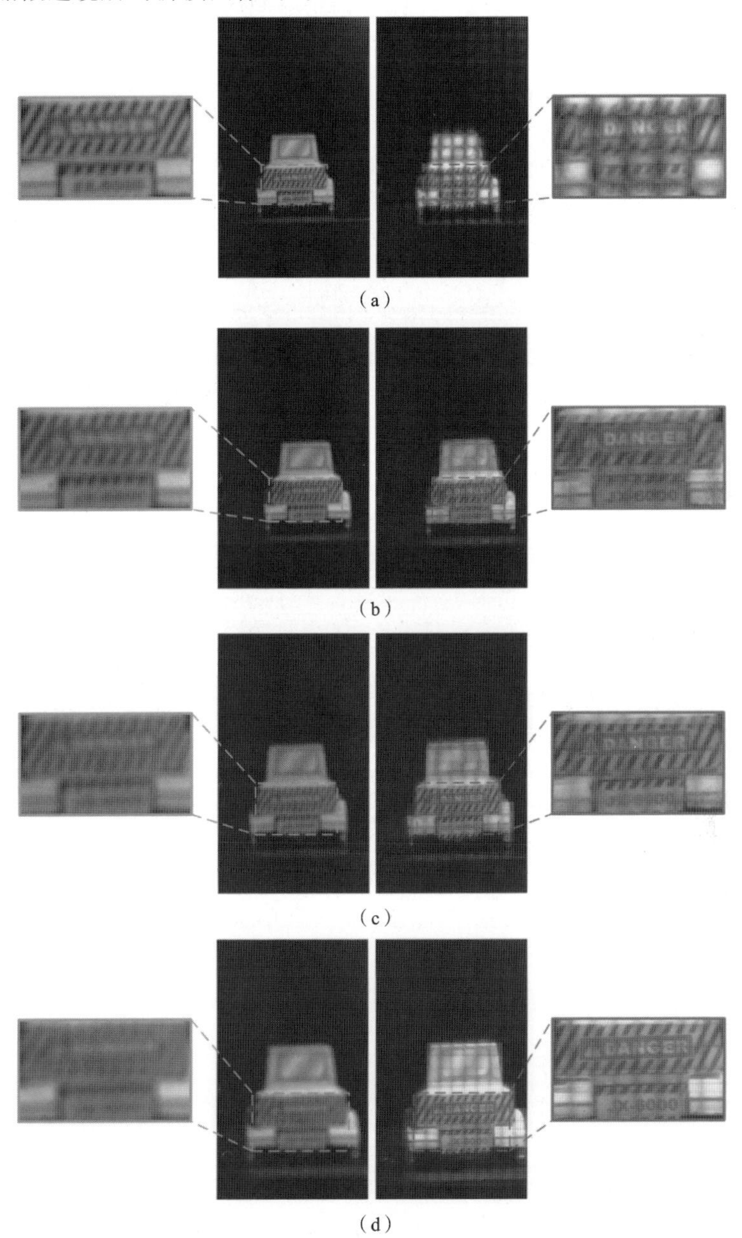

图 4-11　白色汽车模型置于液晶基波前光学成像探测系统前约 1350 mm 处，在不启动液晶微透镜阵列条件下得到的成像效果与成像系统景深扩展后的成像效果对比

黄色工程车模型与液晶基波前光学成像探测系统的距离分别为：(a) 950 mm；(b) 850 mm；(c) 750 mm；(d) 650 mm；(e) 550 mm；(f) 450 mm；(g) 350 mm；(h) 250 mm

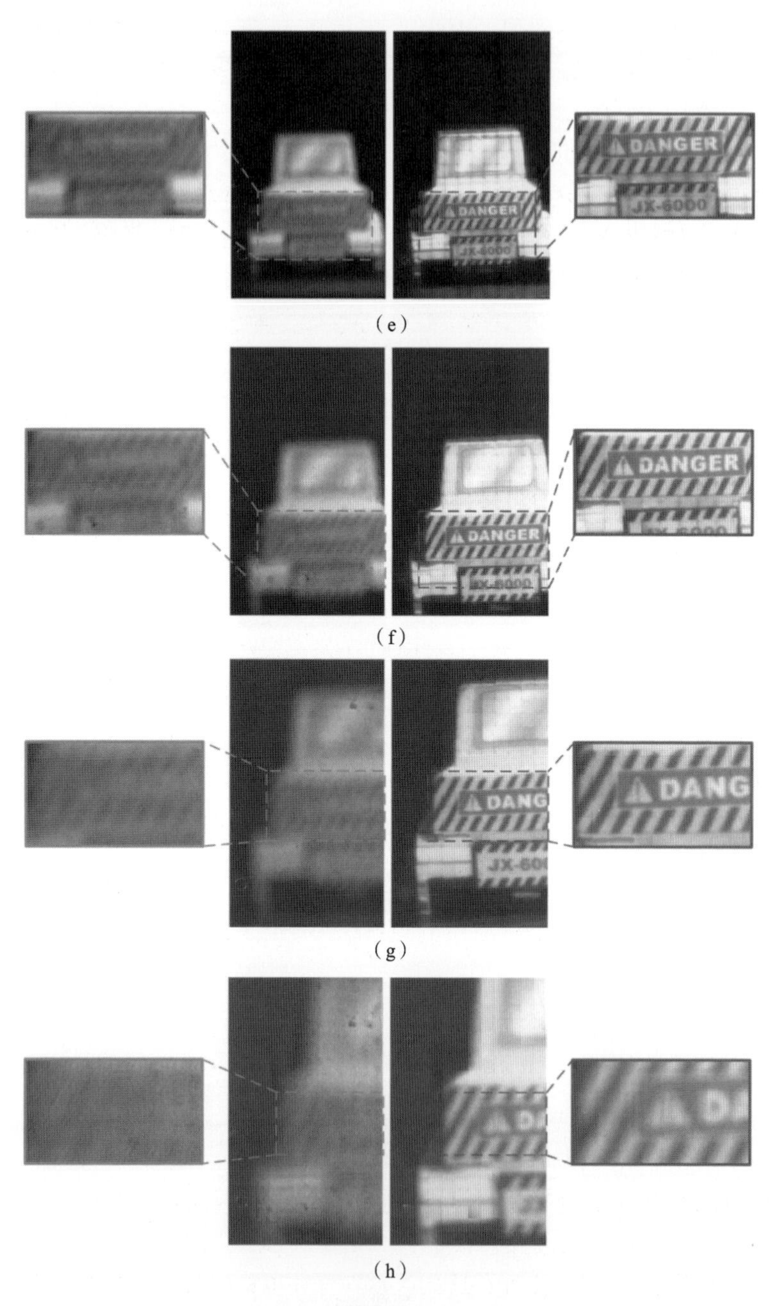

续图 4-11

由图 4-11 可见，由于成像物镜始终对焦在固定目标上，白色汽车模型图像在测试过程中未产生明显变化，已在图示中省略掉该部分，只对比所获取的黄色工程车模型的图像特征。如图 4-11(a)所示，直接采集的黄色工程车模型图像开始模糊，文字细节等已难以辨识。与其对应的拼接图像虽然文字细节明显清晰，但各序列子图像的边缘亮度都明显不足，基于拼接的相邻子图像细节并未完好衔接，可移动目标的图像拼接效果仍有待改善，尚无法较好反映可移动目标的细节特征。

随着黄色工程车模型不断向液晶基波前光学成像探测系统靠近，直接采集的图像清晰度进一步下降，从距波前光学成像探测系统约 850 mm 处起(见图 4-11(b))，黄色工程车模型车身上的文字已难以辨识。换言之，对液晶基波前光学成像探测系统的常规光学成像模态而言，随着移动目标的逐渐靠近，已难以获得细节清晰完整的目标图像。与此同时，黄色工程车模型逐渐靠近波前光学成像探测系统，相较于同一位置处的可移动目标所直接采集的图像，启动液晶微透镜阵列所获取的拼接图像，则可以明显辨别出目标的细节特征，用于图像拼接的序列子图像的像质也在不断改善。在不使用任何图像优化算法的情况下，构成拼接图像的子图像间的过渡部分也更为流畅自然。相较于可移动目标在常规成像模态下的图像，拼接图像已显示出更为明显的细节辨识优势。

然而，当可移动目标与液晶基波前光学成像探测系统间的距离过近(见图 4-11(h))时，如果将可移动目标放置在距波前光学成像探测系统约 250 mm 处，则常规成像模式所直接采集的可移动目标图像已非常模糊，仅能显露出其大致轮廓。相对应的可移动目标的拼接图像，虽然仍能观察到目标的若干细节特征，相较于可移动目标在较远距离处的拼接图像的像质已显著下降，目标边缘和一些细节特征已出现模糊迹象。上述现象可归因于可移动目标距波前光学成像探测系统过近，该距离已超出了液晶微透镜的有效光束调节和可成像范围。

图 4-12 所示的为不启动液晶基波前光学成像探测系统的液晶微透镜阵列所得到的成像效果。

由图 4-12 可见，液晶基波前光学成像探测系统的成像物镜对焦在固定目标上时，所能获得的汽车模型图像的细节清晰完整。作为可移动目标的黄色工程车模型，虽然仍可辨识其细节特征，但车身上的文字已模糊。

图 4-13 所示的为不启动液晶微透镜阵列时液晶基波前光学成像探测系统直接采集到的黄色工程车模型图像，及其与加电启动液晶微透镜阵列获得的拼接图像的对比。当黄色工程车模型向液晶基波前光学成像探测系统方向移动时，获得的直接成像效果越来越模糊。加电启动液晶微透镜阵列获得的目标拼接图像的像质得到明显改善。白色汽车模型图像在测试过程中未产生明显变化，在图中省略了该部分，只对比了图像中涉及黄色工程车模型的部分。黄色工程车模型距液晶基波前光学成像探测系统较远(见图 4-13(a)和(b))时，直接采集到的图像较模糊，文字细节无法辨

图 4-12　白色汽车模型距液晶基波前光学成像探测系统约 1050 mm，而黄色工程车模型移至约 950 mm 处时，不启动液晶微透镜阵列的成像效果

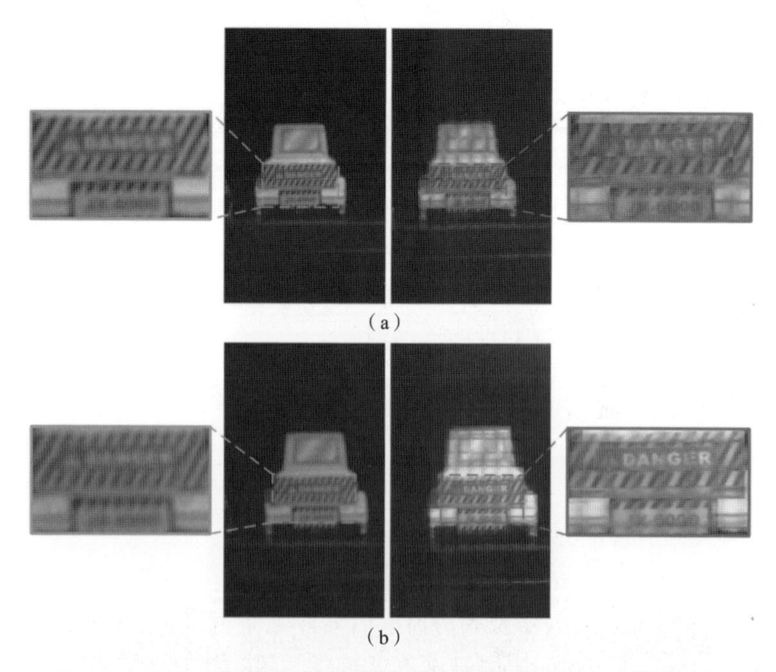

图 4-13　白色汽车模型距液晶基波前光学成像探测系统约 1050 mm，不启动液晶微透镜阵列直接成像效果与加电启动液晶微透镜阵列获得的拼接图像的对比

黄色工程车模型与波前光学成像探测系统的距离分别为：(a) 850 mm；(b) 750 mm；(c) 650 mm；(d) 550 mm；(e) 450 mm；(f) 350 mm；(g) 250 mm

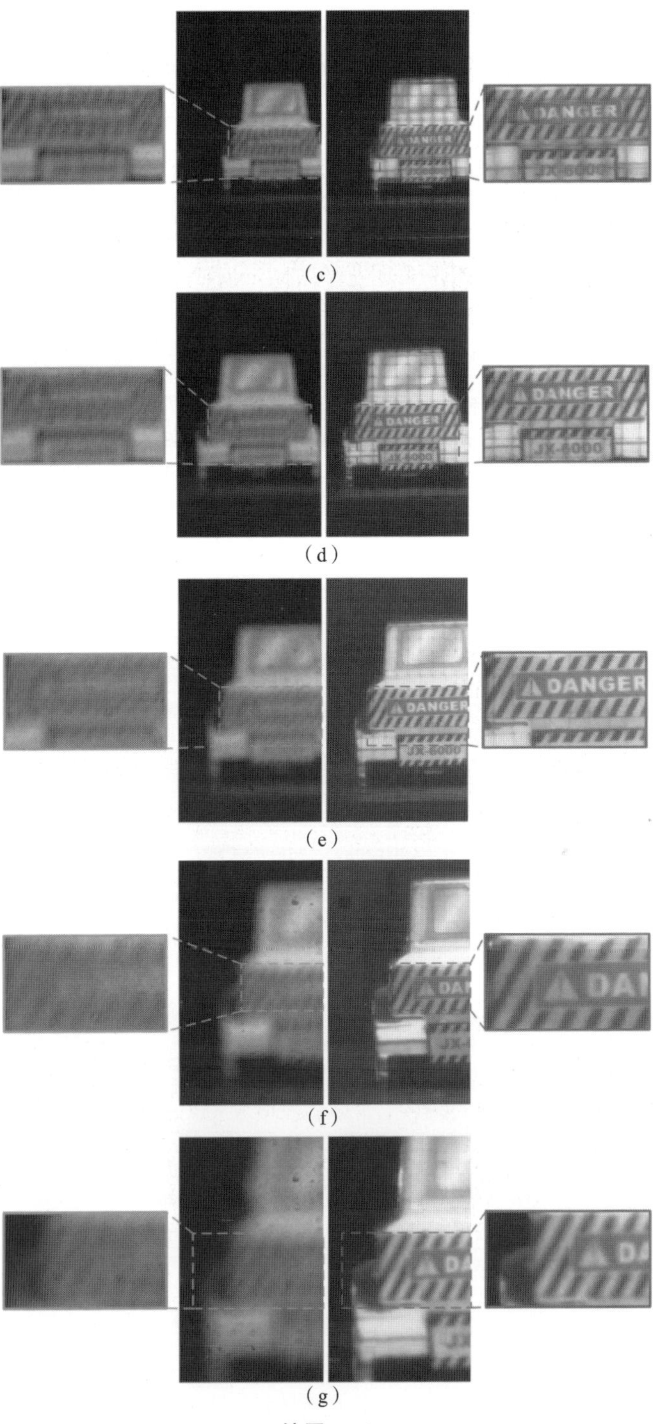

(c)

(d)

(e)

(f)

(g)

续图 4-13

识。所对应的拼接图像虽然文字细节较直接采集结果更为清晰，但仍可见拼接序列子图像间的边界痕迹，图像边缘细节也未完好衔接，拼接效果仍有待改善。

当黄色工程车模型继续靠近液晶基波前光学成像探测系统时，直接采集到的图像清晰度进一步下降，车身细节已完全模糊。从距液晶基波前光学成像探测系统约650 mm外（见图4-13(c)）开始，随着黄色工程车模型渐次靠近液晶基波前光学成像探测系统，拼接图像在成像效果上展现出了明显优势。相较于同一位置针对可移动目标直接采集到的图像，拼接图像可明显辨别出目标的特征细节。随着拼接图像的像质不断获得改善，构成拼接图像的序列子图像间的过渡衔接变得自然和流畅。但当可移动目标距液晶基波前光学成像探测系统的距离过近（见图4-11(g)）时，将目标移至距液晶基波前光学成像探测系统约250 mm处所构建的拼接图像，虽然仍能观察到细节特征，但相较于目标在较远距离处的拼接图像，目标细节均已更加模糊。

图4-14所示的为在不启动液晶微透镜阵列时，液晶基波前光学成像探测系统所获得的目标图像。如图4-14所示，白色固定目标汽车模型置于液晶基波前光学成像探测系统约750 mm，移动目标黄色工程车模型位于波前光学成像探测系统约650 mm处。

图4-14　白色汽车模型距液晶基波前光学成像探测系统约750 mm，黄色工程车模型移至距液晶基波前光学成像探测系统约650 mm时，不启动液晶微透镜阵列获得的成像效果

由图4-14可见，液晶基波前光学成像探测系统的成像物镜始终对焦在所设置的固定目标上，获得的白色汽车模型的图像清晰，车身细节及文字极易辨识。

图4-15所示的为不启动液晶微透镜阵列时液晶基波前光学成像探测系统直接采集到的黄色工程车模型图像，及其与加电启动液晶微透镜阵列获得的拼接图像的

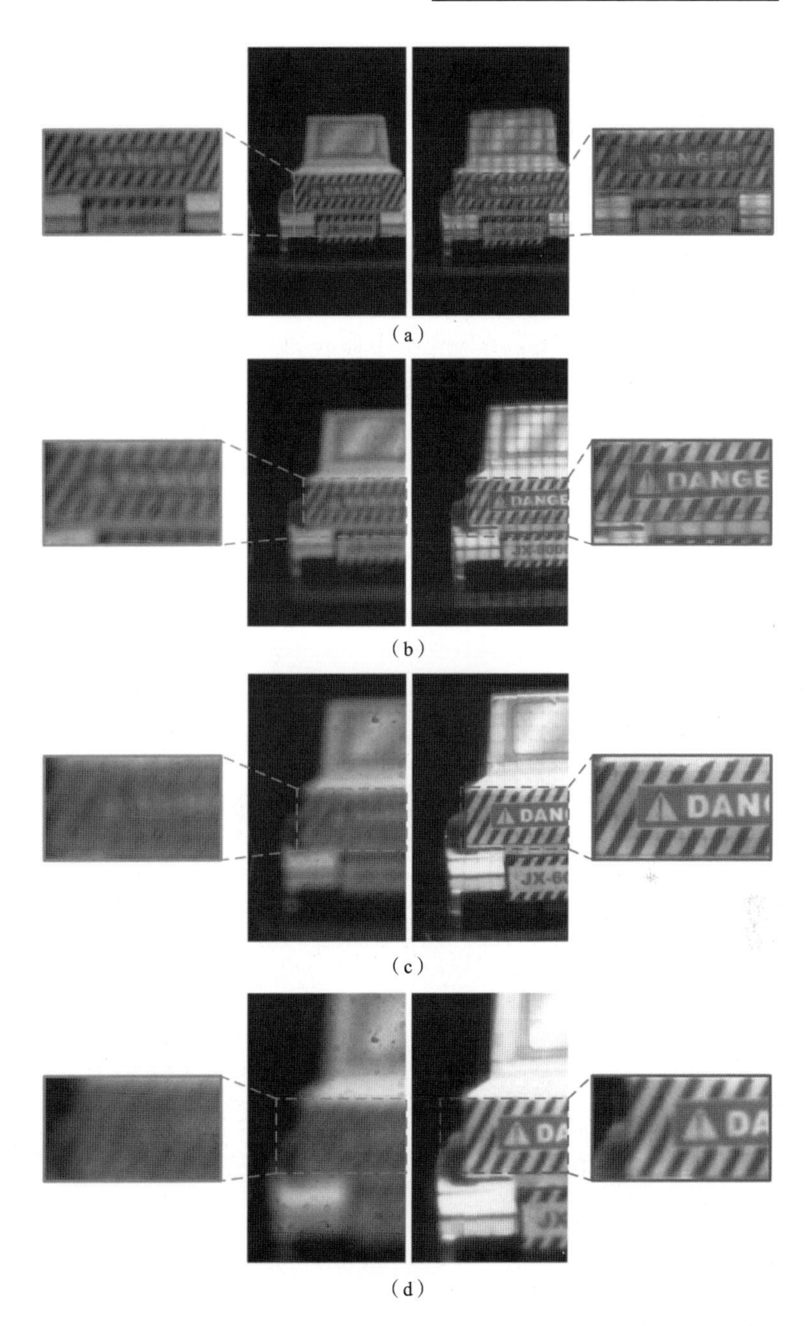

图 4-15　白色汽车模型距波前光学成像探测系统约 750 mm,不启动液晶微透镜阵列直接获得的成像效果与加电启动液晶微透镜阵列获得的拼接图像的对比

黄色工程车模型与波前光学成像探测系统的距离分别为:(a) 550 mm;(b) 450 mm;(c) 350 mm;(d) 250 mm

对比。当黄色工程车模型向液晶基波前光学成像探测系统方向移动时,获得的直接成像效果越来越模糊。加电启动液晶微透镜阵列获得的目标拼接图像的像质得到明显改善。与前述实验类似,这里仅对比黄色工程车模型的图像变动情况。

黄色工程车模型距液晶基波前光学成像探测系统较远(见图 4-15(a))时,直接采集的图像已开始模糊,所对应的拼接图像虽然文字细节较直接采集结果明显清晰,但仍可观察到拼接的序列子图像间的边界痕迹,拼接效果并不理想。当黄色工程车模型继续靠近液晶基波前光学成像探测系统(见图 4-15(b)和(c))时,直接采集到的图像清晰度进一步降低,车身细节已模糊不清。此时,常规成像模式已无法得到细节特征清晰完整的移动目标图像。而拼接图像则在这两个位置处展现出明显的成像优势。相较于同一位置处对移动目标直接采集的图像,所构建的拼接图像可明显辨别出目标的细节特征。随着图像拼接效果的不断改善,构成拼接图像的序列子图像间的过渡也更加流畅自然。但当移动目标距液晶基波前光学成像探测系统过近(见图 4-15(d))时,如将可移动目标放置在距液晶基波前光学成像探测系统约 250 mm 处,移动目标的拼接图像虽然仍能观察到目标的若干典型特征,但相较于目标在较远距离处的拼接图像而言,目标细节均已模糊。

4.5 小　　结

传统光学成像探测系统对景深内目标成像时,可以得到清晰的目标图像,但对景深外目标在不改变成像物镜与成像探测器间的位置关系时,将无法得到清晰图像。采用液晶基波前光学成像探测系统可在加电态下通过局域液晶微透镜阵列与成像光学系统或物镜间的级联聚光成像,使得该系统获得目标的序列子图像及由拼接所构建的清晰化拼接图像,从而实现成像景深扩展,并为发展宽景深成像探测方法和技术手段开拓了一条可行途径。考虑到景深扩展操作受波前(或点扩散函数)无显著变化这一物理特征约束,景深扩展程度仍然有限。

第 5 章　基于波前成像的物空间深度测量

5.1 引　　言

基础研究显示，以电控液晶微透镜阵列为核心功能组件的成像景深扩展法，可按时序获取的目标光强图像与波前，在一定的物空间范围内，相对液晶基波前光学成像探测系统呈现对距离不敏感的特点。除了所熟知的近大远小成像原理外，再难以真实准确地勾勒目标间及目标与光学成像探测系统间的空间位置与距离关系。针对此问题，本章基于液晶基波前光学成像探测系统，在按时序获取目标光强图像和波前的同时，进一步开展确定物空间中的目标位置的基本方法研究。

深度作为一个距离概念，既可用于表征物空间中的目标间的位置关系，也可用于描述目标与光学成像系统间的距离属性。进行液晶基波前光学成像探测的同时展开物空间深度测量，主要是通过电控液晶微透镜阵列对成像微束电控调节聚光这一功能来实现。当保持成像探测器、电控液晶微光学器件、光学成像系统或成像物镜间的相对位置关系不变时，调变加载在液晶微透镜阵列上的信号均方根电压，可有效调节成像物镜压缩的成像光场，以及改变由液晶微透镜阵列进行二次成像时的成像面或焦面位置，从而得到物空间中不同深度处目标的相对清晰的序列子图像。建立液晶微透镜阵列对目标的最佳成像状态，可较为准确地获得在液晶微透镜上加载的信号均方根电压与目标深度间的对应关系。通过在液晶微透镜阵列上加载的信号均方根电压，得到目标与成像系统间的距离信息，即可实现物空间深度测量。

5.2　波前成像物空间深度不敏感性

一般而言，目标间的相互位置分布和距离特征，以及目标结构特征，如长度、宽度、高度、表面平整度或表面粗糙度等，是生产、生活及科学实验需要了解甚至准确把握的基本数据。长度测量工具以最小刻画尺度或精度为基本测量单位，如目前广泛使用的基本长度单位，包括 m、mm(10^{-3} m)、μm(10^{-6} m)、nm(10^{-9} m)等常用量，以及 fm(10^{-15} m)、am(10^{-18} m)等超精度长度量。长度或距离测量的典型方法包括：用常规卷尺、直尺或游标卡尺等进行接触式的直接测量，用激光进行非接触式的间接测量等。激光测距是一种以可见光或红外波束为介质，高精度执行长度或距离测量与标定的技术，其方法包括常用的脉冲测量法和相位测量法等，以主动发光方式进行高精度测量的方式为其典型特征。迄今为止，脉冲测量法已广泛应用于长度测量。相位测量法则主要用于在有限距离处有较高测量精度要求的场合。在测量过程中首先由激光源发射激光波束，然后由成像探测系统记录波束在被测目标间的往返时间，最后比较出射的激光波束和回波的测量数据，以此来计算距离。

第 4 章重点讨论了基于电控液晶微透镜及其与光敏阵列的匹配耦合，执行双模(光强图像、波前)成像探测的基本方法。在电控液晶微透镜阵列的聚光成像的同时，该方法能有效扩展成像景深。实验显示，液晶基波前光学成像探测系统获得的目标波前，以及由景深扩展得到的目标光强图像，均对特定物空间中的目标相对液晶基波前光学成像系统的位置或深度呈现不敏感性。典型实验情形如图 5-1 所示，将黄色工程车模型分别置于液晶基波前光学成像探测系统前约 105 mm、95 mm、85 mm 和

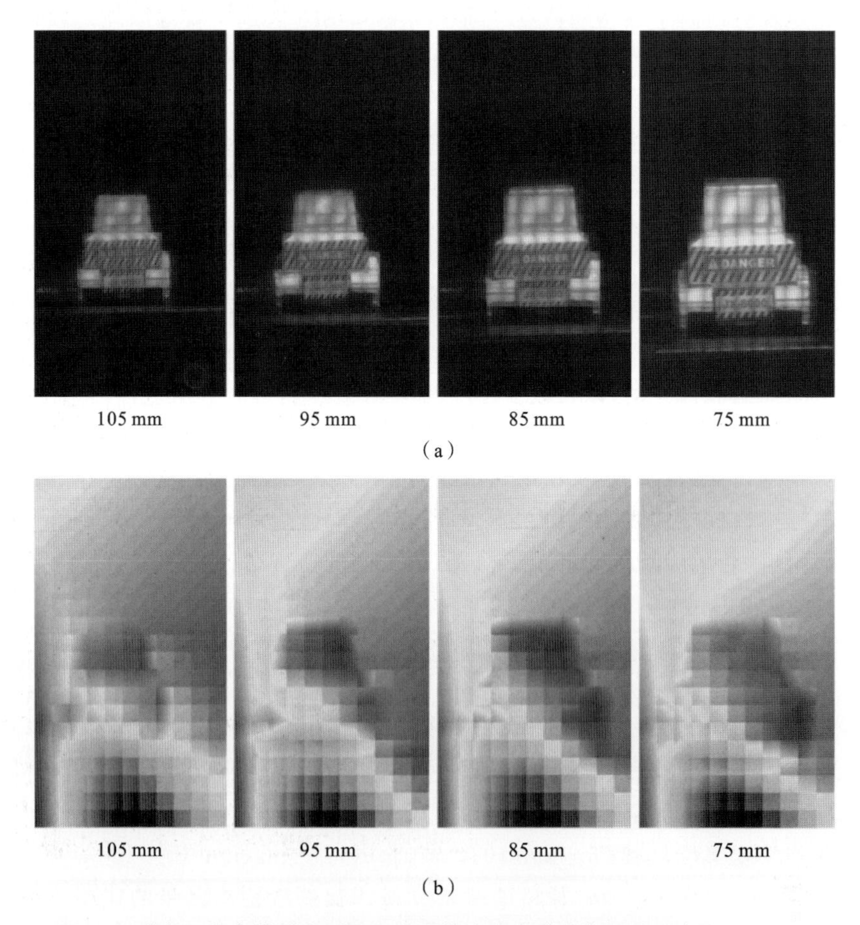

图 5-1　黄色工程车模型分别置于液晶基波前光学成像探测系统约 105 mm、95 mm、85 mm 和 75 mm 处所获取的光强图像和波前

(a) 目标光强图像；(b) 目标波前

75 mm 等处，所获得的光强图像和波前除了外形尺寸有些差异外，可以基本反映目标位于物空间的深度，而且在其他细节或图像特征方面均较相似。换言之，具有目标光强图像和波前双模成像探测能力的液晶基波前光学成像探测系统，针对特定物空间中的特定区域，对目标物距或物空间深度不敏感，该系统不能通过所获得的光强图像或波前，得到目标所处的位置及其空间深度数据。

液晶基波前光学成像探测系统对目标位置或其所在的物空间深度进行测量的关键性电控液晶微光学器件，与前述章节中所使用的液晶微光学器件具有类似结构，其差别主要体现在结构上。这样做的目的是充分验证所研发的电控液晶微透镜阵列在液晶基波前光学成像探测技术中的有效性和可靠性。电控液晶微透镜阵列的典型结构为：上、下玻璃基片厚度约为 500 μm，在上玻璃基片表面有平面 ITO 电极，在下玻璃基片表面有微圆孔均匀排布的 ITO 电极，各微圆孔孔径为 112 μm，相邻微圆孔中心距为 140 μm。另外上、下 ITO 电极表面有一薄层 PI 膜，通过常规同向摩擦，PI 膜上形成了相对稠密的同向微沟槽，用于与其直接接触的液晶分子的初始取向。只要将两片玻璃基片的 ITO 电极面相向耦合后封装，制成留有用于注入液晶的微腔，其深度为 20 μm；在微腔内充分填充德国 Merck 公司的 E44 型（$n_e=1.7904$，$n_o=1.5277$）液晶并对其密闭封装，就可制成电控液晶微光学器件。

只要利用电控液晶微透镜阵列的焦距调节特性，建立目标与液晶基波前光学成像探测系统间的距离或深度参量，与液晶器件电控信号间的对应关系，就能准确获取液晶微透镜阵列在不同电控信号作用下的焦距，从而确定与焦距呈现一一对应关系的信号均方根电压，并确定变化最为明显的片段区域或范围。焦距依照图 3-10 所示进行测量，实验使用平行光管作为光源，光束质量分析仪采用 DataRay 公司的 WinCamD，显微物镜的放大倍数为 60 倍，偏振片为 OptoSigma 公司的 USP-50C-38。在测量过程中，当光束质量分析仪可以有效探测到液晶微透镜的最为锐利的点扩散函数分布时，显微物镜与液晶微透镜阵列间的距离就可作为液晶微透镜的焦距。

图 5-2 所示的为电控液晶微透镜阵列的焦距，与随加载在液晶微透镜阵列的信号均方根电压的关系。

由图 5-2 可见，信号均方根电压为 0～6 V 时，液晶微透镜阵列焦距随信号均方根电压的增大而逐渐变小，且变化渐趋平缓。考虑到物空间目标与液晶基波前光学成像探测系统间的位置或深度测量时，根据准确性和灵敏性方面的要求，需要选取液晶微透镜阵列焦距随信号均方根电压变化而变化最为明显的区段。由图 5-2 可见，加载在液晶微透镜阵列上的信号均方根电压为 1～4 V 时，液晶微透镜阵列的焦距随信号均方根电压的变化而变化最为显著。因此，选择在此段信号均方根电压进行目标深度测量。图 5-3 所示的为通过光束质量分析仪获得的电控液晶微透镜阵列的点扩散函数分布。在液晶微透镜阵列上所加载的信号均方根电压，与图 5-2 所示的信号均方根电压对应。图 5-3 所示的左图和右图分别为三维和二维点扩散函数分布。

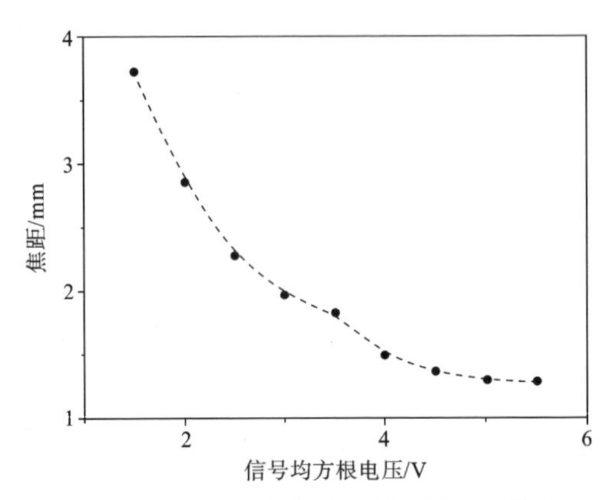

图 5-2　不同电控信号下电控液晶微透镜阵列的焦距变化

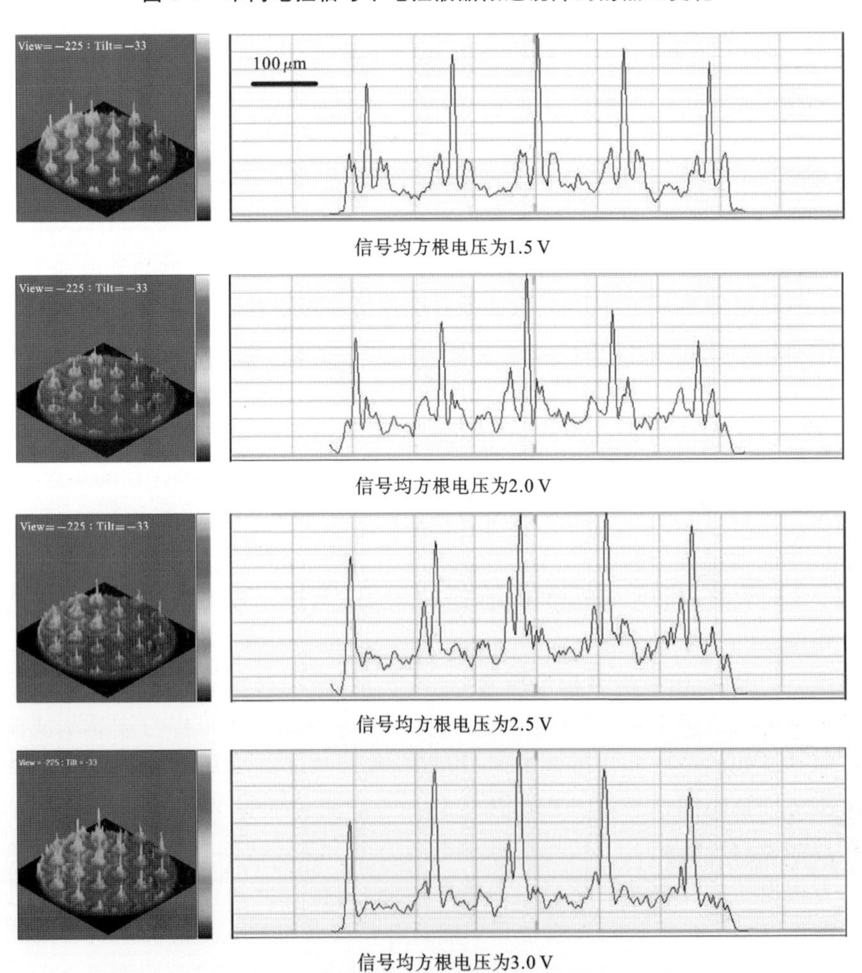

图 5-3　电控液晶微透镜阵列在电控信号作用下的点扩散函数分布

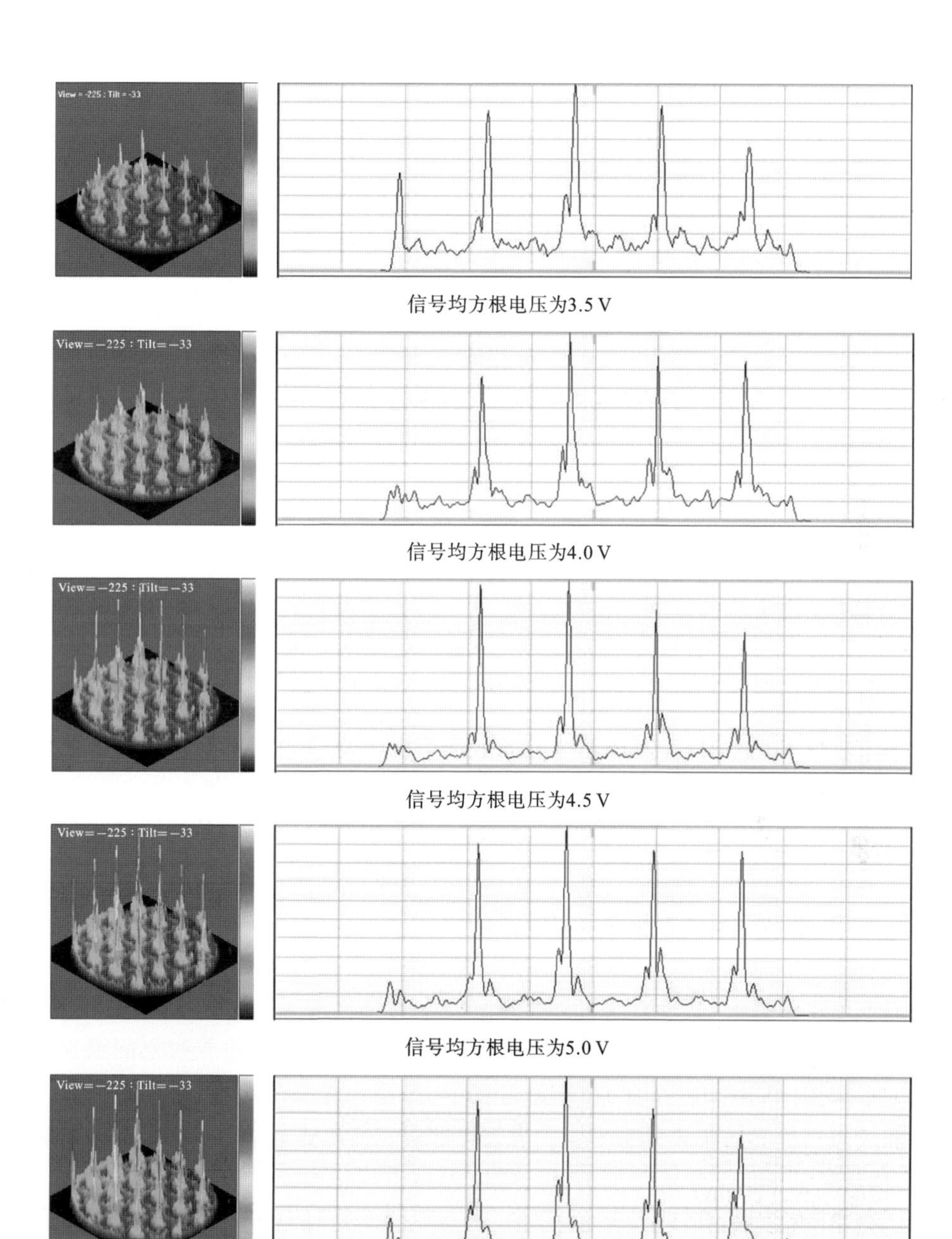

信号均方根电压为3.5 V

信号均方根电压为4.0 V

信号均方根电压为4.5 V

信号均方根电压为5.0 V

信号均方根电压为5.5 V

续图 5-3

由图 5-3 可见，阵列点扩散函数分布均匀且锐利。在电控信号作用下，液晶微透镜阵列显示了良好的微束聚焦效能。

5.3 基于液晶基波前成像的物空间深度测量

5.3.1 液晶基波前光学成像探测系统测量物空间深度

由聚光或散光透镜等类光学器件组合而成的光学成像探测系统，通常仅显示有限的成像景深。而液晶微透镜阵列具备焦距的电调性，当改变加载在液晶微透镜阵列的控制电极间的信号均方根电压时，液晶微透镜阵列的焦距将随之变化，液晶微透镜阵列的焦平面也将随之移动。当把液晶微透镜阵列作为成像光学器件使用，调变所加载的信号均方根电压时，液晶微透镜阵列的成像面位置将随焦距的变化而变化。将光学成像探测系统与电控液晶微透镜阵列级联匹配，成像探测系统首先将处在特定环境介质中的目标光场压缩会聚成一次像场。被置于成像光学系统焦平面附近或前后近邻位置的电控液晶微透镜阵列，将光学成像系统所构建的一次像场作为入射光场，对分割形成的入射微束阵列执行二次聚束以形成二次像场阵列，再经所配置的光敏阵列转化成目标的光场图像数据。

由第 4 章可知，在保持液晶基波前光学成像探测系统中的光学成像系统或成像物镜、电控液晶微光学器件及所配置的成像探测芯片间的相对位置不变的条件下，改变加载在液晶微透镜阵列上的信号均方根电压，可以显著改变液晶基波前光学成像探测系统的成像景深。选取特定加电区段内的信号均方根电压，则物空间中的目标位置或深度，就可与通过液晶基波前光学成像探测系统获得清晰子图像的信号均方根电压，建立一一对应关系。换言之，可以通过选择在液晶微光学器件上所加载的信号均方根电压的大小，获得对应目标在物空间中的位置或深度数据。

图 5-4 所示的为液晶基波前光学成像探测系统，对目标物距或物空间深度进行测量的示意图。如图 5-4 所示，在测量过程中，保持成像探测芯片、电控液晶微光学器件和成像物镜间的位置关系不变。当改变加载在液晶微光学器件上的信号均方根电压时，液晶基波前光学成像探测系统可以得到位于物空间不同深度目标的相对清晰的序列子图像，建立信号均方根电压 V 和物空间的目标物距或空间深度 D 之间的关系。基于实验性标定所给出的物空间目标位置或分布深度，与加载在液晶微光学器件上的电控信号间的关系，可由液晶基波前光学成像探测系统获得清晰的目标序列子图像时的电控信号，从而较为精确地估算出目标在物空间的位置或深度分布数据。

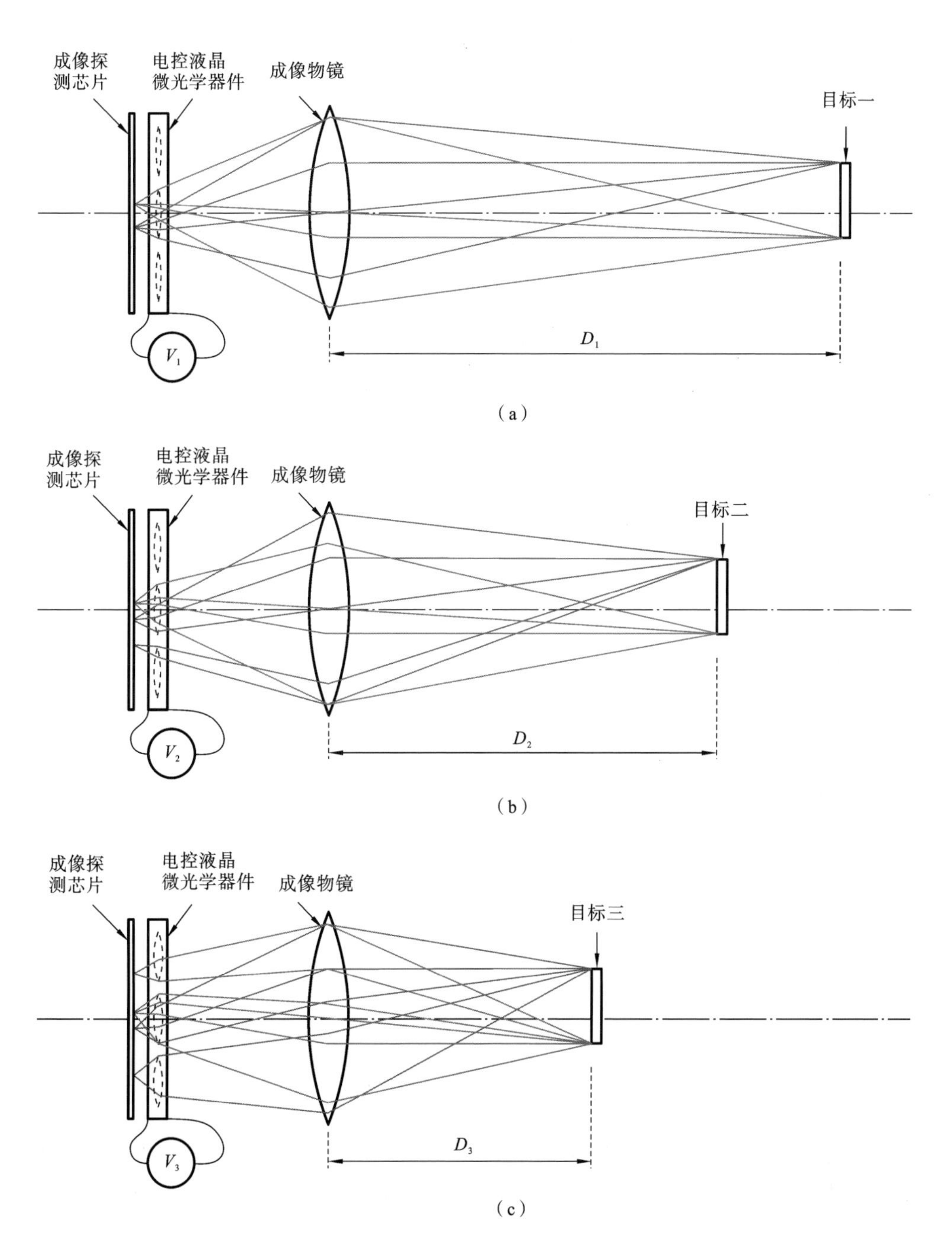

图 5-4　液晶基波前光学成像探测系统执行目标物距或物空间深度测量示意图

5.3.2 基于 Sobel 梯度算子评估图像清晰度

迄今为止，针对不同情况的图像特征和细节，已有多种可有效评估图像清晰度的函数，如梯度函数、灰度变化函数和图像灰度熵函数等。图像清晰度最直观的表现形式就是图像边缘基于灰度的锐利程度，如图 5-5 所示。图像清晰度越高，不同色块间的边缘界限越明显，边缘区域的灰度变化越迅速。反之，则边缘界限越模糊，边缘区域的灰度变化越缓慢。因此，可以简洁地通过评价图像边缘或边缘区域的灰度及其变化，来快速评估图像清晰度。

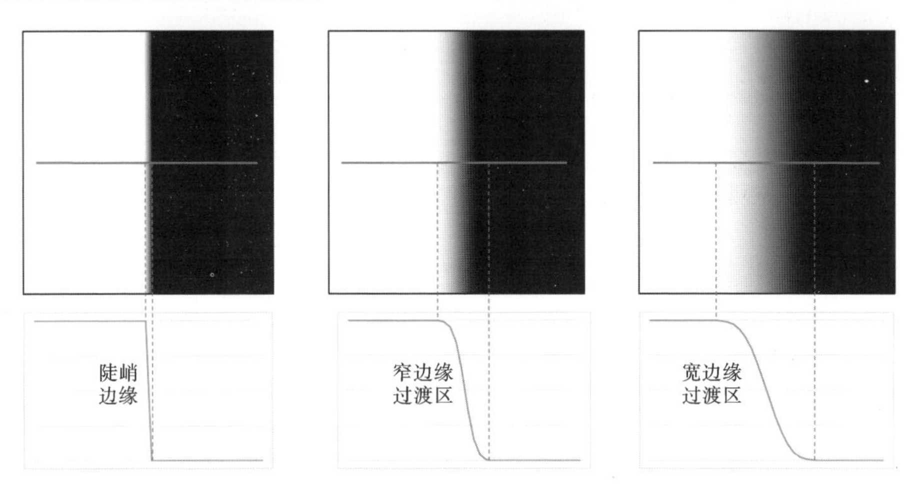

图 5-5 不同清晰度图像的边缘或边缘区域的灰度分布或变化

在评估图像清晰度的算子中，Sobel 算子是用于图像边缘或边界检测较为有效的一种常用算子。本章主要用 Sobel 边缘检测算子，评估液晶基波前光学成像探测系统所获取的光强图像清晰度。一般而言，Sobel 算子主要包含两组 3×3 阶矩阵，分为横向检测算子和纵向检测算子。两组算子分别与被评估图像做卷积计算，用于检测图像的横向灰度和纵向灰度，Sobel 边缘检测算子为

$$G_{x(ij)}=\begin{bmatrix}-1 & 0 & 1\\-2 & 0 & 2\\-1 & 0 & 1\end{bmatrix}\times\boldsymbol{A}_{ij} \tag{5-1}$$

$$G_{y(ij)}=\begin{bmatrix}1 & 2 & 1\\0 & 0 & 0\\-1 & -2 & -1\end{bmatrix}\times\boldsymbol{A}_{ij} \tag{5-2}$$

式(5-1)和式(5-2)分别为被检测图像在(i,j)位置经横向边缘检测及纵向边缘检测所获得的灰度；$\boldsymbol{A}_{ij}$为被检测图像以(i,j)位置为中心的 3×3 范围内的灰度图像。被检测图像在(i,j)位置的 Sobel 边缘检测值为

$$G_{ij}=\sqrt{G_{x(ij)}^2+G_{y(ij)}^2} \tag{5-3}$$

而

$$G=\frac{\sum\sum G_{ij}}{m\times n} \tag{5-4}$$

为被检测图像在 $m\times n$ 范围内的 Sobel 边缘检测平均值，用于评估该范围内的图像清晰度。通常情况下，边缘检测平均值 G 越大，被检测图像清晰度越高。

5.4　物空间深度标定与评估

5.4.1　物空间深度标定

液晶基波前光学成像探测系统对物空间执行深度测量的实验架构方案与前述成像实验的类似。关键性步骤包括：耦合电控液晶微光学器件与成像探测芯片时，将液晶微光学器件与成像探测芯片的窗口保护罩尽可能贴合，构造成液晶基控光成像探测系统。成像物镜与偏振片，依次放置在控光成像探测系统的前方。成像探测器为 Microview 公司的 MVC14KASAC-GE6，成像物镜焦距为 35 mm、光圈数为 2.0～22.0 内可调，偏振片为 OptoSigma 公司的 USP-50C-38。进行成像测量实验时，将加载在液晶微光学器件上的电控信号，与物空间的目标位置或深度进行测量性标定，从而根据在液晶微光学器件上所加载的电控信号，就可方便地检测目标相对液晶基波前光学成像探测系统的相对位置或分布深度，实现基于液晶微光学器件在电控条件下的物空间深度测量。

典型实验方案如图 5-6 和图 5-7 所示。该方案采用两个复杂程度不同的目标图像，对液晶基波前光学成像探测系统的物空间在深度方向上进行标定。如图 5-6 所示，标定目标一为 10 mm×10 mm（外形尺寸）的黑白方格交错排列图像，该图像放置在距液晶基波前光学成像探测系统 150 cm 处，并且在标定过程中始终保持位置不变。如图 5-7 所示，标定目标二由边长分别为 5 mm 和 2.5 mm 的黑白间隔方格，以及宽度分别为 0.25 mm、0.5 mm 和 1 mm 的黑白间隔条纹的图像有序排布构成。黑白间隔方格图像布设在标定目标二的外围，黑白间隔条纹图像布设在标定目标二的中心。在标定目标二上由外到内，分别布设特征结构尺寸减小，但分布密度增大的两个相互衔接的同心黑白方格矩环形，以及黑白间隔条纹的特征结构尺寸长度和宽度依次减小，但分布密度增大的三个相互衔接的同心直线条纹图像，其中的直线条纹包括平行和垂直这两个取向。标定目标二作为实验过程的测试目标，在液晶基波前光学成像探测系统与标定目标一之间移动，得到目标到液晶基波前光学成像探测系统的距离或目标所在的物空间分布深度，以达到对液晶微光学器件上所加载的信号均方根电压进行标定这一目的。

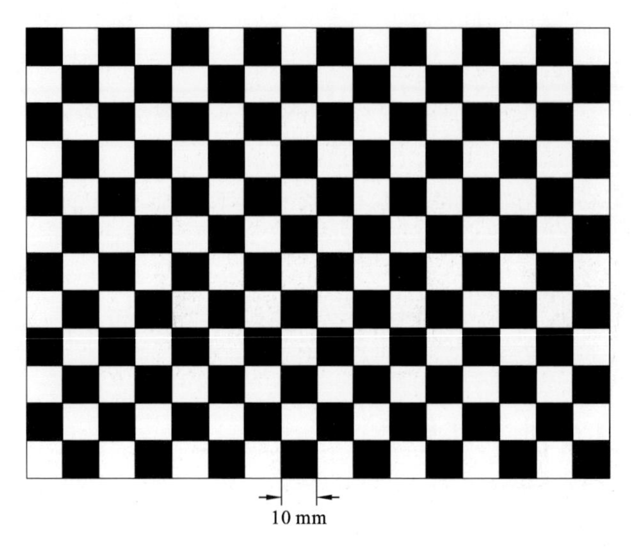

图 5-6　标定目标一

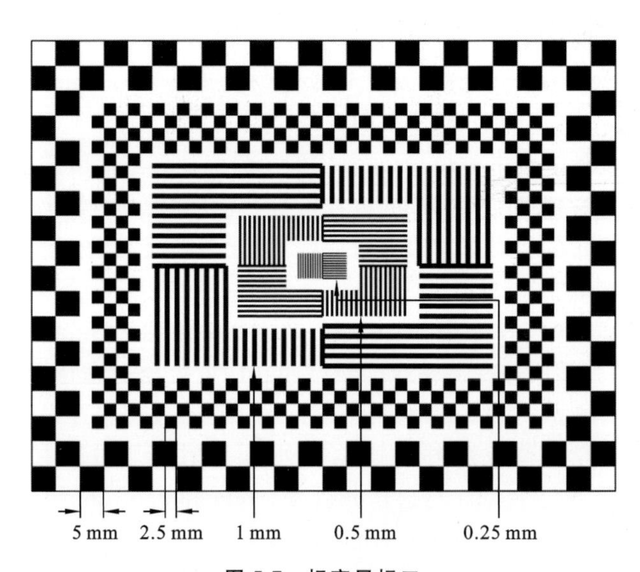

图 5-7　标定目标二

首先将标定目标一放置在距液晶基波前光学成像系统约 150 cm 处，在液晶微光学器件上不施加电控信号，将液晶基波前光学成像探测系统对焦于目标一，且在实验过程中不改变光学成像探测系统或成像物镜与成像探测芯片间的位置关系。标定目标二从距液晶基波前光学成像探测系统约 140 cm 处起，向液晶基波前光学成像探测系统方向移动，每隔 5 cm 采集一次图像数据，获得在液晶微光学器件上加载不同信号均方根电压时的成像数据并进一步计算图像清晰度，确定该目标在某一位置所对应的信号均方根电压，进而建立液晶微光学器件上的信号均方根电压与目标在物空间的成像位置或分布深度间的对应关系。图 5-8 所示的为标定目标二位于不同物距处，液晶基波前光学成像探测系统在不启动液晶微透镜时所获取的成像结果。

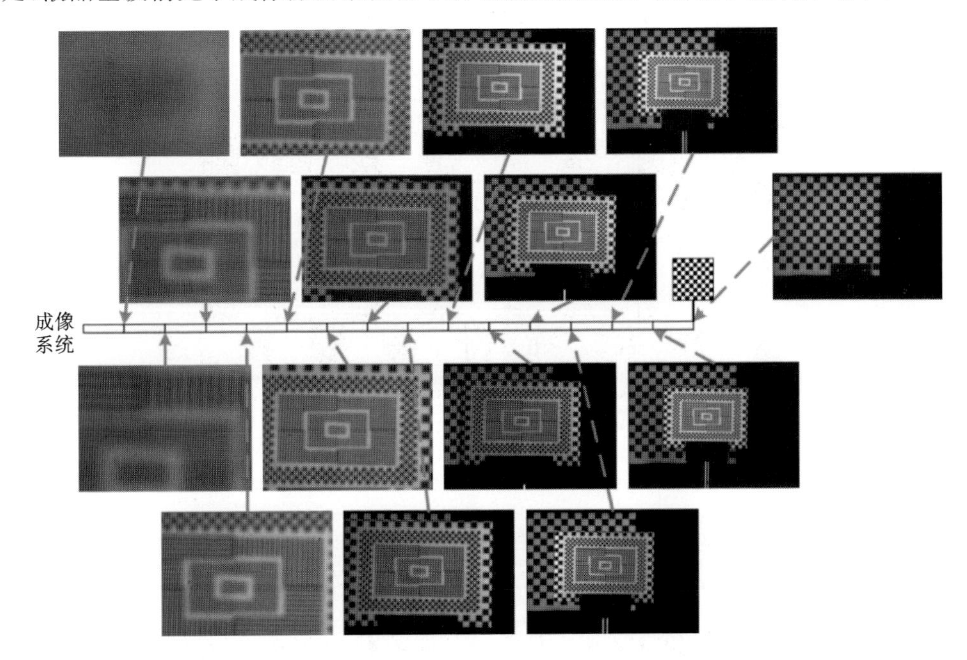

图 5-8　在液晶微光学器件上不施加电控信号，标定目标二位于液晶基波前光学成像探测系统前的不同位置所获得的成像结果

由图 5-8 可见，将标定目标二向液晶基波前光学成像探测系统方向移动时，成像模糊程度会逐渐加剧，也可由点扩散函数的弥散性失锐表征。

以标定目标二位于液晶基波前光学成像探测系统约 75 cm 处为例，给出建立液晶微光学器件上所加载的信号均方根电压，与目标相对液晶基波前光学成像探测系统的位置或物空间深度间的对应关系的基本方法。将标定目标二放置在距液晶基波前光学成像探测系统约 75 cm 处，改变液晶微光学器件上所加载的信号均方根电压，即信号均方根电压从 1.2 V 开始，逐渐增大到 2.0 V，每隔 0.1 V 采集一次图像数据，所得图像结果如图 5-9 所示。

所选择的基准图像为将标定目标二置于液晶基波前光学成像探测系统约 75 cm 处，在液晶微光学器件上加载不同电控信号所得到的典型成像结果及其相应的灰度分布。图 5-10 所示的为标定目标二置于液晶基波前光学成像探测系统约 75 cm 处，在液晶微光学器件上加载均方根电压 1.6 V 电控信号时，由成像探测芯片输出的成像结果。图 5-10(a)、(b)和(c)所示的分别为标注的相应成像区域，在不同电控信号作用下的所得结果对比。其中的曲线图给出了在不同电控信号作用下，各图中相同区域的灰度。

由图 5-10(a)、(b)和(c)可见,在液晶微光学器件上加载的信号均方根电压改变时,成像探测芯片输出的各图像清晰度也随之发生明显变化。可以看到,当标定目标二置于距液晶基波前光学成像探测系统约 75 cm 处,并且所加载的信号均方根电压为 1.6 V 时,所获得的图像最为清晰,相应的图像灰度变化也最为明显。以信号均方根电压 1.6 V 为中心,将加载在液晶微光学器件上的电控信号向增大和减小这两个方向变化,所获得的图像清晰度都随之逐渐下降。上述测量情况显示,图像越清晰,图像边缘灰度的变化率越大。

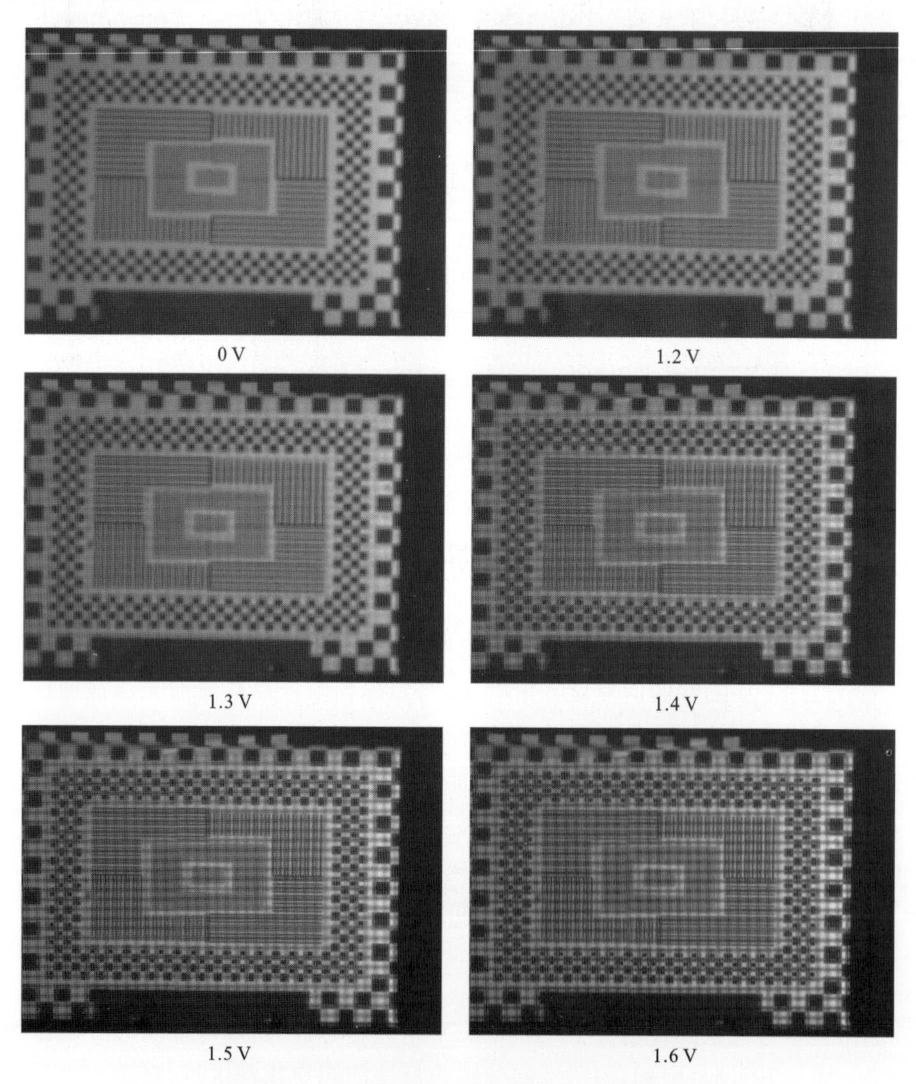

图 5-9　标定目标二置于液晶基波前光学成像探测系统约 75 cm 处,对液晶微光学器件施加不同电控信号获得的成像结果

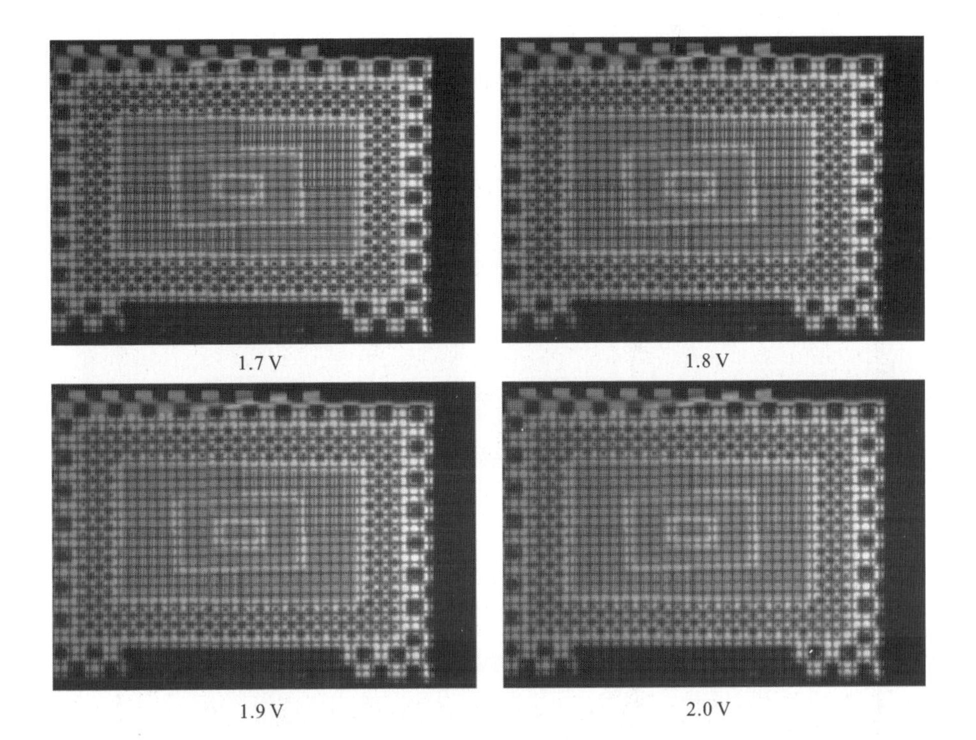

1.7 V　　1.8 V

1.9 V　　2.0 V

续图 5-9

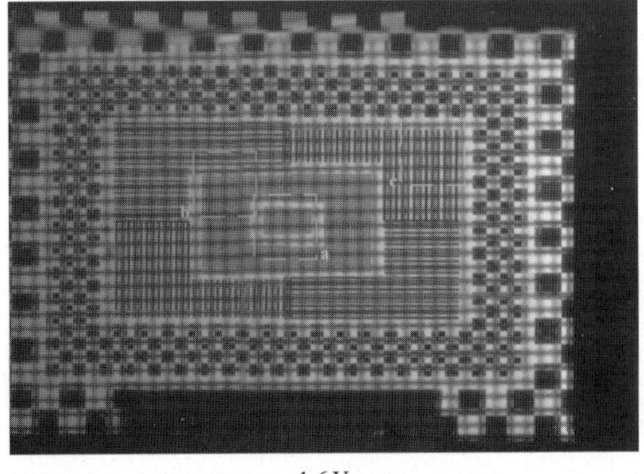

1.6 V

图 5-10　标定目标二置于液晶基波前光学成像探测系统约 75 cm 处，液晶微光学器件在不同电控信号作用下得到的成像结果及相应的灰度分布情况

(a) 基准图像中的 a 区域；(b) 基准图像中的 b 区域；(c) 基准图像中的 c 区域

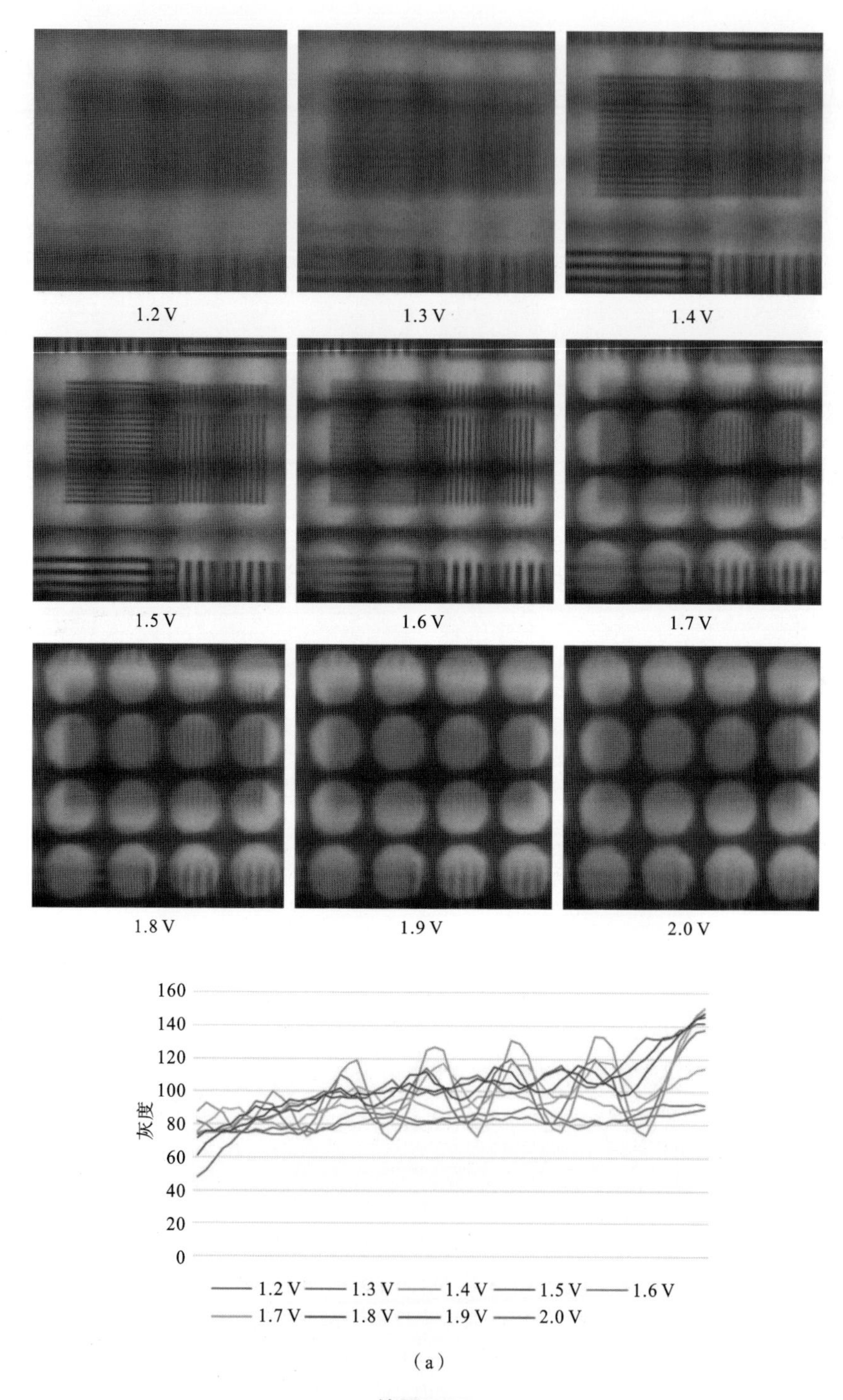
1.2 V
1.3 V
1.4 V
1.5 V
1.6 V
1.7 V
1.8 V
1.9 V
2.0 V
160
140
120
100
80
60
40
20
0
灰度
1.2 V
1.3 V
1.4 V
1.5 V
1.6 V
1.7 V
1.8 V
1.9 V
2.0 V

（a）

续图 5-10

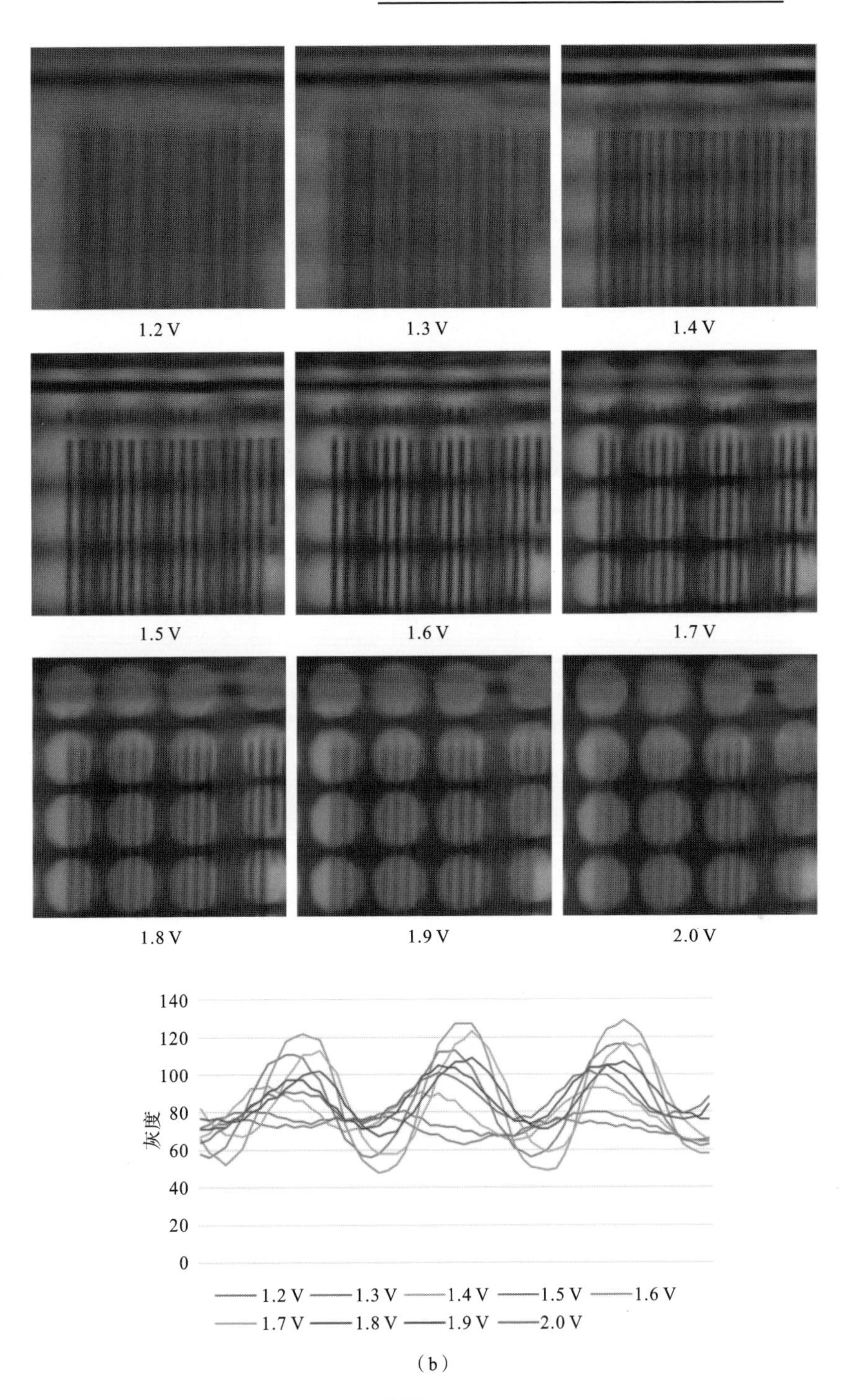
1.2 V
1.3 V
1.4 V
1.5 V
1.6 V
1.7 V
1.8 V
1.9 V
2.0 V
140
120
100
80
60
40
20
0
灰度
1.2 V
1.3 V
1.4 V
1.5 V
1.6 V
1.7 V
1.8 V
1.9 V
2.0 V

（b）

续图 5-10

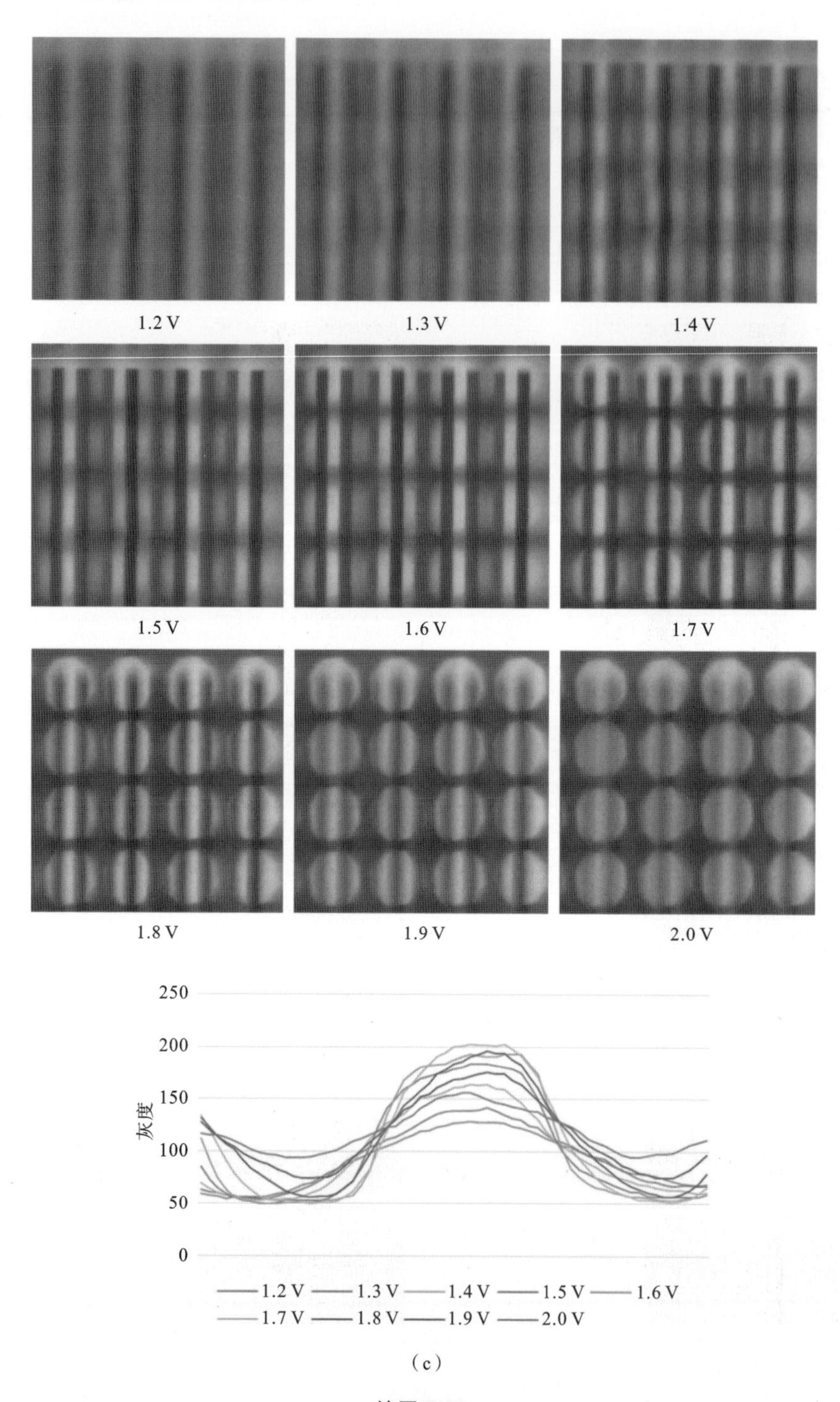
1.2 V
1.3 V
1.4 V
1.5 V
1.6 V
1.7 V
1.8 V
1.9 V
2.0 V
250
200
150
100
50
0
灰度
1.2 V
1.3 V
1.4 V
1.5 V
1.6 V
1.7 V
1.8 V
1.9 V
2.0 V

(c)

续图 5-10

用 Sobel 边缘检测算子，对不同电控信号作用下采集的图像进行边缘提取，并用边缘检测平均值来量化标定目标二在距液晶基波前光学成像探测系统约 75 cm 处，液晶基波前光学成像探测系统所采集的图像清晰度。用与最清晰目标图像对应的信号均方根电压，建立电控信号与标定目标位置或其所在物空间深度间的函数对应关系。

图 5-11 所示的为标定目标二置于液晶基波前光学成像探测系统约 75 cm 处，在电控信号作用下获得的典型图像的局部灰度及与其对应的 Sobel 边缘检测值。由式(5-4)计算边缘检测平均值，并以此来量化图像清晰度，检测结果如表 5-1 所示。

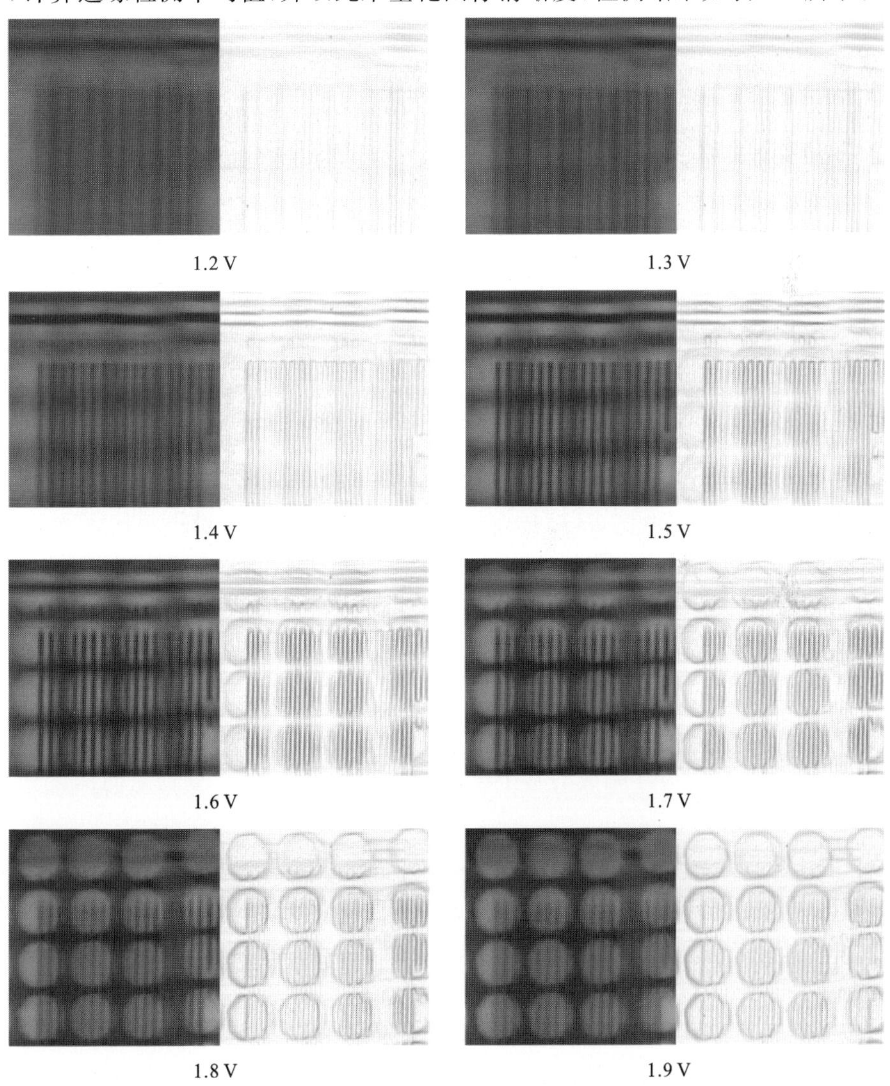

图 5-11　标定目标二置于液晶基波前光学成像探测系统约 75 cm 处，在电控信号作用下获得的典型图像的局部灰度及与其对应的 Sobel 边缘检测值

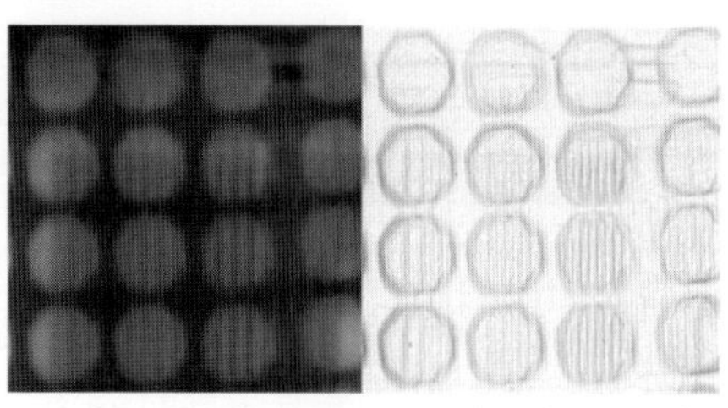

2.0 V

续图 5-11

表 5-1　标定目标二置于液晶基波前光学成像探测系统约 75 cm 处，在电控信号作用下所采集的图像的 Sobel 边缘检测平均值表

信号均方根电压/V	1.2	1.3	1.4	1.5	1.6	1.7	1.8	1.9	2.0
Sobel 边缘检测平均值	117.8	143.9	238.7	370.7	381.4	318.7	247.4	185.3	135.7

由表 5-1 可见，当标定目标二置于液晶基波前光学成像探测系统约 75 cm 处，在液晶微光学器件上加载 1.6 V 电控信号时，所采集的图像的平均边缘灰度变化率可取得最大值，即图像清晰度最高。

应用上述方法，将标定目标二移动到液晶基波前光学成像探测系统的不同深度，计算由液晶基波前光学成像探测系统所获取的，在液晶微光学器件上加载不同电控信号获得的 Sobel 边缘检测平均值，得到标定目标二在物空间不同深度处，呈现最清晰图像时的信号均方根电压，从而建立目标物距与电控信号的对应关系。表5-2所示的为标定目标二位于物空间不同深度，液晶微光学器件在电控信号作用下，由液晶基波前光学成像探测系统获取的图像及与其对应的 Sobel 边缘检测平均值。灰色背景单元格为标定目标二在对应位置处，其图像的 Sobel 边缘检测平均值取得最大值时的相应位置。

根据表 5-2 的数据，建立目标二在物空间深度与信号的对应关系，如图 5-12 所示。图 5-12 所示的为最终完成的基于电控液晶微透镜阵列，建立物空间深度相对电控信号的标定关系。

由图 5-12 可见，物空间深度与液晶微光学器件上所加载的电控信号均方根电压大致呈反比例关系，即目标距液晶基波前光学成像探测系统越远，在液晶器件上所加载的信号均方根电压越小。需要指出的是，上述实验所建立的目标物距或物空间深度，与在液晶微光学器件上加载的信号的对应关系，目前还难以满足理想的一一对应条件，即物空间某位置处的目标，在该位置前后的一段深度范围内移动，均可通过液晶基波前光学成像探测系统得到最清晰的图像。也就是说，在液晶微光学器件上加载的信号均方根电压相同，而目标物距或物空间深度在一定程度上加以改变可得到相同结果，从而表现出一定的物距分辨精度。

表 5-2　标定目标二置于物空间不同深度，液晶微光学器件在电控信号作用下由液晶基波前光学成像探测系统获取的图像及与其对应的 Sobel 边缘检测平均值表

深度/cm	信号均方根电压/V								
	1.2	1.3	1.4	1.5	1.6	1.7	1.8	1.9	2.0
10	52.8	56.3	64.1	78.2	92.5	104.2	120.0	149.2	193.4
15	48.9	54.7	64.1	75.4	89.7	110.5	217.5	304.3	314.6
20	47.7	51.7	62.9	77.5	109.3	162.5	251.4	329.6	316.8
25	50.4	55.0	65.9	83.4	113.8	188.2	302.8	372.8	323.0
30	51.7	56.7	71.5	88.7	144.4	255.4	421.9	437.5	369.4
35	58.1	71.6	92.2	127.0	190.2	315.7	407.5	354.1	261.5
40	62.7	76.4	95.5	153.6	331.6	461.0	516.2	426.8	340.7
45	63.9	73.6	104.2	149.5	313.9	442.0	476.9	370.9	281.6
50	70.4	81.8	118.2	188.7	346.5	449.6	408.0	330.2	249.0
55	65.1	76.2	125.7	254.0	376.6	431.9	365.7	285.2	214.9
60	80.5	98.5	156.1	326.1	457.1	490.1	399.1	283.3	230.0
65	83.1	99.3	158.9	386.4	414.6	402.4	300.4	223.2	180.0
70	81.7	99.5	155.7	326.7	359.0	309.5	232.6	181.6	143.5
75	117.8	143.9	238.7	370.7	381.4	318.7	247.4	185.3	135.7
80	135.4	169.9	271.5	402.4	383.0	285.5	227.8	187.9	148.7
85	176.0	222.4	419.5	536.1	450.2	333.1	236.0	165.9	131.5
90	274.3	363.9	614.3	666.8	573.3	427.9	331.4	214.9	156.2
95	248.3	341.6	534.9	607.9	530.5	378.4	254.7	145.9	135.7
100	216.2	308.0	425.8	447.6	353.1	243.6	166.4	118.7	118.0
105	345.2	420.7	581.7	529.1	406.9	260.7	165.5	123.1	117.6

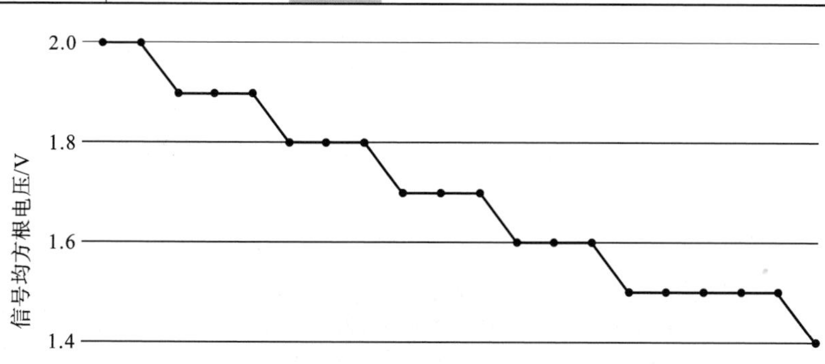

图 5-12　标定目标二物距或所在的物空间深度与电控信号的标定关系

5.4.2 物空间深度测量评估

保持液晶基波前光学成像探测系统的成像探测芯片与成像物镜间的相对位置不变，将测试目标放置在成像光学系统前某一位置处，进行物空间深度测量评估实验时，作为目标的黄色工程车模型放置在距液晶基波前光学成像探测系统约 60 cm 处，调节加载在液晶微透镜阵列上的电控信号，由液晶基波前光学成像探测系统输出的目标图像清晰度也将随之发生变化。建立液晶基波前光学成像探测系统取得清晰度最佳、图像边缘最明显时的信号均方根电压，与图 5-12 所示数据的对应关系，最终得到基于测量的目标深度数据和可变动范围。

将目标放置在距液晶基波前光学成像探测系统约 60 cm 处，在不同的电控信号作用下，液晶基波前光学成像探测系统获得的目标图像如图 5-13 所示。计算各电控信号作用下由成像数据所得到的 Sobel 边缘检测平均值如表 5-3 所示。图 5-14 所示的为目标距液晶基波前光学成像探测系统约 60 cm 处，在不同电控信号作用下获得的目标图像 Sobel 边缘检测平均值。

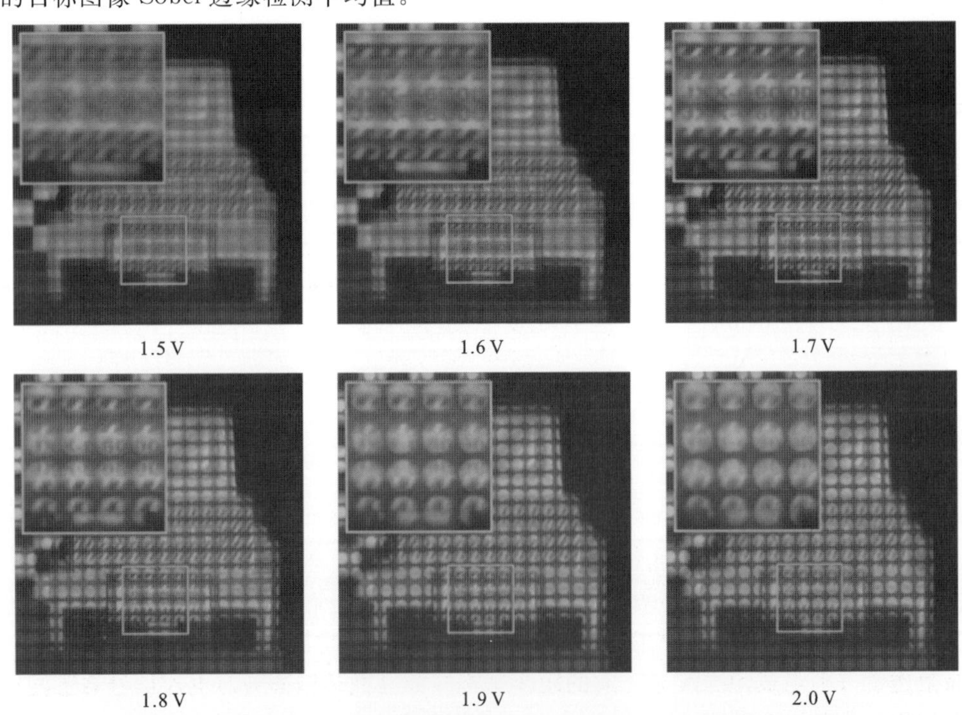

图 5-13 在电控信号作用下液晶基波前光学成像探测系统获得的目标图像

表 5-3 目标距液晶基波前光学成像探测系统约 60 cm 处获取的图像 Sobel 边缘检测平均值

信号均方根电压/V	1.5	1.6	1.7	1.8	1.9	2.0
Sobel 边缘检测平均值	146.0	240.3	283.3	251.1	193.4	156.7

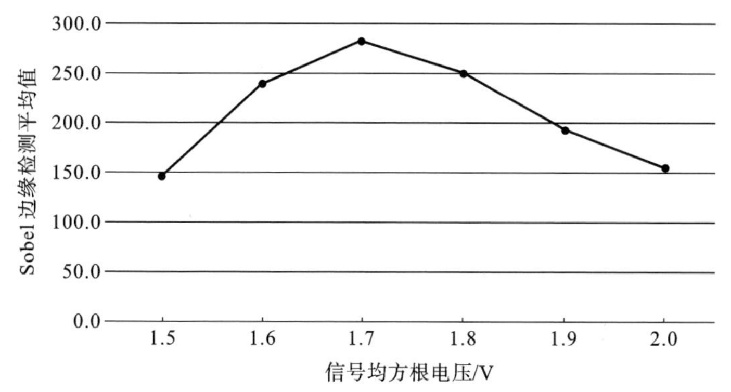

图5-14　目标距液晶基波前光学成像探测系统约60 cm处，在不同电控信号作用下获得的目标图像Sobel边缘检测平均值

由图5-14可见，目标位于液晶基波前光学成像探测系统约60 cm处，加载的信号均方根电压为1.7 V时，得到的图像的平均灰度变化率最大，即当信号均方根电压为1.7 V时，图像清晰度最高。由图5-14可见，当信号均方根电压为1.7 V时，可取得最大Sobel边缘检测平均值，测量得到的目标的深度范围为50～60 cm。由于所设置的目标与液晶基波前光学成像探测系统的实测距离约为60 cm，因此所测得的目标物距或物空间深度与实际情况大体一致。

5.5　小　　结

通过液晶基波前光学成像探测系统所获取的波前和光强图像，相对于物空间的目标距液晶基波前光学成像探测系统的位置或深度数据有一些差异，仅能从所获取的图像的形貌和尺寸等方面进行粗略估计，表现出对目标物距或物空间深度的不敏感性，因此无法对目标位置进行准确判读。我们研发出了一种基于电控液晶微透镜阵列的波前光学成像探测系统，对目标物距或物空间深度可进行较为精确的测量。液晶基波前光学成像探测系统对目标执行双模成像的同时，对目标物距或物空间深度进行电控信号测量。在现阶段，所发展的液晶基波前光学成像探测系统，其执行目标物距或物空间深度测量的精度仍有待提高。为进一步发展精度，拟采取的改进措施主要有：制作高质量液晶微透镜阵列来提高器件的电学参数稳定性；提高液晶微光学器件的电控信号精度来改善电控信号与物空间深度间的标定准确性；精确设置液晶微透镜阵列与成像探测芯片间的距离来提高液晶微透镜阵列对电控信号敏感度适中的焦深及其选取精度。

第6章　液晶基光场成像探测

6.1　引　　言

近些年来，随着微电子和光电子技术的持续快速发展，光电成像技术取得了巨大进步。丰富多彩的图像信息的获取，已成为现代社会的主要沟通交流方式和表现手段，对人类社会的发展进步起到了不可或缺的推动作用。一般而言，图像信息具有直观性强、易理解、信息量大、细节丰富等特点。典型的成像探测装置，如显微镜、望远镜、夜视仪、照相机、成像光谱仪、智能手机、光电成像观察器等，已广泛应用于获取宏观或微观物质的形貌、结构、材质、颜色等图像数据，用于满足生产、生活、科研和国防需要。迄今为止，主流成像探测技术主要基于平面（二维）成像探测架构获取图像信息，无法直观得到目标或场景在深度、空间大尺度分布与梯次配置、运行轨迹与运动参数等方面的特征属性，与三维世界存在明显差异。现有的立体成像装置，均存在设备配置繁杂、成像效能相对较低、数据处理与再现的实时性不能满足需求、人机交互性仍有待提升等问题。为了获取具有三维空间特征的目标图像，发展结构简单、操作方便、价格低廉、二维与三维可兼容可切换的成像探测方法和技术，已成为目前光学成像领域的热点研究方向，受到广泛关注，具有迫切需求和巨大商业价值。

6.2　常规三维成像

基于人的双目视觉原理所发展的常规立体成像方法，是目前获取三维图像信息的最常见方法。其典型操作是：将两台相机并排放置，相互间的角度和距离均模拟人的双目瞳孔，同时获取同一场景或目标并输出包含视差信息的图像或视频信号，再加以存储、处理和利用，如典型的基于多视角平面图像融合的三维成像、三维成像测量、模式识别与信息处理等。迄今为止，已出现多种与双目视觉类似的三维成像技术，如虚拟现实（VR）全景视频技术等。这些手段在虚拟现实、视频画面制作、三维工程模拟和施工、三维加工制造等领域获得广泛应用。图 6-1 所示的为美国 IMAX 公司推出的一种 3DDC-3 型超高清立体双目摄像机。作为一款成功的商用三维图像获取装置，它已用于三维动画、高清视频和立体电影等的画面制作与摄取。

目前，常规三维成像显示也主要基于双目视差原理，通过向特定空域投送结构化光场，构建或再现由观察者通过左眼和右眼同时获取的具有一定视差的同一目标或场景，或基于成像探测器所进行的类似操作，最终在人脑或计算机中合成具有立体感的目标或场景图像。典型实现方式包括佩戴互补色眼镜、偏振眼镜、快门式眼镜或显示头盔等。或者在常规显示屏前增设功能化光栅、折射或衍射柱透镜阵列等微光学结构，模拟构建三维光场，实现三维成像信息定向投送与再现。

图 6-1　美国 IMAX 公司推出的 3DDC-3 型超高清立体双目摄像机

偏振光成像实现三维感知成像的情形如图 6-2 所示。在双目前佩戴一幅具有正交偏振取向的偏振眼镜，通过解析所投射的正交偏振光场，直接观看三维电影或视频图像。至少有两台预先布设的投影设备将感知的正交偏振光场耦合或融合视差信息后，投射到具有偏振保持能力的屏幕上，再通过具有固定偏振取向的偏振片完成偏振光选取，使进入双目的光波呈现预设光偏振态及能态，实现三维感知成像。目前，基于光正交偏振的双目三维成像和显示技术已渐趋成熟，但仍存在仅能显示有限个或有限范围内的观察视角的三维成像等缺陷，以及仍未解决成像景深受限和成像亮度不足的问题。

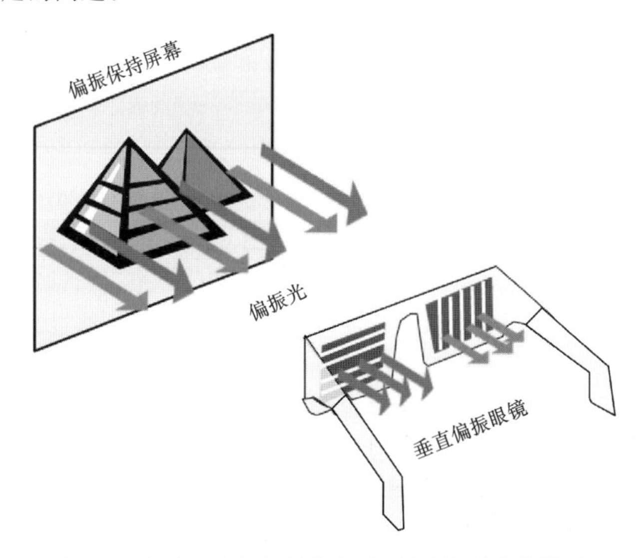

图 6-2　佩戴正交偏振眼镜实现三维感知成像的情形

全息成像作为另一种也已获得快速发展的三维成像和显示技术，最早由英国科学家 Gabor 提出，其核心内容是如何记录和显示目标波前，工作原理如图 6-3 所示。全息成像分为两个典型环节。① 构建全息记录介质，分光器将相干入射光束分成两束，一束作为参考光束直接投射到全息记录介质上，另一束作为照明光束照射目标，经目标表面反射（透射）形成物光束，然后再投射到全息记录介质上与参考光束进行叠加。同频率的两束光在全息记录介质表面形成干涉条纹,将物光波经过目标表面基于点集分布形态(目标厚度)所调制的波前,以可感测的振幅形式记录下来,构建成全息记录介质。② 三维成像重构与显示,将与参考光束完全相同的重建光束投射到全息记录介质上,透射(反射)输出与构建全息记录介质时的物光束类似的重建波前。观察透射(反射)重建波前,可得到在观察光波频率处基于观察视点所呈现的,与原目标几乎相同的三维成像,即全息图像。

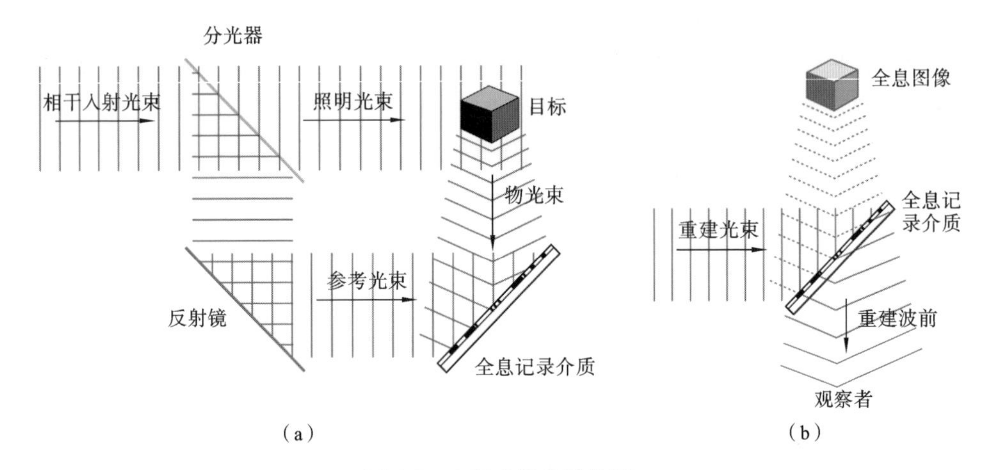

图 6-3 全息成像典型特征

(a) 构建全息记录介质;(b) 基于透射模式观察重建的目标图像

传统全息显示技术使用感光胶片或者覆盖在玻璃基片表面的胶膜作为记录介质。近些年来,随着成像探测技术的迅速发展,大面阵 CCD 和 CMOS 成像探测器及空间光调制器(spatial light modulator,SLM)技术获得广泛应用,研发出多种新兴的数字全息显示技术。SLM 对单波长甚至多频谱的相干光束进行动态相位调制,可构建多样化的波前形态,以用于模拟多种成像目标的物光波,再通过 CCD 或者 CMOS 光敏阵列输出所感测的全息图像目标。目前相对成熟的常规全息显示技术,仍需要利用高相干激光作为工作波束,从而对应用场合、使用环境、成像探测和图像显示效能等有所限制。近些年来,飞秒甚至阿秒数量级的成像探测技术获得快速发展,为新兴的无参考光束的超快全息成像技术的发展提供了新的解决思路。

6.3 光场成像

光场也称为光波辐射场,用于表征从光源向空间某区域以光矢量形式输运能量的光波传播和分布的属性与特征。由 Gershun 在《关于光的三维空间辐射特性分析》中首先提出,其后 Adelson 和 Bergen 等人给出了与光场相关的、维度包含光波波长和时间的七维全光函数(plenoptic function)概念。Mcmillan 和 Bishop 等人将全光函数限定在了计算机图形学领域，通过忽略光波长和时间参量，将其维度降为五维。近些年来，Levoy 和 Hanrahan 等人提出了光场渲染(light field rendering)理论，将没有遮挡物并处在自由空间中的光场维度进一步减小到四维。

光场成像，是一种利用相机阵列或者耦合有微透镜阵列的单片光敏阵列，从多视角采集场景或目标图像的三维成像技术，从源头上可追溯至早期的针孔成像法。较传统的二维成像而言，光场成像不仅可以记录入射光波所传输的光能量，还可以获得入射光波能量传输的方向。在传统的计算机视觉领域中，作为计算成像的一个分支，光场成像在现有条件下，仍不是所希望的所见即所得这样一种成像方式。需要在后期的图像数据加工过程中，通过相对复杂的计算处理技术完成功能化成像操作，这些计算处理技术包括典型的多视角成像、数字重聚焦成像、全聚焦成像、三维成像测量、三维图像重构与再现等。

1908 年，Lippmann 提出了基于分辨光传播方向或光束方向的透镜集成式成像原理，如图 6-4 所示。将一组成像透镜放置在感光胶片前，对同一个目标从不同视角进行感光成像，可得到基于视角分辨而呈现视差的目标图像。受限于执行光电转换的光敏器件的光电灵敏度，传统光学成像系统均需要在较高光能激励下，输出有效的光电信号来获得目标或场景图像数据。具有较大通光孔径的成像光学系统或成像物镜将目标所出射的多向光波，尽可能多地加以收集并压缩在焦平面上，可实现基于像素级光电转换的光能流增强。各点源光场相对成像光学系统的通光窗口，在各自不同方向上所传输的光能量，几乎全部收集和压缩在焦点处，点源光场的光能流方向信息在这一控光过程中被抹除。受到光电传感器的光电探测能力和高速计算处理在信息获取环节方面的制约，早期的光场成像技术发展缓慢。

20 世纪 90 年代以来，微纳光学、光电子和微电子技术获得持续快速发展，微透镜阵列及高灵敏度大规模光敏器件阵列的研究相继获得突破，可用于高效辨识成像光场能态和能量传输方向的光场成像法，在技术层面上的障碍被陆续克服，光场成像技术的发展步伐得以加快。1991 年，美国麻省理工学院的 Adelson 和 Wang 等人，找到了一种基于光场成像分辨光束方向的成像方式，提出了光场相机概念，并成功研发出一款光场相机(plenoptic camera 或 light field camera)。2005 年，美国斯坦福大学的 Ng 博士等人，在成像镜头和成像传感器间增设一组微透镜阵列，制作出如图 6-5 所示的一款便携式光场相机，该相机成为光场成像技术发展进程中的一个里程碑。该相机的典型光学配置如图 6-6 所示。将微透镜阵列放置在成像光学系统或成像物镜的焦平面或其附近，阵列化的成像传感器置于微透镜阵列焦平面处，目标光波首先被成像物镜向其焦平面处压缩，形成会聚光场，并进一步由微透镜阵列依照微束方向进行分解和压缩，再聚焦在各元成像传感器上。

如图 6-7 所示，使用该相机所获取的低分辨率光场图像与常规图像类似。但从所选取的某一局部成像区域的放大图像可见，各元微透镜均产生了一幅小视场图像，

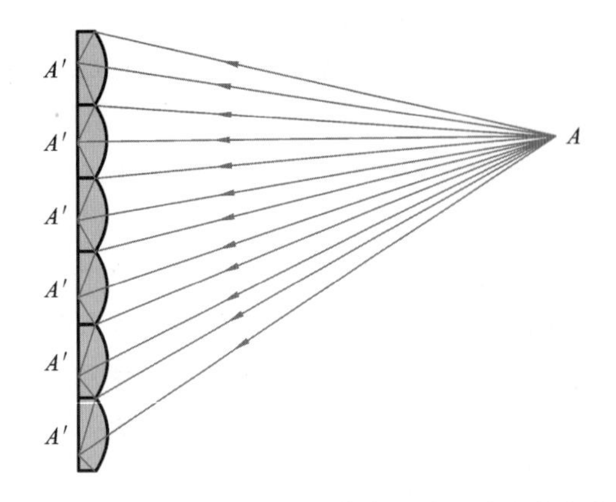

图 6-4 成像透镜组分辨光束方向的一种成像方案

图 6-5 一款便携式光场相机

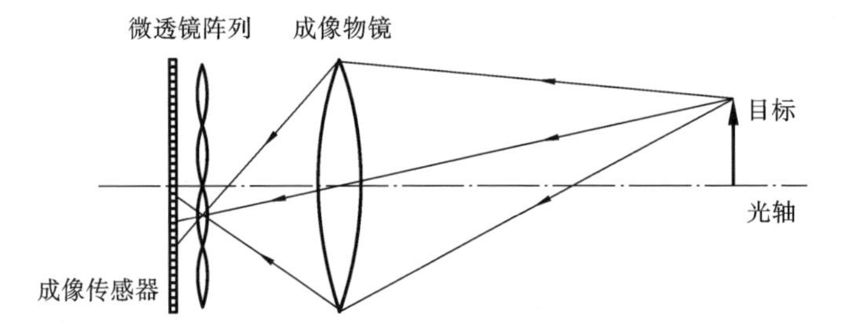

图 6-6 微透镜阵列进行光场成像的光学配置

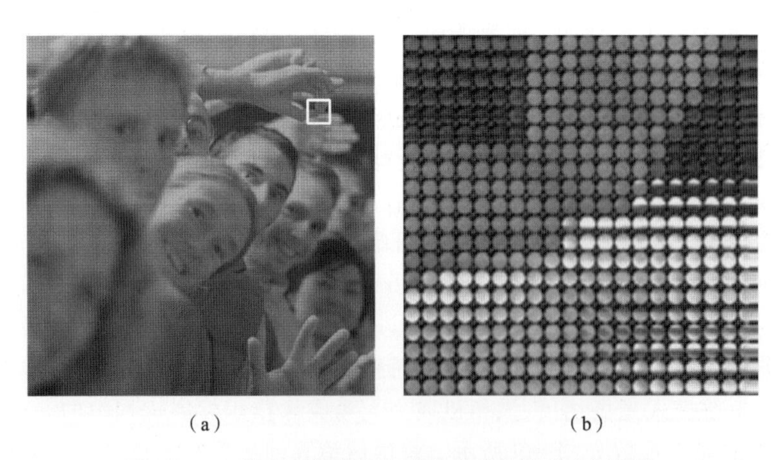

(a) (b)

图 6-7 Ng 等人以标准光场成像方式获取的光场图像

(a) 全景图;(b) 白色方框的局部放大图

这些图像与入射到微透镜上的光束方向相关。换言之,不同微透镜所成的像略有差别。因此,根据所获取的原始光场图像数据,通过计算可重构出基于不同成像视角与物空间中不同深度处目标配置的渲染图像。为了与其后出现的其他光场成像方式相区别，将 Ng 等人所构建的成像方式称为标准光场成像方式，这种方式以消费级的 Lytro 光场相机和 Lytro Illum 光场相机为典型代表。2006 年，Levoy 等人基于光场成像技术制作出一台光场显微镜。

对于 Ng 等人所构建的标准光场成像方式的渲染图像的空间分辨率较低这一问题，美国印第安纳大学的 Lumsdaine 和 Adobe 公司的 Georgiev 等人，提出了聚焦光场成像法，该方法对应相机也称为光场相机 2.0 版。不同于 Ng 等人将微透镜阵列放置在成像物镜焦平面这一做法，Lumsdaine 和 Georgiev 等人将微透镜阵列放置在成像物镜焦平面的前方或后方，微透镜阵列对成像物镜所构建的虚像或实像进行二次成像，再由成像传感器输出图像数据，从而在保持光场方向分辨率的同时相应提高基于微透镜成像的空间分辨率。图像渲染也采用与 Ng 等人研究方法类似的小块图像拼接和傅里叶切片定理。与此同时，美国莱斯大学的 Boominathan 等人设计了一个混合成像系统，该系统包括一个光场相机和一个传统的数码相机，两台相机对同一目标或场景协同成像。光场相机获取视线或视角信息，传统数码相机采集高空间分辨率图像，再利用匹配算法将两类图像融合起来，最终获得高分辨率的渲染图像，为发展高像质光场成像技术提供了另一个解决思路。

在显著扩展光场相机景深方面，德国 Perwass 和 Wietzke 等人对微透镜阵列进行了结构改进，提出了多焦光场相机方案，制造了商用 Raytrix 多焦光场相机。多焦光场相机的成像方式与聚焦光场相机的类似，微透镜阵列将成像物镜所构建的目标实像或虚像，进一步作为成像目标进行二次成像，再通过成像传感器输出图像数据。不同之处在于，在前述形态的光场相机中使用的微透镜阵列具有相同的焦距，Perwass 和 Wietzke 等人使用的微透镜阵列则具有三种不同的焦距，且将不同焦距的微透镜按照六边形方式交错排布，典型排布方式如图 6-8 所示。数字标号相同的微透镜焦距相同，具有相同焦距的微透镜阵列以低填充系数方式覆盖整个光入射面。对于同一个由成像物镜所构建的像点，即二次成像目标点，三种焦距不同的微透镜阵列均对其执行二次成像。

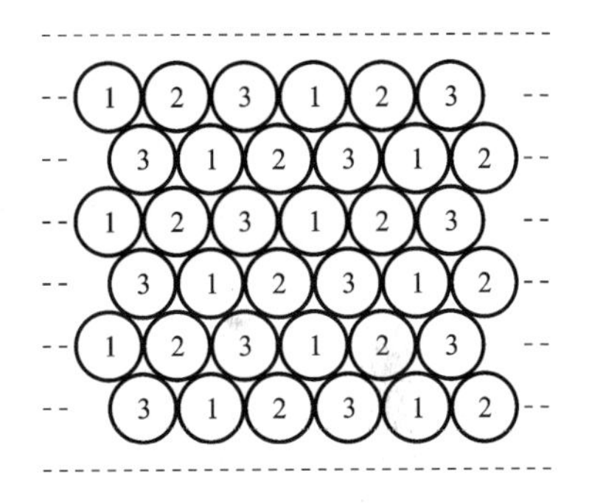

图 6-8 商用 Raytrix 多焦光场相机的局部微透镜阵列的典型排布方式

商用 Raytrix 多焦光场相机的典型成像效果如图 6-9 所示。成像物镜构建的同一目标像点，由三种焦距的微透镜各自成像，再计算出三种图像清晰度的子光场图像，在选择最优图像情形下合成渲染图像，以获得具有最佳成像效能或像质的目标图像。当成像物镜使用典型的圆形光阑时，六边形排布的微透镜阵列相对于其他排布(如正方形)方式而言，成像传感器的利用率更高。多焦微透镜阵列光场相机可清晰成像的景深范围，是单焦微透镜阵列光场相机的 1.8 倍以上。类似地，Georgiev 和 Lumsdaine 等人提出了采用两种焦距且呈正方形方式交错排布的微透镜阵列的双焦光场相机方案，微透镜阵列的典型结构如图 6-10 所示。

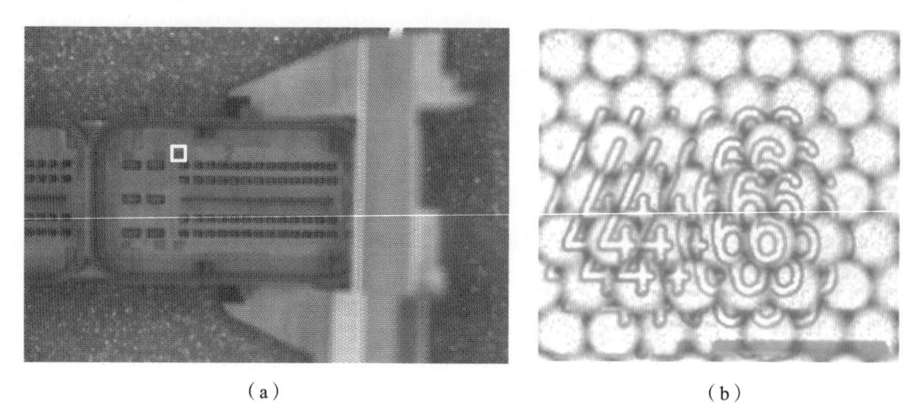

(a)　　(b)

图 6-9　商用 Raytrix 多焦光场相机采集的原始光场图像

(a) 全景原始光场图像；(b) 白色方框内的局部光场图像

图 6-10　由两种焦距微透镜交错排布构建的双焦微透镜阵列

除曲面轮廓微透镜阵列这样的光场相机外，Veeraraghavan 等人在普通相机的成像光路中插入一块功能化掩模，以及对所获取的图像数据进行进一步处理，就能得到四维光场图像。这种设计的优点在于掩模是非折射器件，较易制作，并可与成像光路耦合，其像质较好，但会程度不同地降低入射到成像传感器光敏面上的光强。美国麻省理工学院的 Levin 和中国台湾大学的 Liang 等人，均提出了可编程孔径相机(coded/programmable aperture camera)方案。在成像物镜前添加一块可编码的图像遮光板并采用多次曝光方式(基于单次曝光采集不同成像孔径下的图像)，完成四维光场图像数据的收集。图像遮光板的编码变换可通过旋转面板、图像卷轴或液晶开关阵列等方式实施。该方案的优点是，各单次采集的图像分辨率较高，但缺陷也是明显的，诸如需要对可编程孔径相机采用多次曝光和较为复杂的编码遮光操作，这对图像信息融合处理和应用存在许多限制。

上述光场成像方式均基于单物镜光场相机，具有结构相对简单、体积小、轻便、易携带及功耗低等特点，是一种受到普遍欢迎的光场成像技术。但受限于相机结构尺寸，单物镜光场相机的采样或可成像区域或范围等通常较小，成像光束的方向分辨率相对较低，成像目标的位置分辨率和成像景深也相对有限。也就是说，物空间所能进行的深度估计和三维图像重建的尺度与精度，仍处在较低水平，需要对成像数据进行复杂的后期处理制作，这样才能获取较为翔实的成像光场数据。为了显著扩大光场成像视场、成像光束的方向可变动范围和角分辨率，扩展能有效成像的物空间深度、目标定位精度和成像景深，进一步获得目标的运动特征及实现高像质全景成像等，目前研发出一种多自由度移动（包括典型的平移和转动）相机或相机阵列，这成为发展光场成像技术的一个重要分支。

美国斯坦福大学的 Levoy 和麻省理工学院的 Isaksen 等人，分别在 1996 年和 2000 年构建了多自由度移动相机采集光场数据的光场成像架构。其核心是：针对静态场景和目标，移动相机，获取多视角二维成像数据，进而将同一场景或目标的多视角成像数据有序融合，构建一个涵盖目标空间位置和光束方向的四维光场。这种相机需要配置在复杂的运动平台上，且仅涉及静态目标或场景，因而目前多见于学术领域。

近些年来，随着成像光敏阵列的光电和电子学性能指标的不断提升及成本的持续降低，使用相机阵列实时获取光场图像数据渐趋普遍。迄今为止的典型做法有：美国麻省理工学院的 Yang 等人研发的 8 像素×8 像素规模的实时相机阵列执行光场图像数据采集；卡内基梅隆大学的 Zhang 和 Chen 等人设计了可以自动调节位置和姿态的相机阵列，从而显著提高了图像渲染质量；斯坦福大学的 Levoy 等人构建了可同时对多个场景进行多视角成像的相机阵列，典型的成像配置方案如图 6-11 所示。如图6-11(a)所示，针对固定目标，基于成像视角差异，密集配置相机阵列，可对静态目标实时进行多视角高分辨率成像。如图 6-11(b)所示，对光场图像数据进行融合处理，可得到目标的合成孔径图像。所谓合成孔径图像，就是将各相机基于所在视角摄取的高清晰局域目标图像，也就是小成像孔径图像或小视场图像，经过算法处理，合成为可与大孔径成像系统等效的目标图像。该成像模式的显著特征表现在以下方面：① 目标或场景通过光学成像方式被分割或划分，相对于全视场成像，局域目标或场景的成像分辨率有所提高；② 局域目标或场景的边界，以宽度相对较大的区域化形态存在，并被程度不同地重复摄取甚至扫描，目标或场景的特征细节更易于被捕获、分析和研判；③ 当目标被树丛、人群、建筑物、车辆等稀疏介质遮挡，或光波传播环境受到不同程度扰动甚至破坏（如典型的局域气动光学效应对波前的影响甚至破坏等）时，合成孔径成像这一方式可对目标图像进行弥补、修正甚至复原，最后将目标图像完整重现。

在上述工作基础上，Wilburn 和 Vaish 等人在相机阵列的标定方法、高速摄像实

（a）

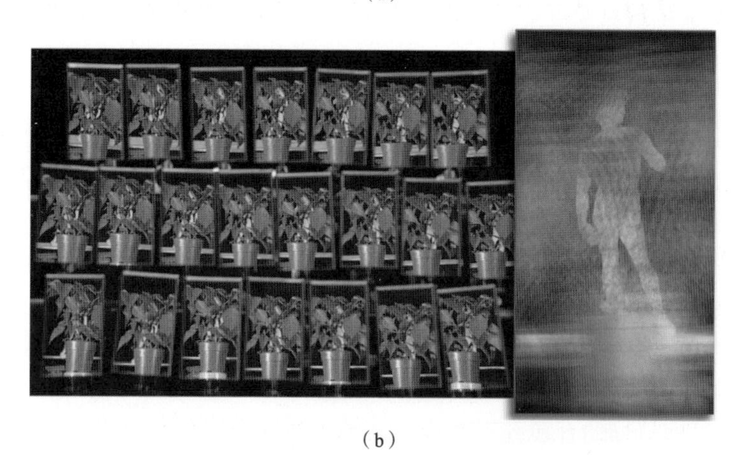

（b）

图 6-11　相机阵列形成的光场成像与合成孔径成像

（a）相机阵列；（b）合成孔径成像

施及图像拼接算法等方面进行了深入探索。基础研究显示，尽管相机阵列可以在较大视场内获得相对完整和丰富的光场图像，但由于相机阵列具有体积较为庞大、结构相对繁杂、图像合成算法较为复杂等问题，相机阵列目前仍主要用于科研领域。

国内在光场成像方面的研究与国际基本同步。2006 年，清华大学 Liu 等人应用相机阵列构造了一套三维电视系统，可有效实现光场数据的实时采集、压缩和网络化传输，以及光场图像有效渲染和观察视角自由变换等。Cao 等人对上述工作进行了进一步改进，降低了对传输带宽的要求。中国科学技术大学徐晶等人，将柱透镜阵列直接配置在成像传感器前，实现了对光场图像数据高效收集，并且对图像重建算法进行了研究；周志良等人进一步设计并制作了微透镜阵列光场相机，并开展了相关成像实验。华中科技大学张新宇团队研发了电控液晶微透镜阵列与光敏阵列耦合技术，并对光场成像及电控切换光场成像与常规平面成像的技术进行了研究。国内还有多个单位对光场成像的相关算法(涉及图像标定与校正、特征深度提取与分析、数字对焦、图像融合等)进行了较为深入的研究。

近些年来，光场成像法和相关技术的不断推陈出新，既进一步推动了三维成像和计算机视觉技术的快速发展，又促进了光电成像、图像信息处理与人工智能等学科的交叉融合与创新。目前，光场相机已用于人眼虹膜识别、视频监控、动态等离子体测量、人脸检测识别、机器视觉及温度检测等学科领域。光电成像技术的快速发展显著推进了光场成像技术的进步，近些年来，电控液晶微光学技术在不断创新，为光场成像技术的持续发展注入了新活力。电控液晶微透镜阵列是电控液晶微光学器件的一个典型代表，它基于液晶的光学各向异性和双折射属性，利用标准微电子工艺制作而成的。作为一种通过液晶材料来有效构建具有折射率的特定梯度分布形态且可为平面端面的微光学结构，可电控实现阵列化的光会聚或光发散操作。对曲面轮廓的常规微透镜而言，平面端面电控液晶微透镜不仅具备聚光或散光功能，可执行电控调变焦距、通光孔或摆动焦点等控光操作，而且具有易与其他功能结构匹配耦合的特征。

6.4 用于光场成像的电控液晶微透镜阵列

针对通过常规微透镜阵列进行光场成像所暴露的诸多问题，如典型的仅能处在光场成像这样的单一模式中，因微透镜聚光能力固化而显示相对较小的成像视场和景深，环境和目标适应性不足，图像数据需要进行较为繁杂的后期处理而难以满足实时性要求等缺陷，我们自主研发出平面端面电控液晶微透镜阵列，以此取代常规的曲面轮廓折射或浮雕轮廓的衍射微透镜阵列，该阵列可进行高性能的光场成像，并可电控切换或兼容常规的平面成像模式。

光场成像电控液晶微透镜阵列的研发，要涉及液晶的选取、光学和电光参数配置、功能结构建模，设计器件加工工艺、性能测试与评估、构建光场成像架构等诸多内容，典型工作如下。首先，根据液晶的连续弹性体理论，结合向列相液晶的基本物性，针对典型微圆孔阵图案电极的电控液晶微透镜阵列，使用张弛法和有限差分法进行功能结构的建模仿真；然后对作用在液晶层中的电场的强度和方向进行量化分析，给出液晶指向矢在所加载的空间电场作用下的分布和光波传输的相位延迟角，计算出液晶微透镜阵列呈现微光束会聚(发散)或相位延迟下的结构和电控调焦基本参数；最后开展光场成像用电控液晶聚光微透镜阵列的设计、制作、测试和评估分析，获得光学和电光参数体系。

适用于光场成像的一种单元电控液晶微透镜的结构如图 6-12 所示。该结构所应实现的核心功能是:在上、下电极间激励用于电控液晶呈现特定分布的空间电场。在上电极上蚀刻微圆孔阵,下电极为平板电极。电极材料由光波波长确定:若入射光为可见光则采用 ITO 电极,若为红外则采用金属(如铝或石墨烯)电极,若入射光覆盖可见光至红外谱段,则采用石墨烯电极等。起控光作用的液晶层被夹持在上、下电极间,在电极与液晶直接接触的界面处,分别制有一层经过定向摩擦处理的聚酰亚胺薄膜,用于对界面处的液晶指向矢施加初始取向。为了提高液晶在电场受控变化时的响应速度,对聚酰亚胺薄膜施加的摩擦方向,并不完全平行于电极面,而与之有一个约 2°的倾角(经验值)。对上、下电极液晶定向层所实施的摩擦方向一般取反向平行,以充分保障填充在聚酰亚胺薄膜中的液晶指向矢与摩擦方向同向。

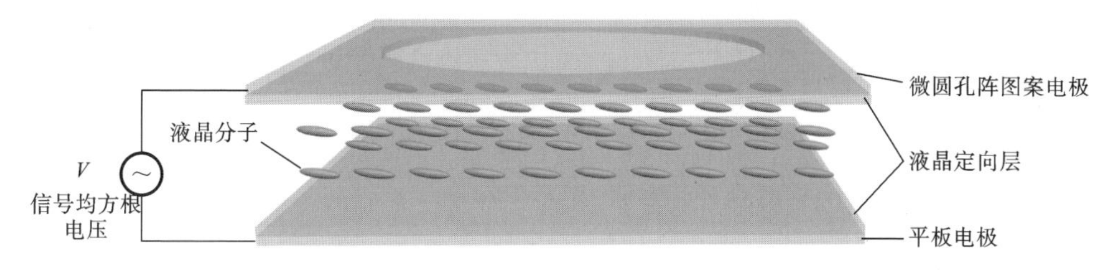

图 6-12　微圆孔阵图案电极的电控液晶微透镜的基本结构

一般而言,如果采用正性向列相液晶,那么所激励的空间电场强度超过阈值就会驱动液晶分子偏转,液晶指向矢会基于所处的空间位置向电场方向摆动,从而发生弗里德里克斯转变。在空间电场作用下,液晶指向矢的重新排布会驱使液晶体系的自由能趋于最低,而达到新的平衡态。在此过程中,由液晶材料初始态所约束的指向矢空间分布,将随作用在液晶层中的空间电场分布的变化而变化,并达到新的平衡。当入射光波在液晶层中传播时,液晶分子基于分布位置和取向,对非常光呈现特定折射率,液晶层整体则会形成折射率的梯度分布,从而构造出对传输光波呈现会聚(发散)效应的聚光(散光)微透镜效果。在液晶层中所激励的空间电场强度和方向,取决于在上、下电极上所加载的信号均方根电压,液晶层中的指向矢分布也会随所加载的信号均方根电压的变化而变化,这表现出液晶微光学结构聚光(散光)能力的电控调变性质。

在入射光波的频率已确定的条件下,非常光通过液晶微透镜时的相位延迟角 φ 为

$$\varphi = \frac{2\pi}{\lambda}\int_0^d \frac{n_o n_e}{\sqrt{n_o^2\cos^2\theta + n_e^2\sin^2\theta}}\mathrm{d}z \tag{6-1}$$

式中:d 为液晶层厚度;θ 为液晶指向矢与入射光束的夹角。液晶微透镜与理想的梯度折射率微透镜的相位延迟角分布对比情况如下。

图 6-13 所示的为理想梯度折射率聚光微透镜的光路。一束平行光波经过一个

由半径为 R 的圆形区域所构成的，折射率呈理想的径向减小分布的梯度折射率聚光微透镜后，被会聚到焦点 F 处。不考虑光波在该微透镜内部的传输特征，将出射光束理想化为从面 AB 出射。从点 A 出发的光束的相位延迟程度最小，设为 p_A，从中心点 O 出射的光束的相位延迟角最大，设为 p_O，则出射面的最大相位差 Δp 为

$$\Delta p = p_O - p_A \tag{6-2}$$

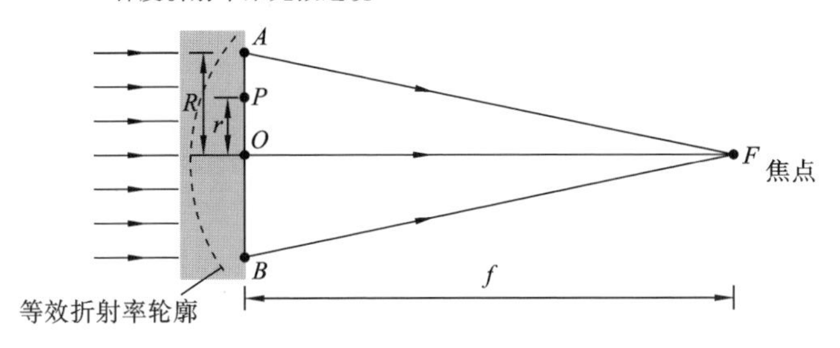

图 6-13　理想梯度折射率聚光微透镜的光路

从点 A 和点 O 分别出射的光束间的光程差 Δl 为

$$\Delta l = \frac{\lambda \Delta p}{2\pi} \tag{6-3}$$

式中：λ 为入射光的波长。

根据费马定理，有

$$\overline{AF} = f + \Delta l \tag{6-4}$$

式中：f 为微透镜焦距。

由直角三角形关系，有

$$f^2 + R^2 = \overline{AF}^2 \tag{6-5}$$

联合式(6-4)和式(6-5)，则 f 为

$$f = \frac{R^2 - \Delta l^2}{2\Delta l} \tag{6-6}$$

设点 P 为出射面 AB 上的任意一点，其与点 O 的距离为 r，则相位延迟角 p_P 满足

$$f^2 + r^2 = \left[f + \frac{(p_P - p_A)\lambda}{2\pi} \right]^2 \tag{6-7}$$

由式(6-7)，有

$$p_P = p_A + \frac{2\pi}{\lambda}(\sqrt{f^2 + r^2} - f) \tag{6-8}$$

由于液晶微透镜同样由具有梯度折射率分布的液晶构成，因此，该式也可用于计算液晶微透镜对入射光波产生的相位延迟角。

采用德国 Merck 公司的 E44 型液晶构建液晶微透镜，关键性的参数指标分别为

$K_{11}=15.5\times10^{-12}$ N，$K_{22}=13.0\times10^{-12}$ N，$K_{33}=28.0\times10^{-12}$ N，$\varepsilon_{\perp}=5.2$，$\varepsilon_{/\!/}=22.0$，$n_e=1.778$，$n_o=1.523$。液晶微透镜的预倾角设定为 2°，入射光波波长为 633 nm，对图 6-12 所示结构进行仿真计算。如图 6-14 所示，对微圆孔电极（见图 6-14(a)）的液晶微透镜建立直角坐标系（见图 6-14(b)），进行仿真计算。

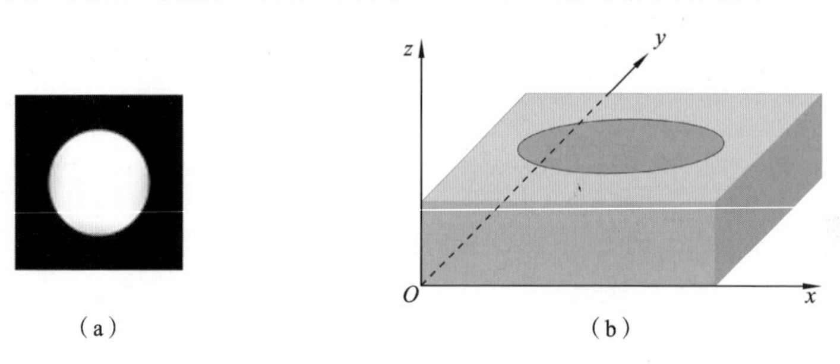

图 6-14　基于直角坐标系开展液晶微透镜仿真计算

(a) 微圆孔电极；(b) 液晶微透镜坐标系

6.4.1　单元液晶微透镜

若在如图 6-14 所示的单元液晶微透镜上加载均方根电压为 5 V 的电控信号，下层平板电极的电势记为 0 V，则在上层微圆孔电极上可形成信号均方根电压约为 5 V 的电势。液晶定向层的结构尺寸设为 162 μm×162 μm×20 μm，仿真计算将其划分成 81×81×20 个网格，所获得的典型仿真结果如图 6-15 所示。

图 6-15(a)所示的为在 $x=40$ 平面上的指向矢分布侧视图。由图 6-15(a)可见，因电场较强，电场线呈竖直方向分布，微圆孔周围的电极板所覆盖的液晶指向矢几乎沿电场方向呈竖直排列。微圆孔中心处的液晶分子则仍沿初始取向的预倾角方向平行排列。考虑到微圆孔中心处的电场较弱，电场线几乎仍沿水平方向排列。从微圆孔中心到其边缘处，同一平面上的液晶层中的液晶指向矢由水平取向开始，逐渐过渡到竖直方向。但在微圆孔边缘一侧的黑色虚线标识处，则出现了液晶指向矢分布相对混乱的现象，一般可由向错现象解释。其原因是：在未加电态下，液晶分子按照初始取向平行排列。在加电瞬间，受电场作用，有些微区中的液晶分子受力使指向矢顺时针摆动，有些微区中的液晶分子受力使指向矢逆时针摆动，在这两种典型微区的交界处就产生了如上所述的向错现象。通常情况下，向错现象不会影响所构建的功能化液晶的聚光（散光）能力，但会稍许降低液晶结构的聚光（散光）效率。

图 6-15(b)所示的为在 $z=10$ 平面上的指向矢空间分布侧视图。由该图可见，除了向错微区外，从微圆孔中心处开始指向周围区域时，液晶指向矢逐渐从水平分布向垂直分布过渡。

图 6-15(c)所示的为在 $z=10$ 平面上的电势分布俯视图。由该图可见，均方根电势从微圆孔中心处的 0 V 开始，逐渐增大到约为 2.1 V 的值。

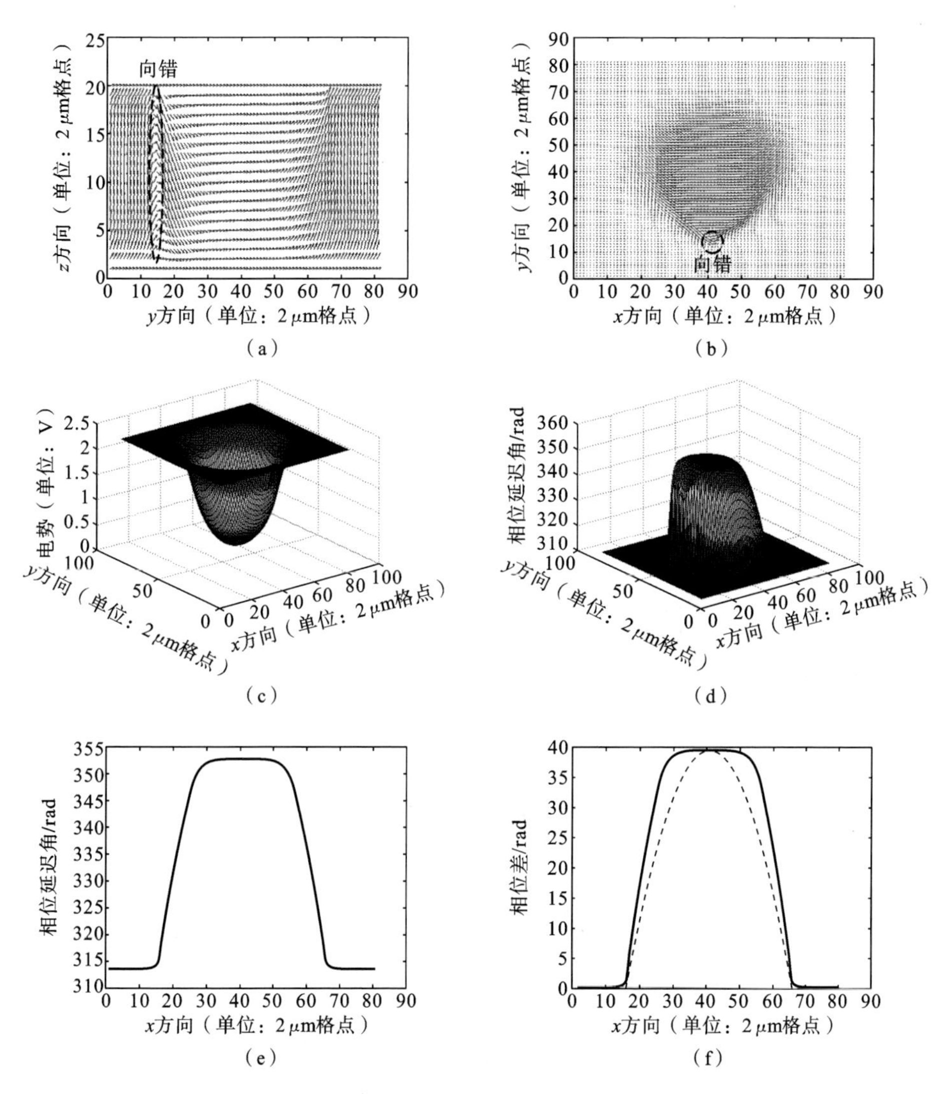

图 6-15　基于微圆孔电极的单元液晶微透镜的典型仿真结果

(a) 在 $x=40$ 平面上的指向矢分布侧视图；(b) 在 $z=10$ 平面上的指向矢分布侧视图；(c) 在 $z=10$ 平面上的电势分布俯视图；(d) 相位延迟角分布立体图；(e) 在 $y=40$ 平面上的非常光相位延迟角；(f) 液晶微透镜（实线）与理想梯度折射率透镜（虚线）相位差分布对比

图 6-15(d)所示的为当光波穿过液晶微透镜时，立体形态的非常光的相位延迟角分布立体图。由该图可见，从微圆孔中心处开始逐渐过渡到周围区域，传输光波的相位延迟角逐渐减小。

为了更清楚地比较相位延迟角分布细节，绘制了在 $y=40$ 平面上的非常光相位延迟角分布图，如图 6-15(e)所示。由该图可见，从微圆孔中心到周围边界的相位延迟角呈抛物线状趋势。

图 6-15(f)所示的为仿真得到的，以微圆孔中心处和边缘部位的相位差作为输入条件，在计算中心和边缘部位具有最大相位差这一理想情况下，由径向梯度折射率分布所导致的相位差分布曲线(以虚线标识)，与仿真计算所得到的液晶微透镜相位差分布曲线(以实线标识)进行对比的情况。由该图可见，所形成的液晶微透镜的折射率分布，与理想的梯度折射率微透镜的相位差分布较为接近。换言之，在微圆孔电极和平板电极间所形成的空间电场作用下，连续的液晶弹性体介质，可以有效形成以微圆孔中心线为中心，向微圆孔边缘过渡的径向梯度折射率分布，对入射光中的非常光及光波在液晶中传播所转换成的非常光，产生有效的会聚作用。

6.4.2 加载不同信号均方根电压的液晶微透镜

将液晶弹性体设置为 162 μm×162 μm×20 μm，并将其划分成 81×81×20 个网格，将所加载的信号均方根电压分别设置为 3 V、5 V 和 7 V 时，对单元液晶微透镜进行仿真计算。在均方根电压分别为 3 V 和 7 V 的信号作用下，在 $x=40$ 平面上的指向矢分布与在 $y=40$ 平面上的非常光相位差分布，与均方根电压为 5 V 信号作用下的仿真结果进行对比如图 6-16 所示。

如图 6-16 所示，随着所加载信号均方根电压的增大，微圆孔中的液晶指向矢的偏转角度逐渐增大，最大相位差从信号均方根电压为 3 V 的约 26 rad，增大到信号均方根电压为 7 V 处的约 43 rad。由式(6-3)和式(6-6)可知，对于理想圆形孔梯度折射率微透镜，在给定圆半径条件下，最大相位差越大，焦距越小。因此，随着信号均方根电压的增大，液晶微透镜的等效焦距将逐渐减小。对于液晶微透镜的聚光效能而言，随着所加载信号均方根电压的增大，液晶微透镜的相位差分布将渐趋于理想的梯度折射率微透镜的相应情形，对入射光的会聚甚至聚焦能力也将逐渐增强。

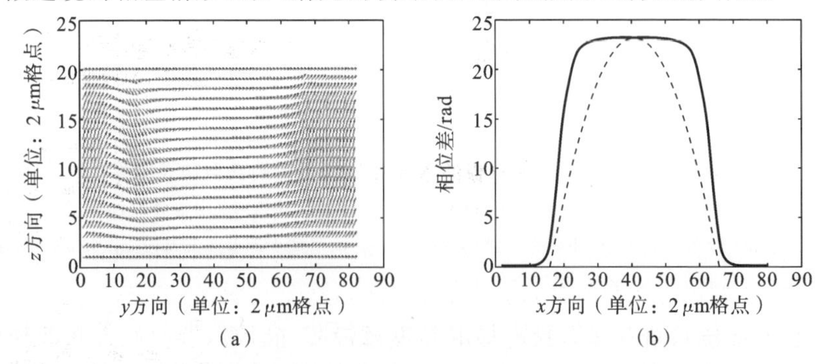

图 6-16 不同信号均方根电压作用下液晶微透镜的典型仿真结果

(a) 信号均方根电压为 3 V，在 $x=40$ 平面上的指向矢分布；(b) 信号均方根电压为 3 V，在 $y=40$ 平面上的相位差分布对比；(c) 信号均方根电压为 5 V，在 $x=40$ 平面上处的指向矢分布；(d) 信号均方根电压为 5 V，在 $y=40$ 平面上处的相位差分布对比；(e) 信号均方根电压为 7 V，在 $x=40$ 平面上处的指向矢分布；(f) 信号均方根电压为 7 V，在 $y=40$ 平面上处的相位差分布对比

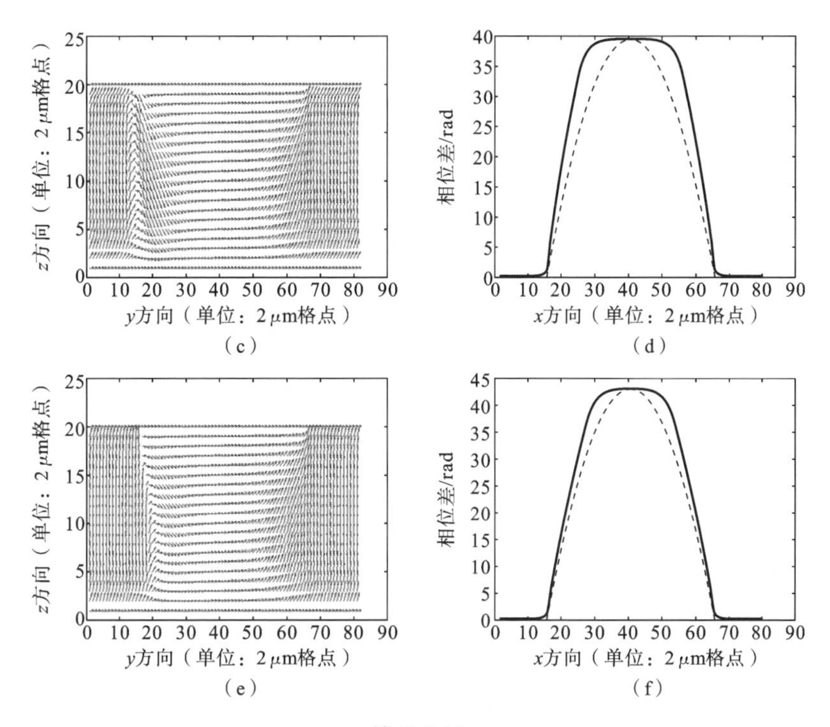

续图 6-16

综上所述，所加载的信号均方根电压的变化将引起液晶微透镜的聚光能力发生相应改变，从而展示出液晶微透镜所具备的光学能力的可电控特性。

6.4.3　液晶厚度不同的微透镜

调整液晶层厚度，其厚度分别为 15 μm 和 25 μm，在加载信号均方根电压为 5 V 情况下进行仿真，所得到的在 $x=40$ 平面上的指向矢分布及在 $y=40$ 平面上的非常光相位差分布，与 20 μm 厚度的仿真结果的对比如图 6-17 所示。由该图可见，随着液晶层厚度的增大，从微圆孔中心处起指向微圆孔周边时，分布在微圆孔中的液晶指向矢的偏转角逐渐增大，最大相位差也渐次增大。可预计液晶微透镜的焦距也将逐渐增大，聚光效能也会逐步提高。一般而言，对于常规液晶构建的液晶微透镜，其控光（聚光、散光、延迟光相位）响应时间常数随液晶厚度的增大而逐渐增大。

基于仿真数据可进一步开展电控液晶微透镜阵列的参数配置、结构设计和优化及加工制作等工作。一种典型的可用于光场成像探测架构的电控液晶微透镜阵列的结构和参数配置如下。电控液晶微透镜由多个液晶微透镜均匀排布而成。液晶微透镜采用典型的三明治构架，将图案电极和平板电极匹配耦合并将液晶夹持在其间。在用于可见光时图案电极和平板电极的基片材料为玻璃材料，在用于红外时其为硒化锌材料等，厚度一般控制为 500 μm～1 mm。图案电极材料可为 ITO 薄膜（可见

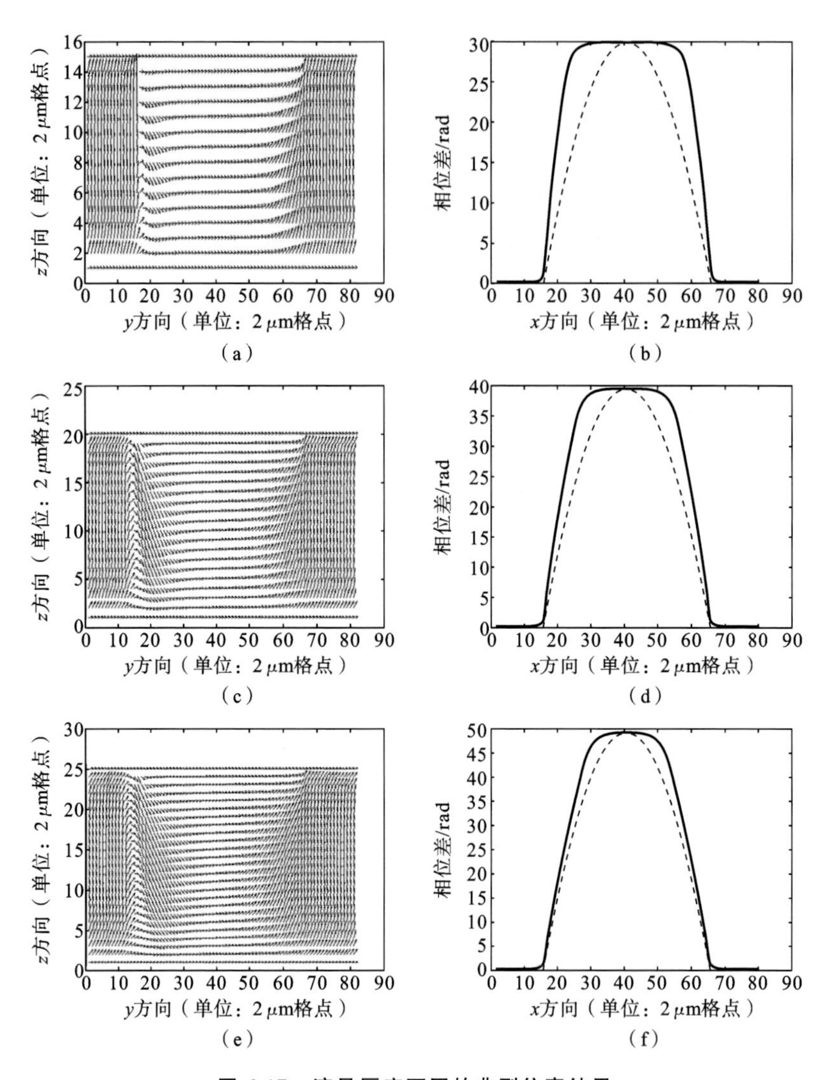

图 6-17　液晶厚度不同的典型仿真结果

(a) 厚度为 15 μm,在 $x=40$ 平面上的指向矢分布;(b) 厚度为 15 μm,在 $y=40$ 平面上的相位差分布对比;(c) 厚度为 20 μm,在 $x=40$ 平面上的指向矢分布;(d) 厚度为 20 μm,在 $y=40$ 平面上的相位差分布对比;(e) 厚度为 25 μm,在 $x=40$ 平面上的指向矢分布;(f) 厚度为 25 μm,在 $y=40$ 平面上的相位差分布对比

光)、铝膜(红外)或者石墨烯(可见光+红外)。采用常规的紫外光刻法或干法及湿法蚀刻工艺,形成图案电极上的微圆孔阵。微圆孔直径一般为 100～150 μm,孔心距由微圆孔在图案电极上的填充系数确定,平板电极与图案电极材料可由相同或不同类型的导电材料制成。在平板电极与图案电极的边缘处,使用高强度黏结剂,将两个电极紧密贴合固联。在黏结剂中掺入特定直径的玻璃微球,用于构建由玻璃微球尺寸界定的微腔深度。最后在微腔中充分注入液晶材料并对其密封,制成电控液晶微光

学器件,即微透镜阵列。

6.4.4 关键性工艺步骤

(1) 电极成形与清洗。

将基片放入装有适量丙酮溶液、乙醇溶液和去离子水混合液的玻璃器皿中,再将它们一起放入超声清洗机中清洗约 10 min,去除基片表面的有机杂质。然后用表面温度为 120 ℃的热板烘干清洗后的基片。

(2) 制作图案电极。

将表面覆盖有导电透光薄膜的基片固定在匀胶机上,设置合适的匀胶转速和时长,均匀涂覆光刻胶,然后再将其放置在热板上烘干。再进行常规的紫外曝光,将光刻掩模板紧密贴合在光刻胶表面,曝光时间通常设置为 15 s。将完成曝光处理的基片进一步置入显影液中,充分溶解曝光区域的光刻胶(正胶),或溶解未曝光区域的光刻胶(负胶)。再将显影后的图案化基片放入腐蚀性溶液中蚀刻或进行干法蚀刻,导电薄膜就会形成图案电极。一般 Al 电极或 ITO 电极,要采用显影液或稀盐酸进行腐蚀处理。最后,将已制成电极图案的基片放入丙酮溶液中去除残留的光刻胶,完成图案电极制作。

(3) 液晶初始取向层制作。

将图案电极和平板电极分别放置在匀胶机上,设置合适的转速和时长,在电极材料表面均匀涂覆 PI 膜,再将基片放置到表面温度约为 80 ℃的热板上热烘约 5 min,以去除水分,用蘸取少许酒精(乙醇)的棉签将基片边缘处的残留 PI 膜擦除。继续将热板温度提高至约 230 ℃,烘干约 3 min,将 PI 膜层固化。上述过程结束后,将图案电极和平板电极的 PI 膜朝下放置在特殊绒布上,单向轻微摩擦若干次,在 PI 膜表面形成稠密排布的平行 V 形凹槽,其深度为百纳米数量级,宽度为亚微米数量级,长度为微米数量级。

(4) 液晶灌注与密封。

少量高纯环氧树脂和聚酰胺树脂按照 1∶1 比例均匀混合成黏结剂,按照液晶微光学器件的微腔深度要求在其中掺入少量特定直径的玻璃微球。将图案电极和平板电极沿电极端面相向平行耦合,选择两个对边用黏结剂黏合,制成用于灌注液晶微孔的液晶盒。然后用重物如铁块压紧液晶盒,并静置约 24 h,待黏结剂充分固化后将液晶盒倾斜放置,使留有微孔的两个对边分别朝上和朝下配置,用细针管蘸取少量液晶滴入液晶,并将其盒上端的开孔处,液晶会因重力和毛细管效应逐渐填满液晶盒。上述过程结束后再使用由高纯度环氧树脂和聚酰胺树脂按照 1∶1 比例混合形成的黏结剂,将尚未封闭的上、下电极板两边上预留的灌注液晶的微孔封闭,静置约 24 h,使黏结剂充分固化,完成液晶微光学器件即液晶微透镜阵列的制作。

图 6-18 所示的为两种典型的电控液晶微透镜阵列的原型样片。两样片均使用

同一种掩模制作，左图所示的为使用ITO图案电极-ITO平板电极的器件结构，右图所示的为使用Al图案电极-ITO平板电极的器件结构。所采用的电极基片尺寸约为3 cm×2 cm，微圆孔直径约为128 μm。

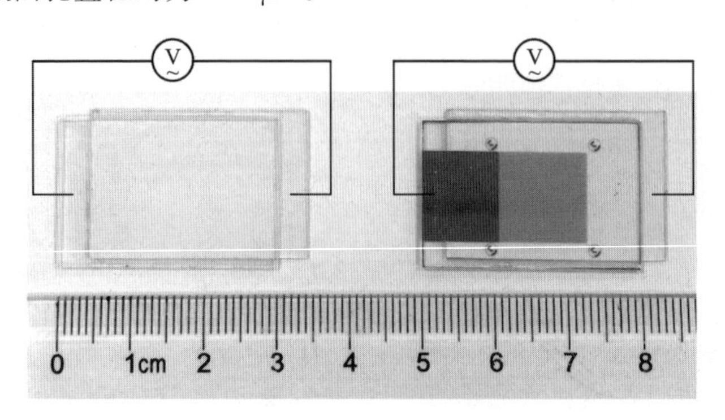

图6-18　两种典型的电控液晶微透镜阵列的原型样片

将制作的电控液晶微透镜阵列置于测试平台上，测量在信号均方根电压控制下的聚光性能，以获得光学和电光参数。常规测试光路如图6-19所示，由激光器出射的平行光束首先经过两个偏振片，偏振取向间的夹角可在0°～90°范围内改变，以调控入射到电控液晶微透镜阵列上的光强。放大物镜将电控液晶微透镜阵列出射的光场放大后，用一台光束质量分析仪采集光场数据，并将数据送入计算机，对其进行数据整理和分析。

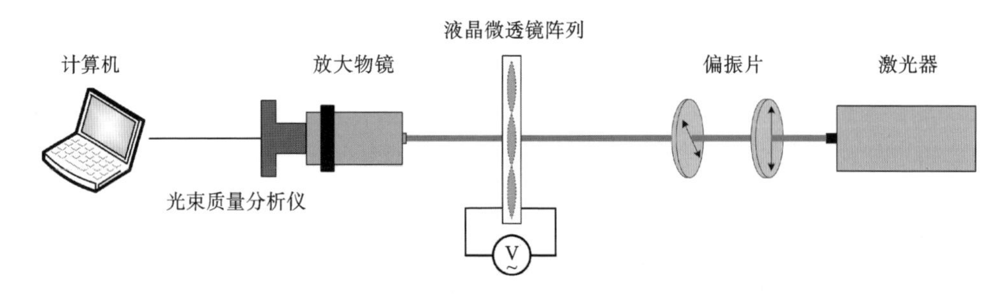

图6-19　电控液晶微透镜阵列的光学和电光性能测试光路

图6-20所示的为电控液晶微透镜阵列聚光性能实验测试平台。其光源为美国相干公司的550 nm波长激光器，光束质量分析仪为美国DataRay公司的WinCamD系列分析仪，其工作波长为355～1550 nm，放大物镜的倍数随单元液晶微透镜的通光孔径和焦距可在10～60倍范围内选择，偏振片为OptoSigma公司的USP-50C-38。图6-21所示的为电控液晶微透镜阵列的数字液晶阵列控制仪。该设备有16路输出端口，能够同时提供1 kHz频率，信号均方根电压为0～30 V，可稳定输出的方波交流信号。

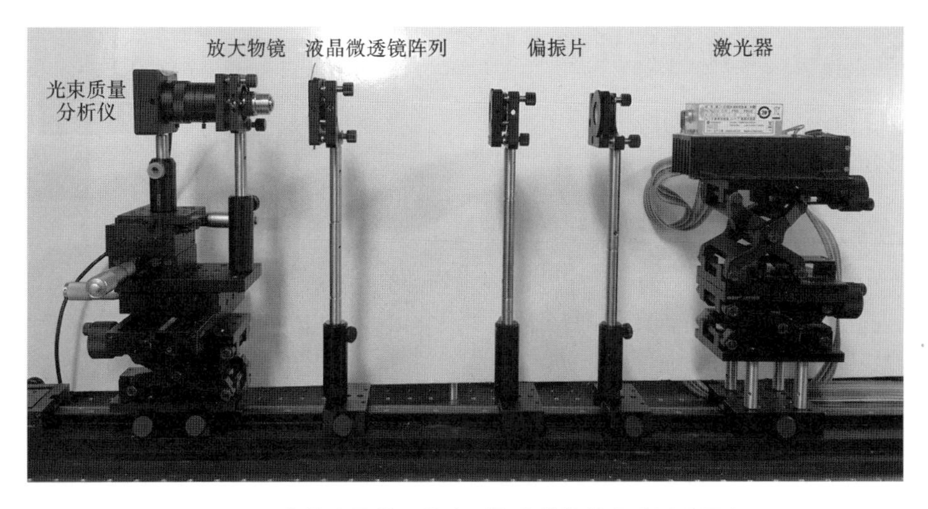

图 6-20　电控液晶微透镜阵列聚光性能的实验测试平台

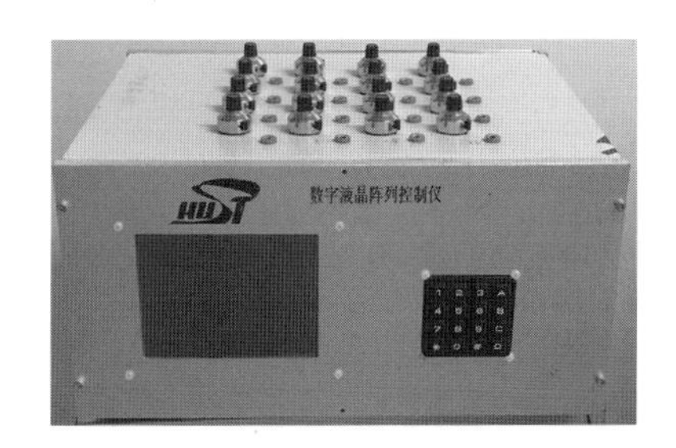

图 6-21　电控液晶微透镜阵列的数字液晶阵列控制仪

6.5　液晶基电控景深光场成像

目前的商用光场相机，均采用固定轮廓的定焦微透镜阵列与成像探测器耦合的成像探测架构，具有微光束方向辨识与基于微透镜的成像功能。这种可获取序列子图像的光场相机，其成像景深有限，不能兼容常规平面成像模式。尽管多焦距光场相机能够显著扩展成像景深，但多焦距微透镜混排设计方案，会造成单一焦距的微透镜以断续排除或牺牲掉若干成像方向上的成像微束为代价，获得的是在空间上的不连续子图像，同时成像传感器不能得到充分利用。将电控液晶微透镜阵列引入光场相机，替代上述常规折射或衍射微透镜，可构建出液晶基光场相机，其具有液晶微光学器件的电调焦特性，从而可充分利用成像传感资源，扩展成像景深和调变成像视场。去除加载在液晶微光学器件上的电控信号，又可将其转变为仅延迟光波传输的相位板，从而将光场成像模式转变为常规的平面成像模式。下面对其进行详细分析讨论。

6.5.1 电控光场成像建模

目前，光场主要有以下三类定义：七维函数定义、双参考面定义和矩阵光学定义。

1. 七维函数定义

七维函数由 Adelson 和 Bergen 等人提出，把与光场含义等价的全光函数定义为七维函数，即

$$P=P(\theta,\phi,\lambda,t,V_x,V_y,V_z) \tag{6-9}$$

式中：V_x、V_y 和 V_z 为笛卡儿空间坐标系中任意点处的光参量；θ 和 ϕ 为光束传输方向，θ 和 ϕ 也分别为球坐标系的天顶角和方位角；λ 为光波长；t 为时间参量。七维函数定义所涉及的变量较多，目前常被其他简化方法取代。

2. 双参考面定义

如图 6-22 所示，将光束所穿过的两平行平面如面 uv 和面 st 作为参考面，设光束与面 uv 的交点为点(u, v)，与面 st 的交点为点(s, t)，则该光束可表示为四维矢量$[u, v, s, t]^{\mathrm{T}}$，那么，穿过点$(u, v)$和点$(s, t)$的光场为

$$L=L(u,v,s,t) \tag{6-10}$$

双参考面定义目前已广泛应用于标准光场成像模式。

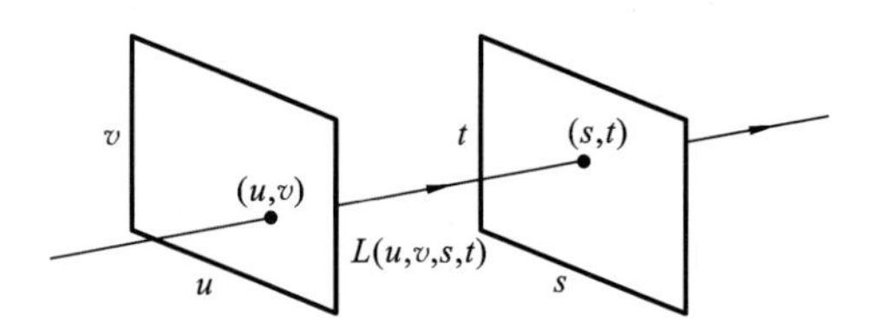

图 6-22 双参考面定义

3. 矩阵光学定义

矩阵光学定义，同样使用一个四维矢量来定义光束。一般而言，在一个成像光学系统中，可将一个垂直于光轴（如 z 轴）的平面定义为参考面。设光束与该参考面的交点坐标为(x, y)，同样可使用球坐标系的天顶角 θ 与方位角 ϕ 来表示光束方向，那么该光束可用一个四维矢量$[x, y, \theta, \phi]^{\mathrm{T}}$ 表征。交点处的光场为

$$L=L(x,y,\theta,\phi) \tag{6-11}$$

如果选择成像光学系统的光轴作为成像探测系统的公共对称轴，那么在任何包括光轴的平面内，成像探测系统对光束所施加的功能化变换作用完全相同，以上所述即为矩阵光学定义的核心内容。实际使用的成像光学系统大多是轴对称型的，q 表示光束与参考面交点处离开光轴的距离，p 表示光束传播方向与光轴间的夹角，那么四维矢量可简化为二维矢量$[q, p]^{\mathrm{T}}$。在近轴条件下，$\tan(p)\approx p$，光场可简化为

$$L=L(q,p) \tag{6-12}$$

图 6-23 所示的为矩阵光学定义所涉及的光场变量。图 6-23(a)所示的为基于

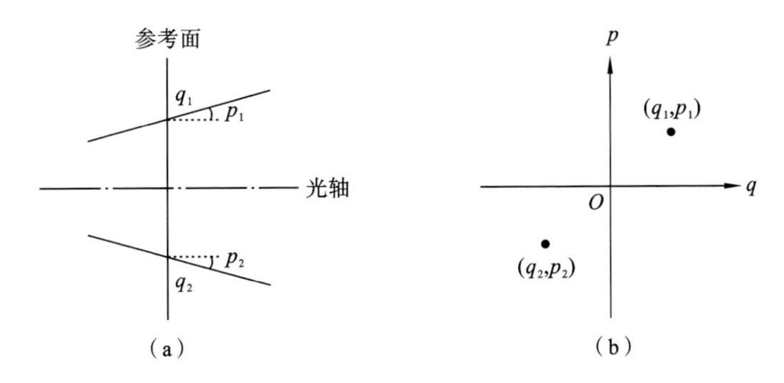

图 6-23　基于参考面的光束矩阵表征

(a) 光束的空间分布;(b) 光束的相平面分布

参考面的 q_1p_1 和 q_2p_2 两条光束。若定义相平面坐标系 q-p,则这两条光束可分别用该坐标系的点(q_1, p_1)和点(q_2, p_2)表征,如图 6-23(b)所示。

一般而言,功能光学结构由多种均匀或非均匀物质成分、折射率缓变或突变界面、功能化形体构型等结构和功能组成。当光束入射到光学系统的一个参考面(如面 RP_1)并从另一个参考面(如面 RP_2)出射时,光矢量从$[q_1, p_1]^T$ 演变成$[q_2, p_2]^T$,那么该系统的光束变换作用可用一个 2×2 阶的变换矩阵 $\boldsymbol{T}$ 来表示,即

$$\begin{bmatrix} q_2 \\ p_2 \end{bmatrix} = \boldsymbol{T} \begin{bmatrix} q_1 \\ p_1 \end{bmatrix} \tag{6-13}$$

其基本参数配置如图 6-24 所示。如图 6-24(a)所示,光束穿过两个参考面间的均匀介质,经过路程 t 到达右侧的面 RP_2,其平移变换矩阵 $\boldsymbol{T}_t$ 为

$$\boldsymbol{T}_t = \begin{bmatrix} 1 & t \\ 0 & 1 \end{bmatrix} \tag{6-14}$$

图 6-24(b)所示的为光束穿过一个焦距为 f 的薄透镜,当把该薄透镜视为一个参考面时,光束从入射端到出射端的透射变换矩阵 $\boldsymbol{L}_f$ 为

$$\boldsymbol{L}_f = \begin{bmatrix} 1 & 0 \\ -\dfrac{1}{f} & 1 \end{bmatrix} \tag{6-15}$$

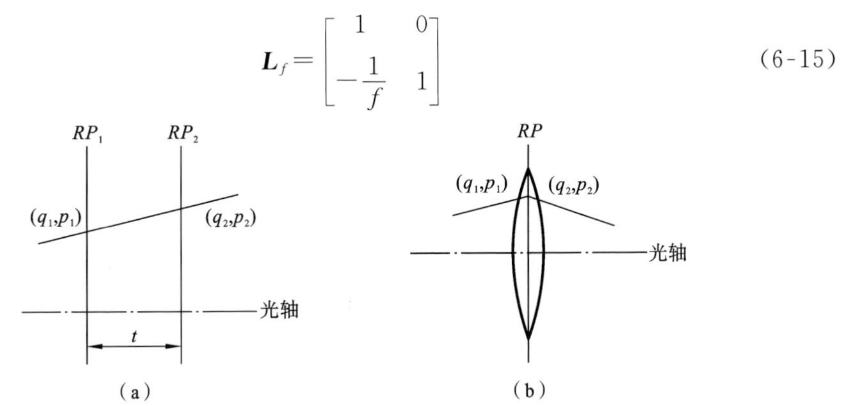

图 6-24　光学系统变换

(a) 光线的参数特征;(b) 光线传播的透镜变换特征

6.5.2 图像的光场表征

光场成像探测系统的成像空间或像场中的任何一个像点处的光强 $I(q)$，可用到达该像点的所有方向上的光束集来表示，即

$$I(q)=\int_p L(q,p)\cos(p)\mathrm{d}p \tag{6-16}$$

在近轴条件下，$\cos(p)\approx 1$，式(6-16)可简化为

$$I(q)=\int_p L(q,p)\mathrm{d}p \tag{6-17}$$

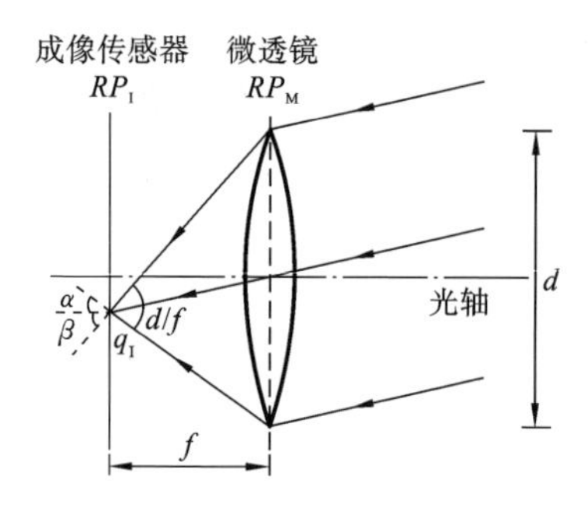

图 6-25 在标准光场成像模式下单元微透镜的成像配置

在标准光场成像模式下，单元微透镜成像配置如图 6-25 所示。微透镜孔径为 d，焦距为 f，成像传感器置于微透镜焦平面处。分布在成像传感器光敏面上的各成像点，均为微透镜对无穷远处(相对成像物镜的平行入射光束进行再会聚甚至再聚焦)的微束压缩点。

以微透镜所在平面 RP_{M} 作为光束入射面，以面 RP_{I} 作为光束出射面，则两平面间的光学变换矩阵 $\boldsymbol{M}_f$ 为

$$\boldsymbol{M}_f=\boldsymbol{T}_t\boldsymbol{L}_f=\begin{bmatrix}1 & t\\0 & 1\end{bmatrix}\begin{bmatrix}1 & 0\\-\dfrac{1}{f} & 1\end{bmatrix}=\begin{bmatrix}0 & f\\-\dfrac{1}{f} & 1\end{bmatrix} \tag{6-18}$$

即面 RP_{I} 上的一点$[q_{\mathrm{I}},\ p_{\mathrm{I}}]^{\mathrm{T}}$ 与面 RP_{M} 上的一点$[q_{\mathrm{M}},\ p_{\mathrm{M}}]^{\mathrm{T}}$ 满足

$$\begin{bmatrix}q_{\mathrm{I}}\\p_{\mathrm{I}}\end{bmatrix}=\boldsymbol{M}_f\begin{bmatrix}q_{\mathrm{M}}\\p_{\mathrm{M}}\end{bmatrix}=\begin{bmatrix}0 & f\\-\dfrac{1}{f} & 1\end{bmatrix}\begin{bmatrix}q_{\mathrm{M}}\\p_{\mathrm{M}}\end{bmatrix} \tag{6-19}$$

相反的情形为

$$\begin{bmatrix}q_{\mathrm{M}}\\p_{\mathrm{M}}\end{bmatrix}=\boldsymbol{M}_f^{-1}\begin{bmatrix}q_{\mathrm{I}}\\p_{\mathrm{I}}\end{bmatrix}=\begin{bmatrix}1 & -f\\\dfrac{1}{f} & 0\end{bmatrix}\begin{bmatrix}q_{\mathrm{I}}\\p_{\mathrm{I}}\end{bmatrix} \tag{6-20}$$

在成像传感器上距光轴为 q_{I} 处的像点的光强 $I(q_{\mathrm{I}})$为

$$\begin{aligned}I(q_{\mathrm{I}})&=\int_\beta^\alpha L_{\mathrm{I}}(q_{\mathrm{I}},p_{\mathrm{I}})\mathrm{d}p_{\mathrm{I}}=\int_\beta^\alpha L_{\mathrm{M}}\left(q_{\mathrm{I}}-fp_{\mathrm{I}},\frac{q_{\mathrm{I}}}{f}\right)\mathrm{d}p_{\mathrm{I}}\\&=\int_\beta^\alpha L_{\mathrm{M}}\left(q_{\mathrm{M}},\frac{q_{\mathrm{I}}}{f}\right)\mathrm{d}\left(-\frac{1}{f}q_{\mathrm{M}}+\frac{1}{f}q_{\mathrm{I}}\right)\\&=\int_{q_{\mathrm{I}}-f\alpha}^{q_{\mathrm{I}}-f\beta}-\frac{1}{f}L_{\mathrm{M}}\left(q_{\mathrm{M}},\frac{q_{\mathrm{I}}}{f}\right)\mathrm{d}q_{\mathrm{M}}\\&=\frac{1}{f}\int_{-\frac{d}{2}}^{\frac{d}{2}}L_{\mathrm{M}}\left(q_{\mathrm{M}},\frac{q_{\mathrm{I}}}{f}\right)\mathrm{d}q_{\mathrm{M}}\end{aligned} \tag{6-21}$$

考虑到 $1/f$ 为常量，在成像传感器上距光轴 q_I 处的像点，会聚了微透镜相对入射角为 q_I/f 的入射光束，所会聚的光束范围可为 $(-d/2, d/2)$。

图 6-26 所示的为标准光场成像模式的单元成像结构的相平面表示。表征单元微透镜的单幅图像在面 RP_I 上的所有像点（离散采样点），对应面 RP_M 上的所有光束在相平面中的表示如图 6-26(a)所示，每一条横线对应一个像点，每个像点均会聚了 $(-d/2,\ d/2)$ 区域内某一入射角的平行入射光束，入射角 p_M 的取值范围为 $(-d/2f,\ d/2f)$。图 6-26(b)所示的为以成像镜头的光轴作为参考轴，位于中心部位的多个微透镜对面 RP_M 上的入射光束的一个采样相平面。

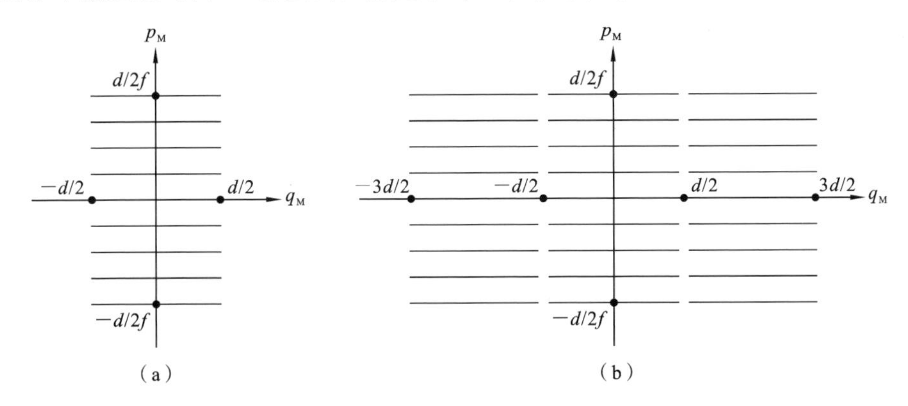

图 6-26　标准光场成像模式的单元成像结构的相平面表示

(a) 单个透镜；(b) 多个透镜

对某单元微透镜的一幅图像而言，用经过一个像点和微透镜中心的光束代表与该光束平行的一组光束，采集该微透镜平面上的所有入射光束的光场信息，然后对所获取的图像进行渲染，生成特定孔径、视角和焦深处的渲染图像。渲染过程把各微透镜所覆盖的空间区域上的光束视为一个整体并对其进行积分，对应渲染图像上的一个像点。也就是说，渲染图像上的每一个像点，都对应一个针对特定微透镜区域的所有光束的采样操作。

使用标准光场成像法所生成的给定孔径处的图像的光束分布如图 6-27 所示。在各微透镜的光入射面上，入射角度相同的光束均来源于成像物镜上具有相同光出射方向的位点。如果直接将成像物镜的原始图像对各微透镜的所有入射光束进行采样积分，那么所得到的渲染图像将是一个基于光场相机成像物镜的成像孔径处的渲染图像。要计算其他成像孔径处的渲染图像，对各微透镜来说，需要过滤掉不在所需的成像孔径内的入射光束，而仅对成像孔径范围内的入射光束执行采样积分。对于渲染图像上的一个像点 q_R，其光强可表示为

$$I(q_R) = \int_p L_M(q_M, p_M) \mathrm{d}p_M \tag{6-22}$$

式中：p 为与所选取的成像孔径对应的光束集合。

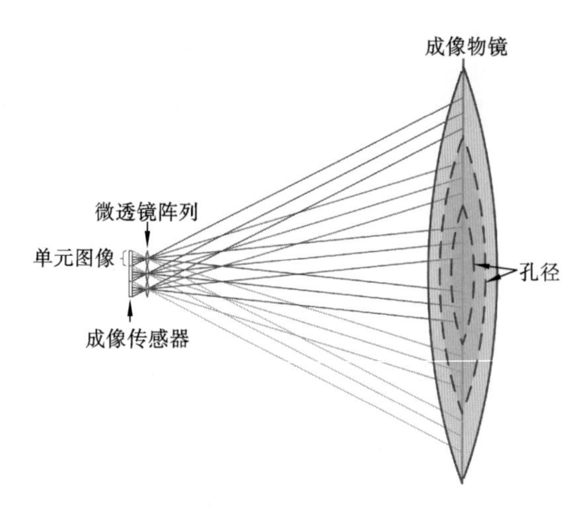

图 6-27 标准光场成像法对不同成像孔径进行图像渲染的光束分布

使用标准光场成像法所生成的给定视角处的渲染图像的光束分布如图 6-28 所示，该方法采用与在不同孔径处进行图像渲染的类似方法生成不同视角下的渲染图像。首先，在成像物镜平面上选择对应不同入射光束的成像孔径，然后在基于单个像素的采样操作进行图像渲染时，仅对成像孔径内的对应光束积分。各像点上的光强与式(6-22)所示的相同。

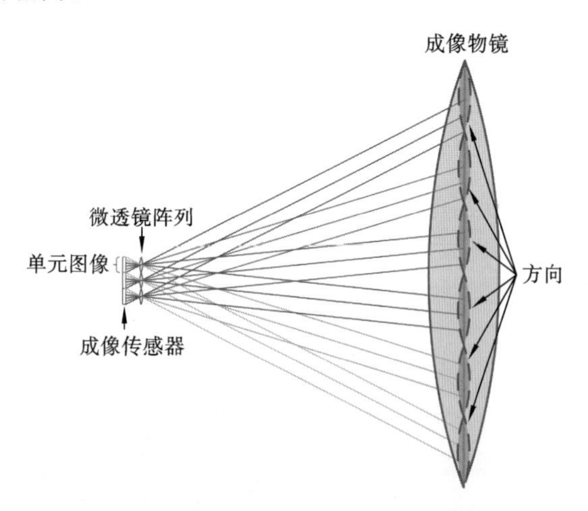

图 6-28 标准光场成像法对不同成像视角进行图像渲染的光束分布

基于成像物镜的孔径情况，计算给定焦深的图像渲染，如图 6-29 所示。设定重聚焦平面在成像传感器的后方，与微透镜阵列的距离为 αf。入射光束穿过成像传感器平面后，将会与来自相邻微透镜的光束产生交叉。对重聚焦渲染图像的宏像素积分时，只能对分布在本像素区域内的光束进行计算。设宏像素中心与光轴的距离为 q，用 $I(q)$ 代表整个宏像素的光强，用 $L(q_F, p_F)$ 代表重聚焦平面 RP_F 上一点

$[q_F,\ p_F]^T$ 的光场，则有关系式

$$I(q)=\int_{q-\frac{d}{2}}^{q+\frac{d}{2}}\int_{p_F}L(q_F,p_F)\mathrm{d}q_F\mathrm{d}p_F \tag{6-23}$$

设$[q_F,\ p_F]^T$与成像传感器平面 RP_I 和微透镜阵列所在平面 RP_M 的交点分别是$[q_I,\ p_I]^T$ 和$[q_M,\ p_M]^T$，则有 $q_M=(q_F-\alpha q_I)/(1-\alpha)$，$p_M=p_F$，替换式(6-23)中的 q_F 和 p_F 后，有

$$I(q)=\int_{(q-d/2-\alpha q_1)/(1-\alpha)}^{(q+d/2-\alpha q_1)/(1-\alpha)}\int_{p_M}(1-\alpha)L(q_M,p_M)\mathrm{d}q_M\mathrm{d}p_M \tag{6-24}$$

也可以与如上所述的单独渲染给定成像孔径、视角和焦深的图像所用算法结合使用。总之，在标准光场成像模式中，由单元微透镜生成的图像的尺寸决定光束的方向分辨率，所使用的微透镜数量决定渲染图像的空间分辨率。参考美国斯坦福大学的 Ng 等人所使用的成像传感器的空间分辨率为 4000 元×4000 元，像元尺寸为9 μm，单元图像分辨率为 14 像素×14 像素等参数，最终得到的渲染图像的空间分辨率为 292 元×292 元。

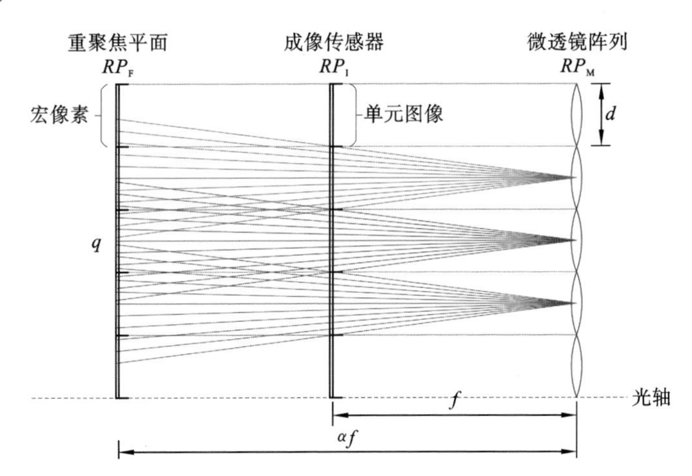

图 6-29　标准光场成像法进行重聚焦图像渲染的光束分布

6.5.3　电控光场成像的光学结构配置

电控光场成像与常规聚焦光场成像的基本结构组成相似，从前到后依次布设成像光学系统或成像物镜、微透镜阵列和光电转换传感器。不同之处在于，在电控光场成像技术中使用的微透镜阵列，为可电控焦距与视场的电控液晶微透镜，并且通过去除加载在液晶微透镜阵列上的电控信号，可将其转变为仅延迟光波传输的相位板，从而将电控光场成像模式转变为常规的高空间分辨率大视场平面成像模式。

电控光场成像的执行模式有两种，分别是开普勒模式和伽利略模式。图 6-30 所示的为开普勒模式下的光场成像系统。该模式主要涉及两个成像系统：主成像系统

和液晶微透镜阵列子成像系统。主成像系统基于传统成像方式，将目标光束首先通过主成像系统的聚光和散光透镜组进行压缩会聚，然后在主成像系统的某位置处生成实像。液晶微透镜阵列子成像系统，则以成像光学系统所生成的实像作为成像目标，进行二次成像。从实像出射的发散光束后向传播，到达液晶微光学器件并被进一步实施小视场光场成像处理。加电后构成的液晶微透镜阵列对入射光束进行可调焦的二次聚光成像，并最终通过成像传感器完成光电转换，获得成像目标的光场光电图像数据。

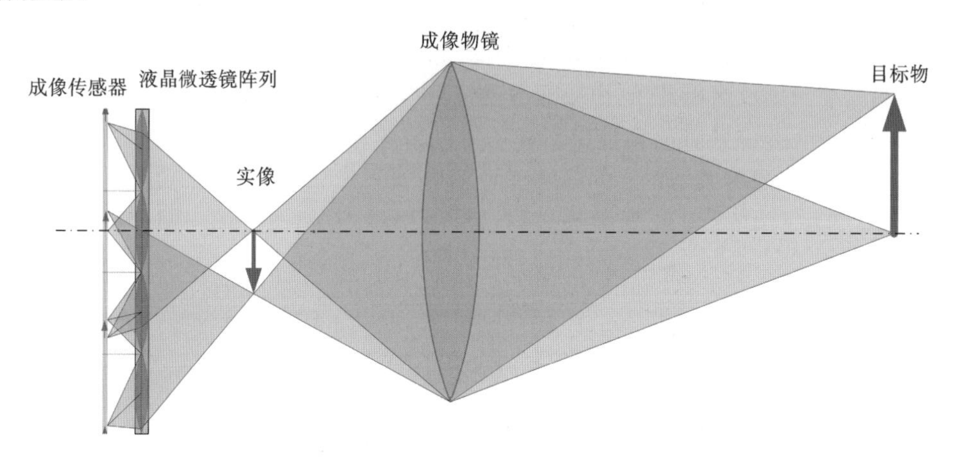

图 6-30 开普勒模式下的光场成像系统

由于各元液晶微透镜均具有微米数量级的结构尺寸，各液晶微透镜仅对目标或通过成像光学系统获得的目标实像的局部结构进行再成像。因此，对同一个像点即成像光学系统的一个实像点来说，其出射光束可被若干个相邻或近邻微透镜捕获并成像，不同液晶微透镜所会聚的像点均来自不同传播方向上的光束。微透镜阵列的成像过程类似于相机阵列进行光场成像的过程，不同之处在于相机阵列的光场成像，一般使用数台甚至数十台相机构成的相机群，直接采集目标射向不同方向并呈现不同视角的图像，系统结构通常较大和繁杂，成像协同和数据处理较为困难。电控光场成像则基于单一的成像光学系统，首先对目标的成像光场进行压缩会聚，然后微透镜阵列对所构成的压缩光场进行二次成像。这种二元化的成像方法相对简单，对微透镜阵列的控光能力的电控变换是一种加电操控下的电光物性变化过程，无机械移动环节。

伽利略模式下的光场成像系统如图 6-31 所示。与开普勒模式下的光场成像不同的是，成像传感器与液晶微透镜阵列既可置于成像物镜的像面前方，也可置于成像光学系统的焦平面处或其前后的某近邻位置处。来自目标的入射光束被成像光学系统压缩会聚后，在形成实像前被微透镜阵列再次会聚并成像至成像传感器上，完成光电转换和图像数据获取。这种模式下的光场成像同样也可视为由成像光学系统和微透镜阵列子成像系统这两个成像结构组成。不同之处在于，微透镜对由成像光学系统构建的虚像进行二次成像，在开普勒模式下的光场成像则为对成像光学系统的实像执行二次成像。

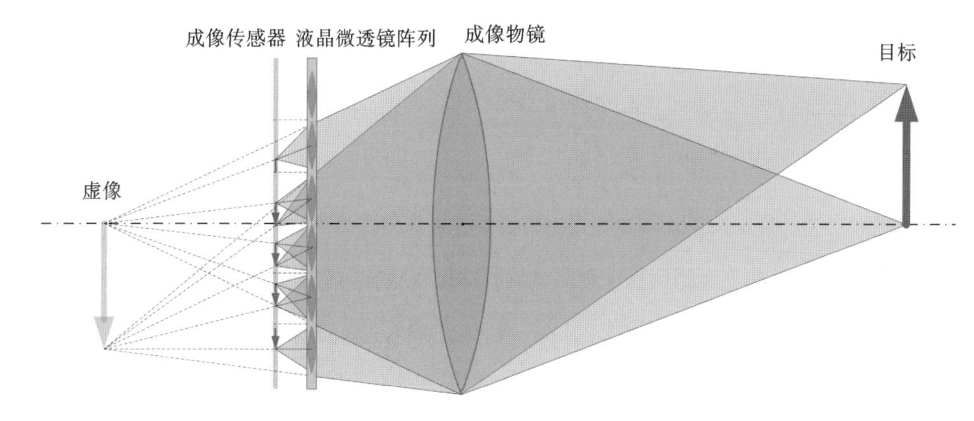

图 6-31　伽利略模式下的光场成像系统

尽管开普勒模式下的光场成像和伽利略模式下的光场成像所遵循的基础理论基本相同，但这两种模式采集的原始光场图像存在区别。在开普勒模式下各液晶微透镜形成的单元图像是正像，在伽利略模式下各液晶微透镜获得的单元图像为倒像。在开普勒模式下，成像光学系统构建的目标像点在发光所覆盖的空间区域被有限数量的液晶微透镜填充或覆盖。而在伽利略模式下，成像光学系统形成的像场则几乎覆盖全部液晶微透镜。开普勒模式再成像的光能利用率，通常远高于伽利略模式的。在相邻微透镜间的光波串扰方面，开普勒模式通常远低于伽利略模式。但在光束方向分辨能力方面，开普勒模式则远高于伽利略模式。因此，在实际设计光场成像系统过程中，应针对目标的形貌结构、特征、材质、分布和运动特征，目标本征的光反射、光辐射、光透射，甚至光散射属性与环境情况，合理选择成像模式、液晶微透镜阵列与成像光学系统的结构配置，以获得最佳成像效果。如上所述的开普勒模式和伽利略模式，其成像均依赖于成像传感器和液晶微透镜阵列间的配置距离 b 与微透镜焦距 f_{M} 间的关系。一般而言，如果 $b \geqslant f_{\mathrm{M}}$，宜采用伽利略模式，否则宜采用开普勒模式。电控液晶微透镜阵列的焦距，常大于与成像传感器光敏面间的距离，因此本章主要采用伽利略模式构建液晶基光场相机。

液晶基光场相机的单元液晶微透镜的成像系统如图 6-32 所示。如果液晶微透镜的孔径为 d，焦距为 f，则通过成像光学系统的焦平面的一组光束$[q_{\mathrm{F}},\ p_{\mathrm{F}}]^{\mathrm{T}}$，在传播到成像传感器上一点$[q_{\mathrm{I}},\ p_{\mathrm{I}}]^{\mathrm{T}}$ 后的变换矩阵 $\boldsymbol{M}_{ab}$ 为

$$\boldsymbol{M}_{ab}=\boldsymbol{T}_b\boldsymbol{L}_f\boldsymbol{T}_a=\begin{bmatrix}1 & b\\ 0 & 1\end{bmatrix}\begin{bmatrix}1 & 0\\ -\dfrac{1}{f} & 1\end{bmatrix}\begin{bmatrix}1 & a\\ 0 & 1\end{bmatrix}=\begin{bmatrix}1-\dfrac{b}{f} & a+b-\dfrac{ab}{f}\\ -\dfrac{1}{f} & 1-\dfrac{a}{f}\end{bmatrix} \tag{6-25}$$

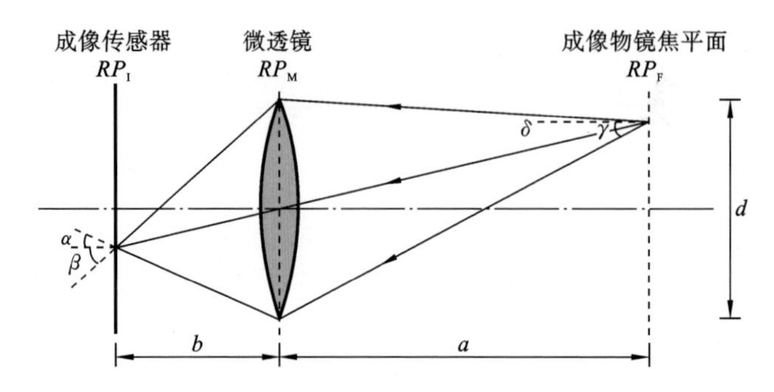

图 6-32 液晶基光场相机的单元液晶微透镜的成像系统

由于 $1/a + 1/b = 1/f$，即 $f = ab/(a+b)$，代入式(6-25)，有

$$\boldsymbol{M}_{ab} = \begin{bmatrix} -\dfrac{b}{a} & 0 \\ -\dfrac{1}{f} & -\dfrac{a}{b} \end{bmatrix} \tag{6-26}$$

即满足

$$\begin{bmatrix} q_{\mathrm{F}} \\ p_{\mathrm{F}} \end{bmatrix} = \boldsymbol{M}_{ab}^{-1} \begin{bmatrix} q_{\mathrm{I}} \\ p_{\mathrm{I}} \end{bmatrix} = \begin{bmatrix} -\dfrac{a}{b} & 0 \\ \dfrac{1}{f} & -\dfrac{b}{a} \end{bmatrix} \begin{bmatrix} q_{\mathrm{I}} \\ p_{\mathrm{I}} \end{bmatrix}$$

因此，在成像传感器上距光轴为 q_{I} 处的像点的光强 $I(q_{\mathrm{I}})$ 为

$$\begin{aligned} I(q_{\mathrm{I}}) &= \int_{\beta}^{\alpha} L_{\mathrm{I}}(q_{\mathrm{I}}, p_{\mathrm{I}}) \mathrm{d}p_{\mathrm{I}} \\ &= \int_{\beta}^{\alpha} L_{\mathrm{F}}\left(-\frac{a}{b}q_{\mathrm{I}}, \frac{1}{f}q_{\mathrm{I}} - \frac{b}{a}p_{\mathrm{I}}\right) \mathrm{d}p_{\mathrm{I}} \\ &= \int_{\beta}^{\alpha} L_{\mathrm{F}}\left(-\frac{a}{b}q_{\mathrm{I}}, p_{\mathrm{F}}\right) \mathrm{d}\left(\frac{a}{bf}q_{\mathrm{I}} - \frac{a}{b}p_{\mathrm{F}}\right) \\ &= \int_{\frac{q_1}{f}-\frac{b}{a}\beta}^{\frac{q_1}{f}-\frac{b}{a}\alpha} -\frac{a}{b} L_{\mathrm{F}}\left(-\frac{a}{b}q_{\mathrm{I}}, p_{\mathrm{F}}\right) \mathrm{d}p_{\mathrm{F}} \\ &= \int_{\frac{q_1}{b}+\frac{d}{2a}}^{\frac{q_1}{b}-\frac{d}{2a}} -\frac{a}{b} L_{\mathrm{F}}\left(-\frac{a}{b}q_{\mathrm{I}}, p_{\mathrm{F}}\right) \mathrm{d}p_{\mathrm{F}} \\ &= \frac{a}{b}\int_{\gamma}^{\delta} L_{\mathrm{F}}\left(-\frac{a}{b}q_{\mathrm{I}}, p_{\mathrm{F}}\right) \mathrm{d}p_{\mathrm{F}} \end{aligned} \tag{6-27}$$

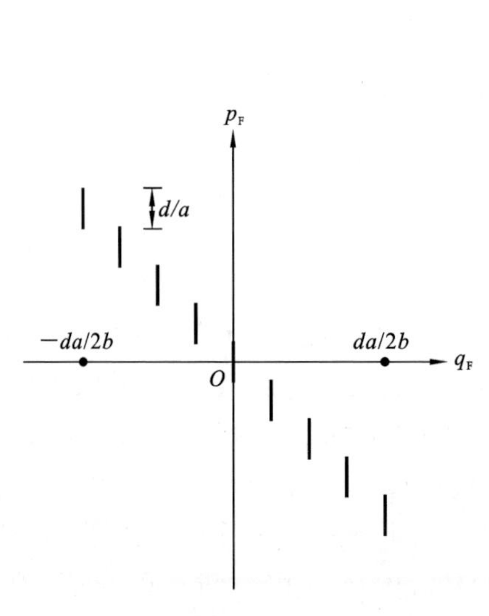

图 6-33 液晶基光场相机针对单元液晶微透镜的单幅图像的相平面表示

也就是说，在成像传感器上距光轴为 q_{I} 处的像点，会聚了面 RP_{F} 上过点 $-aq_{\mathrm{I}}/b$，且入射角为(γ, δ)的所有入射光束。在近轴条件下，有 $\delta-\gamma=d/a$。

图 6-33 所示的为单元液晶微透镜和所成

图像在面 RP_{I} 上的所有像点(离散采样点),对应面 RP_{F} 所有出射光束在相平面上的表示。一条竖线代表单元图像的一个像素点,每个像素点均会聚了来自不同位置,且入射角度为 d/a 的入射光束。

基于小孔模型,成像传感器的像点与成像光学系统焦平面上的聚焦光点间的对应关系如图 6-34 所示,大小为 d 的单元图像,相对成像光学系统焦平面上大小为 da/b 的光场,进行会聚和成像,相邻微透镜间的成像可移动范围为 d。

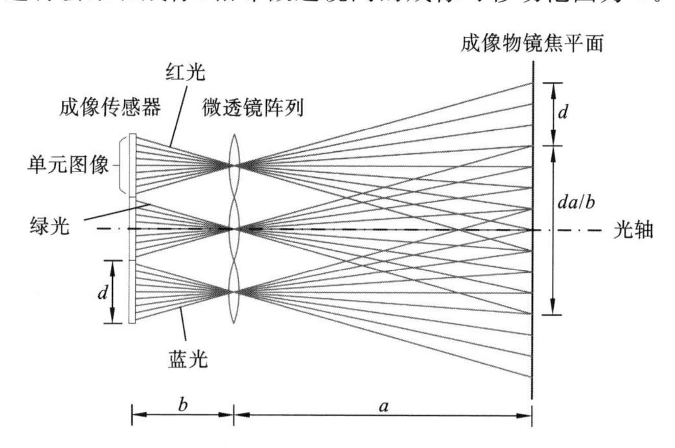

图 6-34　液晶基光场相机的微透镜阵列的成像系统

由图 6-33 可见,红光、蓝光、绿光标识的同向光束已分别被相邻液晶微透镜收集。也就是说,针对目标的一个结构位点所出射的光束的角分辨率或方向分辨率,既取决于微透镜阵列规模或单元微透镜的结构尺寸,也取决于微透镜在成像光学系统中的位置排布。上述结构配置间接反映了微透镜所能获取的子图像的空间分辨率或图像清晰度,以及单元微透镜所能观察的视场大小。当入射光波较强时,上述结构配置能间接计算相邻微透镜间的光波串扰或相互干扰情况。换言之,其能够对微透镜所能得到的子图像的模糊程度进行粗略评估。

图 6-35 所示的为多个微透镜的单元图像在面 RP_{I} 上的所有像点与所对应的面 RP_{F} 上的所有光束,在相平面上的表示。图中的一条竖线代表单元图像的一个像素,每个像素点都会聚了来源于不同位置,入射角度为 d/a 的入射光束。对于面 RP_{F} 上的一个点,会有多个微透镜对其进行成像处理,而微透镜的数量,则为各微透镜的成像范围 da/b 与相邻微透镜成像范围 d 的比值 a/b。由于各微透镜对成像光束的观察角度不同,基于理论模型的液晶基光场相机其角分辨率为$(a/b)\times(a/b)$。

由图 6-35 可见,采集成像物镜在面 RP_{F} 上的连续物点在相同视角上生成的像点,并将其有序排布,可生成一幅在该视角处的渲染图像,其具体渲染特征如图 6-36 所示。从单元图像的相同位置处截取大小为 $M\times M$ 的子图像,并按照微透镜排布顺序进行合成处理,可得到所需要的渲染图像。选择不同位置的子图像,可以合成基于

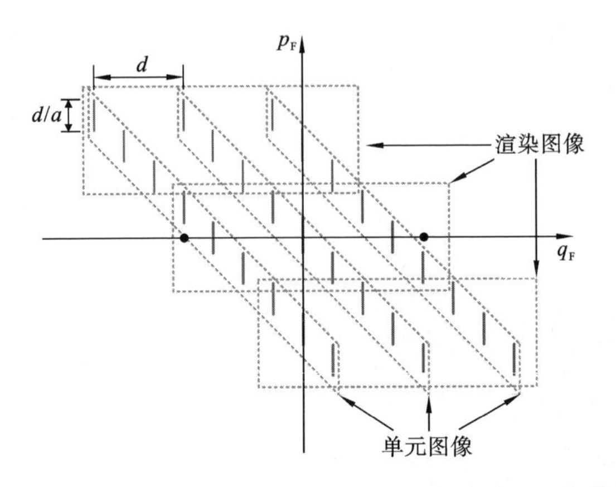

图 6-35　液晶基光场相机基于微透镜成像的多个单元图像的相平面

不同观察视角的渲染图像。因此，上述渲染操作，从理论上可以得到$(a/b)\times(a/b)$幅不同视角的渲染图像。

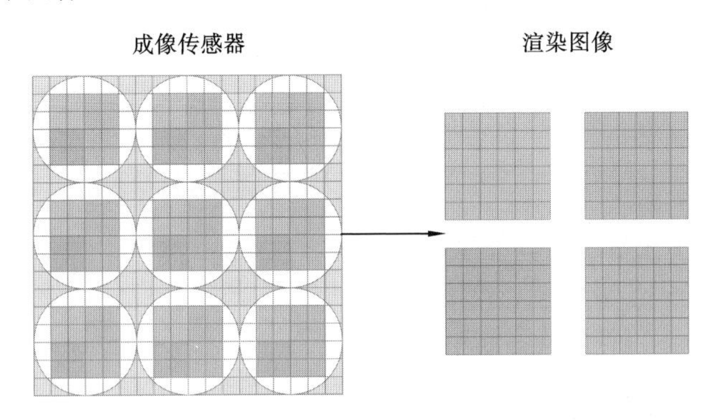

图 6-36　液晶基光场相机的图像渲染特征

如前所述，如果相邻微透镜在成像光学系统的焦平面上的成像范围为 d，进一步投影到成像传感器后的大小为 db/a，则可截取的子图像尺寸为 $M=db/a$。如果共有 $N_x\times N_y$ 个微透镜，那么可生成的图像的尺寸为$(M\times N_x)\times(M\times N_y)$。由于可截取的子图像尺寸与目标的成像光学系统的焦平面位置相关，因此，通过选择不同的子图像尺寸，可以生成不同深度的目标图像。

6.5.4　电控光场成像景深特征

一般而言，任何发光体或目标均可视为由相对独立的发光点(分割成独立的点光源)或微小发光面集合而成。点光源在理想成像光学系统中所形成的像点，受制于光衍射限，仍显示特定的形貌结构尺寸，其光能分布通常呈现中心高并向周围区域快速降低的周期性波纹状。因此，当一束均匀的平行光入射到一个具有典型的圆形孔的透镜上时，透镜焦平面处所产生的光强分布，将由一个中心亮斑和一些光强呈快速下降趋势且亮暗交错排布的同心环组成，典型的光强分布如图 6-37 所示。图 6-37(a)所示的中心最强亮斑即为艾里斑，穿过艾里斑中心的一个横截面上的典型能量分布如图 6-37(b)所示。通常情况下，分布在艾里斑区域的光能占据入射光能的 80%以上，其余不足 20%的入射光能分布在各级环状光强分布图像上。第一个暗环的半径约为 $1.22\lambda(F/\#)$，其中，λ 为入射光波长，$F/\#$ 为成像光学系统光圈数。

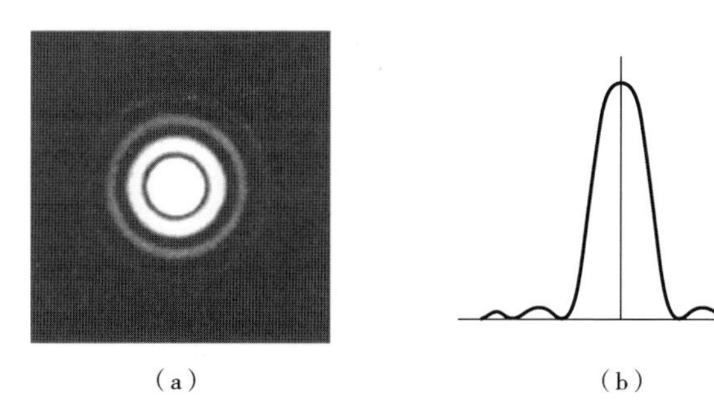

(a)　　　　(b)

图 6-37　一束均匀的平行光通过一理想的圆形孔的透镜后在其焦平面处的光强分布

(a) 照度图；(b) 能量分布图

对一个孔径有限的成像光学系统而言，光学衍射效应将决定其光会聚或聚焦能力及成像分辨率。当两个等亮度点光源所出射的光波通过一个圆形孔的成像光学系统时，如果所生成的两个像点基于几何光学构建的成像位置相距过近，衍射斑相互叠加在一起，将无法区分像点。可有效分辨相邻两个像点的条件是：两个像点的艾里斑中心间距应大于从艾里斑中心到第一个暗环的距离。因此，由光衍射限所决定的成像光学系统的极限分辨率，可定义为 $s_\lambda=1.22\lambda(F/\#)$。此外，决定成像光学系统分辨率的另一个决定性因素是面阵成像传感器的光敏像素的几何尺寸 p_p。如果用 s 表示光学成像探测系统的成像分辨率，则有

$$s=\max[s_\lambda, p_p] \tag{6-28}$$

下面考虑上述的光学成像探测系统光衍射限情形，对电控光场成像进行景深分析。

如图 6-38 所示，分别来自物点 X、Y、Z 的入射光束，首先被成像光学系统会聚到实像点 X'、Y'、Z'处。随后，会聚光束继续传播，经液晶微透镜阵列限束，进一步会聚并分别成像在 X''、Y''、Z''处。如果将垂直于光轴的像面放置在 Y''位置处，也就是说，目标点 Y 正好成像在像面上，则目标点 X 和 Z 的像点 X''和 Z''，将分别位于像面的前方和后端，并形成亚聚焦光斑和弥散斑。若亚聚焦光斑或弥散斑的直径不大于 s，那么 X''和 Z''仍可认为清晰成像在像面上。设 X''和 Z''的亚聚焦光斑或弥散斑尺寸等于 s，那么 X''所在平面和 Z''所在平面间的各像面上的像点，都可认为是成像传感器阵列的光敏像素的理想光点。对应物点 X 和 Z 所在平面 P_x 和 P_z 间的区域，则可是执行光场成像的景深。

设液晶微透镜阵列与像面间的距离为 B，单元液晶微透镜的孔径为 D，则液晶微

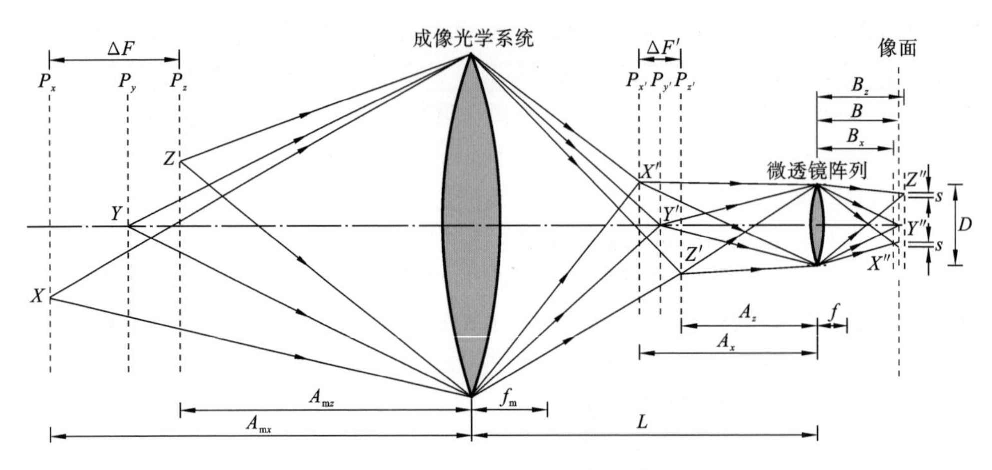

图 6-38　液晶基光场相机景深特征

透镜相对 X'' 和 Z'' 所在平面的距离 B_x 和 B_z 分别为

$$B_x=\frac{DB}{D+s},\quad B_z=\frac{DB}{D-s} \tag{6-29}$$

成像光学系统所构建的像点 X' 所在的平面 $P_{x'}$，以及像点 Z' 所在的平面 $P_{z'}$ 与液晶微透镜阵列间的距离 A_x 和 A_z 分别为

$$A_x=\left(\frac{1}{f}-\frac{1}{B_x}\right)^{-1},\quad A_z=\left(\frac{1}{f}-\frac{1}{B_z}\right)^{-1} \tag{6-30}$$

式中：f 为液晶微透镜的焦距。同样物点 X 所在的平面 P_x，以及物点 Z 所在的平面 P_z 与成像光学系统间的距离分别为

$$A_{mx}=\left(\frac{1}{f_m}-\frac{1}{L-A_x}\right)^{-1},\quad A_{mz}=\left(\frac{1}{f_m}-\frac{1}{L-A_z}\right)^{-1} \tag{6-31}$$

式中：f_m 为成像光学系统焦距；L 为成像光学系统与液晶微透镜阵列间的距离。因此，液晶基光场相机的景深为

$$\Delta F=A_{mx}-A_{mz} \tag{6-32}$$

由上述关系可知，光场成像景深会随液晶微透镜阵列焦距的变化而变化。当液晶微透镜阵列焦距变长时，景深会向远离液晶基光场相机的方向移动。当液晶微透镜阵列焦距变短时，景深会移向液晶基光场相机。因此，采用焦距可调的液晶微透镜阵列来制作的液晶基光场相机，可以有效调节景深，从而达到扩展电控光场成像的物空间深度的目的。

6.6　液晶基光场相机

电控切换控光功能（包括电控焦距）取代常规的具有特定轮廓形貌的折射或衍射

微透镜的方法可构建出液晶基光场相机。一种用于液晶基光场相机的液晶微光学器件是基于 Al-ITO 电极对的液晶微透镜阵列。关键图案电极和平板电极均使用厚度约为 500 μm 的玻璃基片。图案电极使用的导电材料为金属铝，利用典型的蒸发镀膜工艺制作，铝膜厚度为 10～20 μm，方块电阻为 3 Ω/□，图案电极为微圆孔阵，微圆孔直径为 128 μm，孔心距为 160 μm。铝膜在刻蚀后，微圆孔周边被 Al 膜覆盖的区域透光率极低，从而可以极大降低微圆孔周围杂光对微透镜成像的影响而使像质得到提高。使用 ITO 制作平板电极时，典型磁控溅射工艺制作的 ITO 薄膜厚度约为 185 nm，方块电阻为 10 Ω/□。将 Al-ITO 电极对有效耦合、灌注液晶并封装就制成了液晶微光学器件。所使用的液晶为德国 Merck 公司的 E44 型液晶，另外也尝试使用德国 Merck 公司的 E7 型液晶，以及日本 JNC 公司的 ZOC-5197 液晶等。调整工艺和参数体系配置，同样可获得所需要的电控液晶微光学器件，从而验证了设计方法和工艺路线的有效性和可靠性。

在室温条件构建的实验平台中，测试液晶微光学器件的电控属性，包括所形成的微透镜阵列的电控聚光性能。所使用的测试光源为 550 nm 波长的激光器，对电控液晶微透镜阵列所构建的成像光场采用 50 倍放大物镜进行放大。在测试过程中，将放大物镜置于液晶微透镜阵列后 0～2.5 mm 间的不同位置，以 0.1 mm 为测量间隔，采集相关位置处的光强分布。在每一个测试位置处，将加载在液晶微光学器件上的信号均方根电压从 0 V 起，逐渐增大到信号均方根电压约 20 V，采集光强分布。选择中心焦斑尺寸最小、三维点扩散函数分布最为锐利的光场数据，获得所加载的信号均方根电压与焦距间的关系曲线。

图 6-39 所示的为在距液晶微透镜阵列约 1.25 mm 处加载不同信号均方根电压所测量的光强分布。如图 6-39 所示，当加载信号均方根电压为 5.0 V 时，焦斑尺寸最小，三维点扩散函数分布最为锐利。也就是说，当所加载的信号均方根电压为 5.0 V 时，液晶器件所采用的玻璃基片厚度约为 0.5 mm，从液晶膜中心处起计算的焦距约为 1.75 mm。

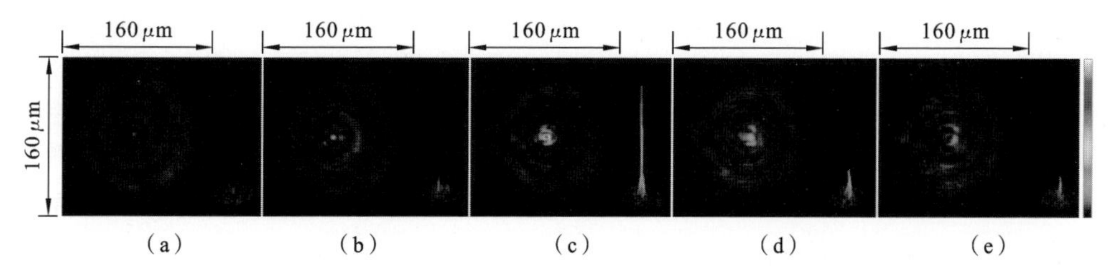

图 6-39　在距液晶微透镜阵列约 1.25 mm 处加载不同信号均方根电压所测量的光强分布

(a) 0.0 V；(b) 2.5 V；(c) 5.0 V；(d) 7.5 V；(e) 10.0 V

液晶微透镜阵列的焦距与加载信号均方根电压间的关系如图 6-40 所示。在液晶上加载信号均方根电压为 1 V 时，液晶形成聚焦透镜并产生聚光效果，焦距约为

2.55 mm,但由于中心焦斑较大,聚焦效果较差。随着加载的信号均方根电压的增大,液晶微透镜的聚光焦距迅速变小,在信号均方根电压约为 3 V 时达到最小值(约为 1.6 mm)。此后,随加载信号均方根电压的增大,焦距逐渐加长。当加载信号均方根电压为10 V 时,焦距约为 2.3 mm。当信号均方根电压大于 10 V 时,由于在液晶膜层中激励的电场强度过大,液晶指向矢分布已趋饱和而丧失梯度折射率分布特征。

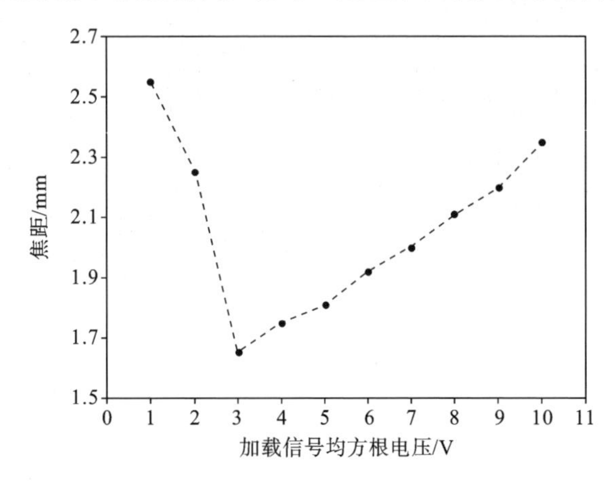

图 6-40　液晶微透镜的焦距随加载信号均方根电压的变化而变化

目前,液晶微透镜阵列还处在研发阶段,考虑到进行焦距测量存在实验误差这一情况,上述实验数据(包括液晶微透镜焦距、焦距与信号均方根电压间的变化趋势等)仅具有参考意义。可确认的共性特征是:液晶微透镜阵列的焦距随所加载信号均方根电压的增大,显示出焦距一个迅速从长到短再逐渐从短到长的渐变过程;当焦距在 1.5～3.0 mm 间变动时,较为匹配的信号均方根电压为 1～12 V。对于非常光,并不是每个信号均方根电压均能形成理想的透镜式梯度折射率分布。

利用电控液晶微透镜阵列构建的典型光场相机(采用伽利略模式)如图 6-41 所示。液晶基光场相机包括关键的光学成像探测系统、电控液晶微透镜阵列和成像传感器阵列。成像光学系统的焦距为 25 mm,采用液晶控制仪对液晶微透镜阵列进行电控,采用数字示波器测量在液晶微透镜阵列上所加载的信号均方根电压。成像传感器阵列规模为 4384×3288,矩形像元尺寸为 1.4 μm。RJ45 接口将所采集的光电数据传输到计算机中进行存储和处理。电控液晶微透镜阵列紧固在成像传感器的窗口保护玻璃前。成像传感器的光敏面距其窗口约为 0.8 mm,液晶微透镜阵列的玻璃基片厚度约为 0.5 mm,液晶微透镜的实际像距约为 1.3 mm。

利用液晶基光场相机,对置于不同位置处的黄色和绿色工程车模型进行成像测试。黄色和绿色工程车模型分别位于光场相机前约 25 cm 和 50 cm 处。将电控液晶微透镜阵列与成像传感器的耦合结构置于成像光学系统后约 25.5 mm 处,在信号均方根电压约为 3.0 V 的信号作用下采集的原始光场图像如图 6-42 所示。各元液晶

图 6-41　液晶基光场相机

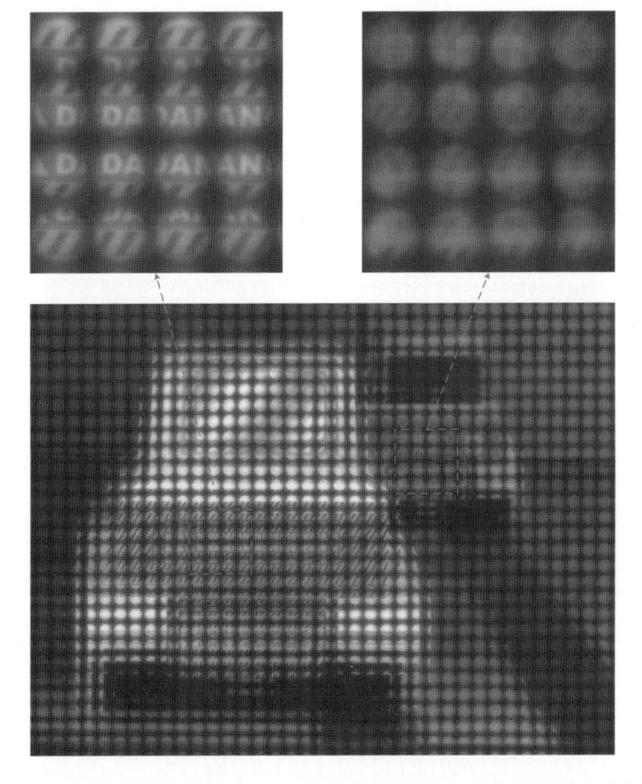

图 6-42　在均方根电压约为 3.0 V 的信号作用下采集的原始光场图像

微透镜均对局部目标进行成像,来自同一个物点的光波也被多个相邻微透镜成像,各微透镜都可对不同视角入射光波进行成像探测,各微透镜所形成的单元图像均为正像。如果在开普勒模式下配置电控液晶微透镜阵列,那么各元液晶微透镜得到的图像都将是倒立的。最终各元电控液晶微透镜所得到的图像大小为 117 像素×117 像素,所得到的单元图像数量为 37×27 个。

将电控液晶微透镜阵列上的信号均方根电压增大到 5.0 V,则采集的原始光场图像如图 6-43 所示。在均方根电压约为 5.0 V 的信号作用下,液晶基光场相机的景深区域整体向相机的远端移动。近处的黄色工程车模型逐渐散焦,布设在远处的绿色工程车模型则逐渐向聚焦方向靠近。由信号均方根电压为 3.0 V 处的光场图像可见,黄色工程车模型对应单元液晶微透镜的图像逐渐变得模糊,绿色工程车模型的图像清晰度则得到渐次提高,车身上的文字已可辨识。

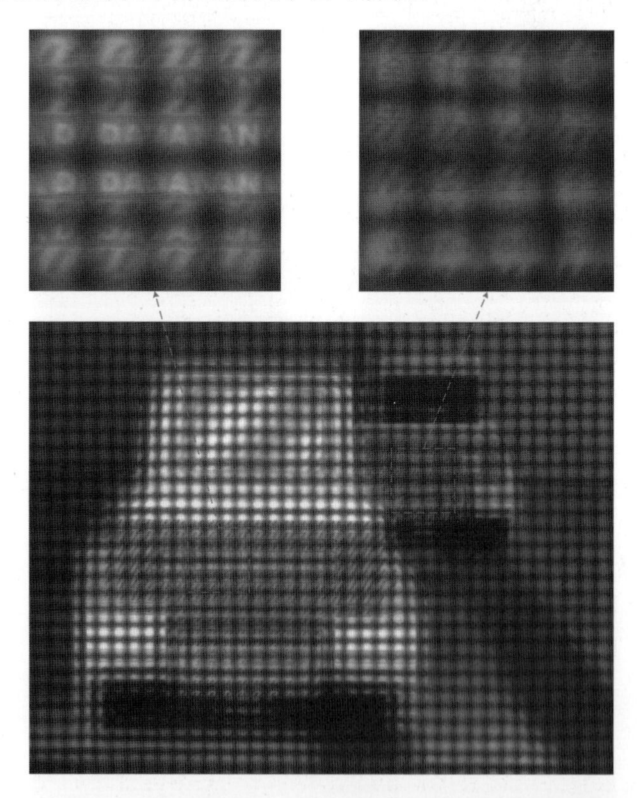

图 6-43 在均方根电压约为 5.0 V 的信号作用下采集的原始光场图像

6.7 光场图像的加工处理与渲染

采用液晶基电控光场成像系统生成物空间某深度处的目标渲染图像的基本做法

是，首先根据液晶微透镜阵列的结构尺寸及其与成像传感器的耦合配置情况，选择适合目标的子图像尺寸 M，以及在单元图像的相同位置处选择 $M \times M$ 大小的子图像，然后将这些子图像并行排列起来。

以加载均方根电压为 3.0 V 的信号时的成像为例，将近处的黄色工程车模型作为聚焦对象，经测量比对选择子图像的 M 为 30 像素，从每个单元图像的中心选择大小为 30×30 的子图像，然后将这些子图像并行排列到一起，得到的渲染图像如图 6-44所示。近处的黄色工程车模型在完成图像拼接后，子图像边缘衔接较为平滑。但对于远处的绿色工程车模型而言，由于其位置深度与近处的黄色工程车模型明显不同，其子图像拼接不整齐，伪影严重。

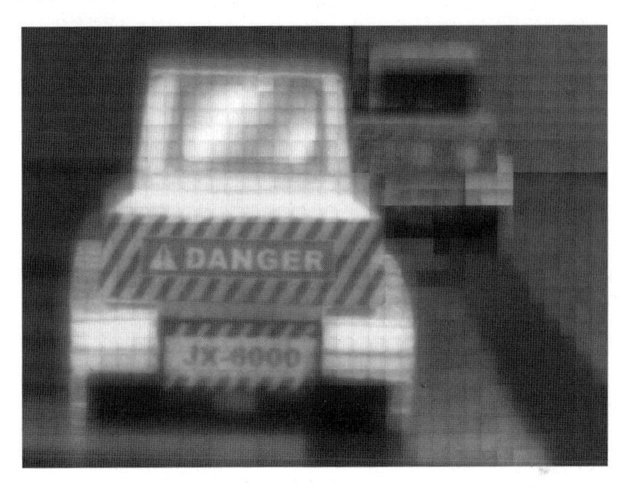

图 6-44　子图像 M 为 30 像素时的渲染图像

以远处的绿色工程车模型为聚焦对象进行渲染时，适合的子图像 M 为 48 像素，将从每个单元图像的中心选择大小为 48 像素×48 像素的子图像并行排列到一起，所得到的渲染图像如图 6-45 所示。相对于图 6-44，远处的绿色工程车模型的边缘衔接相对较自然，目标轮廓清晰。而近处的黄色工程车模型则伪影严重，边缘衔接不整齐。由于远处的绿色工程车模型相对成像系统较远，总体清晰度仍不如近处的黄色工程车模型的。

由渲染结果可见，上述方法虽然可以生成较为清晰的目标图像，但是目标伪影较为严重。为了生成较为平滑自然的渲染图像，要对基本算法进行改进。在渲染图像时，子图像尺寸不采用固定值，而是根据场景中各目标的位置深度选择不同的子图像尺寸。对于处在特定深度外的目标，根据其深度选择合适的模糊半径进行适当的高斯模糊处理。采用改进算法，以近处的黄色工程车模型为聚焦对象生成的渲染图像如图 6-46 所示。相对于图 6-45，远处的绿色工程车模型的伪影大为减小，图像更加逼真自然。

图 6-45　子图像 M 为 48 像素时的渲染图像

图 6-46　改进算法后获得的渲染图像

如前所述，更改子图像位置也可以生成不同视角的图像。以近处的黄色工程车模型为聚焦对象，在单元图像的左中部、中心处和右中部分别选择子图像，并采用改进算法进行渲染，分别得到左、中、右三个视角的渲染图像，如图 6-47 所示。远近不同的两色工程车模型间的相对位置随视角改变呈现比较明显的改变。

根据全聚焦图像指针对物空间不同深度目标均能清晰成像，在使用相同通光孔径并具有相同焦距的光学成像系统或成像物镜的条件下，光场成像法采集的图像景深较常规成像方法所得的景深要大得多。其原因在于：① 微透镜阵列对光学成像系统所生成的目标图像及其所在像空间进行了再成像操作，光学成像系统的像空间相对物空间有一个较大程度的空间压缩；② 微透镜阵列对来自成像光学系统或成像物镜的光束基于前进方向和视角进行了细化分割，使入射光束的入射角度显著减小。

(a)

(b)

(c)

图 6-47　不同视角的渲染图像

(a) 左视角；(b) 中视角；(c) 右视角

能够渲染生成全聚焦图像也是光场成像较常规平面成像的优势之一。渲染方法是，根据目标在物空间的深度选择合理的子图像尺寸，再根据渲染图像的尺寸要求，对这些子图像进行放大或者缩小，然后再将不同位置处的目标融合起来。图 6-48 所示的为在液晶微光学器件上加载均方根电压为 3.0 V 的信号作用下获得的全聚焦图像。

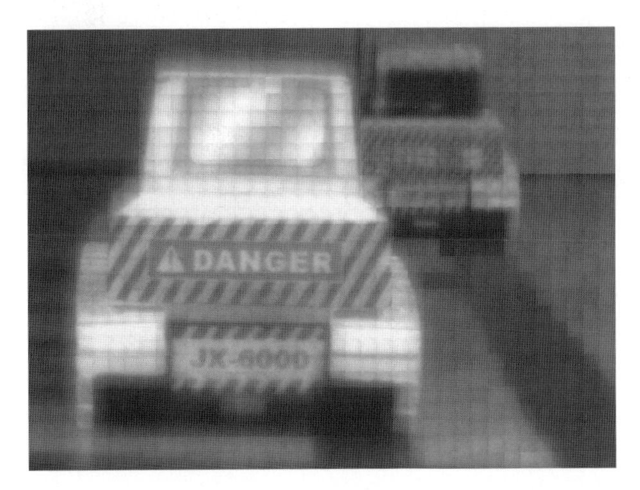

图 6-48　在均方根电压为 3.0 V 的信号作用下获得的全聚焦图像

由图 6-48 可见，近处的黄色工程车模型和远处的绿色工程车模型的图像轮廓和细节均获得显著改善。

图 6-49 所示的为在液晶微光学器件上加载均方根电压为 5.0 V 的信号作用下获得的全聚焦图像。图 6-50 所示的为将两种均方根电压信号作用下远处绿色工程车模型的成像特征的比较。

由图 6-49 可见，液晶基光场相机可以显著调节成像景深或成像范围。

图 6-49 在均方根电压为 5.0 V 的信号作用下获得的全聚焦图像

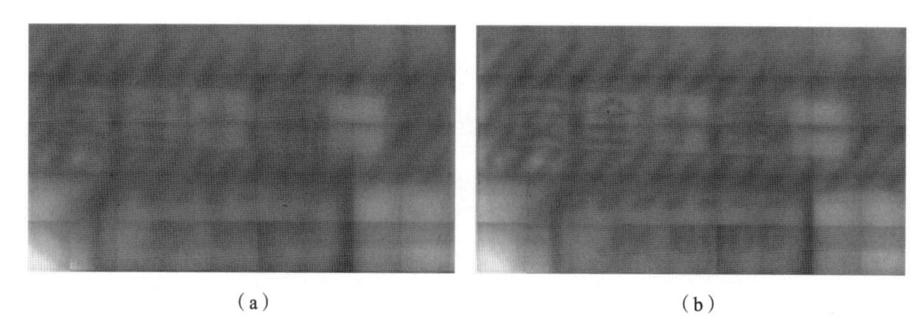

(a) (b)

图 6-50 在不同均方根电压信号作用下远处绿色工程车模型的成像特征的比较

(a) 3.0 V;(b) 5.0 V

6.8 小 结

本章对液晶微透镜阵列电控景深光场成像开展了数学建模,详细分析了电控光场成像的设计和实现方法,构建了液晶基光场相机原型,采集了原始光场图像并对其进行渲染计算和再现,表明电控光场成像可显著扩展成像景深。与标准光场成像相比,液晶基电控光场成像可显著提高渲染图像的空间分辨率、清晰度和景深。与多焦光场成像相比,液晶基电控制光场成像在扩展景深的基础上仍保持了光束的方向分辨能力。

第7章 基于电控光场成像的运动参数测量

7.1 引 言

传统二维成像方式只能获取平面图像信息，缺乏物体在深度方向上的特征表述，不能真实全面地反映客观世界。随着近些年成像光学、控制科学和计算机科学的快速发展和交叉融合，涌现出多种多样的三维成像测量技术。迄今为止，多种方式的接触或非接触测量手段，已能够有效采集三维图像数据，包括对静止或运动目标的形貌结构、空间分布及运动参数等的采集。进一步处理数字图像信息，可对图像进行有效三维探测，如虚拟现实，逆向立体工程设计、结构制作与组装，场景的计算机辅助设计与制造，动静态结合的生物医学成像分析，运动目标三维姿态和运动参数的测量、再现与利用等。

本章建立了一套基于电控光场成像三维空间投影变换模型，给出了三维空间中的静态及运动目标的特征参数测量法，讨论了对物空间进行深度测量及深度分辨率等方面的问题，构建了可用于三维成像测量的液晶基光场相机，并对其进行了标定评估，开展了动静态目标的空间分布、三维运动和姿态变化等的测量评价。液晶基光场相机，既可用于立体目标的动静态参数测量，也可作为一种被动式的立体测量设备。由于关键性的电控液晶微透镜阵列具有复眼功能，可对光学成像探测系统以不同视角生成的目标图像及像空间进行二次成像，为进一步深入分析相邻微透镜输出图像间的差异和特性，提供了有效途径和基础平台。为建立基于单一成像系统获得目标的空间分布和运动行为的有效表征方法，奠定了理论和方法基础。

7.2 电控光场成像的三维投影模型

迄今为止，为获得立体目标动静态图像信息，已发展了多种三维成像测量法。这些方法主要分为接触式和非接触式两类。

目前主流的接触式三维成像测量法以三坐标测量法为典型代表。三坐标测量法，是指利用探针扫描零件表面各点的空间坐标，然后将这些点的坐标测量值输入计算机后进行数据处理，得到被测零件的表面形貌结构信息的方法。三坐标测量法目前多见于航空航天、汽车零件制作和精密零件制造等领域。

非接触式三维成像测量法主要分为非光学测量法和光学测量法两类。非光学测量法是利用物质结构对特殊信号的本征反射或吸收作用产生的信号调制效应,比较分析原始信号和被调制信号的差别来计算被测物体的表面形貌参数的方法。例如,典型的超声波成像、计算机断层扫描(CT)、电子显微镜(STM)和原子力显微镜(AFM)等,常见于一些特定的专业领域。光学测量法是根据几何光学或波动光学原理,综合光机电算技术特征和优势,对物体的外观形貌进行精细测量的方法,该方法分为主动式和被动式两种。

主动式光学测量法通过向被测物体投射特定频谱和能量的结构光,利用物体表面对入射光波在强度、相位或偏振等方面的调制作用来改变入射光波,然后再经过解调计算获得被测物体的三维形貌信息的方法。目前已发展的主动式光学测量法主要包括干涉法、激光扫描法、飞行时间法和全息成像法等。主动式光学测量法需要利用特殊光源,易受环境和干扰因素的影响,其应用范围受到一定限制。

被动式光学测量法不需要设置额外光源,可在自然光照射下检测物体的三维形貌结构,主要分为单目视觉法、多目立体视觉法和光场成像测量法三类。单目视觉法由单台相机直接采集被测物体的信息,再由成像传感器获取二维图像信息,它以聚焦法和离焦法为典型代表。聚焦法的核心做法是:调整成像设备的像距,使被测点的像恰好位于成像传感器的光敏面上,再基于常规的薄透镜公式配置物距。离焦法则使用一个事先标定的成像系统采集被测点的光反射信息,再利用离焦模型测算被测点与相机间的准确距离。单目视觉法精度不高,测量过程较烦琐,应用范围有限。多目立体视觉法则参考了自然界动物双目视觉所形成的物体感测模式,使用两台或多台相机从不同视点对同一场景进行成像,获得基于视角的序列图像,然后检索各图像中的同一个物点并求得视差,计算场景中的目标深度,从而准确获取三维坐标信息。多目立体视觉法的成像原理较简单,但需要多台相机同步采集数据,操作过程较为烦琐。

光场成像测量法是近些年随着光场成像技术的发展而出现的一种新的三维成像测量法,是目前三维成像测量领域的研究热点之一。就成像原理而言,光场成像测量法可归于多目立体视觉法在三维成像测量法的延伸或扩展。基于单台相机采集三维图像信息这一显著特征,光场相机以其集成度高、成本相对较低、可便携使用、可灵活配置等特点,在发展三维空间测量方面将显示日益重要的作用。光场成像测量法的核心环节是:与成像传感器耦合的微透镜阵列能将光学成像探测系统压缩的目标像或像空间作为成像目标或物空间进行二次成像,相邻微透镜间可形成双目甚至多目立体视觉架构;测量同一个物点在相邻微透镜的输出图像的视差,参照预先标定的几何光学关系,就可用常规薄透镜公式获得物点深度数据。再结合物点在成像传感器获取的图像中的位置,可进一步获得较为完整的物点三维坐标数据。电控光场成像法代表了光场成像测量法的最新研究进展。电控液晶微透镜阵列取代光场测量法的具有固定轮廓形貌的折射或衍射微透镜阵列，可显著改善甚至增强光场测量法的成像测量效能。

上述三维成像测量法的共性是通过采集图像数据，尽可能准确地获取目标的三维空间位置信息和排布特征。一般而言，图像采集就其本质而言是将三维空间中的真实物点变换到二维局域空间的一种投影变换，描述这种投影变换通常用射影变换进行。射影变换借助射影几何、齐次坐标及矩阵等代数工具，用于描述成像定理、两幅图像间的几何约束关系及空间物点的三维坐标和排布等。

在不考虑微透镜阵列这一前提下，下面主要讨论成像光学系统或成像物镜的射影变换。将成像物镜简化成一个位于成像光轴处的小孔，该小孔位于成像平面和真实的三维场景之间。来自三维场景的光束通过小孔会聚到成像平面上。在此意义上，可将小孔视为现实世界与成像平面间所构建的一种投影对应关系。为了简化投影表述，将成像平面置于小孔前。为了表示真实的三维空间中的物点与成像平面上的像点间的对应关系，建立以下三个坐标系：

(1) 三维场景坐标系，与相机位置和参数指标等无关，使用下标“w”表示；

(2) 三维相机坐标系，以小孔中心为原点，使用下标“c”表示；

(3) 二维成像平面坐标系，使用下标“i”表示。

图7-1所示的为一个小孔成像模型，以三维相机坐标系为参考系，面 $z=f$ 为像平面。真实空间的点 P 映射到像平面的点 p，即 p 是 P 与小孔投影中心的连线和像平面的交点。如果物点 P 在三维相机坐标系中的坐标为 $\boldsymbol{P}_c=[X_c, Y_c, Z_c]^T$，则像点 p 在三维相机坐标系的坐标 $\boldsymbol{p}_c=[x_c, y_c, z_c]^T$ 满足

$$\begin{aligned} x_c &= fX_c/Z_c \\ y_c &= fY_c/Z_c \\ z_c &= f \end{aligned} \tag{7-1}$$

式中：f 为成像物镜的焦距。

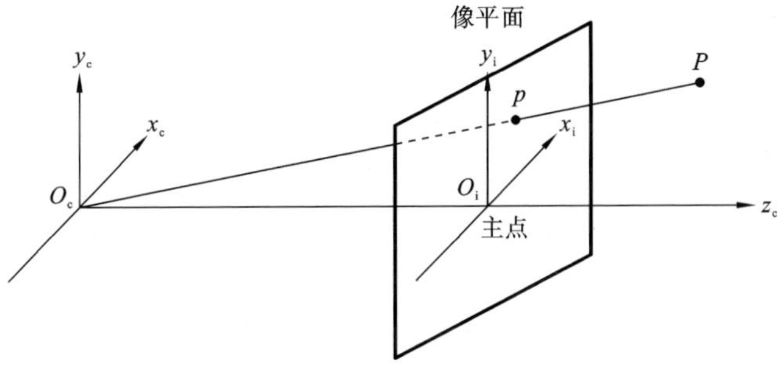

图7-1　小孔成像模型

将 P 改用三维相机坐标系的四维齐次坐标 $\boldsymbol{P}_c=[X_c, Y_c, Z_c, 1]^T$ 表示，p 改用三维相机坐标系的四维齐次坐标 $\boldsymbol{p}_c=[x_c, y_c, z_c, 1]^T$ 表示，则物点 P 与像点 p 可用矩阵表示为

$$\boldsymbol{p}_{\mathrm{c}}=\begin{bmatrix} f & 0 & 0 & 0 \\ 0 & f & 0 & 0 \\ 0 & 0 & f & 0 \\ 0 & 0 & 1 & 0 \end{bmatrix}\boldsymbol{P}_{\mathrm{c}} \tag{7-2}$$

对于给定点 P，其在三维场景坐标系的 $\boldsymbol{P}_{\mathrm{w}}$ 和三维相机坐标系的 $\boldsymbol{P}_{\mathrm{c}}$ 间的变换，用平移矢量 $\boldsymbol{T}$ 和旋转矩阵 $\boldsymbol{R}$ 表示，满足

$$\boldsymbol{P}_{\mathrm{c}}=\boldsymbol{R}(\boldsymbol{P}_{\mathrm{w}}-\boldsymbol{T}) \tag{7-3}$$

式中：平移矢量 $\boldsymbol{T}$ 定义为

$$\boldsymbol{T}=\boldsymbol{O}_{\mathrm{w}}-\boldsymbol{O}_{\mathrm{c}}=\begin{bmatrix} T_1 \\ T_2 \\ T_3 \end{bmatrix} \tag{7-4}$$

旋转矩阵 $\boldsymbol{R}$ 定义为

$$\boldsymbol{R}=\begin{bmatrix} \boldsymbol{R}_1 \\ \boldsymbol{R}_2 \\ \boldsymbol{R}_3 \end{bmatrix}=\begin{bmatrix} R_{11} & R_{12} & R_{13} \\ R_{21} & R_{22} & R_{23} \\ R_{31} & R_{32} & R_{33} \end{bmatrix} \tag{7-5}$$

将 $\boldsymbol{P}_{\mathrm{c}}$ 和 $\boldsymbol{P}_{\mathrm{w}}$ 也改用齐次坐标表示，则式(7-3)可改写为

$$\boldsymbol{P}_{\mathrm{c}}=\begin{bmatrix} x_{\mathrm{c}} \\ y_{\mathrm{c}} \\ z_{\mathrm{c}} \\ 1 \end{bmatrix}=\begin{bmatrix} R_{11} & R_{12} & R_{13} & -(R_{11}T_1+R_{12}T_2+R_{13}T_3) \\ R_{21} & R_{22} & R_{23} & -(R_{21}T_1+R_{22}T_2+R_{23}T_3) \\ R_{31} & R_{32} & R_{33} & -(R_{31}T_1+R_{32}T_2+R_{33}T_3) \\ 0 & 0 & 0 & 1 \end{bmatrix}\begin{bmatrix} x_{\mathrm{w}} \\ y_{\mathrm{w}} \\ z_{\mathrm{w}} \\ 1 \end{bmatrix}=\begin{bmatrix} \boldsymbol{R} & -\boldsymbol{R}\boldsymbol{T} \\ 0 & 1 \end{bmatrix}\boldsymbol{P}_{\mathrm{w}} \tag{7-6}$$

将式(7-6)代入式(7-2)，可得到基于成像物镜的物点到像点间的线性成像模型，即

$$\boldsymbol{p}_{\mathrm{c}}=\boldsymbol{M}\boldsymbol{P}_{\mathrm{w}} \tag{7-7}$$

其数学含义是：三维场景坐标系的 $\boldsymbol{P}_{\mathrm{w}}$ 物点，经过成像物镜中心处小孔进行投影矩阵 $\boldsymbol{M}$ 变换后，得到三维相机坐标系中的像点 $\boldsymbol{p}_{\mathrm{c}}$。投影矩阵 $\boldsymbol{M}$ 可以分解为两个矩阵的乘积，即

$$\boldsymbol{M}=\boldsymbol{M}_{\mathrm{i}}\boldsymbol{M}_{\mathrm{e}} \tag{7-8}$$

式中：$\boldsymbol{M}_{\mathrm{i}}$ 和 $\boldsymbol{M}_{\mathrm{e}}$ 分别定义为

$$\boldsymbol{M}_{\mathrm{i}}=\begin{bmatrix} f & 0 & 0 & 0 \\ 0 & f & 0 & 0 \\ 0 & 0 & f & 0 \\ 0 & 0 & 1 & 0 \end{bmatrix},\quad \boldsymbol{M}_{\mathrm{e}}=\begin{bmatrix} \boldsymbol{R} & -\boldsymbol{R}\boldsymbol{T} \\ 0 & 1 \end{bmatrix} \tag{7-9}$$

由上述关系可见，$\boldsymbol{M}_{\mathrm{i}}$ 为成像物镜的内参数，即三维相机坐标系原点与相机成像平面间的距离 f；$\boldsymbol{M}_{\mathrm{e}}$ 为相机的外参数，包括三维相机坐标系和三维场景坐标系的关联参数。

上述数学关系,可用于分析在电控光场成像模式下的三维物点到二维成像传感器上的像点间的射影变换。上述过程除了应包含基于成像光学系统进行成像变换的三个坐标系外,为了考虑电控液晶微透镜阵列的二次成像作用,还要对液晶微透镜建立微透镜坐标系。每个微透镜坐标系都以微透镜的几何中心为原点,用下标“m”表示。为了便于投影,将成像镜头对物点成像所形成的像点置于成像镜头的前端,并将成像传感器所在的像平面布设在液晶微透镜阵列的前方。

典型液晶基光场相机的成像配置方案如图 7-2 所示。以成像物镜构成的成像子系统作为参考对象,物点 P 经成像物镜会聚后生成像点 p。点 P 的齐次三维场景坐标 $\boldsymbol{P}_{\mathrm{w}}=[X_{\mathrm{w}}, Y_{\mathrm{w}}, Z_{\mathrm{w}}, 1]^{\mathrm{T}}$,与点 p 的齐次三维相机坐标 $\boldsymbol{p}_{\mathrm{c}}=[x_{\mathrm{c}}, y_{\mathrm{c}}, z_{\mathrm{c}}, 1]^{\mathrm{T}}$ 间的关系为

$$\boldsymbol{p}_{\mathrm{c}}=\begin{bmatrix} b_{\mathrm{L}} & 0 & 0 & 0 \\ 0 & b_{\mathrm{L}} & 0 & 0 \\ 0 & 0 & b_{\mathrm{L}} & 0 \\ 0 & 0 & 1 & 0 \end{bmatrix}\begin{bmatrix} \boldsymbol{R} & -\boldsymbol{RT} \\ 0 & 1 \end{bmatrix}\boldsymbol{P}_{\mathrm{w}} \tag{7-10}$$

式中:$\boldsymbol{T}$ 和 $\boldsymbol{R}$ 分别由式(7-4)和式(7-5)给出;b_{L}的值为

$$b_{\mathrm{L}}=\frac{1}{\dfrac{1}{f}-\dfrac{1}{a_{\mathrm{L}}}} \tag{7-11}$$

式中:a_{L}为点 P 在三维相机坐标系的 z 轴上的分量 Z_{c} 的值。

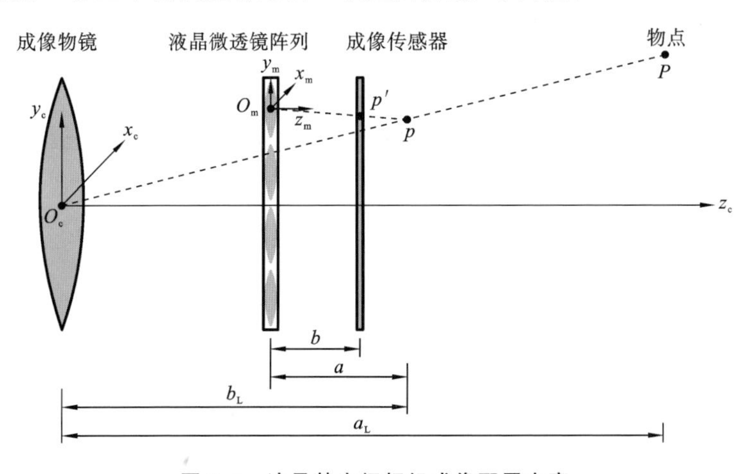

图 7-2 液晶基光场相机成像配置方案

由图 7-2 可见,b_{L}的值应为:液晶微透镜阵列与成像物镜间的距离,加上像点 p 到液晶微透镜阵列的距离 a。液晶微透镜阵列与成像物镜间的距离,也可通过光场成像的构造参数得出。因此,针对 b_{L}的求解可以转化为针对 a 的求解。对于液晶微透镜而言,a 为其成像的物点的距离。在伽利略模式下,p 为液晶微透镜的虚物点,

因此,可称 a 为液晶微透镜虚物点的深度。

再以像点 p 作为成像物点,以某元液晶微透镜成像子系统为参考对象,定义平移矢量 $\boldsymbol{S}$ 为该液晶微透镜坐标系原点 O_{m},在三维相机坐标系中的坐标为$[x_{\mathrm{mc}},\ y_{\mathrm{mc}},\ z_{\mathrm{mc}}]^{\mathrm{T}}$,即

$$\boldsymbol{S}=\begin{bmatrix} S_1 \\ S_2 \\ S_3 \end{bmatrix}=\begin{bmatrix} x_{\mathrm{mc}} \\ y_{\mathrm{mc}} \\ z_{\mathrm{mc}} \end{bmatrix} \tag{7-12}$$

则点 p 在该微透镜坐标系的齐次坐标为

$$\boldsymbol{p}_{\mathrm{m}}=\boldsymbol{p}_{\mathrm{c}}-\begin{bmatrix} S_1 \\ S_2 \\ S_3 \\ 1 \end{bmatrix}=\begin{bmatrix} 1 & 0 & 0 & -S_1 \\ 0 & 1 & 0 & -S_2 \\ 0 & 0 & 1 & -S_3 \\ 0 & 0 & 0 & 1 \end{bmatrix}\boldsymbol{p}_{\mathrm{c}} \tag{7-13}$$

将成像平面设置在该微透镜坐标系的 $z=b$ 处,点 p 的像点 p' 在微透镜坐标系的坐标为 $\boldsymbol{p}'_{\mathrm{m}}$,则有

$$\boldsymbol{p}'_{\mathrm{m}}=\begin{bmatrix} b & 0 & 0 & 0 \\ 0 & b & 0 & 0 \\ 0 & 0 & b & 0 \\ 0 & 0 & 1 & 0 \end{bmatrix}\boldsymbol{p}_{\mathrm{m}} \tag{7-14}$$

以成像传感器的光敏像素在两个正交结构尺度方向上的尺寸 h_x 和 h_y(单位通常为 μm,且一般 $h_x=h_y$)作为二维成像平面的基本计量单位,且该液晶微透镜输出的单幅图像的主点对应的像素坐标为$[o_x,\ o_y]$,则 p' 在成像传感器平面上的坐标为

$$\boldsymbol{p}'_{\mathrm{i}}=\begin{bmatrix} \frac{b}{h_x} & 0 & o_x & 0 \\ 0 & \frac{b}{h_y} & o_y & 0 \\ 0 & 0 & 1 & 0 \end{bmatrix}\boldsymbol{p}_{\mathrm{m}} \tag{7-15}$$

将式(7-10)代入式(7-13),再把式(7-13)代入式(7-15),可得到液晶基电控光场成像的线性变换模型为

$$\boldsymbol{p}'_{\mathrm{i}}=\boldsymbol{M}_{\mathrm{E}}\boldsymbol{P}_{\mathrm{w}} \tag{7-16}$$

式中:$\boldsymbol{M}_{\mathrm{E}}$ 为射影变换矩阵,即

$$\boldsymbol{M}_{\mathrm{E}}=\begin{bmatrix} \frac{b}{h_x} & 0 & o_x & 0 \\ 0 & \frac{b}{h_y} & o_y & 0 \\ 0 & 0 & 1 & 0 \end{bmatrix}\begin{bmatrix} 1 & 0 & 0 & -S_1 \\ 0 & 1 & 0 & -S_2 \\ 0 & 0 & 1 & -S_3 \\ 0 & 0 & 0 & 1 \end{bmatrix}\begin{bmatrix} b_{\mathrm{L}} & 0 & 0 & 0 \\ 0 & b_{\mathrm{L}} & 0 & 0 \\ 0 & 0 & b_{\mathrm{L}} & 0 \\ 0 & 0 & 1 & 0 \end{bmatrix}\begin{bmatrix} \boldsymbol{R} & -\boldsymbol{RT} \\ 0 & 1 \end{bmatrix} \tag{7-17}$$

由上述关系可见，电控光场成像通过两次成像变换，将三维空间的一个物点 P 映射到成像传感器平面上的一个像点 p'。利用射影变换矩阵 $\boldsymbol{M}_{\mathrm{E}}$ 的逆矩阵，可根据成像传感器上的像点坐标计算出三维空间物点的相应坐标。由矩阵 $\boldsymbol{M}_{\mathrm{E}}$ 可知，除 b_{L} 外，其他变量均可以通过光场成像的构造参数得出。因此，b_{L} 是执行三维成像测量法的一个关键性参数。

7.3　虚物点深度估算与深度分辨率

对虚物点进行深度估算，主要通过相邻液晶微透镜所生成的各图像中，针对同一个物点的多个像点形成的视差来进行。视差测量则主要通过像点间的匹配来实现。为了提高像点匹配效率，采用对极几何来分析同一个物点的多个像点间的几何关系。

对极几何主要研究基于不同视角观察同一场景或目标所得到的，两幅图像间的内在几何关系约束下的射影几何属性与特征。图 7-3 所示的为包含两个射影成像系统的双透镜立体视觉系统。该系统基于左右两个透镜，其中心分别为 O_{l} 和 O_{r}，每个透镜各有一个投影平面 Π_{l} 和 Π_{r}，过中心 O_{l} 和 O_{r} 的直线 $\overline{O_{\mathrm{l}}O_{\mathrm{r}}}$ 为其基线。由一个物点 P 及两个透镜中心 O_{l} 和 O_{r} 决定的平面为极平面。基线与像平面的交点分别为 e_{l} 和 e_{r}，即所谓的极点。事实上，极点是以另外一个透镜的中心点作为物点，通过某一透镜所成图像的像点。物点 P 在两个像平面上的像点分别为 p_{l} 和 p_{r}，极平面与两个像平面的交线（极线）分别为 $\overline{p_{\mathrm{l}}e_{\mathrm{l}}}$ 和 $\overline{p_{\mathrm{r}}e_{\mathrm{r}}}$。

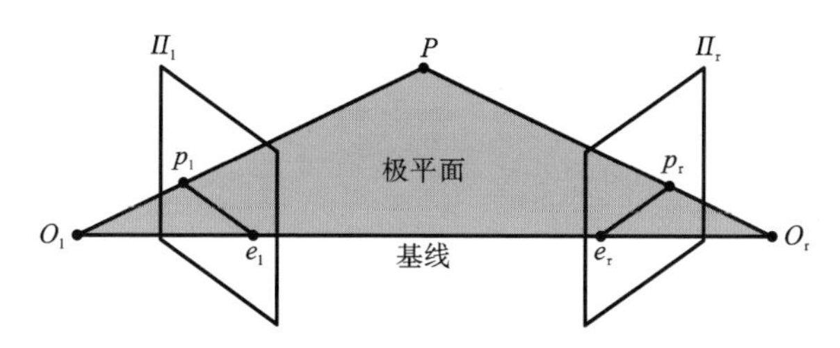

图 7-3　对极几何的典型对应特征

就其本质而言，两幅图像间的对极几何表现的是图像平面和以基线为轴的平行光束相交的几何表征。考虑由左透镜中心 O_{l} 和物点 P 确定的直线 $\overline{O_{\mathrm{l}}P}$，其在右透镜中的像为右极线 $\overline{p_{\mathrm{r}}e_{\mathrm{r}}}$，即物点 P 在右透镜中的像点必然出现在右极线上。另外，物点 P 在左透镜上所成的像也在左极线上。因而可得到一个称为极线约束的结论：空间点 P 在像平面上的投影点 p_{l} 和 p_{r} 均位于相应的极线上。上述极线约束关系，为像点匹配优化提供了理论依据。

对液晶基电控光场成像架构中的两个相邻液晶微透镜而言，其对应的两个成像面共面且平行于基线，对应的极点位于无穷远处。对于同一个虚物点，其在两个成像面上的像点连线平行于基线，即同一个虚物点在两幅图像上的连线平行于图像中心点的连线。

图 7-4 所示的为虚物点 P 竖直排列的两个相邻微透镜，分别会聚到成像传感器上的像点 P'_1 和 P'_2 的情形。由对极几何可知，P'_1 和 P'_2 均处在同一条平行于微透镜中心连线的直线上。变量 e 表示两个相机间的基线距离。变量 d_1 和 d_2 分别表示 P'_1 和 P'_2 到各自的单元图像主点的距离。变量 e_1 和 e_2 分别表示点 P 在成像传感器上的投影到各自图像的主点的距离。变量 b 表示成像传感器与液晶微透镜阵列小孔中心的距离，a 表示虚物点 P 的深度。所有的距离参数均定义为有符号值。将向上的方向定义为正向，则 e_1 和 d_1 为负值，e_2 和 d_2 为正值。

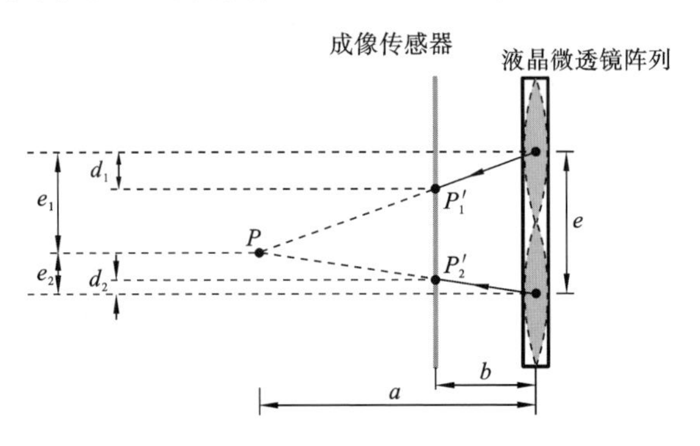

图 7-4　虚物点深度估算

根据简单的三角关系，有

$$\frac{b}{a}=\frac{d_1}{e_1}=\frac{d_2}{e_2} \tag{7-18}$$

由于

$$e=e_2-e_1 \tag{7-19}$$

定义 $\Delta d=d_2-d_1$ 为同一物点在相邻微透镜的像点的垂直视差，有

$$\frac{b}{a}=\frac{\Delta d}{e} \tag{7-20}$$

因此，虚物距 a 为

$$a=\frac{be}{\Delta d} \tag{7-21}$$

由于参数 b 和 e 都是常量，能否有效测量视差 Δd，将成为获取虚物点深度的关键环节。一般采用图像模板匹配算法来进行数据匹配。由于 $e_1>e_2$，从而限制了极线上的搜索范围，相应简化了匹配算法。在获取了虚物点深度后，由液晶基光场相机的射影变换的逆变换可以获得三维物点的三维场景坐标。下面将进一步讨论电控光场成像的深度分辨率问题。

深度分辨率是指可调焦光场相机在物空间深度（z 轴）方向上的可测量精度。图

7-5所示的为两个物点 P_o 和 Q_o 被成像物镜成像到虚像点 P 和 Q 的情形。作为液晶微透镜的虚物点，P 和 Q 被两个相邻的液晶微透镜二次成像到 P'_i 和 Q'_i（$i=1,2$）处。

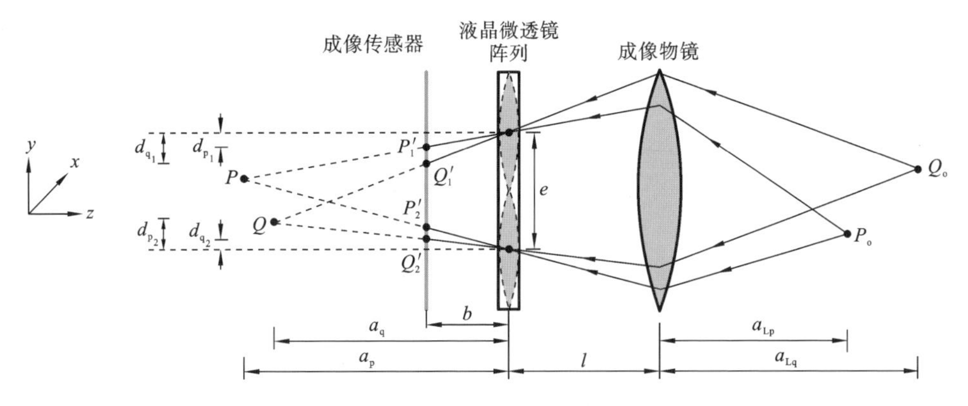

图7-5　评估深度分辨率的成像配置方案

定义 Δd_p 和 Δd_q 为像差，即

$$\Delta d_p = d_{p_2} - d_{p_1}, \quad \Delta d_q = d_{q_2} - d_{q_1} \tag{7-22}$$

设 P 和 Q 在深度方向上的距离是液晶基光场相机所能识别的最小距离。用 p_p 表示成像传感器的光敏像素尺寸，则有

$$\Delta d_q = \Delta d_p - p_p \tag{7-23}$$

液晶微透镜的虚物点 P 和 Q 的深度为

$$a_p = de/\Delta d_p, \quad a_q = de/(\Delta d_p - p_p) \tag{7-24}$$

实像点 P_o 和 Q_o 的像距 a_{Lp} 和 a_{Lq} 为

$$a_{Lp} = \left(\frac{1}{f_L} - \frac{1}{be/\Delta d_p + l}\right)^{-1}, \quad a_{Lq} = \left(\frac{1}{f_L} - \frac{1}{be/(\Delta d_p - p_p) + l}\right)^{-1} \tag{7-25}$$

式中：l 为成像物镜与液晶微透镜阵列间的距离。因此，物空间的深度分辨率为 $|a_{Lq} - a_{Lp}|$。由此关系可知，深度分辨率并非一个定值，它与多个参数相关，并且随物点到相机距离的增加，其测量精度会逐渐降低。

7.4　液晶基光场相机的标定特征

自主构建的液晶基光场相机，可执行较大范围三维空间信息测量。考虑到目前液晶基光场相机仍处在原型机阶段，尚无法稳定配置相机的各项参数指标。为了提高测量准确度和测量精度，在将液晶基光场相机用于三维成像测量前，需对其核心参数进行标定，也就是根据已知物点及与其对应的像点位置情况，确定所构造的参数体系的准确性和精准程度。作为一种简化表示，可将液晶基光场相机的成像光学系统或成像物镜视为一个透镜，并确定透镜焦距 f_L，透镜与微透镜阵列的竖直中线的距

离 l,以及微透镜阵列竖直中线与成像传感器光敏面间的距离 b 等三个参数的精确取值。在上述基础上,建立准确的射影变换矩阵,以有效减小三维成像测量误差。

一种典型的液晶基光场相机的参数配置方案为:采用一个 f_L 标识为 35 mm 的成像镜头,l 取值为 40 mm,b 取值为 1.3 mm。所采用的电控液晶微透镜阵列和成像传感器的结构参数配置,与第 6 章所述的光场相机的类似。由式(7-21)可得出 Δd 与物距 a_L 的关系为

$$\Delta d=be\bigg/\left(\frac{1}{1/f_L-1/a_L}-l\right) \tag{7-26}$$

液晶微透镜阵列的信号均方根电压设置为 3.0 V,将一个棋盘图案从成像物镜前约 15 cm 处,逐渐移动至 50 cm 处,每移动 1 cm 采集一次图像。通过图像匹配确定同一个像点的像差,所获取的参数如表 7-1 所示。

表 7-1　参数采集数据(包括物距和像差)

a_L/cm	15	16	17	18	19	20	21	22	23	24	25	26
Δd/像素	10	11	11	12	13	14	14	15	16	17	17	17
a_L/cm	27	28	29	30	31	32	33	34	35	36	37	38
Δd/像素	18	19	20	21	21	22	23	24	26	26	26	27
a_L/cm	39	40	41	42	43	44	45	46	47	48	49	50
Δd/像素	28	28	28	29	29	30	30	30	32	32	33	34

采用最小二乘法,对所采集的物距与像差数据进行对比,所获得的三个关键参数的标定数值分别为:f_L=39.92 mm,b=1.30 mm,l=38.96 mm。标定计算值并与测量值的对比,如图 7-6 所示,数据匹配良好。由式(7-25)可知,深度分辨率受多个参数影响。图 7-7 所示的为液晶基光场相机在使用标定数据情况下,以像素表示的像差与物距的变化关系。图 7-7 所示的像差相同的物距范围,即为深度分辨率。

由图 7-7 可见,深度分辨率并不是一个固定值,它会随物距的变化而变化。具体而言,当被成像物体距液晶基光场相机原型较近时,深度分辨率较小。例如,当物距为 200～400 mm 时,深度分辨率约为 13 mm;当物距为 800～1000 mm 时,深度分辨率约为 20 mm;当物距为 1800～2000 mm 时,深度分辨率增大到 45 mm 等。因此,基于深度测量误差所限定的物距范围来构建的液晶基光场相机,将显示合理的物空间深度测量范围。一般而言,配置其他参数,也可使液晶基光场相机满足测量精度要求。

下面进行一项典型实验测试。实验使用 1951USAF 字符作为目标,测量液晶基光场相机分别在信号均方根电压为 3.0 V 和 7.0 V 的电控信号作用下的景深。这两个信号均方根电压主要基于成像光学系统的焦距,在这两个信号均方根电压态下的差别较大且成像效果较好。将 1951USAF 的第 0 组第 3 个单元(1.26 线对/ mm)作

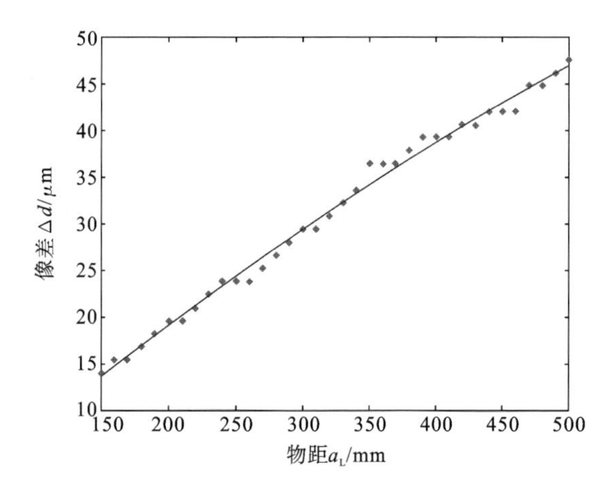

图 7-6　标定计算值与测量值的对比

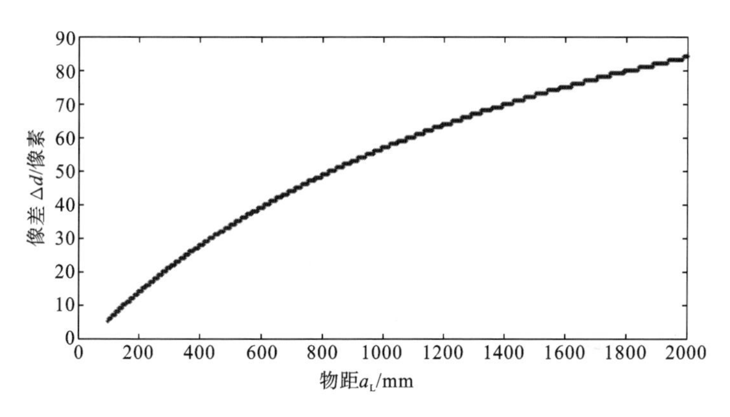

图 7-7　液晶基光场相机的深度分辨率

为参考对象,将目标置于液晶基光场相机前 30～130 cm,分别采集两个信号均方根电压作用下的光场图像,如图 7-8 所示。

由图 7-8 可见,当目标置于液晶基光场相机前约 30 cm 处时,在所设置的两个信号均方根电压作用下获得的图像均不清楚。由于目标距光场相机过近,到达成像传感器光敏面上的光束仍处在亚聚焦态。当目标移动至 40 cm 处时,在两个信号均方根电压态下获得的图像均较清楚。可明显看出,在信号均方根电压为 3.0 V 的图像较信号均方根电压为 7.0 V 的图像更为清楚。当目标移动至 80 cm 处,两个信号均方根电压态下的图像均较清晰。继续移动目标至 120 cm 处时,在信号均方根电压为 3.0 V 的图像已显模糊,而信号均方根电压为 7.0 V 的图像仍可清晰辨别。在 130 cm 处的目标图像与 120 cm 处的效果类似。基于上述测量可得出如下结论:信号均方根电压为 3.0 V 的景深在相机前 30～110 cm,信号均方根电压为 7.0 V 的景深在相机前 40～130 cm。

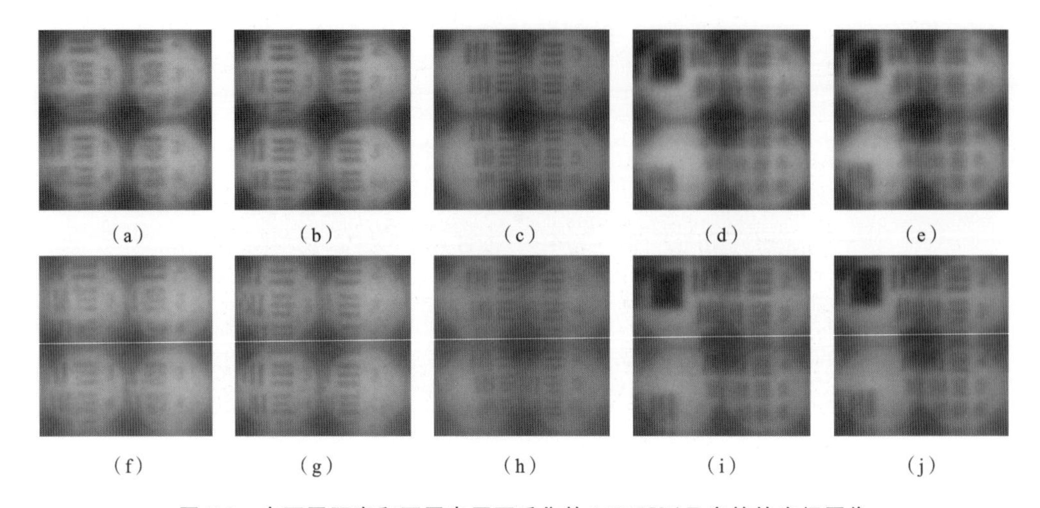

图 7-8　在不同距离和不同电压下采集的 1951USAF 字符的光场图像

(a) 30 cm,3.0 V;(b) 40 cm,3.0 V;(c) 80 cm,3.0 V;(d) 120 cm,3.0 V;(e) 130 cm,3.0 V;
(f) 30 cm,7.0 V;(g) 40 cm,7.0 V;(h) 80 cm,7.0 V;(i) 120 cm,7.0 V;(j) 130 cm,7.0 V

利用液晶基光场相机的景深可调性,可以扩展基于电调焦操作的三维空间深度测量范围。针对上述建模和讨论分析结果,设计了另外一个实验,用来测量目标深度。将一辆黄色工程车模型和一个盒子作为目标物,放置在液晶基光场相机前,实验配置如图 7-9 所示。

图 7-9　电调深度测量

如图 7-10 所示,首先在液晶基光场相机上加载均方根电压为 3.0 V 的信号,采集黄色工程车模型车牌和盒子表面上的局部汉字图像。如图 7-10(a)和(b)所示,黄色工程车模型的车牌图像较为清晰,由图像匹配和计算处理可知,黄色工程车模型距液晶基光场相机约 192 mm,而盒子上的汉字已非常模糊,图像匹配误差较大。为了获得清晰图像,将加载在液晶基光场相机上的信号均方根电压提高到 7.0 V,得到的光场图像如图 7-10(c)和(d)所示。由图 7-10 可见,液晶基光场相机的成像范围已向后移动。黄色工程车模型的车牌图像变得模糊,而盒子的局部汉字较之前清楚。通过图像匹配和计算,可得到盒子距液晶基光场相机为 1149

mm。在得到深度信息的基础上，测量像点在成像传感器上的位置，利用标定后的参数值建立电控光场成像的三维投影变换矩阵的逆变换，即可计算出物点的三维空间坐标。

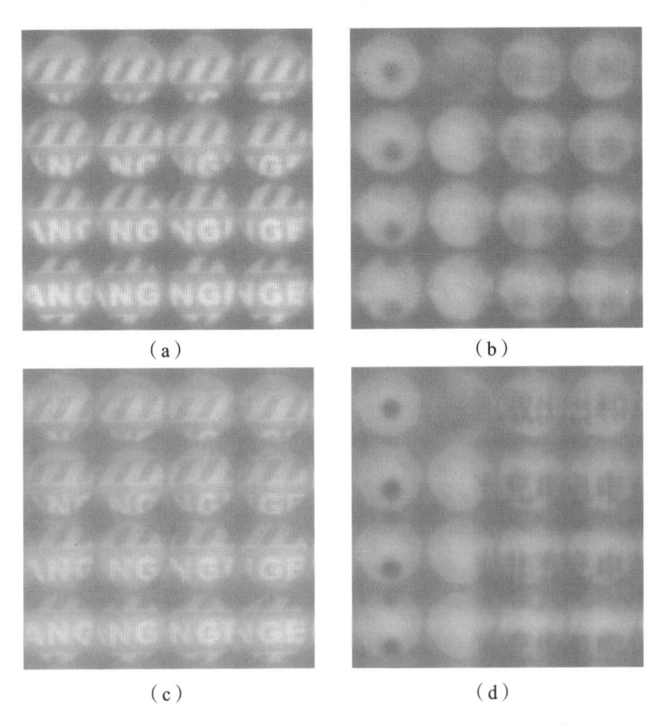

图 7-10　黄色工程车模型和盒子的局部汉字光场图像

(a) 3.0 V；(b) 3.0 V；(c) 7.0 V；(d) 7.0 V

7.5　运动参数测量与评估

7.5.1　运动参数计算

液晶基光场相机也可用于估算目标的三维运动参数，主要包括运动速度、加速度和姿态变化角速度等。首先定义两个坐标系，分别为相机坐标系和刚体坐标系。相机坐标系以 O_c 为原点，其位置相对固定。刚体坐标系与成像物体相关，其质心或原点用 O_b 表示。通常情况下，目标所做的三维空间运动，可用目标按照时间顺序的序列瞬时位置和姿态来表示。其中的位置坐标，可用原点为 O_b 的刚体坐标系表示。目标姿态则可用旋转刚体坐标系来表示。一般而言，任何关于刚体的旋转矩阵，均可由三个基本旋转矩阵复合而成。以前一个时间点的坐标系为参考坐标系，后一个时间点的坐标系可用沿坐标轴的三次空间旋转来表达。旋转坐标系的方法主要有两种：

其一是依次以相邻的不同的起始坐标轴各旋转一次，称为欧拉角(Eulerian angle)法，其顺序有 z-x-z、x-y-x、y-z-y、z-y-z、x-z-x 和 y-x-y 等；其二是依次旋转三个不同的坐标轴，称为泰特-布莱恩角(Tait-Bryan angle)法或卡尔丹角(Cardan angle)法，其顺序有 x-y-z、y-z-x、z-x-y、x-z-y、z-y-x 和 y-x-z 等。度量旋转角也存在两种基本方法，分别是外在旋转法和内在旋转法。设固定态的参考坐标系为 xyz 坐标系，旋转坐标系为 XYZ 坐标系，在初始状态，XYZ 坐标系与 xyz 坐标系完全重合，则处在 XYZ 坐标系的目标可经过三次旋转到达指定位置。外在旋转法是指在三次旋转中每次旋转的旋转轴，均固定为参考坐标系的 xyz 轴中的一个轴的方法。内在旋转法是指每次旋转的旋转轴，为执行上一次旋转后的某个轴的方法。

图 7-11 所示的为一个 XYZ 坐标系从 xyz 坐标系起，按照泰特-布莱恩角法执行内在旋转法到达目标位置的实例。执行初始操作时，XYZ 坐标系与 xyz 坐标系重合。然后将 XYZ 坐标系绕 z 轴旋转 ψ 角，则 x 和 y 轴分别到达 x' 和 y' 位置。接着将 XYZ 坐标系绕 y' 轴旋转 θ，x' 轴即到达图 7-11 所示 X 轴位置。最后将 XYZ 坐标系绕 X 轴旋转 ϕ 到达目标位置。在飞行动力学领域，图 7-11 所示的 ψ、θ 和 ϕ 角分别称为飞行器的航向角、翻滚角和俯仰角，如图 7-12 所示。

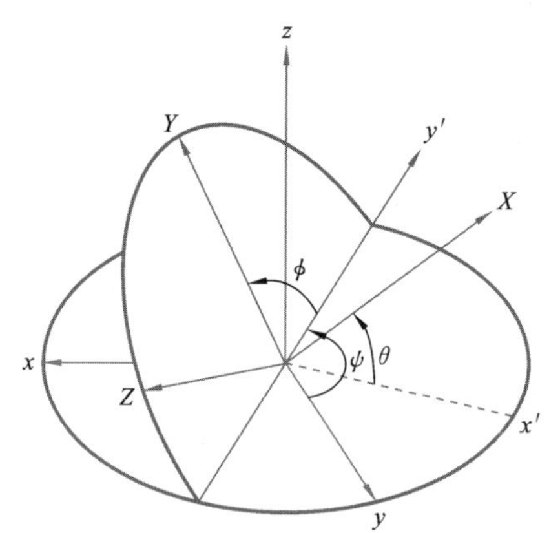

图 7-11 将 XYZ 坐标系从 xyz 坐标系起按照内在旋转法变换到目标位置

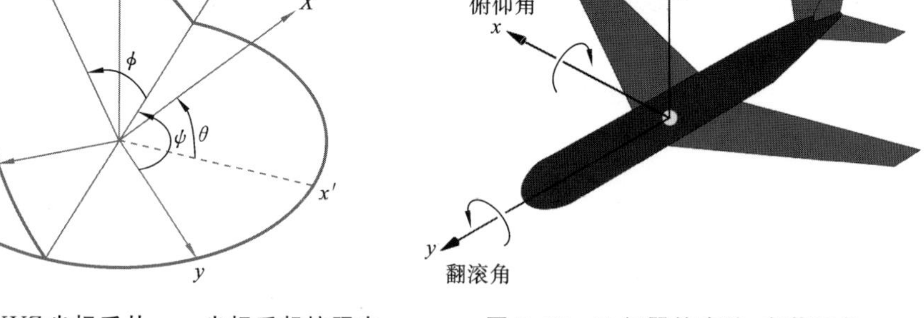

图 7-12 飞行器的泰特-布莱恩角

图 7-11 所示的为基于内在旋转法，其按照 z-y'-X 旋转轴系旋转所对应的旋转矩阵的乘积。设 $\boldsymbol{z}$ 为 xyz 坐标系下的矢量，$\boldsymbol{z}'$ 为 $\boldsymbol{z}$ 矢量在 XYZ 坐标系的矢量，则存在一个矩阵 $\boldsymbol{R}$ 满足

$$\boldsymbol{z}'=\boldsymbol{R}\boldsymbol{z} \tag{7-27}$$

式中：$\boldsymbol{R}$ 为旋转矩阵，可进一步表示为

$$\boldsymbol{R}(\psi,\theta,\phi)=\begin{bmatrix}1 & 0 & 0\\ 0 & \cos\phi & \sin\phi\\ 0 & -\sin\phi & \cos\phi\end{bmatrix}\begin{bmatrix}\cos\theta & 0 & -\sin\theta\\ 0 & 1 & 0\\ \sin\theta & 0 & \cos\theta\end{bmatrix}\begin{bmatrix}\cos\psi & \sin\psi & 0\\ -\sin\psi & \cos\psi & 0\\ 0 & 0 & 1\end{bmatrix}$$

$$=\begin{bmatrix}\cos\theta\cos\psi & \cos\theta\sin\psi & -\sin\theta \\ \sin\phi\sin\theta\cos\psi-\cos\phi\sin\psi & \sin\phi\sin\theta\sin\psi+\cos\phi\cos\psi & \sin\phi\cos\theta \\ \cos\phi\sin\theta\cos\psi+\sin\phi\sin\psi & \cos\phi\sin\theta\sin\psi-\sin\phi\cos\psi & \cos\phi\cos\theta\end{bmatrix} \tag{7-28}$$

由于坐标系的旋转顺序不具有交换性，通常不存在一种通用方法，由旋转矩阵可得到等价的绕轴旋转顺序和旋转角。

当旋转角小于 5°时，旋转矩阵的旋转角的正弦值和余弦值可由旋转角本身和 1 代替，高阶项可由 0 代替，因而矩阵 $\boldsymbol{R}$ 的线性近似矩阵 $\boldsymbol{R}_{\mathrm{L}}$ 为

$$\boldsymbol{R}_{\mathrm{L}}(\psi,\theta,\phi)=\begin{bmatrix}1 & \psi & -\theta \\ -\psi & 1 & \phi \\ \theta & -\phi & 1\end{bmatrix} \tag{7-29}$$

此时，可认为三次旋转是同时发生的，并且旋转顺序可交换。

当旋转角大于 5°时，可将坐标系整体旋转分解为连续 n 次的旋转，各旋转的旋转角分别为 ψ/n，θ/n 和 ϕ/n，即

$$\boldsymbol{R}_{\mathrm{L}}(\psi,\theta,\phi)=\boldsymbol{R}_{\mathrm{L}}^{n}(\psi/n,\theta/n,\phi/n) \tag{7-30}$$

当 n 足够小时，$\boldsymbol{R}_{\mathrm{L}}(\psi/n,\ \theta/n,\ \phi/n)$的三次转换同时发生，并且旋转顺序可交换。这种通过分解整体旋转来近似求解泰特-布莱恩角的方法，即为旋转分解法。

为了验证旋转分解法的可行性并分析误差，任意选定某刚体的三个点，记录其坐标值。然后对该刚体的坐标轴使用多种旋转组合进行旋转，得到这三个点旋转后的坐标。再对这三个点的前后坐标使用旋转分解法进行最小二乘法逼近，结果如表 7-2所示。

表 7-2　基于旋转分解法的泰特-布莱恩角特征

旋转角和顺序	求解结果			最大误差	平均误差
	ψ	θ	ϕ		
ψ:30°	30°	0°	−0.5°	0.5°	0.17°
θ:30°	0.5°	30°	0°	0.5°	0.17°
ϕ:30°	0°	0°	30°	0°	0°
ψ:12°→θ:15°	12°	15°	−1.5°	1.5°	0.5°
θ:15°→ϕ:18°	2°	15°	18°	2°	0.67°
θ:15°→ϕ:18°→ψ:10°	12.5	16.5	16.5	2.5°	1.8°
θ:15°→ψ:10°→ϕ:18°	12.5	13.5	16.5	2.5°	1.8°
ψ:5°→θ:10°→ϕ:8°	5.5	9.5	8.5	0.5°	0.5°

由表 7-2 可见，如果所选刚体坐标系只绕一个轴旋转，那么当旋转角为 30°时，其最大误差约为 0.5°，平均误差最大约为 0.17°。如果绕两个轴旋转，那么当旋转角小

于 20°时，其最大误差约为 2°，平均误差最大约为 0.67°。如果绕三个轴旋转，那么在旋转角小于 20°时，其最大误差约为 2.5°，平均误差最大约为 1.8°。因此，可利用旋转分解法近似求解刚体姿态的变化情况。

7.5.2 运动参数的实验测量

目标的运动参数可用液晶基光场相机进行测量，典型成像测量如图 7-13 所示。关键步骤为：首先对液晶基光场相机进行标定，得到三个关键参数，其值分别为 $f_L=78.26$ mm、$b=1.30$ mm、$l=74.52$ mm；目标行人位于华中科技大学逸夫科技楼南楼楼顶处，并沿相机坐标系的 x 轴运动(见图 7-13(a)左上角)，每隔 2 s 进行一次拍摄采集，测量目标的速度和加速度。在图 7-13 所示的时间段上连续获取三张光场图像，选择相同物点，所计算的行人与相机的距离约为 22.3 m。行人头部在三幅图像中的坐标分别为 3.8 m、0.81 m 和 −2.68 m。计算结果：行人在图(a)与图(b)间的行进速度为 1.5 m/s，在图(b)与图(c)间的行进速度为 1.75 m/s，加速度为 0.125 m/s^2。

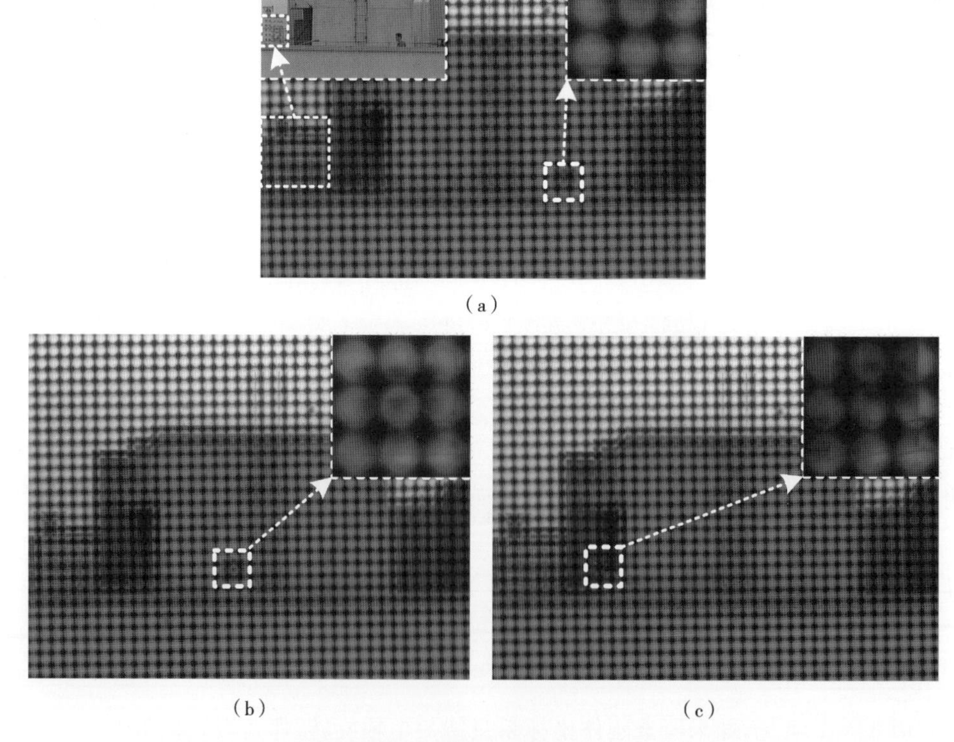

(a)　(b)　(c)

图 7-13　液晶基光场相机测量低速运动目标的速度和加速度

液晶基光场相机同样可对目标的运动姿态进行测量,典型情形如图7-14所示。液晶基光场相机的主要参数标定值为 $f_L=39.92$ mm、$b=1.30$ mm、$l=38.96$ mm。把一个旋转运动的飞机模型作为目标,每10 s间隔采集一次光场图像。为了计算目标姿态变化情况,共选择了四个参考点,其中,第二个参考点作为飞机刚体坐标系的原点,其他三个参考点的坐标通过计算得出。使用最小二乘法得到的飞机姿态的变化为 $\theta=1.5°$、$\psi=2°$、$\phi=21.5°$,在三个相应方向上的角速度分别为 $\omega_\theta=0.15°/s$、$\omega_\psi=0.2°/s$、$\omega_\phi=2.15°/s$。飞机模型在顺时针方向实际旋转了20°,这说明计算结果与真实情况较为符合。

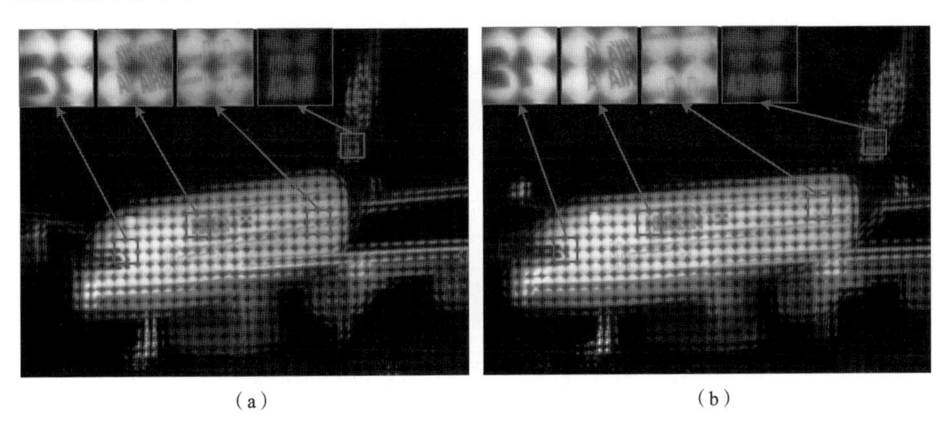

(a)　　(b)

图7-14　液晶基光场相机测量目标的运动姿态

7.6　小　　结

本章涉及将液晶基电控光场成像法引入三维空间和运动参数测量这一关键内容,建立了液晶基电控光场成像的三维空间投影模型,分析了物空间深度估算、三维空间测量和运动参数提取的基本方法,通过实验对结果进行了比较分析。原理测试表明,引入电控液晶微透镜阵列,利用其光场成像的可调焦特性,可显著增大空间测量范围。可以预见的是:液晶基电控光场成像法,基于单相机架构和可调焦可摆焦属性,将在三维空间和运动参数的实时和低成本测量方面发挥重要作用。

第8章　液晶基光场与平面一体化成像

8.1　引　言

通常意义上的光场成像与常规平面成像存在光学结构差异，难以相互兼容或切换。成像装置或设备要么基于光敏器件阵列执行二维成像探测，要么通过微透镜阵列与光敏阵列的耦合，进行光场图像数据收集与特征信息提取和图像重构。可见光与红外谱域的二维相机，得益于微电子与光电子技术的进步，目前已发展到较高水平。商用可见光二维相机的像素已超过5000像素×5000像素，像素尺寸已降至亚微米数量级，辐射分辨率已达到纳瓦数量级，时间分辨率已短至亚纳秒数量级。实用化的光场相机受益于微透镜阵列技术的进步和人工智能技术的快速发展，成像光束的方向分辨率已突破微弧度数量级，图像渲染效果已贴近目前的高清图像水平，成像景深已扩展至可去除对焦现象，可高效进行基于光流的动态目标检测，可有效支撑构建微米数量级的高密度仿生复眼，可显著削弱高散射环境下的成像像质，可显著增强场景和目标适应性，甚至对抗能力。目前我们正探索将二维成像的高空间分辨率、高辐射分辨率或高时间分辨率，与三维光场成像的光能高空间传输方向分辨率、成像空间的碎片化，稠密/稀疏分割与全向扫描再现和跨空间尺度重构等，整合为一体化的成像架构，这些技术持续推动着成像探测技术向更高层次迈进。

我们找到了一种电控液晶微透镜阵列双模一体化成像方法。通过接通和切断加载在液晶微光学器件上的电控信号，实施三维光场成像和二维成像模式转换。我们研发出电控液晶微透镜阵列双模一体化成像装置，其可处理光场图像，有效获取目标和场景的三维结构特征。图像匹配可高效重建目标的本征三维图像。协同利用光场与平面成像数据的方法，可实现成像功能、图像信息处理和能力的突破性提升。

8.2　双模一体化成像系统设计

基于电控液晶微透镜阵列的双模一体化成像系统如图8-1所示。与液晶基电控光场成像结构类似，该成像架构也主要由成像光学系统或成像物镜、电控液晶微透镜阵列和成像传感器组成。目标光波首先被成像物镜压缩会聚，在平面成像模式下，由于去除了加载在液晶微透镜阵列上的电控信号，液晶微透镜阵列将转变为一块仅延迟光波传输的相位板，阵列化的光会聚能力丧失。由成像物镜压缩会聚的入射光束通过该系统产生的相位延迟，随各入射微束簇传播方向的变化出现不同的差异，微束簇内的光束传播方向不变，但存在程度不同的平移变动，由于液晶相位板的厚度在毫米、亚毫米数量级，微束的平移改变量极小。总体而言，经成像物镜会聚而成的成像光束在像平面或焦平面处将形成一个实像，该项功能将几乎不受液晶微透镜阵列断电后形成的液晶相位板的影响。成像传感器放置在像平面或焦平面处，可采集到清晰图像的光电数据。若把成像物镜视为一个理想的成像透镜，则物距 a_L 和像距 b_L 满足常规的薄透镜公式，即

$$\frac{1}{f_L}=\frac{1}{a_L}+\frac{1}{b_L} \tag{8-1}$$

式中：f_L 为成像物镜焦距。

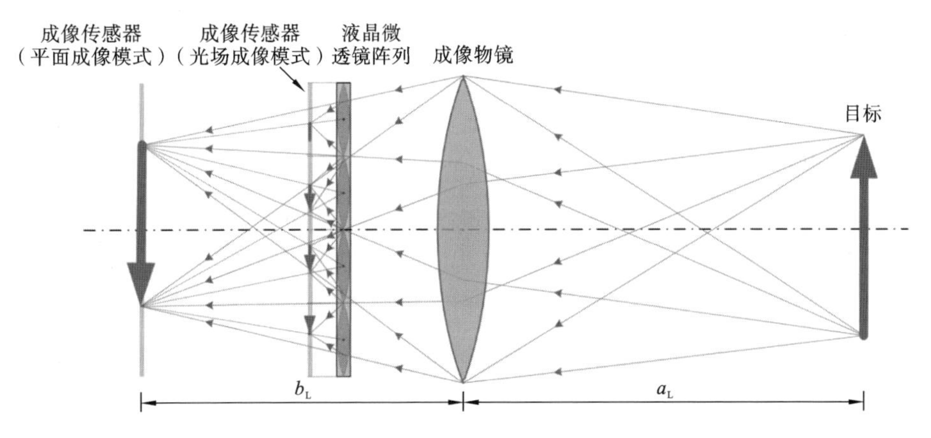

图 8-1　典型的双模一体化成像架构方案

在光场成像模式下，液晶微透镜阵列将对成像物镜压缩构建的图像进行二次成像，再通过成像传感器得到最终的序列光场图像。完成上述功能的前提是有效耦合电控液晶微透镜阵列和成像传感器，并将其置于成像物镜后端的合理位置处。一般而言，为了兼顾平面成像模式和光场成像模式，成像传感器应布置在成像物镜的焦深范围内，相对平面成像模式下的焦平面做微小前置或后移。考虑到多元相邻的液晶微透镜均对每一个虚像点的成像光场进行区块分割，甚至碎片分割，各虚像点作为液晶微透镜的成像物点，将在上述多个相邻微透镜上生成具有光束方向分辨能力的二次像点。因此，经过渲染后的光场图像的分辨率，在目前情况下应远低于成像传感器的图像分辨率。

对光场成像而言，采用的成像物镜形状和通光孔径，是决定由单元微透镜形成的子图像可覆盖的视场范围或尺寸、光束方向的分辨能力和图像清晰度的重要因素。采用不同通光孔径的圆形成像物镜所获取的典型光场图像如图 8-2 所示。当圆形成像物镜的通光孔径过小(见图 8-2(a))时，由于液晶微透镜形成的各单元图像间存在较大间隙，因而既浪费成像传感器资源，也缩小了单元图像可覆盖的视场范围或空间

尺寸、降低了光束方向的分辨能力和图像清晰度。合理做法是:尽可能降低单元图像间的空间区域尺寸,如较为理想的图像相切情形,如图 8-2(b)所示。当成像物镜通光孔径过大时,单元图像间会产生程度不同的重叠或产生重复成像,如图 8-2(c)所示。双模一体化成像所涉及的成像物镜的孔径尺寸应满足的条件如下。

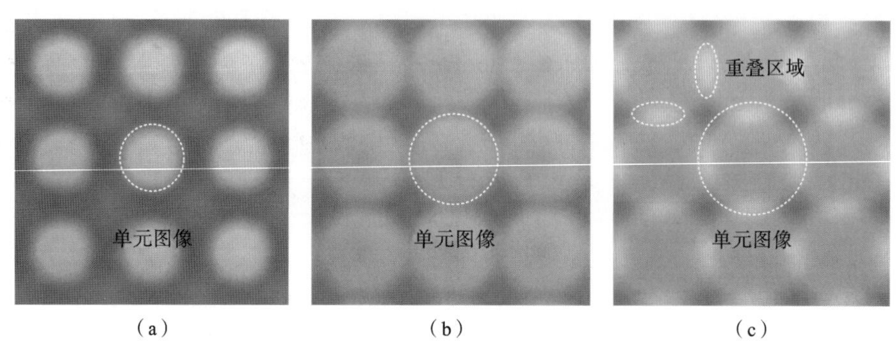

图 8-2　在不同通光孔径成像物镜作用下形成的单元图像

(a) 孔径过小;(b) 孔径合适;(c) 孔径过大

图 8-3 所示的为由成像物点出射的多向光波通过成像物镜构建的成像光场,并在其中插入电控液晶微透镜阵列后进行二次成像的光路。各液晶微透镜均对应一幅单元图像,生成的物点像位于其单元图像内。朝向虚像点(I)传播的入射光束所形成的光锥,被液晶微透镜阵列中的多个微透镜分别会聚成多个实像点。为了分析光锥大小影响成像光束可覆盖的微透镜数量,光锥角被粗略划分为 $\alpha<\beta<\gamma$。如果所形成的入射光锥角较大,如覆盖了包括微透镜 A 和微透镜 F 的典型情形,则成像传感器会形成由像点 I_a 和 I_f 界定的多个像点。这些像点分别位于由微透镜 A 和微透镜 F

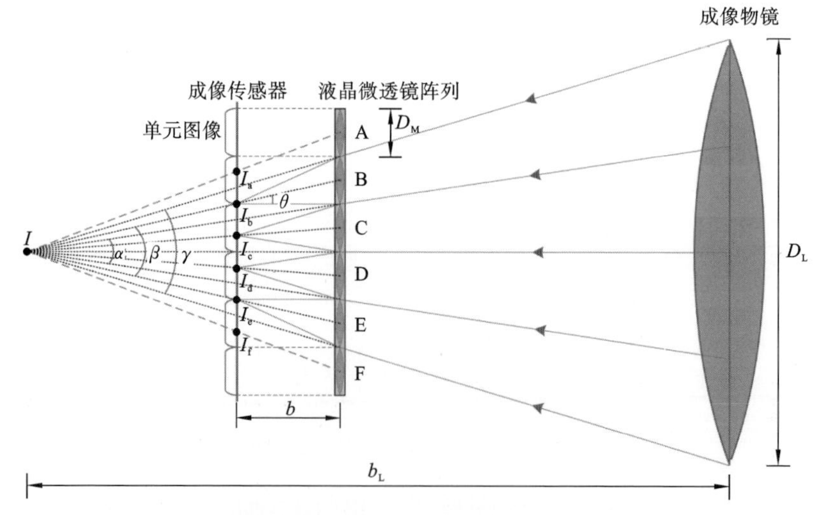

图 8-3　成像物镜的通光孔径对液晶微透镜二次成像的影响

所界定的，包括相邻微透镜 B 和微透镜 E 等的各单元图像内，其结果是单元图像间形成了局部重叠。一般而言，入射光锥应局限在微透镜 B 到微透镜 E 所界定的区域内，即小于 γ。如果入射光锥较小，仅覆盖微透镜 C 和微透镜 D，那么在上述像点 I_b 和 I_e 位置处，不再有任何光束分布，也就不能产生任何像点，从而浪费成像传感器资源。换言之，入射光锥角应大于 α。

考虑到现有电控液晶微透镜的通光孔径仍处在几十至几百微米数量级这一情况，在所述的 $\alpha<\beta<\gamma$ 关系中，β 用于近似表示入射光锥所应具有的合理角度。根据相似三角形关系，成像物镜与液晶微透镜间的关系为

$$\frac{D_L}{b_L}\approx\frac{D_M}{b} \tag{8-2}$$

式中：D_L 和 D_M 分别为成像物镜与单元液晶微透镜的通光孔径；b 为液晶微透镜阵列与成像传感器间的距离。在光场成像模式下，成像物镜光圈数与单元液晶微透镜的光圈数应近似相等。本章涉及液晶基双模一体化相机的光圈数一般控制在 10 左右。虽然在平面成像模式下，对成像物镜的孔径一般无特殊要求，为了能够快速地在两种成像模式间完成切换，平面成像模式下的成像物镜的有效通光孔径应与光场成像模式的相同。需要指出的是，液晶基电控光场成像也应满足上述的光圈数相等的条件。

图 8-4 所示的为两种成像模式下的景深。变量 s 为双模成像系统最小可分辨角所对应的一维视场尺度，将分布在液晶微透镜阵列后，由成像物镜构建的五个虚像点 I_1 至 I_5 的入射光锥角设置为近似相等。在光场成像模式下，I_1、I_3 和 I_5 三个虚像点

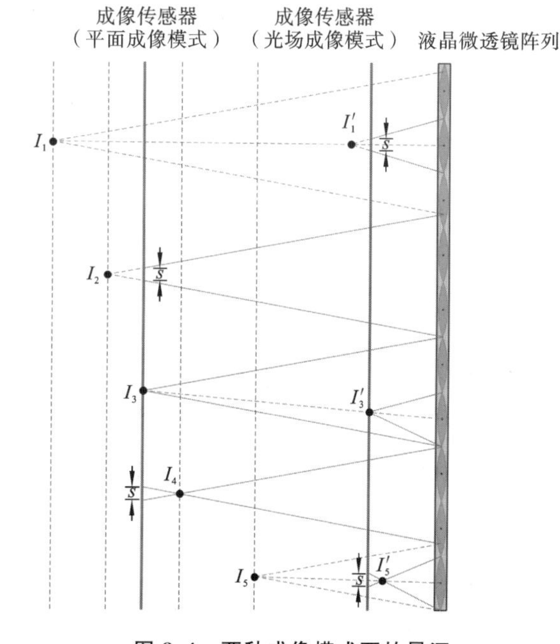

图 8-4　两种成像模式下的景深

被液晶微透镜阵列二次成像。分别选择入射光锥角最大的三个实像点 I'_1、I'_3 和 I'_5，其中，I'_3 正好成像在成像传感器的光入射面上，I'_1 和 I'_5 则分别投射在成像传感器的前方和后端，从而在成像传感器上形成弥散光斑和亚聚焦光斑。设 I'_1 和 I'_5 的光斑直径均为 s，可认为 I'_1 和 I'_5 均被有效会聚，从而实现清晰成像。液晶微透镜阵列针对成像物镜的像空间的二次成像范围，在 I_1 和 I_5 所在的像平面之间。

在平面成像模式下，考虑 I_2、I_3 和 I_4 三个虚像点的相应情况。与上述情况类似，I_3 可有效成像在成像传感器上，I_1 和 I_5 分别处于亚聚焦和散焦态。设这两个点在成像传感器光敏面上的光斑直径均为 s，则在平面成像模式下，成像物镜的有效成像范围将在 I_2 和 I_4 所界定的像平面之间。

将成像物镜的像空间转换到物空间后，光场成像模式下的景深将远大于平面成像模式下的景深。大景深也是基于光场成像进行三维空间成像和测量的优势之一。考虑到液晶微透镜阵列对成像物镜的像空间进行了二次压缩会聚，成像物镜的光锥成像光场被液晶微透镜进行了进一步分割，获得的光场图像的实际入射光锥角已被大幅度减小。

8.3 双模一体化相机

基于上述分析，自主构建一台液晶基双模一体化相机。关键性的电控液晶微透镜阵列的结构参数如下。液晶微透镜阵列使用 ITO-ITO 导电薄膜制成电极对，采用典型的微圆孔阵图案电极构形，微圆孔直径为 128 μm，孔心距为 160 μm，图案电极和平板电极均制作在厚度约为 500 μm 的玻璃基片表面，ITO 膜厚度约为 185 nm，方块电阻约为 10 Ω/□，所采用的液晶为德国 Merck 公司的 E44 型液晶。

在常规光学性能测试方面，以波长为 550 nm 的激光器作为测试光源，使用 20× 物镜放大液晶微透镜的成像光场，测试其聚光性能。在液晶微透镜阵列上加载均方根电压为 7.0 V 的信号，放大物镜距液晶微透镜阵列为 1.05 mm，此时各液晶微透镜形成的光斑尺寸最小，可认为入射到液晶微透镜的入射光已处在聚焦态，典型的二维和三维聚焦光场如图 8-5 所示。图 8-5(a)所示的为二维光强分布，与其对应的三维光强分布如图 8-5(b)所示，各液晶微透镜均对近似平行的入射光束进行了有效聚焦。图 8-5(c)和(d)所示的分别为图 8-5(a)所示的横向和纵向白线处的光能分布。经测算得到的焦斑半高宽约为 10 μm。需要指出的是，由于在电控液晶微透镜阵列中采用了对可见光透明的 ITO-ITO 电极，不同于 Al-ITO 电极的液晶微透镜阵列，入射到各微透镜有效聚光区域外的光波，也会穿过液晶层被成像传感器接收而产生杂光信号。

通过调变加载在液晶微透镜阵列上的信号均方根电压并测量其焦距，得到 ITO-ITO 电极液晶微透镜阵列的信号均方根电压与焦距间的关系曲线，如图 8-6 所示。

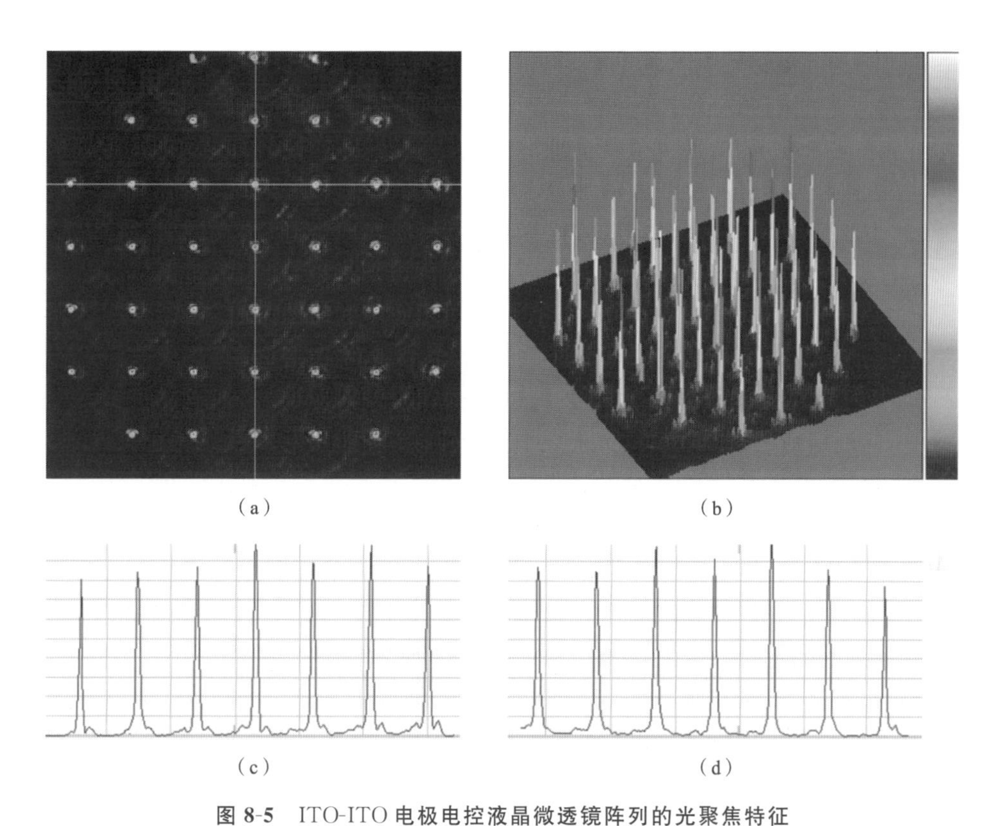

图 8-5 ITO-ITO 电极电控液晶微透镜阵列的光聚焦特征

(a) 二维光强分布；(b) 三维光强分布；(c) 横向白线处的光能分布；(d) 纵向白线处的光能分布

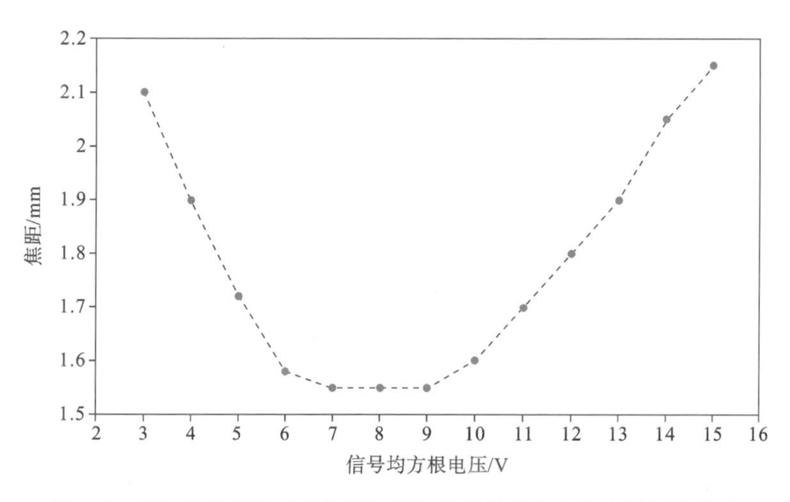

图 8-6 液晶微透镜阵列的焦距与所加载的信号均方根电压间的关系

当所加载的信号均方根电压为 3～15 V 时，该液晶微透镜阵列的焦距为 1.55～2.15 mm。当所加载的信号均方根电压大于 15 V 时，在液晶微透镜的 ITO-ITO 电极对间所激励的电场过强，使液晶指向矢达到偏转饱和而不能形成所需的折射率梯度分布。测量表明，在液晶微透镜上所加载的信号均方根电压，并不是在 3～15 V 中任意取值，均可驱使液晶微透镜将入射波束完美地会聚到同一点。由于在信号均方根电压为 7.0 V 处，液晶指向矢分布可较好满足形成微透镜的折射率分布要求，该参数将作为主选信号均方根电压，以用于进行液晶基双模一体化成像。

与液晶基光场相机成像类似，液晶基双模一体化相机光场成像也存在两种实现模式，分别是伽利略模式和开普勒模式。在进行液晶基双模一体化成像方面，我们主要采用焦距较长的液晶微透镜阵列，液晶基双模一体化相机主要基于伽利略模式构建。图 8-7 所示的为典型液晶基双模一体化相机。该相机采用的电控液晶微透镜阵列的主要参数与前述类似，成像传感器的结构参数和性能指标也与前述的液晶基光场相机的大体相同。典型配置方案如下：成像物镜的标识焦距为 35 mm，标定后的焦距 $f_L=39.92$ mm；为了去除噪声较强的寻常光，在液晶基双模一体化相机前端配置了一个偏振片，其偏振方向与制作在液晶微透镜阵列中的稠密沟槽取向相平行。

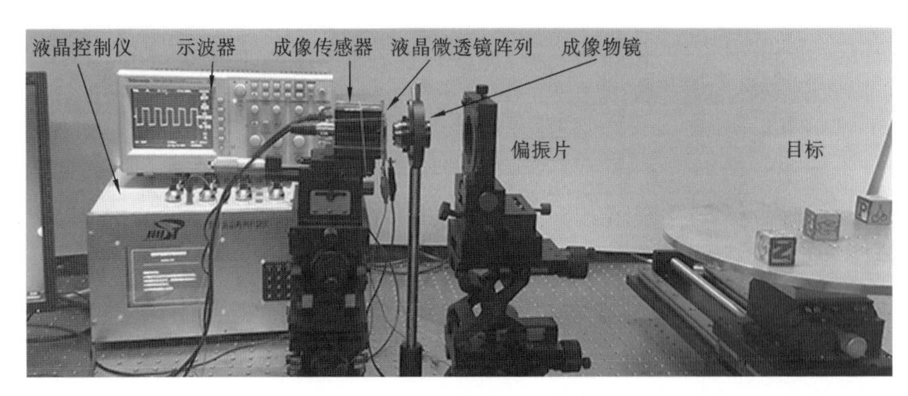

图 8-7　液晶基双模一体化相机

以配置在液晶基双模一体化相机前不同位置处的三个积木作为目标，在液晶微光学器件上加载和去除信号均方根电压，实现电控液晶微透镜阵列构建，以及将其转变为常规液晶相位板。加电和断电操控下的液晶基双模一体化相机分别采集光场图像和常规平面图像，加电和断电操控如下。首先在液晶微透镜阵列上加载均方根电压为7.0 V 的信号，液晶基双模一体化相机在光场成像模式下，对预设目标采集的典型光场图像如图 8-8 所示，其中，图 8-8(a)所示的为全景图，图 8-8(b)～图 8-8(d)所示的为从全景图中截取下来的各位置处的积木局部放大图。由此可见，各元液晶微透镜对各局部场景和目标进行了清晰成像。

随后，去除加载在液晶微透镜阵列上的信号均方根电压，液晶基双模一体化相机

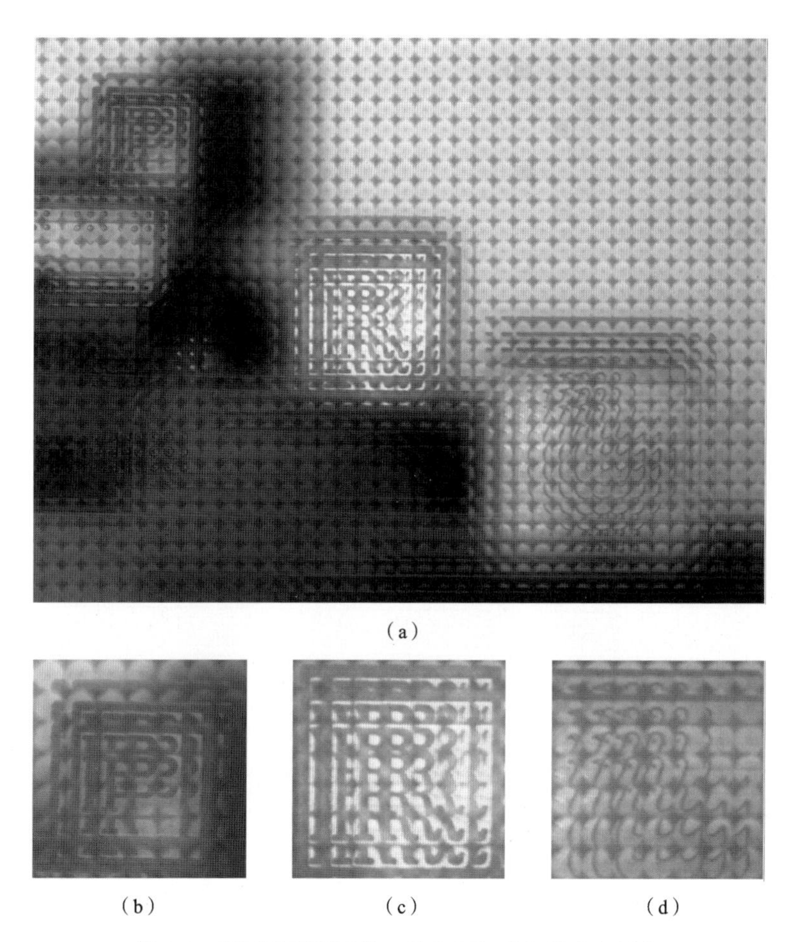

(a)

(b)　(c)　(d)

图 8-8　通过液晶基双模一体化相机采集的光场图像

(a) 全景图;(b) 远处积木;(c) 中间积木;(d) 近处积木

即进入常规的平面成像模式。保持相机与成像目标间的相对位置不变和相机的配置不变,直接采集到的平面图像如图 8-9 所示。由于成像光路发生了变化,在不调节成像传感器位置这一条件下,三块积木均处于未聚焦态。为了采集到清晰的平面图像,将放置电控液晶微透镜阵列和成像传感器的三维精密移动平台整体后移,按照从远到近的顺序分别采集三块积木的清晰平面图像,如图 8-10 所示。由此可见,由于常规平面成像模式下的景深范围较小,积木与液晶基双模一体化相机间的距离较大,每次采集仅能获取一个积木的清晰图像。因此,移动配置在成像物镜后端的成像传感器,分三次采集到的三个积木平面图像都为清晰平面图像。

综上所述,液晶基双模一体化相机,对不同场景所能采集的特定目标的平面图像的数量不是固定的,这取决于场景、目标自身特征、目标在场景中的配置方式、成像清晰度和景深等参数的选取与配置。

图 8-9　断电后未做任何调整而直接采集的平面图像

(a)

(b)

(c)

图 8-10　在平面成像模式下针对不同物距(积木)而采集的平面图像

(a) 远处积木;(b) 中间积木;(c) 近处积木

8.4　高分辨率三维图像重建

利用液晶基双模一体化相机进行光场成像时，受微米数量级液晶微透镜的通光孔径限制，所构建的单元图像均存在较为明显的渐晕现象。在合成多个单元图像的过程中，会产生较为明显的拼接边缘或边界线。为了应对渐晕效应，在光场成像模式下，要采集均匀白光的图像。对于单元图像，设置图像中心点处的光强为1，并测量不同半径下的光强。表8-1所示的为单元图像的半径和光强的典型数据。

表8-1　单元图像的半径和光强的典型数据

半径 R/像素	0	1	2	3	4	5	6	7	8	9
光强	1	1	1	1	1	1	1	1	0.999	0.998
半径 R/像素	10	11	12	13	14	15	16	17	18	19
光强	0.997	0.996	0.995	0.995	0.994	0.994	0.993	0.992	0.992	0.989
半径 R/像素	20	21	22	23	24	25	26	27	28	29
光强	0.984	0.987	0.981	0.974	0.968	0.960	0.955	0.953	0.946	0.945
半径 R/像素	30	31	32	33	34	35	36	37	38	39
光强	0.941	0.940	0.935	0.928	0.926	0.919	0.913	0.906	0.901	0.899
半径 R/像素	40	41	42	43	44	45	46	47	48	49
光强	0.890	0.885	0.877	0.874	0.861	0.857	0.848	0.833	0.821	0.819

采用多项式逼近可得到单元图像的渐晕补偿关系。设单元图像的一个点到单元图像的圆心或质心的距离为 R，依据表8-1所示数据，求得的逼近补偿多项式比值 I_{ratio} 为

$$I_{\text{ratio}} = 0.0001R^2 - 0.0002R + 1.1066 \tag{8-3}$$

经过校正的光场图像如图8-11所示，校正后的图像的亮度均匀性得到明显改善。

为了获得成像物点的三维特征信息，首先需要计算物点对应的虚像点的深度。研究表明，完成虚像点深度测量的关键是像差计算，需要对虚像点的相邻单元图像所形成的多个实像点进行匹配才能实现。一般而言，很难在两幅单元图像间匹配某一个或某些像素点。

为了便于匹配，定义一个20像素×20像素的窗口图像作为最小匹配单位。匹配方法是：对于相邻的两幅单元图像，在第一幅单元图像中截取某一个窗口图像作为模板图像 T，然后在第二幅单元图像 I 中，以某一点(x, y)作为左上角，截取与模板图像大小完全相同的块图像，再用度量值计算方法求解以得到一个匹配值 $R(x, y)$。

图 8-11 渐晕校正后的光场图像

比较 I 中能够截取到的所有块图像的匹配值，从而找到与模板图像匹配最佳的块图像。由极线约束可知，第二幅单元图像中匹配最佳的块图像，与第一幅单元图像中的窗口图像的对应点连线，平行于两幅单元图像中心的连线。因此，极线约束可用于优化匹配算法，即在寻找时仅从两幅单元图像中心的连接平行线上截取块图像进行匹配。

8.4.1 六种度量值计算方法

(1) 平方差匹配。

平方差匹配单元图像的一个点到单元图像圆心的距离为

$$R(x,y)=\sum_{x',y'}[T(x',y')-I(x+x',y+y')]^2 \tag{8-4}$$

(2) 归一化平方差匹配。

归一化平方差匹配单元图像的一个点到单元图像圆心的距离为

$$R(x,y)=\frac{\sum_{x',y'}[T(x',y')-I(x+x',y+y')]^2}{\sqrt{\sum_{x',y'}T(x',y')^2\cdot\sum_{x',y'}I(x+x',y+y')^2}} \tag{8-5}$$

(3) 相关匹配。

相关匹配单元图像的一个点到单元图像圆心的距离为

$$R(x,y)=\sum_{x',y'}T(x',y')I(x+x',y+y') \tag{8-6}$$

(4) 归一化相关匹配。

归一化相关匹配单元图像的一个点到单元图像圆心的距离为

$$R(x,y)=\frac{\sum_{x',y'}T(x',y')I(x+x',y+y')}{\sqrt{\sum_{x',y'}T(x',y')^2\cdot\sum_{x',y'}I(x+x',y+y')^2}} \tag{8-7}$$

（5）相关系数匹配。

相关系数匹配单元图像的一个点到单元图像圆心的距离为

$$R(x,y)=\sum_{x',y'}T'(x',y')I'(x+x',y+y') \tag{8-8}$$

式中

$$T'(x',y')=T(x',y')-\frac{1}{(wh)\cdot\sum_{x'',y''}T(x'',y'')} \tag{8-9}$$

$$I'(x+x',y+y')=I(x+x',y+y')-\frac{1}{(wh)\sum_{x'',y''}T(x+x'',y+y'')} \tag{8-10}$$

其中的 w 和 h 分别为模板图像的宽度和高度。

（6）归一化相关系数匹配。

归一化相关系数匹配单元图像的一个点到单元图像圆心的距离为

$$R(x,y)=\frac{\sum_{x',y'}T'(x',y')I'(x+x',y+y')}{\sqrt{\sum_{x',y'}T'(x',y')^2\sum_{x',y'}I'(x+x',y+y')^2}} \tag{8-11}$$

在这六种方法中，前两种方法具有数值越小，匹配性越好的特点。后四种方法则数值越大，匹配性越好。实验显示，在液晶基双模一体化相机的成像实验测试中，归一化相关系数匹配算法的匹配效果较好，鲁棒性较高。因此，在实验测试中多采用该算法进行窗口图像匹配。图8-12所示的为使用归一化相关系数匹配法匹配窗口图像的实例。窗口单元大小约为20像素×20像素，所求得的像差为23像素，即32.2 μm。

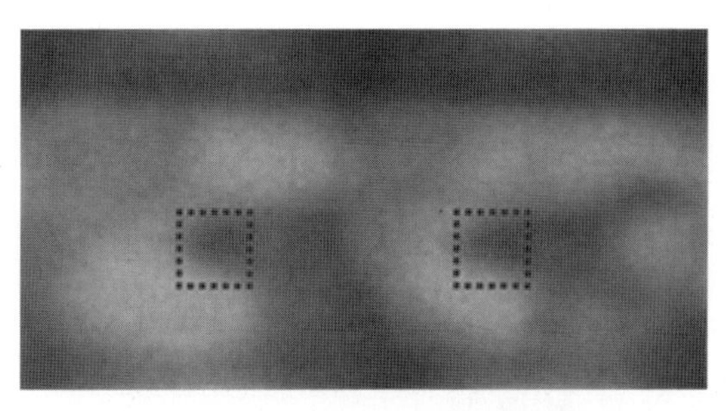

图8-12　典型的窗口单元匹配操作

以场景中的每个窗口图像为单位，用液晶基双模一体化相机的射影转换矩阵，可求出每个窗口图像的三维坐标信息。为了获取高分辨率的三维重建图像，每个窗口图像需要与每个平面图像进行匹配。然后从已匹配的块图像中选择清晰度最高的块图像，作为三维重建的子图像，进行下一步的三维重建。为了减小匹配误差，可对来自同一深度处的相邻窗口图像进行合并，得到一个较大的组合窗口图像，再进行与常规平面图像的匹配耦合。对光场成像获得的三个积木对应的窗口图像进行合并，得到三幅组合图像，如图 8-13 所示。由于光场图像的分辨率较低，组合图像的分辨率将远小于与其对应的平面图像的相应块图像的分辨率，从而需要进行多尺度的模板匹配，其方法是，将每一幅平面图像逐步缩小并多次与组合图像进行匹配，查找匹配度最高的块图像及所对应的缩小尺度。

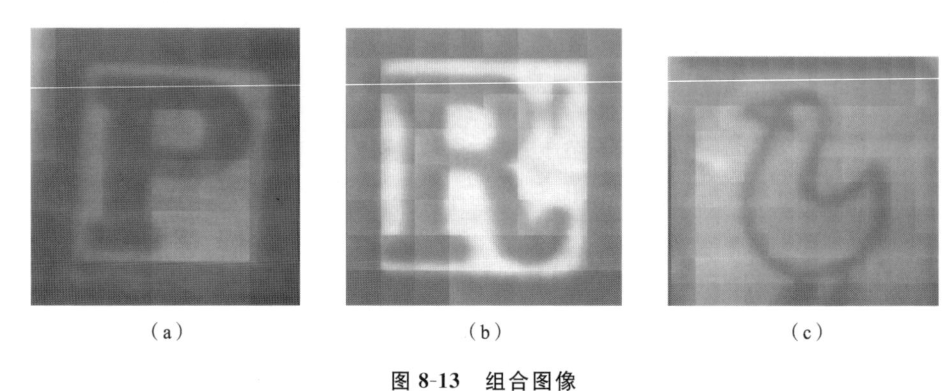

(a)　　(b)　　(c)

图 8-13　组合图像

(a) 远处积木图像；(b) 中间积木图像；(c) 近处积木图像

图 8-14 所示的为近处积木在三幅平面图像中，使用归一化相关系数匹配法匹配出的块图像，平面图像的缩小尺度为 0.19。从原始图像中的相同位置处，可截取到需要的块图像。块图像的单向分辨率，为组合图像对应方向上的分辨率除以缩小尺度。

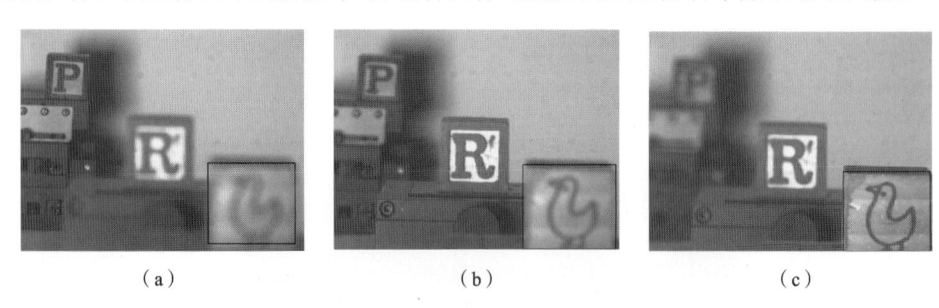

(a)　　(b)　　(c)

图 8-14　组合图像与平面图像的匹配

(a) 聚焦远处积木；(b) 聚焦中间积木；(c) 聚焦近处积木

8.4.2　清晰度评价函数

对于每一幅组合图像，均可得到与每幅平面图像对应的块图像。在进行三维图像重建时，需要选择清晰度最高的图像。在空域中，图像清晰度可通过图像的邻域对比度，即相邻像素间的灰度梯度差来评判。灰度梯度差越大，图像越清晰。基于常规情形的三种清晰度评价函数如下。

(1) 方差评价函数。

方差评价函数为

$$E=\frac{1}{M\times N}\sum_i\sum_j[\boldsymbol{f}(i,j)-\bar{\boldsymbol{f}}]^2 \tag{8-12}$$

(2) 拉普拉斯函数。

拉普拉斯函数为

$$E=\frac{1}{M\times N}\sum_i\sum_j[\nabla^2\boldsymbol{f}(i,j)]^2 \tag{8-13}$$

(3) 二阶梯度平方函数。

二阶梯度平方函数为

$$E=\frac{1}{M\times N}\sum_i\sum_j[\boldsymbol{f}_i^2(i,j)+\boldsymbol{f}_j^2(i,j)] \tag{8-14}$$

式中：

$$\begin{cases}\boldsymbol{f}_i(i,j)=I_{\text{sub}}(i,j)\times\boldsymbol{s}_i\\ \boldsymbol{f}_j(i,j)=I_{\text{sub}}(i,j)\times\boldsymbol{s}_j\end{cases} \tag{8-15}$$

其中的 $\boldsymbol{s}_i$ 和 $\boldsymbol{s}_j$ 为 Sobel 算子，即

$$\boldsymbol{s}_i=\begin{bmatrix}-1 & 0 & 1\\ -2 & 0 & 2\\ -1 & 0 & 1\end{bmatrix},\quad \boldsymbol{s}_j=\begin{bmatrix}1 & 2 & 1\\ 0 & 0 & 0\\ -1 & -2 & -1\end{bmatrix} \tag{8-16}$$

在式(8-12)至式(8-14)中，$M\times N$ 为图像大小；$\boldsymbol{f}(i,\ j)$为像素灰度值；$\bar{\boldsymbol{f}}$ 为灰度平均值；I_{sub}为目标点的像素为 3 像素×3 像素并以目标像素点为中心的子模块。

以近处积木匹配得到的块图像为例，使用三种算法分别对其进行相关计算，结果如表 8-2 所示。

表 8-2　清晰度评价

图像	方差评价函数	拉普拉斯函数	二阶梯度平方函数
远处积木图像	457.772	1.776	1.040
中间积木图像	642.215	1.820	1.060
近处积木图像	856.166	2.501	1.847

由表 8-2 可见，使用上述三种清晰度评价函数均可得到较为满意的结果。使用 OpenCV 和 OpenGL 建立三维模型，采用纹理映射法把所匹配的、来自平面图像的高分辨率块图像作为纹理，基于光场图像数据分析，得到其三维坐标并建立场景的三维重建模型，如图 8-15 所示。使用从平面图像中裁剪出来的块图像来替代光场图像中提取的组合窗口图像，从远到近三个积木的单向分辨率分别提升了 3.57、4.55 和 5.25倍。

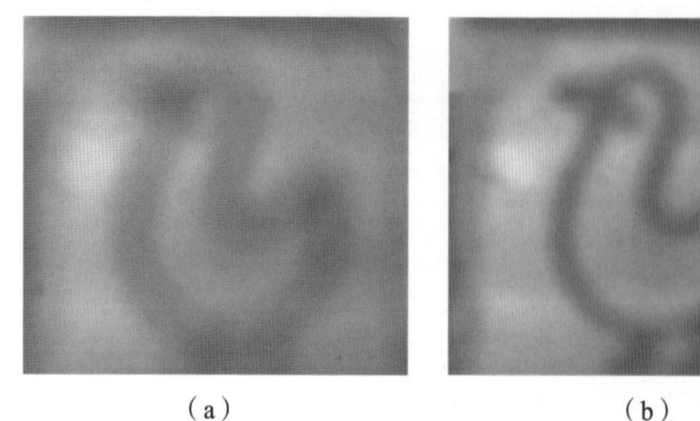
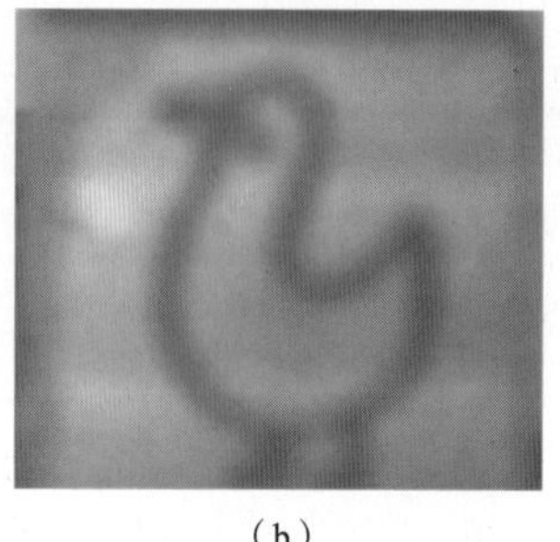

(a) (b) (c)

图 8-15 近处积木匹配得到的块图像

(a) 远处积木图像;(b) 中间积木图像;(c) 近处积木图像

8.5 液晶基光场相机原型

8.5.1 近景成像用液晶基光场相机

将基于面阵微正方形均匀致密排布的微圆形通光孔电控液晶成像微透镜,与可见光 CMOS 光敏阵列耦合,构建成适用于可见光谱域近景成像的液晶基光场相机,其典型结构特征如图 8-16 所示。图 8-16(a)所示的为利用 3D 打印技术制作的电控液晶微透镜阵列及其塑料支撑件。图 8-16(a)中与液晶微透镜连接的两根电引线,用于接入外界输入的加载在液晶微透镜上的电控信号。图 8-16(b)所示的为将电控液晶微透镜阵列与 CMOS 光敏阵列耦合封装后所构建的液晶基光场相机原型。图 8-16(b)中的两根电引线用于输入电控液晶微透镜阵列的电信号,该对电引线在

(a) (b)

图 8-16 用于近景成像的液晶基光场相机

(a) 液晶微透镜阵列及其塑料支撑件;(b) 液晶基光场相机原型

未来商品级的液晶基光场相机中将被去除，其电控功能将由与光敏阵列和液晶成像微透镜阵列耦合或集成的电子学控光芯片或功能性结构提供。所使用的图像传感器型号为 MVC14KSAC-GE6，其光敏阵列规模为 4384 像素×3288 像素，像元尺寸为 1.4×1.4 μm^2，配装 35 mm 焦距的 C 口光学成像物镜。

在实验室环境中获得的典型近景光场图像如图 8-17 所示。通过调节成像光学物镜使之相对远离与近景图像传感器匹配的光敏阵列，可以获得具有较高成像（空间）分辨率的光场复眼子图，如图 8-17(a)所示。通过调节成像光学物镜使之逐渐靠近光敏阵列，由于与每单元电控液晶微透镜对应的光敏元数量即子敏阵列规模被逐渐减小，成像分辨率将被渐次降低，相邻光场复眼图像间的交叉或冗余程度也相应增大，如图 8-17(b)所示。执行上述操作的成像物距约为 30 cm，目标的典型结构尺寸

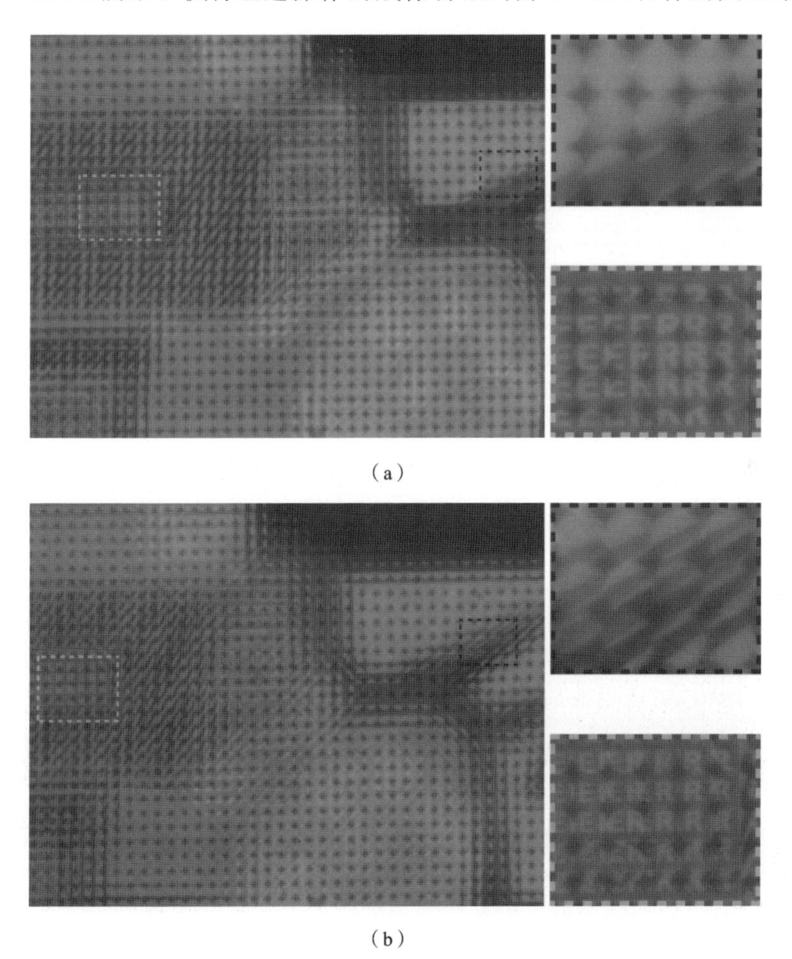

(a)

(b)

图 8-17　典型的原始光场成像效果

(a) 低冗余光场复眼子图阵；(b) 高冗余光场复眼子图阵

约为 5 cm。

8.5.2 远景成像用液晶基光场相机

针对基于面阵微正方形均匀排布的电控液晶成像微透镜阵列存在光能和光敏阵列像元或像素利用率相对较低，以及光场复眼间的成像间隙相对较大这一问题，相关人员进一步发展了基于正六边形致密排布的电控液晶微透镜阵列，其典型结构特征如图 8-18 所示。该图左上角的子图所示的为黑色标记的面阵液晶微透镜的图案电极和白色标记的阵列化微圆形通光孔(对应子成像孔)。白色微圆孔直径为 100 μm，相邻微圆孔中心距为 125 μm，图案电极的外形尺寸为 25×25 mm^2，包含封装结构的外形尺寸为 30×40 mm^2。所发展的一种典型的图案铝电极和 ITO 共地电极，分别制作在石英玻璃衬底上。采用前述工艺完成电控液晶微透镜阵列的工艺制作和性能测试。采用索尼 IMX342 彩色图像传感器构建光场相机原型，光敏阵列规模为 6464 像素×4852 像素，像元尺寸为 3.45×3.45 μm^2，成像靶面尺寸为 22.3×16.7 mm^2，帧频为 3.9 Hz，工作温区为 0 ℃～50 ℃。成像物镜为 LF2528M-F25 mm 光学镜头。

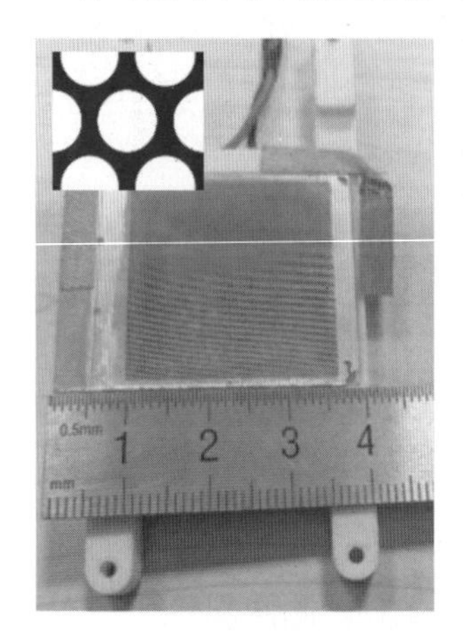

图 8-18 电控液晶微透镜阵列器件

通常情况下，液晶基光场相机由如上所述的图像传感器(光敏阵列)、电控液晶微透镜阵列和成像光学物镜构成。在执行光场成像的过程中，需要匹配三者间的位置或距离关系，使成像系统表现出适当的光场复眼冗余成像能力，并尽可能降低成像冗余导致的像元或像素或成像分辨率损失。针对伽利略光场成像模式，液晶微透镜阵列与图像传感器间的结构距离应小于焦距，一种相机原型的典型间距设置为1.1 mm，F 口相机的焦距为 46.5 mm，相机结构特征如图 8-19 所示。同样，利用 3D 打印技术制作电控液晶微透镜阵列的支撑件。通过更换图 8-19 所示的液晶基光场相机的成像光学物镜，可摄取与图 8-19 所示类似的近景图像，典型成像效果如图 8-20 所示。由图 8-20(a)可见，在液晶微透镜阵列上加载 2.0 V 的信号均方根电压时，液晶微透镜对焦于较远处目标。提高信号均方根电压至 3.5 V 时，液晶微透镜对焦于较近处目标。图 8-20 所示的较近处目标的光场复眼成像效果明显强于较远处的情形，有更多的液晶微透镜参与到对目标的成像操作。通过调变成像光学物镜的位置，可获得如图 8-21 所示的不同光场复眼成像效果。

针对室外约 20 m 至约 1.5 km 处两栋大楼屋顶的实时光场成像情形如图 8-22 所示。由该图可见，由实框标记的较近处大楼屋顶线状目标，与由虚框标记的较远处大楼屋顶目标的光场复眼子图阵存在明显差异。一般而言，一幅在空间上呈现结构

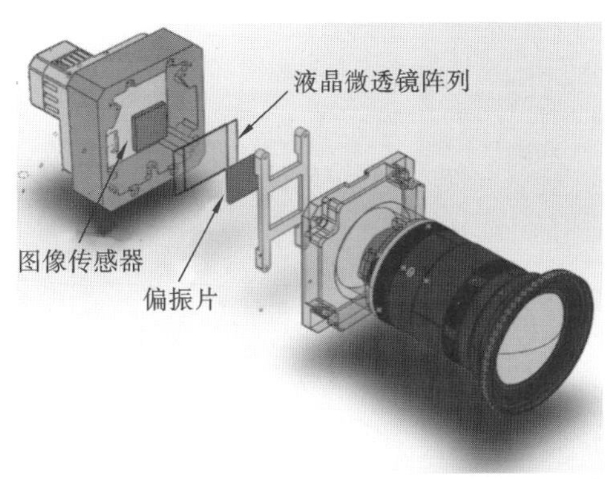

图 8-19　用于远景成像的液晶基光场相机原型

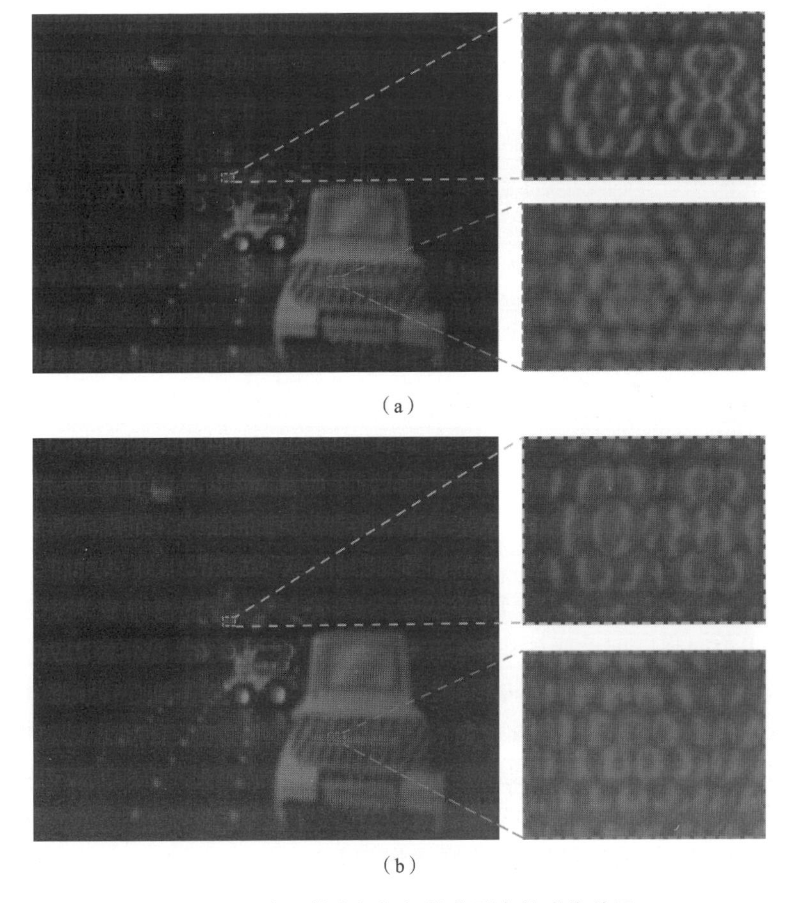

(a)

(b)

图 8-20　液晶基光场相机的典型电控成像效果

(a) 2.0 V；(b) 3.5 V

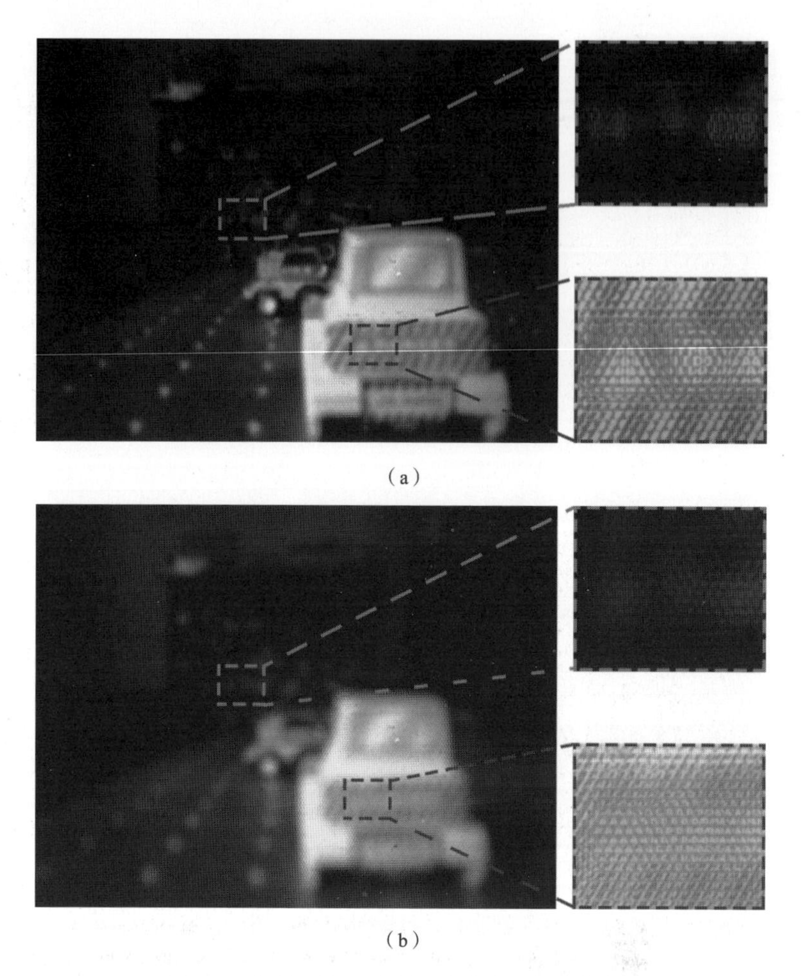

(a)

(b)

图 8-21　调变成像光学物镜的典型复眼成像效果

(a) 低冗余光场复眼子图阵；(b) 高冗余光场复眼子图阵

连续性和完整性的目标图像，通过光场成像被分割显示为基于各元成像微透镜所界定的，呈现出不同程度的子成像孔或复眼的图像边缘出现重叠或冗余的碎片式子图阵。执行目标图像渲染重建时，需要对各成像孔或复眼内的各像素光电信号强度或灰度，按经验性比例系数 k 缩放，其具体取值与电控液晶微透镜的聚光成像能力，光敏阵列的性能指标，所摄取的成像目标的结构、形态、位置、光照及环境背景情况等因素密切相关，一般呈现近小远大的特征。针对特定景物和设备，系数 k 也可通过解析关系获得。

针对图 8-23 所示的典型的室内场景情况，采用不同 k 值(2.0、2.6、3.7)所获取的重聚焦图像如图 8-24 所示。图 8-24(a)所示的为重聚焦在较远位置处小车上，图 8-24(b)所示的为重聚焦在中间位置处小车上，图 8-24(c)所示的为重聚焦在较近位

图 8-22　室外场景光场图像

图 8-23　室内场景光场成像

置处的黄色小车上。所呈现的重聚焦成像效果，较前述的子图像拼接方式已获得显著改善。

换用 650 mm 焦距的光学成像物镜，对华中科技大学逸夫科技楼和远处大楼建筑工地摄取的光场图像的成像效果如图 8-25 所示。由图 8-25 可见，约 20 者 m 距离处的逸夫科技楼屋顶防雷击钢丝的光场复眼图像呈现较高冗余度，远处约 1.5 km 处的大楼屋顶处塔吊的光场复眼图像的冗余度已相对降低。图 8-26 所示的为采用不同 k 值重聚焦的成像效果。图 8-26(a)显示了 k 值为 5.1 时的较为清晰的屋顶防雷击钢丝图像，此时远处的大楼屋顶处塔吊的图像已较为模糊。图 8-26(b)显示了 k 值为 3.3 时的较为清晰的重聚焦成像效果。上述光场成像情形显示出了成像景深已从米数量级扩展到了千米数量级这一显著特征。

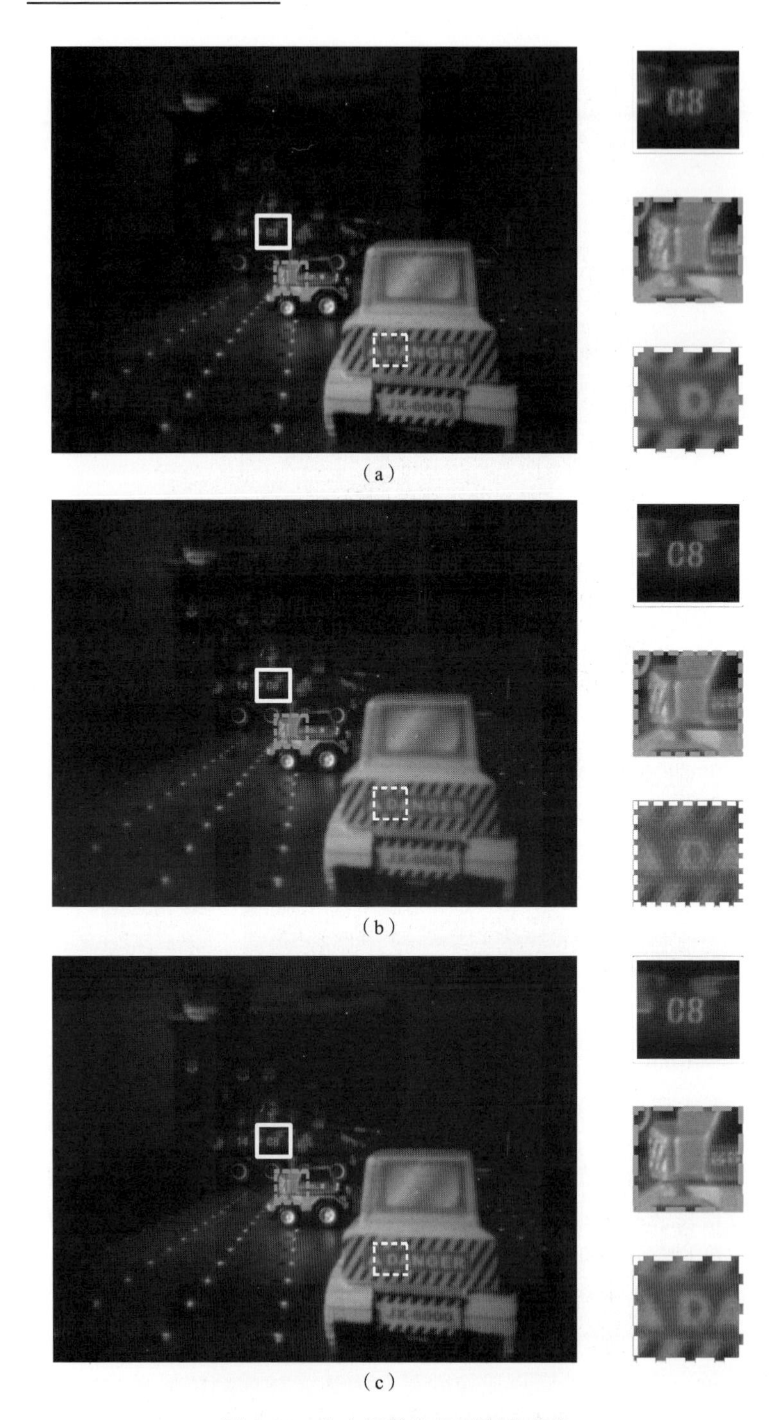

(a)

(b)

(c)

图 8-24 室内场景光场重聚焦成像

(a) k 取值为 2.0;(b) k 取值为 2.6;(c) k 取值为 3.7

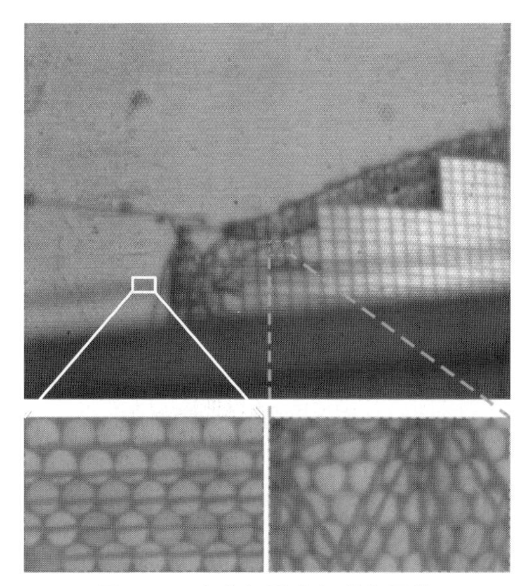

图 8-25　室外场景光场成像图片

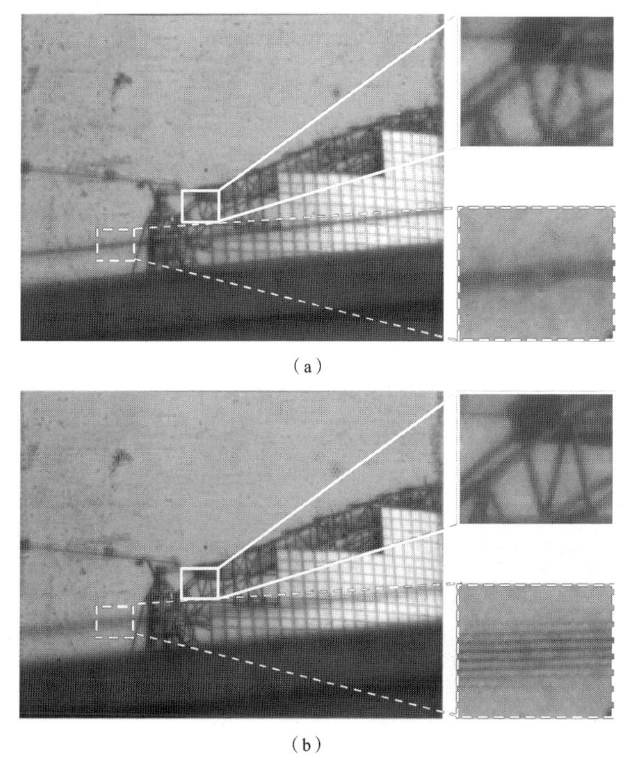

(a)

(b)

图 8-26　室外场景光场重聚焦成像

(a) 重聚焦在约 20 m 处;(b) 重聚焦在约 1.5 km 处

8.6 毫秒/亚毫秒数量级的图像渲染耗时

近年来,可见光和红外图像信息处理中的 GPU+FPGA 计算架构已日渐普及。随着光场成像技术的持续快速发展,常规 CPU 架构已难以满足光场图像渲染向实时性方向发展对图像数据处理快速性要求的不断提高。一般而言,处理常规光场成像数据涉及大量浮点运算,瞬时光场成像视场的较大像素量在图像渲染过程中,常存在较弱甚至可忽略的耦合或关联性。针对上述成像特征并基于电控液晶微透镜阵列执行光场成像这一方式,通过使用 GPU 进行加速计算,基于 OpenCL 编写计算程序,这一方法可显著缩短光场成像时间,进一步发展的液晶基光场图像渲染流程图如图 8-27 所示。首先将电控液晶微透镜的孔径和位置参数、光场图像渲染参数及原始光场图像数据,从主机内存传输到设备内存;然后执行 OpenCL 内核运算,计算渲染像素在原始光场图像中的坐标;在获得源像素坐标数据后,通过插值算法填充渲染,执行图像渲染;最后将渲染图像回传到主机内存。执行上述操作的计算机配置如下:处理器为 AMD-Ryzen-R5-3600X,内存为 DDR4-16G,显卡为 RTX2060-Super。输入到程序中的光场原始图像的分辨率为 6464 像素×4852 像素,位深度为 24。渲染不同结构尺寸(占有不同像素量)目标图像的耗时情况如表 8-3 所示。

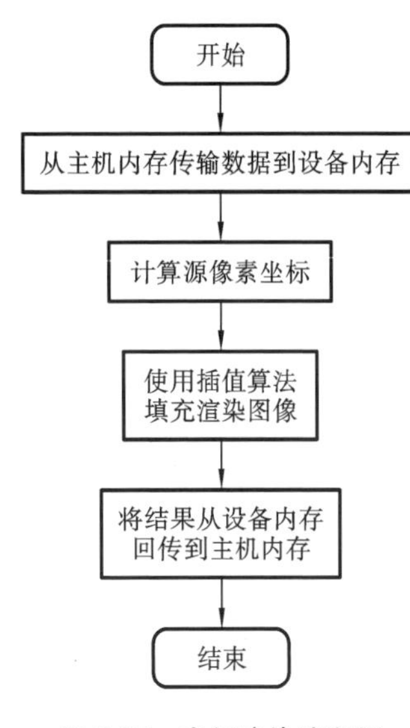

图 8-27 光场渲染流程图

表 8-3 渲染图像的结构尺寸与耗时关系

渲染图像结构尺寸 /(像素×像素)	帧频 /(帧/秒)	耗时 /ms	GPU 使用率 /(%)
6464×4852	29	34.48	40
3232×2426	112	8.93	38
1616×1213	260	3.85	42
808×606	993	1.01	5
404×303	2601	0.384	2
202×151	3754	0.266	1

由表 8-3 可见,随着渲染图像结构尺寸的渐次减小,也就是所需渲染的像素规模的不断降低,渲染帧频从结构尺寸为 6464 像素×4852 像素的 29 帧/秒,快速增大到

202像素×151像素的3754帧/秒,渲染耗时从34.48 ms快速缩短至266 μs,GPU使用率则从约40%降至约1%。考虑到常规成像系统所捕获目标的结构尺寸一般低于202像素×151像素这一情形,所实现的亚毫秒/微秒数量级的图像渲染操作已具有实时性特征。所使用的图像传感器为海康威视MV-CH310-10GM/GC,帧频为3.9帧/秒。由表8-3可知,在低渲染图像尺寸或阵列规模条件下,GPU呈现低使用率,渲染操作仍有进一步优化的空间,渲染速度可被进一步提高。目前,国外基于固定轮廓成像微透镜阵列的常规光场图像的渲染耗时约为每百万像素20 ms,德国RAYTRIX 3D光场相机所提供的典型图像渲染耗时约为每百万像素20 ms,我们所实现的图像渲染处在每百万像素1～2 ms的程度,在快速图像渲染甚至具备实时性方面已显示较大优势。

8.7 物空间的液晶基可寻址加电层析成像

迄今为止所出现的多种光场成像系统,主要基于将成像光场压缩在具有微米/亚微米数量级焦深的成像焦面处,成像目标的纵向(光轴方向)分布深度更是被压缩在亚微米数量级,通过匹配具有固定的连续折射或阶跃衍射轮廓的成像微透镜阵列执行光场成像操作。一般而言,通过常规的变焦操作提高成像(空间)分辨率,本质上是在维持目标固有光场的前提下,通过缩小(增大)成像视场来选取目标局部结构或局域光场,减小(提高)可分辨的目标形貌尺寸,等效提高目标的成像分辨效能。通常难以应用于通过匹配如上所述的具有固定形貌轮廓或成像能力的微透镜阵列,提升基于光场成像的物空间层化分辨能力。基础研究和应用表明,利用固定形貌轮廓的多元多尺度成像微透镜,获取目标的多姿态、低空间分辨率或低清晰度子图,再计算反演重构高逼真度三维立体目标,需要强有力的电子学、成像算法和先验知识等资源保证,在成像系统小型化与实时成像间显示难以调和的矛盾。另外,上述光场成像手段已将成熟的大视场平面成像,弱化为仅针对小视场或局域视场的有限孔径(子孔径)低空间分辨率成像。全视场目标的实时成像能力会呈现质的下降,在全局成像把握和局域目标精细判读方面具有矛盾性。

可预见的关于光场成像的一个未来发展趋势是:①通过与光敏阵列具有大致相同的外形结构尺寸,并与其匹配耦合或紧密集成的多维多模电控液晶结构,对成像光学系统投射到其焦面附近的成像压缩光场进行功能化或结构化处理,再将其送至光敏阵列执行光电转换,获得基于光能流结构化排布的目标图像,以及相关的波前、波矢和偏振等成像光波参量和参数;②在完成基于成像光波参量和相关参数测量的多维多模图像信息处理与目标判读识别的基础上,进一步通过液晶结构的智能性微纳控光操控,凸显、完善和优化目标特征,提高成像探测识别效能,增强图像信息获取和干扰抑制能力。

结合典型的±0.5 m景深数据，通过采用可调焦摆焦液晶微透镜，对成像光学系统构建的成像放大光场进行二次成像，即可基于液晶微透镜的系列电控变焦成像数据，对物空间目标的深度信息进行以米（仅针对上述常规景深数据）为计量单位的精确测算。通过具有不同焦距的电控变焦液晶微透镜，可在成像光学放大系统的虚像空间，也就是电控液晶微透镜的虚物空间，层化选择成像对焦面，获取清晰的目标图层。换言之，液晶微透镜可清晰成像的图层位置，被液晶微透镜的焦距或所加载的信号均方根电压幅度制约，呈现出以下典型物性：虚物目标上的发光点、液晶微透镜的焦面像点（焦距）“一一对应”，也就是对应虚物目标发光点的目标光点与液晶微透镜的焦面像点“一一对应”，即电控液晶微透镜的信号均方根电压幅值与物空间清晰成像面“一一对应”。所表现出的典型特征为：成像光学系统的虚像空间，即液晶微透镜的虚物空间，基于电控液晶微透镜的信号电压幅值被可寻址层析化。

针对有限远目标的图像清晰程度，在光学上可利用成像光波的点扩散函数进行量化评估。一般而言，清晰图像的点扩散函数表现出锐化，模糊图像的点扩散函数表现出弥散性失锐。图像越模糊，点扩散函数失锐程度越大，光斑弥散程度越高。其表现为“会聚态光斑（亚聚焦光斑）→焦斑→渐次失锐光斑→光斑弥散性失锐”的趋势。因此，通过量化评估成像光波的点扩散函数及其演化趋势，基于成像图层选择、成像景深物性、图像清晰和模糊的界面变动行为，可以“米”为单位，较为精确地解算有限远处目标的距离或深度信息。也就是说，可通过加载的液晶微透镜电控信号的自动调节，实现液晶基光场成像的自动对焦，清晰图层选取、目标结构深度或物距的精确判读。

基于全聚焦光场成像模式，在液晶结构上加载不同信号均方根电压后所获得的局部数字后景图像与局部图案前景图像特征，分别如图8-28和图8-29所示。由图8-28和图8-29可见，在同一信号均方根电压的作用下，清晰的图案前景图像与模糊

(a)

图8-28　基于全聚焦光场成像模式加载不同信号均方根电压的局部数字后景图像

(a) 全聚焦图像(5 V)；(b) 典型的数字后景图像

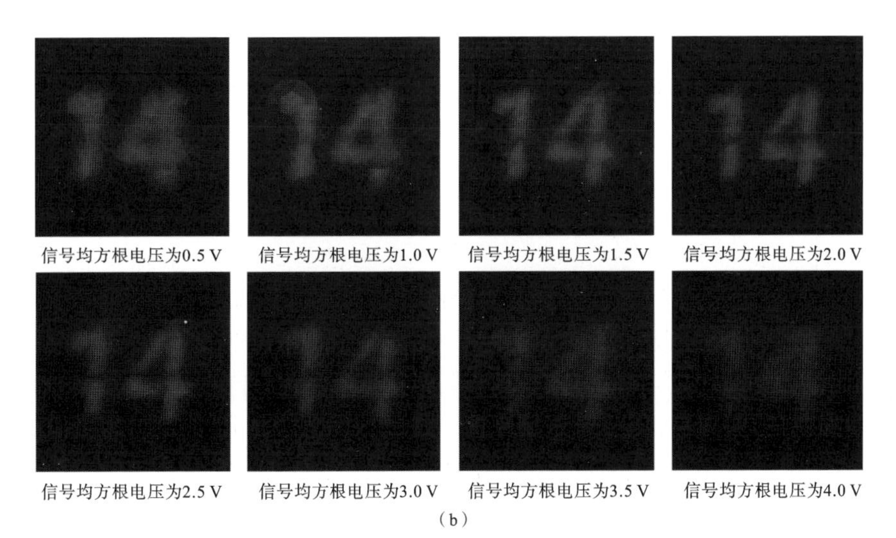

（b）

续图 8-28

图 8-29　在液晶结构上加载不同信号均方根电压的局部图案前景图像

的数字后景图像相对应。在某一信号均方根电压态下，图案前景图像与数字后景图像具有几乎相同的较清晰图像略低的可视程度。在全聚焦光场成像模式下，通过综合上述前景和后景成像效果，可实现物空间基于所加载的电控信号强度进行寻址操控的层析化处理与自动对焦，典型图像特征如图 8-30 所示。

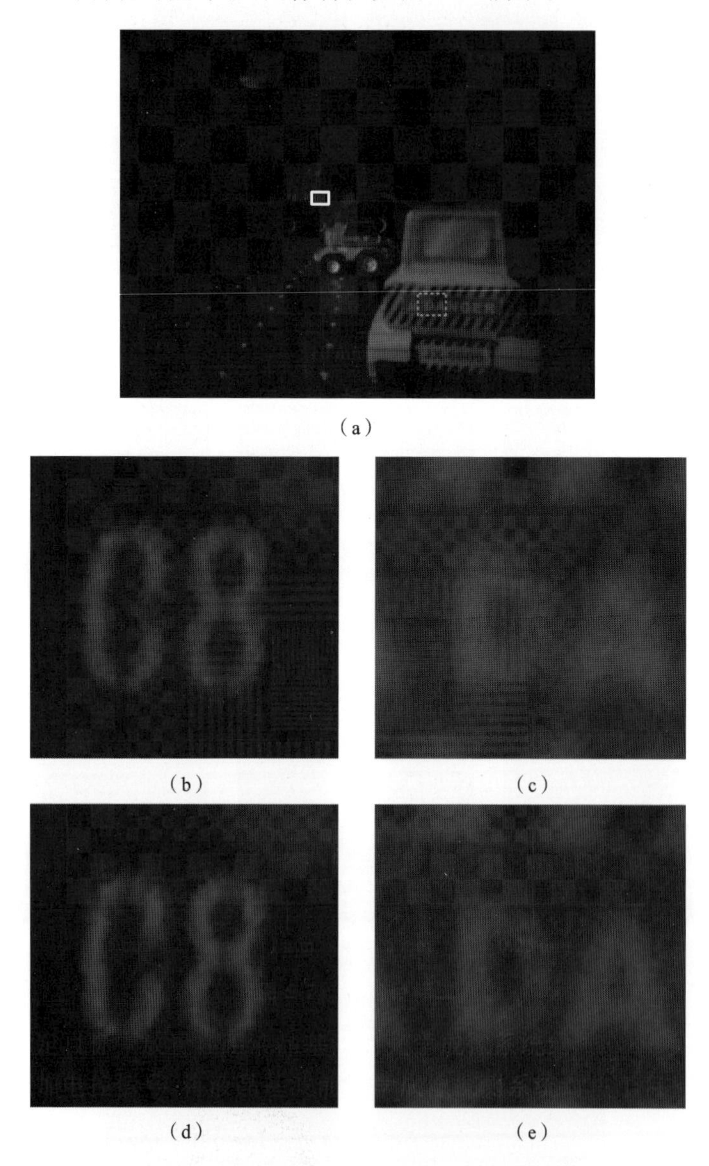

图 8-30　液晶成像微透镜自动对焦成像效果

(a) 全聚焦图像；(b) 对焦前的后景图像；(c) 对焦前的前景图像；(d) 对焦后的后景图像；(e) 对焦后的前景图像

8.8　小　　结

本章根据液晶微光学器件，通过加载和去除信号均方根电压可有效执行聚光和透光切换这一特点，自主提出了光场成像和常规平面成像相互兼容的双模成像法，并制作了适合于双模一体化成像的电控液晶微透镜阵列，从而进一步自主构建出液晶基双模一体化相机。该相机可以充分利用光场成像模式采集三维数据，以及常规平面成像模式采集二维高清晰度图像，基于图像信息融合可进一步得到高分辨率的三维图像数据。对比商用光场相机和常规二维相机的复合成像系统的结果，可有效降低成像设备复杂度和成本、扩展成像功能及提高成像效能。可以预见，液晶基双模一体化成像技术，在发展具有高清晰度光场的成像装置方面，将具有深入发展潜力和广泛应用前景。

第9章　红外光场成像的石墨烯基电控液晶微透镜阵列

9.1　引　言

迄今为止，在可见光谱域获得广泛应用的导电透光材料以ITO材料最为常见。这类材料的可见光透过率一般为80%左右，在中长红外波段(3～14 μm)则因存在极高的红外吸收，无法作为透红外导电材料，用于制作功能化控光结构中的控制电极。近些年来，二维石墨烯(graphene)用于电极这一技术方式发展迅速。单层或多层石墨烯在可见光、红外甚至THz谱域，均展现出最高超过90%的透过率。石墨烯具有超高的载流子迁移率，表现出极佳的已远超ITO等材料的导电效能，同时表现出良好的化学和热稳定性，以及与多种功能化材料的耦合性。石墨烯有望取代ITO等材料，其可用于制作宽谱域电控液晶微透镜阵列，是一种极具发展潜力的导电材料。

基于电控液晶微透镜阵列及在光场成像方面的研究基础，我们自主研发了适用于宽红外谱域光场成像的石墨烯基电控液晶微透镜阵列并将其用于光场成像的基础性研究，为发展红外光场成像技术奠定基础。核心环节包括：采用典型湿法转移工艺，将铜基石墨烯等转移至玻璃或硒化锌等类红外基片表面，针对面阵微圆孔阵电极和平面电极，研发石英玻璃和硒化锌的面阵石墨烯基电控液晶微透镜阵列的器件化方法，并开展近红外谱域的电控聚光和透过特性研究；利用石墨烯基电控液晶微透镜阵列构建光场相机，获得关键性的光学、电光及光场成像属性，验证将石墨烯基电控液晶微透镜阵列用于红外光场成像的可行性。

9.2　石墨烯电极的转移制备

石墨烯是一种仅由一层碳原子以共价键方式互联构成的二维晶体材料，理论厚度约为0.334 nm，具有优异的光学、电学和力学特性，基本形态如图9-1所示。石墨烯的各碳原子的外层电子以sp^2杂化轨道形成三个σ键和一个π键，相邻碳原子间以σ键相连形成基本的六角形或六边形，在垂直于蜂巢状碳原子层面上，形成与苯环类似的贯穿多个碳原子的半满态π键。每两个相邻碳原子间的σ键约长1.42×10^{-10} m，每个碳原子的相邻σ键的键间角为120°。2004年，英国曼彻斯特大学的物理学家K. S. Novoselov和A. K. Geim等人，用微机械剥离法成功从石墨中分离出石墨烯，从而首次证实了石墨烯作为一种二维晶体材料在室温环境下的独立存在性。

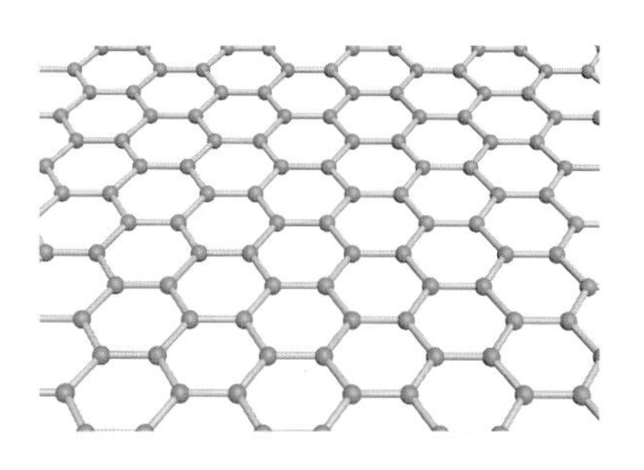

图9-1　二维石墨烯材料的形态示意图

对于由碳原子按照六边形晶格整齐排布而成的碳单质，其结构稳定，是目前世界上已知的强度最高的材料之一，同时还具有良好的韧性。石墨烯仅吸收约2.3%的可见光，几乎完全透明，在中红外波段的透过率高达98.5%，在远红外和THz波段的吸收率一般不超过40%。石墨烯的电阻率约为$10^{-6}\ \Omega \cdot cm$，是目前世界上已发现的电阻率最小的材料。石墨烯良好的透光性和导电性能，使其在可见光和红外谱域作为透明导电电极方面呈现广泛的应用前景。在功能化的液晶应用方面，Blake等人首次制作了基于石墨烯电极的液晶器件，与传统金属氧化物电极所制作的同类器件相比，基于石墨烯电极的液晶器件具有更低的电阻率、更高的光透过率、更好的结构与性能稳定性等显著特征。近些年来，出现了多种基于石墨烯的液晶显示器件、液晶传感器件和液晶光学调制器件等。迄今为止，所发展的石墨烯制备方法主要有四种，分别是机械剥离法、外延生长法、化学气相沉积法和氧化还原法，这些方法的典型特征如下所述。

9.2.1　机械剥离法

机械剥离法以天然块状石墨为原料，利用机械力分离出石墨烯。通常，将胶带粘贴到块状石墨表面，再利用外力将附着在胶带上的石墨烯层剥离，或者在石墨表面摩擦使石墨烯层从块状石墨上脱落而获得石墨烯。剥离石墨的方法包括微机械剥离法、溶液超声剥离法、碾磨或插层剥离法等。机械剥离法的优点是过程简单，成本较低；缺点是生产效率低，产能小，所得到的石墨烯缺陷较多。英国曼彻斯特大学的物理学家最早采用该法获得石墨烯。

9.2.2　外延生长法

外延生长法通过在高温下处理碳化硅(SiC)单晶，让硅(Si)原子从SiC单晶表面解吸附，剩下的碳(C)原子在表面重构而形成石墨烯。一种典型的操作方法是：将SiC基片表面经过氧化处理或者氢气刻蚀后在高真空中经过电子轰击加热以去除氧化物，将表面氧化物完全移除后，再将基片加热至1250 ℃～1450 ℃并经过1～20 min的Si原子蒸发处理，最终形成单层或多层石墨烯。

9.2.3　化学气相沉积法

该方法是目前获得石墨烯的主要途径之一。将过渡金属薄片或者薄膜放在碳氢化合物气体中,高温加热使气体催化裂解,将C原子沉积到过渡金属薄片或者薄膜上以形成石墨烯。在沉积过程中,可以调节加热和退火速度来控制石墨烯层数。常用的过渡金属有Ni、Co、Ru、Ir、Re、Pt、Pa和Cu等。迄今为止,由于Cu具有较低的碳溶解度,更易于大面积生长单层石墨烯,且退火后的Cu晶粒较大,生成的石墨烯均匀性好,是目前大规模生产使用的过渡材料。

本章采用的石墨烯即是经过化学气相沉积法所制备的铜箔基片单层石墨烯,其方块电阻为1000~2000 Ω/□,单层覆盖范围大于85%。

9.2.4 氧化还原法

该方法的核心环节是:首先将强酸的小分子插入天然石墨层间来增大层间距,再用强氧化剂对其进行氧化处理,使表面功能基团可以有效克服层间的范德华力(又称为范德瓦耳斯力);然后用超声波分散,得到单原子层厚的氧化石墨烯;最后用化学还原、热还原或电化学还原等方法,将氧化石墨烯还原成石墨烯。通过氧化还原法可以得到由独立的石墨烯片构成的悬浮液,其产量高,应用也较广。

现阶段,受限于石墨烯的制备方法,尚无法在任意基片过渡材料上制备石墨烯膜。为了用石墨烯制作电控液晶微透镜阵列的控制电极,需要将预先制作在铜箔基片上的石墨烯转移到石英玻璃或者硒化锌等基片表面。对于化学气相沉积法制备的铜基石墨烯,目前较为有效和可靠的转移方法有PMMA(聚甲基丙烯酸甲酯)湿法转移工艺、卷轴式转移工艺、干法转移工艺和电化学转移工艺等。

针对不同转移方法的技术特点及其对仪器设备和化学试剂的要求,结合实验室现有条件,目前在实验中主要采用PMMA湿法转移工艺,将预先制备在铜基片上的单层石墨烯转移至所选用的基片表面。一般而言,该方法的工艺相对简单,实验条件要求不高,转移效果较好,主要步骤如图9-2所示。首先将需要作为支撑和载体的PMMA胶液旋涂到铜基片上的石墨烯表面并进行固化处理,形成PMMA薄膜;然后将PMMA/石墨烯/铜箔浸入腐蚀溶液中,将铜基片蚀刻去除,获得漂浮在溶液上的PMMA/石墨烯薄膜;再利用目标基片从溶液中把PMMA/石墨烯薄膜对正取出,并反复放入清洁的去离子水中清洗,去除残留杂质,在最后一次从去离子水中取出后烘干;最终利用有机溶剂去除PMMA薄膜并对其清洁烘干,得到覆盖有石墨烯的目标基片。

针对不同材质和形貌特征的目标基片及石墨烯材料,要有效进行石墨烯转移操作,需要根据实验设备和环境条件(包括温度和湿度等),对各项工艺参数和技术指标(如PMMA的溶剂选择、浓度、旋涂转速、腐蚀时间、烘干温度和时间等)进行合理选择,对实验方法和步骤不断优化。典型实验和关键工艺配置如下所述。

(1) 旋涂PMMA。

先将4 g PMMA粉末放入广口瓶中,再将100 mL苯甲醚缓缓倒入广口瓶中,磁

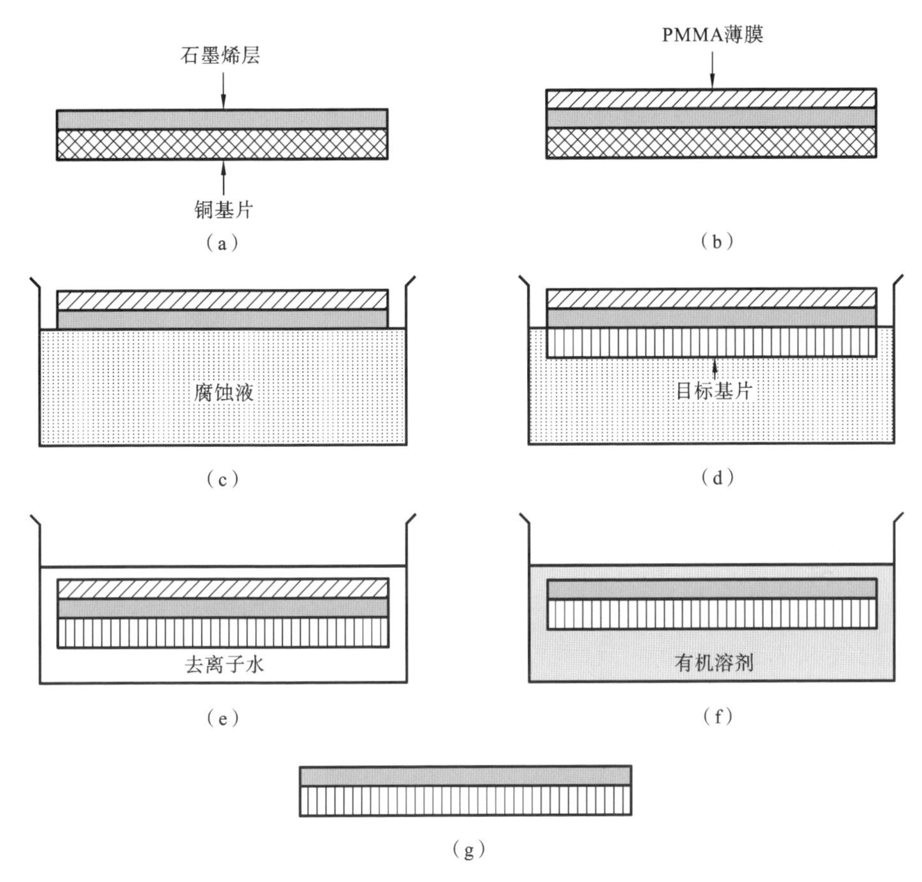

图 9-2　采用 PMMA 湿法转移工艺在目标基片上制备石墨烯

(a) 铜基片石墨烯；(b) 旋涂 PMMA；(c) 腐蚀铜基片；(d) 用目标基片捞取；
(e) 用去离子水漂洗；(f) 溶解 PMMA 薄膜；(g) 烘干得到目标基片的石墨烯

力搅拌约 6 h，得到质量分数为 5% 的 PMMA 旋涂液。将铜基片石墨烯固定在匀胶机转盘上，滴注 PMMA 旋涂液，预匀胶时，匀胶机转速为 60 r/s，匀胶时，匀胶机转速为 400/3 r/s。利用离心法将 PMMA 均匀涂覆在石墨烯薄膜上。旋涂操作结束后，放在 100 ℃热板上烘干 10 min。

(2) 腐蚀铜基片。

配置硫酸铜基片腐蚀液，典型成分和配比为：硫酸铜∶盐酸∶去离子水＝10 g∶50 mL∶50 mL。进行旋涂，将所得到的 PMMA/石墨烯/铜箔复合体轻置于腐蚀液表面，并使其处于漂浮态，铜基片朝下与腐蚀液充分接触。约 20 min 后，当 PMMA/石墨烯层整体呈现透明状态时，表明铜基片已被腐蚀液完全蚀刻而漂浮在腐蚀液表面。

(3) 捞取并漂洗。

用石英玻璃或者硒化锌等目标基片从底部对准并缓慢取出 PMMA/石墨烯，再将其放入纯净的去离子水中,漂洗腐蚀过程中吸附的残留杂质。石墨烯漂浮层需要反复漂洗清洁,每次漂洗约 10 min,以保证石墨烯的转移质量。漂洗完成后在热板上烘干基片,使石墨烯膜与目标基片充分吸附耦合。

(4) 溶解并烘干 PMMA。

将 PMMA/石墨烯/目标基片倾斜插入丙酮溶液中浸泡,溶解掉 PMMA,然后将石墨烯/目标基片放置在 100 ℃热板上烘干。

经过上述工艺步骤,铜基片石墨烯就可以有效转移到目标基片上。

9.3 基于石墨烯电极的红外液晶微透镜阵列

验证利用石墨烯制作电控液晶微透镜阵列的电极的可行性,将铜基片上的单层石墨烯转移到玻璃基片上以用于构建平板电极。在此基础上,玻璃基片 Al-Graphene 电控液晶微透镜阵列的典型结构如图 9-3 所示。典型的 Al 图案电极的微圆孔阵的圆孔直径为 128 μm,孔心距为 160 μm,玻璃基片厚度约为 500 μm。该图案电极与前述的 Al-ITO 基电控液晶微透镜阵列的电极结构和配置类似,只是 ITO 导电透光膜被替换成了导电和透光性能更佳的石墨烯导电透光膜。考虑到石墨烯与玻璃基片间的范德华力远小于 ITO 膜与玻璃基片间的结合力,在基于石墨烯电极制作液晶微光学器件的过程中,石墨烯导电透光膜更易损坏,工艺更需谨慎。另外,在石墨烯电极表面制作液晶的初始取向膜过程中,如果先涂覆定向膜层,再定向摩擦形成沟槽,则易损坏石墨烯。因此,在涂覆定向膜层前,预先在石墨烯一侧滴注并固化银粉导电胶后,再进行定向层涂覆和定向摩擦。需要说明的是,在制备光场成像结构时,应采用银粉导电胶作为电极接入导线。所制作的玻璃基片 Al-Graphene 电控液晶微透镜阵列样片如图 9-4 所示。

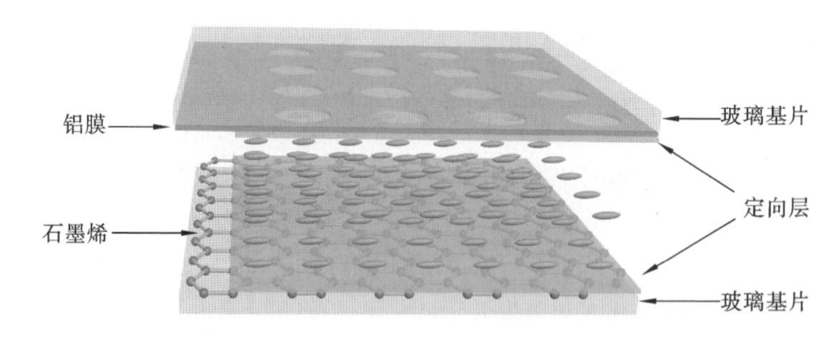

图 9-3 玻璃基片 Al-Graphene 电控液晶微透镜阵列结构

搭建聚光性能实验测试平台,对所发展的玻璃基片 Al-Graphene 电控液晶微透镜阵列样片进行电控聚光效能测试。在器件上加载信号均方根电压为 0～10 V。当加载的信号均方根电压约为 6 V 时,缓慢后移放大物镜和光束质量分析仪,在不同距离获取的二维和三维单元液晶微透镜阵列所构建的光强分布，如图 9-5 所示。当放大物镜最前端与液晶微透镜阵列样片的距离约为 0.8 mm 时，获取的三维点扩散函数分布最为锐利，光斑尺寸最小，可以认为此时的液晶微透镜阵列处在聚焦态，所形成的中心焦斑直径约为 4 μm。在此加电态下测量的液晶微透镜阵列的等效焦距约为：0.8 mm＋2×0.5 mm＝1.8 mm（玻璃基片厚度）。相对于前述的玻璃基片 Al-ITO 电控液晶微透镜阵列，其焦斑尺寸略大。另外，在中心焦斑周围仍存在较弱杂光分布。换言之，相对于 Al-ITO 电控液晶微透镜阵列，玻璃基片 Al-Graphene 电控液晶微透镜阵列并未将成像镜头所构建的成像微束完全会聚于焦点处，这显示其聚焦能力要稍弱一些。在电控液晶微透镜阵列上加载信号均方根电压为 0～10 V 时，获得焦距与信号均方根电压间的关系如图 9-6 所示。电控液晶微透镜阵列焦距同样存在随加载的信号均方根电压的增大先减小后增大的过程。最小焦距约 1.3 mm，所对应的信号均方根电压为 5～6 V，而最大焦距约为 1.6 mm。

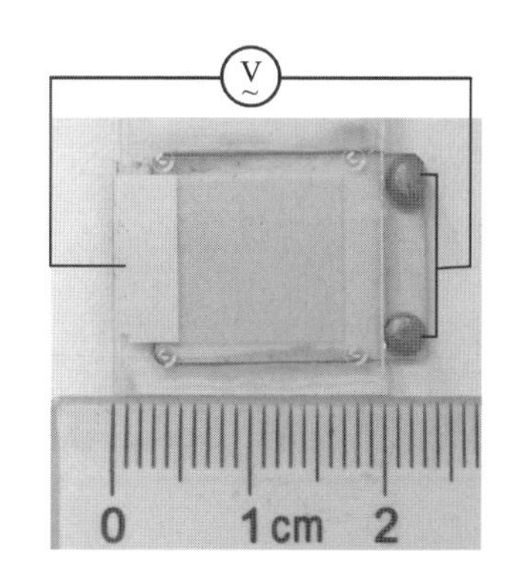

图 9-4　玻璃基片 Al-Graphene 电控液晶微透镜阵列样片

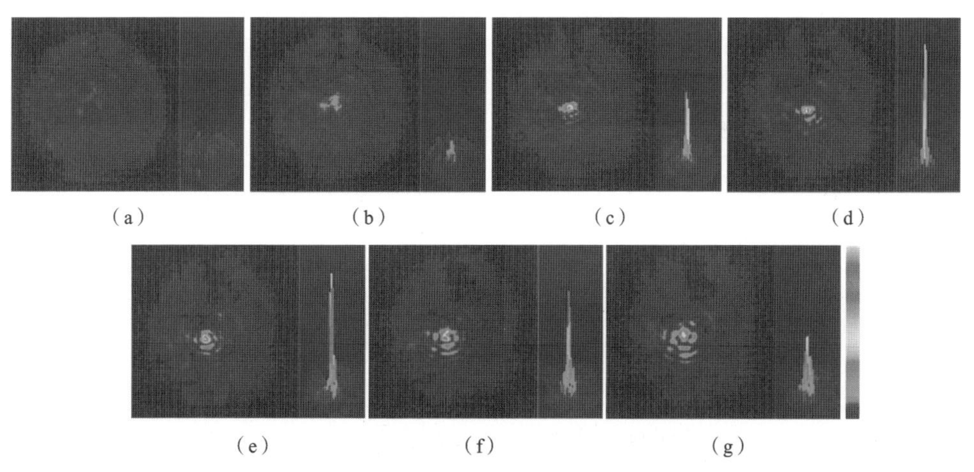

图 9-5　加载信号均方根电压约为 6 V 时在不同距离获取的二维和三维单元液晶微透镜阵列所构建的光强分布

(a) 约为 0.5 mm；(b) 约为 0.6 mm；(c) 约为 0.7 mm；(d) 约为 0.8 mm；(e) 约为 0.9 mm；(f) 约为 1.0 mm；(g) 约为 1.1 mm

利用玻璃基片 Al-Graphene 电控液晶微透镜阵列自主构建一台光场相机，并测试该光场相机的光场成像性能，所获得的原始图像如图 9-7 所示。各元液晶微透镜均有效进行了成像，较前述的基于玻璃基片 Al-ITO 电控液晶微透镜阵列的光场相

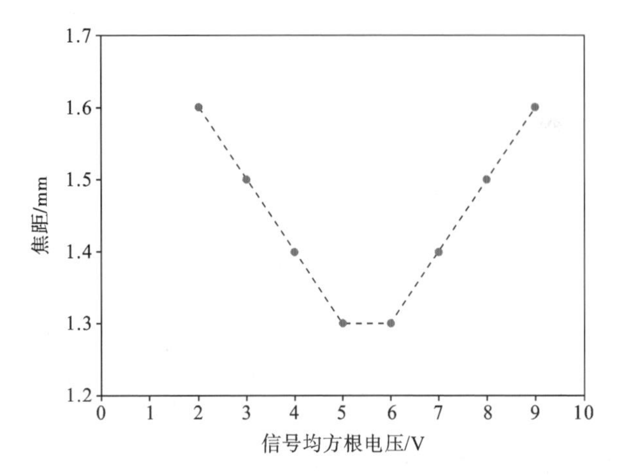

图 9-6 玻璃基片 Al-Graphene 电控液晶微透镜阵列的焦距与信号均方根电压关系

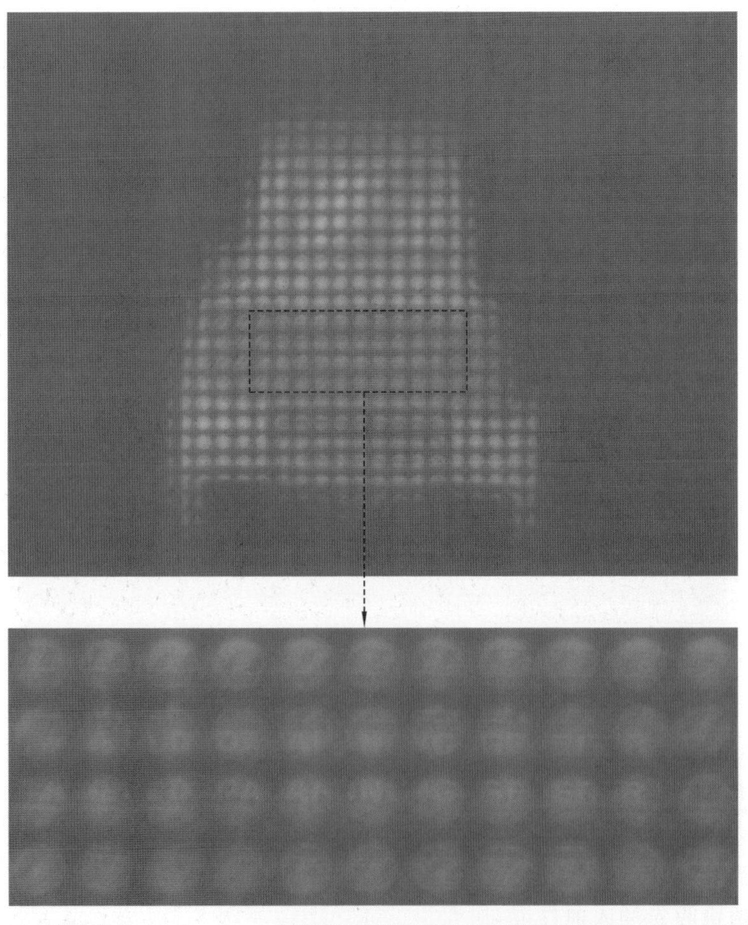

图 9-7 玻璃基片 Al-Graphene 电控液晶微透镜阵列构建的光场相机及其光场成像

机而言，光场成像效能仍存在差距。

上述实验显示用石墨烯制作用于光场成像的电控液晶微透镜阵列的可行性，但应进一步提高石墨烯的转移质量。由于玻璃基片电控液晶微透镜阵列仅适用于可见光波段，针对红外光场成像应用，目前主要选择硒化锌作为基片材料。硒化锌是一种淡黄色的多晶材料，具有优异的宽谱红外透过能力，其透光波长为0.5～22 μm。硒化锌基片制作的Al-Graphene电控液晶微透镜阵列的样片如图9-8所示。Al图案电极中的微圆孔的孔径为128 μm，孔心距为160 μm，硒化锌基片厚度约为500 μm。使用波长为980 nm的近红外激光器，对硒化锌基片Al-Graphene电控液晶微透镜阵列样片进行的近红外聚焦性能的测试，如图9-9所示。

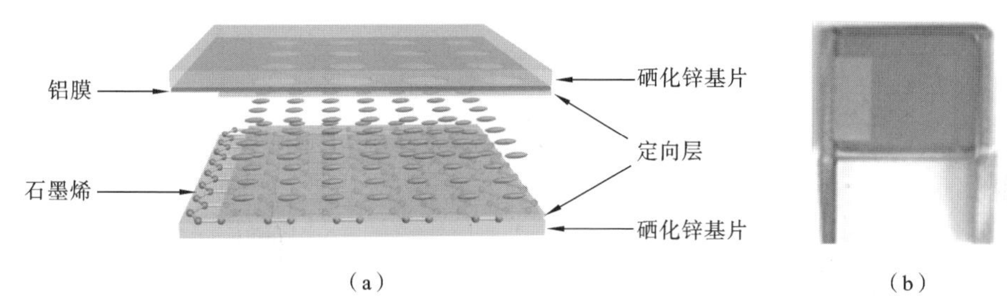

图9-8 硒化锌基片的Al-Graphene电控液晶微透镜阵列的样片

(a) 结构图；(b) 实物图

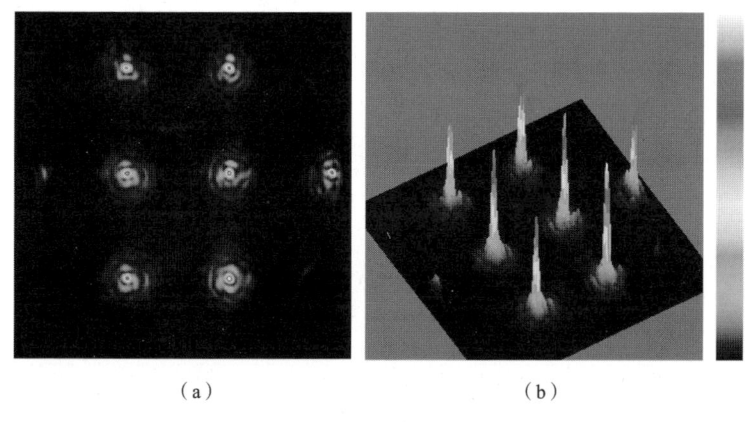

图9-9 加载信号均方根电压为10 V时近红外光场分布

(a) 二维点光场分布；(b) 三维点扩散函数分布

如图9-9所示，在硒化锌基片Al-Graphene电控液晶微透镜阵列样片上加载均方根电压为10 V的信号，缓慢调节布设有放大物镜和光束质量分析仪的平台的位置，当其与硒化锌基Al-Graphene电控液晶微透镜阵列样片的距离为0.9 mm时，单元液晶微透镜收集的入射光束能会聚至中心点处，所测量的三维点扩散函数分布最为锐利，测量得到的中心红点直径约为6 μm，所构建的会聚光场如图9-10所示。考虑硒化锌基片总厚度约为 1.0 mm，所制作的电控液晶微透镜阵列样片在信号均方根电压为10 V 加电态下的等效焦距约为 1.9 mm。

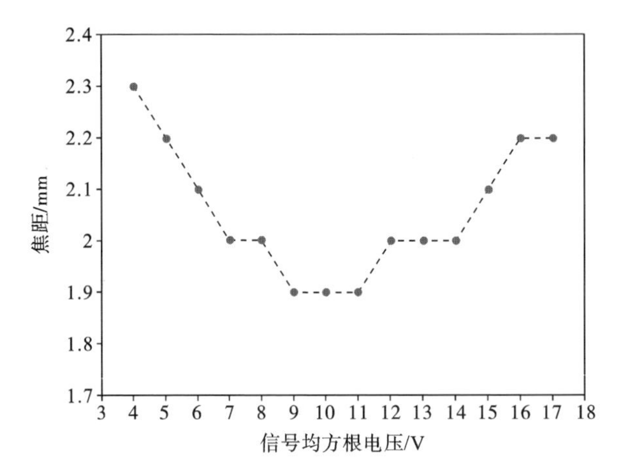

图 9-10 硒化锌基 Al-Graphene 电控液晶微透镜阵列的焦距与信号均方根电压关系

实验显示，针对近红外谱段制作的液晶微透镜阵列同样表现出良好的电调焦特性，其焦距随所加载的信号均方根电压的变化而变化，如图 9-11 所示。硒化锌基 Al-Graphene 电控液晶微透镜阵列的结构尺寸较小，而匹配的红外成像传感器的光敏结构尺寸较大，这会造成进行近红外光场成像时的图像较为模糊。

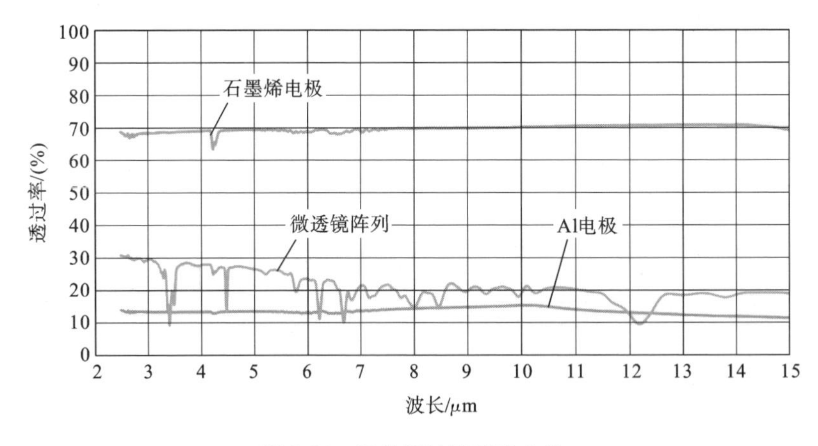

图 9-11 红外透过率测试曲线

利用德国 Bruker 公司的 Equinox 55 红外傅里叶光谱仪，对硒化锌基 Al-Graphene 电控液晶微透镜阵列，在中远红外谱段进行的透过率测试如图 9-11 所示。为了便于比较分析，分别测试了未刻蚀的 Al 电极、独立存在的石墨烯电极及 Al-Graphene 电控液晶微透镜阵列的红外透过率。由图 9-11 可见，硒化锌基上的 Al 电极在中远红外谱段的透过率为 10%～15%，硒化锌基片上的石墨烯电极的透过率则接近70%，石墨烯电极显示了较为优异的宽谱性。对Al电极进行刻蚀处理制作成图案电极，与制作在硒化锌基片上的石墨烯电极匹配耦合制成电控液晶微光学器件。对该器件而言，除个别谱域光吸收率有所增大外，在大部分波段的光透过率仍基本维持在10%～30%。考虑到所用红外傅里叶光谱仪测试的是平均透过率，相对于液晶微透镜的铝膜已进行了图案剥蚀处理，其透过率远大于未刻蚀的区域。因此，相对于液晶微透镜的透过率应较测量值高。经计算，当微圆孔半径为64 μm，孔心距为160 μm时，微透镜的透光区域占单元像素的百分比为$\pi\times64^2/160^2\approx50\%$，未刻蚀区域的透过率必然小于10%。因此，液晶微透镜的光作用区域在大部分红外波段的透过率为20%～40%。由中远红外谱段的透过率测试可知，硒化锌基Al-Graphene电控液晶微透镜阵列样片，在红外谱段的透过率较高，这为进一步开展红外光场成像实验奠定了基础。

9.4　液晶的单晶石墨烯诱导定向

9.4.1　单晶石墨烯诱导的液晶初始取向特征

研究显示，常规的摩擦PI膜形成液晶初始取向层这一方式，可形成的表面凹槽的平均深度在几十至几百纳米数量级，平均宽度和长度最大在几个微米数量级。也就是说，可形成的表面凹槽的结构尺寸可与红外的典型波长相比拟。当入射光线处于红外波段时，红外衍射及串扰效应将成为制约电控液晶微透镜向红外波段扩展的主要障碍。利用单晶石墨烯(single crystal graphene，SCG)所呈现的液晶材料的初始诱导定向作用，发展可以摆脱摩擦定向的液晶初始取向手段，将成为电控液晶微透镜技术向红外波段延伸的一个有利措施。

如图9-12所示，石墨烯的三个扶手椅方向(armchair direction)常称为石墨烯的三个易轴方向(zigzag lattice direction)。研究表明，在石墨烯表面沿易轴方向，即图示的箭头指向，对与其耦合的液晶分子存在初始锚定作用，并且在三个易轴方向上呈现相同的取向权重。迄今为止，所发展的石墨烯材料可被粗略划分为单晶石墨烯与多晶石墨烯。两者对液晶分子均已表现出锚定能力，考虑到单晶石墨烯所具有的晶格排布形态，可对易轴方向进行准确标定。多晶石墨烯则因存在大量微畴而表现出局域晶格取向的多样性和差异性，易轴方向随微畴的不同而不同，无法对大面积液晶材料展现特定取向锚

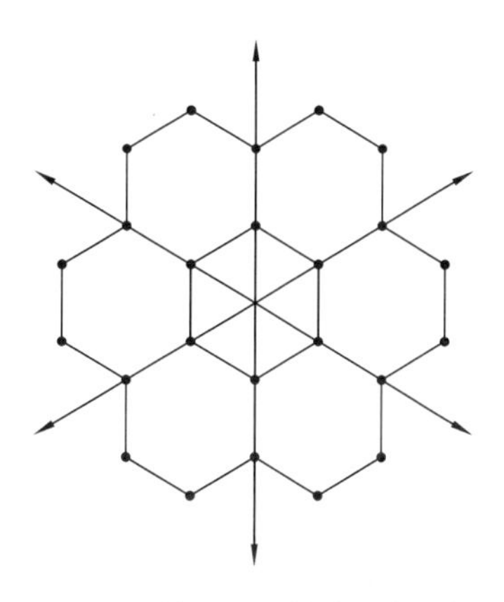

图9-12　单晶石墨烯的三个易轴方向示意图

定作用。一般而言，石墨烯与液晶分子间的相互作用源于液晶分子与石墨烯之间的分子作用力，即范德华力及 π 键，较常规的摩擦定向属较强锚定，锚定能约在 10^{-4} Jm^{-2}数量级，通过在特殊液体如典型的丙酮溶液中浸泡石墨烯则可解除锚定。目前，石墨烯对液晶分子存在三个同权重排布取向的原因并未得到充分阐述。

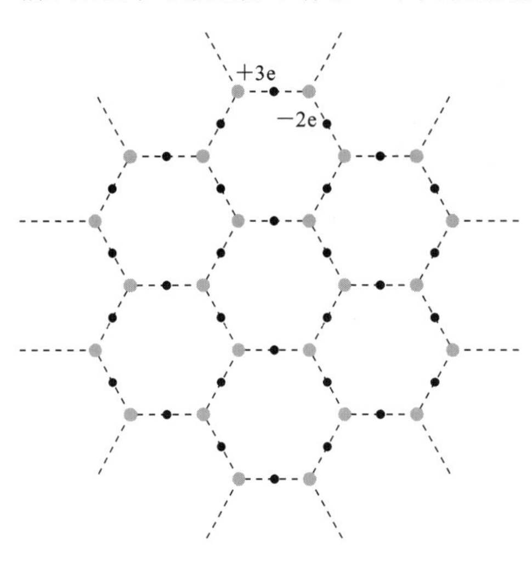

图 9-13　用于石墨烯表面电场仿真的电子学结构设置

通常情况下，液晶分子显示极性，及其空间排布取向主要受电场或磁场影响。就电场而言，在其强度超过可使液晶分子发生取向偏转的阈值后，液晶分子指向矢将受电场驱动产生偏转。基于液晶分子的排布再取向与驱动电场的紧密联系，使用 Comsol Multiphysics 5.4 软件对单晶石墨烯表面电场分布情况进行模拟仿真。单晶石墨烯晶格呈正六边形的蜂窝状原子排布形态，每个碳原子最外层的三个电子以 sp^2 方式杂化，与三个最近邻碳原子形成键角为 120°、键长为 0.142 nm 的共价键，单晶石墨烯可近似为图 9-13 所示的基于原子排布的电子分布形态。每个碳原子形成三个共价键，可视为带电量为＋3e 的浅灰色点电荷，相邻两碳原子间的共价键可用一带电量为－2e 的黑色点电荷近似。使用 Comsol Multiphysics 5.4 软件的 AC/DC 静电模块，建立结构大小为 24×24 的石墨烯表面电荷排布，通过进一步设置边界条件可求解域范围和相关参数。边界条件设置为接地，即电绝缘或相当于无限远处的电势为零；内部条件设置为连续，即主要涉及单晶石墨烯面形区域。

针对模型边界与内部的网格划分如图 9-14 所示。通过将内部区域划分为更小的多个子区域后开展模拟计算，这样做的主要目的是：使用相对内部较为粗化的网格划分以减少计算量。为保证计算精度，采用细化的结构单元，模型内部规划为需要精细求解的结构部分。完成网格划分后，通过有限元法开展计算求解，得到如图 9-15 和图 9-16 所示的单晶石墨烯表面电势和电场模仿真图。图 9-15 中的深色小三角形表示电势最高的部位，深色近圆形部分表示电势最低的区域。从石墨烯的表面电势分布仿真情况可知，在图 9-15 所示的浅灰色方框内，沿着石墨烯表面三个易轴方向，电势以较快趋势变化，并且沿易轴方向可以确认能获得最大电势差的两个结构部位。在如黑色箭头所示的一个易轴的垂直方向上，表面电势变化趋势相对较弱，并且在该方向上的任意两个位置间的电势差也相对易轴方向更小。与石墨烯耦合的液晶分子受表面电场影响，处在稳定态时其正、负极性中心应处于或趋近于电势差最大的两个

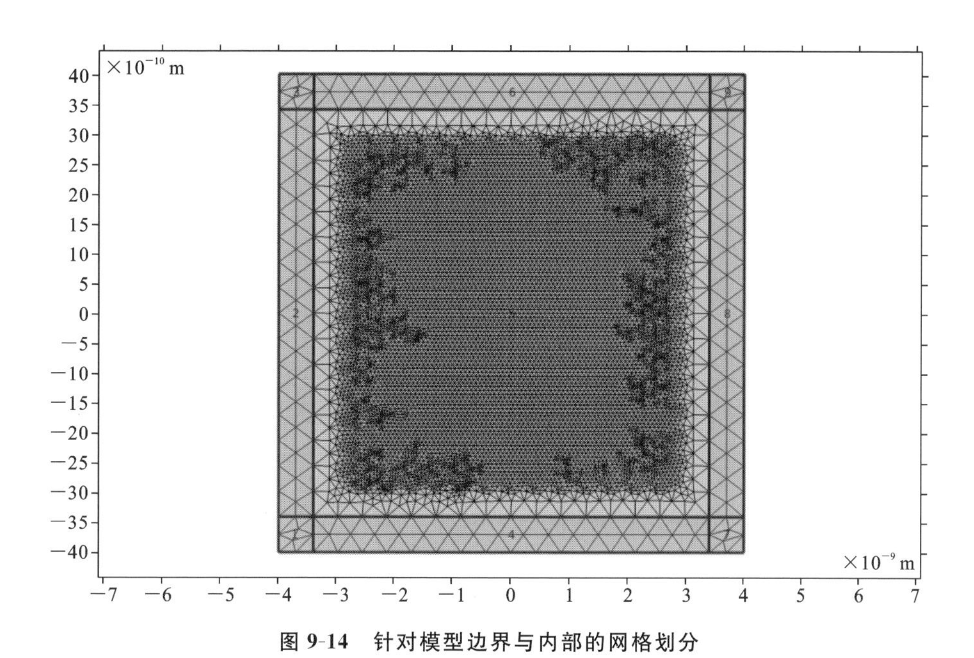

图 9-14　针对模型边界与内部的网格划分

位置处。此时的液晶分子具有或趋近于最小互作用能，耦合结构最为稳定。也就是说，可以保证指向矢处在稳定或趋近于稳定排布状态。基于上述石墨烯的表面电势仿真分布特征及其与极性液晶分子的耦合互作用属性，可以得出分布在石墨烯表面的液晶分子受石墨烯表面电场的影响和约束，倾向于沿石墨烯的一个或两个甚至三个易轴方向进行取向排布这一结论。

通过分析计算数据可以看出，石墨烯的每个六边形晶格中心处于电势相对较低的区域。以中心电势为参考，要获得较大的电势差，需要找到另外一个电势较高的位置，使所耦合的液晶分子呈现稳定的排布形态。以中心位置为参考点，可以看出周围电势较高区域或部位与中心点的连线均沿三个易轴方向。如图 9-16 所示，呈现双等边三角形均匀套叠或正六边形分布形态的区域为电场模最大区域，每个三角形的中垂线方向均与石墨烯单晶的相应扶手椅方向平行。在单晶石墨烯表面，沿着扶手椅方向具有最大电场模，并且在三个方向上完全对称。因此，液晶分子在石墨烯表面沿易轴方向排布时，液晶分子具有最小自由能，即呈现最稳定的取向排布。由上述分析可知，分布在单晶石墨烯表面的液晶分子，倾向于沿三个易轴方向中的一个或两个甚至三个取向排布，各易轴方向对液晶分子所呈现的初始锚定作用相同。

图 9-17 所示的为石墨烯表面的等势线分布仿真图。由该图可见，沿着平行易轴方向，电势等值线分布最为密集，这表明电势变化相对较快，图中由等势线构成的三角形为近似的等边三角形。对比“灰度”色标可见，色标顶端处的深色等势线表示高电势，色标底端处的深色等势线表示低电势，等势线差值最大的位置连线方向同样平

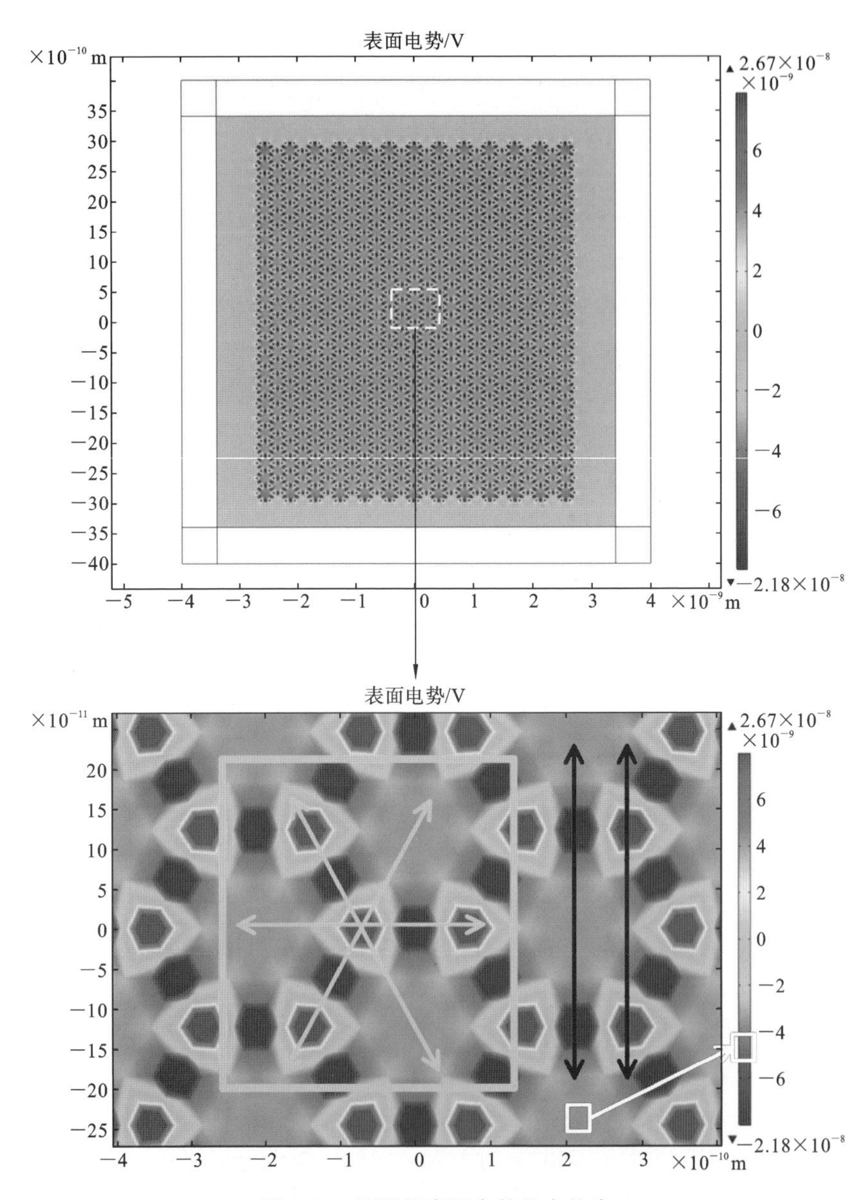

图 9-15　石墨烯表面电势分布仿真

行于三个易轴方向。在图 9-17 中可以看到，电势最高的等势线呈等边三角形，其内部中心点为电势最高部位，中心到各边最短距离为各边中垂线，处在电势变化最快方向上，可以发现三个中垂线方向与三个易轴方向相同。对整个石墨烯面而言，电势分布形态均可以按照上述规律重复排列形成。因此，分布在石墨烯表面任意位置处的液晶分子的排布形态，均应沿石墨烯的易轴方向优先取向。液晶分子在接触到石墨

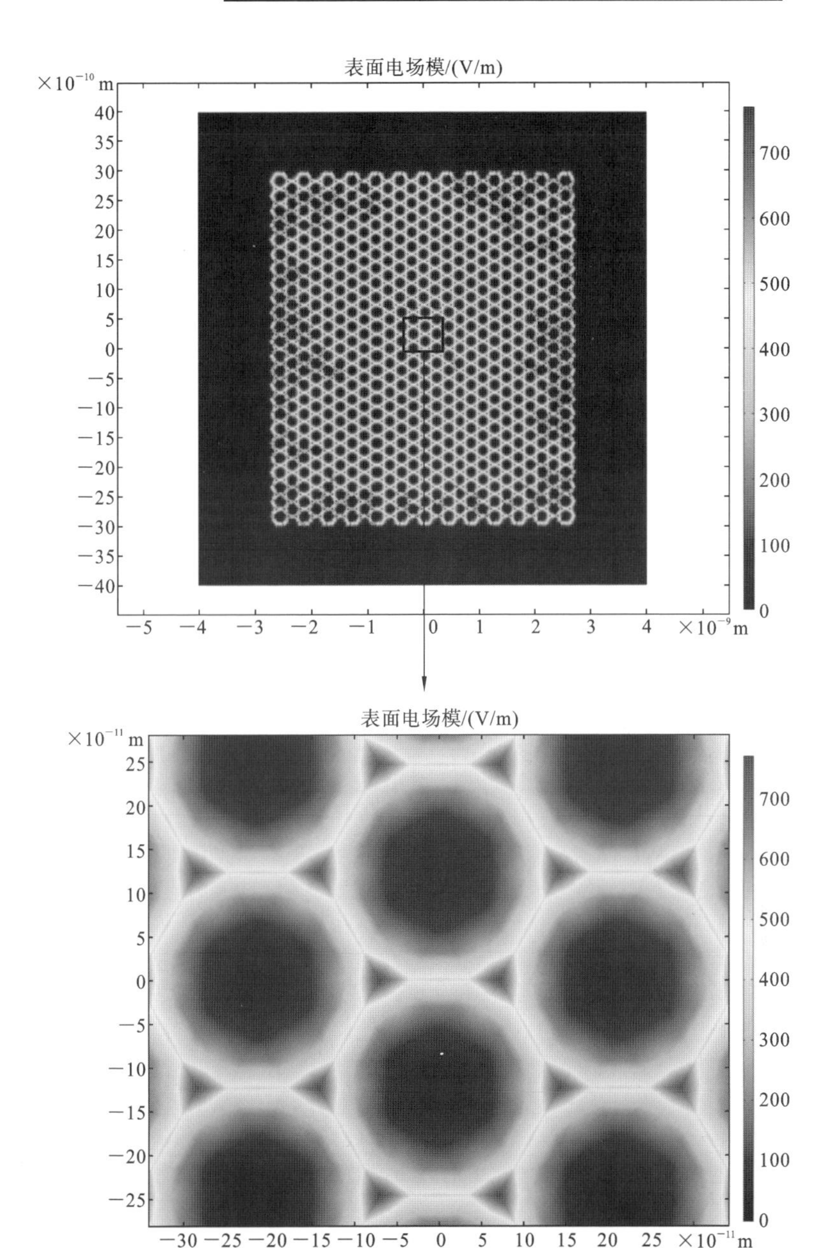

图 9-16　石墨烯表面电场模分布仿真

烯表面一瞬间的初始取向，就决定了液晶材料接触石墨烯表面后的指向矢方向，即与初始液晶分子的排列方向最为接近的一个易轴方向。对向列相液晶而言，在石墨烯表面已经耦合或分布有液晶分子时，其指向矢必沿三个易轴方向中的一个排布。后续的层化液晶分子继续排布在石墨烯表面时，向列相液晶会受到已经在石墨烯表面有序排布的液晶分子作用，沿指向矢排布方向，即所依从的一个石墨烯易轴方向排布。

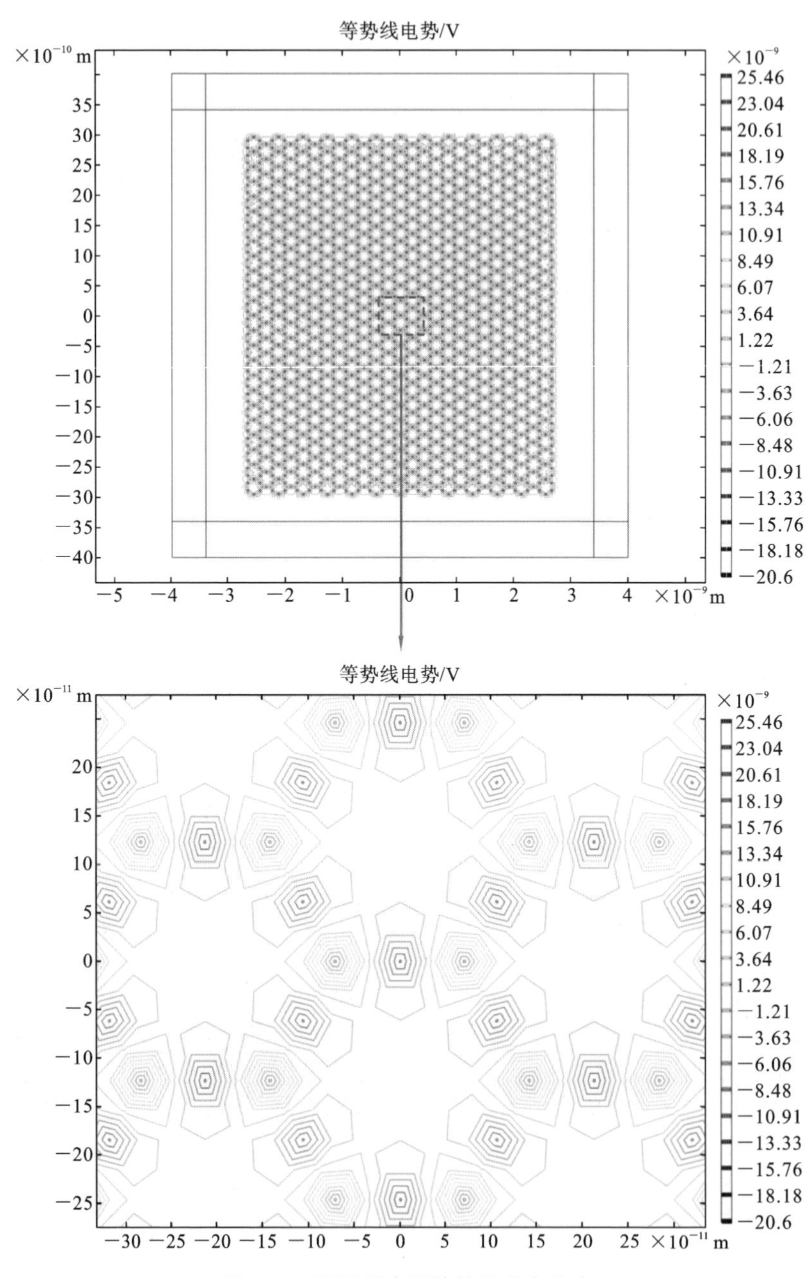

图 9-17　石墨烯表面等势线分布仿真

9.4.2　单晶石墨烯的液晶定向特征

为评估石墨烯对液晶分子的诱导定向作用效能，首先将液晶材料（采用德国Merck公司的E44液晶）均匀排布在石墨烯表面，然后使用型号为LEICA DM4000M的偏光显微镜，获取液晶-石墨烯结构的表面偏光显微图像，观察石墨烯表面液晶分子的指向矢分布情况。为了定性对比单晶石墨烯和多晶石墨烯对液晶分子的诱导定向能力，将液晶材料分别铺设在面积为$1\times1\ cm^2$的单晶石墨烯和多晶石墨烯表面。图9-18所示的为单晶石墨烯与多晶石墨烯的液晶诱导定向偏光显微图像。图9-18(a)～(c)所示的为在单晶石墨烯表面均匀铺设液晶材料后的表面偏光显微图像，图9-18(d)所示的为采用相同步骤将液晶材料均匀铺设在多晶石墨烯表面后的表面偏光显微图像。

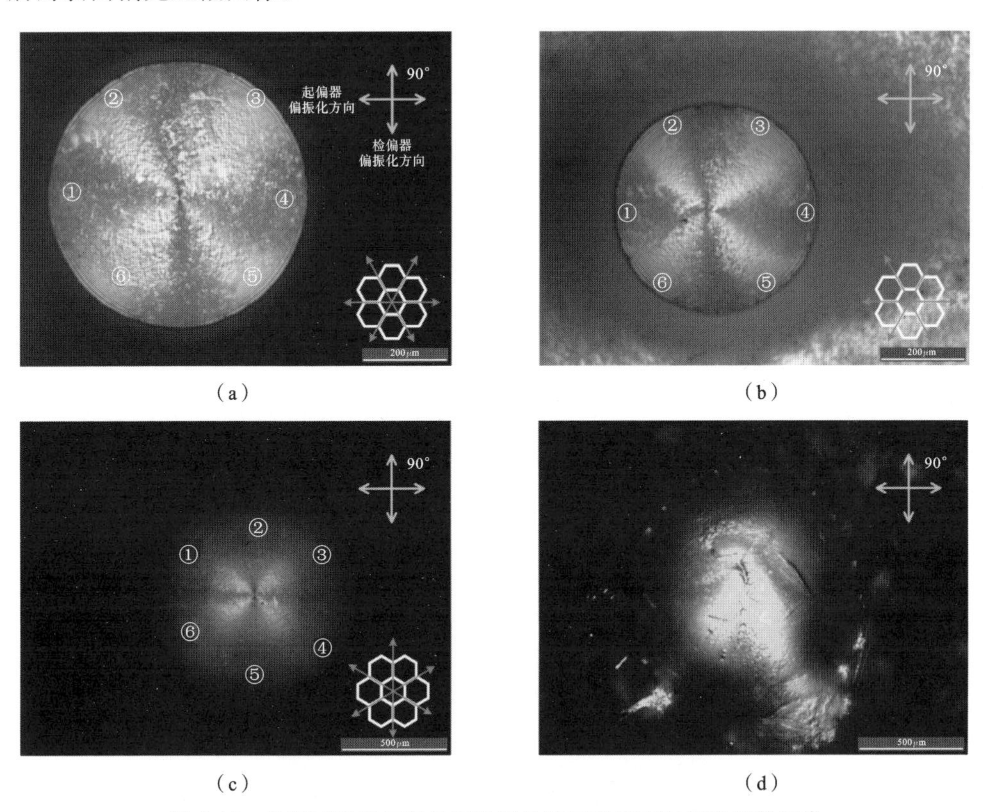

(a)　(b)　(c)　(d)

图9-18　单晶石墨烯与多晶石墨烯的液晶诱导定向偏光显微图像

(a)、(b)、(c) 单晶石墨烯表面；(d)多晶石墨烯表面

如图9-18(a)～(c)所示，每张图均可被细分为①-④、②-⑤和③-⑥三组光场区域，水平方向为偏光显微镜的起偏器偏振化方向并与检偏器偏振化方向始终保持90°的夹角，右下角处均给出了单晶石墨烯的晶格排布及三个易轴方向。考虑到液晶

材料的旋光性及石墨烯对液晶分子的初始锚定作用，在各图中均出现了六组径向对称的亮暗区域。在图 9-18(a)～(b)中的①-④区所对应的易轴方向上，液晶分子排布取向与偏光显微镜的起偏器偏振化方向平行，表现为暗扇形；而②-⑤和③-⑥区所对应的易轴方向与起偏器偏振化方向的夹角均为 60°，表现为亮扇形且明暗程度大体一致。如图 9-18(c)所示，当单晶石墨烯的一个易轴方向沿垂直方向并与检偏器偏振化方向相同时，②-⑤区所示的为暗区，在其他区域则表现为明暗程度大致相同的亮扇形。上述测试表明，将液晶排布在单晶石墨烯表面，液晶分子将依照单晶石墨烯易轴方向排布。也就是说，液晶被单晶石墨烯有效施加了具有固定取向的定向操控。如图 9-18(d)所示，将液晶以相同方式排布在多晶石墨烯表面所获得的偏振显微图像，其亮暗图案并未呈现出如单晶石墨烯表面处的径向分布特征。考虑到多晶石墨烯中存在大量具有各异晶格排布特征的微畴区，均可对液晶分子施加定向排布操作，从而导致在多晶石墨烯表面处的液晶材料整体呈现无规则的指向矢分布形态。

图 9-19 至图 9-21 分别给出了三幅显示单晶石墨烯诱导液晶沿易轴方向排布的偏振显微测试图像。在偏振成像测试过程中，偏振显微镜的起偏器和检偏器方向始

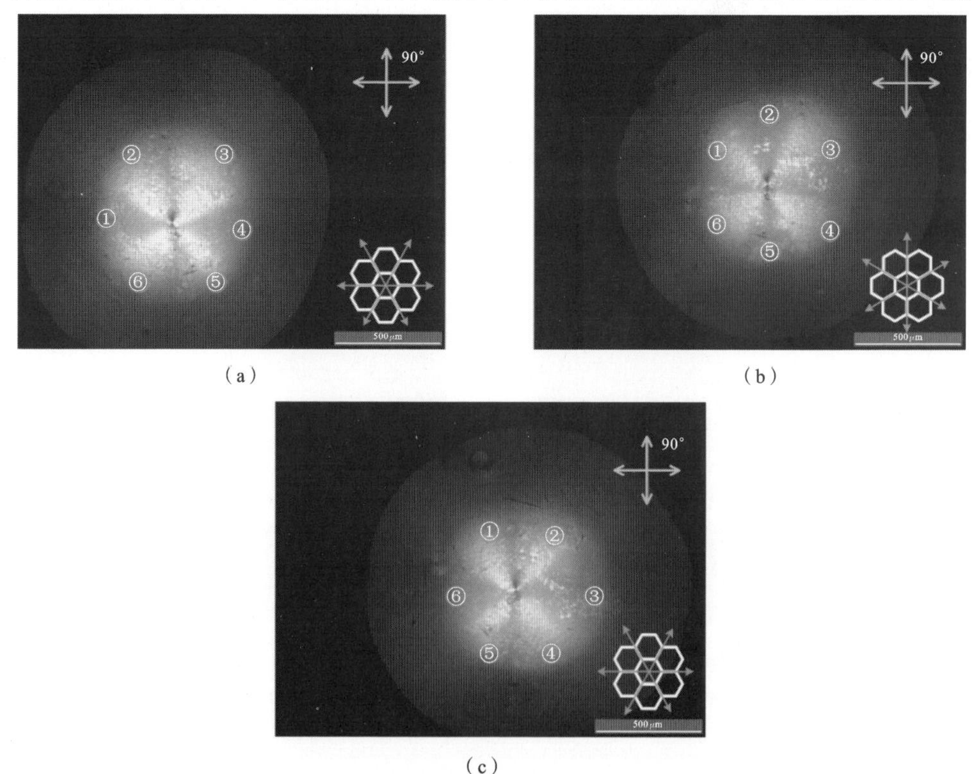

(a) (b) (c)

图 9-19 单晶石墨烯的液晶诱导定向偏光显微图像 1

(a) 初始态；(b) 旋转 60°；(c) 旋转 30°

终不变并相互垂直。为有效突显出石墨烯三个易轴所具有的液晶诱导定向能力，在耦合液晶过程中，微量液晶应垂直滴落和均匀排布在单晶石墨烯表面。如图 9-19(a)所示，覆盖有液晶的单晶石墨烯的一个易轴方向与起偏器偏振化方向同向，由于液晶的旋光性，偏振显微图像呈现出四个径向对称的②-⑤和③-⑥亮区，以及一个与检偏器偏振化方向同向的两个径向对称的①-④暗区(对应所设定的易轴方向)。如图 9-19(b)所示，对所测试的单晶石墨烯结构旋转 60°，①-④暗区转变成亮区，②-⑤亮区转变成暗区，③-⑥亮区则保持不变。如图 9-19(c)所示，对所测试的单晶石墨烯结构继续旋转 30°后，③-⑥亮区转变成暗区，局域②-⑤暗区转变成亮区，局域①-④亮区保持不变。如果不考虑单晶石墨烯表面存在缺陷以及液晶滴落在石墨烯表面存在不均匀排布等情况，每旋转 60°均会得到亮暗分布大体一致的偏振显微图像。

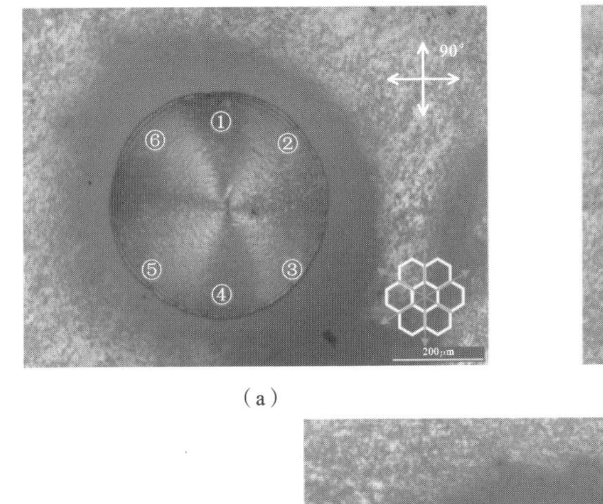

(a)

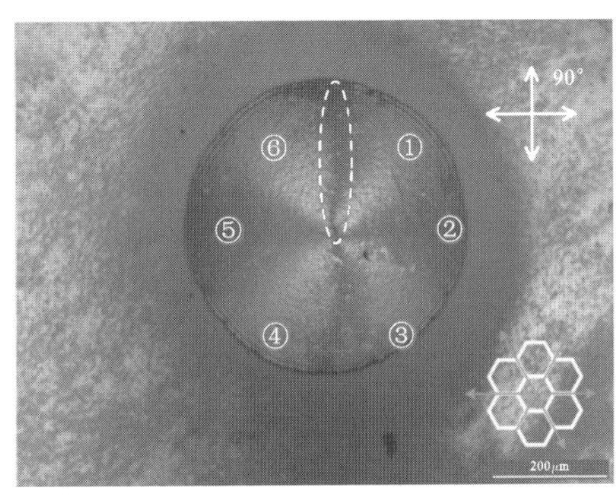

(b)

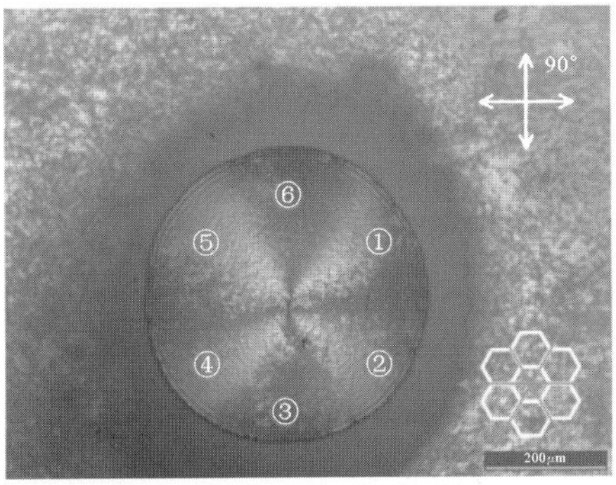

(c)

图 9-20　单晶石墨烯的液晶诱导定向偏光显微图像 2

(a) 初始态；(b) 旋转 60°；(c) 旋转 30°

如图 9-20(a)所示，将①-④暗区所对应的易轴方向调整到检偏器偏振化方向上，由于液晶的旋光性，②-⑤区和③-⑥区均为亮区。如图 9-20(b)所示，对所测试的单晶石墨烯结构旋转 60°后，①-④暗区转变成亮区，②-⑤亮区转变成暗区。图中白色虚线处明显显示出亮部区域间存在较为规则和细碎的错位线这一现象。目前较为一

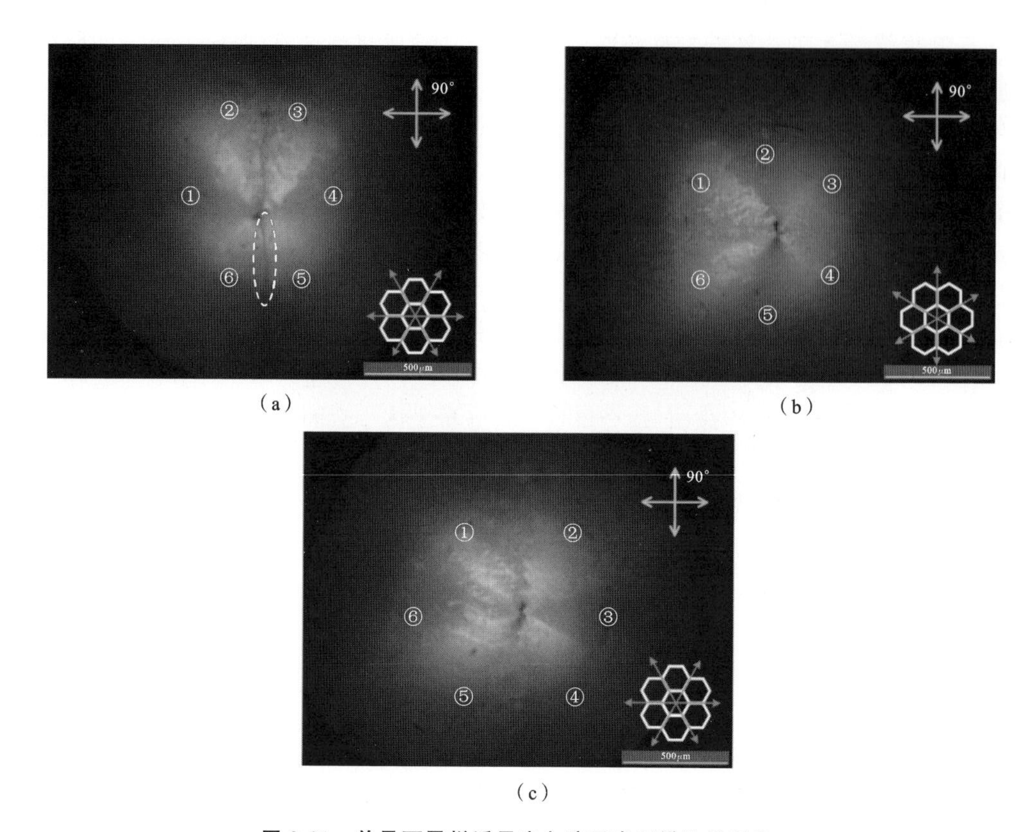

图 9-21 单晶石墨烯诱导定向液晶出现错位线现象

(a) 初始态;(b) 旋转 30°;(c) 旋转 30°

致的看法是:当液晶分子处于两个易轴方向所界定的中间区域或部位时,两个易轴对液晶分子的初始锚定取向作用使处于界面区域中的液晶分子,因被两者争夺使指向矢排布呈现相对混乱。如图 9-20(c)所示,对所测试的单晶石墨烯结构继续旋转 30°后,②-⑤暗区转变成亮区,③-⑥亮区转变成暗区。与图 9-19 类似,每旋转 60°均会得到亮暗分布大体一致的偏振显微图像。

相关人员针对出现错位线的现象进一步开展了实验测试工作,典型特征如图 9-21 所示。在图 9-21(a)中,由白色虚线包络的错位线的取向与检偏器的取向相同,出现在与石墨烯的六边形晶格边线相垂直的方向上。考虑到石墨烯对液晶的诱导定向作用存在具有同等权重的三个易轴方向这一特征,可预测同样应存在相互成 60°夹角的另外两条错位线。基于这一情形,进一步通过旋转覆盖液晶后的单晶石墨烯,观察其亮暗光场分界区域的图案特征。如图 9-21(b)所示,对所测试的单晶石墨烯结构旋转 30°后,可观察到较亮的①区与较暗的②区间相对杂乱的边界区域特征。如图 9-21(c)所示,对所测试的单晶石墨烯结构继续旋转 30°后,可观察到亮度基本一致的①区和②区间的相对杂乱的边界区域特征。

图 9-22 所示的为液晶垂直滴落在单晶石墨烯表面时的排布取向特征。可预测的典型排布行为是：在液晶垂直滴落在单晶石墨烯表面的一瞬间，液滴按垂直方向与单晶石墨烯表面接触而显示任意取向，如图 9-22(a)所示。液滴随即受单晶石墨烯表面作用而迅速沿三个易轴方向排布，考虑到向列相液晶分子间存在较强的相互作用，邻近液晶分子倾向于平行排布，从而快速形成如图 9-22(b)所示的由三个易轴所界定的 6 个径向分布的旋转对称微区。分布在相邻微区边界处的液晶分子将呈现出错位线，也就是说以相对混乱的边界形态相互分离。

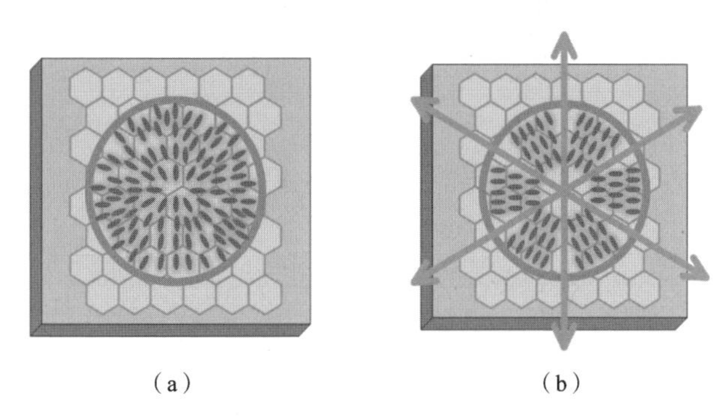

图 9-22　液晶垂直滴落在单晶石墨烯表面时的排布取向特征

(a) 初始态；(b) 石墨烯均匀定向态

9.4.3　单晶石墨烯基电控液晶微透镜阵列

利用单晶石墨烯的液晶诱导定向属性，发展了单晶石墨烯基电控液晶微透镜阵列技术。所涉及的主要结构参数有：采用 SCG-Al 电极结构制作微圆孔阵 Al 图案电极，微圆孔直径为 128 μm，孔间距为 160 μm，Al 膜厚度为 20 μm，衬底厚度为 0.5 mm 的石英玻璃。典型工艺步骤有：①基片预处理；②光刻胶旋涂；③紫外光刻；④液晶的毛细渗透定向灌注与器件封装等。图 9-23 所示的为单晶石墨烯基电控液晶微透镜阵列的典型结构与原理样片照片。图 9-23(a)所示的为利用液晶毛细渗透作用，沿单晶石墨烯的一个易轴方向，向液晶盒中定向灌注液晶的典型情形。图 9-23(b)所示的为单晶石墨烯基电控液晶微透镜阵列的典型结构，其上基片为微圆孔阵 Al 图案电极，衬底基片采用面积为 2×3 cm^2、厚度为 0.5 mm 的石英玻璃，下基片为石英玻璃基单晶石墨烯平板电极，其轮廓尺寸与上基片相同。

利用所搭建的光学测量系统测试所制单晶石墨烯基电控液晶微透镜阵列的常规光学性能。主要测量设备有：①测试光源，采用长春新产业光电技术有限公司的 531 nm 绿光激光器、653 nm 红光激光器及 980 nm 近红外激光器；②扩束系统，采用美国 Newport 公司的 HB-20XAR 扩束镜；③放大物镜，数值孔径 NA 为 0.65，放大倍率为 20×；④光束质量分析仪，采用美国 DataRay 公司的 WinCamD，有效波长测量范

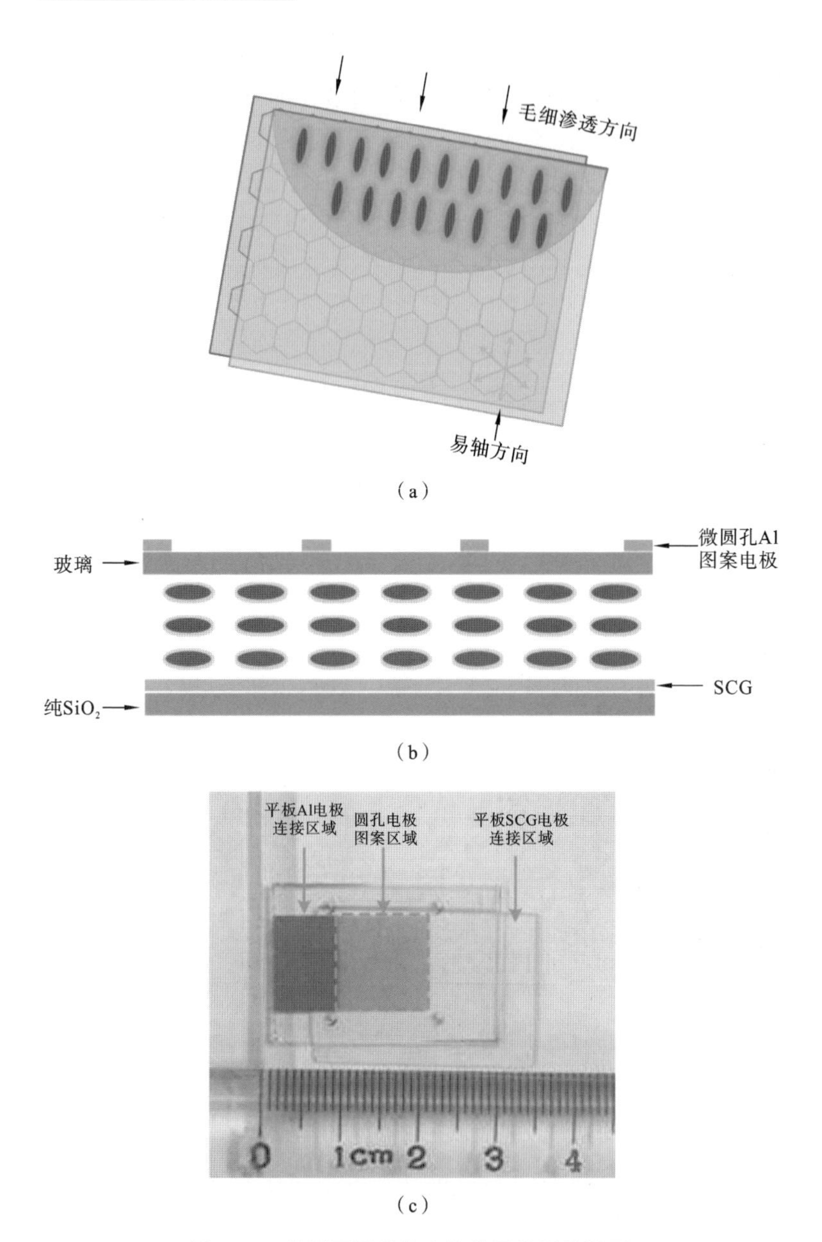

图 9-23 单晶石墨烯基电控液晶微透镜阵列

(a) 液晶的毛细渗透定向灌注;(b) 典型层化结构;(c) 原理样片

围为 355～1550 nm。在测量过程中首先用激光器出射的单色激光照射单晶石墨烯基电控液晶微透镜阵列,通过光束质量分析仪采集在液晶微透镜阵列上加载不同信号均方根电压下的图像数据,用于分析样片的电调焦性能。当出现聚焦图像时,通过调节光束质量分析仪与测试样片间的距离,获得最佳聚光图像及点扩散函数,并记录焦距。

图 9-24 所示的为用中心波长为 531 nm 的激光波束照射所测试的单晶石墨烯基电控液晶微透镜阵列表面，在所加载的信号均方根电压为 0 V 时的二维和三维光强分布，以及 x 和 y 轴方向上的点扩散函数。由测量结果可见，由于未形成聚光微透镜功能，透过 Al 电极上各微孔的激光波束未产生任何会聚效果。如图 9-25 至图 9-31所示，在单晶石墨烯基电控液晶微透镜阵列上所加载的信号均方根电压为 2.0～8.2 V 时，液晶微透镜阵列逐渐显示光会聚、光聚焦及光散焦这一变化趋势。信号均方根电压为 3.5～6.0 V 时，呈现出所希望的聚焦行为。通过精密调整光束质量分析仪的位置，可有效获得最佳聚焦图像并得到焦距，得到明亮和锐化的二维及三维光强分布图片，以及 x 和 y 轴方向上的点扩散函数分布。在信号均方根电压为 4.8 V 处，点扩散函数分布的半高宽最小，约为 5.3 μm。图 9-32 所示的为单晶石墨烯基电控液晶微透镜阵列在中心波长为 531 nm 的激光波束作用下，产生光聚焦时的焦距与所加载的信号均方根电压间的关系曲线。结合所测量的光强分布和点扩散函数分布可见，信号均方根电压为 2.5～7.0 V 时，液晶微透镜能够产生较佳的光会聚效果，

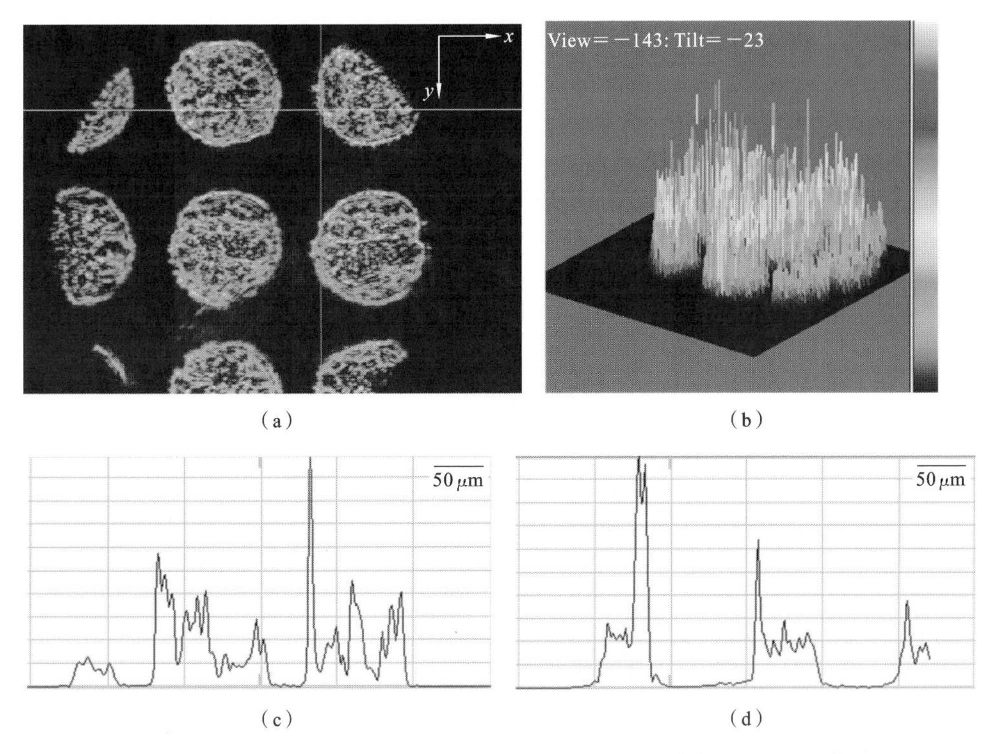

(a)　(b)

(c)　(d)

图 9-24　用 531 nm 中心波长的激光波束照射单晶石墨烯基电控液晶微透镜阵列，在信号均方根电压为 0 V 时的光强分布与点扩散函数分布

(a) 二维光强分布；(b) 三维光强分布；(c) x 轴方向上的点扩散函数分布；(d) y 轴方向上的点扩散函数分布

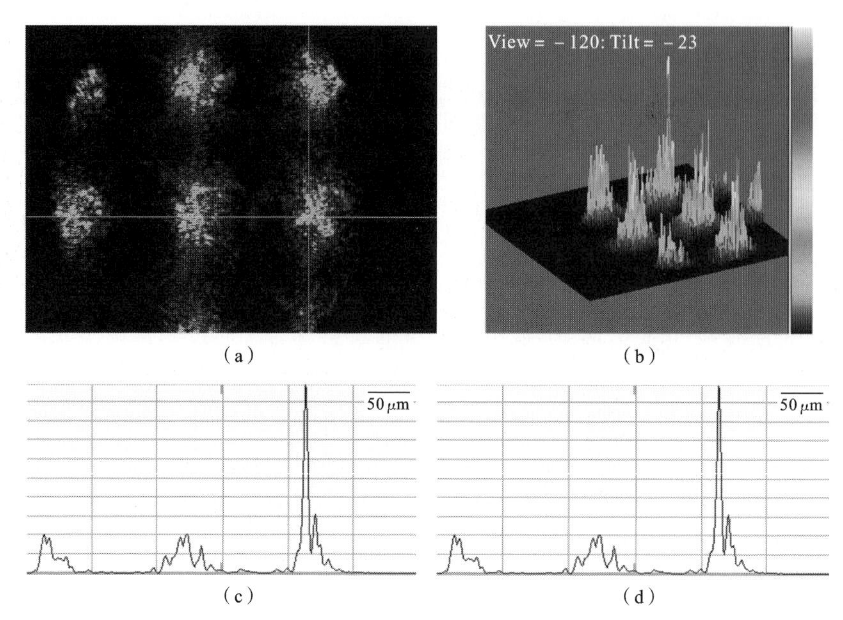

图 9-25　用 531 nm 中心波长的激光波束照射单晶石墨烯基电控液晶微透镜阵列，在信号均方根电压为 2.0 V 时的光强分布与点扩散函数分布

(a) 二维光强分布；(b) 三维光强分布；(c) x 轴方向上的点扩散函数分布；(d) y 轴方向上的点扩散函数分布

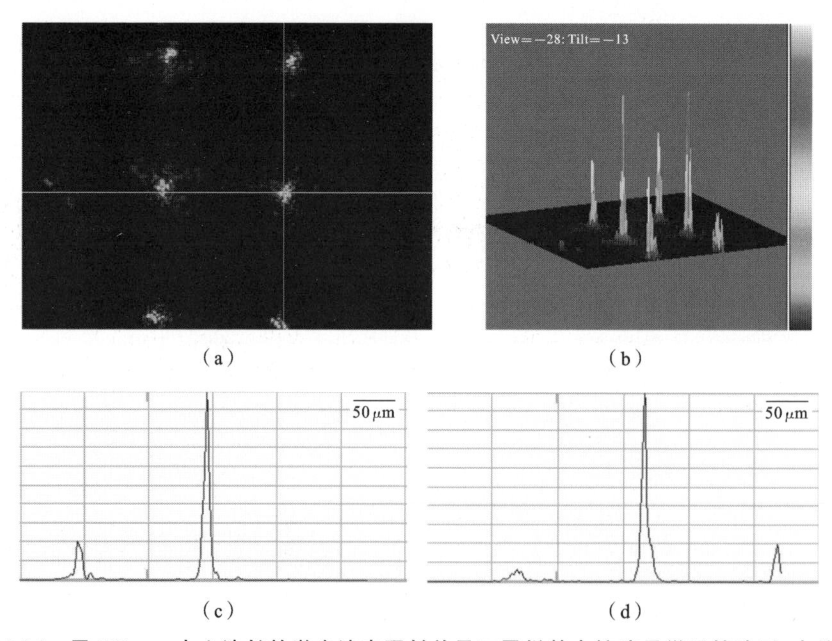

图 9-26　用 531 nm 中心波长的激光波束照射单晶石墨烯基电控液晶微透镜阵列，在信号均方根电压为 3.5 V 时的光强分布与焦距为 1.33 mm 时的点扩散函数分布

(a) 二维光强分布；(b) 三维光强分布；(c) x 轴方向上的点扩散函数分布；(d) y 轴方向上的点扩散函数分布

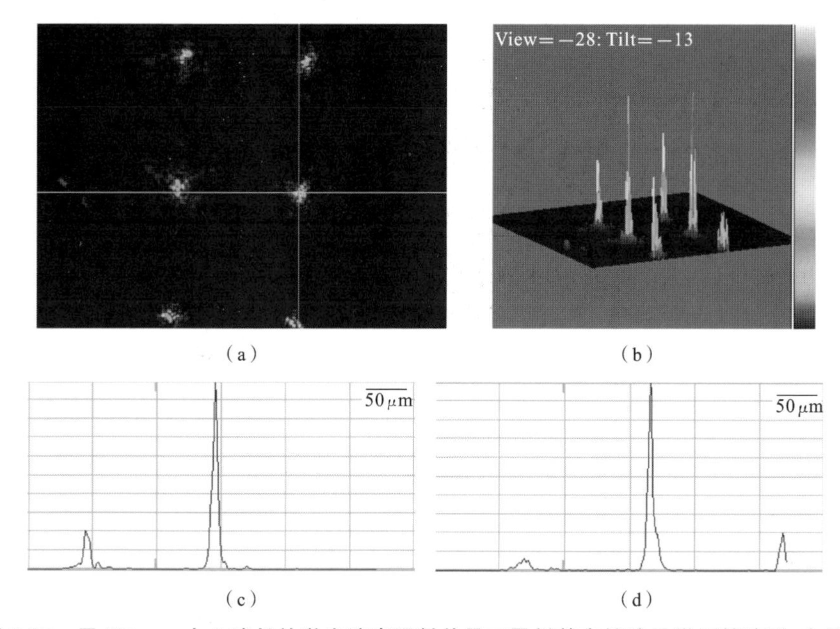

图 9-27　用 531 nm 中心波长的激光波束照射单晶石墨烯基电控液晶微透镜阵列，在信号均方根电压为 4.2 V 时的光强分布与焦距为 1.3 mm 时的点扩散函数分布

(a) 二维光强分布；(b) 三维光强分布；(c) x 轴方向上的点扩散函数分布；(d) y 轴方向上的点扩散函数分布

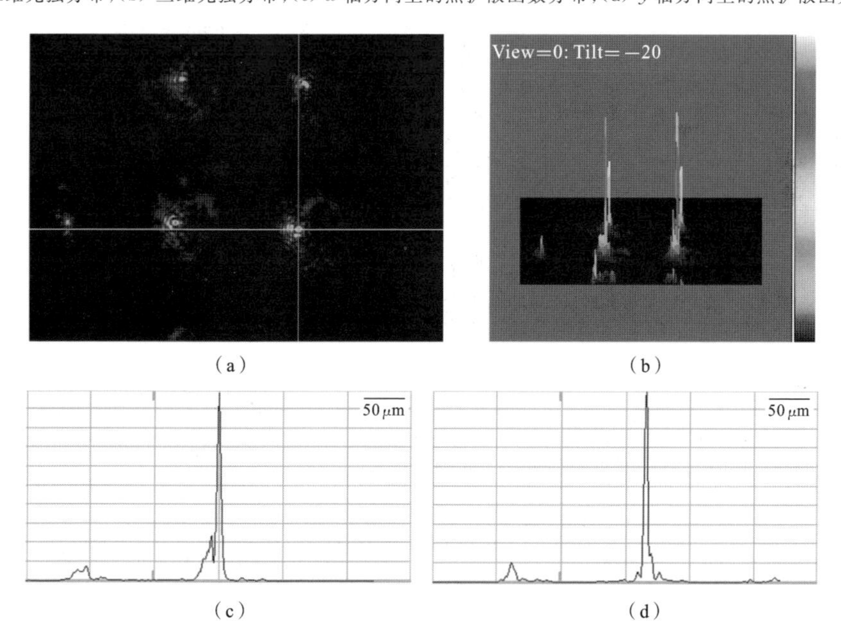

图 9-28　用 531 nm 中心波长的激光波束照射单晶石墨烯基电控液晶微透镜阵列，在信号均方根电压为 4.8 V 时的光强分布与焦距为 1.28 mm 时的点扩散函数分布

(a) 二维光强分布；(b) 三维光强分布；(c) x 轴方向上的点扩散函数分布；(d) y 轴方向上的点扩散函数分布

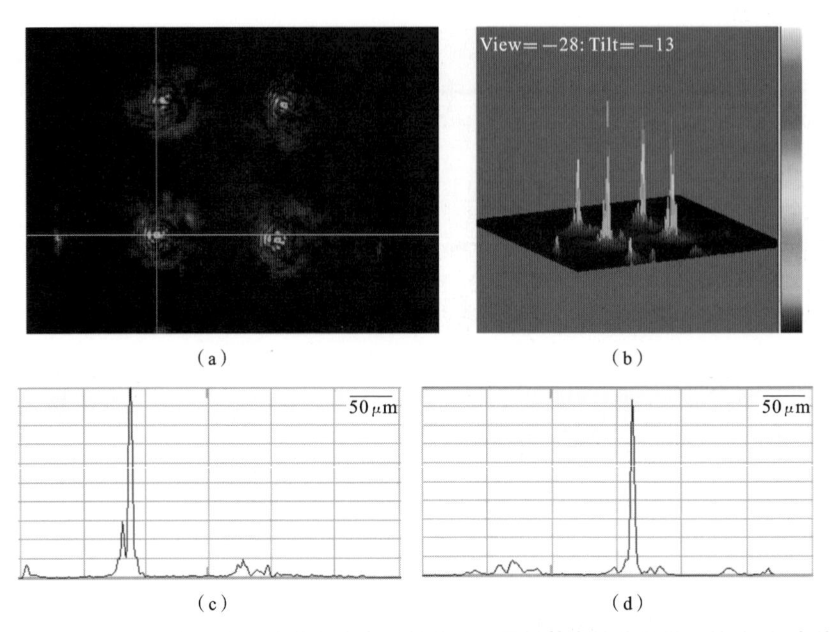

图 9-29　用 531 nm 中心波长的激光波束照射单晶石墨烯基电控液晶微透镜阵列，在信号均方根电压为 6.0 V 时的光强分布与焦距为 1.36 mm 时的点扩散函数分布

(a) 二维光强分布；(b) 三维光强分布；(c) x 轴方向上的点扩散函数分布；(d) y 轴方向上的点扩散函数分布

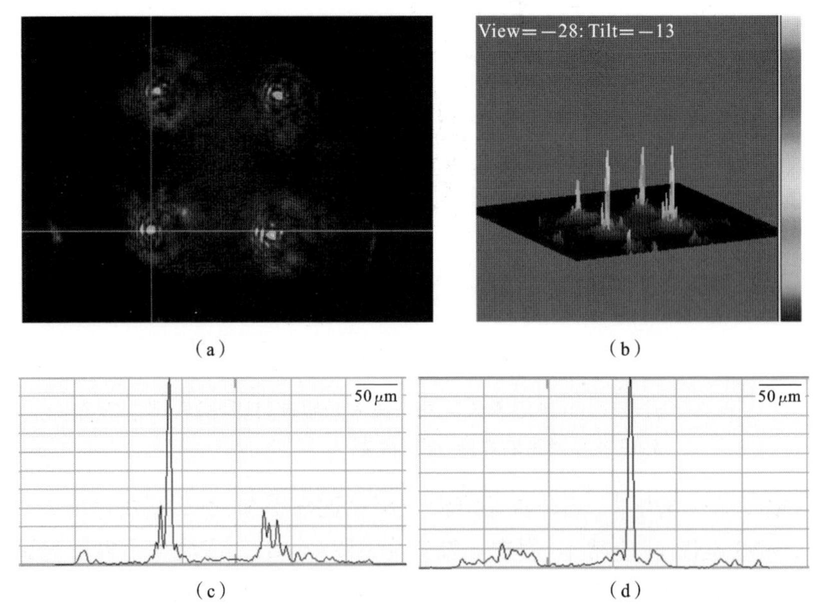

图 9-30　用 531 nm 中心波长的激光波束照射单晶石墨烯基电控液晶微透镜阵列，在信号均方根电压为 7.0 V 时的光强分布与点扩散函数分布

(a) 二维光强分布；(b) 三维光强分布；(c) x 轴方向上的点扩散函数分布；(d) y 轴方向上的点扩散函数分布

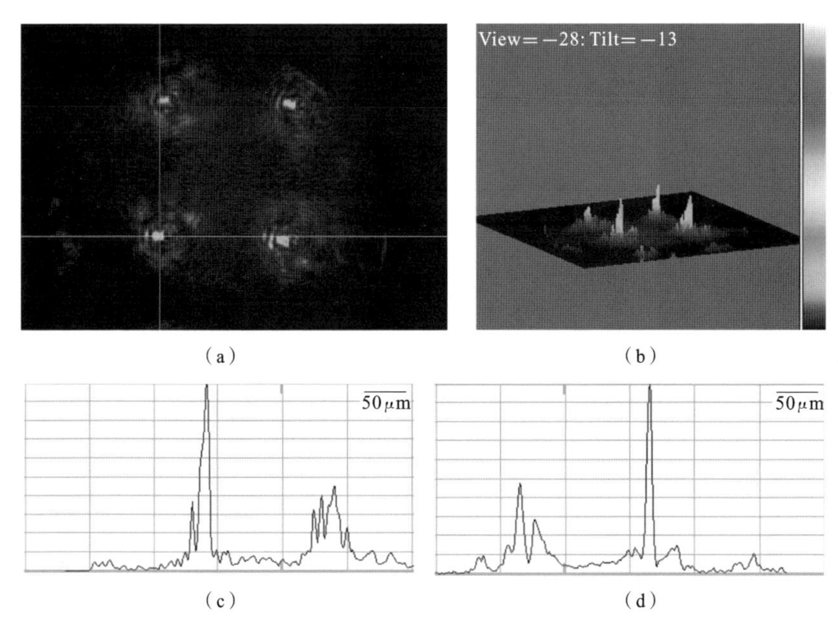

图 9-31　用 531 nm 中心波长的激光波束照射单晶石墨烯基电控液晶微透镜阵列，在信号均方根电压为 8.2 V 时的光强分布与点扩散函数分布

(a) 二维光强分布；(b) 三维光强分布；(c) x 轴方向上的点扩散函数分布；(d) y 轴方向上的点扩散函数分布

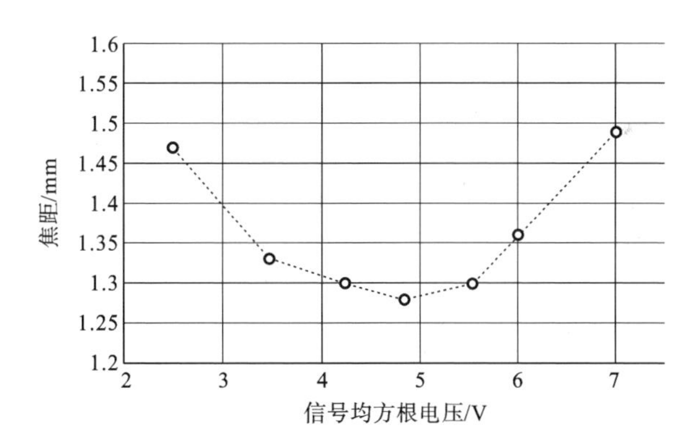

图 9-32　用 531 nm 中心波长的激光波束照射单晶石墨烯基电控液晶微透镜阵列时的焦距-电压关系

随着电压幅度的逐渐增大，焦距首先缓慢减小至逐渐平缓，然后再快速增大。

如图 9-33 至图 9-36 所示，用中心波长为 653 nm 的激光波束照射所测试的单晶石墨烯基电控液晶微透镜阵列表面，当所加载的信号均方根电压为 0～7.0 V 时，所获得的二维和三维光强分布，以及 x 和 y 轴方向上的点扩散函数分布，呈现与图9-24至图 9-31 所示的类似的变动特征。液晶微透镜阵列逐渐显示光会聚、光聚焦及光散焦这一变化趋势。当信号均方根电压为 2.5V 时，液晶微透镜阵列产生聚光效果；当均方根电压为 3.5 V 时，得到聚焦图案和锐利的点扩散函数分布，焦距为 1.60 mm，半高宽约为 4.2μm。图 9-37 所示的为单晶石墨烯基电控液晶微透镜阵列在中心波长为 653 nm 的激光波束作用下，产生光聚焦时的焦距与所加载的信号均方根电压间的关系曲线，其变化趋势与图 9-32 所示的类似。

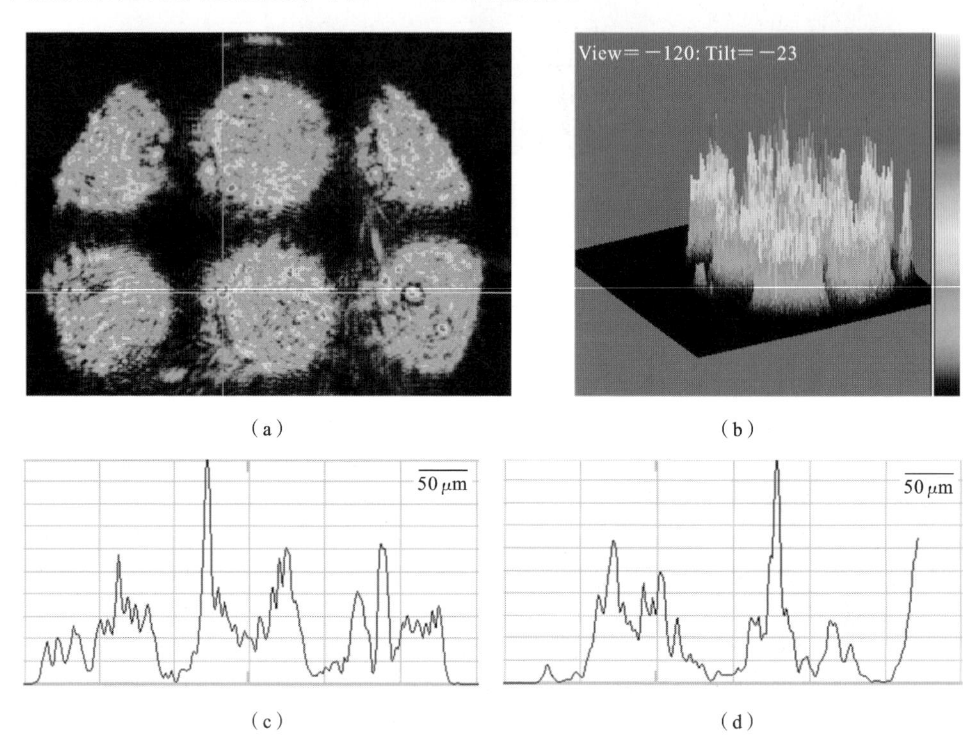

(a) (b) (c) (d)

图 9-33 用 653 nm 中心波长的激光波束照射单晶石墨烯基电控液晶微透镜阵列，在信号均方根电压为 0 V 时的光强分布与点扩散函数分布

(a) 二维光强分布；(b) 三维光强分布；(c) x 轴方向上的点扩散函数分布；(d) y 轴方向上的点扩散函数分布

如图 9-38 至图 9-42 所示，用中心波长为 980 nm 的近红外激光波束照射所测试的单晶石墨烯基电控液晶微透镜阵列表面，当所加载的信号均方根电压为 0～3.0 V 时，所获得的二维和三维光强分布，以及 x 和 y 轴方向上的点扩散函数分布，呈现与图 9-24 至图 9-31 以及图 9-33 至图 9-36 所示的类似的变动特征，但焦斑尺寸明显大于可见光情形。液晶微透镜阵列也逐渐显示近红外谱域的光会聚、光聚焦及光散焦这一变化趋势。当信号均方根电压为 1.5 V 时，液晶微透镜阵列对近红外波段的入射光表现出最佳的会聚效果，焦距为 2.17 mm，点扩散函数分布的半高宽约为 8.9 μm。当信号均方根电压为 2.2 V 时，由图 9-41 可见，液晶微透镜阵列对入射红外仍产生较佳的会聚效果，但焦距已减小为 1.55 mm。

图 9-43 所示的为单晶石墨烯基电控液晶微透镜阵列在中心波长为 980 nm 的近

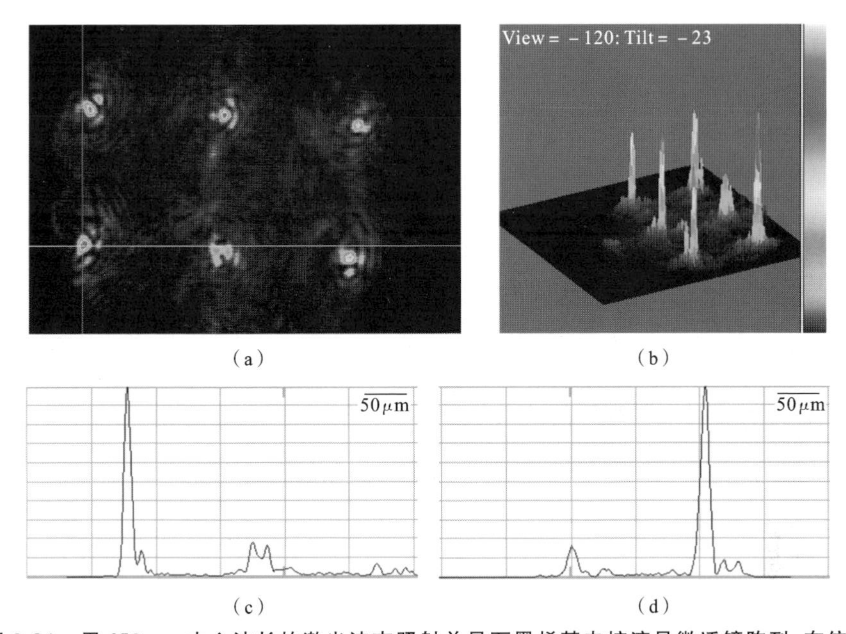

图 9-34　用 653 nm 中心波长的激光波束照射单晶石墨烯基电控液晶微透镜阵列，在信号均方根电压为 2.5 V 时的光强分布与焦距为 1.68 mm 时的点扩散函数分布

(a) 二维光强分布；(b) 三维光强分布；(c) x 轴方向上的点扩散函数分布；(d) y 轴方向上的点扩散函数分布

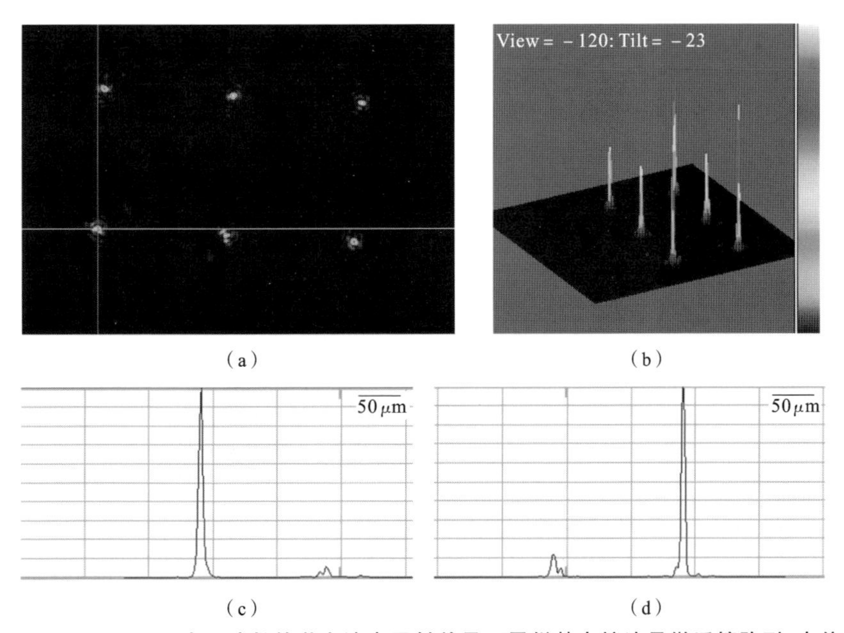

图 9-35　用 653 nm 中心波长的激光波束照射单晶石墨烯基电控液晶微透镜阵列，在信号均方根电压为 3.5 V 时的光强分布与焦距为 1.60 mm 时的点扩散函数分布

(a) 二维光强分布；(b) 三维光强分布；(c) x 轴方向上的点扩散函数分布；(d) y 轴方向上的点扩散函数分布

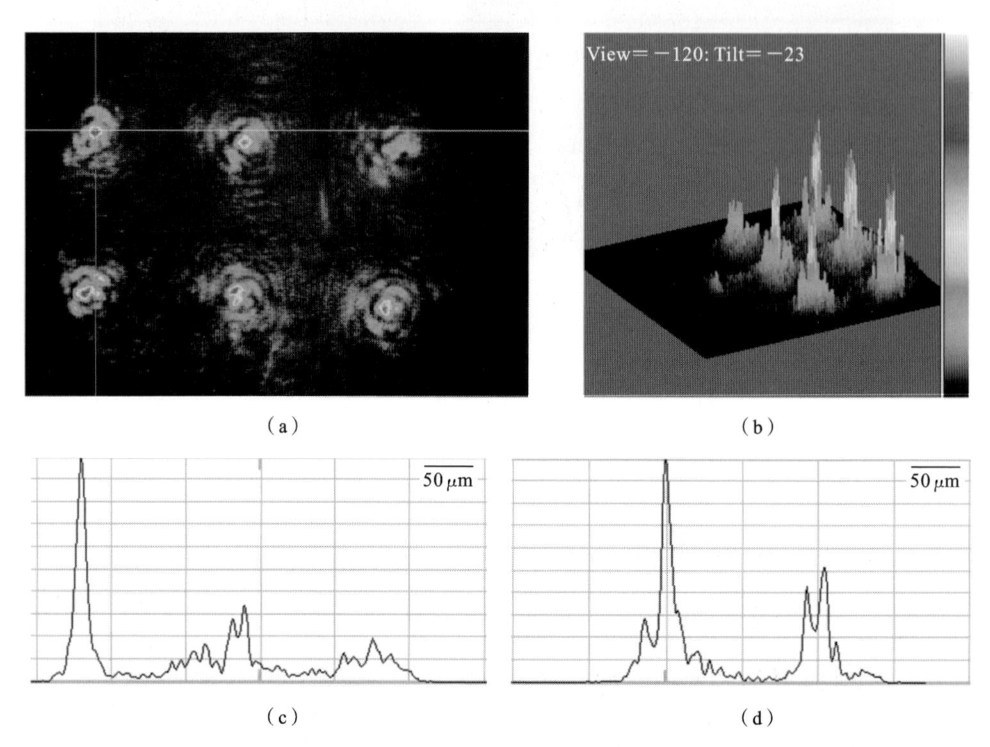

图 9-36 用 653 nm 中心波长的激光波束照射单晶石墨烯基电控液晶微透镜阵列，在信号均方根电压为 7.0 V 时的光强分布与点扩散函数分布

(a) 二维光强分布；(b) 三维光强分布；(c) x 轴方向上的点扩散函数分布；(d) y 轴方向上的点扩散函数分布

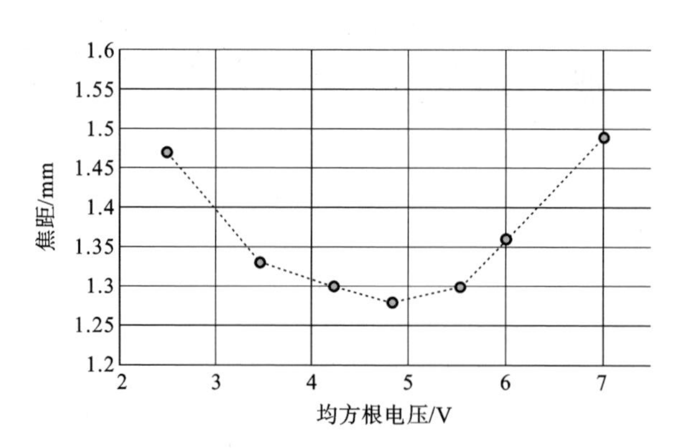

图 9-37 用 653 nm 中心波长的激光波束照射单晶石墨烯基电控液晶微透镜阵列时的焦距-电压关系

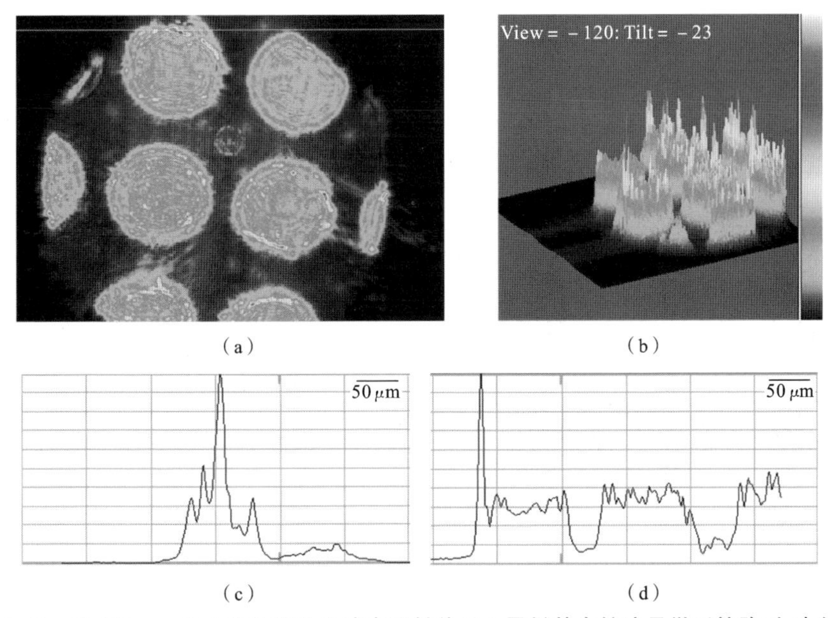

图 9-38 用 980 nm 中心波长的激光波束照射单晶石墨烯基电控液晶微透镜阵列，在信号均方根电压为 0 V 时的光强分布与焦距为 1.68 mm 时的点扩散函数分布

(a) 二维光强分布；(b) 三维光强分布；(c) x 轴方向上的点扩散函数分布；(d) y 轴方向上的点扩散函数分布

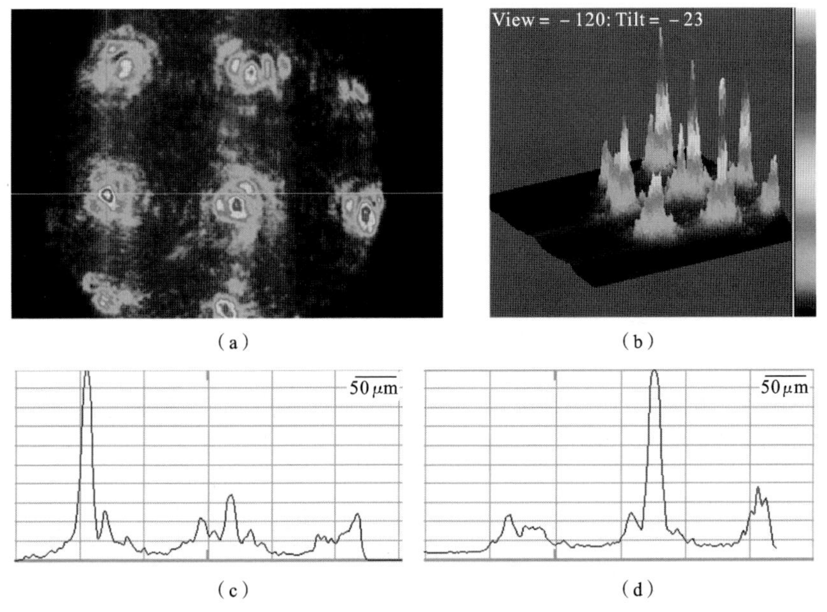

图 9-39 用 980 nm 中心波长的激光波束照射单晶石墨烯基电控液晶微透镜阵列，在信号均方根电压为 1.2 V 时的光强分布与焦距为 2.48 mm 时的点扩散函数分布

(a) 二维光强分布；(b) 三维光强分布；(c) x 轴方向上的点扩散函数分布；(d) y 轴方向上的点扩散函数分布

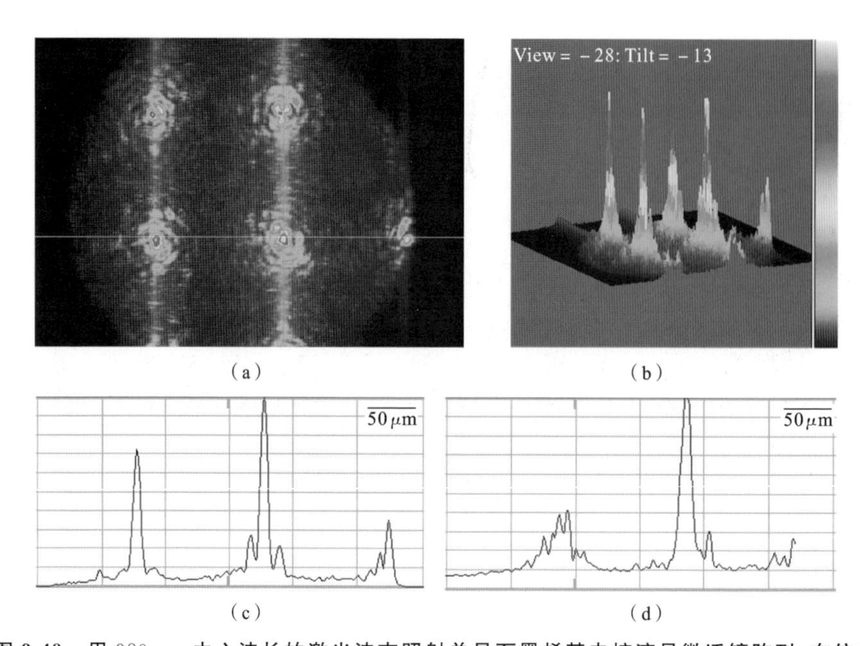

(a) (b) (c) (d)

图 9-40 用 980 nm 中心波长的激光波束照射单晶石墨烯基电控液晶微透镜阵列，在信号均方根电压为 1.5 V 时的光强分布与焦距为 2.17 mm 时的点扩散函数分布

(a) 二维光强分布；(b) 三维光强分布；(c) x 轴方向上的点扩散函数分布；(d) y 轴方向上的点扩散函数分布

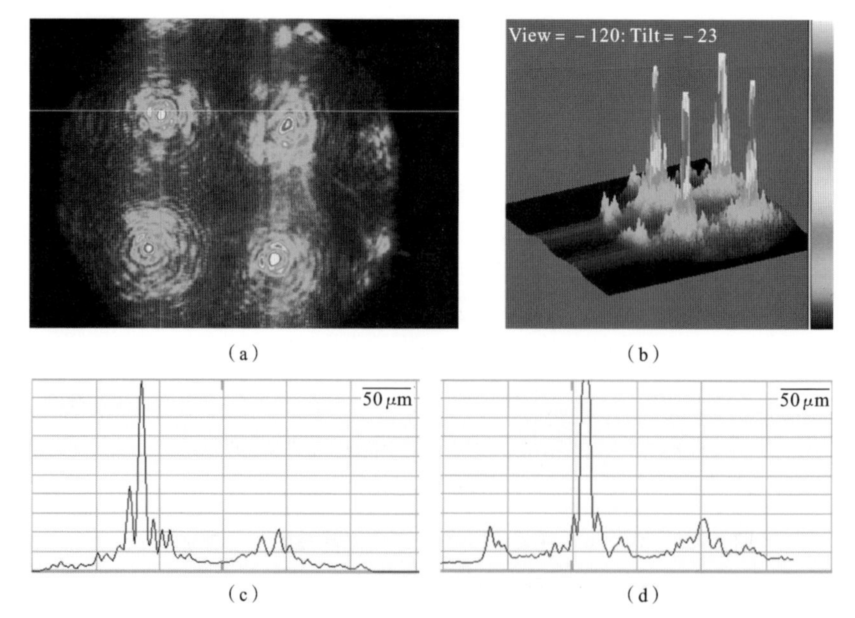

(a) (b) (c) (d)

图 9-41 用 980 nm 中心波长的激光波束照射单晶石墨烯基电控液晶微透镜阵列，在信号均方根电压为 2.2 V 时的光强分布与焦距为 1.55 mm 时的点扩散函数分布

(a) 二维光强分布；(b) 三维光强分布；(c) x 轴方向上的点扩散函数分布；(d) y 轴方向上的点扩散函数分布

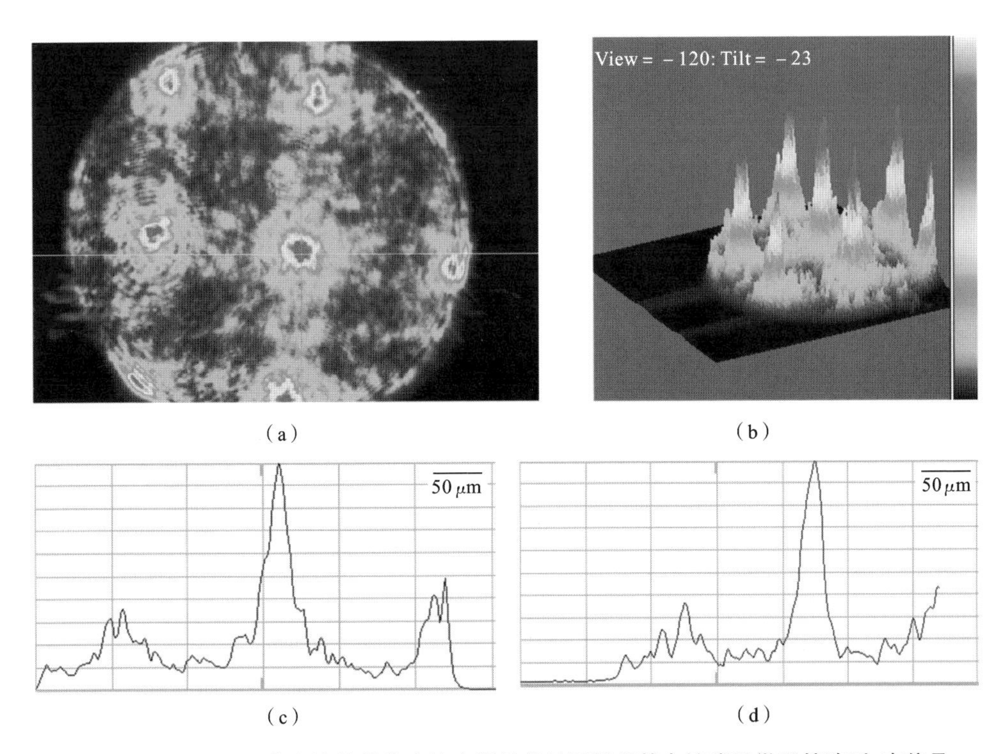

图 9-42　用 980 nm 中心波长的激光波束照射单晶石墨烯基电控液晶微透镜阵列，在信号均方根电压为 3.0 V 时的光强分布与点扩散函数分布

(a) 二维光强分布；(b) 三维光强分布；(c) x 轴方向上的点扩散函数分布；(d) y 轴方向上的点扩散函数分布

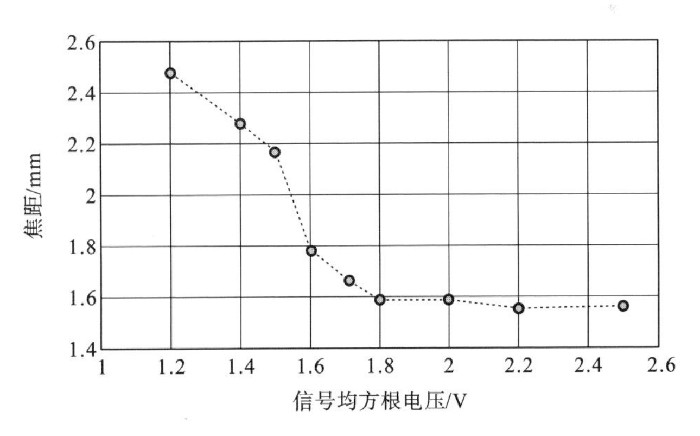

图 9-43　用 980 nm 中心波长的激光波束照射单晶石墨烯基电控液晶微透镜阵列时的焦距-电压关系

红外激光波束作用下，产生光聚焦时的焦距与所加载的信号均方根电压间的关系曲线。由图 9-43 可见，信号均方根电压为 1.2～2.5 V 时，单晶石墨烯基电控液晶微透镜对近红外激光波束表现出较佳的聚焦效果，焦距变化范围为 1.56～2.48 mm。在此信号均方根电压范围内，随着信号均方根电压的增大，单晶石墨烯基电控液晶微透镜的焦距首先快速减小，然后呈现缓慢变化趋势。考虑到微透镜的焦距已达到较大的毫米数量级，其属性特征被略去。

9.5 小　结

本章探讨了适用于红外光场成像的石墨烯基电控液晶微透镜阵列的基本特性，单晶石墨烯对液晶材料所呈现的诱导定向属性，分别制备了玻璃基和硒化锌基的石墨烯电控液晶微透镜阵列样片，通过实验测试分析了石墨烯电极材料用于液晶基红外光场成像的可行性。这为发展液晶基红外光场成像技术奠定了基础。

第10章　液晶基偏振成像探测

10.1　引　言

液晶基偏振成像探测，即对入射光的偏振态进行测量与调变的电控液晶微透镜阵列，与可见光或红外光敏阵列耦合，构造成一种光偏振可测调架构并实施偏振成像探测的这样一种过程。一般而言，将向列相液晶夹持在典型微圆孔阵电极与平板电极间所构成的微透镜阵列，对入射光波的偏振态敏感。入射光在液晶微透镜的入射面上，分解成相互垂直的两束偏振光。光矢量(电矢方向)与液晶微透镜中的液晶分子初始锚定取向相同的偏振入射光，可被液晶微透镜会聚甚至聚焦或发散。光矢量方向与液晶分子初始锚定取向垂直的偏振入射光，基本不受液晶影响。因此，常规电控液晶微透镜阵列仅能对入射光的部分偏振光波，即光矢量方向与液晶分子的初始锚定取向大体一致的偏振光，施加调控。

本章主要研究用层叠耦合液晶初始锚定取向相互垂直的两个液晶微透镜，进行偏振成像探测的基本方法和关键技术。用层叠耦合初始锚定取向相互垂直的液晶微光学器件，自主构建复合式的电控液晶微透镜，对入射光波的偏振态进行测量和调变处理。讨论入射光波在偏振敏感和不敏感情形下，实施的微束聚焦效能和成像光场压缩特征。用复合式电控液晶微透镜的偏振成像探测系统，进行偏振敏感和偏振不敏感成像探测，以及这两个模式间的电控切换。分析伽利略模式和开普勒模式下的偏振成像属性，建立数字重聚焦、深度估计与深度分辨率计算方法。这里研发的液晶基偏振成像探测架构具有以下特点：工作温区宽、电控电压低、偏振与非偏振成像模式兼容、与现有成像架构可灵活匹配甚至可以替代。

10.2　偏振成像基本特征

一般而言，常规成像探测系统获取的二维光强图像，呈现由光敏阵列的光电信号强度或灰度约束的光敏特性、成像目标的特征面形貌，组成目标的各发光点作为点源辐射的方向性被成像光学系统抹除。目标的方位、距离和深度等特征参数，以光敏阵列上的像素位置加以反映和标记。目标光矢量的本征振动方向属性及其在复杂环境介质中的变动行为，难以通过成像光学系统被实时测量并进行适应性调整。迄今为止，基于图像的偏振光场成像法，已成为一个受到广泛关注的研究热点。其核心难点是：寻找到可对光波偏振行为进行测量与选择性调节的方法和技术措施。光波在液晶中传输时一般呈现双折射现象，在沿液晶的光轴方向传播时其双折射现象会消失。双折射光束的非常光，在外加电场或磁场作用下可产生较为明显的折射，并且随场强或场方向的改变而改变，这为实施可调制的偏振成像探测提供了基础条件。

光作为一种电磁波，其电场强度远大于磁场强度。通常情况下，仅考虑光矢量（电矢）与物质互作用所表现的从优振动行为，以及与所诱导的物质的受迫振动甚至共振性的光偏振响应属性。根据光源或环境介质情况，光波可粗略划分为无偏振光（如自然光）、部分偏振光和全偏振光。线偏振光、椭圆偏振光和圆偏振光，是最常见的光偏振形态。目前获得广泛使用的光偏振表征体系包括 Jones 矩阵和 Stoke 光矢量参量法。本章主要用 Stoke 光矢量参量法开展偏振成像探测的建模、仿真、设计、制作、测量和评估等的物性分析和技术方法研究。

在三维直角坐标系下，若光波沿 z 轴方向传播，则在 $z=0$ 平面内的平面光波可表示为

$$\boldsymbol{E}=\left[E_{0x}\mathrm{e}^{\delta_x(t)}\boldsymbol{e}_x+E_{0y}\mathrm{e}^{\delta_y(t)}\boldsymbol{e}_y\right]\mathrm{e}^{-\mathrm{j}\omega t} \tag{10-1}$$

式中：E_{0x}和E_{0y}分别为 x 和 y 轴方向上的光波振幅；ω 为光波角频率；$\delta_x(t)$和 $\delta_y(t)$分别为 x 和 y 轴方向上的瞬时相位因子；$\boldsymbol{e}_x$ 和 $\boldsymbol{e}_y$ 分别为 x 和 y 轴方向上的单位光矢量。Stoke 光矢量 $\boldsymbol{S}$ 为

$$\boldsymbol{S}=\begin{bmatrix}S_0\\S_1\\S_2\\S_3\end{bmatrix}=\begin{bmatrix}E_{0x}^2+E_{0y}^2\\E_{0x}^2-E_{0y}^2\\2E_{0x}E_{0y}\cos\delta\\2E_{0x}E_{0y}\sin\delta\end{bmatrix}\propto\begin{bmatrix}I_0+I_{90}\\I_0-I_{90}\\I_{45}+I_{-45}\\I_{\mathrm{L}}-I_{\mathrm{R}}\end{bmatrix} \tag{10-2}$$

式中：S_0为总光强，即 x 轴方向上的偏振光强 I_0与 y 轴方向上的偏振光强 I_{90}之和；S_1为 x 轴方向上的偏振光强 I_0与 y 轴方向上的偏振光强 I_{90}之差；S_2 为 x-y 平面上与 x 或 y 轴方向呈 45°的方向上的偏振光强 I_{45}，与 x 或 y 轴方向呈－45°的方向上的偏振光强 I_{-45}之差；S_3为左旋圆偏振光强 I_{L} 与右旋圆偏振光强 I_{R} 之差；δ 为 x 与 y 轴方向上的光矢量瞬时相位差，$\delta=\delta_x(t)-\delta_y(t)$。

光波偏振度为

$$\mathrm{DOP}=\frac{\sqrt{S_1^2+S_2^2+S_3^2}}{S_0} \tag{10-3}$$

满足 DOP∈［0,1］，其值越接近 1，光波的偏振度越高。

光学元件与入射光波的互作用，可用入射光波与出射光波间的缪勒矩阵关联。若入射的 Stoke 光矢量为 $\boldsymbol{S}_{\mathrm{i}}$，出射的 Stoke 光矢量为 $\boldsymbol{S}_{\mathrm{o}}$，则满足

$$\boldsymbol{S}_{\mathrm{i}}=\boldsymbol{M}\cdot\boldsymbol{S}_{\mathrm{o}} \tag{10-4}$$

式中：$\boldsymbol{M}$ 为缪勒矩阵，其表达式为

$$\boldsymbol{M}=\begin{bmatrix} m_{00} & m_{01} & m_{02} & m_{03} \\ m_{10} & m_{11} & m_{12} & m_{13} \\ m_{20} & m_{21} & m_{22} & m_{23} \\ m_{30} & m_{31} & m_{32} & m_{33} \end{bmatrix} \tag{10-5}$$

一般而言，光学功能结构均具有特征形态的缪勒矩阵，具体如下。

10.2.1　光学旋转器

在 x-y 平面上，电矢 $\boldsymbol{E}=E_x\boldsymbol{e}_x+E_y\boldsymbol{e}_y$ 的偏振光经过光学旋转器后，其 x 和 y 轴方向上的分量共同旋转一个角度 ϕ，则在新的 x'-y' 坐标系中，电矢为

$$\boldsymbol{E}'=E'_x\boldsymbol{e}'_x+E'_y\boldsymbol{e}'_y$$

入射光波和出射光波间的缪勒矩阵为

$$\boldsymbol{M}_{\mathrm{R}}=\begin{bmatrix} 1 & 0 & 0 & 0 \\ 0 & \cos(2\phi) & \sin(2\phi) & 0 \\ 0 & -\sin(2\phi) & \cos(2\phi) & 0 \\ 0 & 0 & 0 & 1 \end{bmatrix} \tag{10-6}$$

10.2.2　相位延迟器

相位延迟器通常用于迟滞光波，可将一个大小为 Γ 的相位偏移量引入入射光波的光矢量中。如在 x-y 坐标系中，电矢为 $\boldsymbol{E}=E_x\boldsymbol{x}+E_y\boldsymbol{y}$ 的光波经过相位延迟器后，在 x 和 y 轴方向上分别产生 $\pm\Gamma/2$ 的相位延迟，则电矢被改变为 $\boldsymbol{E}'=E_x\mathrm{e}^{\mathrm{j}\Gamma/2}\boldsymbol{e}_x+E_y\mathrm{e}^{-\mathrm{j}\Gamma/2}\boldsymbol{e}_y$，入射光波和出射光波间的缪勒矩阵为

$$\boldsymbol{M}_{\mathrm{Retarder}}=\begin{bmatrix} 1 & 0 & 0 & 0 \\ 0 & 1 & 0 & 0 \\ 0 & 0 & \cos\Gamma & -\sin\Gamma \\ 0 & 0 & \sin\Gamma & \cos\Gamma \end{bmatrix} \tag{10-7}$$

若入射光波无吸收地通过光学器件，仅需考虑入射的 Stoke 光矢量的三个分量 $\boldsymbol{S}_{\mathrm{i}}=(S_1,S_2,S_3)$，则缪勒矩阵可以简写为

$$\boldsymbol{M}=\begin{bmatrix} m_{11} & m_{12} & m_{13} \\ m_{21} & m_{22} & m_{23} \\ m_{31} & m_{32} & m_{33} \end{bmatrix} \tag{10-8}$$

对图 10-1 所示的液晶结构而言，分布在液晶盒中的两个液晶基片表面处的液晶分子，呈相互垂直状排布。分布在液晶盒中任意液晶层上的液晶分子，则呈现特定取向的有序排列。从上至下，液晶指向矢以渐进扭曲形态，构成两个液晶电极板表面处液晶分子指向矢的垂直转向。也就是说，形成从上基片处的排列取向起，以扭曲转向方式渐变到下基片处与上基片呈垂直取向的排布形态。在上、下基片间未激励电场

时，如图 10-1 所示的 $V=0$ 的情形，垂直于纸面取向的偏振入射光波的光矢量方向，将随液晶分子的排布形态，在透过液晶盒后产生 90°偏转，如图 10-1 所示，基片上方由黑色标注的垂直于纸面振动的入射光波，在穿过液晶盒后其振动方向产生垂直改变而平行于纸面。对于平行于纸面取向的偏振入射光波，仅有极少部分被液晶完全阻挡，如图 10-1 所示用灰色标注的入射光波和出射光波。在加电态下，图 10-1 所示的在上、下基片上加载信号均方根电压时，分布在液晶盒中的液晶分子受基片间所激励的电场作用，趋向沿电场方向的渐进偏转排列。除受上、下基片强锚定的表面处液晶分子外，液晶盒中的液晶分子在所激励的较强电场作用下，最终趋向沿垂直于上、下基片表面的方向排布。垂直或平行于纸面取向的偏振入射光波同样仅有极少部分被液晶完全阻挡。

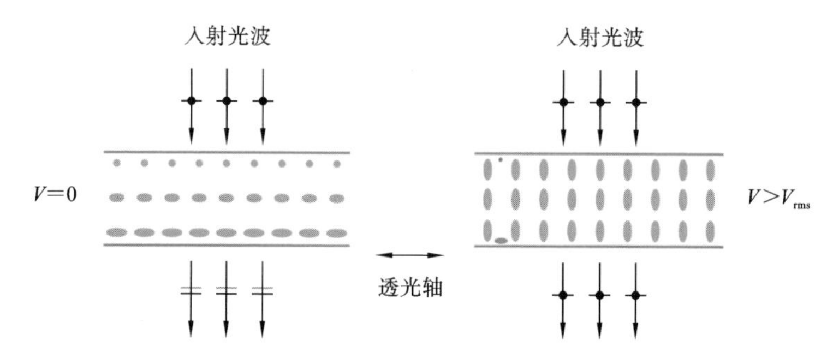

图 10-1　液晶分子扭曲排列效应

在用 Stoke 光矢量法描述液晶分子扭曲排布效应时，通常仅需要考虑 Stoke 光矢量的三个分量，即 $\boldsymbol{S}=(S_1,S_2,S_3)$。若在厚度为 h 的液晶中填充的液晶分子，由 N 层厚度为 $\mathrm{d}z$ 的液晶组成，则 $\mathrm{d}z=h/N$。设相邻液晶薄层的指向矢的角度变化为 $\mathrm{d}\psi=q\mathrm{d}z$，其中 q 为指向矢扭转率，则液晶层对传输光波的相位延迟角可表示为 $\mathrm{d}\Gamma=k_0\Delta n\mathrm{d}z$。如图 10-2 所示，当液晶层的厚度趋于 0 时，液晶层的慢轴可认为保持不变。对第 i 层液晶而言，若慢轴与 x 轴的夹角为 β_i，则相位延迟角为 $\Gamma_i=2\pi(n_e i\Delta h-n_o i\Delta h)\Delta h/\lambda$。由于第 i 层液晶的入射的 Stoke 光矢量，与第 $(i-1)$ 层出射的 Stoke 光矢量相同，出射的 Stoke 光矢量 $\boldsymbol{S}_\mathrm{o}$ 和入射的 Stoke 光矢量 $\boldsymbol{S}_\mathrm{i}$ 的关系为

$$\boldsymbol{S}_\mathrm{o}=\prod_{j=1}^{N}[\boldsymbol{M}_\mathrm{R}(\beta_j)\boldsymbol{M}_\mathrm{Retarder}(\Gamma_j)\boldsymbol{M}_\mathrm{R}^{-1}(\beta_j)]\boldsymbol{S}_\mathrm{i} \tag{10-9}$$

若入射到第 j 层上的入射的 Stoke 光矢量为 $\boldsymbol{S}'$，则第 j 层出射的 Stoke 光矢量为

$$\boldsymbol{S}'+\mathrm{d}\boldsymbol{S}'=\begin{bmatrix}1 & 2q\mathrm{d}z & 0\\ -2q\mathrm{d}z & 1 & 0\\ 0 & 0 & 1\end{bmatrix}\begin{bmatrix}1 & 0 & 0\\ 0 & 1 & -k_0\Delta n\mathrm{d}z\\ 0 & k_0\Delta n\mathrm{d}z & 1\end{bmatrix}\boldsymbol{S}'$$

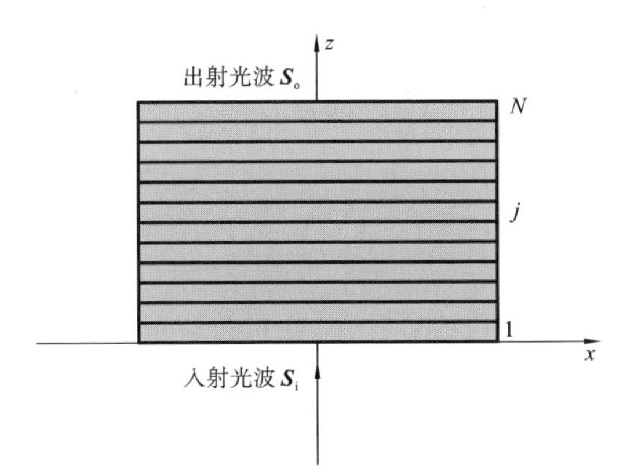

图10-2　光波在扭曲向列相液晶结构中的传播

$$=\begin{bmatrix} 1 & 2q\mathrm{d}z & 0 \\ -2q\mathrm{d}z & 1 & -k_0\Delta n\mathrm{d}z \\ 0 & k_0\Delta n\mathrm{d}z & 1 \end{bmatrix}\boldsymbol{S}' \tag{10-10}$$

令 $\mathrm{d}z\to 0$,仅保留第一级,则有

$$\frac{\mathrm{d}S'_1}{\mathrm{d}z}=2qS'_2 \tag{10-11}$$

$$\frac{\mathrm{d}S'_2}{\mathrm{d}z}=-2qS'_1-k_0\Delta nS'_3 \tag{10-12}$$

$$\frac{\mathrm{d}S'_3}{\mathrm{d}z}=k_0\Delta nS'_2 \tag{10-13}$$

由式(10-12)可得

$$\frac{\mathrm{d}^2S'_2}{\mathrm{d}z^2}=-2q\frac{\mathrm{d}S'_1}{\mathrm{d}z}-k_0\Delta n\frac{\mathrm{d}S'_3}{\mathrm{d}z}=-[(2q)^2+(k_0\Delta n)^2]S'_2 \tag{10-14}$$

定义

$$\chi=[(2q)^2+(k_0\Delta n)^2]^{1/2}=2\,[\phi^2+(\Gamma/2)^2]^{1/2}/h \tag{10-15}$$

式中:ϕ 和 Γ 分别为液晶膜的总扭转角和延迟角。式(10-14)的解为

$$S'_2=A_{21}\sin(\chi z)+A_{22}\cos(\chi z) \tag{10-16}$$

由式(10-11)可得

$$S'_1=\frac{2q}{\chi}[-A_{21}\sin(\chi z)+A_{22}\cos(\chi z)]+A_{11} \tag{10-17}$$

由式(10-13)可得

$$S'_3=\frac{k_0\Delta n}{\chi}[-A_{21}\sin(\chi z)+A_{22}\cos(\chi z)]+A_{33} \tag{10-18}$$

如果正入射到液晶膜表面的 Stoke 光矢量为 $\boldsymbol{S}'^{\mathrm{T}}_{\mathrm{i}}=(S'_{10},S'_{20},S'_{30})$,则有

$$A_{22}=S'_{20} \tag{10-19}$$

$$-\frac{2q}{\chi}A_{21}+A_{11}=S'_{10} \tag{10-20}$$

$$-\frac{k_0\Delta n}{\chi}A_{21}+A_{33}=S'_{30} \tag{10-21}$$

同样可由式(10-12)得到

$$-2qA_{11}+k_0\Delta nA_{33}=0 \tag{10-22}$$

从而可以计算出

$$S'_1=\left[1-\left(\frac{2q}{\chi}\right)^2\sin^2\left(\frac{\chi}{2}z\right)\right]S'_{10}+\frac{2q}{\chi}\sin(\chi z)S'_{20}-\frac{4qk_0\Delta n}{\chi^2}\sin\left(\frac{\chi}{2}z\right)S'_{30} \tag{10-23}$$

$$S'_2=-\frac{2q}{\chi}\sin(\chi z)S'_{10}+S'_{20}\cos(\chi z)-\frac{k_0\Delta n}{\chi^2}\sin(\chi z)S'_{30} \tag{10-24}$$

$$S'_3=-\frac{4qk_0\Delta n}{\chi^2}\sin^2\left(\frac{\chi}{2}z\right)S'_{10}+\frac{k_0\Delta n}{\chi}\sin(\chi z)S'_{20}+\left[1-2\left(\frac{2q}{\chi}\right)^2\sin\left(\frac{\chi}{2}z\right)\right]S'_{30} \tag{10-25}$$

入射光波通过扭曲向列相液晶膜后的 Stoke 光矢量 $\boldsymbol{S}'_{\mathrm{o}}$，与入射前的 Stoke 光矢量 $\boldsymbol{S}'_{\mathrm{i}}$ 的关系为

$$\boldsymbol{S}'_{\mathrm{o}}=\begin{bmatrix} 1-2\frac{\phi}{X^2}\sin^2X & \frac{\phi}{X}\sin(2X) & -2\frac{\phi(\Gamma/2)}{X^2}\sin^2X \\ -\frac{\phi}{X}\sin(2X) & \cos(2X) & -\frac{(\Gamma/2)}{X}\sin(2X) \\ -2\frac{\phi(\Gamma/2)}{X^2}\sin^2X & \frac{(\Gamma/2)}{X}\sin(2X) & 1-2\frac{\phi(\Gamma/2)^2}{X^2}\sin^2X \end{bmatrix}\cdot\boldsymbol{S}'_{\mathrm{i}} \tag{10-26}$$

式中：$X=[\phi^2+(\Gamma/2)^2]^{1/2}$。

考虑到在出射面上的局域坐标系与实验坐标系的夹角为 ϕ，在入射面上的 x' 轴和 x 轴平行，因此 $\boldsymbol{S}'_{\mathrm{i}}=\boldsymbol{S}_{\mathrm{i}}$，在实验坐标系中可得到

$$\boldsymbol{S}_{\mathrm{o}}=\begin{bmatrix} \cos(2\phi) & -\sin(2\phi) & 0 \\ \sin(2\phi) & \cos(2\phi) & 0 \\ 0 & 0 & 1 \end{bmatrix}\cdot\begin{bmatrix} 1-2\frac{\phi}{X^2}\sin^2X & \frac{\phi}{X}\sin(2X) & -2\frac{\phi(\Gamma/2)}{X^2}\sin^2X \\ -\frac{\phi}{X}\sin(2X) & \cos(2X) & -\frac{(\Gamma/2)}{X}\sin(2X) \\ -2\frac{\phi(\Gamma/2)}{X^2}\sin^2X & \frac{(\Gamma/2)}{X}\sin(2X) & 1-2\frac{\phi(\Gamma/2)^2}{X^2}\sin^2X \end{bmatrix}\cdot\boldsymbol{S}'_{\mathrm{i}} \tag{10-27}$$

当入射光波为水平偏振光(偏振方向与入射面液晶指向矢方向相同)，即 $\boldsymbol{S}_{\mathrm{i}}=(1,0,0)$ 时，有

$$
\boldsymbol{S}_{\mathrm{o}}=\begin{bmatrix}-1+2\dfrac{\phi}{X^2}\sin^2 X\\ \dfrac{\phi}{X^2}\sin(2X)\\ 2\dfrac{\phi(\Gamma/2)}{X^2}\sin^2 X\end{bmatrix} \tag{10-28}
$$

因此，当光波通过扭曲向列相液晶盒且满足 $X=k\pi$（k 为正整数）时，出射光波为垂直偏振光。

10.3　偏振光场成像

如上所述，对偏振敏感的电控液晶微透镜与光敏阵列耦合，甚至集成，可进行偏振光场成像探测。考虑到可见光谱域的常规液晶通常呈现极弱光吸收这一特征，可假设在液晶微透镜中传播的光波的光强沿光线传播方向不产生较大变化，则目标光场可表述为空间位置和方向量或角量的矢量函数。迄今为止，已有了多种如前所述的表征光场的方法。本章基于矩阵光学法描述光场，基本特征如图 10-3 所示。给定一个垂直于光轴的参考面，则穿过该参考面的光线可描述为空间位置和角量的函数 $H(x,y,\theta,\varphi)$，其中，x 和 y 参量用于表征该光线与参考面交点的位置，(θ,φ) 用于表征光线的传播方向，光场可表述为 $L(x,y,\theta,\varphi)$，并可对其进一步简化为基于矩阵的函数 $L(q,p)$。成像探测器的单元感光像素所感测或记录的光强可表示为

$$
I(q)=\int_p L(q,p)\mathrm{d}p \tag{10-29}
$$

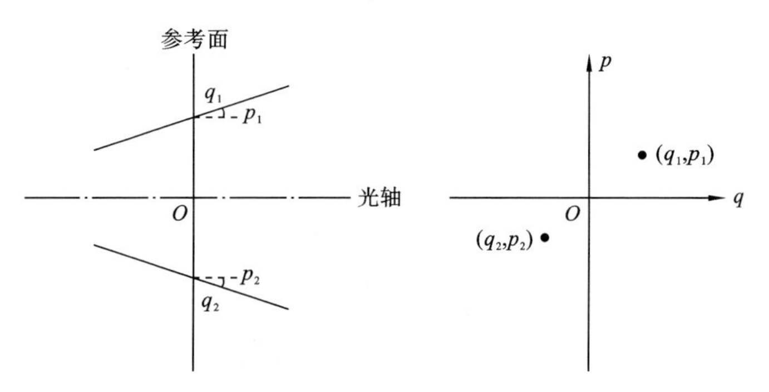

图 10-3　光场的矩阵表示

图 10-4 所示的为基于传统的二维成像模式，通过液晶微透镜阵列执行三维成像探测的典型架构形态。如图 10-4 所示，由于液晶微透镜阵列具有偏振敏感性，穿过液晶控光器件的光强，会略低于穿过液晶控光器件周围区域的光强，在模型目标图像上呈现亮度略低的微圆形阵列图案。这些微圆形阵列图案，可在图像信息处理或在

液晶微透镜的制作环节中采用相应工艺去除。目标物点发出的锥形光束经过成像物镜后，投射在成像传感器的光敏面上。目标物点出射的多向光线经成像物镜会聚在与物点一一对应的光敏像素上，物点光线的传播方向性在上述过程中被抹除，而仅表现出由该物点出射的相对成像物镜所形成的光锥的空间方向性。由不同物点出射的光锥相对成像物镜的空间方向性差异，反映在不同物点的出射光锥被会聚在成像传感器的不同探测元或光敏像素上。

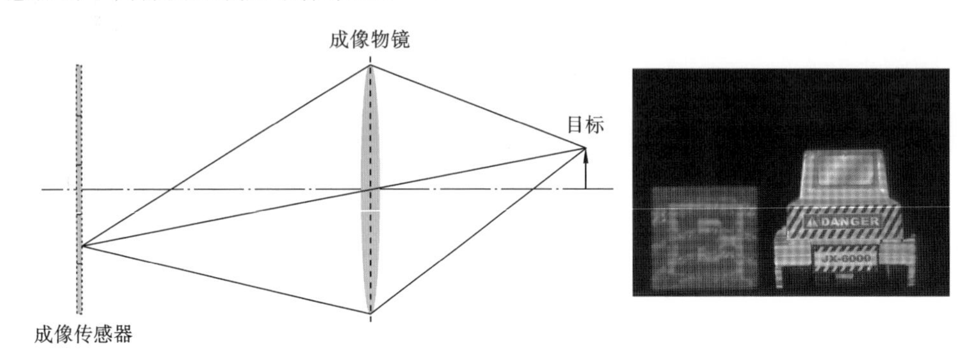

图 10-4　常规光学成像探测系统获取的目标图像

在常规光学成像探测系统中，从成像探测阵列上的各探测元或光敏像素所输出或显示的光电信号强度或灰度值，代表了发光物点相对成像物镜的出射光锥所界定的光能传输能力。不同探测元或光敏像素的光电信号强度或量化后的灰度值，对应物空间中由不同物点出射并被成像物镜捕获的光波能量，两者共同组成一帧二维图像。因此，所获取的目标图像仅保留了物点的光锥方向信息或平面排布特征，物点光线的方向性被去除。也就是说，常规光学成像探测系统获取的二维目标图像，失去了目标光场辐射的可探测或可分辨属性。由图 10-4 所示的工程车模型与积木的二维图像可知，由物点光锥的平面图像可粗略估计目标结构的相对深度或空间分布特征。

针对获得目标光场信息这一需求，应将图 10-4 所示的目标点源相对成像物镜的入射光锥，分割成不同传播方向上的小孔径光锥簇并进一步获得各小孔径光锥的像点，从而得到物点的多向辐射信息。调整焦平面成像系统实现上述功能的方案主要有：① 在成像物镜焦平面处所放置的成像探测阵列的光入射面上，配置成像微透镜阵列，并使成像探测阵列位于成像微透镜阵列的焦平面处；② 在成像物镜的焦平面处放置成像微透镜阵列，将焦平面成像探测阵列向离开物镜的方向上做微小移动至成像微透镜阵列的焦平面处；③ 将成像微透镜阵列置于成像物镜的散焦区并将成像探测阵列配置在微透镜阵列的焦平面处。典型的光学配置如图 10-5 所示，图 10-5 所示的三种典型成像方式被分别命名为：标准模式下的光场成像、伽利略模式下的光场成像及开普勒模式下的光场成像。对于每种成像模式，分别配置了我们所获取的典型成像效果图。

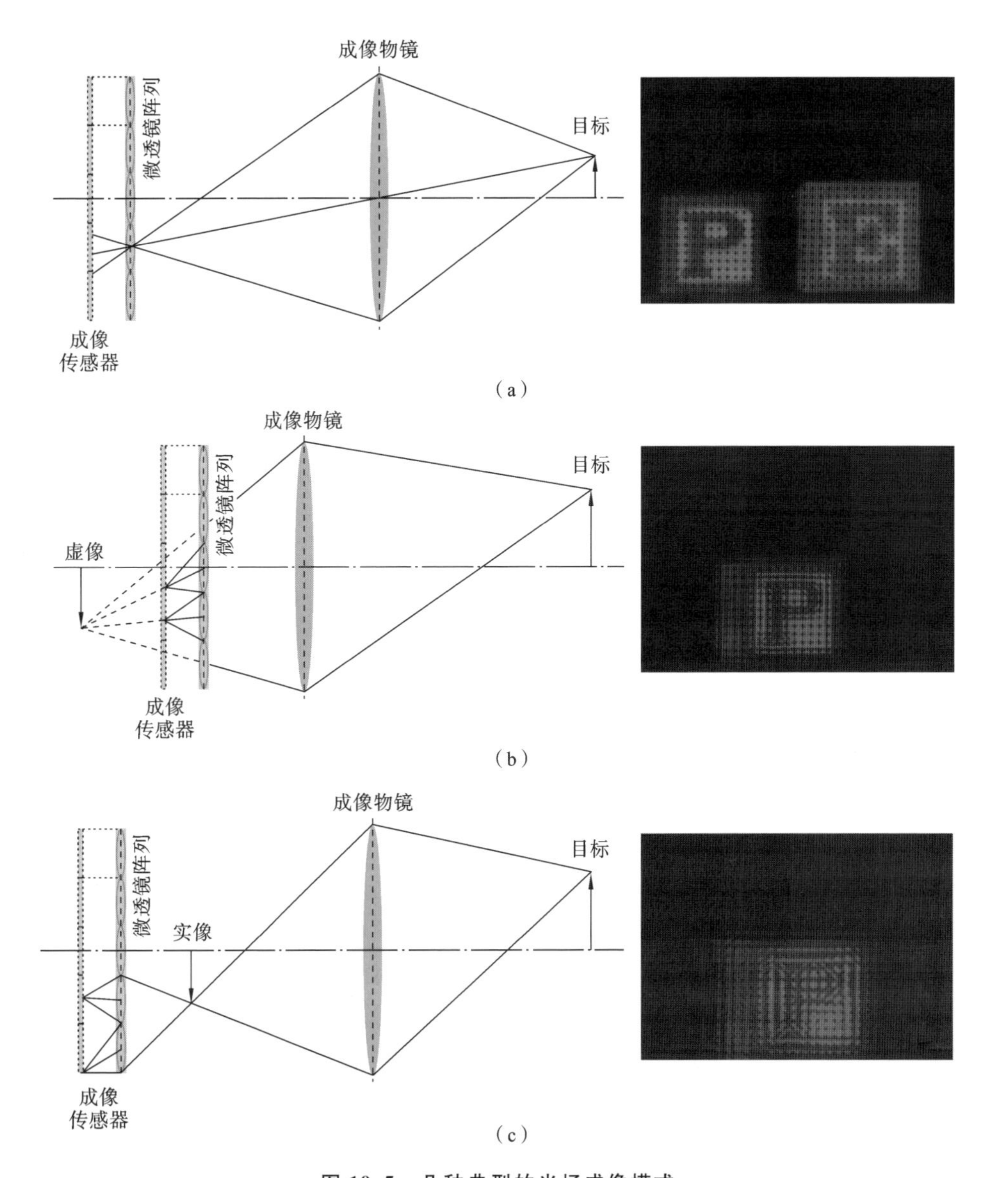

图 10-5 几种典型的光场成像模式

(a) 标准模式下的光场成像；(b) 伽利略模式下的光场成像；(c) 开普勒模式下的光场成像

迄今为止，一种商用的标准光场相机方案如图 10-5(a)所示。成像微透镜阵列置于成像物镜的焦平面处，成像探测阵列后移至成像微透镜阵列的焦平面上，相互邻接的有限数量的成像微透镜阵列，用于实现目标物点子光锥(光场辐射方向)信息的获取、三维目标图像重建及数字再聚焦成像。其成像的空间分辨率、角分辨率及光线方向分辨率，分别由针对同一目标物点的相邻微透镜数量、每单元微透镜的通光孔径及其所覆盖的探测元的数量决定。考虑到目标物点的成像光场会被成像物镜高度压缩在焦平面处,通常显示成像探测的空间分辨率低、角分辨率高、光线方向分辨率低等,为进一步提高光场成像探测效能及提高像质,可采取的措施为:① 采用阵列规模更大、像元尺寸更小的成像探测器;② 采用阵列规模更大、通光孔径更小的微透镜阵列;③ 将成像微透镜阵列置于成像物镜的亚聚焦区或散焦区,构建伽利略模式或开普勒模式下的光场成像系统。图 10-5(b)和(c)所示的分别为在伽利略模式和开普勒模式下的成像探测系统和典型的成像测试结果。如图 10-5 所示,成像物镜将目标物点的成像光场向焦平面处压缩,在成像物镜的焦平面前后形成两个典型光场区,即亚聚焦区和散焦区。对由微透镜阵列形成的相对焦平面处具有更大尺寸的光场进行二次压缩成像,进而由成像探测阵列获得光场图像。

近些年来,随着焦平面成像探测技术的迅速发展,目标和场景日趋复杂,对光场成像探测提出了更高要求。可满足上述需求的一种可行的成像探测系统方案是:用偏振敏感甚至可调的电控液晶微透镜阵列,替代具有固定轮廓的折射或衍射微透镜,构建液晶基光场成像系统。与前述光场成像探测模式类似,液晶基光场成像探测系统同样由成像物镜、液晶基成像微透镜阵列和成像探测阵列构成。典型功能主要有:调节加载在液晶微透镜阵列上的信号均方根电压,调变液晶微透镜的焦距、通光孔径和成像效能,以及相位延迟器与微透镜阵列间的电控切换等。

图 10-6 所示的为伽利略模式和开普勒模式下的偏振光场成像原理。目标光场通过成像物镜的一次压缩形成成像光场,该光场再经过微透镜阵列的二次压缩,投射到成像光敏阵列上,完成光电转换和成像。图 10-6 中,B 为电控液晶微透镜阵列与成像探测器间的距离,b_{L0} 为成像物镜到电控液晶微透镜阵列的距离,a_L 为物空间中的目标物点的物距,b_L 为目标物点相对成像物镜的像距,f_L 和 f_M 分别为成像物镜与液晶微透镜阵列的焦距。一般而言,以焦平面成像探测方式获取物点 P 的光场信息,至少需要两个微透镜同时对该物点进行成像,即像点间应存在垂轴视差,满足 $b/B\geqslant 2$。对如图 10-6(a)所示的伽利略模式下的偏振光场成像系统而言,成像物镜所形成的压缩光场焦平面位于所放置的成像探测器后端。目标物点由成像物镜所形成的像点,作为液晶微透镜阵列的虚物点,由成像探测器完成二次成像。所满足的成像关系为 $-1/b+1/B=1/f_M$,从而有

$$f_M\leqslant B<\frac{3}{2}f_M \tag{10-30}$$

对图 10-6(b)所示的开普勒模式下的偏振光场成像系统而言,经过成像物镜构建的压缩光场,将以实像方式作为液晶微透镜阵列的目标物进行二次成像,同样满足成像关系式 $1/b+1/B=1/f_M$,以及获取偏振光场信息的条件 $b/B\geqslant 2$,从而有

$$\frac{f_M}{2}<B\leqslant f_M \tag{10-31}$$

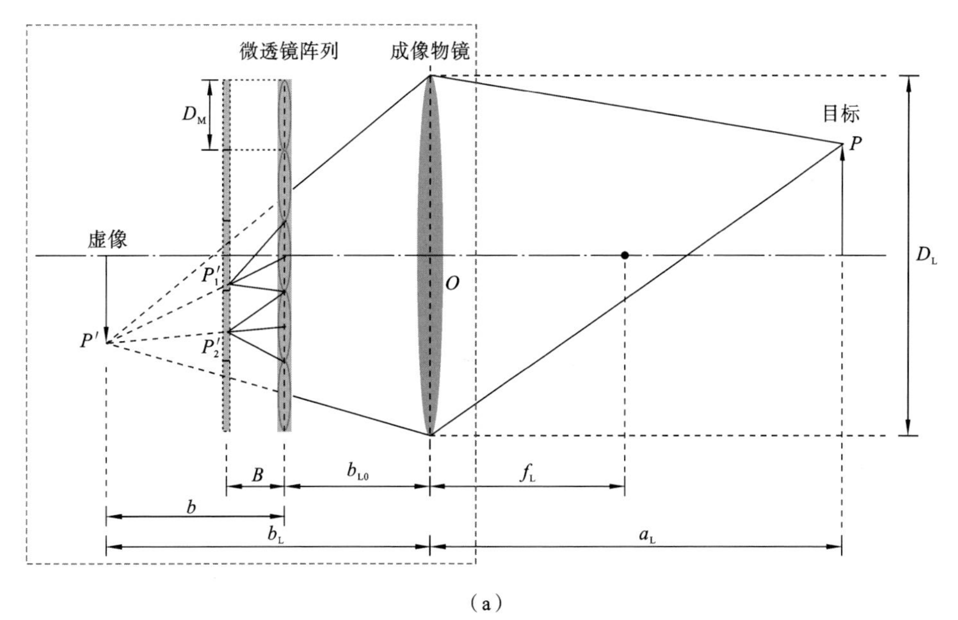

(a)

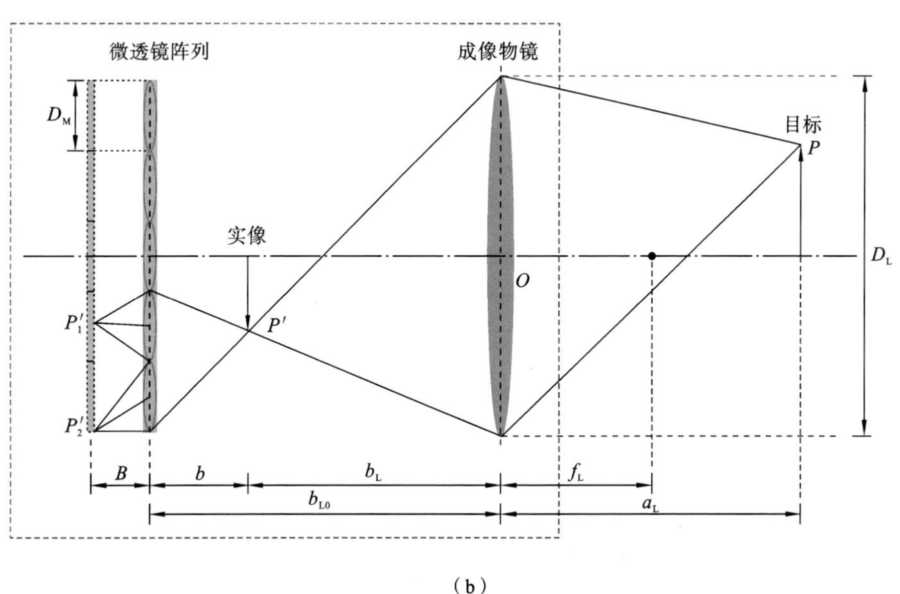

(b)

图 10-6　成像物镜和电控液晶微透镜阵列压缩目标光场获得的成像原理

(a) 伽利略模式下的光场成像；(b) 开普勒模式下的光场成像

本章讨论电控液晶微透镜阵列与成像探测器耦合配置，构建偏振光场成像探测系统的方法。液晶微透镜与成像探测器间的距离为 B，其为液晶器件的基片厚度和成像探测器保护层的厚度之和，约为 1.3 mm。通过调控液晶微透镜的偏振敏感性，可实现偏振成像；通过调节液晶微透镜阵列的焦距 f_M，可实现自适应光场成像；通过接通和去除加载在液晶结构上的信号均方根电压，实现光场和平面成像模式切换。较采用固定轮廓形貌的微透镜阵列的光场成像系统而言，该方式既可以提高成像探测效能，又可以为成像探测系统实现多功能提供平台。

单元液晶微透镜阵列表征如图 10-7 所示。成像物镜焦平面上的一个物点(q_F，p_F)，经过微透镜作用后被投射在成像传感器的像素点(q_I，p_I)上。该点相对成像物镜焦平面、液晶微透镜和成像探测器的光场量分别为 $L_F(q_F, p_F)$、$L_M(q_M, p_M)$和 $L_I(q_I, p_I)$。

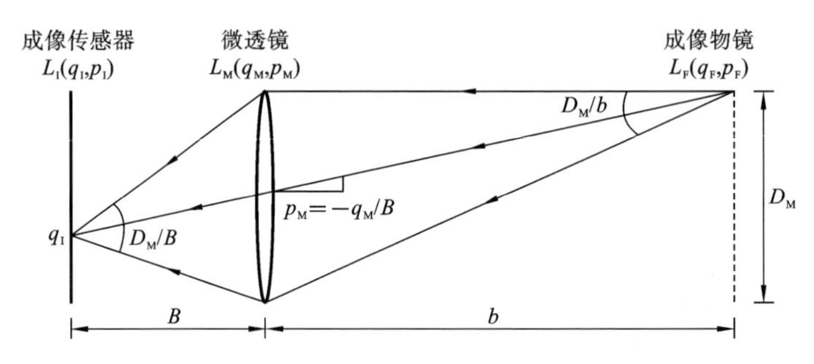

图 10-7 单元液晶微透镜阵列表征

若光波在传播过程中无能量损耗，令 $\boldsymbol{x}_I=(q_I, p_I)$，$\boldsymbol{x}_F=(q_F, p_F)$，则有

$$L_I(\boldsymbol{x}_I)=L_F(\mathbf{A}^{-1}\boldsymbol{x}_F) \tag{10-32}$$

其中

$$\mathbf{A}=\begin{bmatrix} -\dfrac{B}{b} & 0 \\ -\dfrac{1}{f_M} & -\dfrac{b}{B} \end{bmatrix} \tag{10-33}$$

因此，成像探测器的积分能量为

$$I(q_I)=\int_{p_I} L_I(\boldsymbol{x}_I)\mathrm{d}p_I=\int_{p_F} L_F(\mathbf{A}^{-1}\boldsymbol{x}_F)\mathrm{d}p_F \tag{10-34}$$

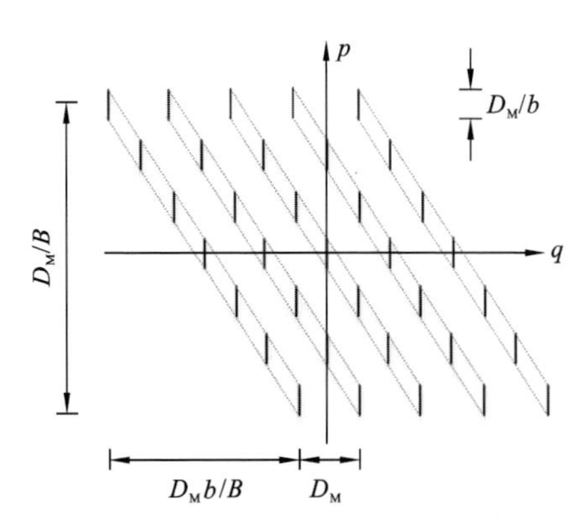

图 10-8 压缩光场的相平面表征

由每单元液晶微透镜所覆盖的子成像探测阵列，可获取一幅目标物点簇的子光锥成像图像。该图像中的每个像素点，对应成像物镜焦平面处的目标物像上的局域离散式采样像点或物点，其相平面表示如图 10-8 所示。如上所述的单元图像中的每个像素，均会聚了成像物镜焦平面上的对应物点(成像物镜的目标像点)角度为 D_M/b 的辐射光

波，其在相平面上可表示为一条短竖线。与各单元图像对应的物平面的成像范围为 $D_{M}b/B$，在相平面中为虚线框中的一组短竖线，相邻单元图像的成像范围偏移为 D_{M}。基于所配置的电控液晶微透镜阵列，进一步压缩成像物镜像场所实现的角分辨率为 $(b/B)\times(b/B)$。

一般而言，光场成像引发的目标图像旋转或位置偏移，会严重影响后续的图像重聚焦与图像重建质量。因此，对图像进行校准操作是有效实现光场数字重聚焦成像的一个前提条件。通常情况下，由透镜渐晕效应可预测：对于由液晶微透镜阵列所覆盖的子成像探测阵列，其光强分布从图像中心起向四周渐次降低，对于液晶微透镜中心位置的像素点，其入射光强最大，光电信号最强，图像的灰度值最高。基于上述原因，可利用构建好的光场相机采集多幅具有均匀漫反射的白色平面目标物点聚焦图像并进行校准，典型成像如图 10-9 所示。其中，单张白板光场图像或校准前的图像如图 10-9(a)所示，校准后的图像如图 10-9(b)所示。

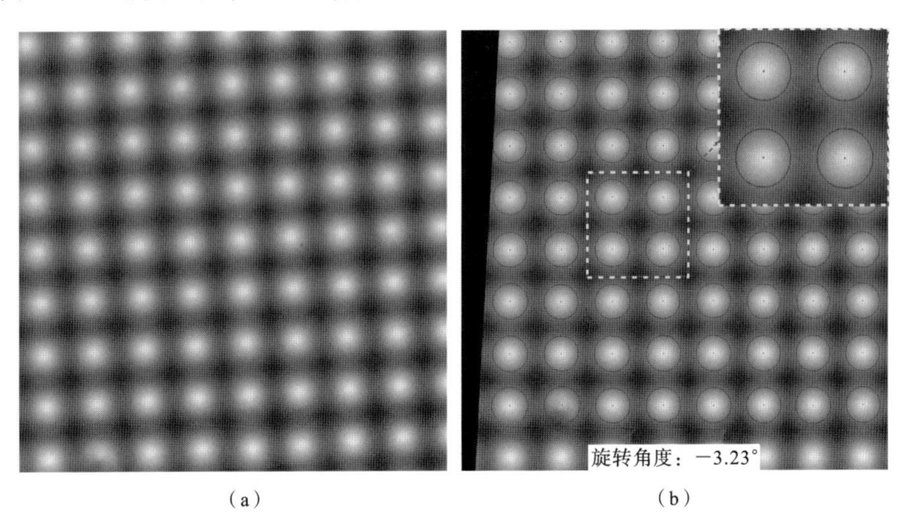

(a)　　　　(b)

图 10-9　图像校准与标定

(a) 校准前的图像；(b) 校准后的图像

典型操作是：将原始图像转换为灰度图进行叠加平均，用于消除传感器噪声；采用卷积法计算微透镜阵列中的局域最大值并获取基于图像的微透镜中心位置数据；将基于行或列的中心点进行直线拟合，求出旋转角度及平均旋转角度；用拟合后的直线对各微透镜的中心点进行优化，标记微透镜的中心点数据。图 10-9(b)所示的为校正后的图像，其旋转角度约为 −3.23°，图 10-9 的局部放大图像为相应的微透镜中心点处像素点的分布。

图 10-10 所示的为数字重聚焦的光场图像渲染效果。为了获得完整的光场图像，目标物点出射光线最少应被两个单元探测器接收，进行数字重聚焦图像渲染时，

必须选取适当的图像尺寸。一般而言，同一结构深度内的渲染尺寸应保持一致。通常情况下，由目标所处的位置深度和结构深度决定渲染尺寸 M，成像视角决定在成像单元上的渲染位置，渲染规则可归结为：针对同一深度不同视角，应保证该深度对应的渲染尺寸在单元成像微透镜所对应的单元图像上进行偏移；在同一视角不同深度情况下，应保证偏移位置的中心不变，并取不同的渲染尺寸 M。总之，在图像渲染前执行图像校正，应保证图像水平无旋转且要找出相应微透镜的中心位置。

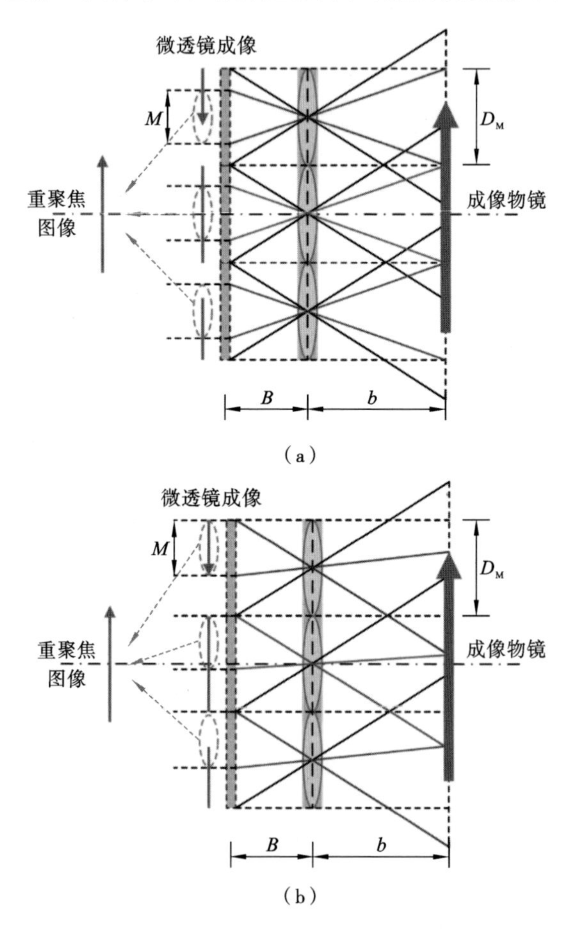

图 10-10　数字重聚焦的光场图像渲染

(a) 同一视角不同深度的重聚焦；(b) 同一深度不同视角的重聚焦

根据常规的三角形相似关系，可得到渲染图像尺寸为

$$\frac{M}{D_{\mathrm{M}}}=\frac{B}{b} \Rightarrow M=D_{\mathrm{M}} \cdot \frac{B}{b} \tag{10-35}$$

下面以伽利略模式下的偏振光场成像为例，用深度估计构建液晶微透镜阵列光场成像系统的典型方案如图 10-11 所示。来自目标物点 P 的光线经成像物镜压缩

后，投射到电控液晶微透镜阵列上，属于该物点的光波，被相邻的多个液晶微透镜分别聚焦到其焦平面上的点 P'_1 和 P'_2 处。将成像物镜视为理想透镜，则物点 P 的物距 a_L 和虚像点或虚物点 P' 的像距 b_L 满足

$$\frac{1}{a_L}+\frac{1}{b_L}=\frac{1}{f_L} \tag{10-36}$$

式中：f_L 为成像物镜焦距。为进行深度估计，首先计算成像物镜虚像点或液晶微透镜的虚物点深度，根据相似三角形关系，有

$$p_x=p_{x_2}-p_{x_1}=\frac{(d_2-d_1)B}{b}=\frac{dB}{b} \tag{10-37}$$

若将式(10-37)所示的单元微透镜的中心作为主点，则有 $p_{x_i}(i\in\{1,2\})$，其中，点 P'_1 和 P'_2 分别为到各自所对应的单元微透镜主点的距离。$d_i(i\in\{1,2\})$，用于表示点 P' 到上述各单元微透镜主点的距离。$p_{x_i}(i\in\{1,2\})$ 和 $d_i(i\in\{1,2\})$ 均为有符号值。若将箭头的向上指向定义为正方向，则 d_1 和 p_{x_1} 为负，d_2 和 p_{x_2} 为正。b 为虚物点深度，B 为成像探测阵列与液晶微透镜间的距离，d 为基线长度。参数 p_x 被定义为两个相邻微透镜所获取的物点 P 的两个像点 P_1 和 P_2 间的垂直视差。虚物点深度 b 为

$$b=\frac{d\cdot B}{p_x} \tag{10-38}$$

将式(10-38)代入式(10-36)，可得出物距关系为

$$a_L=\frac{1}{\left(\dfrac{1}{f_L}-\dfrac{1}{Bd/p_x+b_{L0}}\right)} \tag{10-39}$$

式中：b_{L0} 是液晶微透镜阵列与成像物镜间的距离。

由式(10-39)可见，当参数 B、d、b_{L0} 和 f_L 为常数时，垂直视差 p_x 是获得物点 P 深度的关键参数，B 可直接由图像匹配算法求出，参数 d 为一个定值，且为 D_M 的整数倍。用两个相邻微透镜计算虚物点深度时，基线 d 的长度等于与液晶微透镜对应的单元图像的尺寸 D_M。通常情况下，成像坐标系中的物点 $P(x, y, z)$ 和像点 $P'(x', y', z')$ 满足

$$\begin{cases}\dfrac{1}{z'}+\dfrac{1}{z}=\dfrac{1}{f_L}\Rightarrow z'=\dfrac{f_L z}{z-f_L}\\[2ex]\dfrac{x'}{x}=\dfrac{z'}{z}\Rightarrow x'=\dfrac{f_L x}{z-f_L}\\[2ex]\dfrac{y'}{y}=\dfrac{z'}{z}\Rightarrow x'=\dfrac{f_L y}{z-f_L}\end{cases} \tag{10-40}$$

可将式(10-40)简化为齐次坐标矩阵，即

$$\widetilde{\boldsymbol{P}}'=\boldsymbol{AP},\quad \boldsymbol{P}'=\frac{\widetilde{\boldsymbol{P}}'}{\widetilde{w}} \tag{10-41}$$

式中：物点、像点、像点齐次坐标和投影矩阵满足

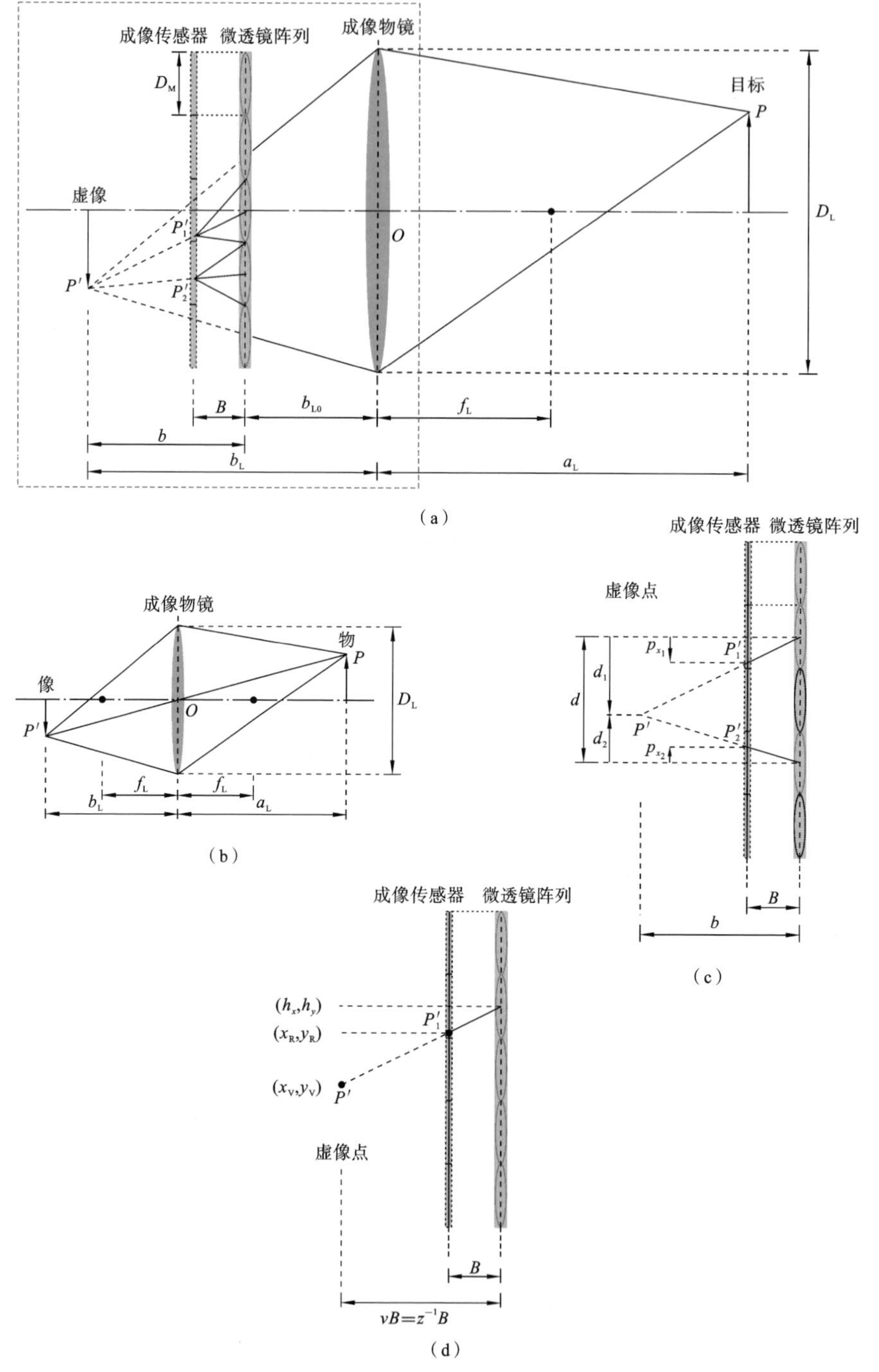

图 10-11　用深度估计构建液晶微透镜阵列光场成像系统的典型方案

(a) 基本光路;(b) 物镜成像;(c) 微透镜阵列成像;(d) 参数配置

$$\begin{cases}\boldsymbol{P}=[x \quad y \quad z \quad 1]^{\mathrm{T}}\\ \boldsymbol{P}'=[x' \quad y' \quad z' \quad 1]^{\mathrm{T}}\\ \widetilde{\boldsymbol{P}}=[\widetilde{x}' \quad \widetilde{y}' \quad \widetilde{z}' \quad \widetilde{w}]^{\mathrm{T}}\end{cases} \tag{10-42}$$

$$\boldsymbol{A}=\begin{bmatrix}1 & 0 & 0 & 0\\ 0 & 1 & 0 & 0\\ 0 & 0 & 1 & 0\\ 0 & 0 & -\dfrac{1}{f_{\mathrm{L}}} & 1\end{bmatrix} \tag{10-43}$$

由于物点 P 的像点坐标$(x_{\mathrm{R}},y_{\mathrm{R}})$、液晶微透镜所覆盖的成像传感器的像元中心点坐标$(h_x,h_y)$已知，故可计算出虚物点的坐标，即

$$\begin{cases}x_{\mathrm{V}}=(x_{\mathrm{R}}-h_x)z^{-1}+h_x\\ y_{\mathrm{V}}=(y_{\mathrm{R}}-h_y)z^{-1}+h_y\end{cases} \Rightarrow \begin{bmatrix}z\cdot x_{\mathrm{V}}\\ z\cdot y_{\mathrm{V}}\\ z\\ 1\end{bmatrix}=\begin{bmatrix}1 & 0 & h_x & -h_x\\ 0 & 1 & h_y & -h_y\\ 0 & 0 & 1 & 0\\ 0 & 0 & 0 & 1\end{bmatrix}\cdot\begin{bmatrix}x_{\mathrm{R}}\\ y_{\mathrm{R}}\\ z\\ 1\end{bmatrix} \tag{10-44}$$

式中：$(x_{\mathrm{V}},y_{\mathrm{V}})$为虚像点坐标。

深度分辨率是决定偏振光场相机进行空间深度测量的精度依据，计算深度分辨率所配置的参数如图 10-12 所示。光场成像进行深度分辨率测量分析的数学模型如下所述。由式(10-38)和式(10-39)，可得出虚物点深度与垂直视差间的关系，即

$$\frac{bp_x}{B}=\frac{\kappa D_{\mathrm{M}}}{p_x} \Rightarrow bp_x=\frac{\kappa BD_{\mathrm{M}}}{p_x} \tag{10-45}$$

式中：κ 为液晶微透镜的数量。

物距为

$$a_{\mathrm{L}}=\frac{1}{\dfrac{1}{f_{\mathrm{L}}}-\dfrac{1}{bp_x+b_{\mathrm{L0}}}}=\frac{f_{\mathrm{L}}(bp_x+b_{\mathrm{L0}})}{bp_x+b_{\mathrm{L0}}-f_{\mathrm{L}}} \tag{10-46}$$

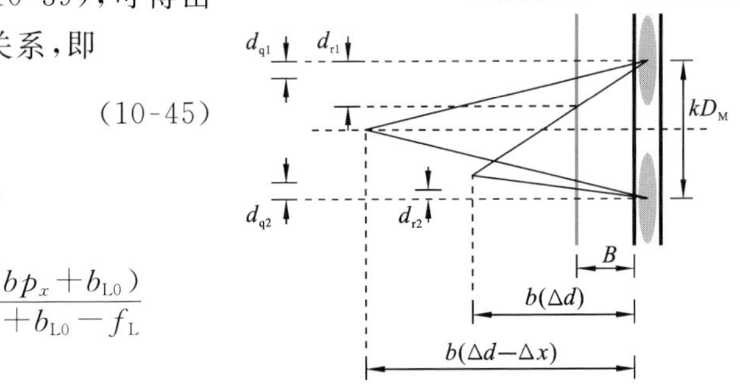

图 10-12　进行深度分辨率分析的参数配置

因此有

$$a_{\mathrm{L}}(\Delta d)=\frac{f_{\mathrm{L}}\left(\dfrac{\kappa BD_{\mathrm{M}}}{p_x}+b_{\mathrm{L0}}\right)}{\dfrac{\kappa BD_{\mathrm{M}}}{p_x}+b_{\mathrm{L0}}-f_{\mathrm{L}}}=\frac{f_{\mathrm{L}}\kappa BD_{\mathrm{M}}+f_{\mathrm{L}}b_{\mathrm{L0}}p_x}{\kappa BD_{\mathrm{M}}+(b_{\mathrm{L0}}-f_{\mathrm{L}})p_x} \tag{10-47}$$

深度分辨率为

$$|a_{\mathrm{L}}(\Delta d)-a_{\mathrm{L}}(\Delta d-\Delta x)|=\partial_{p_x}a_{\mathrm{L}}\cdot\Delta x=\frac{f_{\mathrm{L}}^2\kappa BD_{\mathrm{M}}\Delta x}{[\kappa BD_{\mathrm{M}}+(b_{\mathrm{L0}}-f_{\mathrm{L}})\Delta d]^2},\quad 2\leqslant\Delta d<\kappa D_{\mathrm{M}} \tag{10-48}$$

式中：Δx 为像素尺寸。由式(10-48)可见，深度分辨率随基线长度的增加而提高。在实际应用中，对于同一目标物点，液晶微透镜阵列所采集的像点数量的增加会造成

像质降低。因此,基线过长会给深度估算带来更多误差。为平衡基线和畸变间的关系,可选择相邻液晶微透镜来计算视差,即 $\kappa=1$,则有

$$|a_{\mathrm{L}}(\Delta d)-a_{\mathrm{L}}(\Delta d-\Delta x)|=\partial_{p_x}a_{\mathrm{L}}\cdot\Delta x=\frac{f_{\mathrm{L}}^2BD_{\mathrm{M}}\Delta x}{[BD_{\mathrm{M}}+(b_{\mathrm{L0}}-f_{\mathrm{L}})\Delta d]^2},\quad 2\leqslant\Delta d<D_{\mathrm{M}} \tag{10-49}$$

10.4 偏振光场成像用电控液晶微透镜阵列

偏振敏感的电控液晶微透镜阵列,是由一系列基础材料构成的功能性微纳控光结构。所涉及的基本材料和功能结构有:① 基片,用于构建液晶微腔和电极;② 电极,包括典型的金属铝、金属氧化物(如 ITO)及导电碳材料(如石墨烯)等,用于制作功能化电极结构来激励空间电场,电控液晶分子形成特定的空间排布;③ 液晶,适用于所处的电场环境对入射光波的偏振、相位和传播方向进行调控;④ 定向材料,为液晶分子提供初始化的指向矢约束或定向控制。研究显示,单晶石墨烯可为液晶分子提供结构相对简单的初始锚定。针对成像光波的波谱 1 材料选择、电极制作及液晶微透镜构建,均需要根据光波透过谱段和液晶微透镜所应完成功能进行相应调整。本章所涉及的电控液晶微透镜包括两类典型结构:层叠耦合电控液晶微透镜阵列和扭曲型电控液晶微透镜阵列。

图 10-13 所示的为用石墨烯制作偏振光场成像电控液晶微透镜的工艺。在可见光谱段和红外谱段的石墨烯配置分别为 ITO 层-液晶层-Graphene 层、Graphene 层-

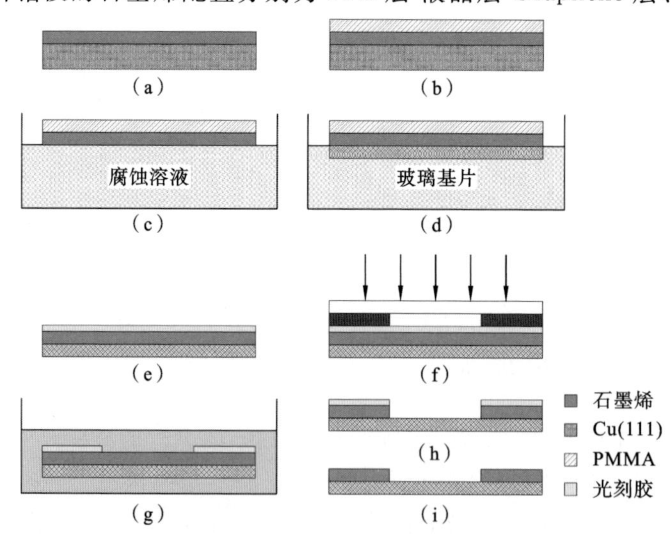

图 10-13 用石墨烯制作偏振光场成像电控液晶微透镜的工艺

(a) Cu 基石墨烯基片预处理;(b) 旋涂 PMMA 膜;(c) Cu 腐蚀;(d) 石墨烯转移;(e) 清洗与烘干;(f) 常规紫外光刻;(g) 去除 PMMA 模;(h) 湿法蚀刻;(i) 获得石墨烯模

液晶层-Graphene 层。关键性的处理环节如下。

10.4.1 基片与电极

消除玻璃基片表面的有机和无机污染物：依次将其浸泡在丙酮、乙醇和去离子水中进行超声清洗，超声清洗典型参数为：功率为 50 W，时间为 10 min，使用 100 ℃热板预烘干基片，留下镀有 ITO 膜的玻璃待用，以及利用其他基片进行石墨烯转移操作。

10.4.2 石墨烯转移

采用聚甲基丙烯酸甲酯（PMMA）湿法转移工艺，将典型的铜基石墨烯转移到玻璃等基片上。将配置好的 PMMA 溶液旋涂到铜基石墨烯表面，旋涂工艺参数为：600 rpm（10 s），1330 rpm（10 s），放置在 100 ℃热板上烘干 10 min，得到 PMMA/Graphene/Cu 样片；将 PMMA/Graphene/Cu 样片置入硫酸铜腐蚀液（$CuSO_4$ ∶ HCl ∶ H_2O＝10 g ∶ 50 mL ∶ 50 mL）中约 20 min 后取出，得到 PMMA/石墨烯结构；将玻璃基片从 PMMA/Graphene 底部向上缓慢捞取、漂洗并烘干，使石墨烯充分附着在玻璃基片表面；将 PMMA/Graphen/玻璃基片浸入丙酮中，溶解去除 PMMA，在约为 100 ℃的温度下烘干，完成石墨烯转移工序。

10.4.3 涂布光刻胶与曝光

在镀有 ITO 或石墨烯的基片表面分别涂覆光刻胶，可采用常规的两步旋涂法，旋涂工艺参数为：1000 rpm（10 s），670 rpm（10 s），RZJ-390PG 正性光刻胶，将旋涂后的基片放置在约 80 ℃热板上预烘干 2 min，采用传统紫外光刻曝光约 30 s。

10.4.4 蚀刻

将曝光后的 ITO 玻璃或石墨烯基片浸泡在正胶显影液中，显影约 50 s，对 ITO 玻璃基片进一步用盐酸执行湿法蚀刻，刻蚀时间约为 90 s，对石墨烯基片采用离子束蚀刻，工艺为 Ar 80 sccm，O_2 20 sccm，蚀刻功率约为 50 W，时间约为 70 s。

10.4.5 液晶器件化

采用诱导定向方式对 ITO 层-液晶层-Graphene 层这样的架构化液晶微腔，进行液晶分子的预锚定。典型工艺为：摩擦 ITO 层表面以形成沟槽，然后与石墨烯基片黏合来形成液晶盒；将液晶滴注在液晶微腔的边缘开孔处，经毛细渗透使液晶填满液晶盒，最后将其涂胶密封；同样基于毛细作用，将液晶分子充分注入石墨烯层-液晶层-石墨烯层这样的结构化液晶微腔中并对其密封。图 10-14 所示的为完成器件化制备的石墨烯基面阵电控液晶微透镜原理样片。图 10-14(a)所示的为采用 Graphene-Graphene 电极的液晶微透镜阵列,图 10-14(b)为采用 ITO-Graphene 电极的液晶微透镜阵列。这两种微透镜阵列的参数:微圆孔阵电极中的微圆孔直径为 128 μm,微圆孔中心距为 160 μm。

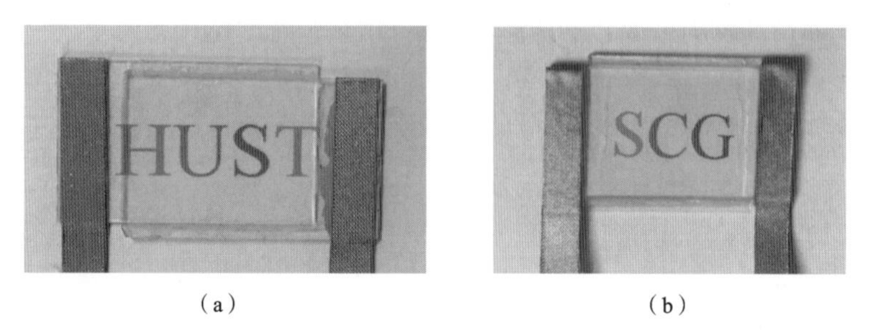

图 10-14　完成器件化制备的电控液晶微透镜阵列

(a) Graphene-Graphene 电极;(b) ITO-Graphene 电极

10.4.6　测试与评估

图 10-15 所示的为电控液晶微透镜阵列中的单元微透镜的聚光原理示意图。当无电场激励时,液晶分子沿着初始锚定方向排布,对入射光而言相当于是一个相位延迟器。当在电极对上加载信号均方根电压并逐步升压时,上、下极板间将激励出一个非均匀电场,驱使液晶分子沿着电场线方向偏转和排列,形成具有聚光效能的梯度折射率分布形态。

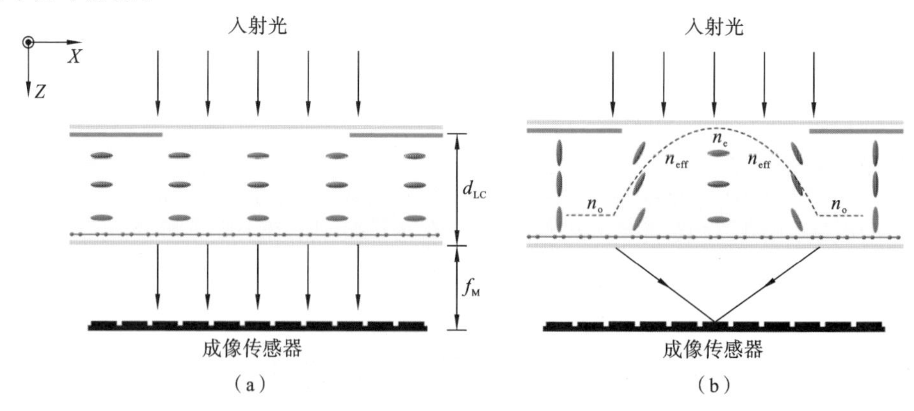

图 10-15　液晶微透镜阵列的传输光波相位延迟与聚光原理示意图

(a) 等效于相位延迟器;(b) 等效于聚光微透镜

图 10-16 所示的为测量电控液晶微透镜阵列常规光学性能的测试配置方案。由激光器出射的平行光经扩束镜准直和扩束后,透过偏振片入射到被测样品上。偏振片不仅起到削弱入射光强的作用,还起到调节入射光的偏振方向的作用,用于获得电控液晶微透镜阵列的偏振点扩散函数分布。垂直入射到液晶微透镜阵列表面的平行

光，经过相位、偏振和聚光匹配调控后，由配置有放大物镜的光束质量分析仪接收，并输出聚焦光斑和偏振点扩散函数分布。固定加载在液晶微透镜阵列上的信号均方根电压，调节放大物镜与光束质量分析仪间的距离，光束质量分析仪即可找到液晶微透镜阵列最为锐利的偏振点扩散函数分布或焦斑位置，获取焦距与信号均方根电压间的关系曲线。图 10-16 所示的为实验室研发的 16 路输出电控电源。该电源可输出 1 kHz 方波信号，均方根电压调节范围为 0～30 V。

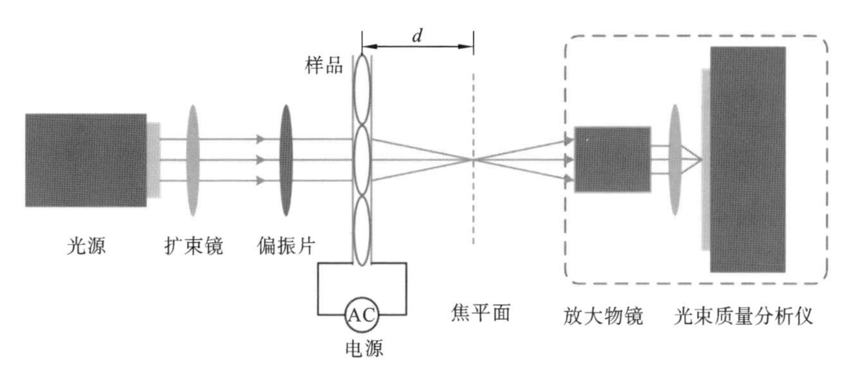

图 10-16　常规光学性能测试配置方案

10.5　层叠耦合正交偏振液晶微透镜

一般而言，向列相液晶具有本征的功能分子的指向有序性，对入射光呈现固有的偏振响应。由向列相液晶构建的液晶微透镜，对入射光的偏振态呈现敏感性。图 10-17 所示的为一种用层叠液晶指向矢相互正交的两层液晶膜，组成的可对入射光的偏振态进行调节的层叠耦合正交偏振液晶微透镜的基本结构。两个偏振敏感的液晶微透镜对光偏振态的选择，由各自的光入射端面相互正交的液晶初始取向沟槽实施。

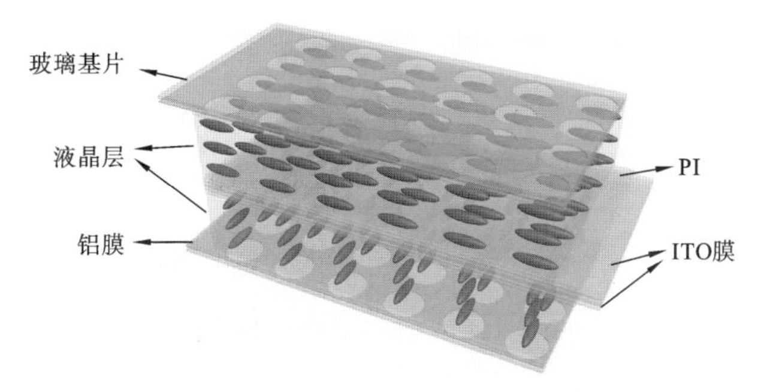

图 10-17　层叠耦合正交偏振液晶微透镜的基本结构

一种典型的层叠耦合正交偏振液晶微透镜的结构和参数配置方案为：顶层和底层均设置为微圆孔阵铝电极，微圆孔直径为 128 μm，微圆孔中心距为 160 μm；一块厚度为亚毫米数量级的双面 ITO 膜的玻璃基片，构成微透镜的中间公共电极板，其顶面和底面上的 ITO 膜层分别与顶层和底层微圆孔阵铝电极耦合，构成电控上、下液晶膜层的电极对；在顶层和底层微圆孔阵铝电极上所制作的 PI 定向沟槽的取向相互正交，但分别和与其对应的 ITO 电极表面制作的 PI 定向沟槽的取向相同；采用德国 Merck 公司的 E44 型液晶制作两个液晶膜层，厚度均为 20 μm；在微圆孔阵铝电极和 ITO 表面的 PI 膜层，均用摩擦方式制作沟槽取向；在耦合双液晶微透镜过程中，须保持顶层和底层微圆孔圆心同心。图 10-18 所示的为一种层叠耦合正交偏振液晶微透镜的原理样片及关键性的对准操作情况。所制作的电控液晶微透镜阵列原理器件如图 10-18(a)所示，上、下微圆孔阵铝电极的对准操作如图 10-18(b)所示。

(a)

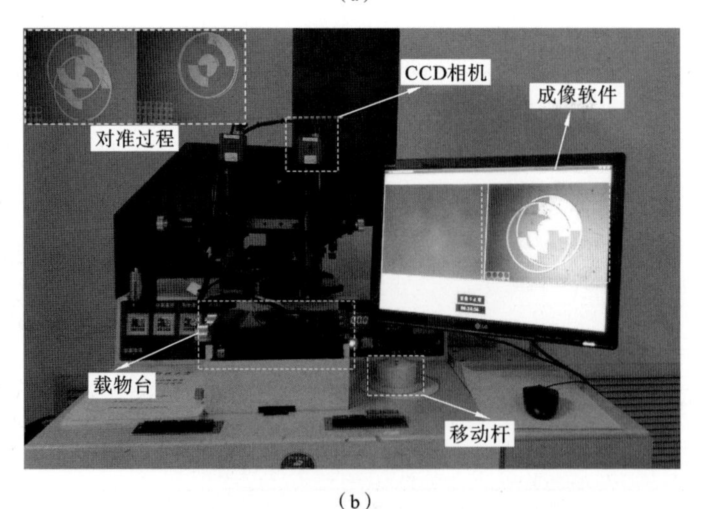

(b)

图 10-18 精细对准两层微圆孔阵铝电极的耦合

(a) 实物样片；(b) 精细对准两层微圆孔阵铝电极

关键性的对准操作包括:将底层微圆孔阵铝电极固定在光刻机的载物台上,调节顶层微圆孔阵铝电极使其对准标记并与标记完全重合,用光刻机的成像观察系统精细控制上述对准过程。

层叠耦合正交偏振液晶微透镜的控光特征如图 10-19 所示。分布在液晶微透镜顶层和底层微圆孔阵电极附近的液晶分子,分别被锚定在所设置的 x 和 y 轴方向上,z 轴方向表示光波传播方向。任何入射到液晶微透镜表面的光波,均可按照 x 和 y 轴方向分解为两束振动方向相互垂直的 E_x 和 E_y 波束,分别用图示的平行于纸面的短线和垂直于纸面的点表示。通过在顶层微圆孔阵电极与顶面 ITO 电极间,底面

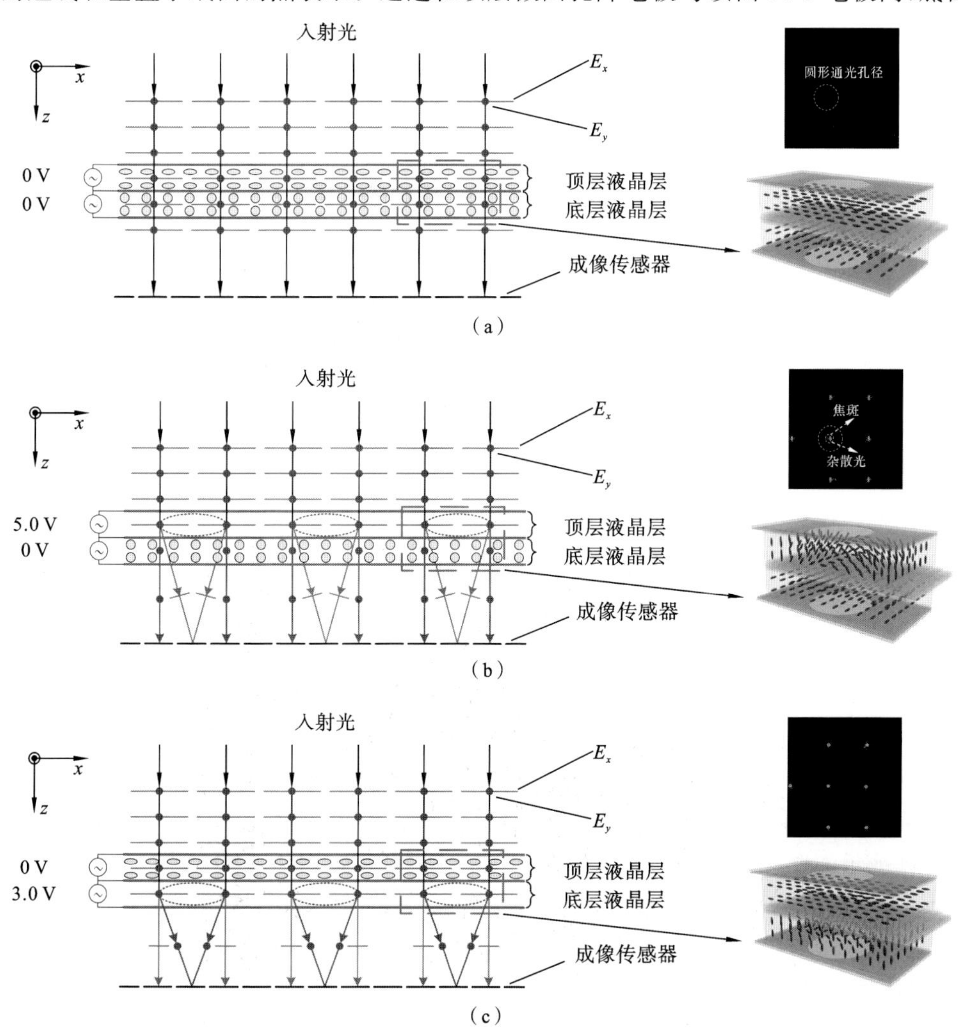

图 10-19　层叠耦合正交偏振液晶微透镜的典型控光特征

(a) 相位延迟器;(b) E_x分量被聚焦;(c) E_y分量被聚焦;(d) 全聚焦

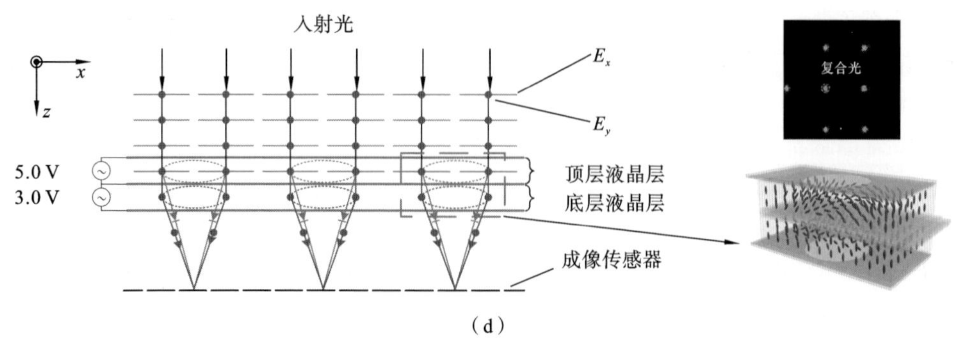

（d）

续图 10-19

ITO 电极与底层微圆孔阵电极间加载信号均方根电压，以及进一步调节所加载的两组信号均方根电压，实现入射光相互垂直的两个偏振波束在微透镜中的受控传播与偏振调控。偏振光波在两层液晶微透镜中的电控传播特征与属性如下所述。

如图 10-19(a)所示，在液晶微透镜上加载的两组信号均方根电压，小于可使液晶分子在液晶层中所激励的空间电场使其偏转的阈值时，液晶微透镜仅可作为偏振不敏感的相位延迟器，其光强分布由右上方的圆形光斑阵列表示，圆形光斑略大于单元微圆孔，如图 10-19(a)所示白色虚线界定的光斑。此加电态与在液晶微透镜上不加载任何信号均方根电压时的情形类似。图 10-19(b)和(c)所示的分别为在顶层或底层液晶层上独立加载超过阈值的信号均方根电压时，顶层或底层液晶层呈现微透镜阵列形态，对正交偏振波束的一个偏振光波进行聚光的典型情形。获取偏振聚焦光斑的一种典型的信号均方根电压配置为 0～5.0 V，0～3.0 V。

由图 10-19 可见，平行于 x 轴或 y 轴方向的偏振波束，均可被微透镜聚焦成锐利点状光场分布。在上述过程中，与 x 轴或 y 轴方向垂直的偏振分量，以分布在锐利光斑周围的杂光形态透射，透过锐利聚焦光斑或周围杂光的微透镜呈现偏振敏感性。

一般而言，液晶层中的空间电场源于微圆孔阵电极，分布在平行于器件表面的不同液晶层上的液晶指向矢，趋向于以穿过圆心并与电极板垂直的光轴呈对称性分布，而液晶指向矢受电控后形成的平均偏转角度由空间电场约束。上述的锐利光斑所会聚的光能，略大于入射到器件表面处的光波在相应偏振方向分解出的光能，目前已观察到光能最大改变量接近 15%。同时调节加载在两层液晶微透镜阵列上的信号均方根电压，将入射光中的 x 轴和 y 轴方向的偏振分量，均聚焦在探测器同一光敏元上，如图 10-19(d)所示，入射光的各偏振成分均可完全被利用，微透镜呈现偏振不敏感性。

针对上述层叠耦合正交偏振液晶微透镜的加电控光特性，可在双液晶微透镜上加电，将聚光微透镜设置为：① x 轴方向偏振敏感态；② y 轴方向偏振敏感态；③ 任意轴方向偏振态（电控：x 轴方向光能＋y 轴方向光能）；④ 偏振不敏感态；⑤ 双液晶微透镜在不加电或等效不加电时的光相位延迟态。通过独立调变加载在双液晶微透镜上的信号均方根电压,又可控制 x 和 y 轴方向光能的分配比例,也就是说,可有意损失或牺牲 x 轴或 y 轴方向上的部分光能,将出射光波的偏振态调变到与入射偏振光不同的特定偏振态上。由于上述功能仅通过加电完成,具有快速性、跳变性和可检索性。

自主构建的层叠耦合正交偏振液晶微透镜的电控聚光特性,可通过图 10-20 所示的光学聚光性能测试平台获取。图 10-20 所示的平行白光源和 Thorlabs 公司的线性偏振片(工作波长为 400～700 nm)共同组成线偏振光发生器,用于产生准直的偏振可调的高平行度出射光。该光正入射到被测样品上,样品出射的光场被显微物镜(如 40×)放大,最后由光束质量分析仪接收,获得层叠耦合正交偏振液晶微透镜对不同偏振态下的入射光加以调制的光强分布。上述液晶微透镜由两路信号均方根电压控制,实现光波的无偏至有偏、偏振测调及相位延迟等控光操控。

图 10-20 常规光学聚光性能测试

层叠耦合正交偏振液晶微透镜的顶层和底层液晶微透镜,即两个子液晶微透镜的焦距与信号均方根电压的关系如图 10-21 所示。当信号均方根电压大于 2.0 V 但小于 3.6 V 时,随着信号均方根电压的增加,焦距快速减小。顶层和底层液晶微透镜的最小焦距分别为 1.25 mm 和 1.1 mm。在信号均方根电压超过 3.6 V 后,焦距开始逐渐增大。由于电控液晶微透镜目前仍处在原理探索阶段,液晶微腔深度及液晶膜层厚度与设计参数会略有不同,从而造成微透镜信号均方根电压为 2.0～10.5 V 时,两个液晶微透镜焦距与信号均方根电压关系略显不同,但两者的抛物线形的变化趋势一致。

图 10-22 所示的为层叠耦合正交偏振液晶微透镜的一个典型液晶单元的截面情况,黑色虚线对应单元液晶微透镜在不同信号均方根电压(V_{rms})作用下的等效折射率分布。如图 10-22(a)所示,当信号均方根电压为 2.0～3.6 V 时,在微圆孔中心激励的电场的强度较低,甚至微弱。从中心轴线起向边缘延伸,场强逐渐增强。分布在中心轴线附近的液晶分子在弱电场作用下,其偏转形态基本保持不变。分布在微圆孔电极边缘处的液晶分子,则在较强电场作用下,产生相对较大的指向矢偏转,而液

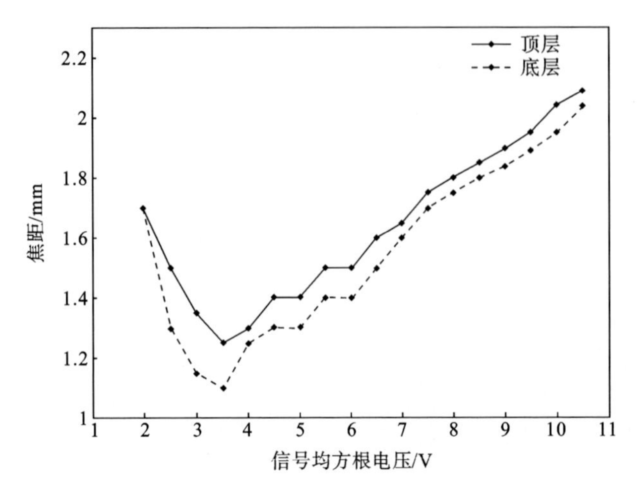

图 10-21　层叠耦合正交偏振液晶微透镜系统的两个子微透镜的焦距与信号均方根电压的关系

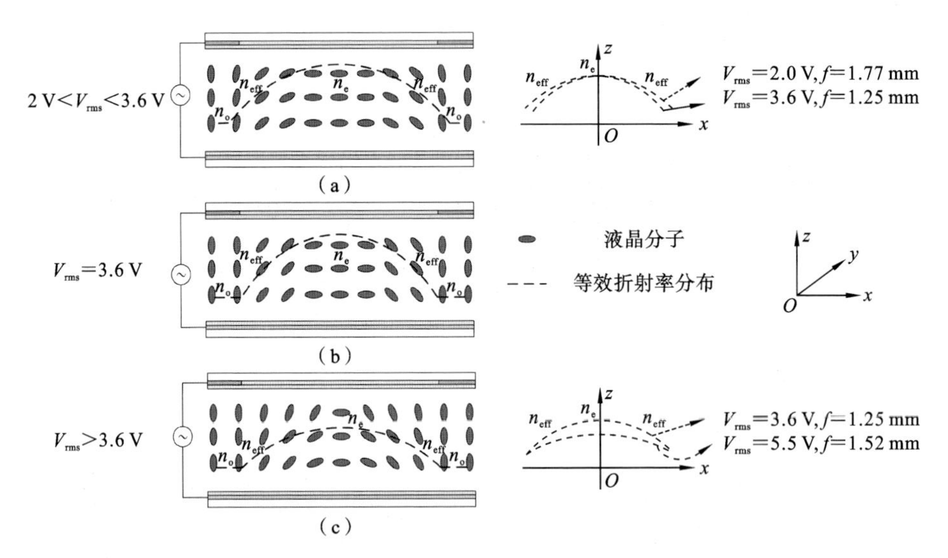

图 10-22　液晶微透镜焦距与信号均方根电压的变化趋势

(a) 长焦情形；(b) 短焦情形；(c) 超长焦情形

晶的折射率变化较小。换言之，相对于电极板区域，分布在微透镜中心轴线处的液晶分子的等效折射率变化相对较小，进而造成随信号均方根电压的升高，液晶微透镜的焦距迅速减小。焦距与信号均方根电压的关系为 1.77 mm/2.0 V 和 1.25 mm/3.6 V。在信号均方根电压超过 3.6 V 后，在单元液晶微透镜中沿中心轴线分布的电场强度逐渐增大，分布在微圆孔中心处及其附近的液晶分子显著重排，等效折射率明显降低。常规光学测试表明，靠近微圆孔中心区域的等效折射率随信号均方根电压的改变而出现明显改变，形成图 10-22(c)所示的等效折射率分布形态。因此，随着加载的信号均方根电压的升高，单元液晶微透镜的焦距呈现增大趋势。典型的焦距与信号均方根电压的关系为 1.25 mm/3.6 V 和 1.52 mm/5.5 V。图 10-22(b)所示的为加载的信号均方根电压与焦距间的关系，其转折信号均方根电压约为 3.6 V。

图 10-23 所示的为层叠耦合正交偏振液晶微透镜的单元微透镜，对入射光施加的偏振控光响应测试情况。在测试实验中，调节或移除偏振片获得所需的 0°和 90°线偏振光和无偏光。将物镜与层叠耦合正交偏振液晶微透镜的底层子偏振液晶微透镜间的距离固定为 0.5 mm，调节加载的信号均方根电压组，使同一个单元液晶微透

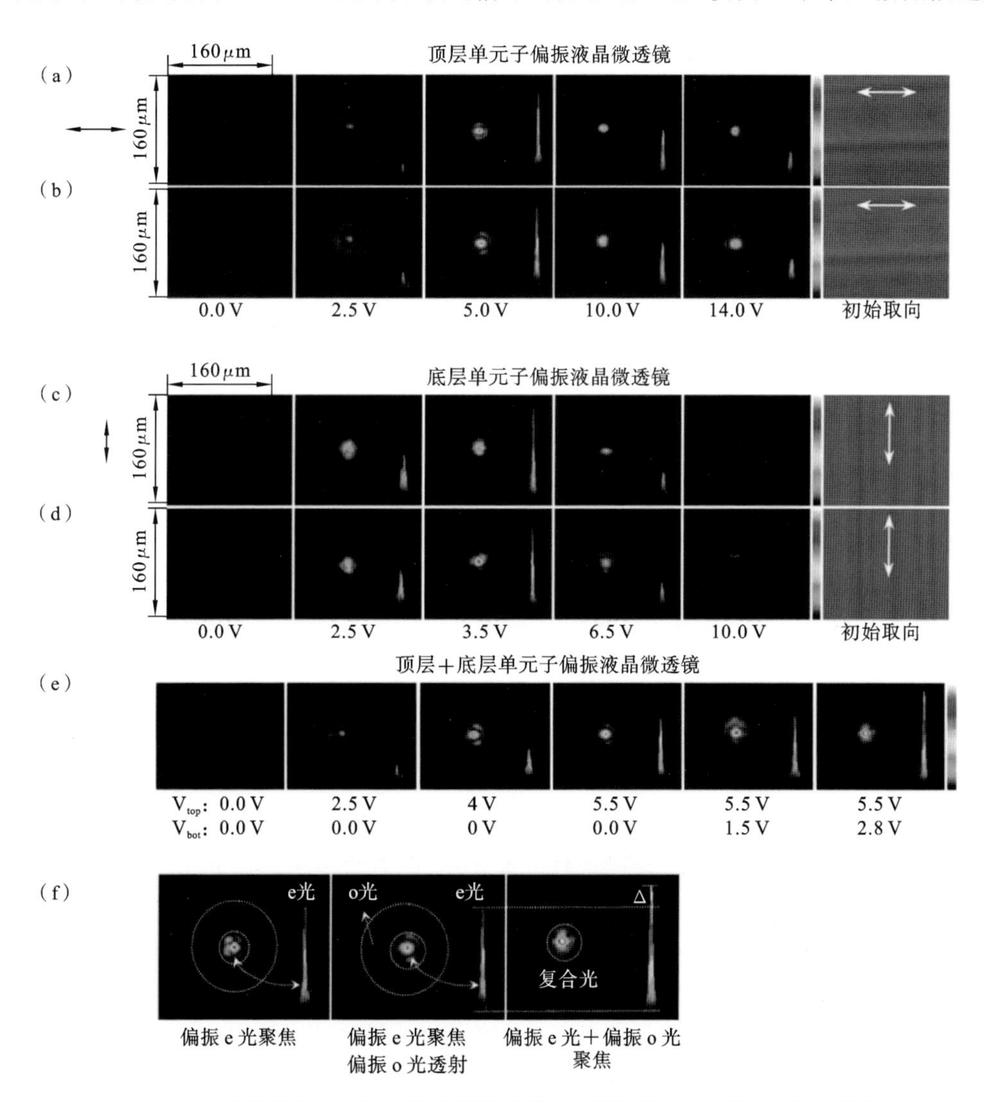

图 10-23　层叠耦合正交偏振液晶微透镜的单元微透镜的典型控光响应测试

(a) 水平偏振；(b) 0°无偏振；(c) 垂直偏振；(d) 90°无偏振；(e) 偏振不敏感的无偏振；(f) 不同模式下的聚焦光能

镜工作在三种不同的模式下，即 x 轴方向偏振、y 轴方向偏振和偏振不敏感，最终获得正交偏振的聚焦光斑和偏振不敏感聚焦光斑。比较三种工作模式下的归一化聚焦光斑的峰值，即可对不同工作模式下的入射光利用率进行量化评估。

图 10-23(a)和(b)所示的为层叠耦合正交偏振液晶微透镜的顶层单元子偏振液晶微透镜，对 0°线偏振光和无偏光在相同的信号均方根电压作用下的聚焦和散焦过程。由图 10-23 可见，顶层单元子偏振液晶微透镜对上述两种入射光在相同信号均方根电压作用下，呈现完全一致的聚焦和散焦效能，均在信号均方根电压为 5.0 V 时获得锐利的点扩散函数分布，归一化峰值能量约为 81.3%。超过该信号均方根电压后，该子偏振液晶微透镜呈现散焦趋势。其区别是：对于 x 轴方向或水平偏振光，顶层单元子偏振液晶微透镜可实现充分聚焦，对于无偏光则有杂散光分布在聚焦光斑周围。上述现象表明，对液晶微透镜施加液晶分子的初始取向（见图 10-23 最右侧的原子力显微图像），这有效约束了透过液晶膜层的光波偏振行为，使聚焦光束呈现与液晶分子的初始取向相一致的偏振。与光波偏振相一致的液晶分子取向，实际上反映出存在大量的极性向列相液晶分子，在偏振光场激励下产生受迫振动，光学天线效应使其出射多向波列，这些波列与基于液晶分子构成的大量原子分子天线发光产生的集群波列相互叠加，形成点状的光集中，从而实现通过顶层单元子偏振液晶微透镜对水平偏振光完全聚焦的功能。实验表明，不同目标和不同环境下偏振光波具有偏振取向特征，要提高入射光波利用率，单层子偏振液晶微透镜将表现出明显的聚焦能力不足这一特性。对无偏光进行的同类实验表明，在锐利的点扩散函数分布周围存在较强的杂光分布。

分别以 y 轴方向或 90°线偏振光和无偏光入射到层叠耦合正交偏振液晶微透镜上，调节底层单元子偏振液晶微透镜的信号均方根电压，对成像物镜形成的成像微束实施聚焦电控及散焦如图 10-23(c)和(d)所示。底层单元子偏振液晶微透镜所表现出的微束聚焦与散焦，与图 10-23(a)和(b)所示的类似，但加载的信号均方根电压有所不同。目前发展的层叠耦合正交偏振液晶微透镜的顶层和底层单元子偏振液晶微透镜，具有较大的间隔厚度，使两层子偏振液晶微透镜的焦距差最大值超过了 0.5 mm，考虑到不同焦距对应不同信号均方根电压，当信号均方根电压为 3.5 V 时，底层单元子偏振液晶微透镜可形成锐利聚焦光斑，此时若在顶层单元子偏振液晶微透镜上加载相同的信号均方根电压，则在底层单元子偏振液晶微透镜的焦平面处的聚焦光斑呈现散焦态；当在底层单元子偏振液晶微透镜上加载的信号均方根电压超过 10.0 V 时，底层单元子偏振液晶微透镜形成的微束光斑也呈现散焦态。

调节加载在层叠耦合正交偏振液晶微透镜上的信号均方根电压组，可实现对入射光波在液晶微透镜阵列焦平面上的有效会聚，上述功能实质是确定由顶层或底层单元子偏振液晶微透镜组成的阵列的焦平面。一般而言，在层叠耦合正交偏振液晶微透镜中具有较小的间隔层厚度，当顶层单元子偏振液晶微透镜焦距，可跨越底层单元子偏振液晶微透镜的厚度时，可选用顶层单元子偏振液晶微透镜的焦平面作为整个结构的焦平面。若选用底层单元子偏振液晶微透镜的焦平面作为整个结构的焦平面，则应根据功能用途（如微聚束或微成像等），重点关注顶层单元子偏振液晶微透镜的焦距及结构中的间隔层厚度，使顶层及底层单元子偏振液晶微透镜可进行相互匹配且有效合成的控光操作。

图 10-23(e)所示的为将层叠耦合正交偏振液晶微透镜置于偏振不敏感状态，对入射微束进行聚焦电控的典型情形。图 10-23(e)所示的一种典型的控光处理为：首先调节加载在顶层单元子偏振液晶微透镜上的信号均方根电压（信号均方根电压约为5.5 V），入射微束中的 x 轴方向偏振或水平偏振分量，被顶层单元子偏振液晶微透镜会聚；然后调节加载在底层单元子偏振液晶微透镜上的信号均方根电压，观察入射微束中的 y 轴方向偏振或垂直偏振分量的空间分布特征，它们分布在由 x 轴方向偏振或水平偏振的光波分量所形成的会聚光斑周围，完成向中心光点集中的聚光操作；当信号均方根电压约为 2.8 V 时，几乎全部的入射光被聚焦。不同工作模式下的聚焦光能如图 10-23(f)所示。工作在偏振不敏感模式下的层叠耦合正交偏振液晶微透镜，可将入射光充分聚焦（归一化峰值接近 100%）。图 10-23 所示的 Δ 参数用于表示不同聚光模式（偏光、无偏光）下的聚焦光斑峰值强度差。

在获取上述典型光学特性的测量过程中，层叠耦合正交偏振液晶微透镜与成像物镜间的距离约为 0.5 mm，将信号均方根电压大于 14.0 V 的信号加载到顶层单元子偏振液晶微透镜上，观察到的聚焦光斑如图 10-23(a)所示。当加载在底层单元子偏振液晶微透镜上的信号均方根电压大于 10 V 时，聚焦光斑消失，如图10-23(c)所示。产生上述现象的原因可初步归结为：当顶层单元子偏振液晶微透镜上加载的信号均方根电压大于 14.0 V 时，厚度较大的层间隔和较长焦距，使会聚微束相对底层单元子偏振液晶微透镜的规则排布的微圆孔电极，形成较为显著的衍射光场。图 10-24 所示的为层叠耦合正交偏振液晶微透镜，通过微圆孔阵出射衍射光场的典型情形。顶层单元子偏振液晶微透镜内部液晶分子，由于相对远离电极表面的 PI 定向沟槽，在较强电场作用下主要以垂直于电极板的方式排布而失去聚光能力。底层单元子偏振液晶微透镜的液晶分子，在未加电态下将保持由微透镜电极约束的初始化锚定方向不变。入射到层叠耦合正交偏振液晶微透镜表面处的光波，由于顶面微圆孔的限束作用，通过底面微圆孔后产生透射衍射。中心衍射亮斑位于中心点 P_0 处，增大衍射观察角 θ，可观察到低强度的环状衍射图案。所测量的一种典型的衍射光斑能量分布如图 10-25 所示，衍射光斑半高宽约为 8 μm。

对于处在偏振敏感模式下的层叠耦合正交偏振液晶微透镜而言，只有平行于预设振动方向的偏振光波才能被聚焦。绝大部分与预设振动方向垂直的偏振光波，在穿过液晶微透镜后形成杂散光，这样降低了有效光电信号信噪比。通常的做法是在层叠耦合正交偏振液晶微透镜前放置偏振片，通过消除偏振杂光来提高控光效能，但

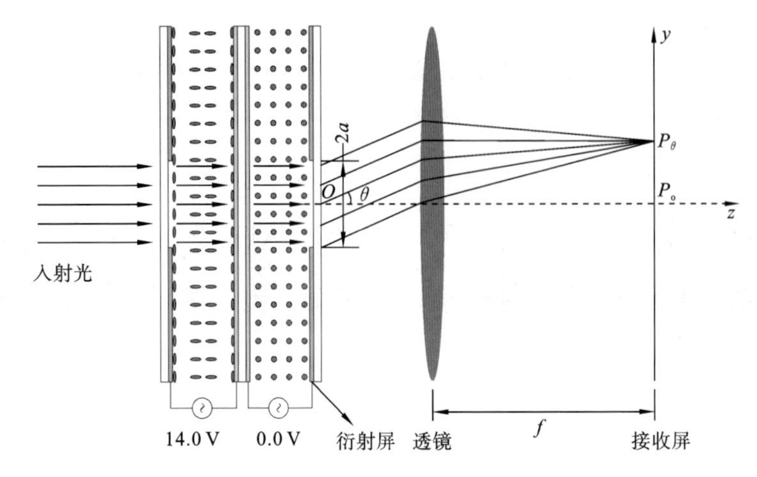

图 10-24 微圆孔阵出射衍射光场

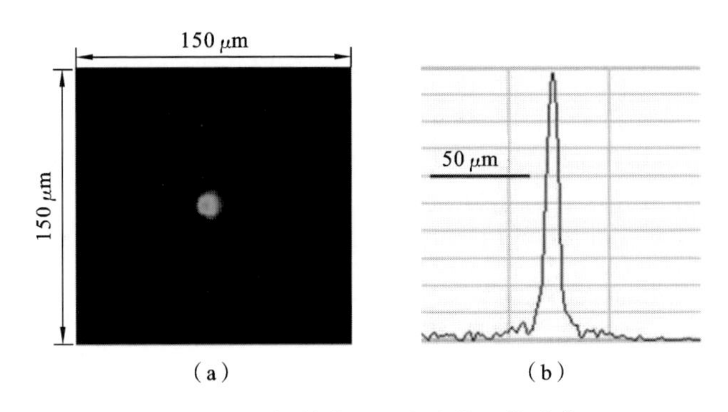

图 10-25 衍射光斑及点扩散函数分布

(a) 衍射光斑;(b) 点扩散函数分布

这会相应降低入射光的利用率。

图 10-26 所示的为将层叠耦合正交偏振液晶微透镜置于不同工作模式下的聚焦光斑及点扩散函数分布。如图 10-26(a)所示,在顶层单元子偏振液晶微透镜上独立加载的信号均方根电压约为 5.5 V 时,平行于 x 轴方向振动的偏振光被聚焦成锐利的点扩散函数分布,散布在聚焦光斑周围的 y 轴方向的偏振杂散光仍然清晰可见。图 10-26(d)所示的为与图 10-26(a)所示相对应的点扩散函数分布,虚线框所界定的点扩散函数分布上的微小起伏,对应 y 轴方向偏振杂散光分布。图 10-26(b)和(e)所示的分别为在底层子偏振液晶微透镜上独立加载信号均方根电压约为2.8 V 时,获得的聚焦光斑和点扩散函数分布。与图 10-26(a)和(d)所示的类似,平行于 y 轴方向的偏振光束被聚焦,x 轴方向偏振的杂散光仍然分布在聚焦光斑周围。图 10-26(c)和(f)所示的分别为加载在顶层和底层单元子偏振液晶微透镜上的信号均方根电压约为 5.5 V/2.8 V 时,获得的全聚焦光斑和点扩散函数分布。如图 10-26 所示,x

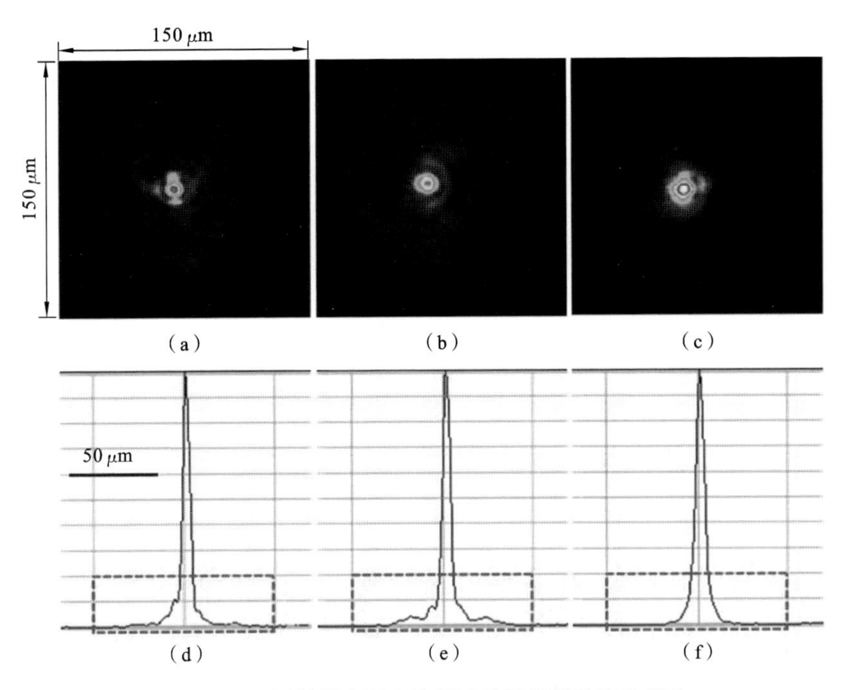

图 10-26　层叠耦合正交偏振液晶微透镜的聚焦能力

(a) 顶层子偏振液晶微透镜的聚焦光斑；(b) 底层子偏振液晶微透镜的聚焦光斑；
(c) 全聚焦光斑；(d) 顶层子偏振液晶微透镜的点扩散函数分布；
(e) 底层子偏振液晶微透镜的点扩散函数分布；(f) 全聚焦态点扩散函数分布

轴方向和 y 轴方向偏振光均被有效会聚，点扩散函数分布锐利平滑，与图 10-26(d)和(e)所示的具有相同的半高宽。

调节垂直入射到层叠耦合正交偏振液晶微透镜上的光波偏振态，可评估该类微透镜对任意偏振态的入射光的聚焦效能，结果如图 10-27 所示。图 10-27(a)和(b)所示的分别为 0°、90°和±45°的偏振白光，经过层叠耦合正交偏振液晶微透镜作用后形成的光斑形态。如图 10-27 所示，在微圆孔所界定的通光区域内，在未加载信号条件下，偏振入射光直接穿过微圆孔，未发现任何聚光或散光迹象。在层叠耦合正交偏振液晶微透镜上加载信号，将获得不同偏振取向光波的聚焦光斑。由图 10-27(b)所示的二维聚焦光斑与点扩散函数分布可知，杂散光被有效消除，预定偏振取向的入射光均被层叠耦合正交偏振液晶微透镜有效会聚，所形成的焦斑尺寸和强度大体一致。以 10°为旋转角间隔顺时针旋转偏振片获取多向偏振光，并用于照射层叠耦合正交偏振液晶微透镜。当在顶层和底层单元子偏振微透镜上加载的信号均方根电压约为 5.5 V/2.8 V 时，测量层叠耦合正交偏振液晶微透镜归一化的聚焦光强与光波偏振态间的关系，测量结果如图 10-27(c)所示。由图 10-27 可见，几乎任意设定的偏振光均能被层叠耦合正交偏振液晶微透镜会聚，且归一化聚焦强度基本相同。

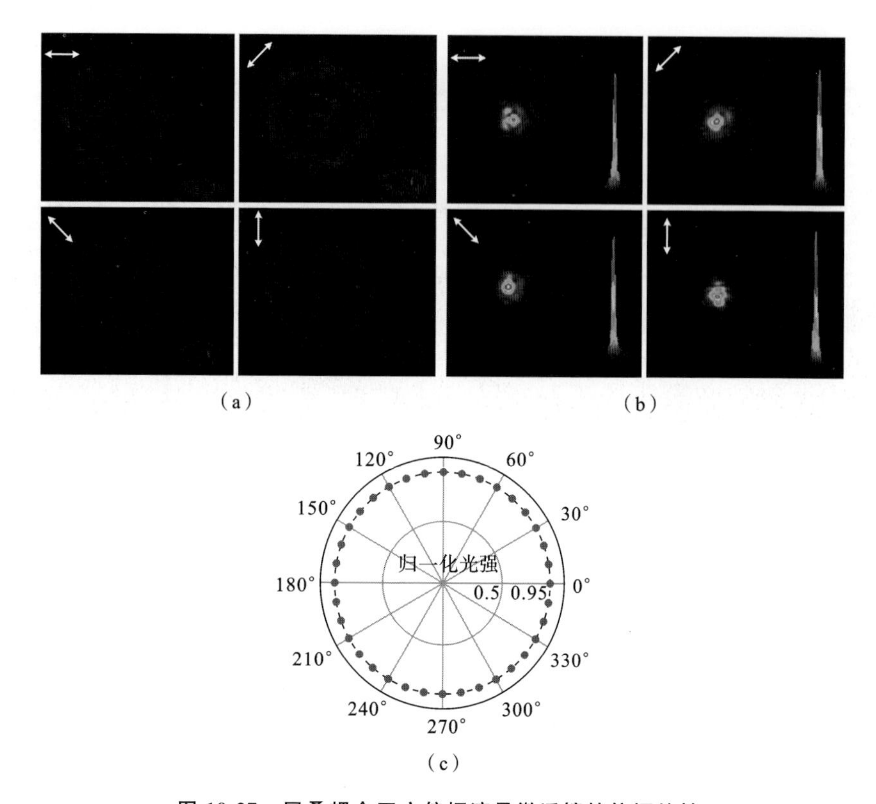

图 10-27　层叠耦合正交偏振液晶微透镜的偏振特性

(a) 子偏振液晶微透镜的二维透射光波分布(线偏振光入射角:0°、90°和±45°);

(b) 二维聚焦光斑与点扩散函数分布;(c) 多向偏振光的归一化聚焦度

10.6　偏振与偏振不敏感光场成像

基于层叠耦合正交偏振液晶微透镜构建的偏振光场成像系统如图 10-28 所示。成像系统主要包括焦距为 35 mm 的一个成像物镜(M3520-MPW2)、一个层叠耦合正交偏振液晶微透镜、一套 CMOS 光电成像探测器(MVC14KASAC-GE6,Microview)。层叠耦合正交偏振液晶微透镜与 CMOS 光电成像探测器耦合,该 CMOS 光电成像探测器的阵列规模为 4384 像素×3288 像素,像素间距为 1.4 μm,在实验中的成像物镜的光圈数为 10.1,保持与层叠耦合正交偏振液晶微透镜的光圈数相匹配。

一般而言,源自目标表面的反射光束多为部分偏振光,这些偏振光可分解成相互正交的两个偏振分量,调节加载在层叠耦合正交偏振液晶微透镜的顶层和底层单元子偏振液晶微透镜上的信号均方根电压,可实现偏振成像或部分偏振成像。图10-29 所示的为层叠耦合正交偏振液晶微透镜采用不同工作模式所获得的典型成像测试结

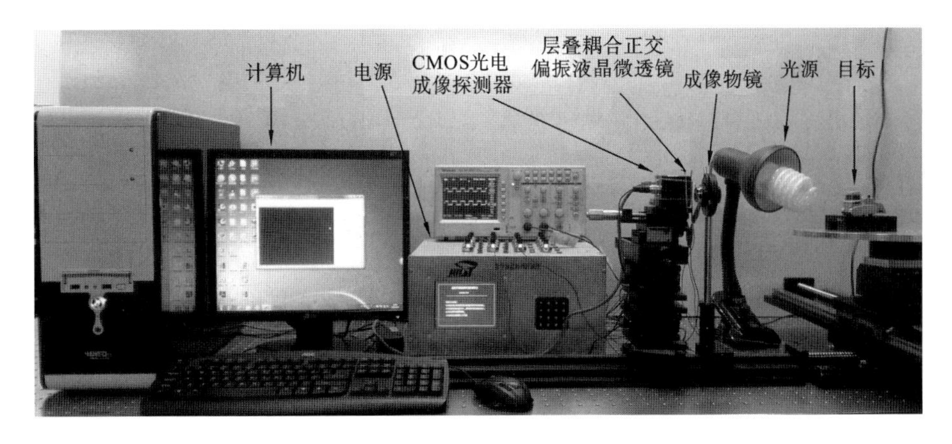

图 10-28　层叠耦合正交偏振液晶微透镜构建的偏振光场成像系统

果。调节加载在层叠耦合正交偏振液晶微透镜上的信号均方根电压组,可实现不同工作模式间的电控切换。所涉及的典型工作模式为:x 轴方向偏振成像、y 轴方向偏振成像、无偏振(实际为基于反射的部分偏振)成像及常规平面成像。

当仅在层叠耦合正交偏振液晶微透镜中的顶层单元子偏振液晶微透镜上,加载的信号均方根电压约为 10.0 V 时,层叠耦合正交偏振液晶微透镜将工作在 x 轴方向或水平偏振成像模式下,所获取的水平偏振光场图像如图 10-29(a)所示。当仅在底层单元子偏振液晶微透镜上加载的信号均方根电压约为 4.64 V 时,层叠耦合正交偏振液晶微透镜工作在 y 轴方向或垂直偏振成像模式下,所获取的垂直偏振光场图像如图 10-29(b)所示。图 10-29(a)和(b)所示的分别为水平偏振成像和垂直偏振成像的偏振光场图像的亮度和分辨率,它们基本一致,但因明显存在较强噪声而影响像质问题,该噪声可归结为与成像光矢量相垂直的杂散偏振光的影响。

基于前述的层叠耦合正交偏振液晶微透镜的常规光学特性,该液晶微透镜可有效工作在偏振不敏感成像模式下,形成偏振不敏感复合光场图像。典型成像过程为:逐渐增大顶层单元子偏振液晶微透镜的焦距,渐次减小底层单元子偏振液晶微透镜的焦距,将两层液晶微透镜所输出的偏振光场图像重叠在一起。当在两个子偏振液晶微透镜上施加的信号均方根电压为 10.0 V/1.3 V 时,所获取的偏振不敏感光场图像如图 10-29(c)所示。对水平偏振或垂直偏振的光场图像而言,偏振不敏感成像表现出更高的入射光利用率。

图 10-29(d)所示的为在未加电态下获得的工程车模型的常规二维成像。图中分布的黑色斑点,由层叠耦合正交偏振液晶微透镜中的两个铝图案电极的微圆孔间的铝膜阻挡了光束传播引发。成像测试显示,层叠耦合正交偏振液晶微透镜的间隔层的厚度,也会影响偏振不敏感光场成像效能。减小间隔层厚度,可显著改善偏振不敏感成像模式下的像质。

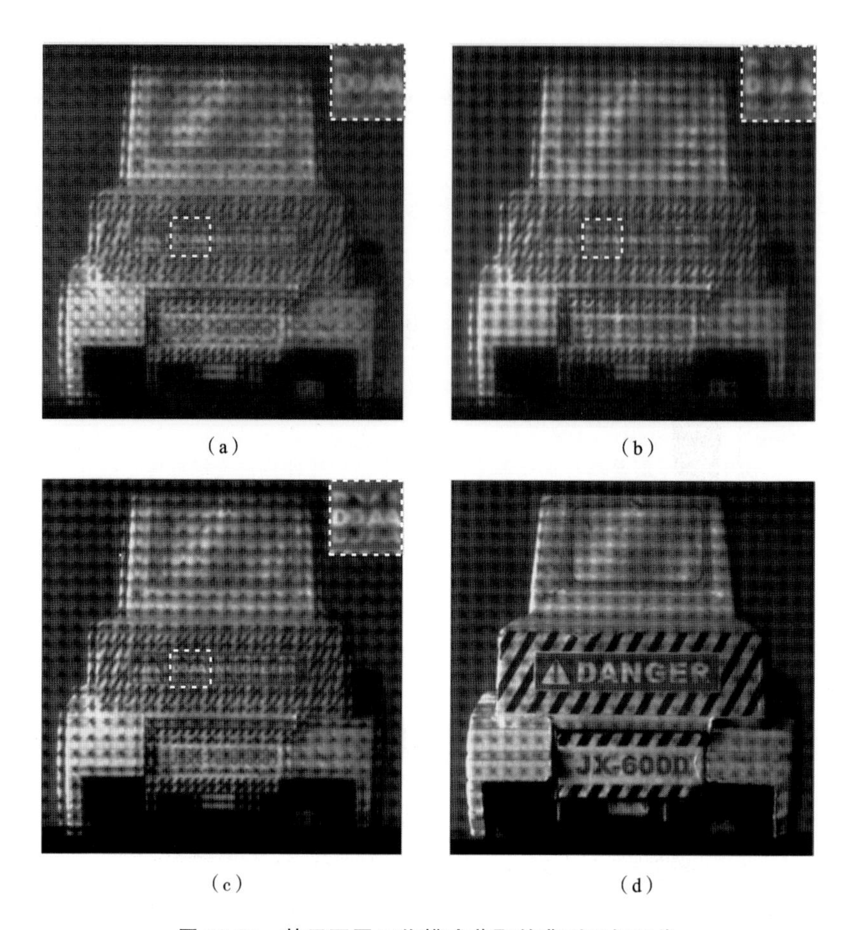

图 10-29　基于不同工作模式获取的典型目标图像

(a) 水平偏振图像;(b) 垂直偏振图像;(c) 无偏振图像;(d) 原始图

一般而言,上述成像探测系统进行偏振光场成像时,成像物镜与层叠耦合正交偏振液晶微透镜间的光圈数匹配与否,与能否有效利用成像探测器的空间分辨率密切相关。为了提高偏振光场成像系统对探测器空间分辨率的利用效能,一般应有效调节成像物镜的视场光阑,使光场原始图像中的每个成像子单元可实现边缘相切而摆脱串扰影响。由于偏振光场成像系统基于层叠耦合正交偏振液晶微透镜采集光场子图像,顶层和底层单元子偏振液晶微透镜的实际光圈数将呈现差异性。因此,应平衡配置顶层和底层单元子偏振液晶微透镜的光圈数,以获得用于光场图像重建的最佳成像数据。

图 10-30 所示的为成像物镜与层叠耦合正交偏振液晶微透镜间的两层子偏振液晶微透镜光圈数配置关系示意图。不同光圈数对应不同的成像效果。如图 10-30(a)所示,由成像物镜会聚的光束在连续通过两层子偏振液晶微透镜后,形成虚像点 Q。

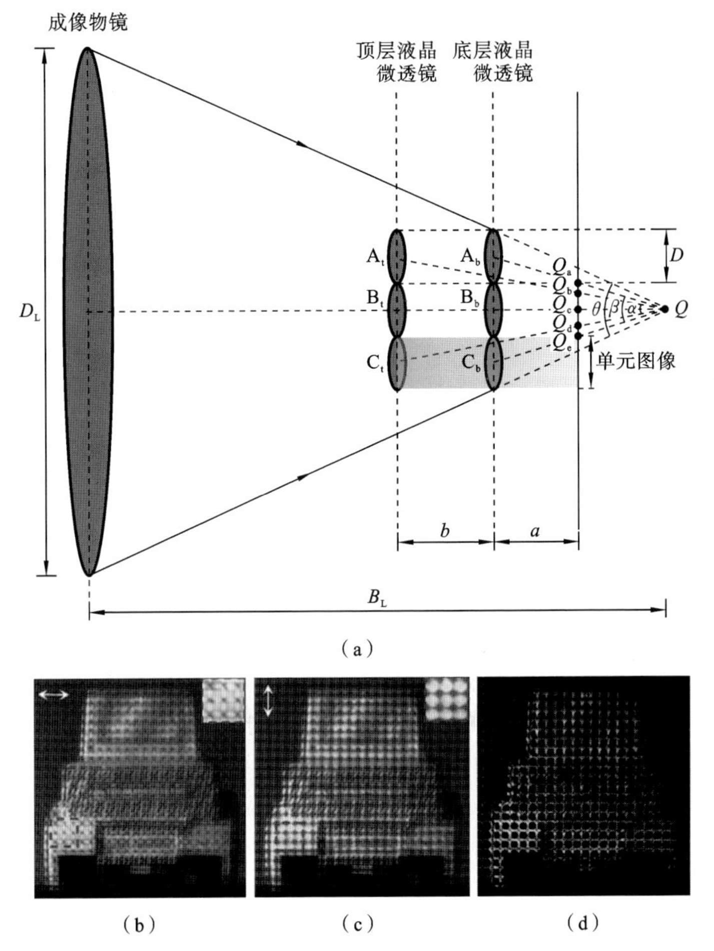

图 10-30 成像物镜与层叠耦合正交偏振液晶微透镜间的光圈数配置关系示意图

(a) 光学配置;(b) 水平偏振图像;(c) 垂直偏振图像;(d) 差值图像

实像点 Q_b 和 Q_d 由顶层单元子偏振液晶微透镜 A_t 和 C_t 形成,Q_a 和 Q_e 由底层单元子偏振液晶微透镜 A_b 和 C_b 形成。Q_c 由顶层和底层单元子偏振液晶微透镜 B_t 和 B_b 形成。灰色区域为单元液晶微透镜的成像作用区域。当 β 近似等于 θ 时,由底层单元子偏振液晶微透镜 A_b 和 C_b 形成的实像点 Q_a 和 Q_e,分布在各自的成像区域中。但由于 α 小于 β,Q_b 和 Q_d 超出了顶层单元子偏振液晶微透镜的 A_t 和 C_t 成像区域。成像物镜和每层子偏振液晶微透镜的光圈数分别为

$$\begin{cases} F_m = B_L / D_L \\ F_t = (a+b)/D \\ F_b = a/D \end{cases} \tag{10-50}$$

式中:F_m、F_t 和 F_b 分别为成像物镜、层叠耦合正交偏振液晶微透镜的顶层和底层单元

子偏振液晶微透镜的光圈数；B_L 为虚像点 Q 的像距；a 为底层单元子偏振液晶微透镜与成像传感器间的距离；b 为顶层和底层单元子偏振液晶微透镜间的距离；D_L 和 D 分别为成像物镜的直径和单元层叠耦合正交偏振液晶微透镜的直径。

在配置成像系统参数时，可将成像物镜的光圈数设为 10，以有效匹配底层单元子偏振液晶微透镜的光圈数。层叠耦合正交偏振液晶微透镜的双面 ITO 玻璃基片的厚度 b 为 0.5 mm，a 约为 1.3 mm。单元层叠耦合正交偏振液晶微透镜的直径 D 为 128 μm。根据式(10-50)可知，$F_m=10$，$F_t=14.1$，$F_b=10.2$，由此可得

$$F_t > F_b \approx F_m \tag{10-51}$$

由图 10-30(b)可见，当 $F_m < F_t$ 时，与顶层单元子偏振液晶微透镜阵列对应的相邻子图像将出现重叠，产生光串扰。当 $F_m \approx F_b$ 时，底层单元子偏振液晶微透镜阵列的相邻子图像间无任何重叠，如图 10-30(c)所示。固定成像物镜的光圈数，用顶层单元子偏振液晶微透镜阵列获得的图像，减去底层单元子偏振液晶微透镜阵列的相应图像，可得到差值图像，如图 10-30(d)所示。由此可见，两幅图像所对应的光圈数不能完全匹配。因此，基于该偏振成像系统，由于所配置的成像物镜和层叠耦合正交偏振液晶微透镜的光圈数不能够完美匹配，因此，偏振不敏感光场图像存在较为明显的误差。

综上所述，我们提出的层叠耦合正交偏振液晶微透镜，由于采用向列相液晶，其具有工作温度范围宽、信号均方根电压低的特点。在均方根电压为 5.5 V/2.8 V 的典型电控信号作用下，可有效工作在偏振不敏感光场成像模式下。基于电控切换，又可以有效执行多向偏振光场成像，以及光场与常规偏振二维成像等。

10.7 小　结

本章研发了层叠耦合正交偏振液晶微透镜阵列，详细分析了该微纳控光阵列对不同偏振态光波的聚焦性能，并对其进行了偏振敏感和不敏感的光场成像测试。基于归一化点扩散函数分布，使偏振不敏感工作模式下的光能利用率较偏振敏感液晶微透镜的光能利用率提高到 90%以上。基于层叠耦合正交偏振液晶微透镜的电调光场相机，可工作在偏振敏感或不敏感成像模式下；通过电控，可有效获取正交偏振光场图像，以及融合情形下的偏振不敏感光场图像。

在现有条件下，层叠耦合正交偏振液晶微透镜仍面临着许多问题，如存在杂散光，它会造成像质降低，间隔层会造成系统的光圈数不匹配，层叠排布的子偏振液晶微透镜的复合光场不能完全重合等。可以预见，减小层叠耦合正交偏振液晶微透镜中间层的厚度，可以提高像质，但单层子偏振液晶微透镜产生的杂散光仍不能够被完全消除。我们将在第 11 章提出一种新的液晶微透镜方案，期望解决上述问题，获取高质量的平面图像和偏振光场图像。

第11章　基于扭曲向列相液晶的偏振光场成像

11.1　引　　言

偏振是光波的一个基本属性，通过偏振成像可基于目标与背景本征的光矢量偏振响应行为，增强目标与环境的成像对比度，突出目标特征与细节，包括材质、微纳结构形态、纹理和外观形貌等，提高目标的可探测性，增强成像探测识别和对抗能力。常规的基于向列相液晶的电控液晶微透镜具有偏振敏感性，利用该类控光结构构建的偏振成像探测系统，常表现出光能利用率相对较低，光电响应信噪比/信杂比较小，缺乏目标偏振特征的自适应测调能力等缺陷。一般而言，从特定场景中的静态或动态目标出射的光波，均携带目标本征的光矢量偏振信息，在传播途径中与大气等类散射介质相互作用及受杂波的扰动影响，会减弱定向传输的目标光能，从而造成信噪比/信杂比降低，成像探测与对抗效能下降，甚至出现虚假光电信号等现象。构建可实时测量甚至自适应调变成像光波偏振态的偏振成像系统，通过快捷的偏振控光来挖掘和解译目标的光偏振行为和图像信息特征，显著提高目标探测的信噪比/信杂比，将可以有效提高所获取的目标图像对比度和清晰度，显著增强成像探测与识别效能、细节特征提取与再现及对抗能力。

我们自主研发了一种用扭曲向列相液晶，构建了透过率可电控的液晶偏光调制器。将其与偏振敏感的电控液晶微透镜阵列耦合，可实现传输光波偏振态的电选电控和偏振光波透过率的电控调节，并通过空间寻址电控，将入射偏振光集中会聚在特定空间区域的器件上。合理配置加载在扭曲向列相液晶偏光调制器上的信号均方根电压，分别将 x 轴方向（水平取向）和 y 轴方向（垂直于纸面取向）上的偏振透射光强控制在合理水平，从而建立电控偏振成像及偏振不敏感成像结构。利用器件化的薄膜液晶的扭曲向列相空间排布所导致的光波偏转诱导传输效应，以及趋向沿液晶器件控制面板的垂直方向排布的中间层液晶分子对偏振光波的透射控制作用，可对入射光波的偏振特征实施测量，以及对复杂入射光波的偏振态进行扫描检索、偏振态电控选取与跳变等。通过偏振敏感的电控液晶微透镜聚光来增强偏振透射光波，可有效消除偏振敏感或不敏感成像过程中的杂光干扰，进一步耦合扭曲向列相液晶偏光调制器和电控液晶偏振微透镜阵列，从而建立偏振光场成像探测系统并开展示范性成像应用。

11.2 扭曲向列相电控液晶微透镜

我们自主研发出用耦合扭曲向列相液晶偏光调制器与电控液晶偏振微透镜阵列构成的扭曲向列相电控液晶微透镜阵列，它可用于构成偏振光场成像系统，其典型结构如图 11-1 所示。扭曲向列相电控液晶微透镜阵列包含层叠耦合的两层不同功能的液晶膜，其中，顶层液晶膜用于实现由扭曲向列相液晶空间分布导致的，偏振入射光波的偏转诱导的传输垂直转向，底层液晶膜用于对特定偏振取向的入射光波进行电控聚光。顶层液晶膜所具有的光偏振垂直诱导转向功能，由封装液晶的液晶盒的电控电极上的液晶分子初始锚定来保证入射光波和出射光波呈相互垂直的偏振态。底层液晶膜用于构建常规的偏振敏感电控液晶微透镜阵列，初始锚定可使液晶盒电控电极上的液晶分子取向相互平行，并与相邻的顶层液晶盒电控电极的液晶分子初始锚定取向相同。

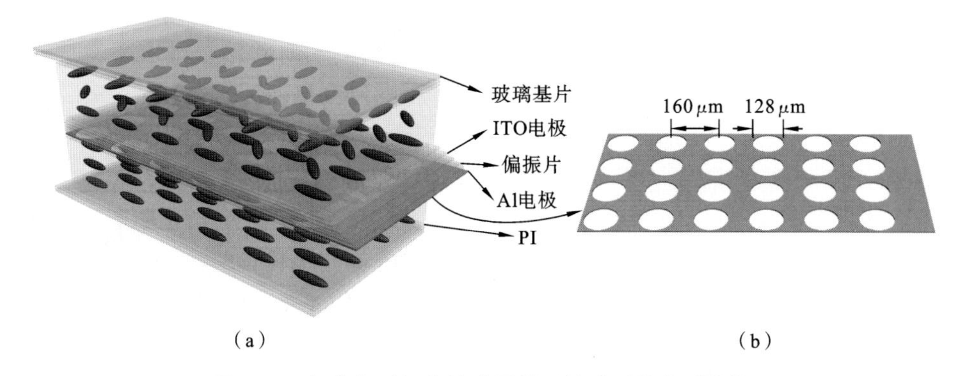

图 11-1 扭曲向列相电控液晶微透镜阵列的典型结构

(a) 扭曲向列相电控液晶微透镜阵列；(b) 微圆孔图案电极

11.2.1 扭曲向列相液晶微透镜的典型控光过程

(1) 顶层液晶盒在断电或所加载的信号均方根电压未超过阈值时，在底层液晶盒上加载特定幅度的信号均方根电压，入射到扭曲向列相液晶微透镜表面的光波中，与底层液晶盒的液晶初始锚定取向相垂直的偏振成分被会聚出射，而与底层液晶盒的液晶初始锚定取向相同的偏振成分则作为杂散光，透射过顶层液晶膜，并进一步被底层液晶膜会聚出射。

(2) 在顶层液晶盒上加载超过阈值的信号均方根电压，随信号均方根电压的变化，由顶层液晶膜引起垂直转向的偏振入射光波的透过率渐次降低，直至达到可被忽略的极弱程度，而垂直于纸面偏振的光波在穿过底层液晶膜后作为杂散光出射，入射到顶层液晶盒上且与顶层液晶分子初始锚定取向垂直的偏振入射光波，在透过顶层液晶盒后进一步被底层液晶膜会聚。

11.2.2　扭曲向列相液晶微透镜的典型工作模式

(1) 将无偏振入射光波通过电控液晶微透镜转换成偏振聚焦光束,用于偏振不敏感成像探测。

(2) 加电调变入射光波中的偏振光波的透过率,由电控液晶微透镜对偏振光进行偏振聚束,然后用于部分偏振入射光波的成像探测。

(3) 加电选取入射光波中的偏振光,由电控液晶微透镜对偏振光进行偏振聚束,然后用于偏振成像探测。

扭曲向列相液晶微透镜的典型结构为:扭曲向列相液晶偏光调制器+偏振片+偏振敏感的面阵电控液晶微透镜。耦合的两个液晶微腔均采用向列相液晶(德国 Merck 公司的 E44 型液晶:$n_o=1.5277$ 和 $n_e=1.7904$)进行充分填充,腔深或液晶厚度分别为 10 μm 和 20 μm。扭曲向列相液晶偏光调制器的液晶盒由两个 ITO 玻璃基片耦合构成,玻璃基片厚度约为 500 μm,ITO 膜厚度约为 50 nm。在 ITO 玻璃基片表面制作 PI 膜并采用常规摩擦法形成液晶分子的初始取向沟槽,在构成液晶盒的两个 ITO 玻璃基片表面形成的 PI 膜,液晶分子的初始取向呈相互垂直状,液晶膜中的液晶分子形成层化渐进扭曲分布。偏振敏感的电控液晶微透镜阵列由微圆孔阵铝电极和 ITO 玻璃基片耦合构成。由于铝膜较厚,在可见光范围内的光透过率可视为零,从而有效阻挡微圆孔阵铝电极周围的杂散光透过液晶微透镜。采用常规紫外光刻结合湿法刻蚀,在铝膜表面刻蚀制作微圆孔阵图案电极,微圆孔直径为 128 μm,微圆孔中心距为 160 μm。在微圆孔阵铝电极和 ITO 电极表面制作 PI 膜,同样采用常规摩擦法形成相互平行的液晶分子初始取向沟槽。在耦合扭曲向列相液晶偏光调制器和偏振敏感的电控液晶微透镜阵列过程中,保持形成微透镜效应的 PI 膜的沟槽取向,与扭曲向列相液晶偏光调制器在相互耦合一侧的 PI 膜定向沟槽取向一致,并在耦合过程中将具有相同偏振透光取向的一片偏振片,夹持在扭曲向列相液晶偏光调制器和电控液晶微透镜阵列间,并将其固定封装。一般而言,基于微圆孔阵电极的液晶微透镜的填充系数最大约为 60%,未经微透镜的光波会以杂波形式存在,在上述结构中采用铝电极和偏振片来消除上述杂光。对高填充系数液晶微透镜而言,可通过采用透光导电膜(如 ITO 膜或石墨烯膜)及去除偏振片来提高光能利用率。

扭曲向列相液晶微透镜与成像光敏阵列的耦合特征如图 11-2 所示,各子图中的左侧图分别显示了关键性的液晶偏光和聚光结构,以及所加载的信号均方根电压的配置,右侧图分别为功能化液晶微透镜中的液晶分子被定向排布的空间分布。图 11-2(a)所示的为入射光波被扭曲向列相液晶微透镜会聚在成像光敏器件上,进行偏振不敏感成像探测的典型情形。在位于扭曲向列相液晶微透镜的顶部的扭曲向列相液晶偏光调制器上,未加载电控信号或所加载的信号均方根电压未超过阈值时,y 轴

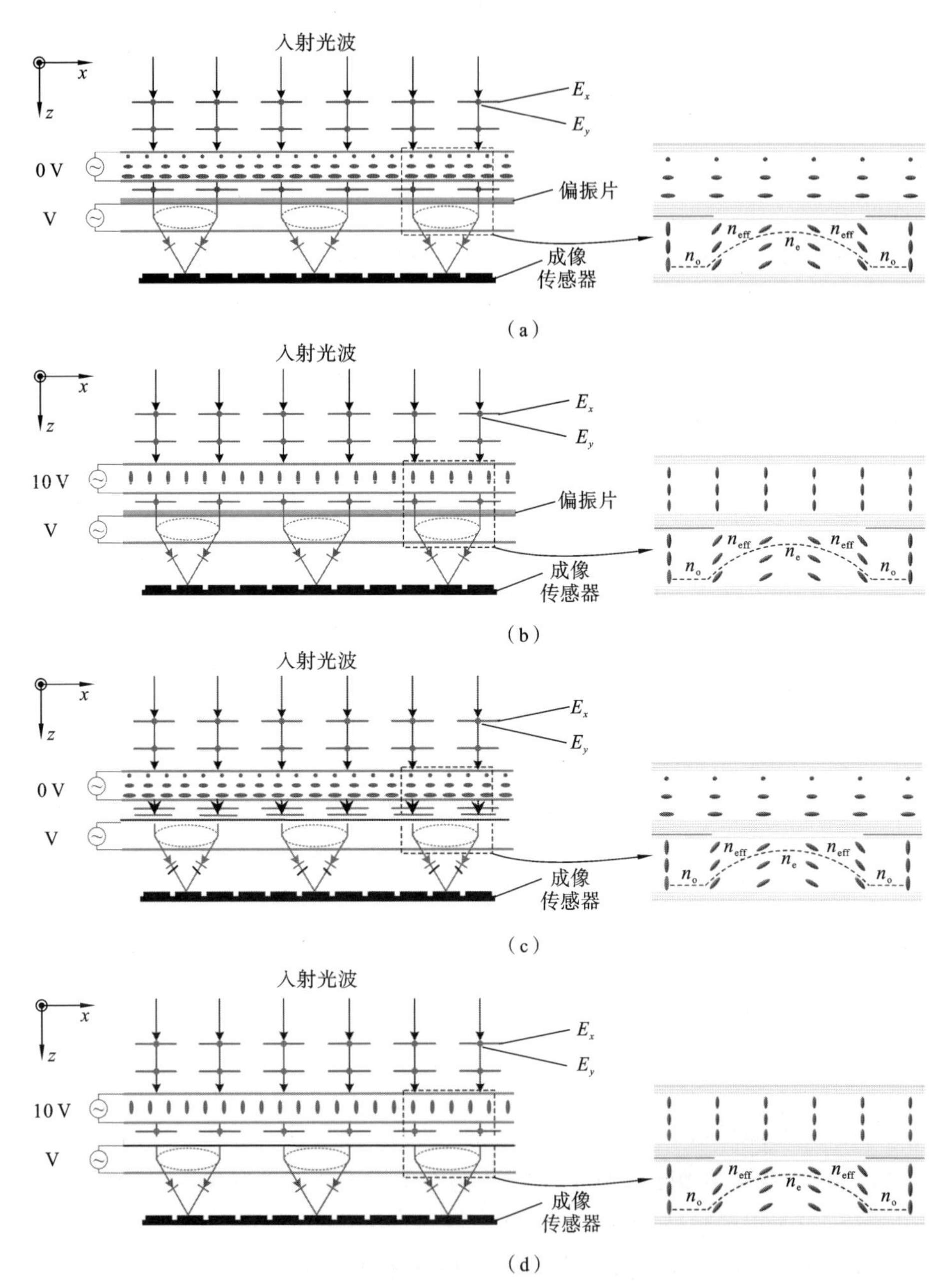

图 11-2 扭曲向列相液晶微透镜的典型无偏振/偏振聚光和加电偏振聚光特征

(a) 入射光波被扭曲向列相液晶微透镜会聚在光敏器件上；

(b) 平行于 x 轴方向的偏振入射光波被扭曲向列相液晶微透镜会聚在光敏器件上；

(c) 入射光波被高填充系数扭曲向列相液晶微透镜会聚在光敏器件上；

(d) 平行于 x 轴方向的偏振入射光波被高填充系数扭曲向列相液晶微透镜会聚在光敏器件上

方向或垂直于纸面取向的偏振入射光波在穿透偏光调制器后，其光矢量取向被实施90°转向而沿 x 轴方向振动。x 轴方向或平行于纸面取向的偏振入射光波，则以一定透过率穿透偏光调制器，与垂直转向光共同被液晶微透镜作用，形成会聚光束并入射到成像传感器的光敏器件上。图 11-2(b)所示的为入射光波被扭曲向列相液晶微透镜会聚在光敏器件上，执行偏振成像探测的典型情形。在位于扭曲向列相液晶微透镜的顶部的扭曲向列相液晶偏光调制器上，加载较高的信号均方根电压，使液晶分子随所激励的空间电场呈现偏转饱和分布，此时的 y 轴方向或垂直于纸面取向的偏振入射光波，以一定或较低透过率无偏转透过液晶微透镜并被所设置的偏振片阻挡。x 轴方向或平行于纸面取向的偏振入射光波，以一定或较低透过率透过液晶微透镜和所设置的偏振片，再被液晶微透镜会聚并向后投射到光敏器件上，完成偏振成像探测。图 11-2(c)和(d)所示的分别为针对高填充系数扭曲向列相液晶微透镜，去除偏振片后分别进行与图 11-2(a)和(b)所示类似的偏振不敏感成像和偏振成像的情形。上述各右侧图的黑色细虚线表示单元扭曲向列相电控液晶微透镜的等效折射率分布。在图 11-2 中，已将入射光波沿图示的 x 轴方向和 y 轴方向上的两个线偏振光分别用 E_x 和 E_y 表示。

对扭曲向列相液晶微透镜的常规光学性能进行测试评估的一种典型实验配置方案是：采用中心波长为 680 nm 的激光器作为光源，激光波束经扩束和准直后穿过线性偏振片（工作波长范围为 400～700 nm）获得可调变的特定偏振取向。所构造的偏振光波正入射到扭曲向列相液晶微透镜上，光束质量分析仪获取由器件出射的被放大后的会聚光场图像，同时获取点扩散函数分布和焦距数据。放大物镜典型参数为：数值孔径为 0.65，放大倍数为 40×。

为评估扭曲向列相液晶微透镜对无偏光及偏振光的聚光特征，分别通过测试来比较常规的电控液晶微透镜和扭曲向列相液晶微透镜对 45°线偏振光的聚焦效能，测试图像如图 11-3 所示。图 11-3(a)所示的为常规的电控液晶微透镜所获得的聚光结果。由图 11-3 可见，x 和 y 轴方向上的线偏振光 E_x 和 E_y 被分别聚焦，以及以杂光形式散布在 E_x 焦点周围。常规的电控液晶微透镜仅对光矢量偏振方向平行于液晶分子初始取向的偏振入射光波进行会聚。偏振方向垂直于液晶分子初始取向的入射光波，则以环状干涉条纹分布在聚焦光斑周围。如图 11-3(b)所示，在扭曲向列相液晶微透镜中的扭曲向列相液晶偏光调制器上加载均方根电压为 10 V 的信号，45°线偏振入射光波的两个正交分量 E_x 和 E_y，分别射向扭曲向列相液晶偏光调制器，其中，E_y 分量被偏振片过滤，液晶微透镜对 E_x 分量进行聚焦，其点扩散函数分布较为锐利，聚焦光斑周围杂光已被显著弱化。去除加载在扭曲向列相液晶偏光调制器上的信号均方根电压，入射光波中的 E_x 分量将旋转 90°，E_y 分量主要以透射方式穿过液晶偏光调制器，其形成的聚焦光斑及其点扩散函数分布如图 11-3(c)所示。E_y 偏振入射光波由于偏转诱导传输垂直转向而转变为 x 轴方向的光波，由电控液晶微透

镜形成的 x 轴方向的偏振光的聚焦光斑的周围杂光更为稀疏。当在常规的电控液晶微透镜和扭曲向列相液晶微透镜相应的微透镜上加载均方根电压为 4.47 V 电控信号时，两者焦距均为 1.2 mm。保持两者焦距不变时，获得的点扩散函数较为锐利。

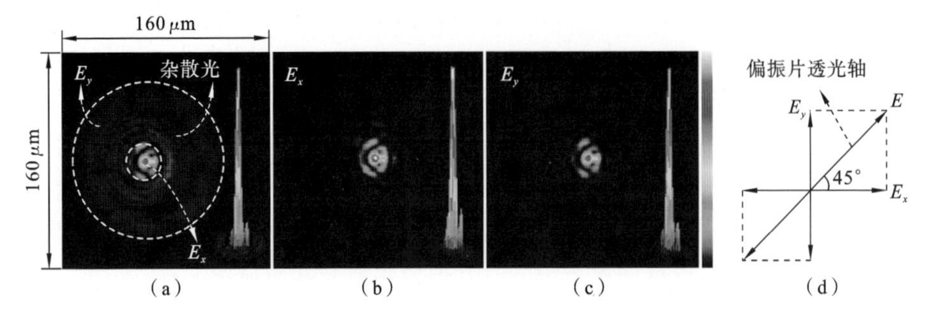

图 11-3　常规的电控液晶微透镜和扭曲向列相液晶微透镜的光学特征

(a) 通过电控液晶微透镜后的光分布特征；(b) x 分量聚焦光斑；(c) y 分量聚焦光斑；(d) 光偏振坐标

图 11-4 所示的为扭曲向列相液晶微透镜在不同偏振态下的焦距与信号均方根电压的关系。实验显示，在相同幅度的信号均方根电压作用下，液晶微透镜对入射光波的 E_x 分量和 E_y 分量显示相同的焦距。当加载在底层偏振敏感液晶微透镜上的信号均方根电压大于 1.0 V 但小于 4.5 V 时，随着信号均方根电压的增大，焦距快速减小。当信号均方根电压超过 4.5 V 时，随着信号均方根电压的增大，焦距开始逐渐增大。当信号均方根电压为 2.0～9.0 V 时，液晶微透镜的焦距和电压大致呈反抛物线形分布。

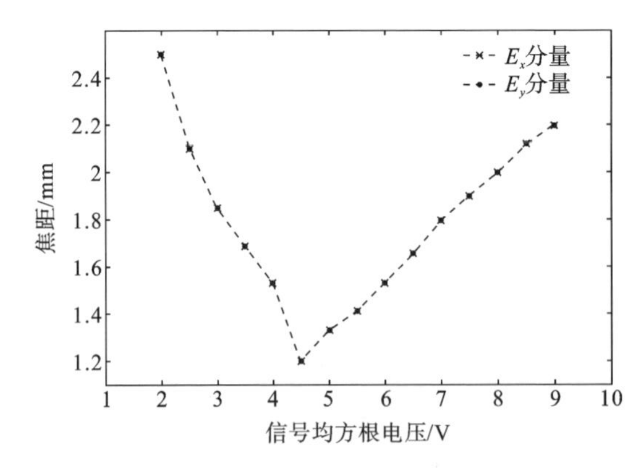

图 11-4　扭曲向列相液晶微透镜在不同偏振态下的焦距与信号均方根电压的关系曲线

11.3　偏振差分去雾成像

一般而言，采用偏振差分成像法可有效获取散射环境中相对清晰的目标图像。

基于 Schechner 等人提出的大气散射模型，通过成像系统采集到的目标图像信息可表示为

$$I(x,y)=D(x,y)+A(x,y) \tag{11-1}$$

式中：(x, y)为成像传感器中的单元光敏器件的位置坐标，或者图像的一个像素点的位置坐标；$I(x, y)$为成像传感器所接收的目标光强；$D(x, y)$为从目标出射的光波经散射衰减后的辐照度；$A(x, y)$为环境介质（如空气分子）的平均发光强度或辐照度。一般而言，$D(x,y)$可写为

$$D(x,y)=L(x,y)t(z) \tag{11-2}$$

式中：$L(x,y)$为从目标出射且未经散射的辐照度；$t(z)$为介质透过率，该参数一般随成像系统与目标间的距离 z 的增加呈指数增大，即

$$t(z)=\exp(-\beta z) \tag{11-3}$$

式中：β 是消光系数，仅随介质种类的不同而改变。

通常情况下，成像探测器接收的目标光波，会受环境介质的光散射作用而影响像质。随光波传播距离的增加，环境因素对成像探测系统的影响也会逐渐增大。$A(x,y)$可写为

$$A(x,y)=A_{\infty}[1-t(z)] \tag{11-4}$$

式中：A_{∞}为无限远处环境光的辐照度。

调节加载在扭曲向列相液晶微透镜中的顶层扭曲向列相液晶偏光调制器上的信号均方根电压，可以获得两幅正交偏振图像，这里分别用 $I_{/\!/}(x,y)$和 $I_{\perp}(x,y)$表示水平偏振图像和垂直偏振图像。根据上述物理模型，成像探测系统获取的两幅正交偏振图像可表示为

$$\begin{cases} I_{/\!/}(x,y)=D_{/\!/}(x,y)+A_{/\!/}(x,y) \\ I_{\perp}(x,y)=D_{\perp}(x,y)+A_{\perp}(x,y) \end{cases} \tag{11-5}$$

定义光的垂直偏振度及其透过空气后的垂直偏振度分别为 $p_{\mathrm{D}}(x,y)$和 $p_{\mathrm{A}}(x,y)$，有

$$\begin{cases} p_{\mathrm{D}}(x,y)=\dfrac{D_{/\!/}(x,y)-D_{\perp}(x,y)}{D_{/\!/}(x,y)+D_{\perp}(x,y)} \\ p_{\mathrm{A}}(x,y)=\dfrac{A_{/\!/}(x,y)-A_{\perp}(x,y)}{A_{/\!/}(x,y)+A_{\perp}(x,y)} \end{cases} \tag{11-6}$$

将式(11-2)、式(11-5)和式(11-6)代入式(11-1)，可得

$$\Delta I(x,y)-p_{\mathrm{A}}I_{\mathrm{total}}(x,y)=(p_{\mathrm{D}}-p_{\mathrm{A}})L_{\mathrm{total}}(x,y)t(z) \tag{11-7}$$

则有

$$\Delta I(x,y)-p_{\mathrm{A}}I_{\mathrm{total}}(x,y)=\left(1-\frac{p_{\mathrm{A}}}{p_{\mathrm{D}}}\right)\Delta D(x,y) \tag{11-8}$$

式中：

$$\begin{cases}\Delta I(x,y)=I_{/\!/}(x,y)-I_{\perp}(x,y)\\ I_{\text{total}}(x,y)=I_{/\!/}(x,y)+I_{\perp}(x,y)\\ \Delta D(x,y)=D_{/\!/}(x,y)-D_{\perp}(x,y)\end{cases}\tag{11-9}$$

将式(11-5)、式(11-6)、式(11-8)代入式(11-3),可得

$$t(z)=1-\frac{A(x,y)}{A_{\infty}}=1-\frac{\Delta I(x,y)-\Delta D(x,y)}{p_{\text{A}}A_{\infty}}=1-\frac{p_{\text{D}}I_{\text{total}}(x,y)-\Delta I(x,y)}{(p_{\text{D}}-p_{\text{A}})A_{\infty}}\tag{11-10}$$

将式(11-10)代入式(11-7)可得到去雾后的图像 $L_{\text{total}}(x, y)$,即

$$L_{\text{total}}(x,y)=\frac{[\Delta I(x,y)-p_{\text{A}}I_{\text{total}}(x,y)]p_{\text{A}}A_{\infty}}{(p_{\text{D}}-p_{\text{A}})p_{\text{A}}A_{\infty}+p_{\text{A}}[\Delta I(x,y)-p_{\text{D}}I_{\text{total}}(x,y)]}\tag{11-11}$$

故有

$$\frac{1}{L_{\text{total}}(x,y)}=(p_{\text{D}}-p_{\text{A}})\frac{A_{\infty}-I_{\text{total}}(x,y)}{\Delta I(x,y)-p_{\text{A}}I_{\text{total}}(x,y)A_{\infty}}+\frac{1}{A_{\infty}}\tag{11-12}$$

由式(11-12)可见,在计算去雾后的图像 $L_{\text{total}}(x,y)$时,首先要计算的参数为 p_{D},p_{A} 和 A_{∞}。假设空气中的散射介质均匀分布,则可用空中的环境光来直接估计 p_{A} 和 A_{∞}。求解过程为

$$p_{\text{A}}=\frac{1}{|\text{N}|}\sum_{(x,y)\in\text{N}}\frac{I_{\max}(x,y)-I_{\min}(x,y)}{I_{\max}(x,y)+I_{\min}(x,y)}\tag{11-13}$$

$$A_{\infty}=\frac{1}{|\text{N}|}\sum_{(x,y)\in\text{N}}[I_{\max}(x,y)+I_{\min}(x,y)]\tag{11-14}$$

式中:$|\text{N}|$为所选区块中的像素数量。由式(11-12)可见,当 A_{∞}保持不变时,可假设 p_{D}为常数。因此,$(p_{\text{D}}-p_{\text{A}})$可作为图像估计的一个尺度因子,用于计算去噪后的目标清晰图像。

以下采用均方根对比度和方差法来定量评估采集图像的清晰度。均方根对比度通常用于表征像素灰度值的标准偏差。像素灰度值归一化为[0,1],获取的均方根对比度可定义为

$$C=\sqrt{\frac{1}{MN}\sum_{i=0}^{N-1}\sum_{j=0}^{M-1}[I_{\text{gray}}(i,j)-\bar{I}_{\text{gray}}]^2}\tag{11-15}$$

式中:$I_{\text{gray}}(i,j)$为 M 元×N 元灰度图中(i, j)像素点的灰度值;$\bar{I}_{\text{gray}}$为灰度图中所有像素点的灰度平均值。

方差法用于评估一组离散数据与期望间的偏差程度。通常情况下,高像质图像有大的灰度值差异,图像的像素灰度值呈现较大方差。反之,低像质图像的灰度值方差通常较小。方差评估函数可定义为

$$D=\sum_{i=0}^{N-1}\sum_{j=0}^{M-1}[I_{\text{gray}}(i,j)-\bar{I}_{\text{gray}}^2]\tag{11-16}$$

式中:$I_{\text{gray}}(i,j)$为 M 元×N 元灰度图中(i, j)像素点的灰度值;$\bar{I}_{\text{gray}}$为灰度图中所有

像素点的灰度平均值。

11.4　偏振光场与平面成像一体化去雾

图 11-5 所示的为偏振光场成像与常规的平面成像一体化的成像探测系统的典型光路，以及自主构建的偏振光场相机。其关键制作工序：将图 11-5(c)所示的扭曲向列相液晶微透镜与成像传感器耦合，甚至集成，保证扭曲向列相液晶微透镜中的液晶聚光微透镜与成像探测阵列实现高效耦合，然后与成像物镜匹配，调变加载在扭曲向列相液晶微透镜不同功能液晶膜层上的信号均方根电压，对目标和场景实现二维成像信息获取，以及偏振光场成像模式下的三维图像信息获取。所获得的 x 轴方向(水平偏振)的平面/光场图像与 y 轴方向(垂直偏振)的平面/光场图像，分别表示为 $I_{/\!/}(x,y)$ 和 $I_{\perp}(x,y)$，(x,y) 为图像的相应像素点位置。

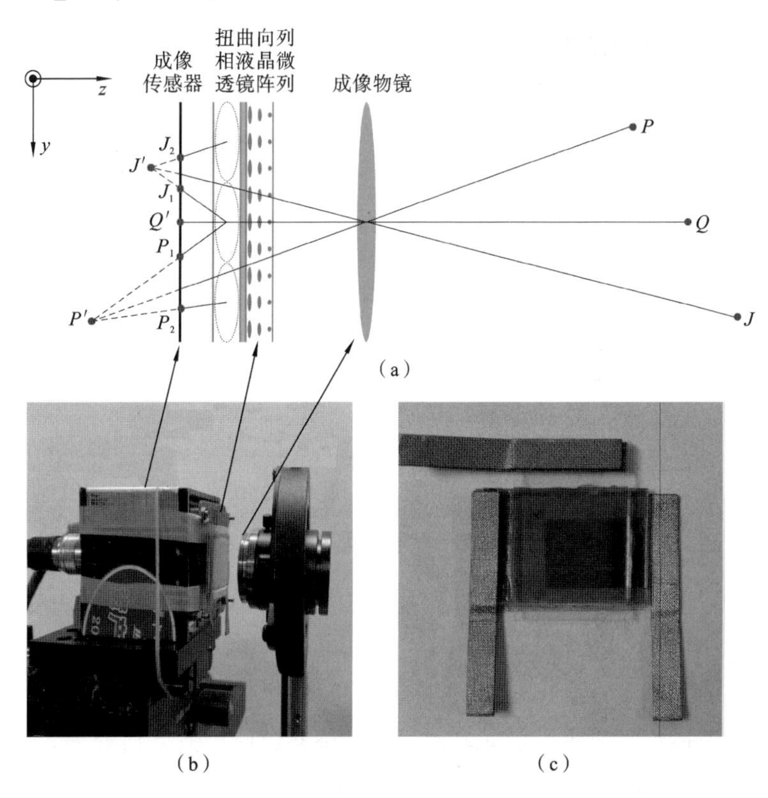

图 11-5　自主构建的偏振光场相机

(a) 成像原理；(b) 偏振光场相机；(c) 扭曲向列相液晶微透镜器件

为了对比分析基于常规偏振敏感电控液晶微透镜阵列，与基于扭曲向列相液晶微透镜的成像探测系统的成像属性与像质特征，分别采用常规的偏振敏感电控液晶微透镜和扭曲向列相液晶微透镜构建的光场成像探测系统，获取缩比模型目标的图像数据，如图 11-6 所示。图 11-6(a)和(b)所示的分别为基于常规的偏振敏感电控液晶微透镜的光场相机获取的水平偏振和垂直偏振光场图像。在成像过程中直接采集目标的偏振光以获得偏振光场图像，目标偏振光由布设在成像物镜前端的偏振片过滤目标光波形成，可精细调节由偏振片出射的光波的偏振态。如图 11-6(a)所示，当加载在常规的偏振敏感电控液晶微透镜上的信号均方根电压为3.5 V时，从目标出射的0°偏振光被液晶微透镜聚束成像，即获得偏振光场图像。图 11-6 中的白色实线框内的图像为 0°偏振态下，由单元液晶微透镜形成的点扩散函数图像，白色虚线框内的图像分别为局部光场图像及其放大图像。旋转布设在成像物镜前的偏振片，使出射的目标偏振光经过 90°旋转而成为图 11-6(b)所示的垂直线偏振入射光。此时的电控液晶微透镜基于偏振敏感性，丧失对偏振失配的入射光的聚光效能，液晶微透镜基于微圆孔铝电极呈现与小孔成像类似的光波方向选择效能，在与液晶微透镜

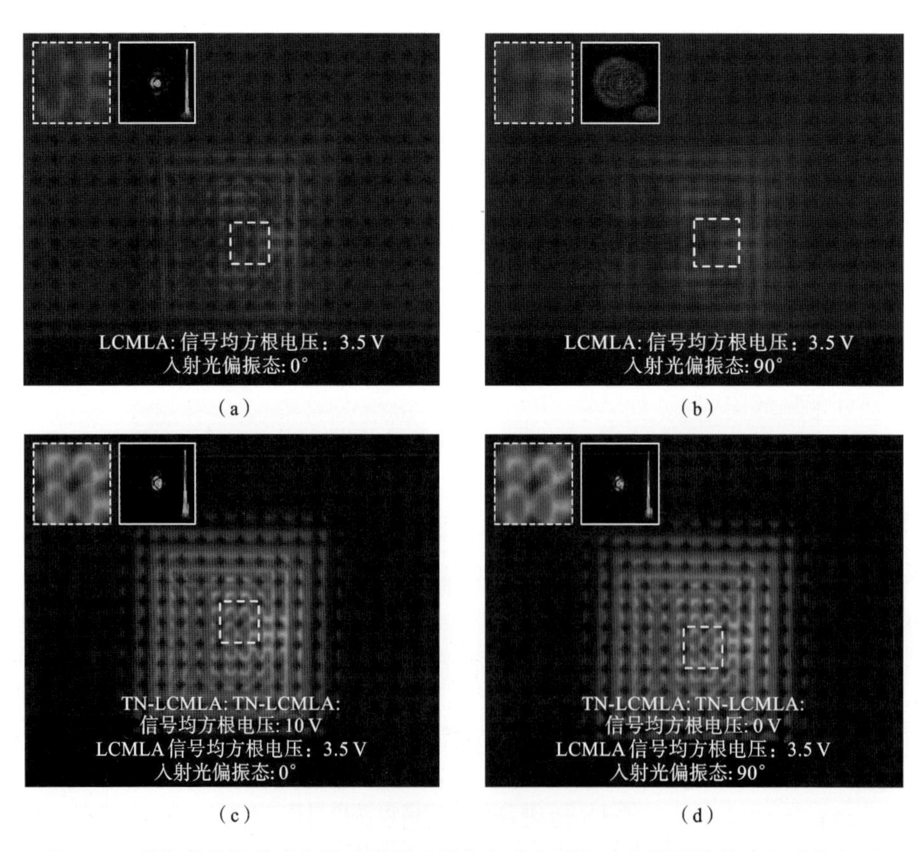

图 11-6　常规的偏振敏感电控液晶微透镜与扭曲向列相液晶微透镜的光场成像探测系统在 0°和 90°偏振光照射下获得的光场成像

(a) 水平偏振图像；(b) 垂直偏振图像；(c) 水平偏振图像；(d) 垂直偏振图像

对应的子成像探测阵列上形成模糊的微圆孔衍射斑，如图 11-6(b)所示。白色虚线框内的图像分别为局部光场图像及其放大图像，白色实线框内的图像给出了单元铝基微圆孔的偏振衍射斑的环状分布形态。

图 11-6(c)和(d)所示的分别为基于扭曲向列相液晶微透镜的光场成像探测系统获取的水平方向(0°)和垂直方向(90°)偏振光场图像。由图 11-6 可见，水平方向和垂直方向上的偏振光场图像呈现大致相同的亮度和相对锐利的点扩散函数分布。仅水平方向偏振光波入射到扭曲向列相液晶偏光调制器表面处时，由于振动方向与液晶盒表面处液晶的初始取向垂直，偏振光几乎不受影响地穿过扭曲向列相液晶偏光调制器，并经预设的偏振片进一步固定偏振态，再由后续的偏振液晶微透镜进行聚焦。仅垂直方向偏振光波入射到扭曲向列相液晶偏光调制器表面时，由于振动方向与液晶盒表面处液晶的初始取向一致，偏振光将基于垂直诱导转向效应，穿过扭曲向列相液晶偏光调制器，完成从 90°到 0°的偏振态旋转，再经偏振片进一步固定偏振态，由后续的偏振液晶微透镜进行聚焦。由于采用无偏光照射目标，以及用偏振敏感电控液晶微透镜会聚光强大致一致的偏振入射光，因此，图 11-6(c)和(d)所示的为几乎相同的偏振光场成像效能。对于常规偏振敏感电控液晶微透镜阵列光场成像系统而言，扭曲向列相液晶微透镜偏振光场成像系统，可以快速获取基于两个相互正交的偏振光所携带的目标光场信息，且没有杂散光，因而呈现极高的信噪比。

可以预见，在去除与光场成像系统匹配的偏振结构这一条件下，调节加载在扭曲向列相液晶微透镜中的扭曲向列相液晶偏光调制器上的电控信号，有如下列典型操作：① 不加载或所加载的信号均方根电压小于其阈值；② 调变高于阈值的加载信号均方根电压；③ 加载较高幅度的信号均方根电压，可实现无偏成像(对应典型操作①)、部分偏振成像(对应典型操作②)及偏振成像(对应典型操作③)。

为了评估偏振条件下的目标深度分布，分别采集目标的正交偏振光场图像，并进一步将其合成为偏振不敏感光场图像及数字重聚焦图像，如图 11-7 所示，采用偏振光照射目标来提高目标反射光束的偏振程度，调节光束起偏器，使其与扭曲向列相液晶微透镜的透光轴呈 70°夹角。当在扭曲向列相液晶微透镜的底层液晶结构上加载均方根值为 3.5 V 的信号均方根电压时，液晶层工作在聚光微透镜态。调节加载在扭曲向列相液晶微透镜的顶层扭曲向列相液晶偏光调制器上的信号均方根电压，分别获取水平取向和垂直取向偏振光场图像，如图 11-7(a)和(b)所示，从物体表面反射的偏振光的 x 分量小于 y 分量，水平偏振光的强度分布弱于垂直偏振光的相应情形。图 11-7(c)所示的为具有总光强的偏振不敏感光场图像。

在进行深度估计前，应对成像探测系统的关键参数进行标定甚至校正。液晶微透镜与成像传感器间的距离 B 设置为 1.3 mm。两个相邻液晶微透镜间的基线距离由微圆孔阵电极的结构参数决定，如设定为 160 μm。标定后的成像物镜焦距 f_L 为 39.8 mm，成像物镜与扭曲向列相液晶微透镜外侧端面间的距离 b_{L0} 为 38.5 mm。根

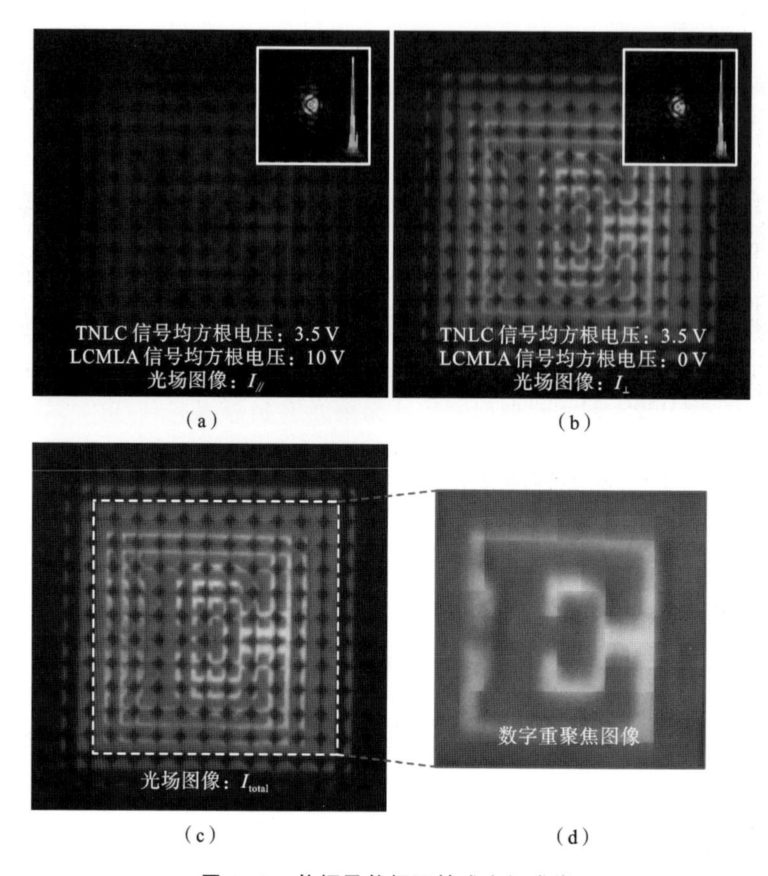

图 11-7　偏振及偏振不敏感光场成像

(a) 水平偏振光场图像；(b) 垂直偏振光场图像；(c) 偏振不敏感光场图像；(d) 数字重聚焦图像

据前述的图像匹配算法和解析关系可计算出目标物体的位置深度。图 11-7(d)所示的为数字重聚焦图像，字母“E”到成像物镜间的距离为 59 cm。

我们分别采用常规的偏振敏感电控液晶微透镜和扭曲向列相液晶微透镜构建光场成像探测系统，并采集同一目标“E”的光场图像，然后用评价函数对两幅图像质量进行对比分析，结果如图 11-8 所示。由于常规的向列相液晶构建的微透镜属于偏振敏感器件，不能被微透镜聚束的入射光将作为杂光被成像探测器接收，这是产生图像模糊现象的一个重要因素，如图 11-8(a)所示。图 11-8(b)所示的为采用扭曲向列相液晶微透镜构建的成像探测系统，采集正交偏振光场图像，并经过合成后构建的偏振不敏感光场图像。由图 11-8 可见，我们自主研发的扭曲向列相液晶微透镜相机可获得更高像质的光场图像。

式(11-15)和式(11-16)，可定量评估图 11-8 所示图像的像质。表 11-1 所示的为不同成像系统获取的光场图像的均方根对比度和方差。一般而言，图像清晰度随均

(a)

(b)

图 11-8　两种不同模式下液晶微透镜获取字母“E”的光场图像

(a) 常规偏振敏感电控液晶微透镜;(b) 扭曲向列相液晶微透镜

方根对比度和方差的增大而提高。由表 11-1 可知,图 11-8(b)所示的有更大的均方根对比度和方差。扭曲向列相液晶微透镜的光场成像探测系统可以更为有效地消除杂散光,且微透镜可输出更为锐利的点扩展函数分布,因而有更高的像质。为了定量对比两幅图像的像质提高情况,定义像质提高比为两幅图像的均方根对比度和均方根方差的比值。三维偏振光场成像探测系统获得的偏振不敏感图像与常规的成像系统相比,其均方对比度提升了约 165.22%,均方根方差提升了约 377.62%。

表 11-1　对图 11-8 所示的图像进行像质评价

指标	成像方法		
	常规的偏振敏感电控液晶微透镜	扭曲向列相液晶微透镜	inc. /(%)
均方根对比度	0.2346	0.6222	165.22
均方根方差	309.502	1478.25	377.62

注:inc. = increase。

自主构建的偏振光场成像探测系统的另一个显著特征是:去除加载在扭曲向列相液晶微透镜中的液晶聚光器件上的信号均方根电压,可将偏振光场成像模式转换为常规的二维偏振成像模式。此时的扭曲向列相液晶微透镜将转换成仅延迟偏振光波传输的相位板。调节配置在偏振光场成像探测系统前的偏振器的出射光偏振角,使其与扭曲向列相液晶微透镜的透光轴间的夹角保持为 60°,就可获取具有明显差异的偏振态相互垂直的两组偏振平面图像,并构建与 60°偏振光所对应的偏振平面图像。图 11-9 所示的为调节加载在扭曲向列相液晶微透镜中的扭曲向列相液晶偏光调制器的信号均方根电压,获取的二维偏振态相互垂直的平面偏振图像。图 11-9

(a)所示的为目标反射光在 x 轴方向上的偏振分量的二维图像，此时在扭曲向列相液晶偏光调制器上所加载的信号均方根电压为 10 V。由该图可见，在入射光强较低且构成扭曲向列相液晶偏光调制器的液晶层较厚情形下，x 轴方向或平行于纸面偏振的入射光，可用于进行常规的平面偏振成像。y 轴方向或垂直于纸面偏振的入射光，则将被布设在扭曲向列相液晶微透镜中的偏振片滤除。去除加载在扭曲向列相液晶微透镜中的扭曲向列相液晶偏光调制器上的信号均方根电压，获得的基于 y 轴方向上的偏振分量的常规平面偏振图像如图 11-9(b)所示，y 轴方向或垂直于纸面偏振的入射光，将被液晶分子渐进扭曲至 x 轴方向或平行于纸面，成为亮度较低的常规平面偏振图像。图像信息融合处理所获得的二维偏振图像如图 11-9(c)所示。

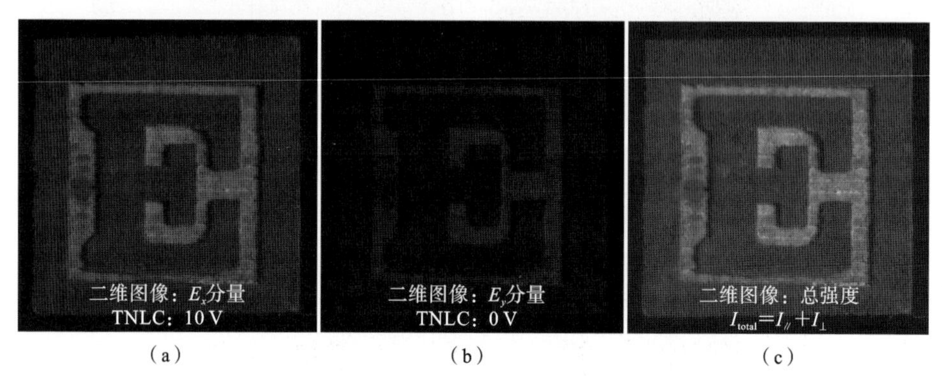

图 11-9　目标的正交偏振平面图像与偏振不敏感合成图像

图 11-10 所示的为利用上述成像探测系统获取的自然环境下的目标场景正交偏振光场图像。该系统能够有效进行成像探测，这也反映出该系统具有可显著增强成像对比度这一能力。在实验测试中，日落时刻布设在华中科技大学逸夫科技楼北楼屋顶处的两个模型玩具(消防车模型和树干模型)，将作为成像探测目标。图 11-10(a)所示的为消防车模型和树干模型的典型结构，其偏振光场图像如图 11-10(b)和(c)所示。该成像探测系统可以显著抑制目标表面的照射光束耀斑，并有效突出目标的表面纹理细节等细微特征。图 11-10(b)所示的白色实线框内的树干模型上的耀斑，相对于图 11-10(c)所示的情形已有所减弱。这一效果可归结为从树干模型表面产生的类镜面反射光在两个相互正交的偏振方向上的光强分量不同所致。在不同偏振态下，白色虚线框中的消防车模型偏振光场图像的局部放大图像已呈现明显变化。如图 11-10(b)所示，x 轴方向或平行于纸面的水平偏振光场图像，已明显显示出消防车模型表面的特征纹理信息。如图 11-10(c)所示，y 轴方向或垂直于纸面的偏振光场图像中的消防车模型的表面特征细节则几乎被完全隐藏。考虑到所采用的偏振成像探测系统尚处于原型发展阶段，各分离组件被硬性组合，在采集实际场景图像时会由于外部光强过大，部分杂光通过缝隙进入相机时被探测器接收，从而造成

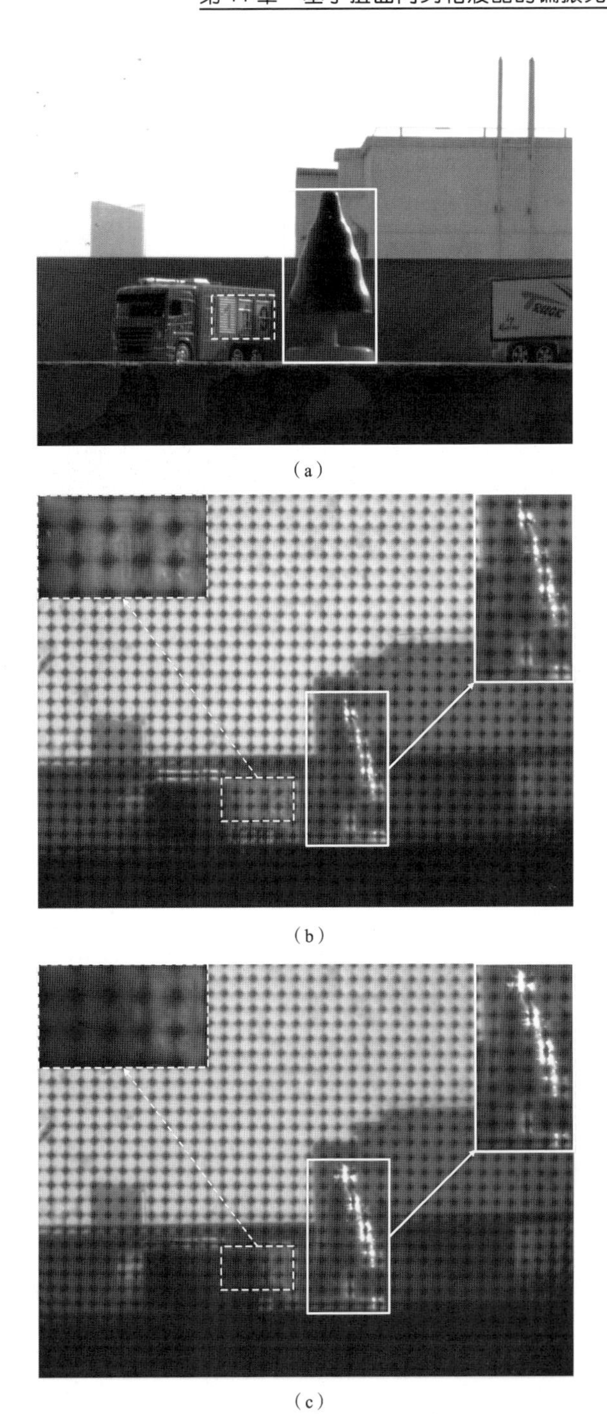

(a)

(b)

(c)

图 11-10　室外受阳光照射的目标的光场成像

(a) 常规的平面图像；(b) 水平偏振光场图像；(c) 垂直偏振光场图像

较强杂光干扰而降低像质这一问题。可预见通过标准化的工艺制作,会有效解决该问题。

为了深入讨论三维偏振成像所显示的消除强反射光这一效应,调节加载在扭曲向列相液晶微透镜上的信号均方根电压,对强反射目标获取的平面图像和偏振光场图像如图 11-11 所示。将局部光学平台作为成像目标,在平台表面用铅笔书写“华中科技大学”的英文简称“HUST”,分别获取“HUST”字符的平面图像和偏振光场图像,观察光学平台表面纹理及其上的字母情况。典型工序:① 关闭底层起聚光作用的液晶微透镜,让成像探测系统工作在平面或偏振成像模式下;② 调节加载在扭曲

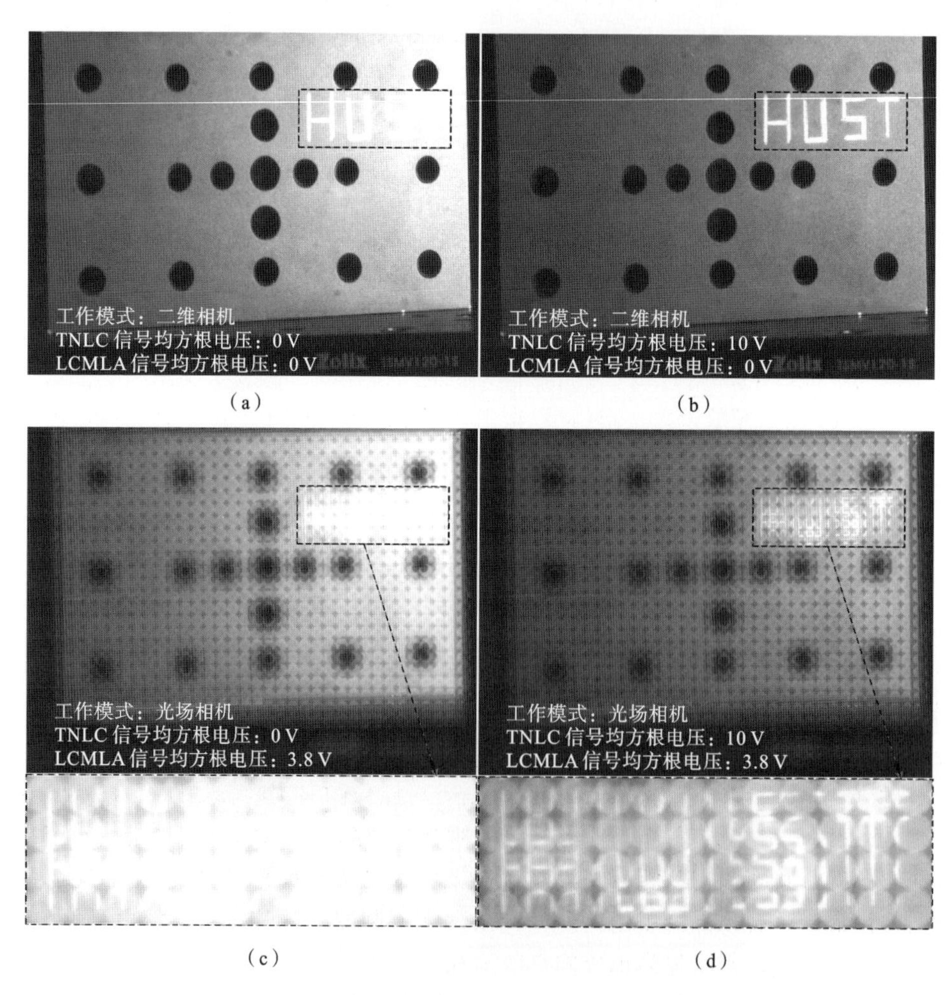

图 11-11 偏振光场成像系统消除成像目标的强反射

(a) 具有强反射的水平偏振二维成像;(b) 消除强反射的垂直偏振平面图像;
(b) 强反射情形下的水平偏振光场图像;(d) 消除强反射的垂直偏振光场图像

向列相电控液晶微透镜顶部的扭曲向列相液晶偏光调制器上的信号均方根电压，观察光学平台和“HUST”字符的偏振图像情况。

由图 11-11(a)可见，当加载在扭曲向列相电控液晶微透镜顶部的扭曲向列相液晶偏光调制器和底部的功能液晶膜上的信号均方根电压均为 0 V 时，成像系统可以有效获取目标的水平偏振平面图像。由于局部书写有“HUST”字符的光学平台呈现较强光反射，图像中的右上方区域图像出现光电响应饱和现象，使目标细节丢失。为消除上述较强光反射，逐步提高加载在顶部扭曲向列相液晶偏光调制器上的信号均方根电压至 10 V，可观察到大部分较强反射光被滤除，能够清晰观察到字符“HUST”，成像情形如图 11-11(b)所示。获取的垂直偏振平面图像，可显著将字符“HUST”凸显出来。换言之，我们自主构建的偏振光场成像系统，针对若干场景下的特殊目标，可有效执行显著抑制目标表面较强反射的功能，能提高目标成像对比度和信噪比/信杂比。

图 11-11(c)和(d)所示的为我们自主构建的偏振光场成像系统，获取的偏振光场成像模式下的两个正交偏振的光场图像。在成像过程中，加载在扭曲向列相电控液晶微透镜底部液晶聚光微透镜阵列上的信号均方根电压为 3.8 V。如图 11-11(c)所示，局域光学平台有较强光反射，造成书写字符“HUST”区域产生光电响应饱和而丢失字符信息，也同样无法获取成像目标的深度信息。由黑色虚线框中的局部放大图可见，在光电响应饱和情形下，各液晶聚光微透镜已不能显示所需要的图像信息。针对上述现象，根据光的偏振反射特性，提高加载在扭曲向列相电控液晶微透镜顶部的扭曲向列相液晶偏光调制器上的信号均方根电压至 10 V，抑制甚至消除强反射，可有效获取所需要的目标图像信息，如图 11-11(d)所示。该子图像显示了有效消除光反射所得到的光场图像及“HUST”字符放大图像的特征(黑色虚线框指示部分)。

综上所述，我们自主构建的偏振光场成像系统具有下述典型特征：增大图像对比度，减弱甚至去除眩光或强反射影响，提高细节辨别能力和像质，常规的平面成像与光场偏振成像兼容。总之，此系统可显著增强成像探测和识别效能。

通常情况下，在大气或生物组织等强散射环境中，从物体表面出射的目标光波，会被稠密或稀疏分布的微米数量级粒子散射，从而会降低成像探测系统接收的目标光波的光能量。其导致的典型成像效果为：目标图像的对比度、清晰度和空间分辨率降低；出现图像模糊甚至畸变，产生虚假图像信号；辐射分辨率降低；显著减小可视距离或范围等。将扭曲向列相电控液晶微透镜与手机镜头耦合，然后调节加载在扭曲向列相液晶微透镜顶部的扭曲向列相液晶偏光调制器上的信号均方根电压，以获取目标的正交偏振图像来提高像质的有效途径和方法。

图 11-12 所示的为在薄雾环境中的目标场景的正交偏振图像及去雾后的成像效果，图 11-12 显示了所构建的偏振光场成像法在去雾和增强成像效能方面的有效性。图 11-12(a)和(b)所示的分别为针对同一场景所获取的水平偏振模式和垂直偏振模

式下的平面偏振图像,加载在扭曲向列相电控液晶微透镜顶部的扭曲向列相液晶偏光调制器上的信号均方根电压分别为 0 V 和 10 V,加载在扭曲向列相电控液晶微透镜底部的功能液晶膜上的信号均方根电压为 0 V。由此可见,所获取的两幅正交偏振图像近似隐藏在一层薄雾中。随着成像距离的增加,成像清晰度渐次降低,远处高

图 11-12 偏振差分去雾法成像比较

(a) 水平偏振图像;(b) 垂直偏振图像;(c) 去雾效果;(d) 华中科技大学喻家山偏振去雾图像

楼的成像清晰度远低于近处目标的清晰度。两幅入射光波偏振态相互正交的平面偏振图像，显示出大致相同的亮度。图 11-12(c)所示的为与上述正交偏振图像对应的总光强图像(左侧图)，以及去雾后的图像(右侧图)。由此可见，去雾效果明显，远、近距离处的目标图像清晰度均获得显著提高，远处成像背景光场的发光情况已出现明显差异。图 11-12(d)所示的为基于所构建的偏振光场成像系统，在雾天对华中科技大学朝向喻家山一侧的校园及喻家山背景，进行成像探测的去雾前后的成像效果对比，同样显示了去雾后成像的有效性。

综上所述，我们自主创新的偏振光场成像系统的去雾算法，可以通过对液晶电控光系统进行简便的加电和断电操作，来显著提升散射环境中目标成像的探测效能，并提高成像清晰度和对比度。一般而言，不同的成像区域和场景，如环境大气中的散射颗粒尺寸和分布浓度，显微情形下的生物组织、细胞或大分子结构等，会使图像产生较大的差异，进一步考虑人工作用、突变的或恶劣的气候条件，光散射特征和光传播方式等的作用，对成像的光偏振行为或属性的影响将更为明显。可预见的是，在某些场景中单一采用偏振差分去雾算法，将无法满足使目标清晰化的需求，而将偏振差分去雾算法与多种图像算法融合则可提升散射环境中的成像探测效能。

式(11-15)和式(11-16)，可以定量评估图 11-12 所示的雾天目标图像与去雾图像的像质变化情况。表 11-2 所示的为雾天总光强图像与去雾图像的均方根对比度和均方根方差。表 11-2 中数据显示，图像清晰度随均方根对比度和均方根方差的增加而提高。图 11-12(c)和(d)所示的去雾图像具有更高的均方根对比度和均方根方差，采用基于扭曲向列相液晶微透镜的偏振成像系统并结合偏振差分去雾算法，可有效提升像质。根据图像均方根对比度和均方根方差提升比例，可以得到去雾图像相对雾天图像的像质提升程度。由表 11-2 可知，图 11-12(c)所示的去雾图像的均方根对比度提升了 378.5%，均方根方差提升了 179.3%。图 11-12(d)所示的去雾图像的均方根对比度提升了 184.6%，均方根方差提升了 155.2%。

表 11-2　图 11-12 所示的总光强图像与去雾图像的像质评价

图像	指标	Haze	Dehaze	inc./(%)
图 11-12(c)	均方根对比度	1.4	5.3	378.5
	均方根方差	3652.2	6549.8	179.3
图 11-12(d)	均方根对比度	2.6	4.8	184.6
	均方根方差	6024.7	9353.4	155.2

注：inc. = increase。

本章采用我们自主研发的扭曲向列相液晶微透镜构建的偏振光场成像系统，该系统可对正交偏振图像进行偏振差分处理，从而增强成像探测效能。该方法在成像探测系统构建、成像模式选择与调变、光学与图像信息协同处理与快速响应等方面，均优于传统成像方法。典型特征可总结为:基于扭曲向列相液晶微透镜的偏振成像探测系统原型可以快速扫描成像光波偏振态,电调快速获取特征光偏振态下的偏振图像或非偏振图像。

11.5 小结

本章利用扭曲向列相液晶的旋光性,提出了一种偏振、光场和平面成像可电控切换的偏振光场成像方案。我们自主研发了一种扭曲向列相液晶微透镜,以此为基础构建了一套偏振光场成像探测系统。调节加载在扭曲向列相液晶微透镜上的信号均方根电压,不仅可以获取目标的正交偏振光场图像与常规的平面图像,还可以实现对目标出射光波偏振态进行扫描检索。该方法较基于常规的电控液晶微透镜的光场成像探测手段,可以显著消除杂散光影响并提高像质,从而获取成像目标的偏振及偏振不敏感信息。

第12章　石墨烯基电控液晶微透镜与偏振光场成像

12.1　引　　言

对液晶基光场成像系统的功能液晶控光电极进行时序加载或去除电控信号，可获取场景目标的出射光束的空间位置和方向信息，它可与常规的平面成像模式兼容，并电控切换至光场成像探测模式。与光敏阵列耦合甚至集成的电控液晶微透镜阵列具有电调焦和电摆焦属性，因而可实现目标与背景的快速控光扫描、选取、凝视、调换及成像景深的扩展或缩窄等。基于电控液晶微透镜阵列构建的小型控光成像探测系统，是一种微纳光学光电系统，它可为研发低成本，可电选电调成像模式和成像功能，景深宽大，功能多样的控光成像探测系统提供技术支撑。常规的电控液晶微透镜阵列主要采用摩擦 PI 膜来形成特定取向的微纳数量级定向沟槽，沟槽用于对液晶分子指向矢进行初始取向锚定。摩擦涂刷工艺会使微纳数量级定向沟槽产生程度不同的损伤及缺陷，从而在成像探测中形成衍射扰动杂光，而且光束界面反射和串扰会使液晶控光效能降低与谱域受限制。基础研究显示，石墨烯是一种理想的二维晶体材料，其范德华力可对极性液晶分子施加控制，从而为锚定液晶分子提供一种平面约束方式。一般而言，单晶石墨烯(single crystal graphene，SCG)具有结构分布均匀、孔状六边形排布一致、导电性能较佳、机械强度大、热传导性好、易与多种功能结构和极性材料耦合等特点。单晶石墨烯的表面范德华力，对与其接触的极性向列相液晶分子进行大面积的有序取向排布提供了基础物理手段。

本章将开展单晶石墨烯对向列相液晶分子实施锚定的基本方法和关键技术的研究，研发石墨烯电控液晶微透镜阵列技术，以及石墨烯基电控液晶微透镜控光的宽光谱(可见光＋红外)光场成像技术。这里主要采用石墨烯外延生长法来制备大面积单晶石墨烯，并建立其功能性微纳光学架构。利用单晶石墨烯对与其直接接触的液晶分子的诱导定向效应，实现液晶分子大面积有序初始取向锚定，并进一步研发单晶石墨烯电控液晶微透镜阵列技术。将石墨烯基电控液晶微透镜阵列与可见光及红外成像探测阵列耦合，可构建适用于宽谱域光场成像探测系统，为发展覆盖可见光和红外这样的宽谱域光场成像方法奠定基础。利用单晶石墨烯对平面液晶分子的锚定作用，可降低液晶控光器件的工艺复杂性，进一步增强控光效能，为探索多功能光场成像提供核心支撑。

12.2 单晶石墨烯制备与表征

石墨烯作为一种由单层碳原子基于六边孔形蜂巢状有序排列而成的二维晶体，其厚度理论上约为0.34 nm，在可见光和红外谱域的光透过率在97%以上，具有超高的载流子迁移率、电导率、热导率和机械强度，以及极好的延展性和柔韧性，易与多种功能结构和极性材料耦合，并以褶皱或微振动/波动方式维持自身的物态稳定性。2004年，英国曼彻斯特大学的科研人员采用机械剥离法首次分离出了单层石墨烯，从而进一步完善和丰富了碳族体系。图12-1所示的为石墨烯结构及低能电子衍射图像。石墨烯的碳原子以共价键方式耦合成正六边形连续排布形态，每个碳原子与周边三个碳原子耦合，形成的环形碳碳共价键的键角为120°，键长为0.142 nm，包括用于维持六边形结构稳定的三个σ键，以及起到超强导电、导热作用的π键。石墨烯的基础六边形单元结构面积约为0.052 nm^2，分布在这样小的单元结构面上的六个碳原子，基于σ键和π键产生能带显著交叠，使石墨烯显示出半金属属性，其具备充足数量的导带电子和价带空穴。

图12-1　石墨烯结构及低能电子衍射图像

基础研究表明，常规条件下石墨烯具有良好的导电性和导热性，这主要源于π键电子在石墨烯晶面上的共有化运动，这种在理想石墨烯晶面上的电子迁移极少会诱发电子迁移散射，从而具有高达$1.5\times10^4\ cm^2\cdot V^{-1}\cdot s^{-1}$的载流子(电子、空穴)迁移率。高载流子迁移率为石墨烯在光敏、热敏、高速响应与计算、宽光谱控光、信号能量与动量的快速迁移转换等应用，提供了技术基础。石墨烯具有宽谱域高透过性，可见光谱段的透过率可达97.7%，其极低的吸收率与光波长几乎无关，对中红外波段的吸收率低至1.5%，对远红外和太赫兹谱段的透过率为60%以上，在射频雷达波频段的电磁波束通常也有超过50%的透过率。近些年来，它成为可用于宽谱域高速成像探测的潜在材料和功能结构的一个研究热点，石墨烯高速高灵敏成像探测器材，已在紫外、可见光、红外、THz和毫米波成像探测领域展示了良好的发展前景。迄今为止，已有多种石墨烯制备方法和工艺，但制备大面积石墨烯的方法仍在研发中。目前石墨烯制备方法可分为机械剥离法、氧化还原法、化学气相沉积法等三类，其典型特征如表12-1所示。

表12-1　石墨烯主要制备方法的典型特征

名称	实施方案	优点	缺点
机械剥离法	胶带粘贴石墨烯表面，再将石墨烯剥离，反复对折石墨烯胶带可获得单层石墨烯结构	工艺简单，结构缺陷少	不适合大尺寸和工业化生产加工
氧化还原法	将石墨氧化膨胀，再增加石墨层间距，降低层间作用力获得石墨烯	大规模生产	质量差，生产过程会带来污染物
化学气相沉积法	高温分离碳源气体中的碳原子并沉积在预设期上，通过核生长获得石墨烯	适合大面积生产，质量好	对加工环境和设备要求高

目前，化学气相沉积法是制备结构尺寸大、质量好的石墨烯的主要方法。化学气相沉积法生长单晶石墨烯主要有两种方法：单核生长法、外延生长法。一般而言，外延生长法制备石墨烯具有较快的生长速率，可制备较大尺寸样片，但对基片材料的依赖性强，材料选择范围有限，多见于在Ge(110)或Cu(111)等晶面上的生长处理。为便于采用光学显微技术观察石墨烯结构，常在石墨烯表面涂覆液晶来凸显和评估石墨烯表面缺陷及局域电畴或磁畴情况。通常情况下，液晶分子具有极性，液晶分子在石墨烯表面不同区域的排布，基于石墨烯晶面的范德瓦耳斯力、结构缺陷和波动行为而显示差异。液晶分子的结构及其电磁响应的各向异性，会造成通过不同结构微畴的光波产生相位延迟及明显的干涉，或产生不同的衍射光场分布。因此，观察分布在石墨烯表面的液晶分子光场相位延迟角，既可发现石墨烯表面的缺陷和微畴分布，也能直观显示石墨烯表面的范德瓦耳斯力场效应。目前已可以明确的事实是：石墨烯与极性液晶分子间存在较强范德瓦耳斯力作用，这既可以说明石墨烯的微电畴、微磁畴、结构缺陷或碳结构振动情况，也可以用于极性液晶分子在石墨烯表面的有序定向排布。

迄今为止，研发的液晶控光系统，常将液晶夹持在两片电极间。在电极间激励可调变的具有特定幅度和取向的空间电场，就可使液晶分子趋向沿空间电场方向排布，形成具有特定折射率的液晶指向矢分布形态。与电控电极直接接触的液晶分子，被在电极表面预先制作的定向沟槽锚定，并在加电过程中始终保持初始锚定态不变。相对远离电控电极的液晶分子，仅依据层化液晶分子间的弱相互作用使其指向矢被弱定向。

用绒布对PI膜进行摩擦，形成定向沟槽，所锚定的向列相液晶分子指向矢取向如图 12-2 所示。如图 12-2(a)所示，对 PI 膜表面进行机械摩擦以形成微沟槽，微沟槽可使液晶分子在特定预倾角产生大体平行于沟槽的取向排布，其锚定能最大可达 10^{-3} J/m^2。图 12-2(b)所示的为液晶分子指向矢垂直锚定示意图。垂直取向的锚定能是由表面活性剂(如卵磷脂和硅烷)获得的。表面活性剂的极性端附着在基片上，其末端沿基片表面法线垂直向外排布。表面活性剂和液晶分子间的相互作用使液晶指向矢形成垂直取向的初始锚定。

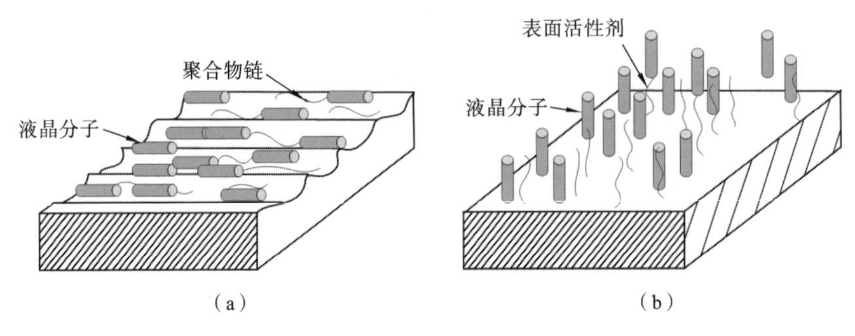

图 12-2　液晶分子摩擦取向与垂直取向示意图

(a) 摩擦取向；(b) 垂直取向

研究显示，石墨烯对液晶分子有类似摩擦 PI 膜形成的微沟槽使液晶分子呈现特定取向的锚定作用，但其锚定能略小于微沟槽具有的锚定能；将附着液晶的石墨烯在丙酮中浸泡，可消除石墨烯对液晶分子的定向约束。上述功能对基于单晶石墨烯锚定液晶分子，实现特定初始取向排布，以及去除摩擦 PI 膜形成的微沟槽来影响控光效能并简化工艺流程具有重要意义。考虑到在可见光、THz 至雷达波这一宽广谱域内，石墨烯已呈现出高透过率、高导电性和导热性等特点，它作为一种可转移到任意基片上的超薄柔性材料，在微纳控光领域具有广阔发展前景。相对于晶向均匀整齐单一的单晶石墨烯，由于多晶石墨烯的多样化微畴、畴界面、畴间和晶面间缺陷等对电子运动存在复杂影响，其较少用于对液晶分子进行初始取向约束。大面积单晶石墨烯的典型制备和特性如下所述。

12.2.1　单晶 Cu(111)晶膜制备

采用 500 μm 厚、表面粗糙度＜0.2 nm 的 C 平面蓝宝石(sapphire)单晶作为外延生长基片。利用物理气相沉积设备(sputter film，SF2，USA)通过磁控溅射方式将 500 nm 厚的 Cu 膜沉积在蓝宝石表面。常规条件：溅射功率为 500 W，真空压力为 4×10^{-4} torr(1 torr＝133.32 Pa)，蒸镀时间为 30 min，采用管式炉(thermal scientific，lindeberg)将 Cu/Sapphire 在大气压下使用氩气(500 sccm)和氢气(10 sccm)，在 1000 ℃下退火，得到单晶 Cu(111)膜。

12.2.2 单晶石墨烯制备

在标准大气压下，将Cu(111)膜在氩气(500 sccm)和氢气(10 sccm)环境下加热至1000 ℃。然后将CH_4(10 sccm，0.1%，用氩气稀释)注入工作腔以辅助石墨烯生长。石墨烯在Cu(111)膜上的不同区域生长，约2 h后整个Cu(111)膜表面覆盖单晶石墨烯。关闭CH_4气体注入，结束上述过程，然后将样品自然冷却至室温。典型制备过程如图12-3所示。

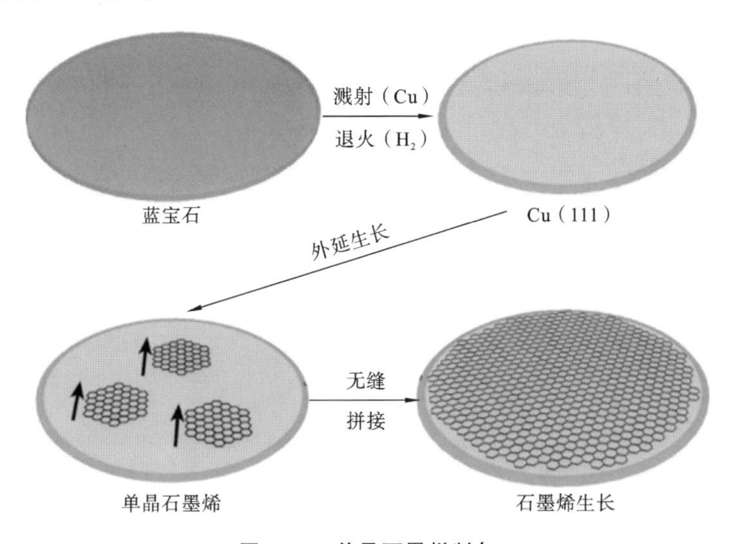

图12-3 单晶石墨烯制备

12.2.3 单晶石墨烯表征

对单晶石墨烯二维晶体，用特定分析技术对其进行表征操作，其中采用日立扫描电子显微镜(SEM，S4800)观察其表面形貌，采用透射电子显微镜(TEM)、电子背散射衍射(EBSD)技术和拉曼光谱仪(Horiba，HR800)进行电磁行为和特性测量。

图12-4所示的为单晶石墨烯的典型性能。如图12-4(a)所示，在蓝宝石表面生长的铜薄膜均匀致密，形成镜面。利用电子背散射衍射技术，对铜薄膜进行晶向观测如图12-4(b)所示。由此可见，均匀的图像表明Cu具有良好的(111)取向，图像显示了三个均匀分布的点，表明其具有孪晶高结晶度。图12-4(c)所示的为采用扫描电子显微镜观察到的Cu(111)上未生长完成的六边形石墨烯。继续增加生长时间，单晶石墨烯完全覆盖Cu(111)基片，没有任何重叠区域，如图12-4(d)所示。单晶石墨烯生长完成后，分别采用衍射、成像和光谱方法，评估单晶石墨烯的制备质量和结晶度。Cu(111)基片上生长的石墨烯的低能电子衍射(LEED)如图12-4(e)所示，6个均匀分布的亮点表明在检测区域内，石墨烯具有高结晶度和单一取向。将石墨烯转移到

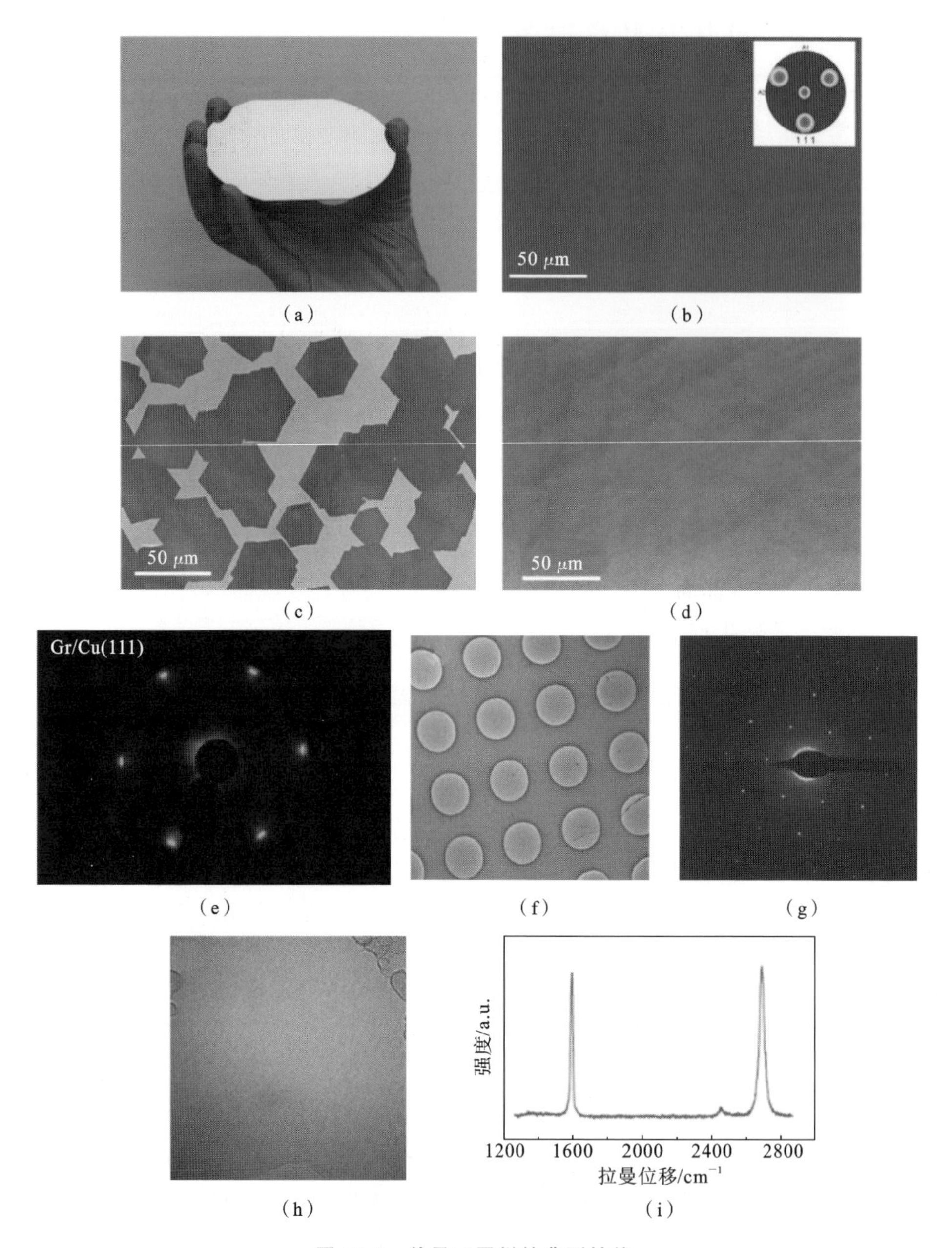

图 12-4 单晶石墨烯的典型性能

(a) 铜薄膜;(b) 典型晶向特征;(c) 未完成生长的石墨烯片段;(d) 完成生长的单晶石墨烯;(e) 石墨烯的低能电子衍射图;(f) 石墨烯的 TEM 明场图像;(g) 六边形石墨烯晶格;(h) 石墨烯样片;(i) 石墨烯样片的拉曼光谱

金网上用于透射电子显微镜测试，基于金网的石墨烯的 TEM 明场图像高度均匀，如图 12-4(f)所示。图 12-4(g)所示的为石墨烯的电子衍射(SAED)图像，所显示出的锐利的衍射图像表明石墨烯呈高质量的单层膜形态。图 12-4(g)所示的六角形石墨烯晶格清晰可见，未出现任何结构缺陷。将石墨烯转移到 SiO_2/Si 基片上，如图 12-4(h)所示，SiO_2 基片厚度为 300 nm，并对其进行拉曼光谱测试，激光光源波长为 514.5 nm，光斑尺寸约为 1 μm，评估所制石墨烯的质量和层数如图 12-4(i)所示，未检测到任何缺陷。

12.3 液晶石墨烯定向

相较于摩擦处理 PI 膜的液晶定向工艺，单晶石墨烯对液晶分子的定向取向可认为是一种较强锚定，其锚定能可达 2.1×10^{-4} J/m^2。基础理论和实验显示，液晶分子在石墨烯表面所产生的取向作用，可归结为石墨烯与极性液晶分子间的范德华力及瞬态 ππ 键上的电子堆积，典型情形如图 12-5 所示。图 12-5(b)所示的为石墨烯的三个晶向方向，这三个晶向方向常称为易轴(zigzag lattice direction)，目前一般认为液晶分子在大面积石墨烯表面沿三个易轴排列或取向的概率相同。如何在单晶石墨烯表面获得均匀一致的液晶分子取向排布，是基于石墨烯构建电控液晶微透镜的一项重要研究内容。基础研究表明，实现液晶分子在石墨烯表面的有序排布，与液晶分子和石墨烯表面的首次接触存在重要关联。本章给出一种诱导定向方式，可有效实现对液晶分子在石墨烯表面的受控定向排布。

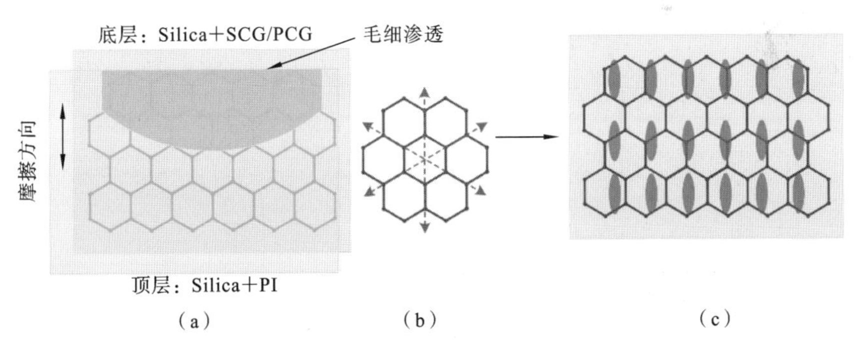

图 12-5 基于单晶石墨烯的液晶分子诱导定向

(a) 执行诱导定向的原理示意图；(b) 三个易轴；(c) 去除诱导层

图 12-5(a)所示的为诱导定向原理示意图。首先对涂覆有 PI 膜的玻璃基片进行摩擦处理，摩擦方向为沿玻璃基片的短边方向；然后将经过摩擦处理的诱导层覆盖在涂覆有单晶石墨烯的玻璃基片上，耦合成液晶盒；由于石墨烯对液晶分子的定向易受杂质干扰，在上述过程中须保证石墨烯表面始终处在清洁无污染状态；进一步将液晶分子滴注在液晶盒的边缘开孔处，利用毛细效应充分填充在液晶盒微腔内；最后去除

诱导层(见图 12-5(c))。在上述工艺过程中,采用湿法转移方式将单晶石墨烯转移到玻璃基片上,石墨烯的一个易轴沿着玻璃基片的短边方向。为了对比分析单晶石墨烯的取向锚定能力,分别采用上述诱导定向法在单晶石墨烯和多晶石墨烯上预涂覆向列相液晶层(Merck 公司的 E44 型液晶:n_o=1.5277 和 n_e=1.7904),然后将上述石墨烯结构浸入丙酮中 2 h,去除石墨烯表面液晶分子。

使用偏振光学显微镜观察液晶分子在石墨烯表面的取向分布。分别将涂覆有液晶层的单晶石墨烯和多晶石墨烯玻璃基片放置在偏光显微镜的载物台上,观察液晶分子的取向分布。图 12-6 所示的为单晶石墨烯和多晶石墨烯表面处的液晶分子偏光显微图像。对多晶石墨烯而言,单晶石墨烯可以有效实施对液晶分子的均匀定向。当起偏器和分析器间的夹角为 45°时,可以观察到,除了缺陷外,单晶石墨烯样品的偏光显微图像在视场范围内显示相同的颜色,如图 12-6(a)所示。当起偏器和分析器间的夹角为 90°时,在偏光显微镜成像视场范围内的图像完全变暗,如图 12-6(b)所示。上述现象表明,单晶石墨烯已对液晶分子实施了均匀定向。

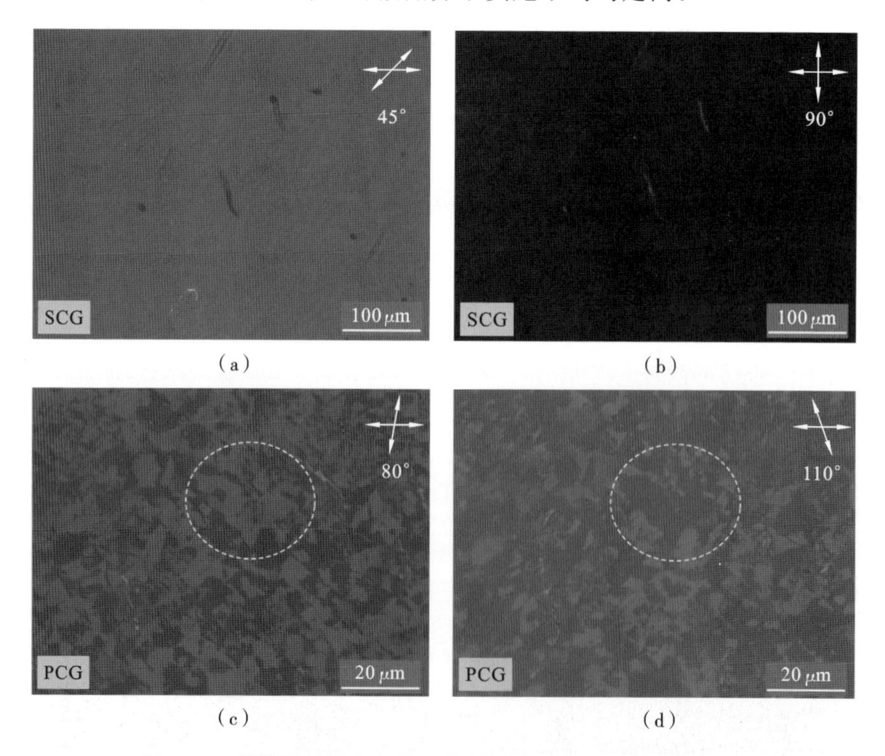

图 12-6 单晶石墨烯和多晶石墨烯的液晶表面锚定光学特征

(a) 45°夹角时的单晶石墨烯偏光显微图像;(b) 90°夹角时的单晶石墨烯偏光显微图像;(c) 80°夹角时的多晶石墨烯偏光显微图像;(d) 110°夹角时的多晶石墨烯偏光显微图像;(e) 45°夹角时的多晶石墨烯偏光显微图像;(f) 90°夹角时的多晶石墨烯偏光显微图像

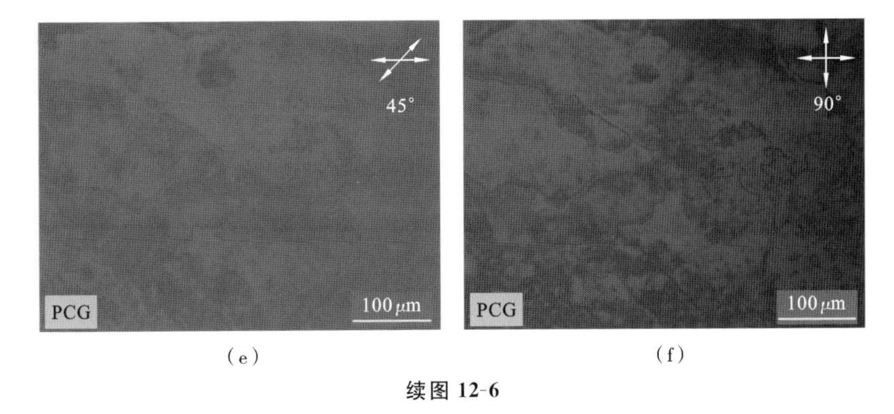

(e) (f)

续图 12-6

图 12-6(c)至(f)所示的为液晶分子在多晶石墨烯表面的分布。由此可见,多晶石墨烯包含多畴结构,覆盖在其表面的液晶分子呈现多取向锚定特征。当起偏器和分析器间的夹角为 80°时,相对多畴的液晶分子的排布取向不同,造成各异的相位延迟角,产生基于畴的颜色变化不同,如图 12-6(c)所示。当起偏器和分析器间的夹角增加到 110°时,相同畴的颜色也会改变,如图 12-6(d)所示。扩大视场范围,观察多晶石墨烯对液晶分子分布取向的影响,如图 12-6(e)和(f)所示,同样可观察到基于畴的颜色变化。

图 12-7 所示的为多晶石墨烯对液晶分子分布取向进行锚定的偏振显微光学图像。以 10°为间隔,逆时针调节偏振器和分析器间的夹角(80°～110°),观察液晶分子在多晶石墨烯表面的取向分布。一般而言,在生长构建多晶石墨烯的过程中,多晶石墨烯各微畴内的晶体取向不一致。采用诱导定向法在多晶石墨烯表面涂覆液晶后,液晶分子会沿着各微畴与诱导方向向最接近的一个易轴进行排布,从而造成石墨烯表面相对不同微畴的液晶分子的排布取向不一致。将采用多晶石墨烯液晶定向的样品置放在偏光显微镜的光学台上进行观察,当缓慢旋转起偏器时会出现相对不同微

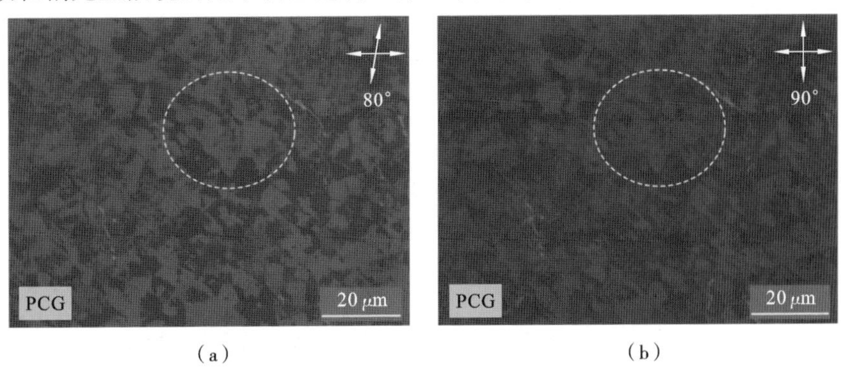

(a) (b)

图 12-7 多晶石墨烯锚定液晶分子的典型光学特征

(a) 80°夹角时的偏光显微图像;(b) 90°夹角时的偏光显微图像;
(c) 100°夹角时的偏光显微图像;(d) 110°夹角时的偏光显微图像

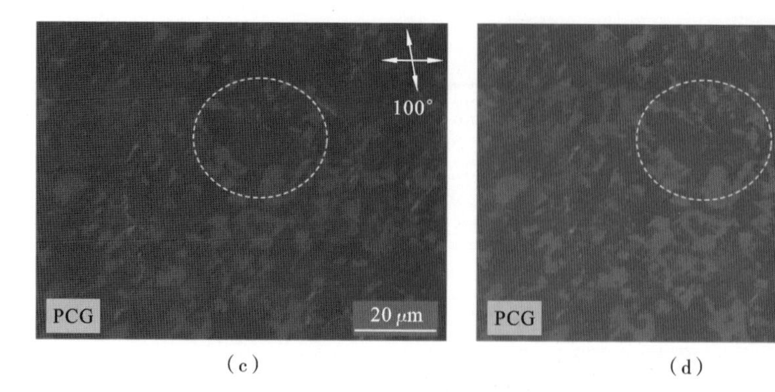

（c） （d）

续图 12-7

畴的液晶分子颜色不一致的现象，相同微畴处的液晶分子在不同偏振光照射下也会产生颜色变化。考虑到多晶石墨烯基于不同微畴会引起液晶分子的各向异性取向排布，我们将仅采用单晶石墨烯制作电控液晶微透镜阵列。

12.4 石墨烯基电控液晶微透镜阵列

石墨烯基电控液晶微透镜阵列的典型结构与实物样片如图 12-8 所示。如图 12-8(a) 所示，该器件由于采用单晶石墨烯对液晶分子进行初始取向锚定，省去了制作 PI 膜及对 PI 膜的摩擦定向工艺。首先，采用 PMMA 湿法转移将单晶石墨烯转移到厚度约为 500 μm 的玻璃基片上，作为液晶微透镜阵列的平面电极和底层锚定结构，单晶石墨烯的一个晶向沿玻璃基片的短边布设。在液晶微腔的顶层玻璃基片上涂覆一层厚度约为 50 nm 的 ITO 导电层，然后采用常规紫外光刻与湿法蚀刻，将孔径为 128 μm、孔中心距为 160 μm 的微圆孔阵图案转移到 ITO 膜上，构建成微圆孔阵电极。再将 ITO 图案电极沿短边在绒布上轻微摩擦，用于诱导单晶石墨烯沿相同方向对液晶分子进行初始取向锚定。再利用毛细作用将液晶注入由 ITO 玻璃基片和单晶石墨烯玻璃基片耦合构成的液晶微腔内，微腔深度约为 20 μm。图 12-8(b)所示的为石墨烯基电控液晶微透镜阵列的实物样片。

图 12-9 所示的为石墨烯基电控液晶微透镜阵列常规光学性能测试平台的配置。测量中所使用的主要测试设备为：光束质量分析仪为 DataRay 公司的 WinCamD，两个放大物镜分别为 NA0.65/40× 和 NA0.65/20×，在扩束镜和石墨烯基电控液晶微透镜阵列间插入一片 Thorlabs 公司的可见光（400～700 nm）偏振片，长春新产业光电技术有限公司的红色激光器（中心波长为 680 nm）及近红外激光器（中心波长为 980 nm）作为测试光源。在测试石墨烯基电控液晶微透镜阵列的近红外点扩散函数分布时去掉扩束器和偏振片。

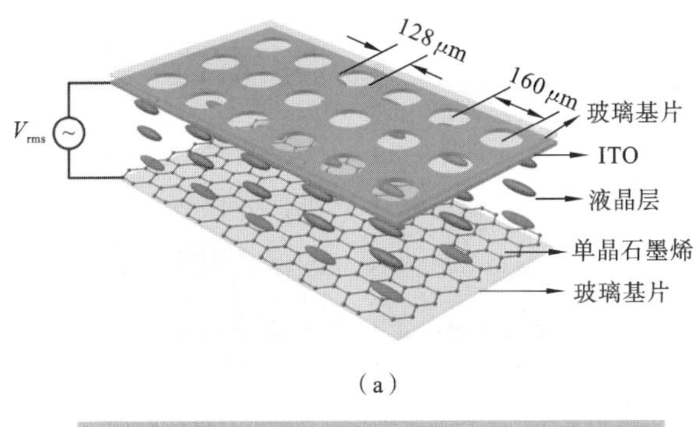

(a)

(b)

图 12-8　石墨烯基电控液晶微透镜阵列的结构与实物样片

(a) 典型结构特征;(b) 实物样片

d
扩束镜
偏振片
焦平面
传感器
光源：680 nm
980 nm
AC
物镜
WinCamD
SCG

石墨烯基电控液晶
微透镜阵列实物样片

数字液晶阵列控制仪

图 12-9　光学测试平台

为了显示自制的石墨烯基电控液晶微透镜阵列,具有从可见光至近红外这一较宽谱域内,均能有效进行电控光束聚焦这一能力,需测试不同波长处的面阵聚焦光斑及单元聚焦光斑,典型测试效果如图 12-10 所示。波长为 680 nm 的激光器作为光

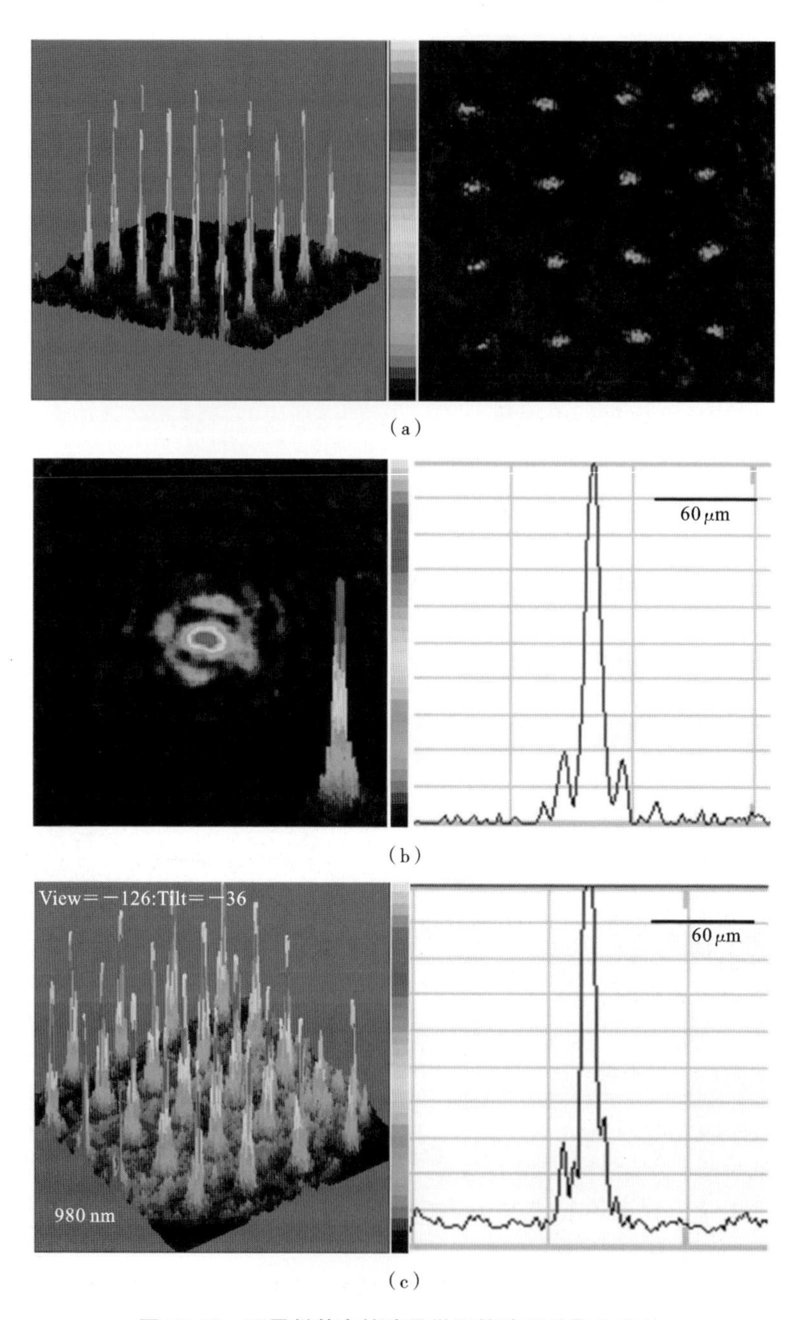

图 12-10 石墨烯基电控液晶微透镜阵列的聚光特性

(a) 点扩散函数分布(680 nm, V_{rms}=17.1 V, f=0.85 mm);

(b) 单元液晶微透镜的点扩散函数分布(680 nm, V_{rms}=13.4 V, f=1 mm);

(c) 近红外点扩散函数分布(980 nm, V_{rms}=25.8 V, f=1.5 mm)

源，使用 20×放大物镜，对石墨烯基电控液晶微透镜阵列在可见光谱段的聚焦性能进行测试。当加载在石墨烯基电控液晶微透镜阵列上的信号均方根电压为17.1 V，物镜距液晶微透镜的距离为 0.35 mm 时，获得的石墨烯基电控液晶微透镜的二维和三维点扩散函数分布如图 12-10(a)所示，成像视场范围内的各液晶微透镜，均对入射光束产生均匀一致的光会聚。图 12-10(b)所示的为单元液晶微透镜在信号均方根电压为 13.4 V，焦距为 1 mm 时的聚焦光斑和点扩散函数分布，点扩散函数的半高宽约为 10 μm。将测试光源更换为中心波长为 980 nm 的近红外激光器，获得石墨烯基电控液晶微透镜阵列在均方根电压为 25.8 V 电控信号作用下较为锐利的点扩散函数分布，如图 12-10(c)所示。实验表明，石墨烯基电控液晶微透镜阵列在可见光和近红外谱域，均可有效进行电控聚光，这显示了石墨烯在构建液晶微透镜方面的宽谱适应性。

图 12-11 所示的为石墨烯基电控液晶微透镜的焦距设置为 1 mm 时，液晶微透镜随加载的信号均方根电压的增大，呈现亚聚焦、聚焦、散焦的控光过程。如图 12-11 所示，随着所加载的信号均方根电压由 4.4 V 升高到 20.4 V，电控液晶微透镜可有效实施入射光的会聚、形成聚焦光斑及散焦等。在信号均方根电压为 13.4 V 时，液晶微透镜有最为锐利的点扩散函数分布。随着加载在液晶微透镜阵列上的信号均方根电压进一步升高或降低，锐利的点扩散函数分布逐渐消失，微透镜的锐利焦斑逐渐变大。

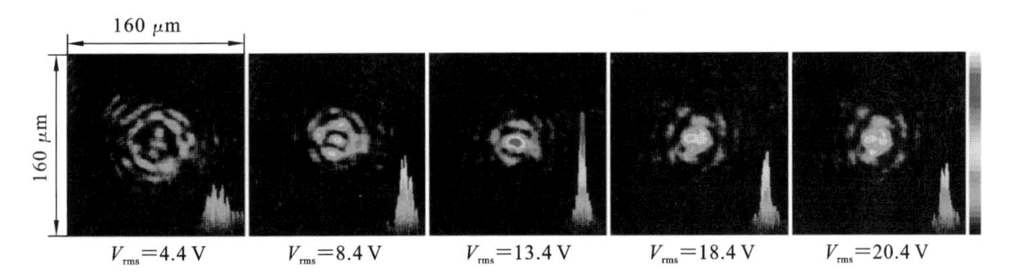

图 12-11　石墨烯基电控液晶微透镜在 1 mm 焦距处的聚光和散焦情形

图 12-12 所示的为石墨烯基电控液晶微透镜阵列的焦距与信号均方根电压间的关系。由此可见，当信号均方根电压为 7 V 时，液晶微透镜的焦距约为 2.5 mm。随着加载的信号均方根电压的增大，液晶微透镜的焦距逐渐减小，在信号均方根电压约为 13.4 V 处的焦距为 1 mm。在信号均方根电压超过 13.4 V 后，随着信号均方根电压的逐渐升高，焦距继续减小并渐趋于平稳。当加载的信号均方根电压为 17 V 时，焦距降至 0.85 mm。此后，随着信号均方根电压的进一步升高，光束的会聚效果逐渐变差，直至丧失聚光能力。

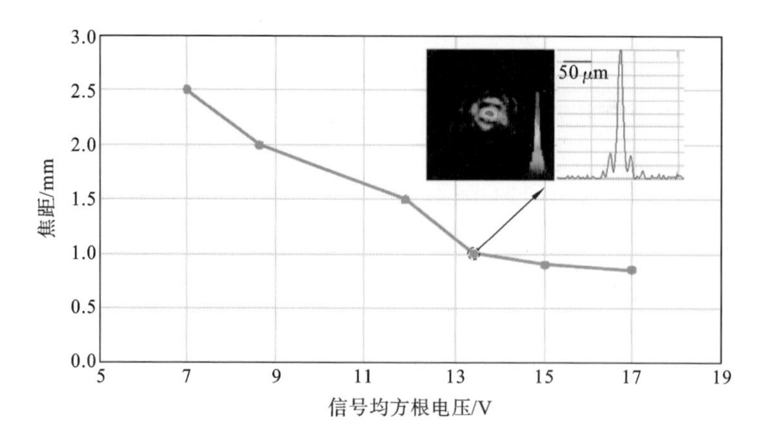

图12-12　石墨烯基电控液晶微透镜阵列的焦距与信号均方根电压间的关系

12.5　偏振光场成像景深特征

光场成像景深是指焦平面光场成像探测系统聚焦在物空间中的某一目标处时，能够获得清晰图像并可在目标前后可移动的最大范围。本节通过模型解析来分析偏振光场成像探测系统工作在不同聚光模式下的景深特征。通常情况下，偏振光场成像探测系统的景深由多个相互关联的因素决定，主要涉及像素尺寸、艾里斑尺寸、最大容许弥散斑、可调控焦距等。这些因素相互影响和制约，对基于高像质成像的景深构建起到决定性作用。

一般而言，焦平面成像探测系统对观察物点形成的像点以聚焦光斑的形式存在，共轭的物平面可在像平面上产生清晰的目标像，共轭物平面前后不同深度处的物点所形成的亚聚焦光斑或弥散斑尺寸，均大于共轭像面上的聚焦光斑。当亚聚焦光斑或弥散斑尺寸小于人眼或光敏探测元的可探测尺寸，即会聚光斑对人眼或探测元通过成像物镜所张开的可分辨视角较小时，实际产生的像仍可认为是清晰的，此时所形成的亚聚焦光斑或弥散斑相对人眼或光敏探测元的作用效果，与焦平面处的像点相同。根据共轭成像原理，成像系统的最大容许弥散斑或亚聚焦光斑的尺寸为

$$\mathrm{COC}=\frac{\sqrt{w^2+h^2}}{1500} \tag{12-1}$$

式中：w 和 h 分别为光敏探测元的宽度和高度。

由式(12-1)可知，成像视场角的大小与成像传感器的尺寸和物镜焦距相关。假设光敏探测元的宽度、高度和对角线长度分别为 w、h 和 d，偏振光场成像探测系统的成像物镜基点到光敏探测元的距离则为 $b_{L0}+B$。因此，偏振光场成像视场角 FOV 为

$$\begin{cases}\mathrm{FOV_H}=2\times\arctan[w/2(b_{L0}+B)]\\ \mathrm{FOV_V}=2\times\arctan[h/2(b_{L0}+B)]\\ \mathrm{FOV_D}=2\times\arctan[d/2(b_{L0}+B)]\end{cases}\tag{12-2}$$

式中：$\mathrm{FOV_H}$、$\mathrm{FOV_V}$和$\mathrm{FOV_D}$分别为水平视场角、垂直视场角和对角线视场角。

一般而言，光学成像系统所能实现的空间分辨率，受衍射光斑或点扩散函数分布的约束。由瑞利判据可知，对于由两个等光强的非相干物点通过光学成像系统所形成的像斑，如果一个像斑中心恰好落在另一个像斑的第一级暗环处，则可认为这两个像斑能被有效识别。光学成像系统的分辨率由传感器光敏像素 Δx 和衍射光斑或所谓的艾里斑 s_λ 共同决定。光学成像系统的极限分辨率为

$$\begin{cases}s_0=\max[\Delta x,s_\lambda]\\ s_\lambda=1.22\lambda f_M/D_M\end{cases}\tag{12-3}$$

式中：λ 为成像光波的波长。

图 12-13 所示的为光场成像系统在两种典型工作模式下的景深配置。若将经过成像物镜所成的一次像（虚像、实像）称为中间像，则中间像和成像光斑间的关系为

$$\begin{cases}\dfrac{C_x-C_y}{C_x}=\dfrac{s}{D_M}\\ \dfrac{C_y-C_z}{C_z}=\dfrac{s}{D_M}\end{cases}\tag{12-4}$$

式中：C_x、C_y、C_z为像点到液晶微透镜的距离；s 为基于清晰成像的最小光斑尺寸。令最佳像面为 C_y，则有 $B=C_y$。若虚物点深度定义为

$$v=B_i/B\tag{12-5}$$

式中：B_i 为成像物镜所成的像点与液晶微透镜间的距离，i 可为 x、y 或 z。根据常规成像关系可得到的清晰成像的最小光斑与虚物点的深度关系为

$$s(v)=\mathrm{abs}\left\{D_M\left[C_y\left(\frac{1}{f_M}-\frac{1}{B_i}\right)-1\right]\right\}=\mathrm{abs}\left[D_M\left(\frac{B}{f_M}-\frac{1}{v}-1\right)\right]\tag{12-6}$$

由式(12-6)可知，成像景深受传感器光敏像素尺寸、光学成像系统的极限空间分辨率和衍射光斑尺寸约束，可表示为

$$s_s=\max[p,s_\lambda,s(v)]\tag{12-7}$$

定义光学成像系统的有效分辨率为 R_e，总分辨率为 R_t，则有

$$\begin{cases}R_e=\dfrac{D_I}{s_s}\\ R_t=\dfrac{D_I}{s_0}\end{cases}\tag{12-8}$$

式中：D_I为成像传感器的空间分辨率。由于

$$s_i(v)=\frac{B_t}{B}s(v)\tag{12-9}$$

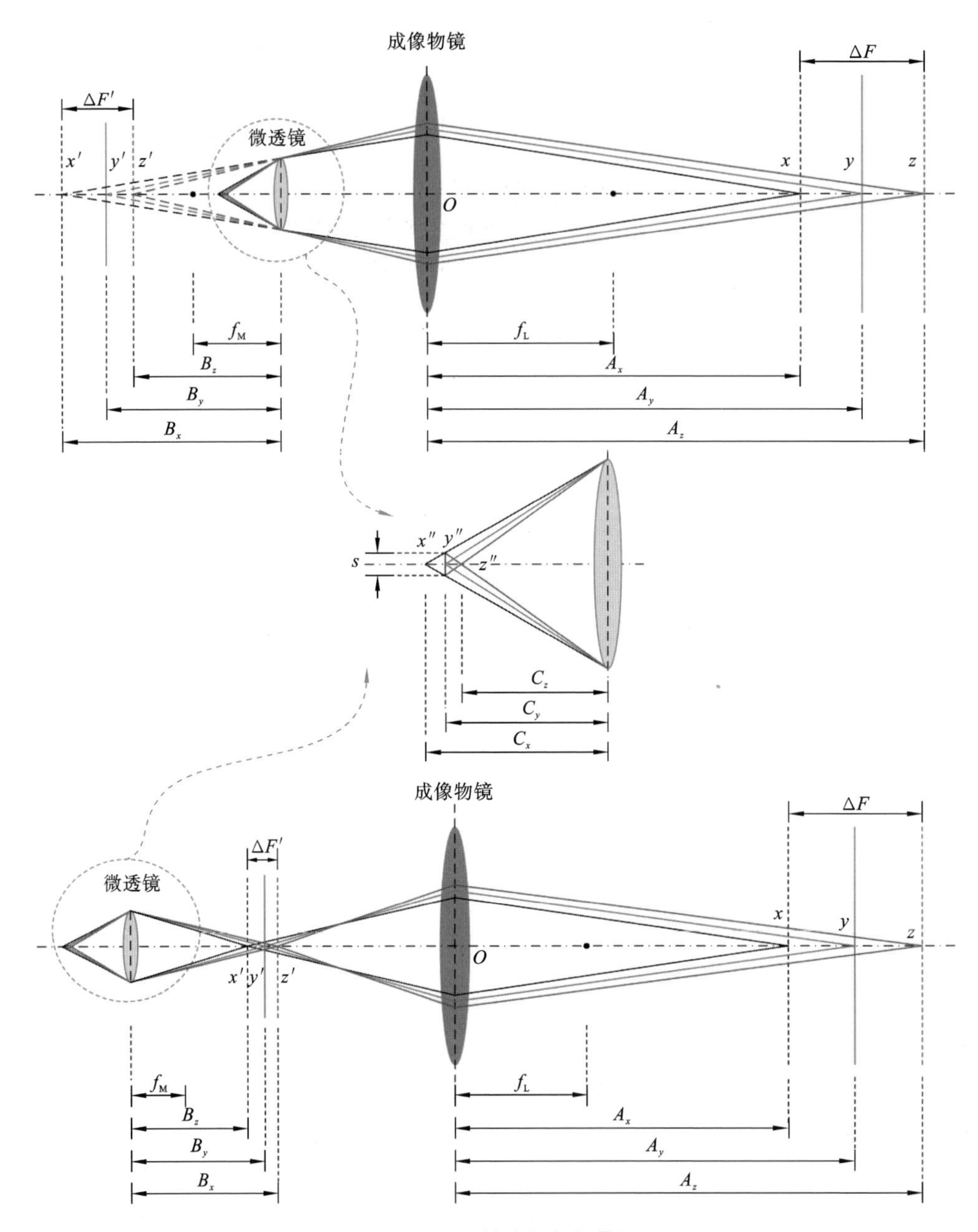

图 12-13　压缩光场相机景深

中间像的分辨率极限可表示为

$$s_i=\frac{B_t}{B}s_s=v\max[\Delta x,s_\lambda,s(v)] \tag{12-10}$$

为了比较传统成像方式与偏振光场成像方式的景深变动情况，传统相机和偏振光场相机均选取相同的光圈数和成像物镜焦距，并聚焦在同一成像物体上进行计算分析。针对上述光学成像系统，在成像传感器上所能实现的极限分辨率分别由式(12-7)和式(12-10)决定。由此可知，光场相机的中间像的极限分辨率应高于常规相机。因此，在相同成像条件下，光场相机的景深应大于传统相机的景深。

根据传统成像关系可得到的成像物点的物距为

$$\begin{cases}\dfrac{1}{A_x}+\dfrac{1}{B_x+b_{L0}}=\dfrac{1}{f_L}\\[2mm]\dfrac{1}{A_y}+\dfrac{1}{B_y+b_{L0}}=\dfrac{1}{f_L}\\[2mm]\dfrac{1}{A_z}+\dfrac{1}{B_z+b_{L0}}=\dfrac{1}{f_L}\end{cases}\tag{12-11}$$

成像系统景深为

$$\Delta F=A_z-A_x\tag{12-12}$$

根据已给定的成像系统参数和上述成像模型，可计算分析典型伽利略模式下的成像参数情况。假设光学成像系统聚焦在 50 cm 处的物体上，成像物镜和液晶微透镜的焦距分别为 35 mm 和 1.8 mm，石墨烯基电控液晶微透镜阵列到成像探测器的距离 B 为 1.3 mm，所给定的成像系统参数及计算参数如表 12-2 所示。

表 12-2　偏振光场相机参数表

系统参数	f_L	光学尺寸	图像分辨率	光圈数	像素尺寸	a_L	COC
	35 mm	2/3"	4384 像素×3288 像素	10.1	1.4 μm	50 cm	5.115 μm
微透镜	f_M	D_M	孔间距	光圈数	B	b	b_{L0}
	1.8 mm	128 μm	160 μm	10.1	1.3 mm	4.68 mm	32.95 mm
伽利略模式	成像分辨率	深度分辨率	FOV	DOF	s_λ		
	1206×888 像元	25.466 mm	12.78°	188.14 mm	6.7 μm		

采用前述的光场成像系统，调控石墨烯基电控液晶微透镜阵列的焦距，以及成像物镜或主透镜与液晶微透镜间的距离，可使光场相机的典型成像模式分别为开普勒模式和伽利略模式。图 12-14 所示的为自主研发的石墨烯基电控液晶微透镜阵列构建的光场成像系统的结构配置。该光场成像系统与前述的成像探测系统原型类似，均采用光学参数相同的成像物镜及成像传感器。在成像测试实验中，成像物镜的光圈数设为 10.1，并与所使用的石墨烯基电控液晶微透镜阵列的光圈数相匹配。在成像探测系统原型前添加偏振片，用于控制透射光强并消除杂散光，偏振片透光轴与石墨烯基电控液晶微透镜阵列中的液晶的初始取向平行。石墨烯基电控液晶微透镜阵列所具有的电控特性，同样为上述光场成像探测系统在常规的平面成像模式与光场

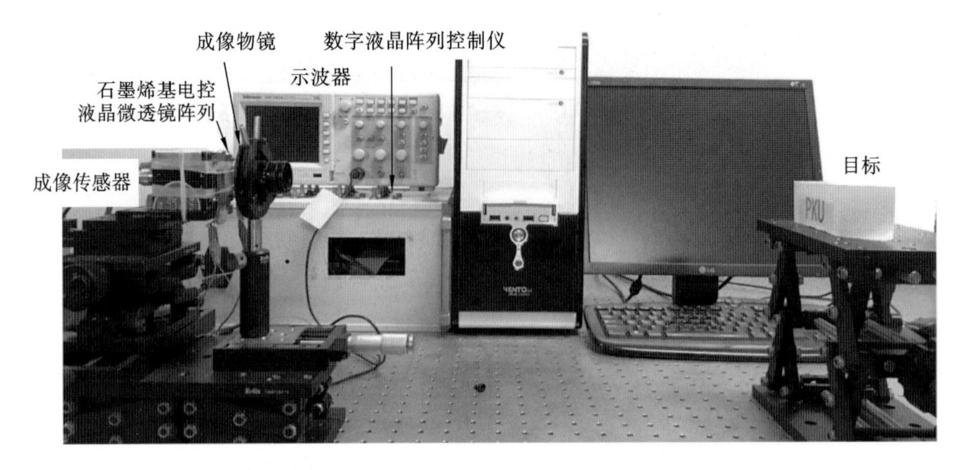

图 12-14 自主研发的石墨烯基电控液晶微透镜阵列构建的光场成像探测系统的结构配置

成像模式间进行电控切换提供了物理条件。

在成像测试实验中,将一个刻有字母"D"的积木作为目标放置在光场成像探测系统前端,调节加载在石墨烯基电控液晶微透镜阵列上的信号均方根电压,以及调控成像物镜与石墨烯基电控液晶微透镜阵列间的距离,获取不同工作模式下的图像信息。当在石墨烯基电控液晶微透镜阵列上加载的信号均方根电压为 9.6 V 时,液晶微透镜的焦距为 1.8 mm,此时成像探测系统处在开普勒模式下。在此工作模式下,积木的字母"D"所出射的光束,首先经过成像物镜被投射到石墨烯基电控液晶微透镜阵列前获得实像,然后经过液晶微透镜阵列的再聚焦被成像传感器接收,完成成像探测。采集的积木"D"的光场图像如图 12-15 所示。图 12-15(a)所示的为在信号均方根电压为 9.6 V,焦距为 1.8 mm 时的光场图像,图 12-15(b)～(d)所示的为基于原始光场图像所获取的多视角数字重聚焦图像。

根据光场成像系统的参数可知,液晶微透镜阵列到成像传感器间的距离为 1.3 mm。当加载在液晶微透镜阵列上的信号均方根电压为 13.4 V 时,液晶微透镜的焦距为 1 mm,该光场成像探测系统处在伽利略模式下。此时,由字母"D"出射的光束,首先经过成像物镜被投射到液晶微透镜阵列前获得虚像,然后被液晶微透镜阵列重新聚焦,再被成像传感器接收,采集到的积木"D"的光场图像如图 12-15(e)所示。图 12-15(f)～(h)所示的为基于光场图像所获取的多视角重聚焦图像。

为了获取视角切换图像,需要以液晶微透镜的中心光轴为中心点,基于某一固定的渲染尺寸向左右或上下偏移图像,然后进行切割和拼接处理。经过渲染处理的多视角图像的子图像大小为 28 像素×28 像素,以微透镜光轴为中心左右偏移 10 像素。当加载在石墨烯基电控液晶微透镜阵列上的信号均方根电压为 0 V 时,石墨烯基电控液晶微透镜阵列就将转变为常规的相位延迟器,此时的光场成像系统工作在常规的平面成像模式下,所获取的常规光强或振幅图像如图 12-15(i)所示。

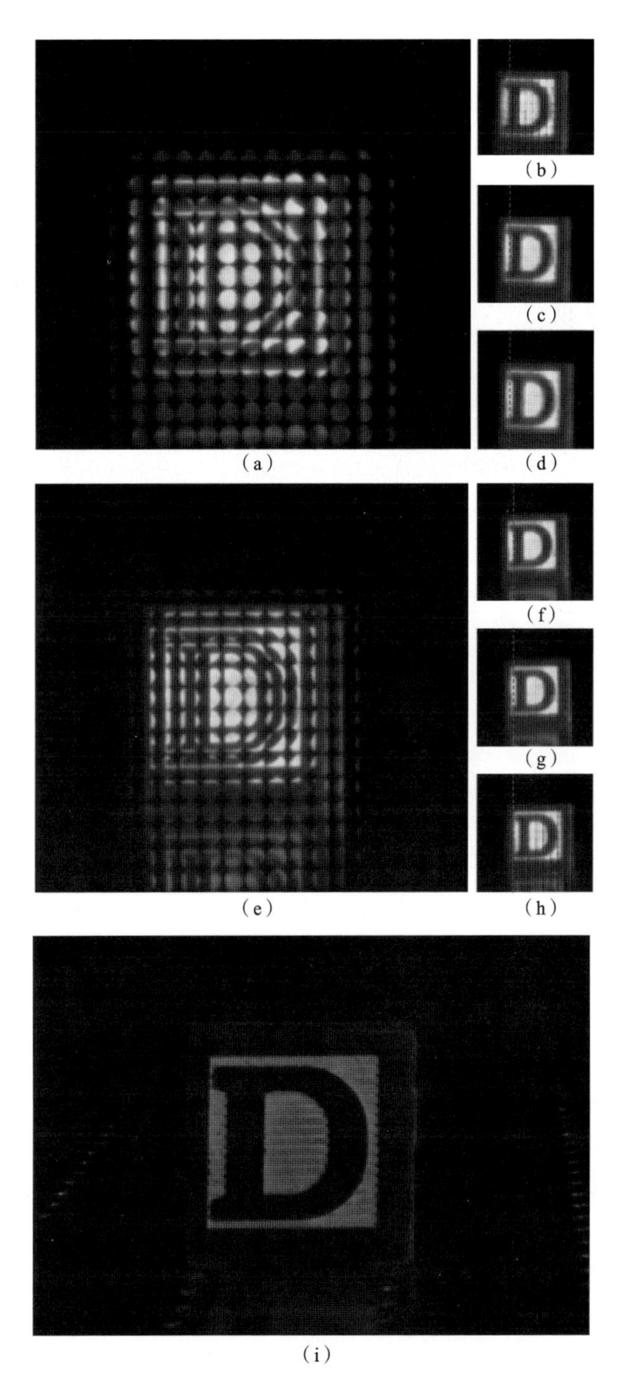

图 12-15　石墨烯基电控液晶微透镜阵列光场图像

(a)～(d) 信号均方根电压为 9.6 V,焦距为 1.8 mm;

(e)～(h) 信号均方根电压为 13.4 V,焦距为 1 mm;(i) 信号均方根电压为 0 V

图 12-16 所示的为自主研发的光场成像探测系统获取字母“PKU”的光场图像及常规平面图像。如图 12-16(a)所示，当加载在石墨烯基电控液晶微透镜阵列上的信号均方根电压为 13.4 V 时，可清晰得到伽利略模式下的光场成像字母“PKU”的光场图像，虚线框内的图像为光场图像中的一个子块成像区域的放大图，由该图可见，各液晶微透镜均有效构建了成像视场内的目标子图像。在未加电情况下获取的“PKU”平面图像如图 12-16(b)所示。

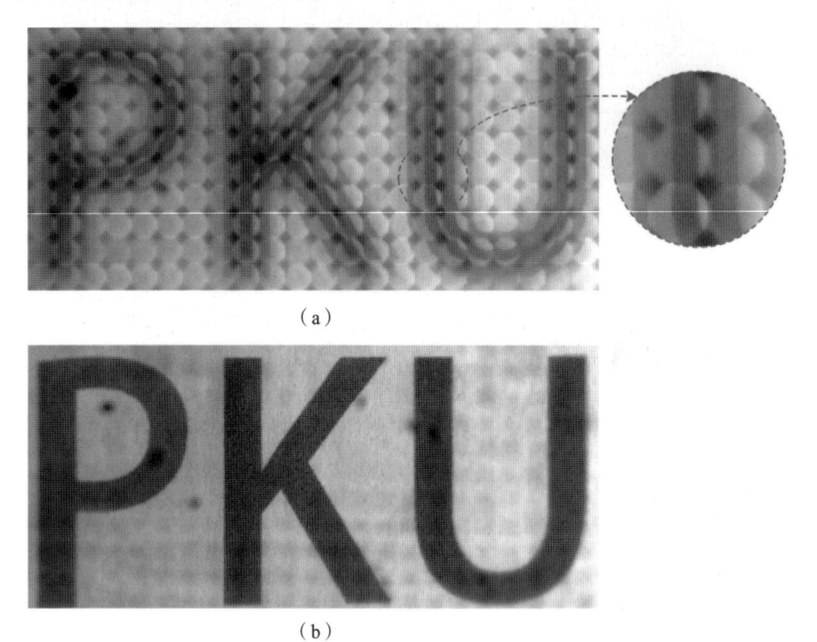

图 12-16　伽利略模式下的光场图像及常规的平面图像

(a) 信号均方根电压为 13.4 V；(b) 信号均方根电压为 0 V

自主研发石墨烯基电控液晶微透镜阵列构建的光场成像探测系统同样具备景深扩展能力，针对表面附着字母的积木进行成像探测的典型情形如图 12-17 所示。切断加载在液晶微透镜阵列上的电控信号，将成像系统聚焦在字母“P”上，直接获取二维图像，如图 12-17(a)所示。由此可见，字母“P”处于清晰成像的景深区域内，而字母“A”和“D”则处于景深区域外。不改变成像物镜光圈数，在液晶微透镜阵列上加载信号均方根电压，当信号均方根电压为 13.4 V 时，成像探测系统工作在伽利略模式下。调整成像物镜与液晶微透镜阵列间的距离，光场图像聚焦在全部字母上的情形如图 12-17(b)所示。当信号均方根电压为 9.6 V 时，液晶微透镜阵列的焦距为1.8 mm，成像系统工作在开普勒模式下，其成像如图 12-17(c)所示。由此可见，积木均处在景深区域内。表 12-3 所示的为不同工作模式下的成像探测系统的景深参数。

(a)

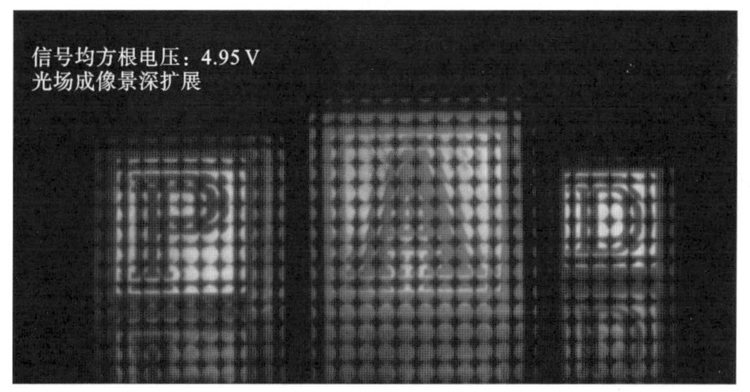

(b)

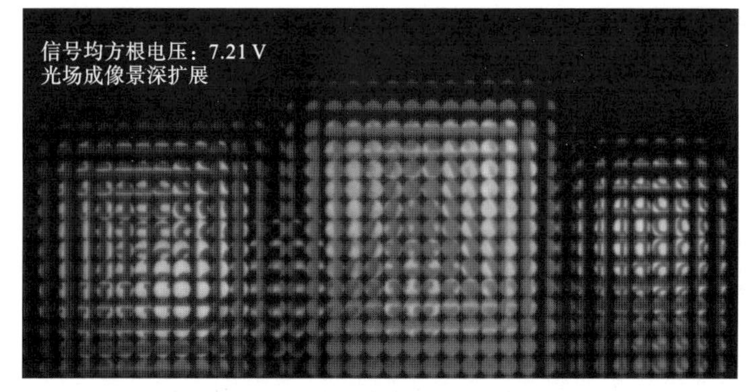

(c)

图 12-17　不同工作模式下景深对比

(a) 二维成像；(b) 伽利略模式；(c) 开普勒模式

表 12-3　不同工作模式下景深对比分析

工作模式	a_L	f_L	f_M	B	b_{L0}	$f/\#$	COC	DOF
二维成像	470630970	35	—	—	—	10.1	0.005	19.1
开普勒模式	470630970	35	1.8	1.3	32.95	10.1	0.005	237.3
伽利略模式	470630970	35	1	1.3	41.9	10.1	0.005	228.6

注:表中所用的长度单位为 mm。

12.6　红外液晶微透镜

发展红外调焦摆焦液晶微透镜阵列是红外成像领域的一个前沿研究课题,在红外波前测调、红外光场成像、红外波束变换和红外光电转换等应用领域具有广泛的应用前景和商业价值。基于传统折射/衍射透镜组的机械变焦物镜存在加工及组装繁杂、体积大、成本高、操作烦琐及使用环境受限等缺陷。衍射光学元件由于存在波长依赖性及较为明显的色差,目前在宽谱域成像探测领域仍受到诸多因素制约。近些年来,具有折射率电调属性的液晶的迅速发展,为构建宽谱域高性能电调微透镜阵列及多功能成像,诸如波前成像、光场成像、波谱成像、偏振成像及复眼成像等,提供了基础性物理手段和解决方案。

我们对可见光和近红外谱段电控液晶微透镜阵列进行了研发实践和知识积累,自主研发了石墨烯基电控液晶微透镜阵列,这是将成像探测谱域拓展到红外波段的基础性工作。基于异硫氰酸基向列相液晶(NCSNLC)和单晶石墨烯及多晶石墨烯的液晶分子锚定特性,我们自主研发了电控红外液晶微透镜技术,研究这一技术在波长为 0.9～14 μm 这一宽红外谱域内的功能液晶控光方法。用它替换电控液晶微透镜阵列所广泛使用的 PI 定向膜,可有效消除常规液晶微透镜阵列摩擦定向所引入的红外微束衍射、串扰和散射问题,显著提高了电控液晶微透镜的红外透过率。为发展自适应红外成像技术,诸如电调波前成像、平面与光场一体化成像、电调波谱成像、电调偏振成像、电调空间分辨率成像等先进成像方法,奠定了坚实基础。

近些年来,随着微电子工艺技术的持续快速发展,多种适用于红外成像系统的定焦折射和衍射微透镜技术获得了长足进步。2018 年,美国俄亥俄州立大学采用高速单点金刚石铣削和精密压缩成形工艺,制作了红外定焦微透镜阵列,并将其与探测器阵列集成,构建了 Shack-Hartmann 型波前测量系统,实现了波前像差测量。Karlsson M. 和 Nikolajeff F. 等人使用金刚石制备了球面微透镜阵列,单个微透镜直径为 90 μm。2014 年,Bai Jie 等人将衍射微透镜与锑化铟焦平面传感器结合,这种方法显著提高了量子探测效率并减小了串扰影响。尽管在微透镜阵列的加工制造工艺方面取得了显著进步,但在基于可调焦可摆焦功能构建自适应微纳控光结构和微系统,发展可兼容目前已有的庞大成像技术家族方面仍处在探索阶段。

制备红外电控液晶微透镜阵列，需要采用在红外谱段具有高透过率的基片材料、液晶和导电电极。本节主要以硒化锌(ZnSe)为例，开展红外电控液晶微透镜的技术研发工作。ZnSe 具有从可见光到远红外(典型波长为 0.5～22 μm)的宽谱域范围内吸收率低于 30%这一显著特征，可用于红外液晶微透镜的基片制备。使用具有高双折射率的红外液晶也是解决液晶基红外微透镜阵列的瓶颈问题的方法之一。目前的商用高双折射率液晶在可见光谱段的 Δn 为 0.3～0.5，实验室级的液晶的 Δn 已远超 1.0。液晶的双折射率随光波长的增加而减小，在红外谱段双折射率又大为降低，这对发展红外液晶微透镜技术带来巨大挑战。异硫氰酸基向列相液晶(NCSNLC)，具有高双折射率和高玻璃化温度的显著特征，适用于发展红外液晶控光结构，特别是在近红外(波长为 1～3 μm)和中波红外(波长为 3～5 μm)方面的优势更为显著。NCSNLC 波长为 14 μm 的光也展现相对较大的双折射率(Δn=0.253)，这为加工制作长波红外电控液晶微透镜提供了基础条件。有效实现液晶分子定向，也是制作红外液晶微透镜的一个重要环节。常规的摩擦 PI 定向方式不仅会降低液晶器件的红外透过率，也会引入较强的红外微束串扰。石墨烯具有从可见光到 THz 这一宽谱域高透过率，以及石墨烯不仅具备良好的导电性能，而且对液晶分子具有特征化的锚定取向能力，将其作为导电和定向双功能材料来制作液晶器件，具有若干特殊优势，诸如可取消传统的取向涂层和机械摩擦工艺，降低工艺复杂度，提高红外透过率及降低杂光影响等。

基于多晶石墨烯研发的原理性电控液晶红外微透镜阵列如图 12-18 所示，用硒化锌作为基片材料，将铜基片上的多晶石墨烯，聚甲基丙烯酸甲酯(PMMA)湿法工艺转移到硒化锌基片上来作为平面电极，通过常规方法，进一步完成微圆孔阵铝电极/多晶石墨烯电极的红外液晶微透镜阵列的制备。图 12-18(a)所示的为微圆孔阵铝电极和多晶石墨烯电极的配置。所采用的硒化锌基片厚度约为 1 mm，铝膜厚度

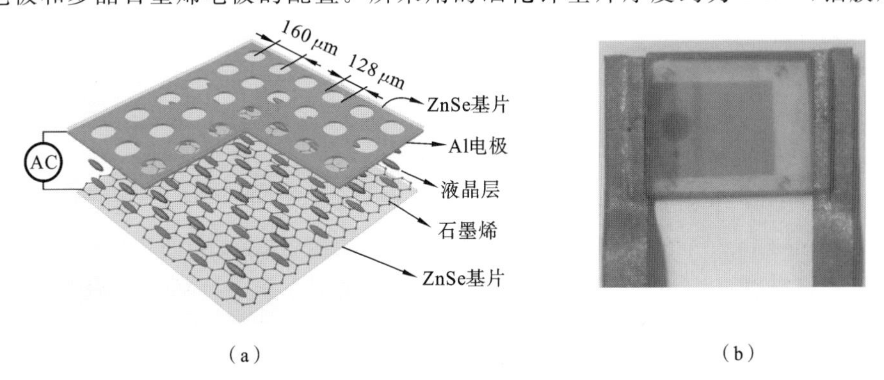

图 12-18　基于微圆孔阵铝电极和多晶石墨烯电极的原理性电控液晶红外微透镜阵列

(a) 结构图；(b) 实物图

约为 150 nm，微圆孔直径为 128 μm，微圆孔中心距为 160 μm，封装在微圆孔阵铝电极和多晶石墨烯电极间的液晶厚度约为 20 μm，采用 1 kHz 的方波信号电控液晶结构，液晶为西安近代化学研究所研发的高双折射率液晶混合物 HB76800，对波长为 589 nm 的光的双折射率为 0.43，介电常数为 18.6，对波长为 1064 nm 的光的双折射率为 0.35，清亮点为 126.5 ℃。HB76800 的物理特性如表 12-4 所示。图 12-18(b) 所示的为制备的原理性电控液晶红外微透镜阵列器件。

表 12-4　在 20 ℃温度下 HB76800 的物理性质

参数名称	T_c/℃	$\Delta\varepsilon$	$\Delta n(\lambda=589\ \text{nm})$	K_{11}/pN	γ_1/(m · Pa · s)
HB76800	126.5	18.6	0.43	19.2	286.3

注：黏性系数为 γ_1/K_{11}。

一般而言，有效测试红外器件的常规光学性能是相对复杂和困难的。为表征自主研发的多晶石墨烯基电控液晶红外微透镜阵列，我们搭建了如图 12-19 所示的光学测量系统。典型配置如下：液晶微透镜阵列与显微镜焦平面间的距离为 d，近红外测试采用如图 12-9 所示的装置，中心波长为 980 nm 的近红外激光器出射的准直光束，经过多晶石墨烯基电控液晶红外微透镜阵列后被聚束，然后经过放大物镜（数值孔径(NA)为 0.65，放大倍数为 40×）后由光束质量分析仪（WinCamD，DataRay）接收。

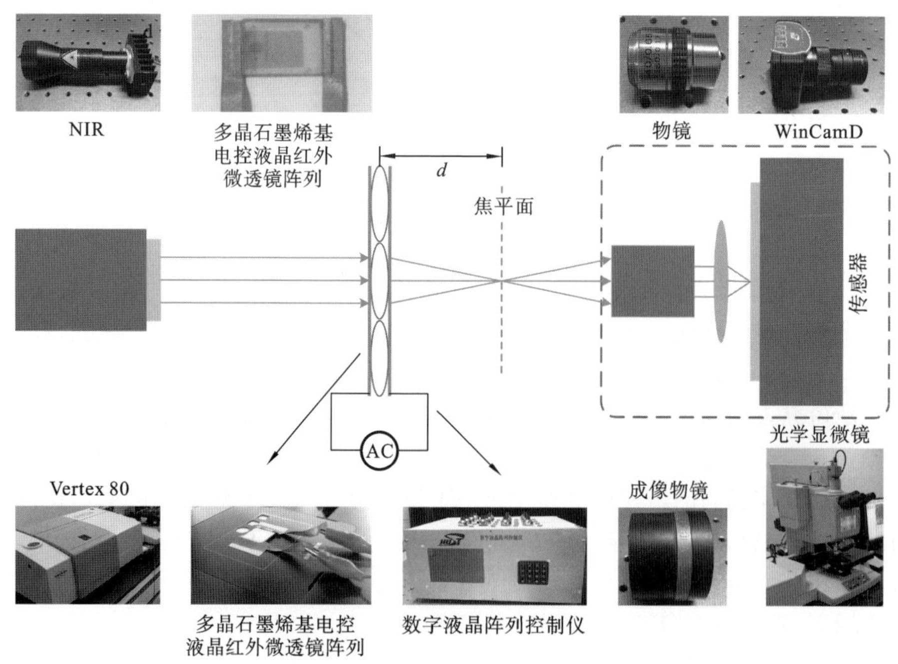

图 12-19　红外学性能测试实验平台

采用图 12-19 所示的下部装置，测试多晶石墨烯基电控液晶红外微透镜阵列在 2.5～11 μm 红外波谱的聚焦性能与焦距。首先将被测样片放置在光学显微镜（Hyperion 3000，Bruker）的载物台上，傅里叶红外光谱仪（Vertex 80，Bruker）出射的红外经过载物台的底部照射在样品上，由电控液晶红外微透镜调制，被调制的红外经过卡塞格林放大物镜（数值孔径为 0.4NA，放大倍数为 15×），由与光学显微镜匹配的探测器接收，获得透过光谱分布数据，最后用 OPUS 软件处理采集到的数据，绘制出二维和三维聚焦光斑及透过谱线。

对于常规的电控液晶器件而言，液晶分子在无电场作用时的排布取向，取决于液晶盒内的 PI 膜定向摩擦方向，图 12-20 所示的为分别采用 PI 摩擦定向和石墨烯定向的液晶结构的典型特征。一般而言，用绒布摩擦 PI 膜可形成沿摩擦方向的微沟槽及聚合物链，从而能对极性液晶分子产生较强锚定，驱使液晶分子沿摩擦方向排布。图 12-20(a)所示的为绒布摩擦 PI 膜形成的液晶分子排布。在现有条件下，摩擦形成的 PI 膜的微沟槽间距和深度典型值分别为 0.75 μm 和 50 nm。采用反平行摩擦 PI 膜定向的电控液晶红外微透镜阵列的单元微透镜的二维光强分布如图 12-20(d)所示。由于定向层的锚定作用，液晶分子被充分填充在沟槽内，其产生周期性的折射率变动，会产生较强的红外微束串扰并降低红外透过率。

我们自主研发的多晶石墨烯基电控液晶红外微透镜阵列，去除了传统的 PI 膜定向，利用石墨烯对液晶分布定向能力，实施液晶分子的预锚定，从而消除源于 PI 膜表面微沟槽与入射微束相互作用引起的红外衍射串扰等问题。通常情况下，液晶分子的初始取向可发生在石墨烯的三个晶格方向上，如图 12-20(b)所示，图中虚线表示相互间隔为 120°的石墨烯的特殊晶格取向，即所谓的易轴方向。石墨烯表面的液晶分子初始取向可以是三个易轴中的任何一个方向，并且在相同畴内的液晶分子取向一致。大面积多晶石墨烯表面包含大量畴结构，相对各畴的液晶分子的排列方向可不一致。在无外部电控信号作用时，石墨烯定向多晶石墨烯基电控液晶红外微透镜阵列，可以有效消除微束干扰而形成均匀的二维光强分布，如图 12-20(e)所示。摩擦定向和石墨烯定向构建的电控液晶红外微透镜阵列的单元微透镜的等效折射率分布，如图 12-20(c)所示。

基础研究表明，石墨烯对液晶分子的锚定是一种较强锚定，其锚定能通常为 2.1×10^{-4} J/m^2，表面锚定能略小于绒布摩擦 PI 膜所构成的微纳数量级沟槽对液晶分子的锚定能。在相同的电控信号作用下，PI 膜摩擦定向红外液晶微透镜，与石墨烯定向红外微透镜相比，锚定能存在差异，这将导致液晶微腔内的液晶分子形成的等效折射率分布产生显著不同。从图 12-20(c)所示的等效折射率分布可见，在相同电控信号作用下，石墨烯定向红外液晶微透镜对入射光束的聚束能力更强。

图 12-21 所示的为多晶石墨烯基电控液晶红外微透镜阵列在中心波长为 980 nm 的平行光束照射下，其焦距随信号均方根电压变化而变化的曲线。由图 12-21 可

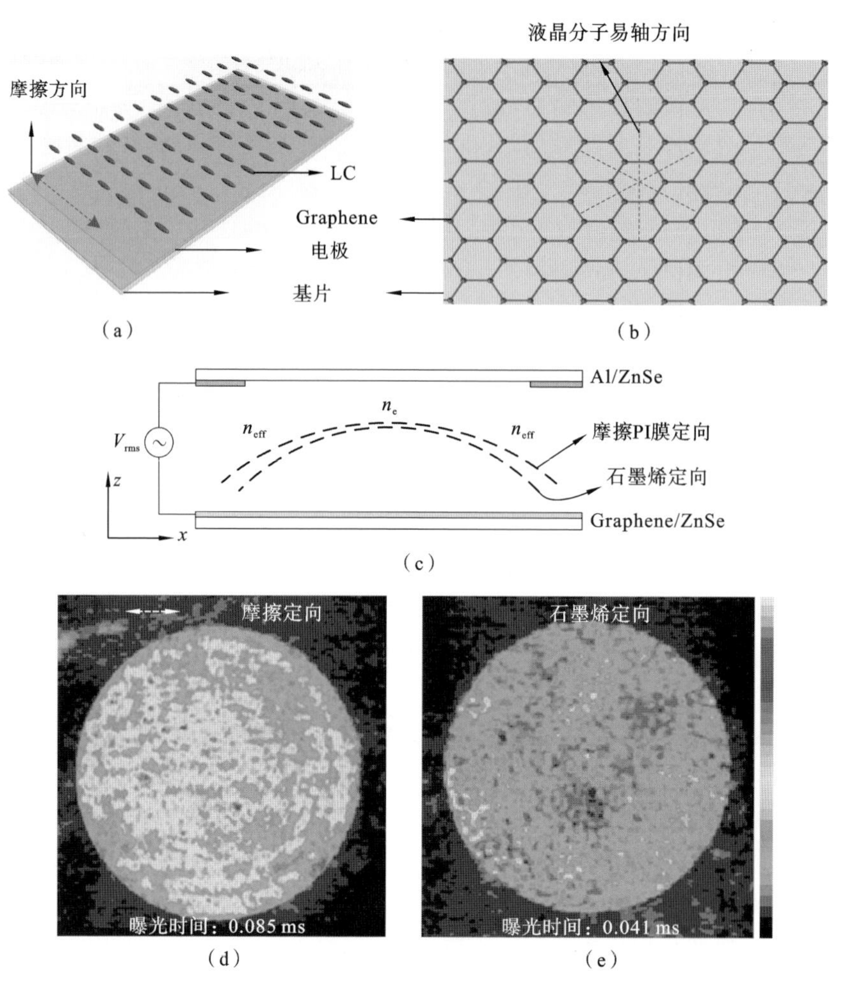

图 12-20　电控液晶红外微透镜阵列采用不同定向方式的结构特征和归一化光强分布

(a) 摩擦定向液晶分子的有序排布形态；(b) 石墨烯锚定液晶分子的三个典型取向；
(c) 摩擦定向和石墨烯定向红外液晶微透镜的等效折射率分布；
(d) 无外加信号均方根电压作用时，基于摩擦定向的单元红外液晶微透镜的等效能量分布；
(e) 无外加电控信号作用时，石墨烯定向的单元红外液晶微透镜的等效能量分布

见，当所加载的信号均方根电压为 0 V 或小于电控液晶分子沿电场方向摆动的均方根阈值电压(通常为 1.6 V)时，多晶石墨烯基电控液晶红外微透镜阵列仅相当于一个相位延迟器，起到延迟入射光波穿过液晶器件的作用。当所加载的信号均方根电压高于阈值时，填充在微腔内的液晶分子，将在微腔内激励的非均匀电场作用下发生偏转，形成特定的折射率分布，从而有效调节多晶石墨烯基电控液晶红外微透镜阵列的焦距。当信号均方根电压大于 2.0 V 且小于 6.0 V 时，液晶微透镜焦距随信号均方根电压的增加而迅速下降。当信号均方根电压超过 6.0 V 时，液晶微透镜的

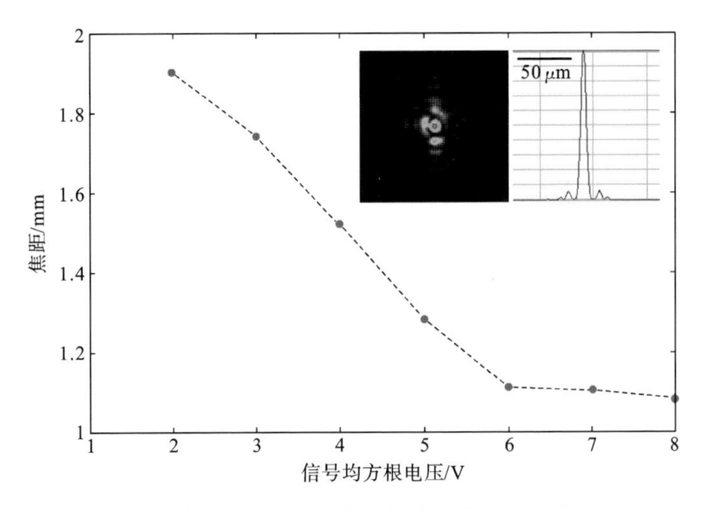

图 12-21　多晶石墨烯基电控液晶红外微透镜阵列的焦距与信号均方根电压关系

焦距逐渐趋于稳定。当信号均方根电压超过 8.0 V 时，多晶石墨烯基电控液晶红外微透镜阵列的聚焦能力逐渐消失，该现象可归因于液晶分子在电场作用下已产生几乎垂直于液晶盒端面的排布而趋于饱和，使梯度折射率分布消失。图 12-21 右上子图所示的为单元液晶微透镜的聚焦光斑和点扩散函数分布。由该子图可见，当信号均方根电压为 3.0 V 时，近红外被液晶微透镜聚焦而形成锐利的点扩散函数分布，焦距约为 1.74 mm。

为消除相邻液晶微透镜间的微束串扰，实验测量了单元液晶微透镜在波长为 2.5～11 μm 宽谱域红外照射下的透过率，如图 12-22 所示。图 12-22(a)所示的为单元液晶微透镜的光学显微图像。由于杂质周围的液晶分子分布不均匀，扰乱了杂质周围的等效折射率分布。当所加载的信号均方根电压为 6.58 V 且光学显微镜聚焦在微透镜的端面($d=0$)时，单元液晶微透镜在波长为 2.5～3.3 μm 波段的透过率的三维积分强度分布如图 12-22(b)所示。图 12-22(b)中的色标用于表征该谱段范围内红外的透射能力强弱。多晶石墨烯基电控液晶红外微透镜阵列在波长为 2.5～11 μm 全谱段的透过率如图 12-22(c)所示，黑色和灰色实线分别为沿微透镜光轴和所选边缘点的谱透。由图 12-22 可见，未刻蚀的铝电极与液晶微透镜中心轴线处的红外透过率存在明显差异，$\Delta T=15\%$，如图12-22(c)中的黑色虚线所示。当波长大于 4.2 μm 时，两者间的差异产生剧烈变化，可归结为红外液晶对个别谱段的强吸收作用。图 12-22(c)所示的灰色虚线是所设定的便于观察的阈值线，用于表示整个测量谱段范围的 ΔT 的平均值。透过率曲线低于该阈值线，表示液晶器件对该谱段的红外有相对较强的吸收。由图 12-22(c)可见，除离散分布的若干狭窄的强吸收波谱外，多晶石墨烯基电控液晶红外微透镜阵列的透过率基本相同。图 12-22(d)所示的为 Al-ZnSe 基片和 Graphene-ZnSe 基片在 2.5～15 μm 谱域的透过率。由图 12-22

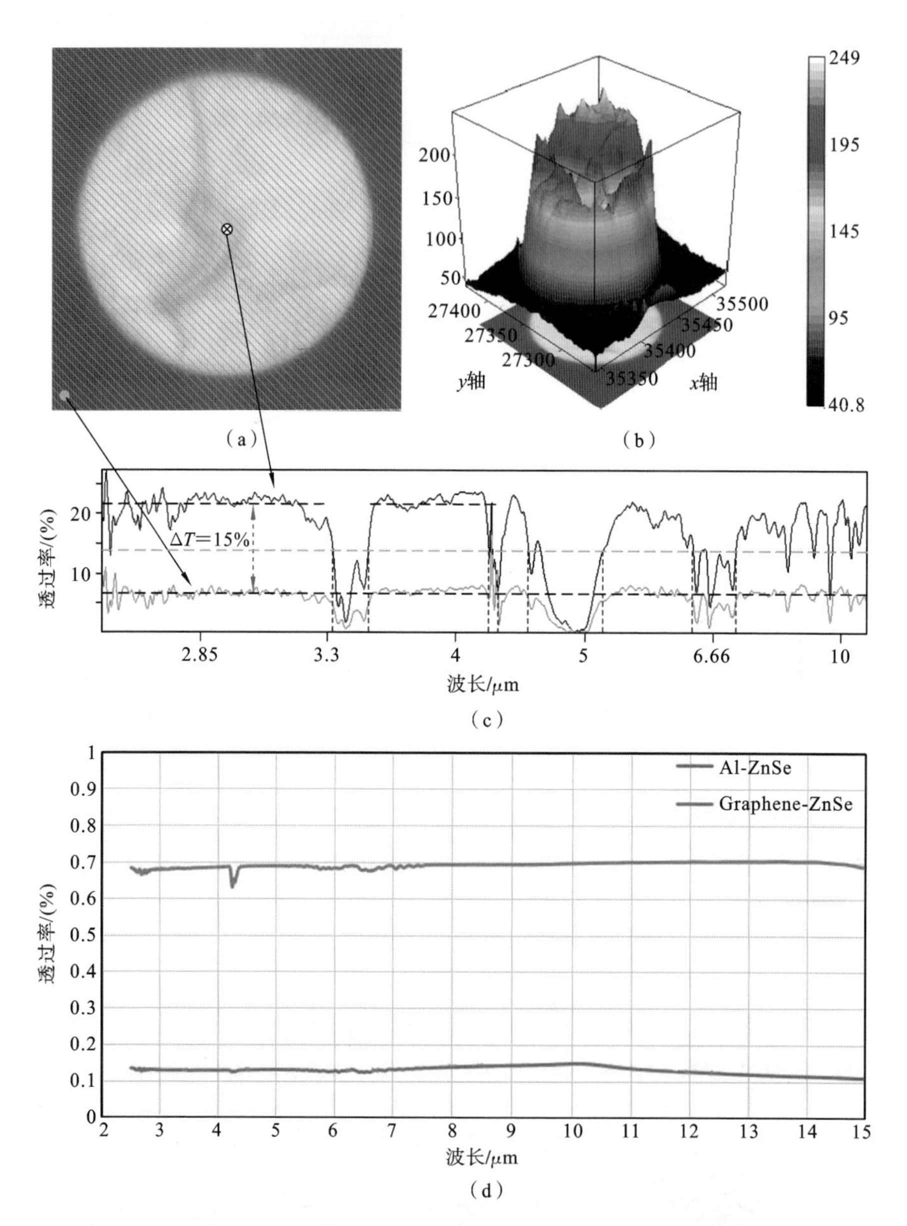

图 12-22　多晶石墨烯基电控液晶红外微透镜阵列的单元微透镜透过率

(a) 单元液晶微透镜的光学显微图像；(b) 单元液晶微透镜的透过率积分强度分布；
(c) 单元液晶微透镜中心轴线处和所选边缘点的透过率分布；(d) Al-ZnSe 和 Graphene-ZnSe 的透过率

(d)可见,未蚀刻的 Al-ZnSe 基片的透过率为 10%～15%,Graphene-ZnSe 基片的透过率则接近 70%。与图 12-22(c)所示的对比可知,当测试波长超过 5 μm 时,液晶微透镜中心轴线处的红外透过率表现出显著的波动。多晶石墨烯基电控液晶红外微透镜阵列的透过率明显降低,可归因于红外液晶对特定谱段红外能量的窄带吸收作用,由图 12-22(c)所示黑色垂直虚线表示。需要注意的是:波数和波长间的坐标转换原因,使图 12-22(c)中相同间隔所表示的波长的分度值不相等。忽略透过率的窄带干扰,液晶微透镜光轴处的透过率为 20%～25%。

将傅里叶红外光谱仪出射的红外(波长范围为 2.5～11 μm)从背面正入射到被测样品上,调节加载在多晶石墨烯基电控液晶红外微透镜阵列上的信号均方根电压,观察单元微透镜的聚光特征,如图 12-23 所示。图 12-23(a)和(d)所示的分别为单元液晶微透镜在两个不同红外谱段的聚焦过程。将光学显微镜聚焦到微透镜焦平面,可得到微透镜的二维聚焦光强分布。图 12-23(b)和(e)所示的分别为单元液晶微透镜在两个不同红外谱段的三维聚焦光强分布。由图 12-23 可见,二维和三维光强聚集过程清楚地展示了液晶微透镜在不同红外谱段的聚光能力。

为有效评估多晶石墨烯基电控液晶红外微透镜阵列的红外宽谱聚光效能,选择

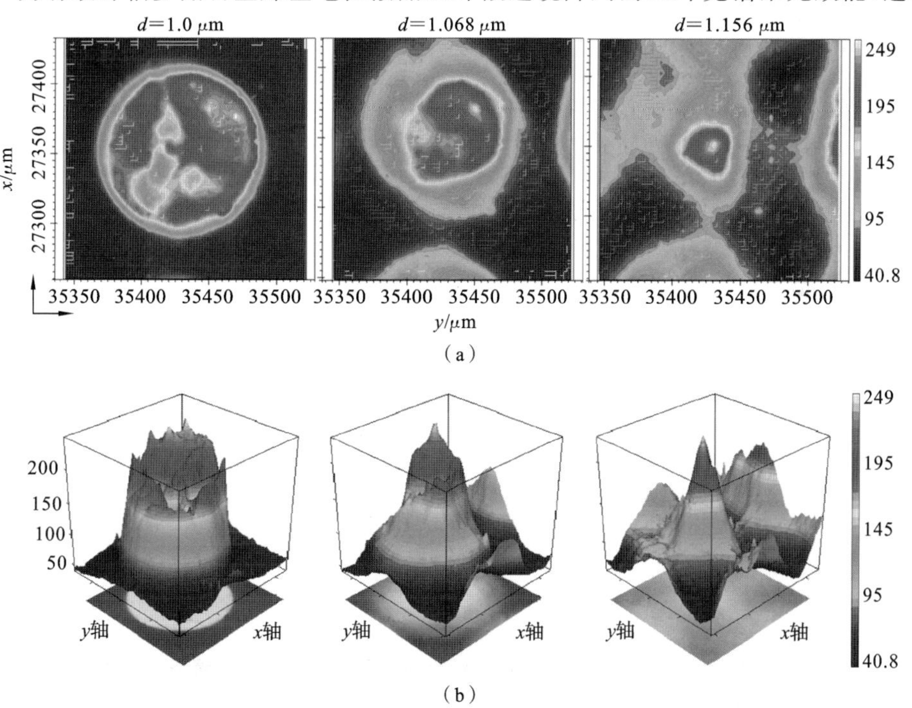

图 12-23　多晶石墨烯基电控液晶红外微透镜阵列的单元微透镜的聚光特征

(a) 二维光强分布 1;(b) 三维光强分布 1;(c) 测量谱段;

(d) 二维光强分布 2;(e) 三维光强分布 2;(f) 测量谱段

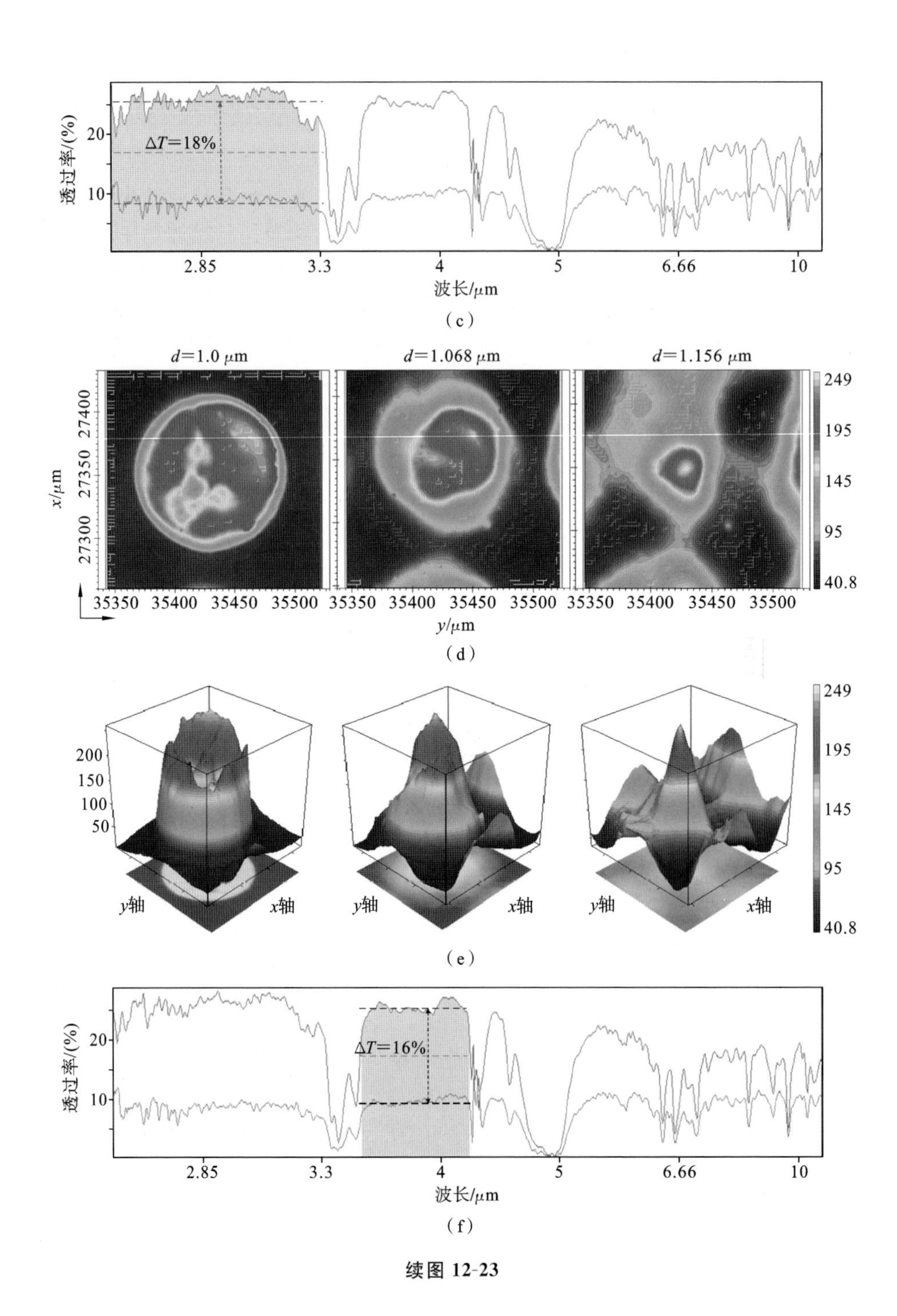

续图 12-23

两个不同的波谱区域(阴影区域)观察其对入射光的会聚行为。在波长为2.5～3.3 μm,当加载的信号均方根电压为6.52 V时,单元红外液晶微透镜的聚光过程如图12-23(a)所示。当光学显微镜聚焦在红外微透镜的微孔图案(d=1.0)时,可以看出在整个微圆孔电极上呈现均匀分布的光波。当d增加到1.068 μm时,透过微透镜的光束逐渐会聚。当d=1.156 μm时,聚焦效果最佳,沿着微透镜中心轴线处呈现出细小的圆形焦斑。换言之,当加载的信号均方根电压为6.52 V时,可获得1.156 mm的焦距,液晶微透镜呈现锐利的点扩散函数分布。

为了观察多晶石墨烯基电控液晶红外微透镜阵列的宽光谱适用性,选择波长为3.53～4.2 μm入射谱域,测量液晶微透镜对入射红外的聚光效能,如图12-23(d)和(f)所示。由此可见,液晶的双折射率随红外波长的增大逐渐降低。根据焦距与液晶分子双折射率的关系可知,随着入射光波长的增加,多晶石墨烯基电控液晶红外微透镜阵列的焦距也有增加。在相同距离(d=1.156 μm)处,图12-23(d)所示的聚焦光斑较短波域的略微增大。图12-23(c)和(f)所示的都为光学显微镜聚焦在液晶微透镜的焦平面所测量的透过率。阴影区域表示用于形成上述聚焦光斑的红外的积分区域,如图12-23(a)、(b)、(d)和(e)所示的最后一列。图12-23(c)和(f)所示的黑色虚线表示多晶石墨烯基电控液晶红外微透镜阵列的单元微透镜的外围和中心轴线处的平均透过率;灰色虚线是透过率阈值线,用于表示对应于积分波长范围的ΔT平均值。当光学显微镜聚焦在液晶微透镜的焦平面以上区域时,沿液晶微透镜中心轴线处的平均透过率增加且超过了25%。两个测量谱段中的ΔT显示不同值,分别约为18%和16%,表明不同入射谱光对应的焦平面位置不同。

12.7　小　　结

我们自主研发了一种多晶石墨烯基电控液晶红外微透镜阵列,用它构建了红外宽谱域测试平台,获得了该电控液晶微透镜在波长为0.9～11 μm红外谱域的聚光特性。本章分析了石墨烯基电控液晶红外微透镜阵列的红外透射属性。依据石墨烯对液晶分子所具有的多向较强锚定特性,我们开展了单晶石墨烯和多晶石墨烯对液晶分子锚定的对比实验,提出了一种微腔液晶分子单面诱导定向法,实现了液晶分子在单晶石墨烯表面按照特定取向有序排布,采用大面积单晶石墨烯制备石墨烯定向液晶微透镜阵列,自主研发了光场成像探测系统,分析了其光场成像属性及景深扩展特征。

参考文献

[1] Charanya T, York T, Bloch S, et al. Trimodal color-fluorescence-polarization endoscopy aided by a tumor selective molecular probe accurately detects flat lesions in colitis-associated cancer[J]. Journal of Biomedical Optics, 2014, 19(12): 126002-126002.

[2] Lin C H, Wang Y Y, Hsieh C W. Polarization-independent and high-diffraction-efficiency Fresnel lenses based on blue phase liquid crystals[J]. Optics Letters, 2011, 36(4): 502-504.

[3] Lou Y, Liu Q K, Wang H, et al. Rapid fabrication of an electrically switchable liquid crystal Fresnel zone lens[J]. Applied Optics, 2010, 49(26): 4995-5000.

[4] Hassanfiroozi A, Huang Y P, Javidi B, et al. Dual layer electrode liquid crystal lens for 2D/3D tunable endoscopy imaging system[J]. Optics Express, 2016, 24(8): 8527-8538.

[5] Milton H E, Morgan P B, Clamp J H, et al. Electronic liquid crystal contact lenses for the correction of presbyopia[J]. Optics Express, 2014, 22(7): 8035-8040.

[6] Li L W, Bryant D, Van Heugten T, et al. Speed, optical power, and off-axis imaging improvement of refractive liquid crystal lenses[J]. Applied Optics, 2014, 53(6): 1124-1131.

[7] Shibuya G, Yoshida H, Ozaki M. High-speed driving of liquid crystal lens with weakly conductive thin films and voltage booster[J]. Applied Optics, 2015, 54(27): 8145-8151.

[8] Milton H, Brimicombe P, Morgan P, et al. Optimization of refractive liquid crystal lenses using an efficient multigrid simulation[J]. Optics Express, 2012, 20(10): 11159-11165.

[9] Syed I M, Kaur S, Milton H E, et al. Novel switching mode in a vertically aligned liquid crystal contact lens[J]. Optics Express, 2015, 23(8): 9911-9916.

[10] Hasan N, Banerjee A, Kim H, et al. Tunable-focus lens for adaptive eyeglasses[J]. Optics Express, 2017, 25(2): 1221-1233.

[11] Kawamura M, Nakamura K, Sato S. Liquid-crystal micro-lens array with

two-divided and tetragonally hole-patterned electrodes[J]. Optics Express, 2013, 21(22): 26520-26526.

[12] Algorri J F, Urruchi V, Bennis N, et al. Liquid crystal spherical microlens array with high fill factor and optical power[J]. Optics Express, 2017, 25 (2): 605-614.

[13] Fan F, Srivastava A K, Du T, et al. Low voltage tunable liquid crystal lens [J]. Optics Letters, 2013, 38(20): 4116-4119.

[14] Kawai K, Sasaki T, Noda K, et al. Simple fabrication of liquid crystalline grating cells with homogeneous and twisted nematic structures and effects of orientational relaxation on diffraction properties[J]. Applied Optics, 2014, 53 (17): 3679-3686.

[15] Elena N, Mao C C, Amir F, et al. Polarization-insensitive variable optical attenuator and wavelength blocker using liquid crystal polarization gratings[J]. Journal of Lightwave Technology, 2010, 28(21): 3121-3127.

[16] Honma M, Miura T, Nose T. Liquid-crystal-grating-based optical displacement sensors[J]. Applied Optics, 2016, 55(35): 10045-10052.

[17] Kato A, Nakatsuhara K, Nakagami T. Wavelength tunable operation in Si waveguide grating that has a ferroelectric liquid crystal cladding[J]. Journal of Lightwave Technology, 2013, 31(2): 349-354.

[18] Ares M, Royo S, Sergievskaya I, et al. Active optics null test system based on a liquid crystal programmable spatial light modulator[J]. Applied Optics, 2010, 49(32): 6201-6206.

[19] Yan J, Xing Y, Guo Z, et al. Low voltage and high resolution phase modulator based on blue phase liquid crystals with external compact optical system [J]. Optics Express, 2015,23(12): 15256-15264.

[20] Calero V, García-Martínez P, Albero J, et al. Liquid crystal spatial light modulator with very large phase modulation operating in high harmonic orders [J]. Optics Letters, 2013, 38(22): 4663-4666.

[21] Lin X W, Wu J B, Hu W, et al. Self-polarizing terahertz liquid crystal phase shifter[J]. AIP Advances, 2011, 1(3): 032133.

[22] Wu Y H, Lin Y H, Lu Y Q, et al. Submillisecond response variable optical attenuator based on sheared polymer network liquid crystal[J]. Optics Express, 2004, 12(25): 6382-6389.

[23] Zhu G, Wei B Y, Shi L Y, et al. A fast response variable optical attenuator based on blue phase liquid crystal[J]. Optics Express, 2013, 21(5):

5332-5337.

[24] Wu H, Hu W, Hu H C, et al. Arbitrary photo-patterning in liquid crystal alignments using DMD based lithography system[J]. Optics Express, 2012, 20(15): 16684-16689.

[25] Hu X K, Wei B K, Lin X W, et al. Complex liquid crystal alignments accomplished by Talbot self-imaging[J]. Optics Express, 2013, 21(6): 7608-7613.

[26] Li J N, Hu X K, Wei B Y, et al. Simulation and optimization of liquid crystal gratings with alternate twisted nematic and planar aligned regions[J]. Applied Optics, 2014, 53(22): E14-E18.

[27] Hu W, Abhishek K S, Lin X W, et al. Polarization independent liquid crystal gratings based on orthogonal photoalignments[J]. Applied Physics Letters, 2012, 100(11): 111116.

[28] Hu W, Srivastava A, Xu F, et al. Liquid crystal gratings based on alternate TN and PA photoalignment[J]. Optics Express, 2012, 20(5): 5384-5391.

[29] Wang X Q, Srivastava A K, Fan F, et al. Electrically/optically tunable photo-aligned hybrid nematic liquid crystal Dammann grating[J]. Optics Letters, 2016, 41(24): 5668-5671.

[30] Wei B Y, Hu W, Ming Y, et al. Generating switchable and reconfigurable optical vortices via photopatterning of liquid crystals[J]. Advanced Materials, 2014, 26(10): 1590-1595.

[31] Ge S J, Ji W, Cui G X, et al. Fast switchable optical vortex generator based on blue phase liquid crystal fork grating[J]. Optical Materials Express, 2014, 4(12): 2535-2541.

[32] Chen P, Ji W, Wei B Y, et al. Generation of arbitrary vector beams with liquid crystal polarization converters and vector-photoaligned q-plates[J]. Applied Physics Letters, 2015, 107(24): 241102.

[33] Wei B Y, Chen P, Ge S J, et al. Generation of self-healing and transverse accelerating optical vortices [J]. Applied Physics Letters, 2016, 109(12): 121105.

[34] Li Y, Wu S T. Polarization independent adaptive microlens with a blue-phase liquid crystal[J]. Optics Express, 2011, 19(9): 8045-8050.

[35] Lin Y H, Chen M S, Lin H C. An electrically tunable optical zoom system using two composite liquid crystal lenses with a large zoom ratio[J]. Optics Express, 2011, 19(5): 4714-4721.

[36] Lin H C, Lin Y H. An electrically tunable-focusing liquid crystal lens with a

low voltage and simple electrodes[J]. Optics Express, 2012, 20(3): 2045-2052.

[37] Chen M S, Chen P J, Chen M, et al. An electrically tunable imaging system with separable focus and zoom functions using composite liquid crystal lenses [J]. Optics Express, 2014, 22(10): 11427-11435.

[38] Chen H S, Lin Y H, Srivastava A K, et al. A large bistable negative lens by integrating a polarization switch with a passively anisotropic focusing element [J]. Optics Express, 2014, 22(11): 13138-13145.

[39] Chen H S, Lin Y H. An endoscopic system adopting a liquid crystal lens with an electrically tunable depth-of-field[J]. Optics Express, 2013, 21(15): 18079-18088.

[40] Wang Y J, Shen X, Lin Y H, et al. Extended depth-of-field 3D endoscopy with synthetic aperture integral imaging using an electrically tunable focal-length liquid-crystal lens[J]. Optics Letters, 2015, 40(15): 3564-3567.

[41] Lin Y H, Chen H S. Electrically tunable-focusing and polarizer-free liquid crystal lenses for ophthalmic applications[J]. Optics Express, 2013, 21(8): 9428-9436.

[42] Lin Y H, Chen M S. A pico projection system with electrically tunable optical zoom ratio adopting two liquid crystal lenses[J]. Journal of Display Technology, 2012, 8(7): 401-404.

[43] Chen H S, Wang Y J, Chen P J, et al. Electrically adjustable location of a projected image in augmented reality via a liquid-crystal lens[J]. Optics Express, 2015, 23(22): 28154-28162.

[44] Liu C, Hu L F, Mu Q Q, et al. Open-loop control of liquid-crystal spatial light modulators for vertical atmospheric turbulence wavefront correction[J]. Applied Optics, 2011, 50(1): 82-89.

[45] Mu Q Q, Cao Z L, Hu L F, et al. Open loop adaptive optics testbed on 2.16 meter telescope with liquid crystal corrector[J]. Optics Communications, 2012, 285(6): 896-899.

[46] Cudney R S. Modified Shack-Hartmann sensor made with electrically controlled ferroelectric zone plates[J]. Optics Express, 2011, 19(18): 17396-17401.

[47] Geng Jason. Three-dimensional display technologies[J]. Advances in Optics and Photonics, 2013, 5(4): 456-535.

[48] Schuck Miller, Sharp Gary. 3D digital cinema technologies[J]. Journal of the

Society for Information Display, 2012, 20 (12): 669-679.

[49] Hahne C, Aggoun A, Haxha S, et al. Light field geometry of a standard plenoptic camera[J]. Optics Express, 2014, 22 (22): 26659-26673.

[50] Hahne C, Aggoun A, Velisavljevic V, et al. Refocusing distance of a standard plenoptic camera[J]. Optics Express, 2016, 24 (19): 21521-21540.

[51] Todor G, Andrew L. Focused plenoptic camera and rendering[J]. Journal of Electronic Imaging, 2010, 19 (2): 021106-1-021106-11.

[52] Jambor M, Nosenko V, Zhdanov S K, et al. Plasma crystal dynamics measured with a three-dimensional plenoptic camera[J]. Review of Scientific Instruments, 2016, 87 (3): 033505-1-033505-8.

[53] Hartmann P, Donkó I, Donkó Z. Single exposure three-dimensional imaging of dusty plasma clusters[J]. Review of Scientific Instruments, 2013, 84 (2): 023501-1-023501-5.

[54] Sun J, Xu C L, Zhang B, et al. Three-dimensional temperature field measurement of flame using a single light field camera[J]. Optics Express, 2016, 24 (2): 1118-1132.

[55] Kawamura M, Nakamura K, Sato S. Liquid-crystal micro-lens array with two-divided and tetragonally hole-patterned electrodes[J]. Optics Express, 2013, 21 (22): 26520-26526.

[56] Ren H W, Xu S, Wu S T. Polymer-stabilized liquid crystal microlens array with large dynamic range and fast response time[J]. Optics Letters, 2013, 38 (16): 3144-3147.

[57] Lee C T, Li Y, Lin H Y, et al. Design of polarization-insensitive multi-electrode GRIN lens with a blue-phase liquid crystal[J]. Optics Express, 2011, 19 (18): 17402-17407.

[58] Li Y, Wu S T. Polarization independent adaptive microlens with a blue-phase liquid crystal[J]. Optics Express, 2011, 19 (9): 8045-8050.

[59] Wook K Y, Jiwon J, Hyun L S, et al. Improvement in switching speed of nematic liquid crystal microlens array with polarization independence[J]. Applied Physics Express, 2010, 3 (9): 094102-1-094102-3.

[60] Asatryan K, Presnyakov V, Tork A, et al. Optical lens with electrically variable focus using an optically hidden dielectric structure[J]. Optics Express, 2010, 18 (13): 13981-13992.

[61] Kao Y Y, Chao P C P, Hsueh C W. A new low-voltage-driven GRIN liquid crystal lens with multiple ring electrodes in unequal widths[J]. Optics Ex-

press, 2010, 18 (18): 18506-18518.
[62] Lin Y H, Chen H S, Lin H C, et al. Polarizer-free and fast response microlens arrays using polymer-stabilized blue phase liquid crystals[J]. Applied Physics Letters, 2010, 96 (11): 113505-1-113505-8.
[63] Huang S Y, Tung T C, Jau H C, et al. All-optical controlling of the focal intensity of a liquid crystal polymer microlens array[J]. Applied Optics, 2011, 50 (30): 5883-5888.
[64] Huang S Y, Tung T C, Ting C L, et al. Polarization-dependent optical tuning of focal intensity of liquid crystal polymer microlens array[J]. Applied Physics B:Lasers and Optics, 2011, 104 (1): 93-97.
[65] Zhao X J, Liu C L, Zhang D Y, et al. Tunable liquid crystal microlens array using hole patterned electrode structure with ultrathin glass slab[J]. Applied Optics, 2012, 51 (15): 3024-3030.
[66] Zhao X J, Zhang D Y, Luo Y Q, et al. Numerical analysis and design of patterned electrode liquid crystal microlens array with dielectric slab[J]. Optics and Laser Technology, 2012, 44 (6): 1834-1839.
[67] Wang X Q, Yang W Q, Liu Z, et al. Switchable Fresnel lens based on hybrid photo-aligned dual frequency nematic liquid crystal[J]. Optical Materials Express, 2017, 7 (1): 8-15.
[68] Li H, Zhu C, Liu K, et al. Terahertz electrically controlled nematic liquid crystal lens[J]. Infrared Physics & Technology, 2011, 54 (5): 439-444.
[69] Kang S W, Zhang X Y, Xie C S, et al. Liquid-crystal microlens with focus swing and low driving voltage[J]. Applied Optics, 2013, 52 (3): 381-387.
[70] Kang S W, Qing T, Sang H S, et al. Ommatidia structure based on double layers of liquid crystal microlens array[J]. Applied Optics, 2013, 52 (33): 7912-7918.
[71] Kang S W, Zhang X Y. Liquid crystal microlens with dual apertures and electrically controlling focus shift[J]. Applied Optics, 2014, 53 (2): 244-248.
[72] Zhang H D, Muhammmad A, Luo J, et al. Electrically tunable infrared filter based on the liquid crystal Fabry-Perot structure for spectral imaging detection [J]. Applied Optics, 2014, 53 (25): 5632-5639.
[73] Zhang H D, Muhammad A, Luo J, et al. MWIR/LWIR filter based on liquid-crystal Fabry-Perot structure for tunable spectral imaging detection[J]. Infrared Physics & Technology, 2015, 69 (2015): 68-73.
[74] Lin J N, Tong Q, Lei Y, et al. An arrayed liquid crystal Fabry-Perot infrared

filter for electrically tunable spectral imaging detection[J]. IEEE Sensors Journal, 2016, 16 (8): 2397-2403.

[75] Lin J N, Tong Q, Lei Y, et al. Electrically tunable infrared filter based on a cascaded liquid-crystal Fabry-Perot for spectral imaging detection[J]. Applied Optics, 2017, 56 (7): 1925-1929.

[76] Tong Q, Lei Y, Xin Z W, et al. Dual-mode photosensitive arrays based on the integration of liquid crystal microlenses and CMOS sensors for obtaining the intensity images and wavefronts of objects[J]. Optics Express, 2016, 24 (3): 1903-1923.

[77] Kwon H, Kizu Y, Kizaki Y, et al. A gradient index liquid crystal microlens array for light-field camera applications[J]. IEEE Photonics Technology Letters, 2015, 27 (8): 836-839.

[78] Algorri J F, Urruchi V, Bennis N, et al. Integral imaging capture system with tunable field of view based on liquid crystal microlenses[J]. IEEE Photonics Technology Letters, 2016, 28 (17): 1854-1857.

[79] Hassanfiroozi A, Huang Y P, Javidi B, et al. Hexagonal liquid crystal lens array for 3D endoscopy[J]. Optics Express, 2015, 23 (2): 971-981.

[80] Wang Y J, Shen X, Lin Y H, et al. Extended depth-of-field 3D endoscopy with synthetic aperture integral imaging using an electrically tunable focal-length liquid-crystal lens[J]. Optics Letters, 2015, 40 (15): 3564-3567.

[81] Hassanfiroozi A, Huang Y P, Javidi B, et al. Dual layer electrode liquid crystal lens for 2D/3D tunable endoscopy imaging system[J]. Optics Express, 2016, 24 (8): 8527-8538.

[82] Stančin S, Tomažič S. Angle estimation of simultaneous orthogonal rotations from 3D gyroscope measurements[J]. Sensors, 2011, 11 (9): 8536-8549.

[83] Yan H, Xia F N, Zhu W J, et al. Infrared spectroscopy of wafer-scale graphene[J]. ACS Nano, 2011, 5 (12): 9854-9860.

[84] Kaur S, Kim Y J, Milton H, et al. Graphene electrodes for adaptive liquid crystal contact lenses[J]. Optics Express, 2016, 24 (8): 8782-8787.

[85] Zhao W F, Fang M, Wu F R, et al. Preparation of graphene by exfoliation of graphite using wet ball milling[J]. Journal of Materials Chemistry, 2010, 20 (28): 5817-5819.

[86] Berger C, Song Z M, Li X B, et al. Electronic confinement and coherence in patterned epitaxial graphene[J]. Science, 2006, 312 (5777): 1191-1196.

[87] Cecilia M, Hokwon K, Manish C. A review of chemical vapour deposition of

graphene on copper[J]. Journal of Materials Chemistry, 2011, 21 (10): 3324-3334.
[88] Maria L, Michela G M, Pio C, et al. Graphene CVD growth on copper and nickel: role of hydrogen in kinetics and structure[J]. Physical Chemistry Chemical Physics, 2011, 13 (46): 20836-20843.
[89] Stankovich S, Dikin D A, Piner R D, et al. Synthesis of graphene-based nanosheets via chemical reduction of exfoliated graphite oxide[J]. Carbon, 2007, 45 (7): 1558-1565.
[90] Tung V C, Allen M J, Yang Y, et al. High-throughput solution processing of large-scale graphene[J]. Nature Nanotechnology, 2009, 4 (1): 25-29.
[91] Wang X, Zhi L J, Müllen K. Transparent, conductive graphene electrodes for dye-sensitized solar cells[J]. Nano Letters, 2008, 8 (1): 323-327.
[92] Li X S, Zhu Y W, Cai W W, et al. Transfer of large-area graphene films for high-performance transparent conductive electrodes[J]. Nano Letters, 2009, 9 (12): 4359-4363.
[93] Kasry A, Kuroda M A, Martyna G J, et al. Chemical doping of large-area stacked graphene films for use as transparent, conducting electrodes[J]. ACS Nano, 2010, 4 (7): 3839-3844.
[94] Bae S K, Kim H, Lee Y B, et al. Roll-to-roll production of 30-inch graphene films for transparent electrodes[J]. Nature Nanotechnology, 2010, 5 (8): 574-578.
[95] Wang Y, Zheng Y, Xu X F, et al. Electrochemical delamination of CVD-grown graphene film: toward the recyclable use of copper catalyst[J]. ACS Nano, 2011, 5 (12): 9927-9933.
[96] Vdovin G, Soloviev O, Loktev M. Plenoptic wavefront sensor with scattering pupil[J]. Optics Express, 2014, 22(8): 9314-9323.
[97] South F A, Liu Y Z, Bower A J, et al. Wavefront measurement using computational adaptive optics[J]. Journal of the Optical Society of America A, 2018, 35(3): 466-473.
[98] Markman A, Shen X, Javidi B. Three-dimensional object visualization and detection in low light illumination using integral imaging[J]. Optics Letters, 2017, 42(16): 3068-3071.
[99] Brady P C, Gilerson A A, Kattawar G W, et al. Open-ocean fish reveal an omnidirectional solution to camouflage in polarized environments[J]. Science, 2015, 350(6263): 965-969.

[100] Wu R H, Suo J L, Dai F, et al. Scattering robust 3D reconstruction via polarized transient imaging[J]. Optics Letters, 2016, 41(17): 3948-3951.

[101] Soni N K, Vinu R V, Singh R K. Polarization modulation for imaging behind the scattering medium[J]. Optics Letters, 2016, 41(5): 906-909.

[102] Tauseef C, Timothy Y, Sharon B, et al. Trimodal color fluorescence polarization endoscopy aided by a tumor selective molecular probe accurately detects flat lesions in colitis-associated cancer[J]. Journal of Biomedical Optics, 2014, 19(12): 126002-1-126002-14.

[103] Kunnen B, Macdonald C, Doronin A, et al. Application of circularly polarized light for non-invasive diagnosis of cancerous tissues and turbid tissue-like scattering media[J]. Journal of Biophotonics, 2015, 8(4): 317-323.

[104] Powell S B, Garnett R, Marshall J, et al. Bioinspired polarization vision enables underwater geolocalization [J]. Science Advances, 2018, 4(4): eaao6841-eaao6848.

[105] Missael G N, de Erausquin I, Edmiston C, et al. Surface normal reconstruction using circularly polarized light [J]. Optics Express, 2015, 23(11): 14391-14406.

[106] Viktor G, Rob P, Timothy Y. CCD polarization imaging sensor with aluminum nanowire optical filters [J]. Optics Express, 2010, 18(18): 19087-19094.

[107] Zhao X J, Fabrid B, Amine B, et al. High-resolution thin "guest-host" micropolarizer arrays for visible imaging polarimetry [J]. Optics Express, 2011, 19(6): 5565-5573.

[108] Viktor G. Fabrication of a dual-layer aluminum nanowires polarization filter array[J]. Optics Express, 2011, 19(24): 24361-24369.

[109] Viktor G, Rob P, Timothy Y. CCD polarization imaging sensor with aluminum nanowire optical filters [J]. Optics Express, 2010, 18(18): 19087-19094.

[110] Graham M, Hsu W L, Alba P, et al. Liquid crystal polymer full-stokes division of focal plane polarimeter [J]. Optics Express, 2012, 20(25): 27393-27409.

[111] Zhao X J, Bermak A, Boussaid F, et al. Liquid-crystal micropolarimeter array for full Stokes polarization imaging in visible spectrum[J]. Optics Express, 2010, 18(17): 17776-17787.

[112] Zhang Z G, Dong F L, Cheng T, et al. Nano-fabricated pixelated micropo-

larizer array for visible imaging polarimetry[J]. Review of Scientific Instruments, 2014, 85(10): 105002-1-105002-6.

[113] Garcia M, Davis T, Blair S, et al. Bioinspired polarization imager with high dynamic range[J]. Optica, 2018, 5(10): 1240-1246.

[114] Missael G, Christopher E, Radoslav M, et al. Bio-inspired color-polarization imager for real-time in situ imaging[J]. Optica, 2017, 4(10): 1263-1271.

[115] Robert P, Yoon Y G, Maximilian H, et al. Simultaneous whole-animal 3D imaging of neuronal activity using light-field microscopy[J]. Nature Methods, 2014, 11(7): 727-730.

[116] Noah B, Timothy S, Alejandro H, et al. Light field otoscope design for 3D in vivo imaging of the middle ear[J]. Biomedical Optics Express, 2017, 8(1): 260-272.

[117] Kwon K C, Lim Y T, Shin C W, et al. Enhanced depth-of-field of an integral imaging microscope using a bifocal holographic optical element-micro lens array[J]. Optics Letters, 2017, 42(16): 3209-3212.

[118] Kwon K C, Erdenebat M U, Lim Y T, et al. Enhancement of the depth-of-field of integral imaging microscope by using switchable bifocal liquid-crystalline polymer micro lens array[J]. Optics Express, 2017, 25(24): 30503-30512.

[119] Li C H, Muenzel S, Fleischer J W. High-resolution light-field imaging via phase space retrieval[J]. Applied Optics, 2017, 58(5): A142-A146.

[120] Kao Y Y, Chao P C P, Hsueh C W. A new low-voltage-driven GRIN liquid crystal lens with multiple ring electrodes in unequal widths[J]. Optics Express, 2010, 18(18): 18506-18518.

[121] Fan D, Wang C, Zhang B, et al. Arrayed optical switches based on integrated liquid-crystal microlens arrays driven and adjusted electrically[J]. Applied Optics, 2017, 56(6): 1788-1794.

[122] Lei Y, Tong Q, Zhang X Y, et al. An electrically tunable plenoptic camera using a liquid crystal microlens array[J]. Review of Scientific Instruments, 2015, 86(5): 053101-1-053101-8.

[123] Wu Y, Hu W, Tong Q, et al. Graphene-based liquid-crystal microlens arrays for synthetic-aperture imaging[J]. Journal of Optics, 2017, 19(9): 095102-1-095102-10.

[124] Tong Q, Chen M, Xin Z W, et al. Depth of field extension and objective space depth measurement based on wavefront imaging[J]. Optics Express,

2018, 26(14): 18368-18385.

[125] Tong Q, Lei Y, Xin Z W, et al. Dual-mode photosensitive arrays based on the integration of liquid crystal microlenses and CMOS sensors for obtaining the intensity images and wavefronts of objects[J]. Optics Express, 2016, 24(3): 1903-1923.

[126] Lin Y H, Chen H S, Lin H C, et al. Polarizer-free and fast response microlens arrays using polymer-stabilized blue phase liquid crystals[J]. Applied Physics Letters, 2010, 96(11): 113505-1-113505-8.

[127] Li Y, Wu S T. Polarization independent adaptive microlens with a blue-phase liquid crystal[J]. Optics Express, 2011, 19(9): 8045-8050.

[128] Liu Y F, Li Y, Wu S T. Polarization-independent adaptive lens with two different blue-phase liquid-crystal layers[J]. Applied Optics, 2013, 52(14): 3216-3220.

[129] Lin S H, Huang L S, Lin C H, et al. Polarization independent and fast tunable microlens array based on blue phase liquid crystals[J]. Optics Express, 2014,22(1): 925-930.

[130] Yu J H, Chen H S, Chen P J, et al. Electrically tunable microlens arrays based on polarization-independent optical phase of nano liquid crystal droplets dispersed in polymer matrix[J]. Optics Express, 2015, 23(13): 17337-17344.

[131] Dai H T, Chen L, Zhang B, et al. Optically isotropic, electrically tunable liquid crystal droplet arrays formed by photopolymerization-induced phase separation[J]. Optics Letters, 2015, 40(12): 2723-2726.

[132] Hwang Shug-June, Liu Yi-Xiang, Porter Glen Andrew. Improvement of performance of liquid-crystal microlens with polymer surface modification[J]. Optics Express, 2014, 22(4): 4620-4627.

[133] Hsu C J, Sheu C R. Preventing occurrence of disclination lines in liquid-crystal lenses with a large aperture by means of polymer stabilization[J]. Optics Express, 2011, 19(16): 14999-15008.

[134] Fuh A Y G F, Ko S W, Huang S H, et al. Polarization-independent liquid-crystal lens based on axially symmetric photoalignment[J]. Optics Express, 2011, 19(3): 2294-2300.

[135] Lee Y J, Baek J H, Kim Y, et al. Polarizer-free liquid crystal display with electrically switchable microlens array[J]. Optics Express, 2013, 21(1): 129-134.

[136] Lee Y J, Yu C J, Lee J H, et al. Optically isotropic switchable microlens arrays based on liquid crystal[J]. Applied Optics, 2014,53(17): 3633-3636.

[137] Hsu C J, Liao C H, Chen B L, et al. Polarization-insensitive liquid crystal microlens array with dual focal modes[J]. Optics Express, 2014, 22(21): 25925-25930.

[138] Hu W, Srivastava A K, Lin X W, et al. Polarization independent liquid crystal gratings based on orthogonal photoalignments[J]. Applied Physics Letters, 2012, 100(11): 111116-1-111116-4.

[139] Algorri J F, Bennis N, Herman J, et al. Low aberration and fast switching microlenses based on a novel liquid crystal mixture[J]. Optics Express, 2017, 25(13): 14795-14808.

[140] Algorri J F, Urruchi V, Bennis N, et al. Liquid crystal spherical microlens array with high fill factor and optical power[J]. Optics Express, 2017, 25(2): 605-614.

[141] Algorri J F, Bennis N, Urruchi V, et al. Tunable liquid crystal multifocal microlens array[J]. Scientific Report, 2017, 7(1): 17318-1-17318-6.

[142] Algorri J F, Urruchi V, Bennis N, et al. Tunable liquid crystal cylindrical micro-optical array for aberration compensation[J]. Optics Express, 2015,23(11): 13899-13915.

[143] Wang Y J, Shen X, Lin Y H, et al. Extended depth-of-field 3D endoscopy with synthetic aperture integral imaging using an electrically tunable focal-length liquid-crystal lens[J]. Optics Letters, 2015, 40(15): 3564-3567.

[144] Shen X, Wang Y J, Chen H S, et al. Extended depth-of-focus 3D micro integral imaging display using a bifocal liquid crystal lens[J]. Optics Letters, 2015, 40(4): 538-541.

[145] Hsieh P Y, Chou P Y, Lin H A, et al. Long working range light field microscope with fast scanning multifocal liquid crystal microlens array[J]. Optics Express, 2018, 26(8): 10981-10996.

[146] Wu H, Hu W, Hu H C, et al. Arbitrary photo-patterning in liquid crystal alignments using DMD based lithography system[J]. Optics Express, 2012, 20(15): 16684-16689.

[147] Wang H J, Wei D Z, Xu X Y, et al. Controllable generation of second-harmonic vortex beams through nonlinear supercell grating[J]. Applied Physics Letters, 2018, 113(22): 221101-1-221101-4.

[148] Chen P, Ma L L, Duan W, et al. Digitalizing self-assembled chiral super-

structures for optical vortex processing[J]. Advanced Materials, 2018, 30(10): 1705865-1-1705865-6.

[149] Lin J N, Tong Q, Lei Y, et al. Electrically tunable infrared filter based on a cascaded liquid-crystal Fabry-Perot for spectral imaging detection[J]. Applied Optics, 2017, 56(7): 1925-1929.

[150] Kang S W, Zhang X Y, Xie C S, et al. Liquid-crystal microlens with focus swing and low driving voltage[J]. Applied Optics, 2013, 52(3): 381-387.

[151] Kang S W, Qing T, Sang H S, et al. Ommatidia structure based on double layers of liquid crystal microlens array[J]. Applied Optics, 2013, 52(33): 7912-7918.

[152] Kang S W, Zhang X Y. Liquid crystal microlens with dual apertures and electrically controlling focus shift[J]. Applied Optics, 2014, 53(2): 244-248.

[153] Lei Y, Tong Q, Xin Z W, et al. Three-dimensional measurement with an electrically tunable focused plenoptic camera[J]. Review of Scientific Instruments, 2017, 88(3): 033111-1-033111-9.

[154] Bertolotti J, Van P E G, Blum C, et al. Non-invasive imaging through opaque scattering layers[J]. Nature, 2012, 491(7423): 232-234.

[155] He H X, Guan Y F, Zhou J Y. Image restoration through thin turbid layers by correlation with a known object[J]. Optics Express, 2013, 21(10): 12539-12545.

[156] Sudarsanam S, Mathew J, Panigrahi S, et al. Real-time imaging through strongly scattering media: seeing through turbid media, instantly[J]. Scientific Reports, 2016, 6: 25033-1-25033-9.

[157] Zhuang H C, He H X, Xie X S, et al. High speed color imaging through scattering media with a large field of view[J]. Scientific Reports, 2016, 6(1): 32696-1-32696-9.

[158] Edrei E, Scarcelli G. Optical imaging through dynamic turbid media using the Fourier-domain shower-curtain effect[J]. Optica, 2016, 3(1): 71-74.

[159] Stijn G, Gabriele N, Carles M, et al. Broadband image sensor array based on graphene-CMOS integration[J]. Nature Photonics, 2017, 11(6): 366-371.

[160] Badioli M, Woessner A, Tielrooij K J, et al. Phonon-mediated mid-infrared photoresponse of graphene[J]. Nano Letters, 2014, 14(11): 6374-6381.

[161] Cai X H, Sushkov A B, Suess R J, et al. Sensitive room-temperature terahertz detection via the photothermoelectric effect in graphene[J]. Nature

Nanotechnology, 2014, 9(10): 814-819.

[162] Kim D W, Kim Y H, Jeong H S, et al. Direct visualization of large-area graphene domains and boundaries by optical birefringency[J]. Nature Nanotechnology, 2011, 7(1): 29-34.

[163] Deng B, Pan Z Q, Chen S L, et al. Wrinkle-free single-crystal graphene wafer grown on strain-engineered substrates[J]. ACS Nano, 2017, 11(12): 12337-12345.

[164] Shen T Z, Hong S H, Lee J H, et al. Selectivity of threefold symmetry in epitaxial alignment of liquid crystal molecules on macroscale single-crystal graphene[J]. Advanced Materials, 2018, 30(40): 1802441-1-1802441-8.

[165] Hao Y F, Bharathi M S, Wang L, et al. The role of surface oxygen in the growth of large Single-crystal graphene on copper[J]. Science, 2013, 342 (6159): 720-723.

[166] Wang H, Xu X Z, Li J Y, et al. Surface monocrystallization of copper foil for fast growth of large single-crystal graphene under free molecular flow [J]. Advanced Materials, 2016, 28(40): 8968-8974.

[167] Lee J H, Lee E K, Joo W J, et al. Wafer-scale growth of single-crystal monolayer graphene on reusable hydrogen-terminated germanium[J]. Science, 2014, 344(6181): 286-289.

[168] Nguyen V L, Shin B G, Duong D L, et al. Seamless stitching of graphene domains on polished copper(111) foil[J]. Advanced Materials, 2015, 27(8): 1376-1382.

[169] Yan H, Xia F N, Zhu W J, et al. Infrared spectroscopy of wafer-scale graphene[J]. ACS Nano, 2011, 5(12): 9854-9860.

[170] Son J H, Baeck S J, Park M H, et al. Detection of graphene domains and defects using liquid crystals[J]. Nature Communication, 2014, 5: 3484-1-3484-7.

[171] Kim D W, Kim Y H, Jeong H S, et al. Direct visualization of large-area graphene domains and boundaries by optical birefringency[J]. Nature Nanotechnology, 2012, 7(1): 29-34.

[172] Arslan S M, Hoang T D, Waqas I M, et al. Nematic liquid crystal on a two dimensional hexagonal lattice and its application[J]. Scientific Report, 2015, 5: 13331-1-13331-8.

[173] Kaur S, Kim Y J, Milton H, et al. Graphene electrodes for adaptive liquid crystal contact lenses[J]. Optics Express, 2016, 24(8): 8782-8787.

[174] He Z Q, Lee Y H, Chanda D, et al. Adaptive liquid crystal microlens array enabled by two-photon polymerization[J]. Optics Express, 2018, 26(16): 21184-21193.

[175] He Z Q, Lee Y H, Chen R, et al. Switchable Pancharatnam-Berry microlens array with nano-imprinted liquid crystal alignment[J]. Optics Letters, 2018, 43(20): 5062-5065.

[176] Zhang L, Zhou W C, Naples N J, et al. Fabrication of an infrared Shack-Hartmann sensor by combining high-speed single-point diamond milling and precision compression molding processes[J]. Applied Optics, 2018, 57(13): 3598-3605.

[177] Zhang B, Cui Q F, Piao M X, et al. Design of dual-band infrared zoom lens with multilayer diffractive optical elements[J]. Applied Optics, 2019, 58(8): 2058-2067.

[178] Aieta F, Kats M A, Genevet P, et al. Multiwavelength achromatic metasurfaces by dispersive phase compensation[J]. Science, 2015, 347(6228): 1342-1345.

[179] Arbabi A, Horie Y, Ball A J, et al. Subwavelength-thick lenses with high numerical apertures and large efficiency based on high-contrast transmitarrays[J]. Nature Communications, 2015, 6(1): 7069-1-7069-6.

[180] Arbabi A, Briggs R M, Horie Y, et al. Efficient dielectric metasurface collimating lenses for mid-infrared quantum cascade lasers[J]. Optics Express, 2015, 23(26): 33310-33317.

[181] Chen W T, Zhu A Y, Sanjeev V, et al. A broadband achromatic metalens for focusing and imaging in the visible[J]. Nature Nanotechnology, 2018, 13(3): 220-226.

[182] Peng F L, Chen H W, Tripathi S, et al. Fast-response infrared phase modulator based on polymer network liquid crystal[J]. Optical Materials Express, 2015, 5(2): 265-273.

[183] Li J L, Li J, Hu M G, et al. The effect of locations of triple bond at terphenyl skeleton on the properties of isothiocyanate liquid crystals[J]. Liquid Crystals, 2017, 44(9): 1374-1383.

[184] Franklin D, Chen Y, Vazquez-Guardado A, et al. Polarization independent actively tunable colour generation on imprinted plasmonic surfaces[J]. Nature Communications, 2015, 6: 7337-1-7337-8.